Reine und angewandte Metallkunde in Einzeldarstellungen
Herausgegeben von W. Köster

9

# Pulvermetallurgie und Sinterwerkstoffe

Von

Dr. Richard Kieffer und Dr. Werner Hotop
Betriebsdirektor der Metallwerk Plansee G. m. b. H. Reutte (Tirol)
Betriebsleiter der Abteilung Sintermetalle der Magnetfabrik Dortmund (Deutsche Edelstahlwerke A.G.) Dortmund-Aplerbeck

Zweite, verbesserte Auflage

Mit 244 Abbildungen

Springer-Verlag
Berlin / Göttingen / Heidelberg
1948

Alle Rechte, insbesondere das der Übersetzung
in fremde Sprachen, vorbehalten.
Copyright 1943 and 1948 by Springer-Verlag OHG. Berlin.
Softcover reprint of the hardcover 2nd edition 1943

ISBN-13: 978-3-540-01339-6   e-ISBN-13: 978-3-642-94557-1
DOI: 10.1007/978-3-642-94557-1

## Vorwort zur ersten Auflage.

Die Möglichkeit, Formkörper beliebiger Gestalt aus Feilspänen, Körnern und anderen Pulvern von Metallen und Metalloiden durch eine Preß- und Wärmebehandlung, d. h. durch Verfahren der Sintertechnik zu erzeugen, hat die Metallurgen schon seit über 100 Jahren beschäftigt. Um das Jahr 1800 durchgeführte Versuche, verformbares Platin durch Sinterung aus Platinschwamm herzustellen, führten um 1900 herum zur Gewinnung des duktilen Wolframs, des ersten Sinterwerkstoffes, der besondere technische Bedeutung erlangte und zum Aufschwung der Glühlampen- und Röhrenindustrie führte. Während die Herstellung und Verwendung des Wolframs und seines Schwestermetalls Molybdän in mehreren Einzeldarstellungen beschrieben wurde, sind von späteren Sinterwerkstoffen wie Sinterhartmetallen, porösen Lagern, Kontaktbaustoffen, Diamantmetallegierungen, Magnetlegierungen usw. nur die Sinterhartmetalle in Buchform eingehender behandelt worden.

Eine zusammenfassende Darstellung der Sintervorgänge in Metallen und Metallegierungen sowie einiger der wichtigsten Sintererzeugnisse wurde von F. Skaupy in seinem Buch „Metallkeramik" und von W. D. Jones in dem Buch „Principles of Powder Metallurgy" gegeben. Da in beiden Monographien die Darstellung der wissenschaftlichen Grundlagen und die Beschreibung der Sinterwerkstoffe der Technik nicht mehr dem Stand entspricht, der sich durch die zahlreichen Veröffentlichungen der letzten Jahre ergibt, folgten die Verfasser gern einer Anregung von Herrn Prof. Dr. W. Köster, im Rahmen der Sammlung „Reine und angewandte Metallkunde in Einzeldarstellungen" die Pulvermetallurgie und alle wichtigen Sinterwerkstoffe eingehender zu beschreiben.

Es wurde versucht, unter Zusammenfassung des wichtigsten in- und ausländischen Schrifttums und unter Verwendung eigener Erfahrungen und Versuchsergebnisse eine möglichst umfassende Darstellung alles Wissenswerten auf dem Sintergebiet zu geben. Die Verfasser sind sich dabei bewußt, daß gerade dieses junge Gebiet der angewandten Metallkunde zur Zeit in starkem Fluß und in raschem Aufschwung begriffen ist. Um so wichtiger erscheint es ihnen, daß durch das vorliegende Werk eine im Augenblick fühlbare Lücke im Schrifttum über die Pulvermetallurgie geschlossen wird, so daß den Fachkollegen sowie allen weiteren sich mit Sinterung befassenden Kreisen ein schneller Überblick über den derzeitigen Stand unseres Wissens auf dem Gesamtgebiet der Sintermetallkunde ermöglicht wird.

Die Verfasser möchten an dieser Stelle den Deutschen Edelstahlwerken, A. G., Krefeld, und insbesondere den Herren Dr. H. Gehm und Dr.-Ing. W. Rohland für ihr Entgegenkommen danken, für ihr Buch das reiche Bild- und Untersuchungsmaterial des Metallwerks Plansee, Reutte in Tirol, benutzen zu dürfen.

Herrn Dr.-Ing. R. Scherer sei für die freundliche Beschaffung vieler Literaturstellen, sowie den Herren Dipl.-Ing. K. Meier und Ing. C. Ballhausen für ihre Hilfe beim Lesen der Handschrift und für manchen wertvollen Ratschlag und Hinweis bestens gedankt. Herrn Dr. E. Scheil sind die Verfasser zu besonderem Dank für das Lesen des theoretischen Teiles dieses Buches sowie für liebenswürdige Ergänzungsvorschläge verpflichtet.

Der Springer-Verlag kam all unseren Wünschen bezüglich der Drucklegung des Buches trotz mancher kriegsbedingten Schwierigkeiten in vorbildlicher Weise entgegen, wofür ihm an dieser Stelle unsere besondere Anerkennung ausgesprochen sei.

Herzlicher Dank gilt auch den Betriebsassistenten A. Stock und A. Ihrenberger für ihre Mitarbeit bei der Durchführung von Analysen und Versuchen sowie bei der Herstellung von Schliffen und Zeichnungen. Frl. G. Hopfer danken die Verfasser wärmstens für ihre Hilfe beim Lesen der Korrekturen.

Reutte in Tirol, im Herbst 1942.     R. Kieffer und W. Hotop.

## Vorwort zur zweiten Auflage.

Die Tatsache, daß unser Buch schon kurze Zeit nach seinem Erscheinen vergriffen war, deutet darauf hin, daß es in Fachkreisen Anklang fand.

Um der anhaltenden Nachfrage gerecht zu werden, wurde durch den Verlag in anerkennenswerter Weise in kurzer Zeit eine zweite Auflage ermöglicht. Es war zunächst beabsichtigt, eine erhebliche Umarbeitung des Buches bei der Besprechung der wissenschaftlichen Grundlagen vorzunehmen und der Eisenpulvermetallurgie, insbesondere der Herstellung gesinterter Maschinenteile, ein besonderes Kapitel im Rahmen der Besprechung der Sinterwerkstoffe der Technik zu widmen. Aus zeitbedingten Gründen mußten wir diesen Plan fallen lassen. Wir beschränkten uns daher darauf, einige Unstimmigkeiten zu beseitigen, verschiedene Zahlentafeln zu ergänzen und wenige Bilder auszutauschen. Auf das neueste Schrifttum, das leider im Text nicht berücksichtigt werden konnte, wurde in einem Nachtrag aufmerksam gemacht.

Unseren Freunden und Fachkollegen, insbesondere den Herren Professoren Sauerwald, Skaupy, Masing und Seith, danken wir herzlichst für ihre zahlreichen Zuschriften und manche Anregungen.

Reutte, im Dezember 1944.     R. Kieffer und W. Hotop.

# Inhaltsverzeichnis.

Seite

## Erster Teil.
**Einführung — Ausgangsstoffe — Arbeitsverfahren der Pulvermetallurgie.**

1. Kapitel: Begriffsbestimmungen — Geschichtliche Entwicklung — Gründe für die Anwendung der Pulvermetallurgie . . 1
2. Kapitel: Die Metallpulver. . . . . . . . . . . . . . . . . . . 12
   - A. Herstellung der Pulver . . . . . . . . . . . . . . . . . . . 12
     1. Mechanische Verfahren . . . . . . . . . . . . . . . . . 12
        - a) Grob- und Feinzerkleinerung . . . . . . . . . . . . . 12
        - b) Granulieren und Zerstäuben . . . . . . . . . . . . . 17
     2. Physikalisch-chemische Verfahren . . . . . . . . . . . . 19
        - a) Gewinnung aus der Gasphase . . . . . . . . . . . . . 19
        - b) Reduktion von Metallverbindungen bei hohen Temperaturen 21
        - c) Reduktion von Salzlösungen und -schmelzen . . . . . . . 21
        - d) Elektrolytische Gewinnung von Metallpulvern . . . . . . . 22
        - e) Weitere physikalisch-chemische Verfahren zur Gewinnung von Metallpulvern . . . . . . . . . . . . . . . . . . . . . 25
        - f) Gewinnung von Hartstoffpulvern . . . . . . . . . . . . 26
   - B. Physikalisch-chemische Eigenschaften der Metallpulver . . . . . 26
     1. Physikalische Eigenschaften . . . . . . . . . . . . . . . 27
        - a) Füllvolumen, Fülldichte, Klopfvolumen, Klopfdichte . . . . 27
        - b) Korngröße und Korngrößenverteilung . . . . . . . . . . 28
        - c) Korngestalt . . . . . . . . . . . . . . . . . . . . . . 32
        - d) Fließfaktor . . . . . . . . . . . . . . . . . . . . . 33
        - e) Preßeigenschaften der Pulver . . . . . . . . . . . . . 33
     2. Chemische Eigenschaften . . . . . . . . . . . . . . . . . 35
3. Kapitel: Die Technologie der Pulvermetallurgie . . . . . . . 40
   - A. Vorbehandlung der Metallpulver vor dem Preßvorgang . . . . . 40
   - B. Verdichten oder Pressen der Pulver . . . . . . . . . . . . . 45
   - C. Sinterung der Preßkörper . . . . . . . . . . . . . . . . . 49

## Zweiter Teil.
**Die wissenschaftlichen Grundlagen der Pulvermetallurgie mit besonderer Berücksichtigung der Eigenschaften von Sinterkörpern.**

4. Kapitel: Einführung. — Das Wesen der physikalischen Eigenschaften gesinterter Körper im Vergleich zu dem geschmolzener Körper . . . . . . . . . . . . . . . . . . . . . . . . 60
   - A. Einführung . . . . . . . . . . . . . . . . . . . . . . . . 60
   - B. Das Wesen der physikalischen Eigenschaften gesinterter Körper im Vergleich zu dem geschmolzener Körper . . . . . . . . . . . 68

# Inhaltsverzeichnis.

|  | Seite |
|---|---|
| 5. Kapitel: Das Pressen | 75 |
| A. Vorgänge beim Pressen | 75 |
| B. Beeinflussung der physikalischen Eigenschaften beim Preßvorgang durch: | |
| 1. die Art der Druckanwendung | 78 |
| 2. die Höhe des Preßdruckes | 81 |
| 6. Kapitel: Das Sintern | 92 |
| A. Vorgänge in Einstoffsystemen | 92 |
| 1. Beginn der Sinterung — Begriff der Sintertemperatur | 92 |
| 2. Einfluß der Sinterbedingungen auf die physikalischen und mechanischen Eigenschaften der Sinterkörper | 94 |
| a) Dichte, Porosität, Schwindung | 94 |
| b) Gefügebefund | 99 |
| c) Die Härte | 113 |
| d) Mechanische Eigenschaften (Zugfestigkeit und Dehnung) | 116 |
| e) Elektrische Leitfähigkeit | 120 |
| B. Vorgänge in Mehrstoffsystemen | 121 |
| 1. Mehrstoffsysteme, die ohne Anwesenheit flüssiger Phase gesintert werden | 122 |
| 2. Mehrstoffsysteme, die in Gegenwart einer flüssigen Phase gesintert werden | 126 |
| 7. Kapitel: Das Heißpressen | 139 |
| A. Geschichtliche Entwicklung | 139 |
| B. Eigenschaften von Heißpreßkörpern | 140 |

## Dritter Teil.
### Gesinterte Metalle und Legierungen.

| | |
|---|---|
| 8. Kapitel: Erste Gruppe des periodischen Systems | 156 |
| A. Kupfer | 156 |
| 1. Eigenschaften von gesintertem Kupfer | 157 |
| a) Dichte | 157 |
| b) Härte | 157 |
| c) Mechanische Eigenschaften | 159 |
| 2. Vergleich der Eigenschaften von geschmolzenem und gesintertem Kupfer | 161 |
| B. Kupferlegierungen | 162 |
| C. Silber | 163 |
| D. Silberlegierungen | 165 |
| E. Gold | 167 |
| 9. Kapitel: Zweite, dritte und vierte Gruppe des periodischen Systems | 170 |
| A. Zweite Gruppe | 170 |
| 1. Beryllium | 170 |
| 2. Magnesium | 170 |
| 3. Kalzium, Strontium, Barium | 170 |
| 4. Zink | 171 |
| 5. Kadmium | 171 |
| 6. Quecksilber | 171 |
| B. Dritte Gruppe | 172 |
| 1. Bor | 172 |
| 2. Aluminium | 172 |

## Inhaltsverzeichnis.

|  | Seite |
|---|---|
| 3. Seltene Erden | 173 |
| 4. Gallium, Indium, Thallium | 174 |
| C. Vierte Gruppe | 174 |
| 1. Titan, Zirkon | 174 |
| 2. Hafnium, Thorium | 175 |
| 3. Kohlenstoff, Silizium | 176 |
| 4. Germanium | 177 |
| 5. Zinn | 177 |
| 6. Blei | 177 |
| 10. Kapitel: Fünfte, sechste und siebente Gruppe des periodischen Systems | 178 |
| A. Fünfte Gruppe | 178 |
| 1. Vanadin | 178 |
| 2. Niob, Tantal | 179 |
| 3. Phosphor, Arsen, Antimon, Wismut | 179 |
| B. Sechste Gruppe | 179 |
| 1. Chrom und Chromlegierungen | 179 |
| 2. Molybdän, Wolfram | 182 |
| 3. Uran | 182 |
| C. Siebente Gruppe | 183 |
| 1. Mangan | 183 |
| 2. Rhenium | 184 |
| 11. Kapitel: Achte Gruppe des periodischen Systems | 185 |
| A. Eisenmetalle | 185 |
| 1. Eisen | 185 |
| 2. Gesinterter Stahl und gesintertes Gußeisen | 195 |
| 3. Weitere Eisenlegierungen | 200 |
| 4. Nickel | 208 |
| 5. Nickellegierungen | 210 |
| 6. Kobalt | 213 |
| 7. Kobaltlegierungen | 215 |
| B. Platinmetalle | 218 |

### Vierter Teil.
### Die Sinterwerkstoffe der Technik.

|  | Seite |
|---|---|
| 12. Kapitel: Die hochschmelzenden Metalle und ihre Legierungen | 222 |
| A. Wolfram | 222 |
| 1. Geschichtliche Entwicklung | 222 |
| 2. Herstellung von duktilem Wolfram | 226 |
| 3. Beeinflussung der gefügeempfindlichen Eigenschaften des Wolframs, kontrollierte Rekristallisation | 235 |
| 4. Technische Anwendung des Wolframs | 236 |
| B. Molybdän | 243 |
| 1. Herstellung und Eigenschaften von duktilem Molybdän | 243 |
| 2. Technische Anwendung des Molybdäns | 248 |
| C. Tantal | 254 |
| 1. Herstellung von duktilem Tantal | 254 |
| 2. Eigenschaften und technische Anwendung von Tantal | 260 |
| D. Niob | 264 |
| 1. Gewinnung von duktilem Niob | 264 |
| 2. Eigenschaften und technische Anwendung von Niob | 265 |

## Inhaltsverzeichnis.

E. Legierungen des Wolframs und Molybdäns mit anderen hochschmelzenden Metallen ... 266
 1. Wolfram-Molybdän-Legierungen ... 266
 2. Legierungen des Wolframs und Molybdäns mit Tantal und Niob ... 267
 3. Legierungen des Wolframs und Molybdäns mit Rhenium ... 268
 4. Legierungen des Wolframs und Molybdäns mit Chrom ... 269
 5. Legierungen des Wolframs und Molybdäns mit Zirkon, Hafnium und Thorium ... 270

13. Kapitel: Sinterhartmetalle ... 272
 A. Geschichtliche Entwicklung ... 272
 B. Die Hartstoffe ... 278
  1. Verfahren zur Herstellung von Hartstoffen und Eigenschaften der Hartstoffe ... 279
 C. Herstellung der Sinterhartmetalle ... 283
 D. Die physikalisch-chemischen Vorgänge bei der Sinterung von Hartmetall und die zu ihrer Aufklärung möglichen Prüfverfahren ... 288
 E. Eigenschaften der Sinterhartmetalle ... 293
  1. Prüfung der Eigenschaften ... 293
  2. Abhängigkeit der Eigenschaften der Sinterhartmetalle von ihrer chemischen Zusammensetzung ... 296
 F. Anwendungsgebiete der Sinterhartmetalle ... 305
  1. Spanabhebende Werkzeuge ... 306
  2. Werkzeuge im Bergbau ... 309
  3. Ziehsteine ... 309
  4. Weitere besonderem Verschleiß unterliegende Werkzeuge ... 310

14. Kapitel: Gesinterte Kontaktbaustoffe ... 316
 A. Metallkohlen ... 316
 B. Verbundmetalle auf der Grundlage Wolfram-Kupfer, Wolfram-Silber, Molybdän-Silber ... 320
  1. Herstellung der Verbundmetalle ... 320
  2. Eigenschaften der Verbundmetalle ... 325
  3. Anwendungsgebiete ... 328
 C. Weitere Verbundmetalle ... 330
 D. Hartstoffe und Hartmetallegierungen ... 330
 E. Wolframkontakte ... 331

15. Kapitel: Poröse Sinterkörper für Lager, Filter usw. — Massive Sinterlager ... 333
 A. Poröse Sinterkörper für Lager ... 333
  1. Herstellung poröser Bronze- und Reineisenlager ... 333
  2. Einbau der Sinterlager ... 337
  3. Eigenschaften von Sinterlagern ... 338
  4. Anwendung der Sinterlager ... 340
  5. Weitere poröse Sinterlager ... 342
 B. Werkstoffe vom Typus der porösen Sinterlager für andere Verwendungszwecke ... 343
 C. Massive Sinterlager ... 343

16. Kapitel: Magnetische Sinterwerkstoffe ... 346
 A. Magnetisch weiche Werkstoffe ... 346
 B. Dauermagnetwerkstoffe auf der Grundlage Eisen-Nickel-Aluminium ... 350
  1. Herstellung von Eisen-Nickel-Aluminium-Sintermagneten ... 352
  2. Eigenschaften von Eisen-Nickel-Aluminium-Sintermagneten ... 358
 C. Weitere gesinterte Dauermagnetwerkstoffe ... 362

Inhaltsverzeichnis. IX

Seite

17. Kapitel: Diamantmetallegierungen .............. 364
   A. Geschichtliche Entwicklung ................ 364
   B. Pulvermetallurgisch hergestellte Diamantmetallegierungen .... 365
     1. Bindemittel und Herstellungsverfahren............ 365
     2. Diamantkörnungen ................... 367
     3. Diamantmetallwerkzeuge ................. 368
     4. Abrichten und Instandhalten von Diamantmetallwerkzeugen. . 372
     5. Vergleich verschiedener Bindemittel bei Diamantwerkzeugen . 372
18. Kapitel: Zahnamalgame.................... 373
   A. Das Kupferamalgam .................... 374
   B. Die Edelmetallamalgame .................. 374
     1. Zusammensetzung und Herstellung der Amalgame ...... 374
     2. Die mechanischen Eigenschaften der Silber-Zinn-Amalgame . . 376
     3. Vorgänge bei der Erhärtung von Amalgamen ........ 377
Ausblick............................ 379
**Schrifttumsergänzungen zur zweiten Auflage** ............ 382
**Namenverzeichnis** ....................... 388
**Sachverzeichnis**........................ 392

Erster Teil.
# Einführung – Ausgangsstoffe – Arbeitsverfahren der Pulvermetallurgie.

## 1. Kapitel.
## Begriffsbestimmungen – Geschichtliche Entwicklung – Gründe für die Anwendung der Pulvermetallurgie.

Seit sich der Mensch die Metalle für Waffen und Gebrauchsgegenstände nutzbar gemacht hat, ist das Schmelz- und Gießverfahren der fast ausschließlich beschrittene Weg geblieben, Metalle und Legierungen einer Weiterverarbeitung durch Feuerschweißen, Hämmern und Schmieden zugänglich zu machen. Erst in neuerer Zeit hat sich in Fortführung der Technik des Feuerschweißens und in Anlehnung an die jahrtausendealten Verfahren der Keramik ein neues Gebiet der angewandten Metallkunde entwickelt, das den Schmelz- und Gießweg vermeidet. Dieses Gebiet umfaßt die Herstellung von metallischen Formkörpern aus Pulvern von Metallen, Metalloiden und Metallverbindungen und wird meistens mit dem Ausdruck „Pulvermetallurgie"[1] bezeichnet. Da die Metallkörper aus Metallpulvern durch Pressen und Sintern gewissermaßen aufgebaut werden (Metallpulversynthese), wählte F. Sauerwald den Ausdruck „Herstellung synthetischer Metallkörper" (2, 3). F. Skaupy (4, 5) prägte wegen der Ähnlichkeit der Methoden der Pulvermetallurgie mit denen der Keramik den Ausdruck „Metallkeramik", der neuerdings in Fachkreisen gegenüber dem umfassenderen Begriff „Pulvermetallurgie" mehr in den Hintergrund tritt (6).

Ziel der Pulvermetallurgie ist die Überführung der Pulver von Metallen, Metalloiden oder Metallverbindungen durch Druck und Wärme in feste Metallkörper, ohne sie zu erschmelzen. Die Warmbehandlung, auch „Sinterung" genannt, die das Schmelzen ersetzt, findet meist bei Temperaturen unterhalb des Schmelzpunktes des betreffenden Metallpulvers oder des am höchsten schmelzenden Bestandteiles eines Pulvergemisches statt. Da dem Sinterungsvorgang der Preßkörper, metallurgisch gesehen, die wesentlichste Bedeutung zukommt, spricht man gelegentlich auch

---
[1] In den angelsächsischen Ländern ist dieser Ausdruck ausschließlich im Gebrauch (1).

2 Einführung — Ausgangsstoffe — Arbeitsverfahren der Pulvermetallurgie.

von „Sintermetallurgie". Dieser Ausdruck ist aus dem Grunde abzulehnen, weil er zwar das Sintern berücksichtigt, nicht aber die Pulverherstellung und alle mit ihr zusammenhängenden Fragen mit umfaßt. Man sintert außerdem Erze, ein Arbeitsverfahren, das nicht zur Pulvermetallurgie gerechnet wird.

Das Pressen wird bei Raumtemperatur, manchmal auch bei höheren Temperaturen vorgenommen. Dem „Heißpressen" sind jedoch in seiner praktischen Durchführung infolge der beschränkten Warmfestigkeit der Matrizenwerkstoffe Grenzen gesetzt. Auf dem Sinterwege stellt man nicht nur Halbzeug her, das durch anschließende spanabhebende und spanlose Verformung seine endgültige Gestalt erhält, sondern auch unmittelbar fertige Teile.

Als Vorläufer des Sinterverfahrens ist das Feuerschweißen anzusprechen, eine Technik, die ebenso alt sein dürfte wie die Kenntnis der Menschen von den Metallen überhaupt. Das Feuerschweißen besteht darin, glühende Metallstücke, -körner und -späne durch Aufeinanderlegen und Warmverschmieden zu einem einzigen Stück zu vereinigen. Nach K. Daeves (7) scheint dieses Verfahren schon im Altertum und im Mittelalter bei der Herstellung zähharter Stähle für Waffen (Schwerter usw.) verwendet worden zu sein. Amerikanischen Angaben zufolge sollen auch die Indianer Gold- und Gold-Silber-Schmuckstücke durch Feuerschweißen von Edelmetallkörnern und -staub hergestellt haben (8).

Die geschichtliche Entwicklung der Pulvermetallurgie ist gekennzeichnet durch den Zwang, unter dem sich die Technik des Sinterverfahrens bei der Gewinnung neuartiger Werkstoffe. bedienen mußte.

Um die Wende des 19. Jahrhunderts versuchte man, auch höherschmelzende Metalle, wie beispielsweise Platin (Sm. 1773°) und Iridium (Sm. 2450°), der Technik dienstbar zu machen. Die Anwendung der bis dahin ausschließlich üblichen Verfahren des Schmelzens und Gießens schloß der damalige Stand der Ofenbautechnik aus. Der im Falle des Platins zunächst angewandten Notlösung, Platin über eine niedrigschmelzende Legierung verarbeitbar zu machen (9) — man erschmolz ein Platin-Arsen-Eutektikum, verflüchtigte anschließend das Arsen durch Glühen der Legierung in Sauerstoff —, schloß sich ein ganz neuartiges Verfahren an. Man stellte Platinpulver und -schwamm durch chemische Verfahren aus den Erzen her, verpreßte die pulverförmigen Fällungserzeugnisse unter hohem Druck und erhitzte sie anschließend, wodurch es gelang, die Preßkörper zu „metallisieren". R. Knight (10) gelang zuerst die Darstellung von schmiedbarem Platin aus zusammengepreßtem Platinpulver, das er durch Glühen von Platinsalmiak gewann. Nach dem von Knight entwickelten Verfahren stellte Th. Cock (10) bereits im Jahre 1809 eine 13 kg schwere Platinretorte her, die zur Schwefelsäurekonzentration diente. Das Sinterverfahren, das W. H. Wollaston (11) im Jahre

1829 für Platin eingehender beschrieb, wurde 1848 von J. W. Staite (12) bei der Reindarstellung von Iridium und 1909 von C. Coolidge (13) bei der Herstellung von duktilem Wolfram angewandt.

Soweit sich ermitteln läßt, stellen die ungefähr im Jahre 1826 von der Kaiserlich-Russischen Münze in den Handel gebrachten Platinrubel die erste industrielle Anwendung der Pulvermetallurgie dar. Abb. 1 zeigt eine Sammlung dieser alten russischen Münzen, die bis zum Jahre 1865 geprägt und später von geschmolzenen Gold- und Silbermünzen abgelöst wurden. Bemerkenswert ist die gute Oberfläche und die einwandfreie Prägung der Münzen. Vergoldete Platinmünzen wurden, da Platin nur ungefähr Silberpreis hatte, zu Fälschungen von Goldrubeln verwendet. Auch die in Spanien hergestellten vergoldeten Platinmünzen (Abb. 2) dürften auf dem Sinterwege gewonnen sein.

Abb. 1. Gesinterte russische Platinmünzen (Werksaufnahme Platinschmelze Siebert, Hanau/Main).

In der ersten Hälfte des vorigen Jahrhunderts wurden für Zahnfüllungen erstmalig knetbare Metallamalgame verwendet. Da dieser Werkstoff durch Verkneten von Metallpulvern (Au, Ag, Sn usw.) mit Quecksilber gewonnen wurde, muß man ihn zu den ältesten Erzeugnissen der Pulvermetallurgie rechnen.

Schon frühzeitig hat man sich damit beschäftigt, Legierungen aus Pulvergemengen lediglich durch Druckanwendung herzustellen. Zu erwähnen sind besonders die Untersuchungen von W. Spring (14), bei denen durch Zusammenpressen von Feilspänen oder feinem Pulver zweier Metalle legierungsartige Massen gewonnen wurden. W. Spring stellte aus Feilspänen von Wismut, Blei, Kadmium und Zinn unter einem

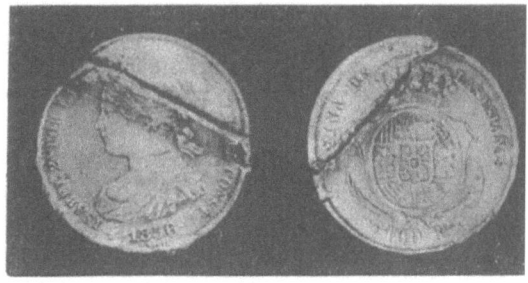

Abb. 2. Vergoldete spanische Platinmünzen (S. C. Ogburn).

4  Einführung — Ausgangsstoffe — Arbeitsverfahren der Pulvermetallurgie.

Druck von 7500 kg/cm² Preßkörper im Verhältnis der Woodschen Legierung her, die erneut durch Feilen zerkleinert und anschließend wieder verpreßt wurden. Die physikalischen Eigenschaften, wie Dichte, Härte, Sprödigkeit, Farbe und Bruchgefüge, entsprachen vollkommen der echten Woodschen Legierung. Der Schmelzpunkt der synthetischen Legierung lag bei 70° gegenüber 65° für die erschmolzene Woodsche Legierung. In ähnlicher Weise stellte W. Hallock (15) neben der Woodschen Legierung aus Gemischen von Blei-, Wismut- und Zinnfeilspänen die Rosesche Legierung her, indem er die locker gepreßte Pulvermischung längere Zeit kurz oberhalb des zu erwartenden Schmelzpunktes der Legierung erhitzte. W. Spring stellte überdies durch fünf- bis sechsfaches Zerfeilen und Pressen von Kupfer-Zink-Feilspänen Preßkörper her, die messingähnlichen Charakter aufwiesen, jedoch etwas dunkler waren als gewöhnliches Messing.

Es ist klar, daß es sich bei den thermisch unbehandelten Preßlegierungen von W. Spring um mehr oder minder feine mechanische Gemenge und nicht um echte Legierungen gehandelt hat, da eine merkliche Diffusion erst bei höheren Temperaturen eintritt. G. Masing (16) und G. Tammann (17) stellten Untersuchungen an über die Bildung von Legierungen durch Druck und über die Reaktionsfähigkeit der Metalle im festen Zustand. An Hand von Erhitzungs- und Abkühlungskurven konnte der Nachweis bei den verschiedensten metallischen Systemen, die aus Metallpulvern zusammengesetzt wurden, erbracht werden, daß eine Legierungsbildung und Erreichung des Gleichgewichtszustandes schon weitgehend im festen Zustand, allerdings erst von bestimmten Temperaturen ab, eintreten kann.

Diesen Untersuchungen über die Legierungsbildung von Metallpulvern im festen Zustand, denen eine mehr theoretische Beachtung zukommt, folgte um die Jahrhundertwende die industrielle Erzeugung der hochschmelzenden Metalle Wolfram (Sm. etwa 3400°) und Molybdän (Sm. etwa 2600°) nach dem Sinterverfahren. Bei der Erzeugung von Drähten und Blechen aus den hochschmelzenden Metallen Wolfram und Molybdän traten weit größere Schwierigkeiten auf als bei der Gewinnung des Sinterplatins mit dem noch verhältnismäßig niedrigen Schmelzpunkt von 1770°. Nur so ist es zu verstehen, daß von der Einführung der Metallsinterung bis zur Anwendung der Pulvermetallurgie im großtechnischen Maßstab zur Gewinnung von reinem Wolfram und Molybdän fast hundert Jahre verstrichen sind. Zwecks Gewinnung duktilen Wolframs versuchten A. Just und F. Hanamann (18), Wolframpulver durch Zusatz von organischen Substanzen in plastische Massen überzuführen, die sich zu Fäden verspritzen ließen und deren Bindemittel durch anschließendes Glühen verflüchtigt wurden. In ähnlicher Weise war im Jahre 1897 K. Auer von Welsbach schon bei der Erzeugung von

Osmiumdrähten vorgegangen (19). Auch durch Herstellung von Verbundmetallen aus Wolfram-Kupfer-Nickel (20) oder Hinzufügen von Amalgamen zu Wolframpulver (4) versuchte man, verformbare Wolfram-Pseudolegierungen zu schaffen. Stäbe oder Drahte aus diesen Legierungen wurden später durch Erhitzung im direkten Stromdurchgang von den Verunreinigungen befreit.

Das Hauptverdienst, die mannigfachen Schwierigkeiten beseitigt zu haben, die sich der Herstellung und Verarbeitung der genannten Metalle mit den höchsten Schmelzpunkten entgegenstellten, gebührt fast ausschließlich der Glühlampen- und Elektroindustrie, die die Metalle Wolfram und Molybdän in großem Umfange in Form von Drähten, Blechen und Bändern verbraucht. Überdies muß anerkannt werden, daß die gleichen Industriezweige auch in der Folgezeit die Weiterentwicklung der Pulvermetallurgie vorwärtstrieben und Anwendungen aufzeigten, die heute unbestrittene Gebiete der Pulvermetallurgie sind und ihr einen bleibenden Platz in der Technik sichern. Zu nennen sind in diesem Zusammenhang die Sinterhartmetalle, die Kohlebürsten und die Verbundmetalle, die als Kontaktbaustoffe angewendet werden.

Das Herunterziehen der harten Wolframstäbe zu feinen Drähten stellte an das Ziehwerkzeug außerordentlich hohe Ansprüche, denen nur der teure Diamant gewachsen war. Der Wunsch, ihn durch einen billigeren Werkstoff zu ersetzen, führte zu eingehendem Studium der künstlichen Hartstoffe, insbesondere der Metallkarbide. In Anlehnung an die Untersuchungen von H. Moissan (21) und O. Hönigschmid (22) über die Eigenschaften von hochschmelzenden Metallen, Karbiden und Siliziden versuchte man zuerst, geschmolzenes Wolframkarbid als Ziehsteinwerkstoff zu verwenden (23). Wegen der stark schwankenden Eigenschaften des geschmolzenen Karbids (Lunker, grobes und sprödes Gußgefüge, mehr oder weniger starke Graphiteinlagerungen) ging H. Lohmann (24) dazu über, feingepulvertes Wolframkarbid dicht unterhalb des Schmelzpunktes zu sintern. Da die Bruchfestigkeit des gesinterten reinen Wolframkarbides noch unzureichend war, setzte K. Schröter (25) dem Wolfram-Monokarbid (WC) mit großem Erfolg Kobaltmetallpulver als zähes Bindemittel zu. Er erreichte so auf dem Sinterwege die glückliche Vereinigung der Härte des Wolframkarbides mit den metallischen Eigenschaften des zähen Kobalts und legte so den Grundstein zur Entwicklung der modernen Sinterhartmetalle. Die Bruchfestigkeit der geschmolzenen Karbidlegierungen wurde durch das verbundmetallartige Gefüge der Sinterhartmetalle von 20 bis 30 kg/mm$^2$ auf 120 bis 180 kg/mm$^2$ gesteigert.

Geschichtlich gesehen geht die Entwicklung einiger weiterer Sintererzeugnisse, nämlich der Kontaktbaustoffe, der porösen Lager und der Diamantmetallegierungen miteinander parallel. Aus der

6  Einführung — Ausgangsstoffe — Arbeitsverfahren der Pulvermetallurgie.

Reihe der Kontaktbaustoffe traten zuerst mit der Entwicklung der Dynamomaschinen und Elektromotoren die gesinterten **Metallkohlen**, die aus Kupfer-Graphit bestanden, in Erscheinung. Eine sprunghafte Entwicklung nahmen die Kontaktbaustoffe in den Jahren zwischen 1930 und 1940 (26, 27). Das metallurgische Problem, das sich bei der Herstellung gesinterter Kontaktbaustoffe bot, bestand darin, an sich nicht legierbare Komponenten, deren Vereinigung aus elektrischen Gründen erwünscht war, miteinander zu kombinieren. (Beispiele: Kupfer und Graphit; Metalle mit stark unterschiedlichem Schmelzpunkt — Wolfram, Molybdän einerseits, Kupfer, Silber andererseits — usw.) Auf dem Sinterwege gelang es, im Falle der Metallkohlen die gute Leitfähigkeit des Kupfers mit der hervorragenden Gleitfähigkeit des Graphits, im Falle der Verbundkontaktstoffe die gute Abbrandfestigkeit und Härte des Wolframs bzw. Molybdäns mit der guten Leitfähigkeit der Metalle der Kupfergruppe zu verbinden.

Die Bedeutung eines porigen Gefügeaufbaues und die Eignung poröser Formkörper als Filter oder, getränkt mit Öl, für Lagerzwecke wurde schon 1908 (28) erkannt. In nennenswertem Umfang führten sich derartige, wiederum nur auf dem Sinterwege zu gewinnende Werkstoffe erst ab 1930 als sogenannte „selbstschmierende Lager" auf der Kupfer-Zinn-Basis ein.

Das Bedürfnis, den Diamanten als idealen Hartstoff in Feinpulverform der Schleiftechnik nutzbar zu machen, führte nach mechanischen Einbettungsversuchen des Diamantkorns in geschmolzene, metallische Grundmassen zur pulvermetallurgischen Herstellung der Diamantmetalllegierungen durch Einsinterung feinen Diamantboarts in Metallpulver verschiedener Art und Zusammensetzung (29, 30).

Als kurze Zusammenfassung der Ausführungen über die geschichtliche Entwicklung der Pulvermetallurgie sind die einzelnen Werkstoffe in Zahlentafel 1 nach der zeitlichen Aufeinanderfolge ihres Erscheinens in der Technik aufgeführt.

Alle bis jetzt besprochenen Sinterwerkstoffe weisen als gemeinsames Merkmal die Zwangsläufigkeit der Anwendung pulvermetallurgischer Verfahren zu ihrer Gewinnung auf. In keinem Falle wären die genannten Werkstoffe denkbar, wenn man in der Metallurgie noch ausschließlich an das Schmelz- und Gießverfahren gebunden gewesen wäre.

Die Pulvermetallurgie löste so in vollendeter Weise folgende Aufgaben: Die Erzeugung von

1. hochschmelzenden Metallen in duktiler Form,
2. plastischen metallischen Stampfmassen (Zahnamalgamen),
3. zähen Hartmetallen in Form von Metallkarbid-Hilfsmetall-Legierungen mit verbundmetallartigem Gefüge,

Gründe für die Anwendung der Pulvermetallurgie.

4. Verbundkörpern aus nicht oder schwer mischbaren Komponenten,
5. Lagern oder Filtern mit porösem Gefügeaufbau.

In neuester Zeit haben sich Sinterverfahren in zunehmendem Maße auch dort eingeführt, wo kein unmittelbarer Zwang dafür bestand.

Zahlentafel 1. Geschichtliche Entwicklung der Pulvermetallurgie.

| Werkstoffe | Zeit des ersten Auftretens | Mit der Entwicklung verknüpfte Namen |
|---|---|---|
| Feuergeschweißte Waffen und Schmuckstücke aus Stahl- und Eisenpulver sowie aus Edelmetallen | Altertum bis Mittelalter | Hethiter, Inder, Ägypter, Babylonier, Indianer |
| Sinterplatin | 1809 | Knight, Cock, Wollaston |
| Zahnfüllungen aus Metallamalgamen | 1855 | Townsend |
| Stampflegierungen, Woodsches Metall und Rosesches Metall aus Feilspänen | 1878—1880 | Spring, Hallock |
| Osmiummetall nach dem Pasteverfahren | 1897 | Auer v. Welsbach |
| Metallkohlen | Um 1900 | — |
| Hochschmelzende Metalle, Molybdän und Wolfram | 1900—1910 | Just und Hanamann, Coolidge, Fink, Skaupy usw. |
| Poröse Formkörper | 1908 | Löwendahl D.R.P. 218 887 |
| Gleichgewichtsuntersuchungen an Zweistoffsystemen aus Stampfmetallen und Feilpulvern | 1909 | Tammann, Masing |
| Gesinterte Metallkarbide (WC, $Mo_2C$) ohne Hilfsmetalle | 1914—1917 | Voigtländer und Lohmann |
| Wolfram/Platin-, Wolfram/Kupfer-, Wolfram/Silber-Verbundmetalle | 1917—1921 | Gebauer (A.P. 1 223 322) |
| Gesintertes Wolframmonokarbid (WC) mit Hilfsmetallen der Eisengruppe | 1922 | Schröter |
| Stärkere Entwicklung der porösen Bronzelager | Um 1930 | — |
| Sintermagnete | 1934—1941 | D.R.P. 679 594, Howe, Kieffer, Hotop, Ritzau, Kalischer |
| Poröse Eisenlager und Maschinenteile aus Eisen- und Stahlpulver | 1935—1941 | — |

8 Einführung — Ausgangsstoffe — Arbeitsverfahren der Pulvermetallurgie.

Selbstverständlich entschloß man sich auch in solchen Fällen nicht grundlos zu einem Verfahren, das auf den ersten Blick umständlicher und teurer erscheint. Bekanntlich ist in der Hochvakuumtechnik höchste Reinheit und Gasfreiheit der metallischen Bauteile wünschenswert bzw. in den meisten Fällen unerläßlich. Beim Schmelz- und Gießvorgang läßt sich aber eine gewisse Verunreinigung des Schmelzgutes nicht nur durch notwendige Zusätze beim Desoxydieren der Schmelze, sondern auch durch Aufnahme von Fremdbestandteilen aus dem Tiegelwerkstoff nicht vermeiden. Durch Sinterung reinster Metallpulver in geeigneter Gasatmosphäre gelang es, vakuumtechnisch hervorragende **Reinstmetallwerkstoffe**, wie z. B. Sintereisen, Sinternickel und gesinterte Eisen-Nickel-Molybdän- bzw. Eisen-Nickel-Kobalt-Legierungen, zu erzeugen (31).

Läßt sich ein Werkstoff nur schwierig und mit hohem Ausschuß vergießen und nach dem Gießen zudem schlecht schmieden, so kann sich die Herstellung von fertigen Formkörpern aus Metallpulvern wirtschaftlicher gestalten. Als Vorteil kommt dann hinzu, daß durch Sintern ein feinkörniges Gefüge erzielt werden kann, das in physikalischer Hinsicht wertvoller ist als das oft grobkörnige Gefüge von Gußkörpern. Auf Grund der jüngsten Entwicklung scheint es so, als ob die im Gußzustand spröden, grobkörnigen **Eisen-Nickel-Aluminium-Dauermagnetlegierungen** ein wichtiger und aussichtsvoller Vertreter dieser Gruppe werden sollten (32).

Bei der Massenfertigung von Werkzeugteilen kann das Sinterverfahren besonders zweckmäßig sein, weil es bei ihm praktisch keinen Abfall gibt und Zeit, Kosten und Maschinen für spanabhebende Bearbeitung gespart werden können. In Amerika sind Anfänge für eine **pulvermetallurgische Massenherstellung von einfachen Fertigteilen** aus Bronze-, Messing-, Eisen- und Stahlpulvern für die Maschinen- und Automobilindustrie vorhanden (33, 34).

Faßt man die Fälle **freiwilliger Anwendung** der Pulvermetallurgie zusammen, so ergeben sich folgende Vorteile:
1. Verbesserung mechanischer und physikalischer Eigenschaften (Kornverfeinerung, Lunkerfreiheit, Steigerung der Bruchfestigkeit, bessere Zerspanbarkeit usw.),
2. Ersparnismöglichkeiten in der Fertigung (geringe Nacharbeit),
3. hohe Materialausbeute, kleiner Schrottanfall.

Da im Anfang der Entwicklung der Pulvermetallurgie der Zwang zur Anwendung ihrer Verfahren bestimmend war, für die jüngste Entwicklung dagegen die Freiwilligkeit immer stärker in den Vordergrund tritt, sind in Zahlentafel 2 die Gründe für die zwangsläufige und freiwillige Anwendung pulvermetallurgischer Verfahren für die wichtigsten Sinterwerkstoffe zusammengestellt.

Zahlentafel 2. **Gründe für die Anwendung der Pulvermetallurgie.**
a) Schmelzen unmöglich, Pulvermetallurgie muß angewandt werden.

| Aufgabenstellung | Werkstoffe und Anwendungsbeispiele | Gründe für die Anwendung pulvermetallurgischer Herstellungsverfahren |
|---|---|---|
| Gewinnung duktiler Metalle mit sehr hohen Schmelzpunkten | Wolfram, Molybdän, Tantal, Niob | 1. Sehr hoher Schmelzpunkt, Schmelzen und Gießen in großtechnischem Maßstab unmöglich<br>2. Unerwünschte, starke Reaktion der hochschmelzenden Metalle mit der Tiegel- bzw. Ofenkeramik<br>3. Starke Löslichkeit der geschmolzenen Metalle für Gase |
| Vereinigung unzersetzter, hochschmelzender Hartstoffe (Karbid) mit einem zähen, metallischen Bindemittel | Gesinterte Hartmetalle u. Hartstofflegierungen | 1. Herstellung eines verbundmetallartigen Gefüges aus Hartstoffen und zähen Bindemetallen<br>2. Im Schmelzfluß zerfallen die wichtigsten Karbide (z. B. WC); Graphitabscheidungen, spröder Guß |
| Gewinnung von Werkstoffen mit Porengefüge und Kapillarstruktur | Poröse Lager, Metallfilter, Diaphragmen, Dochte usw. | 1. Schwammartiges, gleichmäßiges Porengefüge, bei dem die einzelnen Poren kapillar miteinander in Verbindung stehen, auf dem Schmelzweg nicht erreichbar<br>2. Porenvolumen und -größe müssen in weiten Grenzen regulierbar sein |
| Vereinigung von mehreren Elementen zu „Pseudolegierungen", in denen die kennzeichnenden Eigenschaften jeder Komponente erhalten bleiben | α) Gesinterte Kontaktbaustoffe auf der Basis W-Mo einerseits, Cu-Ag andererseits<br><br>β) Metallkohlen; massive Lager auf der Basis Metall-Graphit<br><br>γ) Diamantmetalllegierungen | α)<br>1. Starke Schmelzpunktunterschiede<br>2. Keine oder nur geringe Löslichkeit der Komponenten im flüssigen Zustand<br>β)<br>1. Starke Schmelzpunktunterschiede<br>2. Starke Unterschiede im spez. Gewicht<br>3. Keine oder nur geringe Löslichkeit im flüssigen Zustand<br>γ)<br>1. Starke Schmelzpunktunterschiede<br>2. Starke Unterschiede im spez. Gewicht<br>3. Angriff des Hartstoffes durch flüssiges Metall<br>4. Gleichmäßige Einbettung des feinkörnigen Hartstoffes in metallische zähe Grundmasse auf dem Schmelzwege unmöglich |

10 Einführung — Ausgangsstoffe — Arbeitsverfahren der Pulvermetallurgie.

Zahlentafel 2 (Fortsetzung).
a) Schmelzen unmöglich, Pulvermetallurgie muß angewandt werden.

| Aufgabenstellung | Werkstoffe und Anwendungsbeispiele | Gründe für die Anwendung pulvermetallurgischer Herstellungsverfahren |
|---|---|---|
| Herstellung von Legierungen aus einem Metall mit hohem Schmelzpunkt und einem mit hohem Dampfdruck | Fe, Co, Ni usw. einerseits, Zn, Cd, Sn, Pb usw. andererseits | Das eine Metall befindet sich bei der Schmelztemperatur des anderen im gasförmigen Zustand |
| Gewinnung von plastischen Metallmassen zur restlosen Ausfüllung beliebiger Hohlräume | Amalgame für Zahnplomben | 1. Plastische Metallmassen auf dem Schmelz- und Gießwege nicht herstellbar |

b) Schmelzen möglich, Pulvermetallurgie kann vorteilhaft angewandt werden.

| Nachteilige Eigenschaften der auf dem Schmelzwege erzeugten Werkstoffe | Werkstoffe und Anwendungsbeispiele | Vorteile bei Anwendung der Pulvermetallurgie |
|---|---|---|
| 1. Reinheit begrenzt (Desoxydationsmittel, Reaktion mit Tiegelwerkstoffen) <br> 2. Reinheit nur umständlich und teuer zu erreichen (Schmelzen im Vakuum, Vakuumdestillation) <br> 3. Gleichbleibende Zusammensetzung von Legierungschargen kaum zu erreichen <br> 4. Schwankungen physikalischer Eigenschaften, z. B. der elektrischen Leitfähigkeit und der magnetischen Werte | Reinstmetalle und Reinstmetallegierungen der Edelmetalle und der Metalle der Eisengruppe Werkstoffe für die Hochvakuumtechnik, Bimetalle, Plattierungen | 1. Vermeidung jeglicher Verunreinigung beim Schmelzen durch Desoxydationsmittel und Aufnahme von Gasen sowie durch Reaktion mit Tiegelwerkstoff <br> 2. Verbesserung der mechanischen und physikalischen Eigenschaften (Dehnung, Tiefungswert nach Erichsen, elektrische Leitfähigkeit usw.) <br> 3. Größte Gleichmäßigkeit der physikalischen Eigenschaften <br> 4. Leichte Einstellung konstanter Zusammensetzung bei Legierungen |
| 1. Schlechte und unwirtschaftliche Vergießbarkeit, insbes. bei kleinen Formen <br> 2. Neigung zur Lunkerbildung <br> 3. Großer Schrottanfall <br> 4. Große Sprödigkeit, geringe Bruchfestigkeit wegen grobkörnigen Gefüges <br> 5. Schmieden und Walzen praktisch unmöglich <br> 6. Spanabhebende Bearbeitung durch Drehen, Fräsen usw. schwierig oder unmöglich | Eisen-Nickel-Aluminium-Dauermagnete, Legierungen von Metallen der Eisengruppe mit hohen Gehalten an Metallen der Chromgruppe (z. B. Fe-Ni-Mo und Co-W-Leg.) Hochlegierte spröde Stähle, z. B. Heizleiterlegierungen aus Fe-Cr-Al. | 1. Feinkörniges Gefüge <br> 2. Gute Bruchfestigkeit <br> 3. Keine Lunker <br> 4. Gleichmäßige Zusammensetzung, daher größte Gleichmäßigkeit in den physikalischen Eigenschaften <br> 5. Schmieden und Walzen in begrenztem Umfang möglich <br> 6. Mittels Hartmetallwerkzeugen spanabhebend bearbeitbar (Drehen, Fräsen, Hobeln, Bohren) <br> 7. Geringe Toleranzen bei den Sinterrohlingen, daher geringfügige oder keine Nacharbeit |

## Zahlentafel 2 (Fortsetzung).
b) Schmelzen möglich, Pulvermetallurgie kann vorteilhaft angewandt werden.

| Nachteilige Eigenschaften der auf dem Schmelzwege erzeugten Werkstoffe | Werkstoffe und Anwendungsbeispiele | Vorteile bei Anwendung der Pulvermetallurgie |
|---|---|---|
| 7. Erforderliche Nacharbeit der Gußrohlinge wirtschaftlich nur durch Schleifen möglich | | 8. Kein Schrottanfall<br>9. Weitgehende Ausnutzung der eingesetzten Rohstoffe, hohe Ausbeute |
| 1. Nicht unerhebl. Zeit- und Kostenaufwand durch spanlose und spanabhebende Bearbeitung<br>2. Großer Schrottanfall<br>3. Höhere Kosten beim Spritz- und Preßgußverfahren, falls bisher in gewissen Fällen angewandt | Kleine Maschinenteile (Massenartikel) aus Eisen, Stahl, Bronze usw. Massenherstellung von kleinen Halbzeug- oder Fertigwarenteilen aus Eisen, Stahl, Bronze, Messing usw. | 1. Fertigungstechnische Vorteile<br>2. Geringe Nacharbeit<br>3. Geringer Schrottanfall<br>4. Zerspanungstechnische Vorteile durch Beeinflussung des Gefügeaufbaues und der chemischen Zusammensetzung |

## Literatur zum 1. Kapitel.

(1) Vgl. Jones, W. D.: Principles of Powder Metallurgy. Verlag E. Arnold & Co., Lond. 1937.
(2) Sauerwald, F., u. E. Jaenichen: Z. Elektrochem. 30 (1924) S. 175/80.
(3) Sauerwald, F.: Lehrbuch der Metallkunde, des Eisens und der Nichteisenmetalle, S. 18. Verlag Springer, Bln. 1929.
(4) Skaupy, F.: Metallkeramik. Verlag Chemie, Bln. 1930.
(5) Vgl. Skaupy, F.: Metallwirtsch. 21 (1942) S. 64.
(6) Vgl. Kohlmeyer, E. J.: Metallwirtsch. 21 (1942) S. 102.
(7) Daeves, K.: Rdsch. dtsch. Techn. 20 (1940) Nr. 26 S. 1/2.
(8) Vgl. Wulff, J.: Metal Progr. 38 (1940) S. 665/68 u. 720.
(9) Achard, F. C.: Leichte Methode, Gefäße aus Platin zu bereiten. Mem. Akadem., Bln. 1779.
(10) Vgl. Ullmann: Enzyklopädie der technischen Chemie, 2. Ausgabe, Bd. 8, S. 480/81. Verlag Urban & Schwarzenberg, Bln.-Wien 1931.
(11) Wollaston, W. H.: Phil. Trans. roy. Soc. Lond. 119 (1829) S. 1/8.
(12) E.P. 12212 (1848).
(13) Coolidge, C.: J. Amer. Inst. Electr. Engng. 29 (1910) S. 953.
(14) a) Spring, W.: Bull. Acad. Belg. 49 (1880) S. 323/79.
  b) — Ann. Chem. Phys. 22 (1881) S. 170/217.
  c) — Ber. dtsch. chem. Ges. 15 (1882) S. 595/97.
(15) Hallock, W.: Z. phys. Chem. 2 (1888) S. 378/79.
(16) Masing, G.: Z. anorg. allg. Chem. 62 (1909) S. 265/309.
(17) Tammann, G.: Z. Elektrochem. 15 (1909) S. 447/50.
(18) D.R.P. 154262 (1903).
(19) Vgl. Ullmann: Enzyklopädie der technischen Chemie, 2. Ausgabe, Bd. 5, S. 787. Verlag Urban & Schwarzenberg, Bln.-Wien 1931.
(20) Vgl. Smithells, C. J.: Tungsten, S. 8. Verlag Chapmann & Hall, Lond. 1936.
(21) Moissan, H.: Der elektrische Ofen. Verlag M. Krayn, Bln. 1900.
(22) Hönigschmid, O.: Karbide und Silizide. Verlag W. Knapp, Halle 1914.
(23) D.R.P. 286184 (1914).
(24) D.R.P. 289066, 292583, 295656, 295726 (1914).

12  Einführung — Ausgangsstoffe — Arbeitsverfahren der Pulvermetallurgie.

(25) D.R.P. 420689 (1923), 434527 (1925).
(26) A.P. 1223322 (1916).
(27) Vgl. Kieffer, R.: Z. techn. Phys. 21 (1940) S. 35/40.
(28) D.R.P. 218887 (1908).
(29) Vgl. Spies, R.: Werkzeugmaschine 42 (1938) S. 528/38.
(30) Vgl. Rollfinke, F.: Masch.-Bau Betrieb 19 (1940) S. 109/10.
(31) Vgl. Espe, W., u. M. Knoll: Werkstoffkunde der Hochvakuumtechnik. Verlag Springer, Bln. 1936.
(32) a) Vgl. D.R.P. 679594 (1934).
    b) Vgl. Kieffer, R.: Metall u. Erz 37 (1940) S. 67/70 u. 88/92.
    c) Vgl. Kieffer, R., u. W. Hotop: Stahl u. Eisen 60 (1940) S. 517/27.
    d) Vgl. Howe, G. H.: Iron Age 145 (1940) S. 27/31.
    e) Vgl. Ritzau, G.: Wiss. Veröff. Siemens-Konz., Werkstoff-Sonderheft Bln. (1940) S. 37/43.
    f) Vgl. Hotop, W.: Stahl u. Eisen 61 (1941) S. 1105/09.
    g) Vgl. Kalischer, P. R.: Trans. Amer. Inst. min. metallurg. Engrs. Techn. Publ. 1302, S. 7; Metals Techn. 8 (1941) Nr. 5.
(33) a) Vgl. Comstock, G. J.: Iron Age 143 (1939) S. 40/41 u. 64.
    b) Vgl. — Mech. Engng. 60 (1938) S. 801/06.
(34) Vgl. Goetzel, C. G.: Werkstatttechnik (1937) S. 446/49.

2. Kapitel.

## Die Metallpulver.

Die Ausgangsstoffe der Pulvermetallurgie sind die Pulver von Metallen, Legierungen, Metallverbindungen und Metalloiden. Zur Gewinnung dieser Pulver gibt es eine Reihe von Verfahren, die in mehr oder minder großem Umfange industriell angewandt werden. Bei den Verfahren, die teils mechanischer, teils physikalisch-chemischer Natur sind, dienen als Rohstoffe Metalle, Legierungen und Metallverbindungen. Die einzelnen Verfahren weisen hinsichtlich der Gleichmäßigkeit der Körnung, der Korngröße und Gestalt der Pulverteilchen große Unterschiede auf. Auf diese Eigenschaften wird im Teil B dieses Kapitels eingegangen.

### A. Herstellung der Pulver.

#### 1. Mechanische Verfahren.

**a) Grob- und Feinzerkleinerung.** Ein sehr einfaches Verfahren zur Erzeugung von Metallpulvern, das schon frühzeitig für verschiedene Zwecke angewandt wurde, besteht in dem maschinellen Ablösen kleiner Metallteilchen vom kompakten Metall durch Abdrehen, Schaben, Fräsen und Feilen. So hergestellte Eisenfeilspäne und so gewonnenes Magnesiumpulver finden aber in der Pulvermetallurgie keine nennenswerte Anwendung. Da auch blättchenartige Pulver aus Messing, Bronze und Aluminium, die in Stampfmühlen erzeugt werden, vorzugsweise als Anstrichfarben, selten dagegen in der Pulvermetallurgie verwendet werden, wird hier auf Einzelheiten ihrer Herstellung nicht eingegangen. Es sei auf die Arbeiten von O. v. Schlenck (1), J. C. Chaston (2), O. Smalley (3) und J. D. Edwards und R. B. Mason (4) verwiesen.

Falls die Ausgangsstoffe für die Pulverherstellung eine genügende Sprödigkeit aufweisen, wird das Feinmahlen in Kugelmühlen vorgenommen. Es erfolgt gewöhnlich auf eine Grobzerkleinerung in Spindelpressen, Kollergängen und Backenbrechern. Abb. 3 zeigt zwei Spindelpressen, wie sie zur Grobzerkleinerung spröder metallischer Werkstoffe verwendet werden; Abb. 4 einen Backenbrecher für den gleichen Zweck. Hartzerkleinerungsanlagen, wie sie in anderen Industrien, beispielsweise in der Zement- oder Schleifscheibenindustrie, üblich sind, kommen in der Pulvermetallurgie nicht zur Anwendung, weil die durchzusetzenden Mengen vergleichsweise gering sind. Als Kugelmühlen sind je nach dem zu verarbeitenden Werkstoff Mühlen aus Hartporzellan mit ebensolchen Kugeln, Stahlmühlen mit Stahlkugeln und in besonders schwierigen Fällen Stahlmühlen mit Stellitausschweißung oder mit Hartmetallauskleidungen und Hartmetallkugeln in Gebrauch. Abb. 5 zeigt eine Kugelmühle, in die eine Auskleidung aus Sinterhartmetall eingelötet ist.

Abb. 3. Spindelpressen zur Grobzerkleinerung spröder Werkstoffe. Mörser und Stempel sind mit Überzügen von harten Auftropflegierungen versehen.

Nur wenige Metalle, z. B. Mangan, Chrom, Antimon, Wismut, sind genügend spröde, um sich in Kugelmühlen zerkleinern zu lassen; man kann aber die Versprödung von an sich schmiedbaren Metallen auf verschiedene Weise erreichen. Erzeugt man z. B. aus möglichst reinem Eisenerz durch direkte Reduktion des Erzes ein Schwammeisen, so läßt sich dieser Metallschwamm ohne weiteres zu fast jeder beliebigen Feinheit in Kugelmühlen vermahlen. Man muß dabei allerdings die Verunreinigung des Pulvers durch Gangart des Erzes, die sich trotz Anwendung von Magnetscheidern nicht ganz beseitigen läßt, in Kauf nehmen (5).

Andererseits läßt sich beispielsweise Eisen unter geeigneten Badverhältnissen auch elektrolytisch in Form eines feinkörnigen, brüchigen

14 Einführung — Ausgangsstoffe — Arbeitsverfahren der Pulvermetallurgie.

Niederschlages (hoher Wasserstoffgehalt) abscheiden (6, 7). Abb. 6 zeigt eine so hergestellte spröde Kathode von Elektrolyteisen. Der Niederschlag auf der Kathode läßt sich leicht entfernen, in Stücke schlagen und anschließend in Kugelmühlen zu gewünschter Feinheit vermahlen. Die einzelnen Pulverteilchen behalten ihre charakteristische tannenbaumartige Struktur bei (Abb. 7). Das nach diesem Verfahren hergestellte Eisenpulver wird hauptsächlich für Massekerne in Hochfrequenz- und Pupinspulen verwendet (8) (vgl. auch Seite 349).

Abb. 4. Backenbrecher.

Nachdem man die Eisen-Nickel-Legierungen als besonders guten, magnetisch weichen Werkstoff erkannt hatte (9), lag das technische Bedürfnis vor, diese Legierungen in Pulverform an Stelle des reinen Eisens für Massekerne einzusetzen. Man machte sich hierbei folgende Eigenschaften der Eisen-Nickel-Legierungen zunutze. Die Eisen-Nickel-Legierungen müssen zur Erzielung einer guten Walz- und Schmiedbarkeit sorgfältig mit Mangan und Magnesium desoxydiert und entschwefelt werden. Unterläßt man den Zusatz dieser beiden Metalle, so kann man oberhalb einer bestimmten Temperatur zwar noch walzen, bei Erreichung einer bestimmten Tiefsttemperatur aber zerbröckelt beim Walzen das Material in kleine Stücke (10).

Abb. 5. Kugelmühle mit eingelöteter Auskleidung aus Sinterhartmetall (Inhalt 40 l; 75 kg Mahlkugeln aus Sinterhartmetall).

Um eine feine Korngröße zu erzielen, bringt man den Block auf hohe Temperatur und leitet ihn durch abgestufte Walzen. Diese sind so angeordnet, daß, sobald die letzte Walze erreicht ist, die Temperatur gerade unter derjenigen liegt, die für die richtige Weiterführung des Walzvorganges erforderlich ist. Dadurch zersplittert das Metall im letzten Walzgang zu kleinsten Stückchen.

Bei der pulvermetallurgischen Herstellung bestimmter Legierungen verwendet man vorteilhaft auch pulverisierte geschmolzene Vorlegierungen, die in ihrer Zusammensetzung zweckmäßig einer spröden intermetallischen Verbindung entsprechen. Beispiele sind Vorlegierungen der Systeme Eisen-Silizium, Eisen-Chrom-, Eisen-Aluminium und Nickel-Titan.

Abb. 6. Spröde Kathoden von Elektrolyteisen. × ⁹/₄
(J. C. Chaston).

Alle Versuche, schmiedbare Metalle in Kugelmühlen zu vermahlen, blieben, wie schon erwähnt, erfolglos, da sich größere Metallkörner dabei lediglich abrunden, die kleineren sich aber leicht an den Kugeln und Mühlenwänden festsetzen. Es bedeutete daher einen großen Fortschritt, als es gelang, in Wirbelschlagmühlen auch zähe Metalle zu Pulvern gewünschter Kornzusammensetzung zu zerkleinern. Das Verfahren, das

Abb. 7. Eisenpulver, durch Vermahlen eines spröden Elektrolyteisenniederschlages gewonnen. × 40
(J. C. Chaston).

sich in der Technik als „Hametag-Verfahren" einführte, wurde in zahlreichen Patenten von E. Podszus beschrieben (11). Es findet Anwendung bei der Erzeugung von Pulvern aus den zähen Metallen Eisen, Kupfer und Aluminium sowie zur Feinstzermahlung grob zerkleinerter spröder Metalle und Legierungen. Abb. 8a und b zeigen eine derartige Wirbelschlagmühle im Prinzip bzw. im Betrieb. Die Wirbelschlagmühle besteht im

16 Einführung — Ausgangsstoffe — Arbeitsverfahren der Pulvermetallurgie.

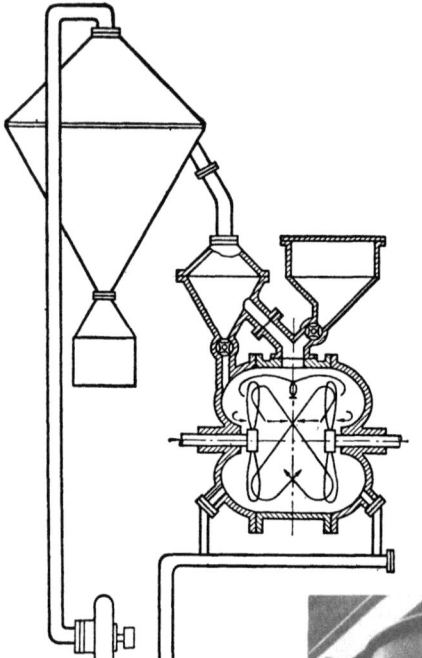

wesentlichen aus einem Behälter, in dem auf einer Welle je 2 einander gegenüberstehende Propeller oder Schläger aus Hartmanganstahl oder Sinterhartmetall angebracht sind. Diese drehen sich in entgegengesetzter Richtung mit sehr hoher, aber zwangsläufig gleicher Geschwindigkeit. Sie zertrümmern dabei mechanisch das Mahlgut und erzeugen überdies zwei gegeneinander gerichtete, sehr schnelle Gasströme, die die Pulverteilchen aufwirbeln. Die Pulverteilchen stoßen hierbei gegeneinander, wodurch eine weitere Zer-

Abb. 8a und b. Hametag-Wirbelschlagmühle (Hartstoff-Metall AG., Bln.-Köpenick).
b) Mühle im Betrieb.

a) Schemazeichnung.

kleinerung bewirkt wird. Die Mühlen können automatisch nachbeschickt werden. Das fertige Mahlgut wird laufend durch Siebe ausgeschieden. Zur Beschickung der Mühlen eignen sich Drahtstücke, Späne, spröde Bruchstücke kompakter Metalle und Legierungen sowie Granulate. Zur Vermeidung von Oxydfilmen auf den Pulverteilchen sowie von

Pulverstaubexplosionen wird meistens in inerter oder reduzierender Atmosphäre (Stickstoff bzw. Leuchtgas) gearbeitet. Durch geeignete Wahl der Abmessungen und Ausbildung der Schläger sowie ihrer Umlaufgeschwindigkeit gelingt es, Pulver verschiedener Körnung und Korngestalt zu erzielen. Meistens haben die Pulverteilchen eine charakteristische „tellerartige" Form (Abb. 9). Die Hametag-Pulver haben ausgezeichnete Preßeigenschaften und finden in der Pulvermetallurgie weitgehende Anwendung, so z. B. Eisenpulver für die Fertigung von Maschinenteilen und porösen Lagern, Eisen-Nickel-Pulver für die Herstellung von Massekernen und Kupferpulver für die Herstellung von Metallkohlen. Die Wirbelschlagmühlen kommen in etwas abgewandelter Form unter dem Namen Schlagstift-, Schlagkreuz- oder Schlagscheibenmühlen in den Handel. Abb. 10 zeigt eine Schlagscheibenmühle im Betrieb.

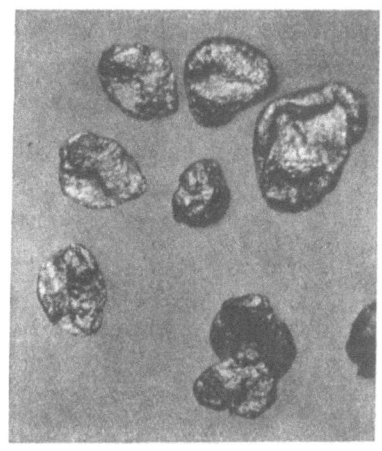

Abb. 9. Nach dem Hametag-Verfahren gewonnenes Eisenpulver mit „Tellerstruktur". × 25.

Der Hauptvorteil der Pulvergewinnung durch die oben genannten Verfahren ist die Einfachheit der Arbeitsweise und die damit verbundene Wirtschaftlichkeit. Nachteilig sind gewisse Verunreinigungen des Pulvers, die vornehmlich aus dem Werkstoff des Mahlaggregates stammen.

b) **Granulieren und Zerstäuben.** Ein sehr billiges und brauchbares Verfahren zur Pulvergewinnung stellt die Körnung (Granulation) von Metallschmelzen dar. Man unterscheidet die Körnung in Wasser und die durch Umrühren geschmolzener Metalle während der Erstarrung.

Abb. 10. Schlagscheibenmühle im Betrieb.

18  Einführung — Ausgangsstoffe — Arbeitsverfahren der Pulvermetallurgie.

Die Körnung durch Gießen geschmolzener Metalle in Wasser ist schon sehr alt. Bleischrot wird beispielsweise durch Tropfen geschmolzenen Bleies auf ein Sieb hergestellt. Während des Fallens in der Luft erkalten die Bleikugeln schon weitgehend und werden dann in dem unter dem Sieb befindlichen Wasserbecken abgeschreckt und gesammelt. Durch Zulegierung von Arsen zu Blei verhindert man die Bildung länglicher Tropfen (12).

Die zweite Art der Körnung beruht auf der Beobachtung, daß manche Metalle zu Pulvern zerbröckeln, wenn sie während der Erstarrung umgerührt werden. Dieses Verfahren wird beispielsweise zur großtechnischen Herstellung von Aluminiumgrobpulver verwendet. Hierbei wird geschmolzenes Aluminium während der Erstarrung maschinell geschüttelt. Kadmium, Zinn und Zink werden manchmal auf die gleiche Art in Pulverform gewonnen. Neuerdings ist auch die Herstellung von gepulverten Legierungen des Bleies mit Zinn, Kadmium, Wismut und Antimon auf

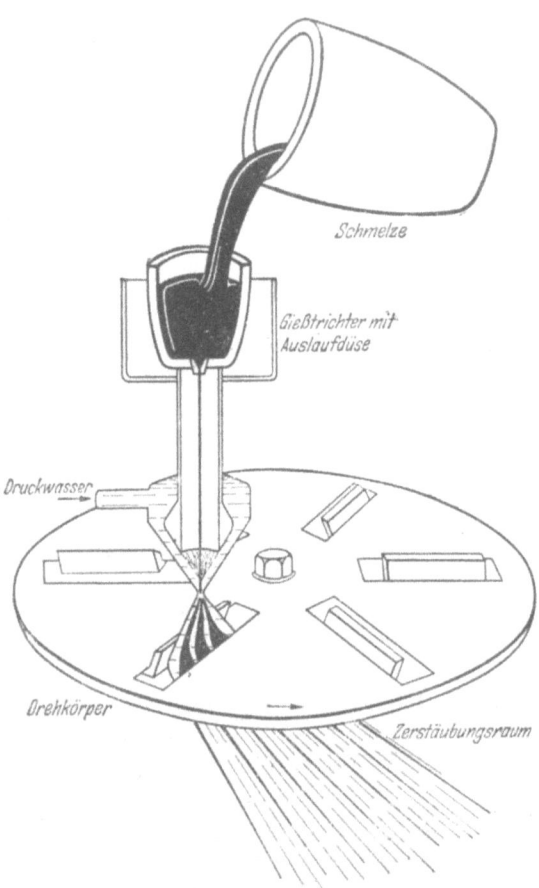

Abb. 11. DPG-Schleuderverfahren (Prinzipzeichnung der Deutsche Pulvermetallurgische Gesellschaft m. b. H., Frankfurt/Main).

diesem Wege von R. W. Rees (13) vorgeschlagen worden. Die Pulvererzeugung wird dabei im Temperaturintervall zwischen Solidus- und Liquiduskurve des Zustandsbildes vorgenommen.

Der Körnung weitgehend ähnlich sind die Verfahren zur Zerstäubung flüssiger Metalle mit oder ohne gleichzeitige Schlagwirkung. Eines dieser Verfahren (ohne Schlagwirkung) beruht darauf, daß man das flüssige Metall durch eine enge Düse fließen läßt und dem Metallstrahl einen Strom von Wasserdampf, Preßluft oder dergl. entgegenleitet. Dabei wird der Metallstrahl zerstäubt und eine schnelle Abkülilung der einzelnen Metallteilchen herbeigeführt. Die Oxydation des Pulvers ist hierbei bemerkenswert gering. Durch Regelung der Dampf- oder Luftgeschwindigkeit oder des Ausfließdruckes der Flüssigkeit kann Pulver verschiedener Korngröße und Gestalt hergestellt werden. Das Verfahren wird vornehmlich zur Gewinnung von Aluminium-, Kupfer- und Eisenpulver angewandt (14).

Neuerdings gewinnt man durch ein Zerstäubungsverfahren mit Schlagwirkung, dem DPG-Schleuderverfahren (15), Pulver beliebiger Korngröße und veränderlicher Korngestalt aus Schmelzen reiner Metalle oder Legierungen. Hierbei wird ein dünner Metallstrahl, der von einem Wassermantel umgeben ist, durch einen schnell rotierenden Drehkörper mit Schlagorganen in feinste Teilchen zerschlagen bzw. zerschleudert (Abb. 11). Dieses Verfahren verdient zweifellos für die Zukunft größte Beachtung; es gelingt dadurch, nicht nur jede beliebige Legierung von mischbaren Bestandteilen zu pulvern, sondern auch solche Metallegierungen, die nur im Schmelzfluß mischbar sind, wie Eisen-Kupfer, Blei-Silber und Kupfer-Blei.

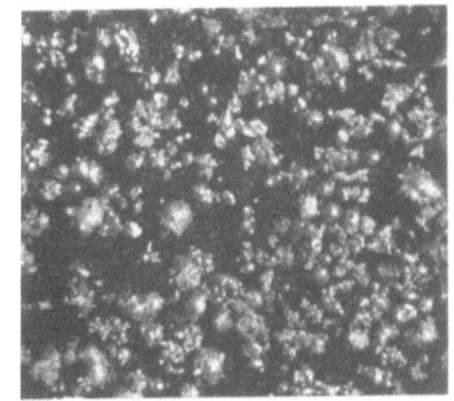
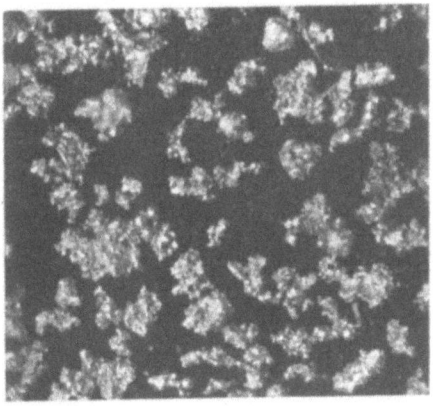

Abb. 12a und b. Eisenpulver, gewonnen nach dem DPG-Schleuderverfahren: a) teilweise kugelig; b) vorwiegend spratzig. × 20.

Abb. 12a und b zeigen nach diesem Verfahren gewonnene Eisenpulver.

## 2. Physikalisch-chemische Verfahren.

**a) Gewinnung aus der Gasphase.** Ein Verfahren der Pulvergewinnung, das sich meist auf solche Metalle beschränkt, die einen niedrigen

20 Einführung -- Ausgangsstoffe — Arbeitsverfahren der Pulvermetallurgie.

Siedepunkt haben, ist die Verdampfung der Metalle und anschließende Kondensation des Metalldampfes. Auf diese Art wird Zinkpulver aus der Gasphase gewonnen. Man reduziert zu diesem Zweck Zinkoxyd in Retorten mit Kohle bzw. Kohlenoxyd zu Zinkdampf, der in Vorlagen niedergeschlagen wird. Bei diesem Verfahren müssen geringe Mengen von Kohlendioxyd oder Sauerstoff in der vorhandenen Kohlenoxydatmosphäre zugegen sein, damit sich die kondensierenden Zinkteilchen mit einem dünnen Zinkoxydfilm bedecken, der ein Zusammenbacken verhütet.

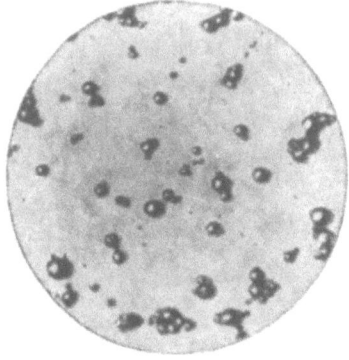

Die Zinkteilchen weisen kugelige Gestalt auf (Abb. 13) und ähneln in ihrer äußeren Form den Karbonylmetallpulvern.

Das „Solutierverfahren" zur Vergasung von Metallen im Lichtbogenofen [„Gasmetallurgie" nach H. Masukowitz (16)], das bereits großtechnisch zur Herstellung von Blei-, Mennige- und Zinkweißpulver angewandt wird, scheint geeignet zu sein, auch Metalle und Metallverbin-

Abb. 13. Zinkpulver. × 50 (W. D. Jones).

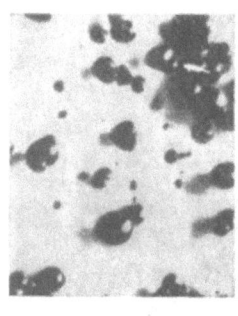 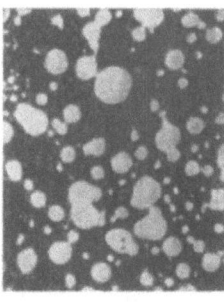 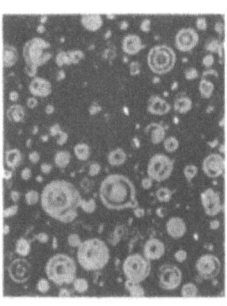

a　　　　　　　　　b　　　　　　　　　c

Abb. 14 a—c. Karbonyleisenpulver: a) in Aufsicht; b) im Anschliff ungeätzt; c) im Anschliff geätzt.
× 1000 (F. Duftschmid, L. Schlecht und W. Schubardt).

dungen mit höherem Schmelzpunkt über die Gasphase in Feinpulverform zu gewinnen.

Für die großtechnische Herstellung von Eisen- und Nickelpulver hoher Reinheit hat sich das Karbonylverfahren hervorragend bewährt (17). Eisen- und Nickelerze werden unter hohem Druck mit Kohlenoxyd umgesetzt und ergeben hierbei flüssige Metallkarbonyle. Die wichtigsten Karbonyle sind das Eisenpentakarbonyl ($Fe(CO)_5$) und das Nickeltetrakarbonyl ($Ni(CO)_4$) (18, 19). Das erste ist bei Zimmertemperatur eine gelbe Flüssigkeit. Es verdampft bei 103° und wird bei weiterer Erhitzung in Eisen und Kohlenoxyd zerlegt. Nickelkarbonyl verdampft schon bei 43° und zerfällt bei höheren Temperaturen leicht in Nickel und Kohlenoxyd. Die Zerlegung der Karbonyle wird in erhitzten Behältern im freien Raum unter Beachtung verschiedener Vorsichtsmaßregeln so vorgenommen, daß die Bildung eines Metallüberzuges an den Wänden des Behälters vermieden wird. Es entsteht Eisen- und Nickelpulver in Form von feinsten Kugeln mit schalenförmigem Aufbau (Abb. 14a—c). Die Korngröße des Pulvers beträgt nur wenige $\mu$. Das Kohlenoxyd wird im Kreislauf der Karbonylerzeugung wieder zugeführt. Da außer Eisen und Nickel auch noch Kobalt, Wolfram, Molybdän und Chrom Karbonyle bilden, könnten gegebenenfalls durch Zerlegung von Karbonylgemengen Legierungspulver der genannten Metalle hergestellt werden.

b) **Reduktion von Metallverbindungen bei hohen Temperaturen.** Wolfram- und Molybdänpulver für die Herstellung von Halbmaterial und Formstücken für die Röhren- und Glühlampenindustrie sowie Kobaltpulver für die Hartmetallherstellung werden vorzugsweise durch Wasserstoffreduktion aus den Oxyden gewonnen. In gleicher Weise werden auch größere Mengen von Eisen-, Nickel- und Kupferpulver hergestellt. Die Reduktionstemperaturen liegen unter dem Schmelzpunkt der Metalle bzw. Metallverbindungen. Durch geeignete Wahl der Teilchengröße der Oxyde, der Reinheit und des Feuchtigkeitsgehaltes des Wasserstoffs, sowie der Temperatur und Zeit der Reduktion sind gewisse Änderungen der Korngröße, Kornform und Korngrößenverteilung möglich. Im allgemeinen führt niedrigere Reduktionstemperatur zu feinerem Pulver. Die Korngröße steigt mit der Reduktionszeit und -temperatur und dem Wassergehalt des Reduktionsgases. Als Reduktionsmittel können Wasserstoff, Kohlenoxyd, Ammoniak und auch Metalldämpfe (z. B. Alkalidämpfe) angewandt werden. Im großtechnischen Maßstab werden die genannten Pulver in Durchsatzöfen gewonnen. Das betreffende Oxyd wird in flachen Schiffchen aus Nickel oder Eisen gegen einen Strom von Wasserstoff langsam durch den Ofen hindurchgeschoben. Abb. 15 zeigt eine Reihe von Durchsatzöfen mit Molybdänheizleitern für die Reduktion von Wolfram- und Molybdäntrioxyd. Gleiche Öfen werden auch für Sinterzwecke verwendet; ihre Arbeitsweise wird im Kapitel 3 näher erläutert. Die Herstellung technisch reiner Metalle kann auch durch Reduktion der Metalloxyde mit fein verteiltem Ruß in gasbeheizten Öfen durchgeführt werden (20).

c) **Reduktion von Salzlösungen und -schmelzen.** Zu den ältesten Verfahren der Pulvergewinnung gehört die chemische Fällung aus Metallsalzlösungen durch Reduktionsmittel. Sie wird für die Gewinnung von Platin-, Gold- und Silberpulver angewandt. Ein weiteres Beispiel ist die

**22** Einführung — Ausgangsstoffe — Arbeitsverfahren der Pulvermetallurgie.

Fällung von Zinnstaub aus salzsauren Zinnchloridlösungen durch Zinkspäne. Als Fällungs- bzw. Reduktionsmittel kann auch vorteilhaft Aluminium verwandt werden. Um die Oxydhäutchen vom Aluminiumpulver zu entfernen und dadurch die Reaktion erst zu ermöglichen, muß man ein Aktivierungsmittel benutzen. Dafür eignen sich schwache Lösungen von Quecksilber-2-Chlorid, Salzsäure oder Alkalichlorid.

Die chemisch gefällten Metalle bilden meistens eine schwammartige Masse, die leicht durch Reiben gepulvert werden kann. Die so gewonnenen

Abb. 15. Durchsatzöfen mit Molybdänheizleitern zur Reduktion von Metalloxyden.

Pulver zeichnen sich nach sorgfältigem Waschen durch besondere Feinheit und Reinheit aus.

Zur Gewinnung von Tantal-, Niob- und Titanpulver sowie Pulvern verschiedener weiterer seltener Metalle (Uran, Thorium, Beryllium, Zirkon) werden geeignete Salze, beispielsweise Chloride, Fluoride oder Doppelsalze der genannten Metalle, im Schmelzfluß mit Alkali- oder Erdalkalimetallen in Bomben umgesetzt. Das Reaktionsprodukt wird mit Wasser ausgelaugt und das gebildete Metallpulver gereinigt (vgl. Seite 254 ff.).

d) **Elektrolytische Gewinnung von Metallpulvern.** Einen großen Raum nimmt die elektrolytische Herstellung von Metallpulvern ein, die teils in wässerigen Lösungen, teils in Salzschmelzen erfolgt. Die Abscheidung aus wässerigen Lösungen hat sich besonders für die Herstellung von Eisen-, Kupfer-, Blei- und Zinnpulver bewährt. Es ist schon erwähnt worden, daß es bei der Elektrolyse gelingt, spröde Niederschläge zu erzeugen, die sich anschließend durch Stampfen und Mahlen leicht weiter zerkleinern lassen. Erwünscht ist aber

Zahlentafel 3. Herstellungsverfahren und Anwendungsgebiete der verschiedensten Pulver.

| Verfahren | Ausgangsstoffe | Pulver | Korngestalt | Korngröße in $\mu$ | Anwendung |
|---|---|---|---|---|---|
| 1. Mechanische Verfahren | | | | | |
| a) Grob- und Feinzerkleinerung | a) spröde Metalle | Mn, Cr, Sb, Bi, Co | unregelmäßige Polyeder | | Maschinenteile aus gesinterten Stählen, chemische Zwecke usw. |
| α) Vermahlen in Kugelmühlen | b) bildsame Metalle, absichtlich versprödet | | | | |
| | α) Schwamm aus Erzen | Fe | schwammartige Kristallagglomerate | 10—100 | Massekerne, Poröse Lager, Maschinenteile usw. |
| | β) brüchige elektrolytische Niederschläge | Fe | zackig, nadelig | | |
| | γ) durch Heißwalzen brüchig gemachte Sonderlegierungen | Fe-Ni | unregelmäßige Polyeder | | |
| | c) spröde Legierungen | Fe-Al, Fe-Al-Ti, Ni-Al, Ni-Ti, Fe-Cr, Fe-Si | unregelmäßige Polyeder | | Sintermagnete, Maschinenteile aus gesinterten Fe-Legierungen |
| β) Zerkleinern in Wirbelschlagmühlen u. ähnlichen Schlagaggregaten | Wie a), b) und c), außerdem bildsame Metalle | Fe, Ni-Fe, Cu, Ag, Al, Ag-Sn | tellerartige Plättchen | 20—400 | Poröse Lager, Massekerne, Metallkohlen, Zahnamalgame usw. |

24 Einführung — Ausgangsstoffe — Arbeitsverfahren der Pulvermetallurgie.

Zahlentafel 3 (Fortsetzung).

| Verfahren | Ausgangsstoffe | Pulver | Korngestalt | Korngröße in μ | Anwendung |
|---|---|---|---|---|---|
| b) Granulieren und Zerstäuben | | | | | |
| α) Granulieren in H₂O | bildsame Metalle u. Legierungen im flüssigen Zustand | α) Pb, Fe, Cu, Ag | kugelig | 100—500 | Metallkohlen, Poröse Lager, Filter, Sintermagnete, Maschinenteile, Verbundwerkstoffe, Massekerne, Zahnamalgame usw. |
| β) Granulieren durch Umrühren von Schmelzen | | β) Al, Cd, Sn, Zn | körnig, vielgestaltig | <250 | |
| γ) Zerstäuben mit Luft oder Wasserdampf usw. | | γ) Al, Cu, Fe | spratzig mit kugeligen Anteilen | | |
| δ) Zerschleudern mit Luft und Wasser usw. und gleichzeitiger mechan. Einwirkung (DPG-Verfahren) | | δ) Fe, Cu, Ni, Al, Ag, Bronze, Messing, Komplexpulver, Pb-Cu, Pb-Ag usw. | spratzig mit kugeligen Anteilen | 20—400 | |
| 2. Physikalisch-chemische Verfahren | | | | | |
| a) Gewinnung aus der Gasphase | | | | | |
| α) Kondensation | Metallschmelzen | Zn | kugelig | 0,1—10 | Poröse Lager, Metallkohlen, Massekerne, Bimetalle, Sintermagnete, Reinstmetallegierungen, Vakuumwerkstoffe, Hartmetalle, Plattierungen, Filter usw. |
| β) Solutierverfahren | Metallschmelzen | Pb | kugelig | 0,1—5 | |
| γ) Karbonylverfahren | Metallkarbonyle | Ni, Fe | kugelig | | |
| b) Reduktion von Metallverbindungen bei höheren Temperaturen | Metalloxyde, Erze u. org. Salze (z. B. Oxalate) | W, Mo, Fe, Ni, Co, Cu | zackig, nadelig, vielgestaltige Kristallagglomerate | 0,1—10 | Glühlampen- und Röhrenindustrie, Hochtemperaturöfen, Kontaktbaustoffe (Verbundmetalle), Hartmetalle, Diamantmetallegierungen, Sintermagnete, Poröse Lager usw. |

# Herstellung der Pulver.

| Verfahren | Ausgangsmaterial | Erzeugnis | Form | Korngröße | Anwendung |
|---|---|---|---|---|---|
| c) Reduktion von α) Salzlösungen | Ag, Au, Pt, Sn-Salze usw. | Ag, Au, Pt, Sn | zackig, nadelig, vielgestaltig | 0,1—10 | Zahnamalgame, Poröse Lager, Münzen, Kontaktbaustoffe (W-Ag) usw. |
| β) Salzschmelzen | Chloride, Fluoride u. Doppelsalze der Elemente Ta, Nb, Ti, Th, Zr, V | Ta, Nb, Ti, Th, Zr, V | zackig, nadelig, vielgestaltig | 0,1—10 | Spinndüsen, Hochvakuumwerkstoffe, chem. Industrie usw. |
| d) Elektrolyse α) von wässerigen Lösungen | Salze von Fe, Cu, Pb, Sn usw. | Fe, Cu, Sn, Pb | nadelig, tannenbaumartig, dendritisch | 0,1—30 | Poröse Lager, Metallkohlen, Verbundwerkstoffe, Massive Sinterlager, Massekerne, Sintermagnete usw. |
| β) von Salzschmelzen | Salzschmelzen von Ta, Nb, Ti, Th, Zr, V | Ta, Nb, Ti, Th, Zr, V | nadelig, tannenbaumartig, dendritisch | 0,1—10 | Spinndüsen, Hochvakuumwerkstoffe, chem. Industrie usw. |
| e) Chemische Umsetzung mit Metalloiden | Metalle und Metalloxyde | Karbide, Nitride, Boride, Silizide des W, Mo, Ta, Nb, Ti usw. | vielgestaltig, teilweise Agglomeratbildung | 1—50 | Hartmetalle, Diamantmetallegierungen usw. |

natürlich eine unmittelbare Ablagerung von Metallniederschlägen in Schwamm-, am besten aber in Pulverform. Zur Erreichung dieses Zieles werden hohe Stromdichten, schneller Umlauf des Elektrolyten, erhöhte Badtemperatur und Zusatz gewisser Kolloide zum Bad angewandt (21). Die elektrolytisch gewonnenen Pulverteilchen weisen eine mehr oder weniger dendritische Form auf.

Die elektrolytische Abscheidung von Metallen aus den Schmelzen geeigneter Salzgemische wird vornehmlich bei der Herstellung von Vanadin-, Niob-, Tantal-, Titan-, Zirkon-, Thorium- und Uranpulver angewandt (vgl. Seite 174—182).

e) **Weitere physikalisch-chemische Verfahren zur Gewinnung von Metallpulvern.** Metallpulver lassen sich auch durch thermische Zersetzung von Metalloxyden und anderen Metallverbindungen bei höheren Temperaturen herstellen. Beispiele sind die Gewinnung von Silber-,

Gold-, Blei- und Platinpulver aus $Ag_2O$, $Au_2O$, $PbO$, $PtO_2$, $PtNH_4Cl_5$ usw. (22).

Ein weiteres Verfahren zur Pulverherstellung besteht darin, daß man Legierungen aus Metallen mit stark unterschiedlichem Schmelzpunkt und Dampfdruck bildet. Nach der Legierungsbildung wird das Metall mit hohem Dampfdruck abdestilliert (z. B. Quecksilber aus Amalgam) oder das eine der beiden Metalle wird chemisch entfernt (z. B. Behandlung von Nickel-Aluminium-Legierungen mit Alkalien zwecks Entfernung des Aluminiums).

Aus Metalloxyden, z. B. Titan- und Zirkonoxyd, kann man durch Umsetzung mit Metallhydriden (z. B. Kalziumhydrid) und anschließende Dissoziation des neugebildeten Hydrids zu den Metallpulvern der Ausgangsoxyde gelangen (23).

f) **Gewinnung von Hartstoffpulvern.** Die bei der Herstellung von Hartmetall verwendeten Hartstoffpulver, die Karbide des Wolframs, Molybdäns, Titans und Tantals werden durch Erhitzen der Metallpulver mit feinstem Ruß auf Temperaturen von 1300 bis 1900° gewonnen. An Stelle der Metallpulver werden in gewissen Fällen vorteilhaft auch die entsprechenden Oxyde karburiert. Die Karbide fallen dabei meistens in stückiger Form an. Die Weiterzerkleinerung zu feinstem Pulver geschieht in Wirbelschlag- oder Kugelmühlen.

Die hochschmelzenden Nitride werden entweder durch Glühen des Metallpulvers in einem Stickstoff- bzw. Ammoniakstrom bei höheren Temperaturen oder besser durch Glühung eines Oxyd-Kohle-Gemisches in einem Stickstoff- bzw. Ammoniakstrom gewonnen. Für die Nitridbildung kommen Temperaturen zwischen 1100 und 1300° in Betracht.

Die Reinherstellung der Boride im pulverförmigen Zustand erfolgt zweckmäßig durch Erhitzen der reinen Metallpulver mit Bor im Vakuum. Die erforderlichen Bildungstemperaturen liegen bei etwa 1800 bis 2200°.

Die Metallsilizide erhält man am besten durch Umsetzung der Metallpulver mit Siliziummetall oder Metallsiliziden. Wegen Einzelheiten der Gewinnung und der Eigenschaften der Hartstoffe sei auf die einschlägige Literatur verwiesen (24, 25, 26).

In Zahlentafel 3 sind zusammenfassend die Herstellungsverfahren sowie die Anwendungsgebiete der verschiedensten Metallpulver aufgeführt.

## B. Physikalisch-chemische Eigenschaften der Metallpulver.

Die Eigenschaften von Sinterkörpern hängen u. a. sehr stark von den physikalischen und chemischen Eigenschaften der verwandten Metallpulver ab.

## 1. Physikalische Eigenschaften.

Von den physikalischen Eigenschaften spielen das Füll- und Klopfvolumen, die Korngröße, die Korngrößenverteilung und die Korngestalt die größte Rolle.

**a) Füllvolumen, Fülldichte, Klopfvolumen, Klopfdichte.** Eine rohe Beurteilung der Pulver, die vielfach zur Kontrolle bei der fabrikatorischen Herstellung benutzt wird, ergibt sich aus dem Füll- bzw. Klopfvolumen. Beim Verarbeiten von Metallpulvern zu Formkörpern spielt nämlich aus preßtechnischen Erwägungen heraus die Fülldichte des Pulvers eine wesentliche Rolle. Zur Bestimmung dieser Größe füllt man das Pulver lose in ein Gefäß bestimmten Volumens und stellt dann das Gewicht dieses Volumens (meist 100 cm³) fest (Dimension g/100 cm³).

Zahlentafel 4. Füllvolumen, Klopfvolumen, Fülldichte und Klopfdichte verschiedener Metallpulver sowie Dichte und spezifisches Volumen der kompakten Metalle.

| | Pulver | Füllvolumen cm³/100 g | Klopfvolumen cm³/100 g | Fülldichte g/cm³ | Klopfdichte g/cm³ | Dichte des kompakten Metalls g/cm³ | Spez. Volumen[1] des kompakten Metalls cm³/g |
|---|---|---|---|---|---|---|---|
| Ag | reduziert aus AgCl | 78,0 | 55,0 | 1,28 | 1,82 | 10,5 | 0,095 |
|    | granuliert . . . . . | 26,0 | 21,0 | 3,84 | 4,77 | | |
| Al | Späne . . : . . . . | 114 | 90 | 0,88 | 1,11 | 2,69 | 0,372 |
|    | Bronze . . . . . . | 100 | 55 | 1,00 | 1,82 | | |
| Co | aus Oxyd . . . . . | 43,0 | 29,0 | 2,31 | 3,45 | 8,8 | 0,114 |
|    | aus Oxalat . . . . | 49,0 | 33,0 | 2,04 | 3,04 | | |
| Cr | Elektrolyt . . . . | 30,0 | 25,0 | 3,34 | 4,00 | 7,1 | 0,141 |
| Cu | Elektrolyt . . . . | 80,0 | 54,0 | 1,25 | 1,85 | 8,93 | 0,112 |
| Fe | Karbonyl . . . . . | 29,0 | 22,5 | 3,45 | 4,45 | 7,86 | 0,127 |
|    | Elektrolyt, fein . . | 37,0 | 24,0 | 2,70 | 4,17 | | |
|    | grob . . . . . . | 31,5 | 25,5 | 3,18 | 3,92 | | |
|    | aus techn. Oxyd, fein . . . . . | 45,5 | 31,0 | 2,20 | 3,23 | | |
|    | grob . . . . . . | 72,0 | 51,0 | 1,39 | 1,96 | | |
|    | Schwammeisen . . | 46,2 | 36,0 | 2,16 | 2,76 | | |
|    | Schleuderverfahren (DPG) . . . . | 36,0 | 28,0 | 2,76 | 3,56 | | |
|    | Wirbelschlagverfahren (Hametag) . | 41,0 | 33,0 | 2,42 | 3,02 | | |
| Mo | reduziert aus Oxyd. | 82,0 | 48,0 | 1,22 | 2,08 | 10,2 | 0,098 |
| Ni | Karbonyl . . . . . | 46,0 | 30,5 | 2,18 | 3,28 | 8,8 | 0,114 |
| W  | durch Reduktion . | 21,5 | 15,5 | 4,65 | 6,45 | 19,1 | 0,052 |
|    | durch mech. Zerkleinerung von Sinterstäben . . | 14,5 | 12,0 | 6,80 | 8,34 | | |

[1] Das spez. Volumen ergibt mit 100 multipliziert eine gute Vergleichsmöglichkeit mit dem Füll- und Klopfvolumen.

28 Einführung — Ausgangsstoffe — Arbeitsverfahren der Pulvermetallurgie.

Bezieht man das festgestellte Gewicht statt auf 100 cm$^3$ nur auf ein Volumen von 1 cm$^3$, so erhält man die **Fülldichte** (Dimension g/1 cm$^3$). Von der Klopfdichte (s. weiter unten) unterscheidet sich dieser Wert nur dadurch, daß die Klopfdichte das Gewicht von 1 cm$^3$ möglichst dicht geklopften (gerüttelten) Pulvers angibt. Bildet man den reziproken Wert der Fülldichte, so erhält man das spez. Füllvolumen, also das Volumen, das 1 g lose gefüllten Pulvers einnimmt (Dimension cm$^3$/1 g). Dieser Wert wird häufiger auch durch loses Einfüllen von beispielsweise 100 g Pulver in einen geeichten Meßzylinder und Ablesen des eingenommenen Volumens bestimmt. Das so erhaltene **Füllvolumen** bezieht sich dabei auf das Volumen von 100 g Pulver (Dimension cm$^3$/100 g).

Zur Feststellung des **Klopfvolumens** wird eine abgewogene Menge Pulver (vorzugsweise 100 g) in einen geeichten Meßzylinder gefüllt und durch kräftiges Klopfen — was von Hand oder mit Hilfe geeigneter maschineller Einrichtungen erfolgen kann — eine möglichst dichte Packung des Pulvers hergestellt. Nach Erreichung des Endzustandes wird das Volumen je 100 g abgelesen. Bezieht man das ermittelte Volumen auf 1 g Pulver, so wird dieses Volumen zweckmäßig als das spez. Klopfvolumen bezeichnet (Dimension cm$^3$/1 g). Der reziproke Wert ist das spez. Klopfgewicht bzw. die **Klopfdichte**. Die Dimension der Klopfdichte ist = g/1 cm$^3$. In Zahlentafel 4 sind zur Verdeutlichung der genannten Größen das Füllvolumen, die Fülldichte, das Klopfvolumen und die Klopfdichte einer Reihe von Metallpulvern, die in der Pulvermetallurgie laufend Verwendung finden, in Vergleich gesetzt zur Dichte bzw. zum spez. Volumen der kompakten Metalle. Die genannten Pulverkenngrößen ergeben immerhin schon einen guten Anhaltspunkt für das Verhalten des betreffenden Pulvers beim nachfolgenden Pressen und Sintern.

**b) Korngröße und Korngrößenverteilung.** Metallpulver, deren Körner ein und dieselbe Größe und Form haben, gibt es praktisch nicht. Vielmehr setzt sich jedes Pulver aus Teilchen zusammen, deren Größe sich über einen mehr oder minder großen Bereich kontinuierlich erstreckt. Für die Anwendung in der Pulvermetallurgie kommen Korngrößen von etwa 0,1 bis rund 400 $\mu$ in Betracht. Zur Bestimmung der Korngrößenverteilung bedient man sich je nach der mittleren Korngröße der Pulver grundsätzlich verschiedener Verfahren, wie z. B. der Siebanalyse, der mikroskopischen Untersuchung, der Sedimentationsanalyse u. a.

$\alpha$) **Siebanalyse.** Für Pulver mit Korngrößen oberhalb rund 50 $\mu$ verschafft man sich einen Überblick über die Korngrößenverteilung durch die Siebanalyse. Zur Ausführung von Siebanalysen im Laboratoriumsmaßstab sind eine Reihe geeigneter Geräte auf dem Markt (Abb. 16). Sie können Siebeinsätze verschiedener Maschenweiten aufnehmen. Die Siebe bestehen aus Metall- oder Seidengeweben, die neuerdings genormt sind. Zur Kennzeichnung des betreffenden Siebes kann die Maschenzahl herangezogen werden. Da aber die „lichte Maschenweite" als entscheidende Größe bei Angabe der Maschenzahl pro cm² — in Amerika pro Zoll linear — von der Stärke des verwendeten Drahtes zur Her-

Abb. 16. Apparat zur Bestimmung der Siebanalyse (Hersteller: „Siebtechnik", Mülheim/Ruhr).

stellung des Gewebes abhängig ist, bezeichnet man neuerdings in Deutschland die genormten Siebe nicht mehr nach der Anzahl der Maschen pro

Zahlentafel 5. Übersicht über deutsche Normsiebe.

| Bezeichnung | | Lichte Maschenweite in mm | Maschenzahl je cm² etwa | Drahtstärke in mm etwa |
| alt | neu | | | |
| --- | --- | --- | --- | --- |
| Din[1] 4 | Din 1,5 | 1,5 | 16 | 1,0 |
| ,, 5 | ,, 1,2 | 1,2 | 25 | 0,8 |
| ,, 6 | ,, 1,0 | 1,0 | 36 | 0,65 |
| ,, 8 | ,, 0,75 | 0,75 | 64 | 0,5 |
| ,, 10 | ,, 0,6 | 0,60 | 100 | 0,4 |
| ,, 12 | ,, 0,5 | 0,50 | 144 | 0,34 |
| ,, 14 | ,, 0,43 | 0,43 | 196 | 0,28 |
| ,, 16 | ,, 0,40 | 0,40 | 256 | 0,24 |
| ,, 20 | ,, 0,3 | 0,30 | 400 | 0,20 |
| ,, 24 | ,, 0,25 | 0,25 | 576 | 0,17 |
| ,, 30 | ,, 0,20 | 0,20 | 900 | 0,13 |
| ,, 40 | ,, 0,15 | 0,15 | 1600 | 0,10 |
| ,, 50 | ,, 0,12 | 0,12 | 2500 | 0,08 |
| ,, 60 | ,, 0,1 | 0,10 | 3600 | 0,065 |
| ,, 70 | ,, 0,091 | 0,091 | 4900 | 0,055 |
| ,, 80 | ,, 0,075 | 0,075 | 6400 | 0,050 |
| ,, 100 | ,, 0,06 | 0,060 | 10000 | 0,040 |

[1] = Drahtgewebe nach Din 1171.

Längen- oder Flächeneinheit, sondern nur nach der lichten Maschenweite. Zahlentafel 5 gibt einen Überblick über die Bezeichnung, die lichte Maschenweite und die Maschenzahlen pro Flächeneinheit bei einer Reihe von genormten deutschen Sieben (DIN-Vorschrift 1171). Zahlentafel 6

30  Einführung — Ausgangsstoffe — Arbeitsverfahren der Pulvermetallurgie.

vermittelt einen Überblick über amerikanische Normsiebe des U. S. Bureau of Standards.

Bei Ausführung der Siebanalyse ist die Festlegung einer Standardmessung zu empfehlen. Zweckmäßig werden 100 g Pulver für eine bestimmte Zeit mechanisch durch geeignete Vorrichtungen in vollkommen geschlossenen Siebbehältern gerüttelt. Die nach dem Rütteln auf den

Zahlentafel 6. **Übersicht über amerikanische Normsiebe**[1].

| Siebnummer | Sieböffnung mm | Drahtdurchmesser mm | Toleranz für durchschnittl. Öffnung % | Toleranz für Drahtdurchmesser % | Toleranz für größte Öffnung % |
|---|---|---|---|---|---|
| 4  | 4,76  | 1,27  | ±3 | −15  +30 | 10 |
| 5  | 4,00  | 1,12  | 3  | 15   30  | 10 |
| 6  | 3,36  | 1,02  | 3  | 15   30  | 10 |
| 7  | 2,83  | 0,92  | 3  | 15   30  | 10 |
| 8  | 2,38  | 0,84  | 3  | 15   30  | 10 |
| 10 | 2,00  | 0,76  | 3  | 15   30  | 10 |
| 12 | 1,68  | 0,69  | 3  | 15   30  | 10 |
| 14 | 1,41  | 0,61  | 3  | 15   30  | 10 |
| 16 | 1,19  | 0,54  | 3  | 15   30  | 10 |
| 18 | 1,00  | 0,48  | 3  | 15   30  | 10 |
| 20 | 0,84  | 0,42  | ±5 | −15  +30 | 25 |
| 25 | 0,71  | 0,37  | 5  | 15   30  | 25 |
| 30 | 0,59  | 0,33  | 5  | 15   30  | 25 |
| 35 | 0,50  | 0,29  | 5  | 15   30  | 25 |
| 40 | 0,42  | 0,25  | 5  | 15   30  | 25 |
| 45 | 0,35  | 0,22  | 5  | 15   30  | 25 |
| 50 | 0,297 | 0,188 | ±6 | −15  +35 | 40 |
| 60 | 0,250 | 0,162 | 6  | 15   35  | 40 |
| 70 | 0,210 | 0,140 | 6  | 15   35  | 40 |
| 80 | 0,177 | 0,119 | 6  | 15   35  | 40 |
| 100| 0,149 | 0,102 | 6  | 15   35  | 40 |
| 120| 0,125 | 0,086 | 6  | 15   35  | 40 |
| 140| 0,105 | 0,074 | ±8 | −15  +35 | 60 |
| 170| 0,088 | 0,063 | 8  | 15   35  | 60 |
| 200| 0,074 | 0,053 | 8  | 15   35  | 60 |
| 230| 0,062 | 0,046 | 8  | 15   35  | 90 |
| 270| 0,053 | 0,041 | 8  | 15   35  | 90 |
| 325| 0,044 | 0,036 | 8  | 15   35  | 90 |

[1] Siebe des U. S. Bureau of Standards.

einzelnen Sieben anfallenden Pulvermengen werden gewogen. Das jeweilige Gewicht ergibt bei Einsatz von 100 g sofort den Prozentsatz der betreffenden Korngrößen. Natürlich werden die durch verschieden lange Rüttelzeiten bedingten Unterschiede im Analysenergebnis um so kleiner, je länger die Rüttelzeit ist. Es soll nach W. D. Jones (27) der Fehler fast Null sein, wenn man eine Rüttelzeit von 20 Minuten wählt. Es hat sich jedoch im praktischen Betrieb herausgestellt, daß eine Rüttelzeit von 3 bis 5 Minuten völlig ausreicht, um einen ins Gewicht fallenden Fehler zu vermeiden.

Verwendet man $n$ Siebeinsätze, so erhält man bei der Siebanalyse $n + 1$ Kornklassen. Meistens begnügt man sich mit der Aufteilung des Pulvers in 4 bis 5 Kornklassen.

Die Siebung wird übrigens ähnlich wie die weiter unten erwähnte Schlämmung und Windsichtung zur Herstellung von Pulvern einheitlicher Korngröße herangezogen. (Windsichtung und Schlämmung sind vorzugsweise bei der Fraktionierung von Nichtmetallpulvern, z. B. Metalloxyden, in Gebrauch.)

In Zahlentafel 7 ist eine Reihe von Siebanalysen für verschiedene Metallpulver, die in der Pulvermetallurgie laufend zur Herstellung von Sinterkörpern verwendet werden, zusammengestellt.

Zahlentafel 7. Siebanalyse einiger handelsüblicher Metallpulver.

| Pulver | Kornklassenanteile in % auf Sieben von 0,3 bis 0,05 mm lichter Maschenweite | | | | | | |
|---|---|---|---|---|---|---|---|
| | > 0,3 | > 0,15 | > 0,1 | > 0,075 | > 0,06 | > 0,05 | < 0,05 |
| Elektrolytkupfer....... | — | 0,3 | 5,9 | 19,6 | 2,5 | 20,4 | 51,3 |
| Granulatsilber ...... | 2,75 | 9,5 | 20,25 | 10,5 | 12,5 | 7,5 | 37,0 |
| Wolframkorn, grob, durch mechanische Zerkleinerung von Sinterstäben .... | 7,3 | 10,7 | 15,7 | 4,5 | 2,4 | 1,5 | 57,9 |
| Elektrolyteisen, grob.... | — | 25,4 | 21,4 | 6,5 | 20,4 | 12,7 | 13,6 |
| Elektrolyteisen, fein.... | — | — | — | 1,4 | 3,7 | 15,2 | 79,7 |
| Schwammeisen ..... | — | — | 24,5 | 3,8 | 25,9 | 15,8 | 30,0 |
| DPG-Eisen, grob ..... | 3,5 | 28,2 | 5,2 | 4,6 | 39,0 | 10,5 | 9,0 |
| Hametag-Eisen ...... | 4,2 | 44,2 | 12,4 | 13,7 | 20,5 | 2,4 | 2,6 |
| Tantal (Schmelzflußelektrolyse)........... | — | 15 | 25 | 10 | 2 | 20 | 28 |

$\beta$) Mikroskopische Untersuchung. Von den Verfahren zur Bestimmung der Korngröße und Korngrößenverteilung bei feineren Metallpulvern (Korngröße vornehmlich unter 50 $\mu$) gibt die mikroskopische Untersuchung des Pulvers, die als die einzige direkte Methode bezeichnet werden kann, die wirkliche Größe der Körner bzw. die Zahl der Körner in einer bestimmten Pulvermenge an. Sie gibt gleichzeitig einen gewissen Überblick über die Korngestalt. Sie genügt neben der Siebanalyse für fast alle vorkommenden Bedürfnisse der Praxis.

Zur Ausmessung der Korngröße kann man entweder das Pulver auf einen Objektträger in dünner Schicht ausbreiten oder in eine geeignete Grundmasse einbetten. Man kann beispielsweise Wolframpulver mit Kupfer- oder Bronzepulver vermengen (28) und das Gemisch bis zum Sintern oder Schmelzen des Kupfers bzw. der Bronze erhitzen. Neuerdings hat sich die Einbettung in durchsichtige Kunstharzmassen (z. B. Plexigum) ausgezeichnet bewährt. Man vermengt dabei Kunstharzpulver mit dem betreffenden Metallpulver und kann in einer geeigneten Kunstharzpresse das Gemenge unter gleichzeitiger Anwendung von

32  Einführung — Ausgangsstoffe — Arbeitsverfahren der Pulvermetallurgie.

Wärme (etwa 150°) zusammenpressen. Sowohl die Metall- als auch die Kunstharzeinbettungen werden wie metallographische Schliffe weiterbehandelt. Man bestimmt entweder die Größe einer Anzahl von Teilchen durch Ausmessung oder man ermittelt die Zahl der in einem bestimmten Teil des Gesichtsfeldes befindlichen Körner. Im letzteren Falle kann man aus der in einem bestimmten Volumen der Einbettungssubstanz vorhandenen Pulvermenge die Teilchengröße berechnen. Bei der Bestimmung des Durchmessers der im Schliffbild erscheinenden Teilchen muß beachtet werden, daß er nicht den wirklichen Durchmesser des kugelförmig gedachten Kornes darstellt, daß vielmehr die Körner in allen Abständen vom Kugelmittelpunkt mit gleicher Wahrscheinlichkeit geschnitten werden. Der Zusammenhang zwischen dem wirklichen Durchmesser und dem im Mittel gemessenen $d$ ergibt sich nach der Formel

$$d = \frac{\pi}{4} D = 0{,}79 D \ (28).$$

Die Bestimmung der Korngröße mit dem gewöhnlichen Mikroskop wird bereits unterhalb 1 $\mu$ ungenau. Über die interferometrische Messung von Feinstpulvern im Ultramikroskop berichten Baeyer und Gerhardt (29).

$\gamma$) **Farbstoffabsorption, Auflösungsgeschwindigkeit und Sedimentationsanalyse.** Außer der oben näher erläuterten direkten Methode der Korngrößenbestimmung gibt es noch einige indirekte Methoden. Diese gründen sich auf die Bestimmung der Gesamtoberfläche des Pulvers (Farbstoffabsorption, Auflösungsgeschwindigkeit) sowie auf die Fallgeschwindigkeit der Pulverkörner in einer Flüssigkeit oder in einem Gas, wobei das Dispersionsmittel (Flüssigkeit oder Gas) entweder ruhen oder sich der Fallrichtung entgegengesetzt bewegen kann (Sedimentation, Schlämmung bzw. Windsichtung). Da die genannten Methoden in den Industriezweigen, die sich mit der Herstellung von Sintererzeugnissen befassen, praktisch kaum Fuß gefaßt haben, sei hier auf eine eingehendere Beschreibung verzichtet und nur auf die in Frage kommenden Originalarbeiten verwiesen (28, 30).

c) **Korngestalt.** Von ausschlaggebender Bedeutung für die Preßeigenschaften (vgl. Seite 75ff.) eines Pulvers ist seine Korngestalt bzw. die Oberflächenbeschaffenheit der einzelnen Pulverteilchen. Die Korngestalt der Teilchen ist weitgehend durch die Art der Herstellung des Pulvers bestimmt.

Die durch mechanische Verfahren hergestellten Metallpulver zeigen die größte Abweichung von der Kugelgestalt. Die meist plättchenförmigen, flittrigen Teilchen haben unregelmäßige, zackige Ränder, die manchmal umgebördelt sind und den Teilchen ein tellerartiges Aussehen geben (vgl. Abb. 9). Die Breite und Länge der Teilchen beträgt meist ein Vielfaches der Höhe.

Die durch Granulieren und Zerstäuben gewonnenen Metallpulver haben ebenso wie die aus der Gasphase hergestellten Pulver meist kugelige Gestalt. Dabei kann die Oberfläche selbst glatt (Karbonylmetalle, Zink, Blei) oder rauh und narbig sein (Aluminium, Eisen). Metallpulver, die durch Reduktion von Metallverbindungen bei hohen Temperaturen oder durch Reduktion von Salzlösungen und Schmelzen erzeugt werden, weisen eine zackige, nadelige Gestalt und häufig schwammartiges Gefüge auf. Es handelt sich hierbei meist um Kristallagglomerate (Wolframpulver, Schwammeisen usw.). Im Übermikroskop haben solche Pulver ein „kakteenartiges" Aussehen, das durch nadelige Kristallite, die auf den größeren Kristalliten sitzen, hervorgerufen wird (31) (Abb. 17)[1].

Elektrolytisch gewonnene Metallpulver zeigen dendritische, farnartige Struktur, worauf schon mehrfach hingewiesen worden ist. Sie haben in ihrem Äußeren eine gewisse Ähnlichkeit mit den „Reduktionspulvern" (vgl. Abb. 86, Seite 145).

Die Hartstoffpulver ähneln bei niedrigen Erzeugungstemperaturen in der Korngestalt oft den Metallpulvern, aus denen sie gewonnen wurden. Bei hohen Herstellungstemperaturen fallen sie meist in kompakten Stücken an, die mechanisch zerkleinert werden müssen, und weisen dann unter dem Mikroskop häufig die Gestalt von feinem Gesteinssplit auf.

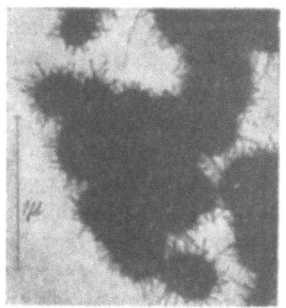

Abb. 17. Wolframpulver nach 20000-facher Vergrößerung (Präparat W. Dawihl; B.v. Borries und E. Ruska).

d) **Fließfaktor.** Die Erzeuger von porösen Lagern bestimmen auch manchmal eine der Viskosität von Flüssigkeiten ähnliche Größe, nämlich den sogenannten „Fließfaktor". Man versteht unter dieser Größe die Menge Pulver, die pro Zeiteinheit aus einer bestimmten Öffnung bei gegebenem Neigungswinkel des Ausfließgefäßes austritt. (In Amerika benutzt man einen Trichter mit einem Mundstück von $1/32$ Zoll Durchm., und man mißt die Pulvermenge, die in einer Minute ausläuft. Angaben über den Neigungswinkel des Trichters wurden nirgends gefunden.) Diese Größe ist von Bedeutung für die Arbeitsgeschwindigkeit von mechanischen Pressen, die bei der Herstellung poröser Lagerwerkstoffe vielfach in Verwendung sind. Der Fließfaktor schwankt nicht unerheblich mit der Temperatur und Luftfeuchtigkeit der Arbeitsräume (32). Da die Prüfbedingungen zur Ermittlung des Fließfaktors bisher noch nicht genormt sind, kommt diesem Eigenschaftswert nur die Bedeutung einer relativen Werkskontrolle zu.

---
[1] Nach R. W. Schmidt: Kolloid-Z. 102 (1943) S. 15 handelt es sich bei den Feinstnadeln um Oxydkriställchen, die erst im Übermikroskop entstanden sind.

34 Einführung — Ausgangsstoffe — Arbeitsverfahren der Pulvermetallurgie.

**e) Preßeigenschaften der Pulver.** Die oben besprochenen physikalischen Eigenschaften der Pulver sind bestimmend für die fertigungstechnisch wichtigste Eigenschaft der Pulver, nämlich für ihr Verhalten beim Pressen. Für dieses Verhalten sind zwei Größen von Bedeutung, nämlich einerseits die „Preßbarkeit", unter der die „Form- und Kantenbeständigkeit" der Preßlinge zu verstehen ist, andererseits die „Verdichtbarkeit", die angibt, welche Dichte man bei Anwendung eines bestimmten Druckes für den Preßling erzielen kann. Die Preßbarkeit (Form- und Kantenbeständigkeit) kann an Körpern beliebiger Gestalt festgestellt werden. Preßlinge aus rundem, kugeligem Pulver wie z. B. Karbonyleisen, weisen bei verhältnismäßig guter Verdichtbarkeit eine geringe Form- und Kantenbeständigkeit auf, so daß derartige Preßlinge nach dem Pressen vorsichtig behandelt werden müssen. Nadelige, zackige und schwammartige Pulver ergeben sehr formbeständige Preßlinge. Durch Erhöhung des Preßdruckes kann die Kantenbeständigkeit bei allen Pulvern bis zu einem gewissen Grad verbessert werden.

Zur Bestimmung der Verdichtbarkeit preßt man möglichst einfache Formkörper (Zylinder oder rechteckige Stäbe), deren Durchmesser bzw. Breite zweckmäßig größer ist als die Höhe, mit einem bestimmten Druck. Der Druck kann ein- oder doppelseitig erfolgen. Hält man beim Vergleich verschiedener Pulver die Einwaage konstant, so ist die erzielte Preßhöhe bzw. Dichte ein Maß für die Verdichtbarkeit. Für die Ermittlung der Dichte des Formkörpers empfiehlt sich Ausmessen des Volumens und Wiegen des Körpers, damit etwaige Pulververluste beim Pressen berücksichtigt werden. Um die Verdichtbarkeit der Pulver verschiedener Metalle miteinander vergleichen zu können, errechnet man den im Pulverpreßling bei Anwendung eines bestimmten Preßdrucks erreichten Prozentsatz der Dichte des kompakten Metalls. Für diesen Zahlenwert dürfte der Ausdruck „Relative Verdichtungszahl" sehr zweckmäßig sein. In Zahlentafel 8 sind die relativen Verdichtungszahlen einer Reihe von Metallpulvern, die laufend zu Sinterwerkstoffen verarbeitet werden, zusammengestellt, und zwar für Preßdrücke von 2, 4 und 6 t/cm$^2$. Es versteht sich, daß die Angabe der relativen Verdichtungszahl nur in Verbindung mit dem angewandten Preßdruck einen Sinn hat, da die mit wachsendem Preßdruck eintretende Dichtesteigerung keineswegs linear verläuft, so daß man für die Verdichtbarkeit niemals einen Zahlenwert angeben kann, bei dem der Einfluß des Preßdrucks ausgeschaltet ist. Wie aus Zahlentafel 8 hervorgeht, weisen die weichen Metalle Silber und Kupfer die weitaus größten Verdichtungszahlen auf. Auffällig ist die wesentlich bessere Verdichtbarkeit von grobem Silber-Granulatpulver gegenüber derjenigen des aus dem Chlorid durch Reduktion gewonnenen Feinstpulvers. Von den verschiedenen Eisensorten dürfte das nach Hametag-Verfahren mechanisch hergestellte

Eisenpulver die beste Verdichtbarkeit aufweisen. Zu beachten ist die bessere Verdichtbarkeit des bei höherer Temperatur unter Wasserstoff geglühten Schwammeisen-, Karbonyleisen- und Karbonylnickelpulvers gegenüber dem ungeglühten bzw. niedriger geglühten Pulver.

Zahlentafel 8. **Dichte und „relative Verdichtungszahl" verschiedener Metallpulver nach Pressen mit verschieden hohem Druck.**

| Metallpulver und Korngröße | Dichte (g/cm³) bei einem Preßdruck (t/cm²) von | | | Relative Verdichtungszahl in % der Dichte des kompakten Metalls bei einem Preßdruck (t/cm²) von | | |
|---|---|---|---|---|---|---|
| | 2 | 4 | 6 | 2 | 4 | 6 |
| Ag-Granulat < 0.3 mm | 8,15 | 9,32 | 10,0 | 77,6 | 88,0 | 95,0 |
| Ag feinst aus AgCl < 0,03 mm | 7,2 | 8,65 | 9,1 | 68,5 | 82,5 | 86,7 |
| Cu-Elektrolyt < 0,03 mm | 5,74 | 6,86 | 7,54 | 64,2 | 76,5 | 84,5 |
| Hametag-Fe < 0,4 mm | 5,3 | 6,09 | 6,54 | 67,4 | 77,8 | 83,0 |
| Karbonyl-Fe, geglüht 1 Std. unter Wasserstoff bei 500—600° < 0,005 mm | 5,2 | 5,89 | 6,44 | 66,2 | 74,6 | 81,6 |
| Karbonyl-Fe, ungeglüht < 0,005 mm | 4,83 | 5,77 | 6,19 | 61,5 | 73,3 | 78,7 |
| Schwamm-Fe, geglüht bei 950° < 0,4 mm | 4,83 | 5,93 | 6,42 | 61,9 | 75,0 | 81,0 |
| Schwamm-Fe, geglüht bei 850° < 0,4 mm | 4,75 | 5,7 | 6,2 | 60,5 | 72,5 | 78,7 |
| Karbonyl-Ni, geglüht bei 700° < 0,005 mm | 4,96 | 5,91 | 6,65 | 56,4 | 67,1 | 75,6 |
| Karbonyl-Ni, ungeglüht < 0,005 mm | 4,7 | 5,7 | 6,2 | 53,4 | 64,7 | 70,5 |
| Wolfram (Reduktionspulver) < 0,005 mm | 11,65 | 12,75 | 13,71 | 61,1 | 66,9 | 71,9 |
| Wolframkorn, durch mech. Zerkleinerung von Sinterstäben < 0,05 mm | 12,05 | 12,72 | 13,45 | 63,2 | 66,9 | 70,4 |
| Wolframkorn, durch mech. Zerkleinerung von Sinterstäben < 0,3 mm | 10,8 | 12,05 | 13,0 | 56,6 | 63,1 | 68,1 |

Auf den günstigen Einfluß einer höheren Glühtemperatur auf die Preßeigenschaften von Metallpulvern wird an anderer Stelle noch näher eingegangen (vgl. Seite 41).

## 2. Chemische Eigenschaften.

Die wichtigste chemische Eigenschaft der Metallpulver ist die Reinheit, die durch chemische Analyse in üblicher Weise ermittelt wird. Sie ist maßgebend für die Herstellung und insbesondere für die Eigenschaften von Sinterkörpern. Die Reinheit der Metallpulver ist weitgehend abhängig von der Reinheit der Ausgangsstoffe. So ist z. B. die

36  Einführung — Ausgangsstoffe — Arbeitsverfahren der Pulvermetallurgie.

Reinheit von Wolfram-, Kobalt- oder Eisenpulvern, die durch Wasserstoffreduktion ihrer Oxyde gewonnen werden, praktisch identisch mit der Reinheit der verwandten Oxyde, wenn man von gewissen mehr oder minder großen, von den Reduktionsbedingungen abhängigen Sauerstoffgehalten absieht.

Es ist auch von großer Wichtigkeit, in welcher Form gegebenenfalls die vorhandenen Verunreinigungen, wie z. B. Sauerstoff und Kohlenstoff, vorliegen. Sauerstoff kann beispielsweise als Oxydhaut, als Oxydeinschluß, als gelöstes Oxyd oder in Form von absorbierten Gasen ($H_2O$, CO, $CO_2$) vorliegen. Aus Oxyden reduzierte Metallpulver enthalten den Sauerstoff meist in Form gleichmäßiger, die Kristallagglomerate durchziehender Oxydeinschlüsse. Bei elektrolytisch oder durch Granulierung bzw. durch Zerstäuben gewonnenen Pulvern tritt der Sauerstoff vorzugsweise als Oxydhaut auf. Kohlenstoff beispielsweise kann als freie Kohle (Graphit), als gebundene Kohle (Karbid) oder in fester Lösung vorkommen.

Mechanisch hergestellte Metallpulver enthalten meist Verunreinigungen aus den Mahlaggregaten in Form von Eisen, Mangan, Kohlenstoff usw. Feinstgemahlene Hartstoffpulver oder Karbidhilfsmetallgemenge, wie sie für die Herstellung von Hartlegierungen Verwendung finden, weisen beispielsweise einen charakteristischen Gehalt von 0,5 bis 1,5% Fe auf. Elektrolytisch gewonnene Metallpulver zeichnen sich durch eine sehr hohe Reinheit aus; die Summe der Verunreinigungen übersteigt selten 0,2%. Die für die Karbonylmetallpulver kennzeichnenden Gehalte von Sauerstoff und Kohlenstoff bis zu 1,5%, die aus dem Zerfall des Kohlenoxyds stammen, lassen sich durch Vorglühen der Pulver und anschließende Sinterung unter Wasserstoff restlos entfernen. Die sonst im Eisen üblichen Verunreinigungen wie Schwefel, Phosphor, Mangan und Silizium fehlen fast vollkommen. Granulate stimmen in ihrer chemischen Zusammensetzung mit den Schmelzen überein. Die mehr oder minder starken Oxydfilme können durch eine Wasserstoffnachbehandlung entfernt werden. In Zahlentafel 9 sind eine Reihe von marktgängigen Metallpulvern mit charakteristischen Analysen zusammengestellt.

Die chemische Beständigkeit der Metallpulver ist wegen der außerordentlich großen Oberfläche weit geringer als die der kompakten Metalle. So ist beispielsweise Tantal in Draht- oder Blechform eines der säurebeständigsten Metalle mit fast platinähnlichen Eigenschaften. In Feinstpulverform dagegen wird es verhältnismäßig leicht von Schwefelsäure, Salzsäure und Salpetersäure angegriffen. Aus der großen Oberfläche heraus erklärt sich auch die starke Neigung der Metallpulver, bei Lagerung an Luft mehr oder weniger starke Oxydfilme zu bilden. Auch Wasserdampf wird sehr leicht von Feinstmetallpulvern adsorbiert. In manchen Fällen ist die erhöhte Reaktionsfähigkeit der Feinpulver von

Physikalisch-chemische Eigenschaften der Metallpulver.

Zahlentafel 9. Chemische Analyse einer Reihe von Metallpulvern.

| Metallpulver | Metall-gehalt % | C % | O % | S % | P % | Si % | SiO₂ % | | | Verschiedene Elemente % | |
|---|---|---|---|---|---|---|---|---|---|---|---|
| Wolfram (Glühlampenindustrie) | <99,95 | — | <0,3 | — | — | — | <0,01 | Mo <0,05 | Fe <0,01 | Alkalien <0,02 | Erdalkalien <0,02 |
| Wolfram (technisch) | <99,0 | <0,1 | <0,5 | Spur | Spur | — | <0,5 | Mo <0,1 | Fe <0,5 | Alkalien <0,5 | Erdalkalien <0,5 |
| Molybdän (Glühlampenindustrie) | <99,95 | — | <0,5 | Spur | — | — | <0,02 | W <0,1 | Fe <0,03 | Alkalien <0,02 | Erdalkalien <0,02 |
| Tantal (Schmelzflußelektrolyse) | <99,5 | 0,06 | <0,5 | — | — | — | — | Fe <0,02 | Ni <0,01 | Mn <0,002 | — |
| Eisen (Karbonyl) | <99,98 | 0,02—0,5 | <0,5 | <0,003 | Spur | <0,01 | — | Mn <0,01 | — | — | — |
| Eisen (DPG-Schleuderverfahren) | <99,5 | <0,15 | <1,5 | <0,05 | <0,05 | <0,15 | — | Mn <0,5 | — | — | — |
| Nickel (Karbonyl) | <99,95 | <0,04 | <0,2 | <0,01 | — | <0,01 | — | Fe <0,02 | — | — | — |
| Nickel (aus chem. reinem Oxyd oder Oxalat) | <99,8 | <0,02 | <0,5 | <0,01 | — | Spur | — | Fe <0,05 | Alkalien <0,2 | — | — |
| Kobalt (aus chem. reinem Oxyd oder Oxalat) | <99,6 | <0,02 | <0,5 | <0,08 | — | Spur | — | Ni+Fe <0,5 | Alkalien <0,2 | — | — |
| Zinn (Elektrolyt) | <99,5 | — | — | — | — | — | — | Pb <0,0005 | Sb <0,50 | Fe <0,002 | — |
| Kupfer (Elektrolyt) | <99,97 | — | <0,5 | <0,009 | — | — | — | Zn <0,002 | Pb <0,002 | Bi+Sb <0,001 | As+Sn <0,002 Fe+Ni <0,003 |
| Silber, gefällt | <99,98 | — | — | — | — | — | — | Zn <0,02 | Pb Spur | Cl <0,05 | — |
| Silber (Elektrolyt) | <99,9 | — | — | — | — | — | — | Fe <0,00025 | Pb <0,0005 | Au+Pt+Pd <0,0003 | Cu <0,004 |
| Blei (Elektrolyt) | <99,8 | — | — | — | — | — | — | Zn <0,0005 | Fe <0,0006 | Bi+Sb <0,004 | Cu <0,0006 |

38 Einführung — Ausgangsstoffe — Arbeitsverfahren der Pulvermetallurgie.

Vorteil, so z. B. bei der Herstellung von Metallkarbiden. Während kompaktes Wolfram bei 1400 bis 1600° im Kontakt mit Kohle und Graphit unter Wasserstoff praktisch nicht zur Karbidbildung neigt, bilden Wolfram-Ruß-Pulvergemenge schon oberhalb 1250° leicht Wolframkarbid.

Mit der aktiven Oberfläche von einheitlichen Pulvern (Metalle und Metalloxyde), die mit der chemischen Beständigkeit von Metallpulvern aufs engste verknüpft ist, beschäftigen sich verschiedene neuere Arbeiten von G. F. Hüttig (33). In ihnen werden die Veränderungen chemisch einheitlicher Pulver im Verlauf einer allmählich ansteigenden Temperatur durch Messung von elektromotorischen Kräften, von Lösbarkeiten, von chemischen Umsetzungen mit verschiedenen Medien, von Adsorptionsisothermen gegenüber Methanoldampf und gelösten Farbstoffen, von katalytischen Wirkungen u. a. m. behandelt.

Es ist in der Pulvermetallurgie eine Reihe von Fällen bekannt, bei denen man gewisse Verunreinigungen in den Pulvern beläßt oder solche sogar absichtlich in die Pulver einbringt, um gewisse Eigenschaften in den aus ihnen gefertigten Sinterkörpern zu erzeugen. Es sei auf das Hinzufügen von fein verteiltem Thoriumoxyd oder Aluminiumoxyd zu reinem Wolframmetallpulver verwiesen, wodurch eine allzu starke Rekristallisation des Wolframglühfadens im Gebrauch verhindert wird (vgl. Seite 235).

Die Farbe von Metallpulvern ist weitgehend von der chemischen Zusammensetzung, insbesondere vom Sauerstoffgehalt der Metallpulver abhängig. Frisch gewonnenes Elektrolytkupferpulver weist gewöhnlich eine hellrote, typische Kupferfärbung auf. Das Kupferpulver läuft jedoch oft nach der Befreiung vom Elektrolyten und nach dem Trocknen oberflächlich durch Oxydation an und erhält dabei einen braunroten Ton. Kristallinisches, sauerstoffrei reduziertes Wolframpulver ist hellgrau, während niedrig reduziertes, mehr oder minder sauerstoffhaltiges Wolframpulver eine dunkel- bis schwarzgraue Färbung aufweist. Die Farbtönung ist jedoch auch stark von der Korngröße abhängig. Feinstgemahlene Metallpulver weisen bei gleichem Sauerstoffgehalt eine dunklere Färbung auf als die gröberen Ausgangspulver.

Besonders fein verteilte Metallpulver mit einem hohen Anteil an Pulverteilchen unter 1 $\mu$ (34) haben häufig pyrophore Eigenschaften. Diese sind einerseits auf die große Oberfläche des Pulvers und die damit verbundene erhöhte chemische Aktivität, andererseits auf das Vorhandensein kleiner Mengen von Metalloxyden niedriger Oxydationsstufen zurückzuführen. Besonders stark tritt die Neigung zur Selbstentzündung bei Kobalt-, Nickel- und Eisenpulver auf, das durch Reduktion aus den Oxalaten gewonnen wird. Durch Abkühlen der frisch reduzierten Metallpulver unter Kohlensäure oder durch Verwendung von

Graphitschiffchen bei der Reduktion können die pyrophoren Eigenschaften beseitigt werden (Adsorption von $CO_2$ bzw. Aufnahme von Spuren von Kohlenstoff). Auch durch mehrmaliges Reduzieren der Metallpulver, wobei ein Kornwachstum der Feinstkristallite eintritt, läßt sich die Selbstentzündlichkeit verhindern. Über den Einfluß von fremden Stoffen auf die pyrophoren Eigenschaften feiner Metallpulver berichten G. Tammann und N. Nikitin (35).

Alle aufgezählten chemischen Eigenschaften üben zusammen auf die Eignung und Verarbeitungsmöglichkeit von Metallpulvern zu Sinterkörpern einen großen Einfluß aus. Dabei kommt den oben genannten Verunreinigungen (Sauerstoff, Kohlenstoff, Schwefel, Phosphor, Eisen usw.) sowie adsorbierten Gasen (wie z. B. Kohlensäure, Wasserstoff und Wasserdampf) besondere Bedeutung zu. Auf gewisse typische Einzelheiten wird bei der Besprechung der verschiedenen Werkstoffe näher eingegangen.

### Literatur zum 2. Kapitel.

(1) v. Schlenck, O.: Metal Ind., N. Y. **15** (1917) S. 77/78, 161/63, 200/03, 298/300.
(2) Chaston, J. C.: Metal Treatm. **1** (1935) S. 3/10; vgl. Elektr. Nachr.-Wes. **14** (1936) S. 135/46; Metal Treatm. **4** (1938) S. 49/52.
(3) Smalley, O.: Metal Ind., Lond. **24** (1924) S. 273/74, 297/98; 445/46, 493/94; 569/70; **25** (1924) S. 169, 369; **27** (1925) S. 1/2, 93/94, 185/86, 283/84, 575/76.
(4) Edward, J. D., u. R. B. Mason: Industr. Engng. Chem., Anal. ed. **6** (1934) S. 159/61.
(5) Allen, A. H.: Steel **104** (1939) S. 43/54.
(6) Speed, B., u. G. W. Elmen: Trans. Amer. Inst. electr. Engrs. **47** (1928) S. 429/39.
(7) Ellis, W. C., u. E. E. Schuhmacher: Metals & Alloys **5** (1934) S. 269/76.
(8) Gumlich, E.: ETZ **42** (1921) S. 1494/95.
(9) Arnold, H. D., u. G. W. Elmen: J. Franklin Inst. **195** (1923) S. 621.
(10) A.P. 1669649 (1926).
(11) D.R.P. 395075 (1922), 400307 (1921), 410514 (1921), 459595 (1924), 459695 (1925), 471310 (1924), 479337 (1925). Vgl. Podszus, E., Kolloid-Z. **54** (1931) S. 124; **56** (1931) S. 122; **64** (1933) S. 129/43.
(12) Tammann, G., u. K. L. Dreyer: Z. Metallkde. **35** (1933) S. 64.
(13) Rees, R. W.: J. Inst. Met. **57** (1935) S. 193/95.
(14) Vgl. D.R.P. 514623 (1928), 534681 (1930), 685576 (1937); A.P. 1963893 (1932); E.P. 403469 (1931).
(15) Vgl. Schweiz. P. 206995 (1938).
(16) Masukowitz, H.: Elektrowärme **8** (1938) S. 3/7.
(17) Mittasch, A.: Z. angew. Chem. **41** (1928) S. 827/33.
(18) Mond u. Quincke: Chem. News **63** (1891) S. 301; **64** (1891) S. 20.
(19) Mond u. Langer: J. chem. Soc. **59** (1891) S. 1090.
(20) Mennicke, H.: Die Metallurgie des Wolframs. Verlag M. Krayn, Bln. 1911.
(21) Rossmann, J.: Metal Ind., N. Y. **30** (1932) S. 321/22, 396, 436, 468/69.
(22) Vgl. van Arkel: Reine Metalle. Verlag Springer, Bln. 1939.
(23) Alexander, P. P.: Metals & Alloys **8** (1937) S. 263/64; **9** (1938) S. 45/48, 179/81, 270/74.
(24) Becker, K.: Hochschmelzende Hartstoffe. Verlag Chemie, Bln. 1933.

40 Einführung — Ausgangsstoffe — Arbeitsverfahren der Pulvermetallurgie.

(25) Moissan, H.: Der elektrische Ofen. Verlag M. Krayn, Bln. 1900.
(26) Hönigschmid, O.: Karbide und Silizide.' Verlag W. Knapp, Halle (Saale) 1914.
(27) Jones, W. D.: Principles of Powder Metallurgie, S. 183. Verlag E. Arnold & Co, Lond. 1937.
(28) Agte, K., H. Schönborn u. K. Schröter; Z. techn. Phys. 7a (1925) S. 293/96.
(29) Baeyer u. Gerhardt: Vgl. Skaupy, F.: Metallkeramik, S. 14. Verlag Chemie, Bln. 1930.
(30) Skaupy, F.: Metallkeramik, S. 16/18. Verlag Chemie, Bln. 1930.
(31) v. Borries, B., u. E. Ruska: Naturwiss. 27 (1939) S. 577/82.
(32) Bailey, L. H.: Machinery for Compressing Powdered Metals. Powder Metall. Conference 29./31. Aug. 1940. Massachusetts Institute of Technology.
(33) Hüttig, G. F.: Z. anorg. allg. Chem. 247 (1941) S. 221/48; Kolloid-Z. 96 (1941) S. 227/30; 97 (1941) S. 281/300; 98 (1942) S. 6/33.
(34) Haid, Goetzel, Selle, Koenen, Schmidt u. Becker: Jahresber. Chem. Techn. Reichsanstalt 8 (1930) S. 136/41.
(35) Tammann, G., u. N. Nikitin: Z. anorg. allg. Chem. 135 (1924) S. 201/04.

3. Kapitel.

## Die Technologie der Pulvermetallurgie.

Die Herstellung von Sinterkörpern zerfällt im wesentlichen in fünf Verfahrensschritte:
1. Herstellung der Metallpulver,
2. Vorbehandlung der Metallpulver vor dem Preßvorgang,
3. Verdichten oder Pressen der Pulver,
4. Sinterung der Preßkörper,
5. Fertigbearbeitung der Sinterkörper.

Auf die unter 1. und 5. genannten Verfahrensschritte sei hier nicht näher eingegangen. Punkt 1 ist eingehend im Kap. 2: „Die Metallpulver" behandelt worden. Über den 5. Punkt finden sich Einzelheiten bei der Beschreibung der Sinterwerkstoffe der Technik (Kap. 12 bis 18), soweit sich Besonderheiten gegenüber der Bearbeitung geschmolzener Werkstoffe ergeben.

### A. Vorbehandlung der Metallpulver vor dem Preßvorgang.

Vor der Verarbeitung der Pulver zu Preßkörpern empfiehlt es sich in vielen Fällen, eine reduzierende Vorbehandlung bei Temperaturen von 400 bis 1000° anzuwenden, um etwa vorhandene Oxydhäute, Feuchtigkeitsspuren, Gaseinschlüsse und unerwünschte Gehalte an Kohlenstoff, Schwefel und Phosphor soweit wie möglich zu entfernen. Außer der ganzen oder teilweisen Entfernung der Verunreinigungen erreicht man durch die Glühbehandlung gleichzeitig eine Entfestigung solcher Metallpulver, die durch mechanische Verfahren gewonnen wurden. Dadurch wird eine nicht unerhebliche Verbesserung der Preßeigenschaften der Metallpulver erzielt. Um eine Wiederaufnahme von Verunreinigungen (Luftsauerstoff, Wasserdampf usw.) zu vermeiden, ist es angebracht, die Pulver möglichst im Anschluß an diese Vorbehandlung zu verarbeiten. Die genannte reduzierende Glühbehandlung ist beispielsweise am Platze bei der Verwendung von Karbonylmetallpulver zur Herstellung von reinen Metallen oder Legierungen (1). Durch Glühen der Kohlenstoff und Sauerstoff enthaltenden Eisen- oder Nickelkarbonylpulver unter Wasserstoff bei etwa 600 bis 800° gelingt es, die genann-

Zahlentafel 10. Analyse von Eisenpulver im ungeglühten und geglühten Zustand (W. Eilender und R. Schwalbe).

|  | C % | Si % | Mn % | P % | S % |
|---|---|---|---|---|---|
| Eisenpulver[1] ungeglüht | 0,010 | 0,015 | 0,025 | 0,010 | 0,020 |
| Eisenpulver[1] geglüht 30 Minuten bei 900° unter Wasserstoff . . . . . . . | Spuren | 0,015 | 0,025 | 0,010 | 0,005 |

[1] Der Sauerstoffgehalt ist nach Angabe von W. Eilender und R. Schwalbe bei der geglühten Probe kleiner als bei der ungeglühten; Zahlenwerte werden nicht genannt.

ten Verunreinigungen bis auf einige hundertstel Prozent herabzusetzen. Zum Glühen der Pulver kommt selten eine 1000° übersteigende Temperatur in Frage. Man verwendet zweckmäßig kontinuierlich arbeitende Durchsatzöfen mit Nickel-Chrom- bzw. Molybdänheizleitern (2).

Das von R. Schwalbe und W. Eilender (3) zur Untersuchung der Festigkeitseigenschaften von Sintereisen verwendete Eisenpulver wurde zur Verbesserung der Preßeigenschaften etwa 30 Minuten bei 900° unter Wasserstoff vorgeglüht. Das Glühen führte außerdem zu einer beachtlichen Entkohlung, Entschwefelung und Verringerung des Sauerstoffgehaltes. Die von R. Schwalbe angegebenen Analysenwerte gehen aus Zahlentafel 10 hervor. Die Abhängigkeit der Preß- und Sintereigenschaften von Eisenpulver (DPG-Schleuderpulver) von der Höhe der angewandten Vorglühtemperatur ist aus Zahlentafel 11 zu entnehmen. Die Verdichtbarkeit des Pulvers steigt mit der Höhe der Vorglühtemperatur und der fortschreitenden Abnahme des Sauerstoffgehaltes des Pulvers. C. G. Goetzel (4) glühte Elektrolytkupferpulver vor dem Verpressen und Sintern bei etwa 300° unter Wasserstoff, um vorhandene Oxydhäute zu entfernen.

Über eine Verbesserung der Kompressibilität von vorher mechanisch verfestigtem Kupferpulver (gehämmert) nach dem Glühen bei 700 bis 940° wird auch von I. E. Drapeau und L. G. Klinker (5) berichtet. Ihre Versuchsergebnisse zeigt Zahlentafel 12. Die Verdichtbarkeit ist dabei durch Zahlenwerte angegeben, die nicht näher definiert sind. Jedoch ist anzunehmen, daß sie vergleichbar sind mit der erzielten Preßhöhe bestimmter Preßlinge bei Anwendung eines vorgegebenen Druckes.

42 Einführung — Ausgangsstoffe — Arbeitsverfahren der Pulvermetallurgie.

Bei der Herstellung von gesintertem Reinstkobalt oder Kobalt enthaltenden Sinterlegierungen empfiehlt es sich, vor der Wasserstoffglühung eine Waschung des Kobaltpulvers mit viel Wasser vorzunehmen,

Zahlentafel 11.
Abhängigkeit der Preß- und Sintereigenschaften von grobem Eisenpulver (DPG-Schleuderverfahren) von der Vorglühtemperatur.

| Vorglühtemperatur des Pulvers | 700° | 800° | 900° | 1000° |
|---|---|---|---|---|
| Preßhöhe der zylindrischen Probekörper in mm bei 4 t/cm² Preßdruck | 17,5 | 16,6 | 16,2 | 16,0 |
| Dichte der gesinterten Preßkörper in g/cm³ (1 Stunde unter Wasserstoff bei 1200° C)[1] | 5,92 | 6,35 | 6,52 | 6,61 |
| Gewichtsverlust des Preßlings bei der Sinterung in %[2] | 1,32 | 0,85 | 0,4 | 0,01 |

[1] Die Dichte der ungesinterten Preßkörper weicht nur wenig von derjenigen der Sinterkörper ab.

[2] Der Gewichtsverlust der Probekörper entspricht praktisch dem noch vor der Sinterung vorhandenen Sauerstoffgehalt des geglühten Pulvers.

um störende Alkalien, die von der Fällung des Kobaltoxyds herrühren, zu entfernen (vgl. Seite 214). Durch eine Salzsäurewaschung kann das durch Kohlenstoffreduktion von Wolframsäure hergestellte sogenannte

Zahlentafel 12. Wirkung des Bearbeitungsgrades und der Ausglühtemperatur auf die Klopfdichte und Verdichtbarkeit von Kupferpulver (I. E. Drapeau und L. G. Klinker).

| Bearbeitungsgrad | Glühzeit Min. | Glühtemperatur Grad | Klopfdichte g/cm³ | Verdichtbarkeit |
|---|---|---|---|---|
| Unbearbeitet | — | 0 | 2,45 | 1,100 |
| Schwache Verformung | 45 | 880 | 2,67 | 1,100 |
| Mittlere Verformung | 45 | 880 | 2,78 | 1,047 |
| Starke Verformung | 10 | 700 | 2,60 | 1,080 |
|  | 30 | 700 | 2,68 | 1,060 |
|  | 60 | 700 | 2,75 | 1,048 |
| Starke Verformung | 10 | 820 | 2,65 | 1,070 |
|  | 30 | 820 | 2,75 | 1,050 |
|  | 60 | 820 | 2,82 | 1,035 |
| Starke Verformung | 10 | 940 | 2,65 | 1,060 |
|  | 30 | 940 | 2,75 | 1,020 |
|  | 60 | 940 | 2,95 | 0,950 |
|  | 90 | 940 | 3,00 | 0,948 |

„Technische Wolframpulver" von säurelöslichen Verunreinigungen wie Alkalien, Eisen, Fremdmetallkarbiden usw. befreit und für Sinterzwecke brauchbar gemacht werden. Schwammeisenpulver wird durch Magnetscheider von anhaftender Gangart befreit.

Die bisher beschriebenen Vorbehandlungen der Metallpulver zielen fast ausschließlich auf eine Reinigung der Metallpulver hin, wobei gleichzeitig eine Verbesserung der Preßeigenschaften erreicht wird. Aus metallurgischen Erwägungen heraus kann es jedoch auch zweckmäßig sein, Metallpulver mit Zusatzmetallen, beispielsweise in Form elektrolytisch abgeschiedener Filme, oder mit Metallsalzen absichtlich zu versetzen. Das elektrolytische Überziehen von Bleipulver mit Kupfer oder umgekehrt findet z. B. bei der Herstellung gesinterter Kupfer-Blei-Lagerkörper (6) Anwendung; das elektrolytische Überziehen von Hartstoffen mit Hilfsmetall wurde für die Erzeugung von Hartmetall vorgeschlagen (7). Die Zugabe von in Alkohol oder in Wasser gelöstem Thoriumnitrat zu Wolframsäure erfolgt zur Verhinderung eines zu starken Kornwachstums des Wolframglühfadens in der Lampe. In ähnlicher Weise übernimmt ein kleiner Gehalt von absichtlich zugesetztem Aluminiumoxyd eine kornwachstumshemmende Wirkung bei Formkörpern aus den Reinstmetallen der Eisengruppe.

Falls die Pulver keine genügend guten Preßeigenschaften aufweisen, sind Zusätze in Form organischer Bindemittel wie Kunstharz, Kolophonium, Azeton, Lösungen von Kampfer oder Paraffin in Äther usw. üblich. Diese Zusätze verdampfen später beim Sintern aus dem Formkörper heraus. Da meistens Spuren von Kohlenstoff zurückbleiben, kommen solche Zusätze nicht in Frage, falls der Kohlenstoff eine schädliche Wirkung auf das Enderzeugnis hat (vgl. Sinterkobalt, Reinsteisen, Sintermagnete usw.). Die Zugabe organischer Bindemittel erfolgt am besten durch gemeinsames Vermahlen der Metallpulver mit den Zusätzen. Durch Anfeuchten der Pulver mit Lösungsmitteln, die organische Stoffe enthalten, kommt man mit erheblich geringeren Mengen preßerleichternder Zusätze aus. Organische Kolloide und Amalgame fanden als Bindemittel beim Paste- und Amalgamverfahren zur Herstellung gespritzter Wolframdrähte Verwendung (vgl. Seite 224).

Eine für den Sintervorgang bedeutungsvolle Art der Vorbehandlung von einheitlichen Metallpulvern oder Pulvergemengen ist die Feinstmahlung oder Trommelung. Die Feinstmahlung in Form einer Trocken- oder Naßmahlung bezweckt bei Einstoffpulvern meist eine Zertrümmerung der Kristallite oder Verdichtung von Kristallagglomeraten, die eine Herabsetzung des Füll- und Klopfvolumens (Steigerung des Füll- und Klopfgewichtes) und eine Verbesserung der Sinterfähigkeit zur Folge haben. Trommelt man beispielsweise Karbonyleisen-

Zahlentafel 13.
Wirkung der Feinmahlung auf die Fülldichte und auf die Dichte nach dem Sintern von Karbonyleisenpulver
(E. K. Offermann).

| Mahldauer Stunden | Fülldichte g/cm³ | Dichte nach dem Sintern g/cm³ |
|---|---|---|
| 12 | 3,1—3,3 | 5,2—5,9 |
| 96 | 3,8—4,0 | 7,1 |

**44** Einführung — Ausgangsstoffe — Arbeitsverfahren der Pulvermetallurgie.

pulver statt 12 Stunden 96 Stunden, so wird dadurch das Füllgewicht um etwa 20% und die Dichte nach dem Sintern sogar um fast 25% erhöht (vgl. Zahlentafel 13). Bei Mehrstoffsystemen (Metall-Metalloid, Metall-Metall, Metallverbindung-Metall) führt die Feinstmahlung zu einer Homogenisierung des Gemenges und zu einem filmartigen Überzug der weicheren Komponente auf der härteren (8). Die Naßmahlung von Pulvern kann bis zur kolloidalen Beschaffenheit des Naßschlammes fortgesetzt werden (9, 10, 11). Die Wirkung der Naßmahlung unter Wasser-

Zahlentafel 14. Füll- und Klopfvolumen einer WC-Co-Mischung (92% WC, 8% Co) nach verschiedener Mahlzeit (O. Meyer und W. Eilender).

| Mahldauer[1] Stunden | Korngrößenverteilung unter dem Mikroskop | Füllvolumen cm³/100g | Klopfvolumen cm³/133g |
|---|---|---|---|
| 6 | 30% 5,0 $\mu$<br>50% 3,0 $\mu$<br>20% 1,0 $\mu$ | 9,3 | 7,1 |
| 12 | 30% 4,0 $\mu$<br>40% 2,0 $\mu$<br>30% 1,6 $\mu$ | 8,4 | 7,5 |
| 24 | 15% 2,5 $\mu$<br>50% 1,1 $\mu$<br>35% 0,8 $\mu$ | 10,6 | 7,3 |
| 48 | 20% 1,5 $\mu$<br>70% 0,8 $\mu$<br>10% 0,6 $\mu$ | 17,2 | 12,0 |
| 96 | 10% 2,0 $\mu$<br>50% 1,0 $\mu$<br>40% 0,6 $\mu$ | 20,5 | 15,6 |

[1] Das Mahlen erfolgte unter Wasser.

stoff auf das Füll- und Klopfvolumen einer Wolframmonokarbid-Kobalt-Mischung (etwa 92% WC, 8% Co) ist in Zahlentafel 14 wiedergegeben (10). Bemerkenswert ist, daß bei der Naßmahlung mit fortschreitender Kornverfeinerung im Gegensatz zur Trockenmahlung die genannten Volumina steigen.

Das Mischen von Pulvergemengen erfolgt in Mischtrommeln, Knetmaschinen oder Kugelmühlen, die Feinstmahlung (naß oder trocken) meist in rollenden oder schwingenden Kugelmühlen aus Hartporzellan oder aus Stahl mit Auskleidungen von Sinterhartmetall oder stellitartigen Auftropflegierungen (vgl. Abb. 5, Seite 14). Für die Naßmahlung eignen sich Wasser, Azeton, Kohlenwasserstoffe, Chlorkohlenwasserstoffe usw.

## B. Verdichten oder Pressen der Pulver.

Die Formgebung der Pulver geschieht gewöhnlich durch einen Preßvorgang, doch gelangen auch einfache Füll- oder Rüttelverfahren in Formen zur Anwendung. Dieses ist beispielsweise der Fall bei der Herstellung großer Blöcke aus Karbonyleisen- oder -nickelpulver (12). Es wird dabei die ausgezeichnete Sinterfähigkeit der Karbonylmetalle und die Fähigkeit der kugeligen Karbonylpulver, sich beim Rütteln sehr dicht zu packen, ausgenutzt.

Abb. 18. Hydraulische Presse zur zweiseitigen Druckanwendung zum Pressen von Metallpulvern.

Das Pressen wird gewöhnlich bei Raumtemperatur in geeigneten Matrizenformen aus Stahl vorgenommen. Zur Anwendung kommen je nach den plastischen Eigenschaften des zu pressenden Pulvers Drücke von 1 bis 10 t/cm². Zur Erforschung der physikalischen Eigenschaften von Sinterkörpern sind gelegentlich auch Preßdrücke bis zu 30 t/cm² angewandt worden (13, 14).

Für das Kaltpressen werden meist hydraulische Pressen, die eine ein- oder mehrseitige Einwirkung des Druckes erlauben (Abb. 18), oder mechanische Pressen (Abb. 19) verwendet. Während in den Anfängen der Pulvermetallurgie Zwei- oder Viersäulenpressen bevorzugt wurden, bei denen der Preßtisch hydraulisch betätigt und die darauf befindliche Matrize beim Preßvorgang gegen das Preßhaupt geführt wurde, werden heute meistens hydraulische Pressen angewandt, an denen sich oben ein Druckkolben und unten ein Auswerferkolben befindet (Abb. 20). Die schon erwähnten mechanischen Pressen (Exzenterpressen, Kniehebelautomaten, Rundlauftischpressen, Revolverpressen) haben sich

**46** Einführung — Ausgangsstoffe — Arbeitsverfahren der Pulvermetallurgie.

besonders bei der Massenfertigung von porösen Bronzelagern und einfacheren Maschinenteilen eingeführt.

Einen interessanten Überblick über die Entwicklung mechanischer und hydraulischer Pressen für die Herstellung von Sintererzeugnissen. wie z. B. von Metallkohlen, Bronzelagern, Hartmetallen und Sintermagneten, bringt L. H. Bailey (15). Seltener als das Kaltpressen und Sintern ist das „Heißpressen" oder „Drucksintern" (16) der Pulver. das bisher nur in Sonderfällen der Praxis, z. B. bei der Fertigung von Hartmetallziehsteinen, Diamantmetallegierungen und Massekernen in Betracht kommt. Man versteht darunter die Anwendung von Druck während des Sintervorganges auf Pulver oder Pulverpreßlinge in Matrizen aus Stahl, Kohle oder Graphit, wobei die Matrizen durch elektrische Energie in geeigneter Weise auf Temperatur gebracht werden. Abb. 21 zeigt einen Warmpreßofen für Temperaturen bis zu 600°, Abb. 22 einen solchen mit einer Kohlespirale als Heizkörper für Temperaturen bis zu 1500°. Gelegentlich wendet man auch eine „Warmdruckverdichtung" an,

Abb. 19. Mechanische Exzenterpresse zur Massenherstellung von Metallpulverpreßlingen.

indem man zumindest auf Sintertemperatur gebrachte Kaltpreßlinge oder Fertigsinterkörper in eine kalte oder vorgewärmte Matrize einbringt und durch schnelle Druckanwendung nachverdichtet. Dieser Vorgang ist mit dem bekannten Gesenkschmieden vergleichbar und läßt sich vorteilhaft in einer hydraulisch betriebenen Anlage gemäß Abb. 23 durchführen. Brauchbare, besonders für Versuchszwecke geeignete Heißpreßapparaturen werden auch von F. Sauerwald (16c), W. Trzebiatowski (16d) und W. D. Jones (17) beschrieben. In einer neueren Arbeit erläutert W. D. Jones (16h, 16k) eine interessante Versuchsapparatur, die sowohl Kaltpressen und Drucksintern als auch schlagartiges Warmdruckverdichten bereits gesinterter Preßkörper gestattet. Auf die geschichtliche Entwicklung des Heißpressens wird in Kap. 7 näher eingegangen.

Die Preßmatrizen werden aus gehärteten „Sonderstählen" angefertigt und gegebenenfalls durch Hartverchromung noch verschleißfester gemacht. Auch das Überschweißen der mit dem Metallpulver unmittelbar in Berührung kommenden Teile mit Stellit oder Auftropfhartmetallen hat sich bewährt. Für kleine Preßmatrizen eignen sich mit Diamanthartmetallegierungen geschliffene Vollhartmetalleinsätze, die sich durch hervorragende Verschleißfestigkeit auszeichnen. Wegen der vergleichsweise geringen Bruchdehnung von Sinterhartmetall gegenüber Stahl müssen solche Matrizen äußerst genau geschliffen und zusammen eingepaßt werden. Abb. 24 zeigt eine mit Hartmetall ausgekleidete Matrize zum Pressen von Metallpulvern. Sowohl der innere Dorn als auch die Matrizenwandung sind mit Hartmetallbüchsen bewehrt. Im Bildvordergrund sind links die ungesinterten Preßlinge, rechts die stark geschrumpften Sinterkörper zu sehen.

Abb. 20. Hydraulische Presse mit Ober- und Unterkolben (Werksaufnahme Werner & Pfleiderer, Stuttgart).

Bei Stahlmatrizen ist ein Spiel von etwa 0,2 bis 0,5% des Preßkörperdurchmessers zwischen Matrize und Stempel zweckmäßig. Ein zu kleines Spiel führt leicht zu einem Klemmen des Stempels und verhindert das Entweichen der Luft aus dem in der Matrize befindlichen Pulver. Bei zu großem Spiel setzt sich das Pulver unter Gratbildung

48  Einführung — Ausgangsstoffe — Arbeitsverfahren der Pulvermetallurgie.

an den Preßkörpern zwischen Matrize und Stempel fest, wodurch es nicht nur zu unnötigen Pulververlusten, sondern oft auch zu einem höheren Verschleiß des Preßwerkzeuges kommt.

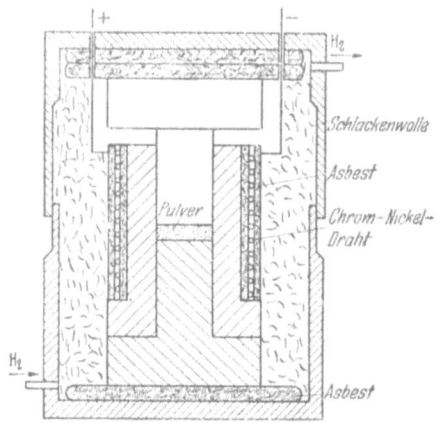 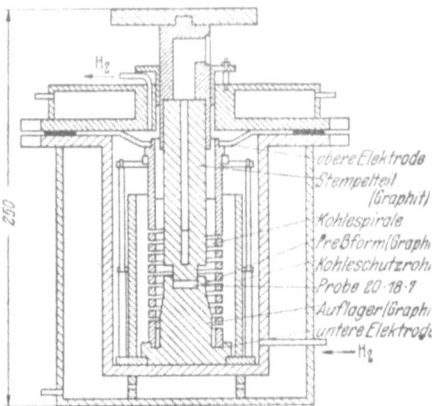

Abb. 21. Warmpreßofen für Temperaturen bis zu 600° (O. Meyer und W. Eilender).

Abb. 22. Warmpreßofen für Temperaturen bis zu 1500° (O. Meyer und W. Eilender).

Bei Matrizen mit Ausstoßvorrichtung ist es zweckmäßig, zur Erleichterung des Ausstoßvorganges die Matrize leicht konisch auszuführen.

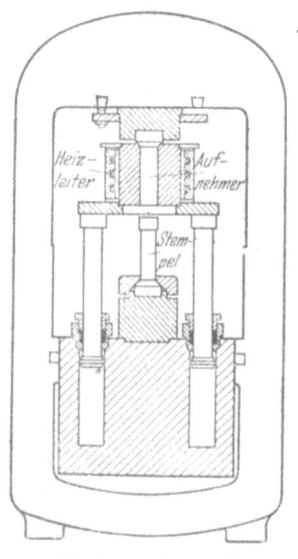

Abb. 23. Drucksinteranlage.

Da die Fülldichte eines gegebenen Metallpulvers (vgl. Seite 27, Zahlentafel 4) erfahrungsgemäß $1/2$ bis $1/6$ der Dichte des gesinterten Metalles ausmacht, muß bei der Konstruktion der Matrize für die Füllhöhe der zwei- bis sechsfache Betrag der Höhe des Fertigkörpers vorgesehen werden. Da sich in Metallpulvern der Druck nicht so gleichmäßig fortpflanzt wie in Flüssigkeiten, treten, verstärkt durch Reibungseffekte zwischen den einzelnen Pulverteilchen und dem Pulver und der Matrizenwand, Druck- und Dichteunterschiede besonders bei zu hohen Preßlingen in der Achsenrichtung auf (vgl. Seite 78 ff.). Man versucht, diese Umstände zu beheben, indem man den Druck mit Hilfe gefederter Matrizen (Abb. 25) doppelseitig wirken läßt. Es empfiehlt sich darüber hinaus grundsätzlich, die Preßhöhe von Formkörpern kleiner als die Breite oder, im Falle von zylindrischen Formkörpern, als den Durchmesser zu wählen. Im Zuge der Massen- bzw. Reihenfertigung gesinterter Maschinenteile usw.

treten immer kompliziertere Formen auf, die wachsende, außerordentliche Anforderungen an den Matrizenwerkstoff sowie an den Werkzeugmacher und Konstrukteur stellen. Mit preßtechnischen Einzelheiten,

 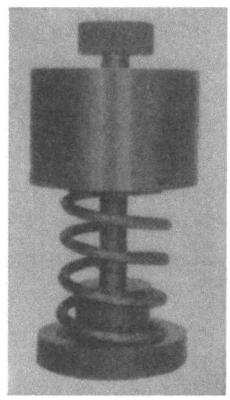

Abb. 24. Mit Hartmetall ausgekleidete Matrize zum Pressen von ringförmigen Metallpulverpreßlingen.

Abb. 25. Gefederte Matrize zum zweiseitigen Pressen von zylindrischen Formkörpern.

wie z. B. Art der am besten geeigneten Pressen, Matrizenbau unter Berücksichtigung auch komplizierter Preßkörper aus Bronze- und Stahlpulvern, Anwendung hoher Drücke und Konstruktion der Preßwerkzeuge zur Erzielung möglichst hoher und gleichmäßiger Dichte der Preßkörper sowie ähnlichen Fragen beschäftigt sich R. P. Seelig (18) in zwei bemerkenswerten Arbeiten.

## C. Sinterung der Preßkörper.

Die kaltgepreßten oder durch Rütteln erhaltenen Formkörper müssen einer sorgfältigen Warmbehandlung unterzogen werden. Diese Glüh- oder Sinterbehandlung soll die durch mechanische Verzahnung und Adhäsion zusammenhängenden Pulverteilchen in einen kompakten Metallkörper oder eine Legierung überführen. Bei Einstoffsystemen wird als Sintertemperatur in den meisten Fällen etwa $2/3$ bis $4/5$ der absoluten Schmelztemperatur des betreffenden Metalles gewählt; bei Mehrstoffsystemen aus Komponenten mit stark unterschiedlichem Schmelzpunkt wird gewöhnlich oberhalb des Schmelzpunktes der niedrigst schmelzenden Komponente gesintert. Poröse Bronzen und bronzeartige Legierungen werden bei 600 bis 800°, Legierungen der Eisenmetalle bei 1000 bis 1300°, Hartmetalle bei 1400 bis 1600°, die hochschmelzenden Metalle Molybdän, Wolfram, Tantal zwischen 2000 und 2900° gesintert. Ebenso wie die Sintertemperatur richtet sich die Sinterzeit nach dem Werkstoff. Oft genügt eine Sinterzeit von weniger als $1/2$ Stunde, beispiels-

50  Einführung — Ausgangsstoffe — Arbeitsverfahren der Pulvermetallurgie.

weise bei den hochschmelzenden Metallen und Diamantmetallegierungen. In manchen Fällen ist ein mehrstündiges Sintern angebracht, wie z. B. bei Hartmetallen und Magnetlegierungen. Sintertemperatur und Sinterzeit stehen in einfacher Beziehung zueinander. Je höher die Sintertemperatur, um so kürzer die Sinterzeit, bzw. niedrigere Sintertemperaturen erfordern längere Sinterzeiten, wobei allerdings die Wirkung der Temperatur diejenige der Zeit übertrifft.

Für das Sintern bei Temperaturen bis etwa 1050° genügen elektrisch beheizte Öfen mit Nickel-Chrom- oder Eisen-Chrom-Aluminium-Heizwicklungen. Bis zu 1350° sind Silitstaböfen in Verwendung. Für noch höhere Temperaturen im Bereich von 1000 bis 1600° kommen Öfen mit Molybdänheizleitern, bis 1800° und höher Hochfrequenzöfen oder — falls ein kohlenoxydhaltiges Ofengas nicht stört — Kohlerohrkurzschlußöfen zur Anwendung. Da eine Sinterung der hochschmelzenden Metalle Molybdän, Wolfram und Tantal selbst bei diesen Temperaturen noch nicht möglich ist, werden diese Metalle in „Sinterglocken"(vgl.Abb.121 Seite230) unter Wasserstoff im unmittelbaren Stromdurchgang gesintert, bei einer Leistungsaufnahme, die etwa 10% niedriger liegt als jene, die für ein Durchschmelzen der Sinterstäbe ausreichen würde. Auch gasbeheizte Öfen

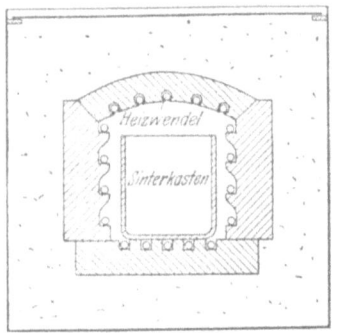

Abb. 26. Kammerofen mit Chrom-Nickel-Heizleitern zur Sinterung von Massengütern.

können für die Sinterung eingesetzt werden, wenn für geeigneten Oxydationsschutz des Sintergutes gesorgt wird.

Im einzelnen haben sich für die porösen Lager aus Bronze oder Eisen Öfen mit Heizleitern aus Nickel-Chrom, Eisen-Chrom-Aluminium, Molybdän und Siliziumkarbid, für Hartmetalle Kohlerohrkurzschlußöfen, Hochfrequenzvakuumöfen oder in USA. besonders Öfen mit Molybdänheizleitern, für Sintermagnete und Diamantmetallegierungen Öfen mit Molybdänheizleitern bzw. Kohlerohrkurzschlußöfen bewährt. Eine eingehende Darstellung der in der Pulvermetallurgie verwendeten Öfen wird von R. Kieffer und F. Krall (2) gegeben. Im Temperaturgebiet zwischen 600 und 1050° sind Kammeröfen üblicher Bauart gebräuchlich. In Abb. 26 ist ein Kammerofen dargestellt, dessen wendelförmige Heizkörper in der Glühkammer so angeordnet sind, daß das Gut möglichst von allen Seiten gleichmäßig angestrahlt wird. Der Wärmeschutz des Ofens muß so bemessen sein, daß die Temperaturunterschiede im Ofeninnern höchstens einige Grad betragen. Demgemäß muß besonders bei Massengutsinterungen auch die Aufheizung entsprechend langsam durchgeführt werden, da die Wärmeübertragung hauptsächlich durch Strahlung erfolgt. Der Glühvorgang muß immer unter völligem Ausschluß von Sauerstoff, oft auch von Stickstoff, stattfinden. Das in den meisten Fällen geeignetste Schutzgas ist der Wasserstoff. In besonderen Fällen kommt die Anwendung von Vakuum in Betracht; da-

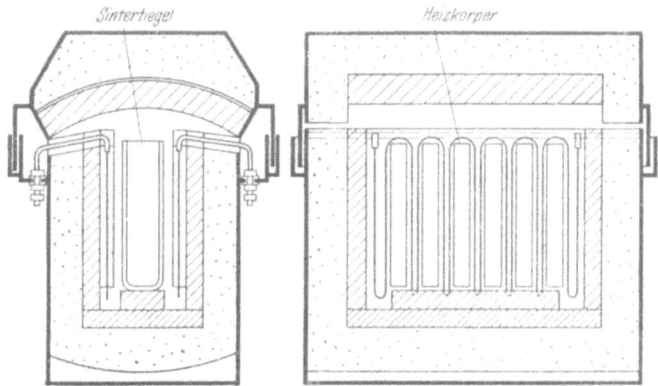

Abb. 27. Muldenofen zur Sinterung von großen Blöcken oder Formstücken aus Metallpulvern.

bei muß das Ofengehäuse entsprechend druckfest ausgebildet sein. Die Temperaturregelung wird fast immer durch Pt-Pt/Rh-Thermoelemente oder Gesamtstrahlungspyrometer in Verbindung mit Temperaturreglern bewirkt.

Eine besondere Bauart dieser Ofentype ist der Muldenofen (19). Abb. 27 zeigt einen solchen Ofen mit schleifenförmigen Heizkörpern aus Molybdän schematisch im Quer- und Längsschnitt. Sein Hauptanwendungsgebiet liegt bei Temperaturen von 1050 bis 1400°. Das besondere Merkmal von Kammer- und Muldenöfen ist ihre diskontinuierliche Arbeitsweise, ein Nachteil, durch den im Ofen gespeicherte Wärme nach jeder Charge verlorengeht. Um den Abkühlungsprozeß zu beschleunigen, hat man Gasumwälzanlagen gebaut, die das Schutzgas über einen Kühler aus dem Ofen saugen und gekühlt wiederum dem Ofen zuführen.

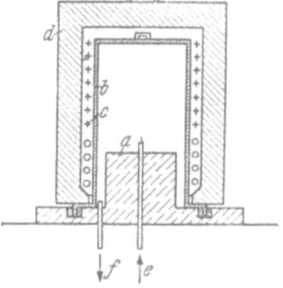

Abb. 28. Haubenofen.

Eine wärmetechnische Verbesserung gegenüber den vorgenannten Öfen stellt der Haubenofen (Abb. 28) dar. Sein hauptsächliches Temperaturgebiet liegt zwischen 600 und 1100°. Der Ofen besteht im wesentlichen aus einem Sockel $a$, einer nicht beheizten warmfesten Zwischenhaube $b$ und der mit Chrom-Nickel- oder Eisen-Chrom-Aluminium-Wendeln $c$ versehenen Glühhaube $d$. In die gasdichte Zwischenhaube,

52  Einführung — Ausgangsstoffe — Arbeitsverfahren der Pulvermetallurgie.

die das Sintergut aufnimmt, wird bei der Glühbehandlung Schutzgas eingeleitet. Die Glühhaube kann nach Beendigung des Sintervorganges abgehoben und über eine weitere frisch beschickte Zwischenhaube ge-

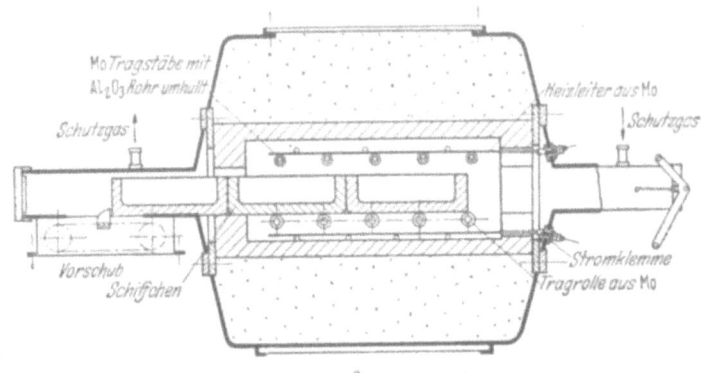

Abb. 29a und b. a Durchsatzofen mit Molybdänheizleitern, schematisch; b Durchsatzofen mit Molybdänheizleitern im Betrieb (Werksaufnahme Degussa, Frankfurt a. M.).

stülpt werden. Dadurch wird ein Verlust der in der Glühhaube aufgespeicherten Wärmeenergie weitgehend vermieden.

Eine günstigere Wärmeausnutzung wird durch Anwendung von Durchsatzöfen erzielt, die in Form elektrisch oder gasbeheizter Stoß- oder Hubbalkenöfen gebaut werden (Abb. 29a, b). Bei Verwendung von Chrom-Nickel-Heizkörpern eignen sich diese Öfen für Sintertemperaturen bis etwa 1000°. Durch Einführung von Heizleitern aus Molybdän können diese Öfen jedoch für Sintertemperaturen bis 1500° verwendet werden. Die Wärmeübertragung erfolgt durch direkte Strahlung. Wegen des hohen Schmelzpunktes von Molybdän (Sm. = 2700° C) ist die Empfindlichkeit der Heizleiter gegen Übertemperaturen weitgehend herabgesetzt. Die ursprünglich verwendeten normalen Betriebsspannungen (220 V) führten wegen des geringen spezifischen Widerstandes des Molybdäns zu kleinen Querschnitten der Heizleiter. Erst die Anwendung niedriger Spannungen, etwa 20 bis 40 Volt, ermöglichte den Bau von schleifenförmigen Heizkörpern mit kurzer Glühlänge und starken Querschnitten. Durch diesen Schritt wurden die anfänglichen Schwierigkeiten bei Öfen mit Molybdänheizleitern beseitigt (20). Solche Öfen sind außerordentlich betriebssicher; die Heizleiter weisen selbst bei Temperaturen von 1500° eine mehrjährige Lebensdauer auf. Die Arbeitsweise eines Durchsatzofens ist folgende: Das Sintergut wird in Schiffchen aus Eisen oder Graphit gegeben, die von der einen Seite durch eine Schubvorrichtung in die Heizzone geschoben werden, während an der Entnahmestelle Schutzgas eingeleitet wird. Diese Gegenstromanordnung bewirkt einerseits die Abkühlung des aus der heißen Zone austretenden Sintergutes und andererseits die Vorerhitzung des Schutzgases. Der Durchsatzofen erlaubt durch Anwendung wärmegeschützter, vor und hinter der Heizkammer angebrachter Wärmeaustauschzonen eine vorteilhafte Ausnutzung der zugeführten Heizleistung.

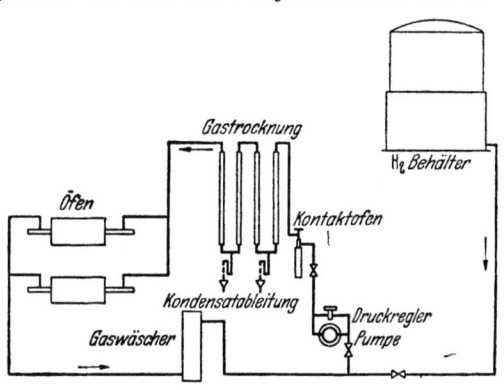

Abb. 30. Gasumwälzanlage für Reduktions- und Sinteröfen.

Durch die Anwendung von Gasumwälzanlagen (21) wird eine wirtschaftliche Ausnutzung des Schutzgases gewährleistet. Abb. 30 zeigt eine Gasumwälzanlage in schematischer Darstellung. Das umlaufende Schutzgas wird meistens nach Zwischenschaltung eines Wäschers in einem Kühler durch Kondensation ausreichend getrocknet. An Stelle des Kondensators werden mitunter Trocknungsanlagen, z. B. Kieselgelvorlagen, benutzt. Die Gasumwälzung wird durch eine Pumpe bewirkt. Da beim Beschicken des Ofens stets eine gewisse Menge von Luft in den Kreislauf gelangt, die in der Abkühlzone eine Oxydation bzw. ein Anlaufen des Sintergutes hervorrufen würde, ist es zweckmäßig,

54 Einführung — Ausgangsstoffe — Arbeitsverfahren der Pulvermetallurgie.

den Luftsauerstoff durch Einschaltung eines Kontaktofens mit Pd- und Pt-Mohr-Katalysatoren zu verbrennen. Der dabei entstehende Wasserdampf muß ebenfalls ausgeschieden werden, wodurch die Lage des Kontaktofens vor dem Kühler bzw. Trockner gegeben ist. Eine gewisse Anreicherung der Sinteratmosphäre an Stickstoff ist meistens ohne schädlichen Einfluß. Man braucht dem Kreislauf nur jene Menge an frischem Schutzgas zuzuführen, die bei der Beschickung und der Entnahme des Sintergutes verlorengeht.

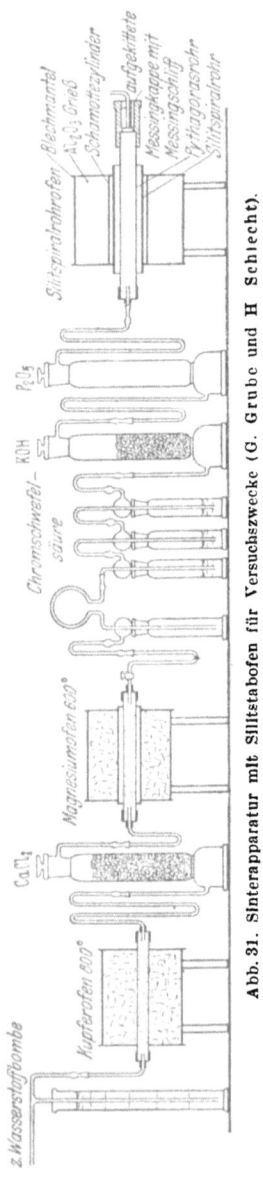

Abb. 31. Sinterapparatur mit Silitstabofen für Versuchszwecke (G. Grube und H Schlecht).

Die Sinterung in Durchsatzöfen gewährleistet einen gleichmäßigen Ausfall der Sinterchargen, ein Umstand, der für die Sinterung von Hartmetall und Dauermagneten (22, 23) außerordentlich wichtig ist.

Für Forschungszwecke ist eine Ofenanordnung gebräuchlich, bei welcher ein waagerechtes Rohr aus Porzellan oder Sintertonerde durch Silitstäbe oder -spiralen von außen (24) beheizt wird (Abb. 31). Die damit erreichbare Temperatur liegt bei etwa 1250 bis 1350°.

Zur Sinterung von Hartmetall im Temperaturgebiet von 1350 bis 1550° ist der in Abb. 32 wiedergegebene Kohlerohrkurzschlußofen gebräuchlich (25). Wie bei allen Durchsatzöfen, ist auch hier die Ausnützung der Heizleistung und die Gleichmäßigkeit der Chargen gegenüber Öfen mit diskontinuierlichem Betrieb bedeutend günstiger.

Der Kohlerohrkurzschlußofen kann auch für Vakuumbetrieb eingerichtet werden, wobei allerdings auf eine kontinuierliche Arbeitsweise verzichtet werden muß. Einen solchen Kohlerohrvakuumofen zeigt Abb. 33 in schematischer Darstellung. Die Stirnseiten des rohrförmigen Graphitheizkörpers werden durch eingehängte Strahlbleche gegen Wärmeverluste geschützt. Damit wird bis nahe an die Rohrenden eine gleichmäßige Ofentemperatur erzielt. Geeignete Baustoffe für einen solchen Strahlungsschutz sind

Bleche aus Wolfram oder Molybdän. Die Temperaturmessung geschieht meistens auf optischem Wege durch ein im oberen Deckel angebrachtes Meßfenster aus spannungsfreiem Glas.

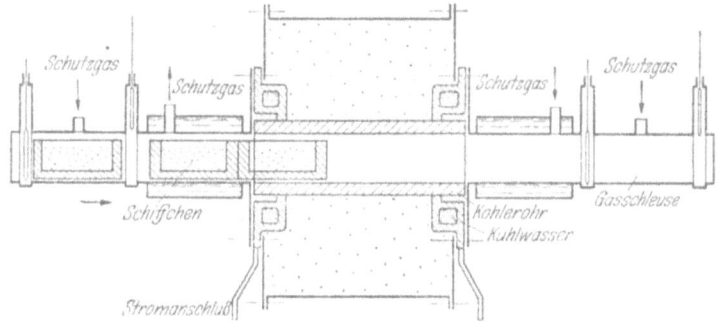

Abb. 32 Kohlerohrkurzschlußofen zur Sinterung von Hartmetallegierungen und zur Herstellung von Hartstoffen.

Der in Abb. 34 gezeigte **Hochfrequenzinduktionsofen** wird zur Sinterung im Temperaturgebiet von 1500 bis 2000° verwendet. Er kann zum Zweck einer Sinterung unter Vakuum in einer luftdichten Kammer untergebracht werden (Abb. 35).

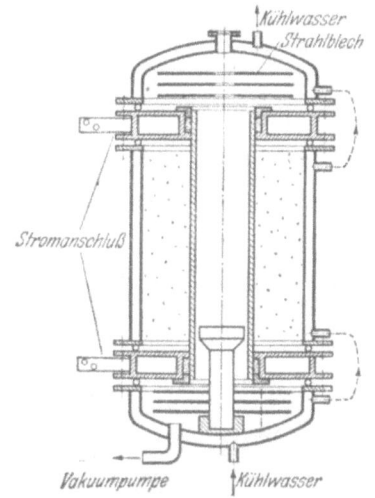

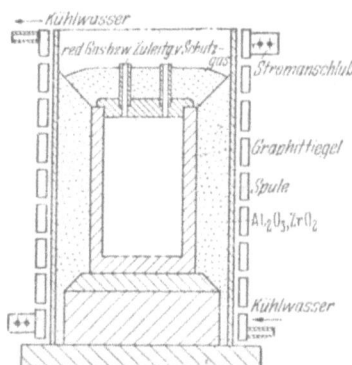

Abb. 33. Kohlerohrvakuumofen zur Sinterung von Hartmetall.

Abb. 34. Hochfrequenz-Induktionsofen für die Sinterung im Temperaturgebiet von 1500 bis 2000° sowie für die Herstellung von Hartstoffen.

Die Gewinnung der hochschmelzenden Metalle (Molybdän Sm. 2700°, Tantal Sm. 3000°, Wolfram Sm. 3400°) erfolgt heute ausschließlich in der Weise, daß die Metalle in Pulverform zu Stäben gepreßt und dann im direkten Stromdurchgang bis nahe an den Schmelzpunkt erhitzt werden (26). Solche Sinteranordnungen (siehe Abb. 121 Seite 230),

56 Einführung — Ausgangsstoffe — Arbeitsverfahren der Pulvermetallurgie.

wie sie in Kap. 12 (Seite 230ff.) näher beschrieben sind, können nur im weiteren Sinne als Öfen angesprochen werden.

Für die Gewinnung von Verbundmetallen aus Wolfram-Kupfer, Wolfram-Silber und Molybdän-Silber (27), deren Herstellungsverfahren in das Grenzgebiet zwischen Pulver- und Schmelzmetallurgie gehören, wurden eine Reihe von Spezialöfen (20) entwickelt. Da diese Verbundmetalle meist durch Tränken eines vorgesinterten, porigen Skelettkörpers aus Wolfram bzw. Molybdän mit geschmolzenem Kupfer oder

Zahlentafel 15. Übersicht über Temperatur- und Anwendungsbereich einer Reihe von gebräuchlichen Sinteröfen.

| Ofenart | Vgl. Abb. | Temperaturbereich °C | Anwendungsgebiete |
|---|---|---|---|
| Kammerofen . . . | 26 | 600—1050 | Sinterung von porösen Lagern, Sinterung von Eisenlegierungen |
| Haubenofen . . . | 28 | bis 1100 | Sinterung von porösen Lagern, Sinterung von Eisenlegierungen, Sinterung großer Formstücke |
| Muldenofen . . . | 27 | 1050—1400 | Sinterung von großen Blöcken oder Formstücken aus Metallpulvern |
| Durchsatzofen . . | 29 a, b | a) bis 1100 (Heizleiter aus Ni-Cr bzw. Fe-Cr-Al) b) bis 1500 (Heizleiter aus Mo) c) 1000—1500 (Gasheizung) | Sinterung von porösen Lagern und Maschinenteilen, von Magnetlegierungen, von Hartmetallegierungen, von Reinstmetallen, Herstellung von Verbundmetallen, Reduktion von Metalloxyden |
| Silitstabofen . . . | 31 | 1250—1350 | Sinterung kleiner Formkörper für Forschungszwecke, Reduktion von Metalloxyden |
| Kohlerohrkurzschlußofen | 32, 33 | bis 2000 | Sinterung von Hartmetallegierungen, Herstellung von Verbundmetallen, Herstellung von Metallkarbiden und Hartstoffen |
| Hochfrequenz-Induktionsofen | 34, 35 | bis 3000 | Sinterung von Hartmetallegierungen, Herstellung von Metallkarbiden und Hartstoffen |
| Sinterglocken. . . | Kap. 12 Abb. 121 | bis 3200 | Sinterung hochschmelzender Metalle |
| Warmpreßöfen und Druck-Sinteranlagen | 21 23 22 | a) bis 600 b) bis 800 c) bis 1500 | Drucksinterung von Verbundmetallen, Lagerlegierungen und Eisenlegierungen für Werkzeugteile Drucksinterung von Hartmetallegierungen, Diamantmetallegierungen usw. |

## Sinterung der Preßkörper.

Silber gewonnen werden, benützt man für den Tränkvorgang kippbare Wannen- oder Tiegelöfen. Um Entmischungen oder Lunkerbildung zu vermeiden, werden Tiegelöfen mit Vorrichtungen versehen, die ein allmähliches Absenken des gewonnenen Verbundmetalls aus der Tränkungszone in eine Abkühlkammer gestatten. Die Tränkung findet meist unter Schutzgas ($H_2$) bei Temperaturen zwischen 1300 und 1700° statt.

In Zahlentafel 15 sind die im einzelnen beschriebenen Ofenarten mit Temperatur- und Anwendungsgebieten zusammengestellt.

Da bei der Sinterung eine Oxydation der Metallpulverteilchen vermieden werden muß, arbeitet man meistens unter Schutzgas, vorzugsweise unter Wasserstoff. Auch Stickstoff-Wasserstoff-Mischungen, gespaltenes Ammoniak (28), Wassergas, Generatorgas und in Schutzgaserzeugern(vgl. Abb. 36) durch Verbrennung von Propan und Leuchtgas hergestelltes Schutzgas (29) können als Ofengase verwendet werden. Eine gründliche Reinigung der Schutzgase von Wasserdampf, Sauerstoff und Kohlensäure ist empfehlenswert. Je höher die Sinter-

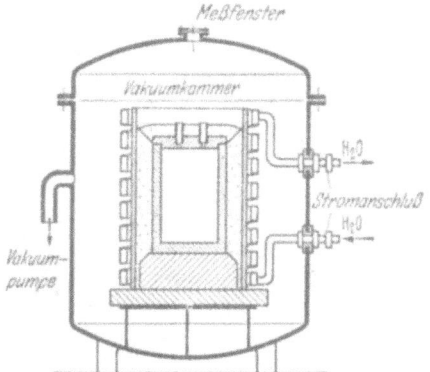

Abb. 35. Hochfrequenz-Induktionsofen zur Sinterung unter Vakuum im Temperaturgebiet von 1000 bis 1800°.

Abb. 36. Schutzgaserzeuger.
(Werksaufnahme Degussa, Frankfurt a. M.)
1 Kühler, 2 Durchflußmesser für Luft, 3 Durchflußmesser für Propangas, 4 Drosselventil für Propangas, 5 Drosselventil für Luft, 6 Reduzierventil für Propangas, 7 Antriebsmotor, 8 Wasserabscheider, 9 Gebläse, 10 Ableitungstopf für Wasser, 11 Leistungsregler für Gebläse, 12 Ölabscheider, 13 Rückschlagklappe, 14 Manometer, 15 Drosselventil für Brenner, 16 Zündöffnung, 17 Luftfilter für Staub, 18 Reduzierventil für Luft, 19 Verbrennungskammer, 20 Pyrometer in Verbrennungskammer.

temperatur, um so reiner ist zweckmäßig das Schutzgas zu wählen. Bei den Metallen Tantal, Niob, Titan, Chrom usw. ist eine Sinterung unter Schutzgas wegen der starken Affinität dieser Metalle zu den meisten Gasen nicht oder nur in beschränktem Umfange durchführbar. In diesem Falle kommt man durch Sinterung im Vakuum zum Ziel.

Der Sintervorgang beendet die eigentliche Synthese des Werkstoffes. Man hat jetzt einen metallischen Körper vor sich, der meistens nur geringe Dehnung aufweist. Es gelingt aber, falls der gesinterte Werkstoff verformbar ist, durch nachfolgende Kalt- oder Warmverformung dem Werkstoff solche Eigenschaften zu verleihen, welche die der gleichen Legierung im gegossenen Zustand übertreffen und die der geschmiedeten Gußlegierung nahezu erreichen. Drucksinterung oder Heißpressen machen die Kalt- oder Warmverformung zwecks Verbesserung der mechanischen Eigenschaften weitgehend überflüssig. Eine ähnliche Wirkung hat auch eine wiederholte Sinterbehandlung mit zwischengeschalteter Kaltbearbeitung der Sinterkörper durch Nachpressen in Matrizen oder Schmieden im Gesenk. Oft besteht natürlich keine Veranlassung oder Möglichkeit zur Verformung nach der Fertigsinterung, beispielsweise bei porigen Lagerkörpern oder bei den Hartmetallen. Auf dem Sinterwege hergestellte Werkstoffe, die an sich auch gießtechnisch erzeugbar sind, können den gleichen Vergütungsbehandlungen unterworfen werden, wie ein auf dem Schmelzwege hergestellter Werkstoff. Der Unterschied besteht oft nur noch darin, daß dem pulvermetallurgisch erzeugten Körper alle die Merkmale fehlen, die durch die bei der Erstarrung verlaufenden physikalisch-chemischen Gleichgewichtsvorgänge bedingt sind. Daß die letzteren dem Werkstoff oft unangenehme und unerwünschte Eigenschaften verleihen — erinnert sei an die Seigerung und an das oft sehr spröde Gußgefüge —, spricht für die Möglichkeiten, die in den gesinterten Werkstoffen liegen.

Bei der Herstellung der Metallpulver, bei der Vorbehandlung der Metallpulver vor dem Preßgang, beim Verdichten oder Pressen der Pulver, bei der Sinterung der Preßkörper und schließlich bei der Fertigbearbeitung ergeben sich viele Analogien zur Keramik, der Industrie, die die Technologie der Pulvermetallurgie am meisten befruchtet hat. Mit den Beziehungen zwischen der „Oxyd- und Metallkeramik" befaßt sich eine beachtenswerte Arbeit von F. Rollfinke (30).

### Literatur zum 3. Kapitel.
(1) Espe, W., u. M. Knoll: Werkstoffkunde der Hochvakuumtechnik, S. 83 ff. Verlag Springer, Bln. 1936.
(2) Kieffer, R., u. F. Krall: Elektrowärme 12 (1942) S. 33/37.
(3) Eilender, W., u. R. Schwalbe: Arch. Eisenhüttenw. 13 (1939/40) S. 267/72.
(4) Goetzel, C. G.: Preprint for the Twenty-second Annual Convention of the American Society of Metals, Cleveland, Ohio, 21.—25. Okt. 1940.
(5) A.P. 2 181 123 (1937).

(6) Fetz, E.: Metals & Alloys 8 (1937) S. 257/60.
(7) F.P. 689027 (1930).
(8) Hoyt, S. L.: Trans. Amer. Inst. min. metallurg. Engrs. Inst. Met. Div., Ohio 89 (1930) S. 9/58.
(9) Becker, K.: Kolloid-Z. 63 (1933) S. 373/74.
(10) Meyer, O., u. W. Eilender: Arch. Eisenhüttenw. 11 (1937/38) S. 545/62.
(11) Skaupy, F.: Kolloid-Z. 98 (1942) S. 92/95.
(12) a) Schlecht, L., W. Schubardt u. F. Duftschmid: Z. Elektrochem. 37 (1931) S. 485/92.
    b) Hamprecht, G., u. L. Schlecht: Metallwirtsch. 12 (1933) S. 281/84.
    c) Duftschmid, F., L. Schlecht u. W. Schubardt: Stahl u. Eisen 52 (1932) S. 845/49.
(13) Trzebiatowski, W.: Z. phys. Chem. B 24 (1934) S. 75/86.
(14) Kikuchi, R.: Sci. Rep. Tôhoku Univ. 26 (1937) S. 125/41.
(15) Bailey, L. H.: Machinery for Compressing Powdered Metals. Powder Metall. Conference 29.—31. Aug. 1940. Massachusetts Institute of Technology.
(16) a) Vgl. D.R.P. 289864 (1912) u. 356716 (1920).
    b) Vgl. Sauerwald, F., u. J. Kunczek: Z. Metallkde. 21 (1929) S. 22/23.
    c) Vgl. Sauerwald, F., u. St. Kubik: Z. Elektrochem. 38 (1932). S. 33/41.
    d) Vgl. Trzebiatowski, W.: Z. phys. Chem. A 169 (1934) S. 91/102.
    e) l. c. 10.
    f) Vgl. Jones, W. D.: Foundry Trade J. 59 (1938) S. 401/02.
    g) Vgl. — Iron Coal Tr. Rev. 137 (1938) S. 1013/14.
    h) Vgl. — Metal Ind. Lond. (1940) S. 69/71 u. 225/28.
    i) Vgl. Goetzel, C. G.: Preprint for the Twenty-second Annual Convention of the American Society for Metals, Cleveland, Ohio, 21.—25. Okt. 1940.
    j) Vgl. Schwarzkopf, P., u. C. G. Goetzel: Iron Age 148 (1941) S. 37/44.
    k) Vgl. Ritzau, G.: Werkstatttechnik 35 (1941) S. 145/49.
(17) Jones, W. D.: Principles of Powder Metallurgy, S. 167. Verlag E. Arnold & Co., Lond. 1937.
(18) a) Seelig, R. P.: Metals & Alloys 11 (1940) S. 744/48.
    b) — Iron Age 148 (1941) S. 29/35 und S. 100.
(19) Schlecht, L., u. G. Trageser: Metallwirtsch. 19 (1940) S. 66.
(20) Kieffer, R., u. F. Krall: VDE-Fachber. 11 (1939) S. 107/12.
(21) Zeller, H.: Sicherheitsmaßnahmen bei Blankglüh- und verwandten Anlagen. Sonderdruck aus dem Reichsarbeitsblatt 1941 Nr. 14 (Arbeitsschutz Nr. 5).
(22) Howe, G. H.: Iron Age 145 (1940) S. 27/31.
(23) Hotop, W.: Stahl u. Eisen 61 (1941) S. 1105/09.
(24) Grube, G., u. H. Schlecht: Z. Elektrochem. 44 (1938) S. 367/74 u. 413/22.
(25) a) Becker, K.: Hochschmelzende Hartstoffe und ihre technische Anwendung. Verlag Chemie, Bln. 1933.
    b) Widia-Handbuch, Fried. Krupp AG., Essen 1936.
    c) Jones, W. D.: Principles of Powder Metallurgy. Verlag E. Arnold & Co., Lond. 1937.
(26) a) Coolidge, C.: J. Amer. Inst. electr. Engng. 29 (1910) S. 953.
    b) Alterthum, H.: Wolfram. Verlag F. Vieweg & Sohn, Braunschweig 1925.
    c) Smithells, C. J.: Tungsten. Verlag Chapman & Hall, Lond. 1936.
(27) Kieffer, R.: Z. techn. Phys. 21 (1940) S. 35/40.
(28) Lohausen, K. A.: Z. VDI 85 (1941) S. 917/18; Techn. Zbl. prakt. Metallbearb. 52 (1942) S. 8/9 u. 31/32.
(29) a) Vgl. Pawlek, F.: ETZ 60 (1939) S. 1445/48 u. 1475/78.
    b) Simon, G.: Techn. Zbl. prakt. Metallbearb. 49 (1939) S. 379/82.
(30) Rollfinke, F.: Z. VDI 84 (1940) S. 681/89 u. 953/58.

## Zweiter Teil.
# Die wissenschaftlichen Grundlagen der Pulvermetallurgie mit besonderer Berücksichtigung der Eigenschaften von Sinterkörpern.

## 4. Kapitel.
### Einführung. — Das Wesen der physikalischen Eigenschaften gesinterter Körper im Vergleich zu dem geschmolzener Körper

#### A. Einführung.

Bei der Besprechung der wissenschaftlichen Grundlagen der Pulvermetallurgie ist es zweckmäßig, zunächst eindeutige Begriffsbestimmungen vorzunehmen, um von vornherein mögliche Mißverständnisse weitgehend auszuschalten.

Unter einem „Pulvermetallurgischen Erzeugnis" im weitesten Sinne wollen wir Körper beliebiger Form verstehen, die aus Pulvern von Metallen oder Pulvergemengen von Metallen, Metalloiden, Metallverbindungen und Legierungen aufgebaut sind. Zur Herstellung solcher Formkörper werden gewöhnlich die Pulver einer Druck- und Wärmebehandlung unterzogen, jedoch ist dieses — worauf schon früher hingewiesen wurde — nicht unbedingt erforderlich. Beispielsweise führt bei Pulvern niedrigschmelzender bildsamer Metalle und Legierungen, bei denen die Raumtemperatur eine schon verhältnismäßig hohe Temperatur ist, das Pressen allein schon zu sehr dichten und auch festen Körpern. Liegt zudem eine flüssige Phase vor, so ist das Diffusionsvermögen häufig derart, daß sich das erwünschte Gefüge und der mechanische Zusammenhalt bereits bei Raumtemperatur ergeben. Ein Beispiel hierfür sind die Zahnamalgame (vgl. Seite 373 ff.). Andererseits gelingt auch die Herstellung fester Körper aus Pulvern ohne nennenswerte Druckausübung durch einfaches Glühen der Pulver bei genügend hoher Temperatur (1). Eine praktische Anwendung hierfür ist z. B. die Herstellung von großen Blöcken aus lose gerütteltem Karbonylnickel- bzw. Karbonyleisenpulver (2) (vgl. Seite 185 ff.).

Der Vorgang — vornehmlich die Warmbehandlung —, der zur Verfestigung und zum merkbaren Zusammenhalt des Pulverkörpers führt, wird als „Sintern" oder „Sinterung" bezeichnet. Folgerichtig hat man unter „Sinterkörpern, Sintermetallen oder Sinterlegierungen" solche Körper zu verstehen, die aus Pulvern (meist Metallpulvern) aufgebaut sind und die ihre mechanische Festigkeit vornehmlich einer geeigneten Wärmebehandlung verdanken. Wird eine Ver-

## Einführung.

festigung schon bei Raumtemperatur erzielt (Beispiele: Zahnamalgame, hoch verfestigte Kaltpreßkörper bildsamer Metalle), so spricht man treffend von „Kaltsinterung". Zur Erzeugung von Sinterkörpern mit technologisch verwertbaren Eigenschaften (vgl. Kap. 12 bis 18) erweist sich in der Praxis die Anwendung einer Wärmebehandlung bei genügend hohen Temperaturen als notwendig. Die angewandte Temperatur wird als „Sintertemperatur" bezeichnet. Sie beträgt bei Einstoffsystemen erfahrungsgemäß $2/3$ bis $4/5$ der absoluten Schmelztemperatur des betreffenden Metalls. Häufig tritt bei der angewandten Sintertemperatur — bei dem Sintern von Einstoffsystemen ist dies sogar durchweg der Fall — noch keine flüssige Phase auf, wenn man von flüssigen Filmen aus Oxyden oder sonstigen Verunreinigungen absieht. Bei dem Sintern von Mehrstoffsystemen ist dagegen in vielen Fällen eine beschränkte Menge flüssiger Phase vorhanden, die allerdings meist nur einen kleinen Teil des Sinterkörpers ausmacht. Die in diesem Fall anzuwendende Sintertemperatur richtet sich weitgehend nach dem Zustandsbild des betreffenden Mehrstoffsystems. Wesentlich ist, daß kein durchgreifendes Schmelzen des Metallpulverkörpers stattfindet und die gesinterten Körper ihrer Ausgangsform ähnlich bleiben und keine oder nur eine schwache Verrundung der Kanten und Ecken eintritt.

Da die Vorgänge beim Sintern mit oder ohne flüssige Phase wenigstens zum Teil grundsätzlich verschiedener Art sind (3, 4, 5, 6, 7), schlägt F. Sauerwald vor, sie durch besondere Ausdrücke voneinander zu unterscheiden (1). In Anlehnung an den Sprachgebrauch in der Keramik, wo beim Vorhandensein einer flüssigen Phase der Ausdruck „Sintern" gebraucht wird (9, 10), sei auch in der Pulvermetallurgie das Wort „Sintern" in diesem Sinne anzuwenden. Vorgänge dagegen, bei denen nur feste Phasen vorliegen, sollten dem Wortgebrauch entsprechend mit „Fritten" bezeichnet werden (vgl. „Fritter" = „Kohärer" in der Elektrotechnik). Man muß dazu feststellen, daß beide Ausdrücke — von geringen Ausnahmen abgesehen — nach wie vor im deutschen Schrifttum ziemlich unterschiedslos gebraucht werden. W. D. Jones hat sogar eine umgekehrte Wortbedeutung benutzt (11). Wollte man der vorgeschlagenen unterschiedlichen Bezeichnungsweise folgen, so müßte man folgerichtig in Zukunft zwischen „Frittmetallen" und „Sintermetallen" unterscheiden. Die Zahl der Beispiele für Ausdrucksänderungen, die sich in der Folge als notwendig erweisen würden, ließe sich zweifellos vermehren. Schon allein aus praktischen Erwägungen heraus dürfte es daher angebracht sein, es ausschließlich beim Ausdruck „Sintern" zu belassen, insbesondere da die Unterscheidung lediglich bei theoretischen Erörterungen über die bei der Sinterung verlaufenden Vorgänge eine Rolle spielt (12). Bei Behandlung theoretischer Fragen dürfte es aber kaum eine besondere

Erschwerung bedeuten, wenn man zur Unterscheidung von ,,Sinterung mit bzw. ohne flüssige Phase" spricht: Aus dem gleichen Grunde müßte man dann allerdings auch die Einführung der neuerdings vorgeschlagenen Ausdrücke ,,Trockensinterung" bzw. ,,Schmelzsinterung" (8) ablehnen.

Für das Zustandekommen der Sinterung von Metallpulvern sind die gleichen Kräfte verantwortlich zu machen, die auch den Zusammenhalt der kleinsten Bausteine eines festen Körpers bedingen. Aus einfachen Grundtatsachen kann man unmittelbar das gleichzeitige Vorhandensein verschiedener Arten von Kräften in einem festen Körper herleiten (13). Betrachten wir einen festen Körper zunächst in der Nähe des absoluten Nullpunktes, so können wir annehmen, daß dort die Wirkungen der thermischen Bewegung der Molekeln, d. h. des thermischen Drucks, gering sind. Der Zusammenhalt der Teilchen im festen Körper macht zunächst die Annahme einer Anziehungskraft zwischen den Teilchen erforderlich. Ihr Vorhandensein kann z. B. aus der elastischen Rückfederung nach der Entlastung geschlossen werden. Andererseits ziehen sich die Teilchen nur bis zu einer gewissen Grenze an, denn um die normalen Abstände der Teilchen weiter zu verkleinern, d. h. das Volumen des Körpers zu vermindern, bedarf es einer Kompressionsarbeit. Die vorhandenen Abstoßungskräfte verhindern also, daß sich die Atome beliebig nähern können. Die resultierende Kraft ergibt sich aus der Differenz der anziehenden und der abstoßenden Kräfte.

Nach G. Mie (14) kann die Abhängigkeit der beiden Kräftearten vom Atomabstand $r$ durch die Formel

$$K(r) = \frac{a}{r^l} - \frac{b}{r^m}$$

wiedergegeben werden, wobei $l$ kleiner als $m$ sein soll. Diese Bestimmung über die Höhe der Exponenten bedeutet nichts anderes als die Tatsache, daß die abstoßende Kraft (2. Glied der Formel) mit wachsender Entfernung $r$ der Atome rascher abnehmen muß als die anziehende.

Bei höheren Temperaturen ist noch die Bewegung der Atome zu berücksichtigen, die als Abstoßungskraft einzusetzen ist, da mit zunehmender Temperatur der Gleichgewichtsabstand der Atome wächst, also die Abstoßungskräfte größer werden. Den thermischen Abstoßungsdruck können wir wieder umgekehrt proportional einer Potenz des Abstandes setzen, wobei $n$ kleiner als $m$ und $l$ ist. Somit lautet für eine bestimmte Temperatur die Formel:

$$K(r) = \frac{a}{r^l} - \frac{b}{r^m} - \frac{c(T)}{r^n}.$$

In Abb. 37 sind die drei Glieder der Formel (Kurven *1*, *2* und *3*) und ihre Summe (Kurve *4*) schematisch dargestellt. Die dick ausgezo-

Einführung. 63

gene resultierende Kraft ergibt bei kleinen Abständen zunächst eine Abstoßung, die mit wachsendem Abstand $r$ rasch geringer und beim Gleichgewichtsabstand $r_g$ Null wird. Bei größeren Abständen tritt eine anziehende Kraft auf. Der für unser Problem wichtige Abstandsbereich der anziehenden Kraft ist durch die schraffierte Fläche hervorgehoben. Die anziehende Kraft durchschreitet einen Höchstwert der Anziehung, der bei $r_m$ erreicht wird, und nimmt dann wieder ab. Bei großen Abständen tritt insbesondere bei höheren Temperaturen wieder eine Abstoßungskraft auf, deren Wert aber sehr gering und für das vorliegende Problem bedeutungslos ist.

Durch Erhöhung der Temperatur wird sowohl der Gleichgewichtsabstand $r_g$ als auch der Abstand $r_m$ des Anziehungshöchstwertes zu höheren Abständen verschoben. Die maximale Anziehungskraft wird gleichzeitig kleiner. Die Wirkungssphäre eines Atoms kann etwa das Zehn- bis Zwanzigfache des Atomradius erreichen.

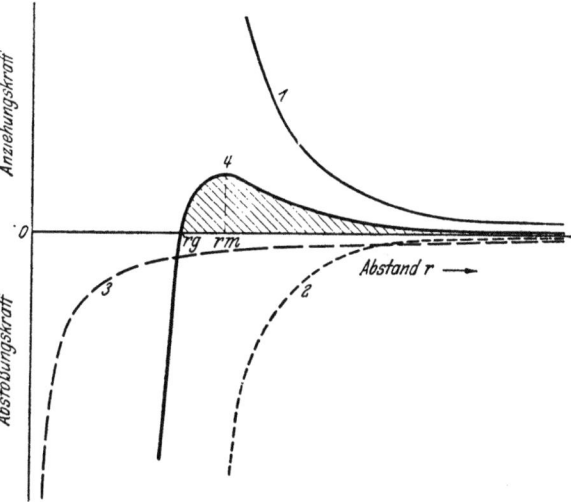

Abb. 37. Schematische Darstellung der Überlagerung der Anziehungs- und Abstoßungskräfte.

Kurve 1: $\dfrac{a}{r^l}$  Kurve 2: $\dfrac{b}{r^m}$

Kurve 3: $\dfrac{c(T)}{r^n}$  Kurve 4: $K(r)$.

Diese allgemeingültigen Betrachtungen über die an freien Metalloberflächen in Erscheinung tretenden Kräfte und ihre Wirkungsbereiche sind jetzt auf den Sintervorgang anzuwenden. Wir nehmen zunächst an, daß die Oberflächen der Pulverteilchen glatt und frei von adsorbierten Stoffen, insbesondere von Gasen sind. Dann würden bereits bei einem locker geschütteten Pulver die Anziehungskräfte einen gewissen Zusammenhalt des Pulvers bewirken, den man als Kleben oder Backen bezeichnet. Dieser „Klebeffekt" wird naturgemäß um so stärker sein, je größer der Teil der Gesamtoberfläche der Pulverteilchen ist, der in solch innige Berührung miteinander kommt, daß sich die Anziehungskräfte auswirken können. Bei weitgehend ebenen Oberflächen zweier kompakter Metallteile ist dieser Anteil der Oberfläche relativ groß, das Zusammenkleben oder „Kaltverschweißen" daher deutlich wahrnehmbar, insbesondere, wenn man es mit einem sehr bildsamen Metall zu tun hat. Mathematisch ausgedrückt ist die gesamte anziehende Kraft zweier benachbarter Teilchen gleich der halben Summe der Oberfläche, deren Abstand im schraffierten Teil der Abb. 37 liegt, multipliziert mit der bei diesem Abstand wirkenden Kraft. Es leuchtet ein, daß die bei Metallpulvern praktisch stets vorhandene unregelmäßige und vielgestaltige Oberfläche ein Grund dafür ist, daß sich die Oberflächen insbesondere beim losen Schütten nur zum sehr kleinen Teil auf den für das Wirksamwerden der Anziehungskräfte erforderlichen Abstand nähern können. Wird das Pulver gepreßt, so vergrößert sich die zur Anziehung beitragende Oberfläche, und zwar um so mehr, je bildsamer das betreffende Metallpulver ist. Man kann so bereits bei Zimmertemperatur einen Körper erhalten, der schon eine gewisse Festigkeit aufweist, so daß man ihn ohne Gefahr des Zerbrechens oder Ausbröckelns aus der Preßform nehmen und handhaben kann. Daß erfahrungsgemäß Kaltpreßkörper aus Pulvern mit sehr unregelmäßiger zackiger und vielgestaltiger Oberfläche eine höhere Festigkeit als solche aus glatten Pulvern aufweisen, ist auf eine zusätzliche mechanische Verzahnung der unregelmäßig geformten Pulverteilchen zurückzuführen und sei nur nebenbei erwähnt.

Steigert man nun die Temperatur, so werden dadurch gemäß den obigen Ausführungen zwar die maximalen Anziehungskräfte etwas verringert, dafür wird aber wieder die zur Anziehung beitragende Oberfläche wesentlich vergrößert. Dieser zweite Einfluß überwiegt den ersten bei weitem. Das gilt vor allem für geschüttete Pulver, aber auch noch für kalt verdichtete. Die Vergrößerung der zur Anziehung beitragenden Oberfläche durch die Temperaturerhöhung tritt besonders deutlich in Erscheinung, wenn man das Pulver bei erhöhter Temperatur verpreßt, also zum sogenannten „Heißpressen" übergeht. Infolge der mit der Temperatur rasch ansteigenden Bildsamkeit der Metallpulver kann man durch Heißpressen schon bei mittleren Temperaturen eine praktisch vollkommene innige Berührung aller Teilchen erreichen. Bei heißgepreßten Pulverkörpern dürfte unter der oben gemachten Voraussetzung des Fehlens jeglicher Oberflächenfilme auf den Pulverteilchen eine vollkommene Verschweißung entlang der Gesamtoberfläche der Pulverteilchen vorliegen und damit ein polykristalliner Werkstoff, der in seinen Eigenschaften weitgehend identisch ist mit denjenigen eines über den Schmelzfluß hergestellten Metalls (vgl. S. 139ff). Die Korngrenzen dürften dann praktisch den Korngrenzen in erstarrten Metallen entsprechen, wenn man von der Art und Verteilung der Korngrenzensubstanz und der unterschiedlichen Kristallitenorientierung absieht. Die meisten Eigenschaften, beispielsweise die Dichte, die elektrische Leitfähigkeit, die Zugfestigkeit und Dehnung, stimmen weitgehend mit denen überein, die man am erstarrten Metall feststellt.

## Einführung.

Zu den Anziehungskräften kommt als weiterer, das Sintern fördernder Einfluß das Bestreben der Teilchen, ihre Oberfläche zu verringern. Durch die Verringerung der Oberfläche wird der Betrag der Oberflächenenergie kleiner und dadurch der Zustand stabiler. Allerdings müssen die Atome schon bis zu einem gewissen Grade beweglich sein, wenn ihr Bestreben, die Oberfläche zu verringern, sich auswirken soll. Dies ist erst bei und oberhalb der Rekristallisationstemperatur merklich der Fall. Für diese Frage ist die Feststellung von M. Volmer (15) wesentlich, daß die Atome bzw. Moleküle der Oberfläche eines Kristalls bei höheren Temperaturen, natürlich relativ zum Schmelzpunkt des Kristalls, leicht beweglich sind. Die Oberfläche eines Kristalls befindet sich also bei höheren Temperaturen, aber noch weit unter dem Schmelzpunkt, in einem Zustand, der bereits als halbflüssig bezeichnet werden kann. Berühren zwei Teilchen einander, so vergrößern die leichtbeweglichen Atome der Oberfläche die Berührungsfläche und werden in ihr in eins der beiden verschieden orientierten Kristallgitter eingebaut. In der Regel wird dieses Kristallgitter dann auf Kosten des anders orientierten Gitters wachsen. Diese Platzwechselvorgänge sind um so lebhafter, je höher die Sintertemperatur ist. Sie erreichen bei Temperaturen kurz unterhalb des Schmelzpunktes ein ganz beträchtliches Ausmaß und führen zu einem festen Zusammenwachsen benachbarter Pulverteilchen unter erheblichem Kornwachstum der Ausgangskristallite.

Zeit und Temperatur wirken in der gleichen Richtung. Der mechanische Zusammenhalt einer Probe wird bei gegebener Temperatur um so besser, je länger die Erhitzung währt, er wird bei gegebener Glühdauer um so stärker, je höher die Temperatur ist. Dabei tritt der Einfluß der Zeit bei höheren Temperaturen immer mehr zurück. In nicht allzu großer Entfernung vom Schmelzpunkt des Metalls genügt, wie durch Versuche erhärtet ist, praktisch eine Sekunde, um das Höchstmaß des Zusammenhaltes zu erreichen (16).

Der Sintervorgang ist an keine bestimmte Temperatur gebunden. Er wird jedoch zu tieferen Temperaturen dadurch begrenzt, daß die Sinterzeit nicht beliebig ausgedehnt werden kann. Die gleiche Begrenzung ist in dem Begriff der „Temperatur der beginnenden Platzwechselvorgänge" enthalten. Zu höheren Temperaturen hin ist der Sintervorgang begrenzt durch den Temperaturbereich des völligen Aufschmelzens oder der Zersetzung des zu sinternden Stoffes.

Die bisherigen Ausführungen beziehen sich auf den Fall, daß die einzelnen Pulverteilchen eine von Fremdstoffen freie Oberfläche haben. Das ist aber praktisch niemals der Fall. Die anziehenden Kräfte wirken natürlich nicht nur auf benachbarte Pulverteilchen, sondern auch und sogar in erster Linie auf die stets vorhandenen Gasteilchen, die an der Metalloberfläche adsorbiert werden. (Mehr oder weniger starke Oxydfilme, Gas- und Wasserhäute!) Es ist sogar im höchsten Vakuum recht schwierig, genügend reine Metalloberflächen für bestimmte physikalische Messungen, z. B. der Austrittsarbeit von Glühelektronen aus Metallen, zu erhalten. Die erste Bedeckung der Oberfläche mit adsorbierten Gasen erfolgt so schnell, daß sie bei Metallpulvern stets vorhanden ist. Zu den adsorbierten Gasen, und zwar zu den während der Sinterung adsorbierten, gehört auch der Wasserstoff. Er stört aber in den meisten für die Pulvermetallurgie in Frage kommenden Fällen nicht, da er in den meisten Metallen löslich ist und daher kein Hindernis für die Sinterung darstellt. Das Festhaften der Gasschicht sowie Reaktionen zwischen ihr und dem Metall unter Bildung von Verbindungen sind mit die Ursache für die Vielgestalt der Sintervorgänge. Hierbei steht naturgemäß das individuelle Verhalten des betreffenden zu sinternden Metalls im Vordergrund, so daß im Rahmen dieser allgemeinen Einführung weitere Einzelheiten nicht am Platze sind.

Es soll nur noch erwähnt werden, daß eine wesentliche Wirkung der Wärmebehandlung der Pulverkörper in reduzierender Atmosphäre darin besteht, daß die die Sinterung hemmenden Oxyd- und Gasfilme fast vollständig entfernt werden (vgl. Seite 92ff.) und daß dadurch die Anziehungskräfte wieder zwischen weitgehend freien Oberflächen wirken können[1].

Es wurde bereits eingangs zwischen der Sinterung ohne und mit flüssiger Phase unterschieden. Die oben aufgezeigten Zusammenhänge deuten die Vorgänge, die bei der Sinterung ohne flüssige Phase in Ein- oder Mehrstoffsystemen stattfinden. Die Beziehungen, die sich beim Auftreten flüssiger Phase bei im Endzustand heterogenen Werkstoffen ergeben, lassen sich am zwanglosesten mit den Bedingungen vergleichen, die beim Löten zweier kompakter Blöcke eines Metalls „A" durch ein Lot „B" vorliegen. Nimmt man an, daß das Lot „B" mit dem Metall „A" praktisch in keinerlei legierungsmäßige Wechselwirkung tritt, so bewirkt das Lot nach seiner Erstarrung lediglich eine „Verkittung" (eng-

---

[1] Während der Drucklegung erhielten wir noch Kenntnis von einer weiteren Arbeit von G. F. Hüttig, Kolloid-Z. 98 (1942) S. 263/86, die in diesem Zusammenhang als besonders wichtig zu erwähnen ist. Es werden in dieser Veröffentlichung die bisherigen Theorien über den „Frittungsverlauf" innerhalb von Pulvern, die aus einer einzigen Komponente bestehen, geordnet wiedergegeben und in gegenseitige Beziehung gesetzt. Von den Elementarvorgängen des Frittungsverlaufes werden von G. F. Hüttig insbesondere die Vorgänge, die sich bei einer allmählichen Temperatursteigerung an der Oberfläche und im Inneren eines einzelnen Kristalliten abspielen, sowie die Wechselwirkungen zweier benachbarter Kristallite eingehend erörtert. Leider war es nicht mehr möglich, die bemerkenswerten Ausführungen von G. F. Hüttig, die sich in vielen Punkten mit den Anschauungen der Verfasser über das Sintern ohne flüssige Phase decken, eingehender zu berücksichtigen.

lisch: „cementing") der beiden miteinander zu verbindenden Metallflächen des Metalls „A". In der Praxis wird allerdings das Lot stets mehr oder weniger mit dem zu lötenden Metall in Wechselwirkung treten, sei es durch Mischkristall- oder sogar Verbindungsbildung, so daß sich auf Grund der eintretenden Diffusion oder chemischen Reaktion etwas schwierigere Verhältnisse ergeben. Im ersten Falle der Nichtlegierbarkeit des Lotes mit dem zu lötenden Metall wird die Festigkeit des durch Lötung entstandenen Gesamtkörpers durch die Festigkeit des Lotes selbst bestimmt, die normalerweise wesentlich geringer als die Festigkeit des gelöteten Metalls ist. Im zweiten Falle ergibt sich meistens eine relativ höhere Festigkeit der Lötnaht, was auf die eingetretene Legierungsbildung zurückzuführen ist.

Grundsätzlich die gleichen Verhältnisse liegen, wie schon oben angedeutet, im Falle der Sinterung mit flüssiger Phase bei im Endzustand heterogenen Werkstoffen (vgl. Seite 128ff.) vor. Darüber hinaus vermag die flüssige Phase zur Beseitigung der sinterungshemmenden Einflüsse in hohem Maße beizutragen, sei es durch Lösung der Oxyd- und Gashäute auf den Pulverteilchen oder sei es durch Erleichterung der Kornabrundung, d. h. einer weitgehenden Beseitigung der Oberflächenunregelmäßigkeiten. Es kommt hinzu die Neigung der flüssigen Phase, sich einerseits auf den Oberflächen der Pulverteilchen auszubreiten und andererseits ihre eigene Oberfläche möglichst zu verringern. Dieses Bestreben der flüssigen Phase ist z. B. daran zu erkennen, daß eine Kobaltschmelze in einem mit einem Ende eingetauchten porösen Wolframstab hochsteigt wie der Kaffee in einem eingetauchten Zuckerstückchen. Es führt zu einem Verkleben der einzelnen Teilchen, und zwar auch dann, wenn die Atome der festbleibenden Grundphase noch keine nennenswerten Anziehungskräfte aufeinander auszuüben vermögen oder keine genügende Beweglichkeit aufweisen, um eine Verringerung der eigenen Oberfläche zu bewirken und Nachbaratome ins eigene Gitter einzubauen. Diese Gesichtspunkte sind von außerordentlicher technischer Wichtigkeit. Da die Vorgänge sehr rasch verlaufen, so genügen zur Sinterung in Gegenwart flüssiger Phase nicht nur häufig erheblich tiefere Sintertemperaturen, sondern auch kurze Sinterzeiten. Beispiele sind die Sinterhartmetalle und das sogenannte „Schwermetall", eine Legierung des Wolframs mit geringen Mengen an Nickel und Kupfer. Beide Sinterwerkstoffe werden schon bei etwa 1500° in knapp 2 Stunden zu einem praktisch porenfreien Körper fertiggesintert dank dem Umstande, daß bei der Sinterung des im Endzustand heterogenen Werkstoffs eine flüssige Phase zugegen ist. Es steht fest, daß sowohl die Wolframteilchen im Falle des Schwermetalls als auch die Wolframkarbidteilchen im Falle des Hartmetalls bei der genannten Sintertemperatur keine nennenswerten Anziehungskräfte aufeinander auszuüben vermögen. Der Zusammenhalt kommt praktisch nur durch die flüssige Phase zustande.

Die mechanischen Eigenschaften von in Gegenwart flüssiger Phase gesinterten Formkörpern, bei denen keine nennenswerte Legierungsbildung der flüssigen Phase mit dem fest bleibenden pulverförmigen Hauptbestandteil bei Zimmertemperatur eintritt, wird weitgehend durch die Festigkeit der flüssig gewesenen Phase, des sogenannten „Binders", bestimmt. Tritt die flüssige Phase mit den festen Pulverteilchen bei Sintertemperatur in mehr oder weniger starke Wechselwirkung, so richtet sich die erreichte Festigkeit selbstverständlich nach der Festigkeit der Legierung, die sich bei der genannten Wechselwirkung eingestellt hat.

Wir werden bei der eingehenden Besprechung von Einzelheiten der Vorgänge beim Pressen und Sintern auf die oben skizzierten grundsätzlichen Zusammenhänge immer wieder zurückkommen und dabei feststellen, daß sich im wesentlichen alle Erscheinungen in sie einfügen und durch sie erklären lassen.

## B. Das Wesen der physikalischen Eigenschaften gesinterter Körper im Vergleich zu dem geschmolzener Körper.

Die Besprechung der Vorgänge beim Pressen und Sintern läßt sich nicht von der Beschreibung der physikalischen Eigenschaften der Sinterkörper und deren Änderung in Abhängigkeit von Preßdruck, von der Sintertemperatur und -zeit, der Korngröße und Beschaffenheit des verwandten Pulvers und einiger weiterer Faktoren (Sinteratmosphäre) trennen. Einen wesentlichen Raum wird daher die Darlegung der Zusammenhänge zwischen den bei Sinterkörpern erzielten physikalischen und mechanischen Eigenschaften und ihren Herstellungsbedingungen einnehmen.

Man muß sich von vornherein darüber im klaren sein, daß die Eigenschaften von Sinterkörpern in weniger einfacher Weise mit dem Aufbau zusammenhängen als in geschmolzenen Metallen. Ein wesentlicher Unterschied zwischen geschmolzenen und gesinterten Metallen besteht in einer mehr oder weniger starken Porosität der Sinterkörper, die mit steigender Sintertemperatur zwar abnimmt, vollkommen aber erst durch anschließende Warmverdichtung (Schmieden) verschwindet. Das Gefüge geschmiedeter Sinterkörper ist praktisch identisch mit dem des geschmolzenen Metalls gleicher Reinheit, wie aus Abb. 38 hervorgeht. Einen vollkommen porenfreien Sinterkörper gibt es nicht, wenngleich man insbesondere bei Sinterung in Anwesenheit flüssiger Phase der theoretischen Dichte schon sehr nahe kommt. Das charakteristische mehr oder minder große Porenvolumen von unverformten Sinterkörpern wird im Falle der porösen Lager technisch ausgewertet. Wenn man auch in der Abweichung der Dichte des Sinterkörpers von derjenigen des kompakten Metalls ein Maß für die Porosität hat, so ist damit noch nichts gesagt über die Größe und Form der Poren. Die Poren wirken aber oft in erheblichem Maße auf viele andere Eigenschaften ein. Denkt man daran, daß durch Änderung von Pulverkorngröße und -gestalt, von Preßdruck, Sinteratmosphäre und -temperatur die Art der Porosität in hohem Maße beeinflußt werden kann,

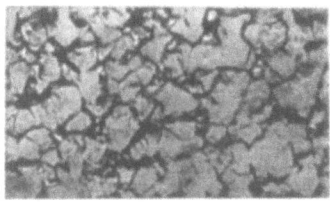

a) Karbonyleisen gesintert bei 700°.

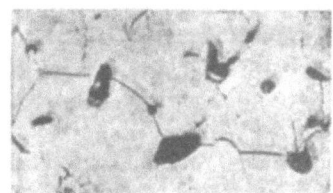

b) Karbonyleisen gesintert bei 1200°.

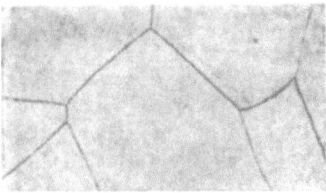

c) Karbonyleisen gesintert bei 1200°; anschließend bei 1000° geschmiedet.

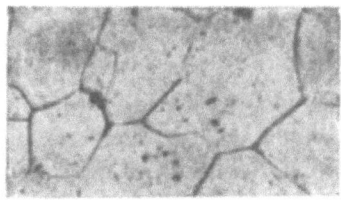

d) Armco-Eisen geschmolzen, normalisiert.

Abb. 38a bis d. Das Gefüge von Sintereisen nach Anwendung verschiedener Sintertemperaturen im Vergleich zu geschmolzenem Armco-Eisen. × 1000.
[a) b) c) nach L. Schlecht, W. Schubardt und A. Duftschmid; d) nach P. Oberhoffer.]

so wird klar, daß allein die Porosität für die anderen Eigenschaften von Sinterkörpern manche Probleme zur Folge hat. Daraus erklärt es sich, daß die an Sinterkörpern festgestellten Eigenschaften größeren Schwankungen unterworfen sind als bei geschmolzenen Werkstoffen, abgesehen davon, daß sie zusätzlich oft schwer reproduzierbar sind, weil die Herstellung eines gleichbleibenden Ausgangspulvers schwierig ist. Auf die Zusammenhänge zwischen Porosität und Gaseinschlüssen wird an späterer Stelle eingegangen.

Von den mechanischen Eigenschaften der Sinterkörper sind häufig die Härte, Zugfestigkeit und Bruchdehnung bestimmt worden. Gerade diese Eigenschaften haben vielfach bei Sinterkörpern — vornehmlich wegen der Porosität — eine andere Bedeutung als bei geschmolzenen Körpern..

Die Härteprüfung wird gewöhnlich als Brinellprüfung vorgenommen. Während bei gegossenen Metallen normalerweise eine mehr oder weniger einfache Beziehung zwischen den Brinellwerten und der Zugfestigkeit besteht, kann bei Sinterkörpern, insbesondere bei mit hohem Druck kaltgepreßten, von einem derartigen Zusammenhang nicht die Rede sein. Es steht ein sehr hoher Brinellwert oft einer kleinen Zugfestigkeit gegenüber. Zu berücksichtigen ist, daß ein Pulver zufolge seiner verschiedenen Herstellungsmöglichkeit mit verschiedener Härte hergestellt werden kann. Man kann z. B. feinkörnige Pulver mit einem derartigen Kaltverformungsgrad erzeugen, daß bei der Pressung ein Formkörper erzielt wird, der hinsichtlich Gesamtverformung und Bearbeitungshärte alles übertrrfft, was durch Kaltbearbeitung eines polykristallinen, aus dem Schmelzfluß erstarrten Metalles zu erreichen ist. Es muß ferner berücksichtigt werden, daß bei der Ermittlung der Härte von Sinterkörpern nach dem üblichen Brinellverfahren der entstehende Eindruck von dem Widerstand des Metalles gegenüber plastischer Formänderung, aber auch in erheblichem Maße von der Porosität abhängt. Die Porosität vermag zweifellos die gewöhnlichen Zusammenhänge, beispielsweise zwischen der Härte und einer eventuellen Verformung, völlig zu entstellen.

Man könnte daraus schließen, daß die Brinellzahlen bei unverformten Preß- und Sinterkörpern nur bedingt für Vergleiche verwertbar sind, und daß die übliche Brinellprüfung durch eine andere geeignetere Härteprüfung, z. B. die Mikrohärteprüfung, abgelöst werden muß. Bei der Mikrohärteprüfung kann man die Härte des Einzelkristalls erfassen. ohne wegen der geringen Belastung einen Einfluß der Porosität befürchten zu müssen. Neuerdings wird an verschiedenen Stellen die übliche Brinellprüfung durch eine Messung der Eindrucktiefe — wie bei der Rockwellprüfung — ersetzt. Da es bei porösen Körpern praktisch unmöglich ist, beim Härteeindruck einen scharfen Rand der Eindruckkalotte zu erzielen, dürfte dieser Weg viel für sich haben.

Auch die Zugfestigkeit von Sintermetallen wird durch die Porosität stark beeinflußt. Bei geschmolzenen Metallen mißt diese Größe einen Formänderungswiderstand. Bei Sintermetallen führt der unvollkommene Kornzusammenhang bei Zerreißversuchen meist zu einem Bruch an den Grenzen der Kristallite, d. h. zu einem Korngrenzenbruch ohne erhebliche Formänderung. Daher hat die so ermittelte Festigkeit eher die Bedeutung einer Reißfestigkeit, die ein Maß für die zwischen den Einzelkörnern oder Kristallagglomeraten erreichte Kohäsion.darstellt (6). Infolge der Verschiedenartigkeit der Porosität kommt als Unsicherheitsfaktor bei der Bestimmung der Zugfestigkeit von Sintermetallen noch hinzu, daß man den im Anfang tragenden Querschnitt nie genau angeben kann. Um die Größenordnung der Zugfestigkeit gesinterter und geschmolzener Metalle besser miteinander vergleichen zu können, wurde von F. Sauerwald und E. Jaenichen (1) mit Hilfe der Dichte der im Mittel tragende Querschnitt berechnet und die auf diesen bezogene „effektive Festigkeit" eingeführt. Der neue Festigkeitsbegriff hat sich jedoch nicht durchgesetzt, so daß man nach wie vor die Festigkeit der Sintermetalle wie bei geschmolzenen Metallen als Zugfestigkeit bestimmt und als Querschnitt den Gesamtquerschnitt der betreffenden Zerreißprobe zugrunde legt. Übrigens müssen zur Ermittlung der Zugfestigkeit von Sinterkörpern gewisse Gesichtspunkte beachtet werden, um die sonst leicht auftretenden Streuungen zu vermeiden und zu reproduzierbaren Werten zu gelangen. Während man bei gegossenem Material genormte Zerreißproben aus dem Vollen spanabhebend herausarbeitet, ist dieser Weg bei Sinterkörpern nicht unbedingt zu empfehlen. Man zerstört nämlich bei der spanabhebenden Bearbeitung nicht nur die wichtige äußere Druck- und Sinterhaut, sondern erhält auch leicht unkontrollierbare feine Haarrisse und Ausbröckelungen, die das Versuchsergebnis stark beeinflussen können. Die Gleichmäßigkeit der Zerreißversuchsergebnisse ist aber nur dann gewährleistet, wenn die Herstellungsbedingungen der Proben unbedingt gleich sind, worauf insbesondere W. Eilender und R. Schwalbe (17) nachdrücklich hingewiesen haben. Nach ihnen ist, abgesehen von der Selbstverständlichkeit völlig gleicher Preß- und Sinterbedingungen, die Ausbildung der Preßform, die eine gleichmäßige Druckverteilung über den ganzen Stabquerschnitt sicherstellen muß, von ausschlaggebendem Einfluß. Als Form der Zerreißproben wurde von W. Eilender und R. Schwalbe ein Flachzerreißstab entwickelt, dessen Abmessungen aus Abb. 70, Seite 116 hervorgehen. In der gleichen Abbildung ist die Prinzipskizze der Preßform ebenfalls dargestellt. Bei eigenen Zerreißversuchen hat sich diese Form des Zerreißstabes gut bewährt.

Die Dehnung von Sintermetallen ist fast durchweg ziemlich gering. Durch Kalt- bzw. Warmverdichten des Sinterkörpers kann sie aber erheblich gesteigert werden, so daß sie beispielsweise im Falle von gesintertem und anschließend durchgeschmiedetem Karbonyleisen mindestens die hohen Werte des geschmolzenen Werkstoffes erreicht. Man muß daher annehmen, daß die niedrigen Dehnungswerte des nur gesinterten Materials vornehmlich auf die unvollkommene Verschweißung der Pulverteilchen (Porosität) zurückzuführen sind. Aus dem gleichen Grunde entspricht auch die Beziehung zwischen Zugfestigkeit und Dehnung gesinterter Metalle nicht derjenigen bei geschmolzenen Metallen. **Bei unverformten Sintermetallen verhält sich die Festigkeit und Dehnung vielfach nicht gegenläufig, sondern gleichläufig. (Steigende Dehnung bei zunehmender Festigkeit.)**

Von weiteren mechanischen Eigenschaften gesinterter Metalle ist die **Kerbschlagzähigkeit** nur selten, die **Dauerfestigkeit** erst in neuerer Zeit (18) bestimmt worden. Für die Kerbschlagzähigkeit wurden, wie zu erwarten (Einfluß des porösen Gefüges), stets sehr geringe Werte gefunden. Bemerkenswert und etwas unerwartet ist aber das Ergebnis, daß Kupfersinterkörper trotz ihrer Porosität ebenso gute und sogar bessere Dauerfestigkeit zeigen als das geschmolzene Metall (18).

Neben der Dichte ist als einzige weitere physikalische Eigenschaft die **spezifische elektrische Leitfähigkeit** von Sinterkörpern häufig bestimmt worden. Das beruht darauf, daß gerade diese Eigenschaft sehr empfindlich auf die bei der fortschreitenden Sinterung verlaufenden Vorgänge anspricht. Auch zum Studium der Vorgänge beim Pressen ist die elektrische Leitfähigkeit häufig als Hilfsmittel herangezogen worden. Wie keine andere Eigenschaft vermittelt diese Größe ein anschauliches Bild von der beim Pressen und Glühen erreichten Verschweißung der Metallpulverteilchen und von dem Vorhandensein isolierender Gashäute und Oxydreste.

Eine Eigenschaft, die scheinbar gänzlich vom Verhalten geschmolzener Metalle abweicht, ist ein „**spontanes Kornwachstum**" (19) bei bestimmten, für jedes Metall kennzeichnenden Temperaturen, die unabhängig vom Preßdruck sein sollen. Gerade diese Eigenschaft, auf die zum ersten Male F. Sauerwald aufmerksam machte, hat im Schrifttum so viel Beachtung gefunden und so viele Untersuchungen im Gefolge gehabt, daß diese Erscheinung in einem besonderen Abschnitt (Seite 99 ff.) ausführlich besprochen werden muß. Wichtig ist in diesem Zusammenhang, daß die durch die Kristallisation bedingte Grobkornbildung bei höheren Sintertemperaturen andere Eigenschaften, wie z. B. die Dichte und Festigkeit, gegenläufig beeinflussen kann.

Von F. Skaupy (12) wurde darauf hingewiesen, daß die Korngröße und insbesondere die **Korngrenzen** (Lage, Form usw.) der Kristallite von entscheidendem Einfluß auf die Eigenschaften eines Stoffes sein können. W. D. Jones (20) nimmt dies zum Anlaß, um die Frage nach der Natur der Korngrenzen schlechthin aufzuwerfen. Er stellt insbesondere zur Erörterung, ob die Korngrenze in geschmolzenen Metallen mit derjenigen gesinterter Metalle übereinstimmt oder nicht, so daß sich aus der Entscheidung dieser Frage Rückschlüsse auf die unterschiedlichen physikalischen und mechanischen Eigenschaften geschmolzener und gesinterter Metalle ergeben könnten. Man weiß (21), daß an den Korngrenzen geschmolzener Metalle eine kristallitenfremde Substanz, meist nichtmetallischer Natur, z. B. Oxyd, vorhanden ist. Es ist wahrscheinlich, daß die Zwischensubstanzen das Verhalten geschmolzener Metalle nicht unwesentlich beeinflussen.

Betrachten wir nun die Korngrenze eines Sintermetalles. Selbst bei der Annahme, daß es möglich wäre, zwei Metalloberflächen bei Raumtemperatur in atomarer Vollendung in Kontakt zu bringen, wird die „Sinterkorngrenze" nicht mit der „Kristallkorngrenze" a priori übereinstimmen. Man braucht nur an die durch die Herstellung bedingte verschiedenartige Atomordnung in beiden Fällen zu denken. Mit steigender Temperatur dürfte durch die Zunahme der Atombeweglichkeit jedoch bei Sinterkörpern eine neue Atomanordnung an den Schweißstellen der Pulverteilchen veranlaßt werden, so daß die anfänglichen Unterschiede in der Atomorientierung bei geschmolzenen und gesinterten Metallen weitgehend ausgeglichen werden.

G. Tammann behauptet, daß zwischen der Sinterkorngrenze und der Kristallkorngrenze ein wesentlicher Unterschied bestände und begründet seine Anschauung durch das verschiedene Verhalten geschmolzener und gesinterter Metalle hinsichtlich des Kornwachstums. Es war schon oben kurz darauf hingewiesen worden, daß Sintermetalle bei bestimmten Temperaturen ein deutliches Kornwachstum zeigen, während bei geschmolzenen Metallen ohne mechanische Beanspruchung keinerlei Kornwachstum als Folge nachträglichen Glühens festzustellen ist. Dem steht gegenüber, daß H. Röhrig und E. Käpernick (22) bei Reinstaluminium Kornneubildung beim Glühen dicht unterhalb des Schmelzpunktes feststellen konnten. Das deutet darauf hin, daß auch in diesem Punkte kaum Unterschiede zwischen geschmolzenen Metallen und Sintermetallen bestehen, wie sie vielfach noch angenommen werden (vgl. Seite 99 ff.). Schließlich dürfte auch die bei Sintermetallen meistens beobachtete relativ geringe Dehnung kaum einen stichhaltigen Beweis für einen erheblichen Unterschied zwischen Sinter- und Kristallitenkorngrenzen abgeben. Man braucht nur daran zu denken — worauf früher schon hingewiesen wurde —, daß sich die Dehnung durch nachträgliche Kalt- bzw. Warmnachverdichtung bei Sintermetallen schnell verbessern und der Dehnung des geschmolzenen Metalls angleichen läßt, und daß die anfangs noch ungenügende Dehnung zweifellos durch die noch vorhandene Porosität erklärt werden kann. Man könnte einwenden, daß sich Unterschiede in der Natur der Korngrenze von geschmolzenen und gesinterten Metallen zwangsläufig durch die verschiedenartige Verteilung, Menge und Art der Verunreinigungen ergeben müßten. Bei geschmolzenen Metallen befinden sich die Verunreinigungen vorzugsweise an den Korngrenzen (Korngrenzensubstanz); bei Sintermetallen sind die Fremdsubstanzen durch die Art und Herstellung der Sinterkörper unregelmäßig innerhalb der Kristallite und an den Korngrenzen verteilt. Die Art der Verunreinigungen weicht fast immer bei Schmelz- und Sinterkörpern voneinander ab, da sie bei Schmelzkörpern im wesentlichen durch den Schmelz- und Gießprozeß, bei den Sinterkörpern durch Herstellung und Vorgeschichte der Pulver bedingt sind.

Trotzdem ergeben sich praktisch keine voneinander abweichenden physikalischen und mechanischen Eigenschaften zwischen Schmelz- und Sinterkörpern, wenn man gleiche Menge an Verunreinigungen in beiden Körpern und genügende Nachverdichtung der Sinterkörper im Anschluß an die Sinterung voraussetzt. Die Verfasser fanden diese Auffassung durch umfangreiche Erfahrungen an geschmolzenem und gesintertem Eisen, Nickel und an Legierungen aus Eisen-Nickel-Molybdän und Eisen-Nickel-Kobalt usw. bestätigt. Die ausführliche Betrachtung über die Natur der Korngrenze dürfte somit zu dem Schluß führen, daß die unterschiedlichen physikalischen Eigenschaften gesinterter und geschmolzener Metalle keineswegs durch eine irgendwie geartete Verschiedenheit der Korngrenze erklärt werden müssen. Maßgeblichen Einfluß dürfte vornehmlich die Porosität haben. Gelingt es, durch nachträgliche intensive mechanische Bearbeitung des Sinterkörpers in der Wärme die Porosität praktisch auszuschalten, so bestehen keine nennenswerten Unterschiede mehr zwischen den Eigenschaften eines gesinterten und geschmolzenen Werkstoffes. In vielen Fällen ergeben sich sogar bessere mechanische Eigenschaften des Sinterwerkstoffes, da man bei ihm durch geeignete Wahl der Korngröße des Ausgangspulvers weitgehenden Einfluß auf die gefügeempfindlichen Eigenschaften nehmen und Korngrenzensubstanzen durch Wahl reinster Ausgangspulver fast vollkommen ausschließen kann.

## Literatur zum 4. Kapitel.

(1) Sauerwald, F., u. E. Jaenichen: Z. Elektrochem. 31 (1925) S. 18/24.
(2) Schlecht, L., u. G. Trageser; Metallwirtsch. 19 (1940) S. 66.
(3) Jones, W. D.: Metal Treatm. 5 (1939) S. 13/16.
(4) Comstock, G. J.: Metal Progr. 35 (1939) S. 576/81.
(5) Ritzau, G.: Werkstatttechnik 35 (1941) S. 145/49.
(6) Sauerwald, F.: Metallwirtsch. 20 (1941) S. 649/55 u. 671/77.
(7) Kieffer, R., u. W. Hotop: Stahl u. Eisen 60 (1940) S. 517/27.
(8) Dawihl, W.: Stahl u. Eisen 61 (1941) S. 909/19.
(9) Kühl, H., u. W. Knothe: Chemie der hydraulischen Bindemittel. Leipzig 1935.
(10) Bauer, E.: Keramik, S. 27. Dresden, Leipzig 1923.
(11) Jones, W. D.: Principles of Powder Metallurgy. Verlag E. Arnold & Co. Lond. 1937.
(12) Vgl. Skaupy, F.: Metallkeramik, S. 7. Verlag Chemie, Bln. 1930.
(13) Vgl. Eucken, A.: Grundriß der physikalischen Chemie (4. Auflage), S. 62, 63. Akademische Verlagsgesellschaft, Leipzig 1934.
(14) Mie, G.: Ann. d. Phys. 11 (1903) S. 657.
(15) Volmer, M.: Kinetik der Phasenbildung, S. 56. Verlag Th. Steinkopf, Dresden 1939.
(16) Vgl. Engelhardt, W.: Z. Metallkde. 34 (1942) S. 12/16.
(17) Eilender, W., u. R. Schwalbe: Arch. Eisenhüttenw. 13 (1939/40) S. 267/72.
(18) Goetzel, C. G.: Metals & Alloys 12 (1940) S. 30/35 u. 154/57.

(19) a) Sauerwald, F.: Z. anorg. allg. Chem. **122** (1922) S. 277/94.
b) Z. Elektrochem. **29** (1923) S. 79/85.
c) u. L. Holub: Z. Elektrochem. **39** (1933) S. 750/53.
(20) Jones, W. D.: Principles of Powder Metallurgy, S. 72ff. Verlag E. Arnold & Co., Lond. 1937.
(21) Tammann, G.: Z. anorg. allg. Chem. **121** (1922) S. 275.
(22) Röhrig, H., u. E. Käpernick: Aluminium, S. 411/15. Bln. 1935.

## 5. Kapitel.
## Das Pressen.
### A. Vorgänge beim Pressen.

Das Zusammenschweißen zweier metallischer Oberflächen muß grundsätzlich schon bei Zimmertemperatur möglich sein, wenn es nur gelingt, ideal saubere und plane Oberflächen, beispielsweise unter Druckanwendung, miteinander in innigen Kontakt zu bringen. Die Wirkung der Anziehungskräfte wird nämlich erst in sehr kurzer Entfernung merklich, vorausgesetzt, daß störende sonstige Einflüsse wie Oxydschichten auf den zu verschweißenden Metallen nicht vorhanden sind. Bereitet es fast schon unüberwindliche Schwierigkeiten, selbst ideal plane Oberflächen massiver Metalle bei Anwendung sehr hoher Drücke bei Zimmertemperatur in atomare Berührung miteinander zu bringen, so ist es erst recht einzusehen, daß man beim Zusammenpressen von Metallpulvern von dem skizzierten Idealfall noch viel weiter entfernt bleibt. Dafür sind vornehmlich drei Gründe verantwortlich zu machen:

1. Die Pulverteilchen haben im allgemeinen eine derart unregelmäßige, vielgestaltige Oberfläche, daß die gegenseitige Berührungsfläche zunächst nur verschwindend klein ist.

2. Die Pulver fallen je nach Herstellungsverfahren mit sehr unterschiedlicher Reinheit an und bedecken sich zudem an der Luft mit Oxyd- und Gashäuten von mehrfach molekularer Dicke, die das Wirksamwerden der Anziehungskräfte beeinträchtigen und oft weitgehend verhindern.

3. Die Struktur der äußeren Atomschichten einer freien Metalloberfläche ist im allgemeinen eine andere als die der äußeren Atomschichten eines Kristallits (vgl. Seite 64) im Innern eines geschmolzenen Metallkörpers. Auch je Einheit der wirklichen Berührungsfläche wird daher nach der gegenseitigen Annäherung der Körner — selbst bei Abwesenheit von Oxydhäuten — die zusammenbindende Kraft anders, und zwar im allgemeinen kleiner sein als zwischen den Kristalliten in einem geschmolzenen Metall.

Wenn es trotzdem möglich ist, Metallpulver unter Anwendung eines mehr oder weniger hohen Druckes zu Formkörpern zusammenzupressen, die nicht wieder in Pulver zerfallen, so ist daraus zu folgern, daß es allein durch Druckanwendung gelingt, zumindest einen Teil der Oberflächenkräfte zu größerer Wirkung zu bringen, wobei ein mechanisches Ineinanderverzahnen und -verfilzen eine zusätzliche Bedeutung hat. Die häufig beim Pressen von Metallpulverkörpern zu beobachtende Erwärmung des Preßlings läßt übrigens auch Warmverschweißungseffekte erwarten. Die erreichte Festigkeit ist jedoch in den meisten Fällen noch sehr niedrig, weil die drei genannten schädlichen Faktoren durch das Pressen nur zu einem Teil unwirksam gemacht werden. Die Wirkung des Preßdrucks besteht dabei in folgendem:

1. Die gesamte Berührungsfläche der Pulverteilchen wird durch gegenseitige Annäherung erheblich vergrößert.

2. Durch den Druck scheuern sich viele Körner aneinander, wodurch die Oxyd- und Gashäutchen an zahlreichen Stellen abgeschabt werden und reine Oberflächen miteinander in Kontakt kommen.

3. Bei dem Gegeneinanderdrücken der Pulverteilchen kommt es wahrscheinlich gleichzeitig zu örtlichen Temperaturerhöhungen von sehr kurzer Dauer (1), die eine teilweise Neugruppierung der Metallatome an den Berührungsflächen ermöglichen (Atomplatzwechsel, Warmverschweißung).

Die erreichte Festigkeit der Metallpulver-Kaltpreßlinge hängt nun aber nicht nur von der Höhe des Preßdruckes, sondern in erheblich stärkerem Maße von den plastischen Eigenschaften des betreffenden Metallpulvers ab. Es gibt Pulver mit hoher Verdichtungszahl (vgl. Seite 35, Zahlentafel 8), in der Praxis als weiche Pulver bezeichnet (Beispiele sind Silber, Kupfer und Gold), und ausgesprochen harte, spröde Pulver (beispielsweise Wolfram, Chrom, Titan), deren relative Verdichtungszahl nicht annähernd diejenige der weichen Pulver erreicht. Im Falle des Kupfers ist es bei Anwendung eines Druckes von beispielsweise 30 t/cm² möglich, 95 bis 97% der Dichte geschmolzenen Kupfers zu erreichen, wobei der Preßstab schon eine ganz beachtliche Festigkeit aufweist. Bei Wolframpulver (Reduktionspulver) dagegen kann man selbst bei Anwendung sehr hoher Drücke nur 65 bis 75% der theoretischen Dichte erzielen. Die Festigkeit des Wolframpreßstabes ist gleichzeitig so gering, daß man den Stab sehr vorsichtig behandeln muß, um ein Wiederauseinanderbröckeln zu vermeiden. Verwendet man gröberes Wolframpulver, das man durch mechanische Zerkleinerung von duktilen Sinterstäben herstellen kann, so kommt man infolge der höheren Plastizität dieser Wolframteilchen von vornherein zu wesentlich festeren Körpern.

Dieses durch die Natur des Pulvers begründete unterschiedliche Preßverhalten läßt es nach F. Sauerwald ratsam erscheinen, zur grundsätzlichen Klarstellung der Vorgänge beim Pressen zwei stark idealisierte Fälle getrennt zu betrachten (2), nämlich 1. den Fall des Pressens mit elastischer Verformung und 2. den Fall des Pressens mit plastischer Verformung. Für den ersten Grenzfall des Pressens wollen wir, abgesehen von der Annahme eines ideal elastischen Pulvers, noch folgende Voraussetzungen machen: Das Pulver sei möglichst feinkörnig und bestehe aus sehr regelmäßigen Teilchen von einfacher Form und glatter Oberfläche. Es werde in einer Matrize aus Stahl einseitig mit mittlerem Druck zusammengepreßt, wobei der Druck langsam gesteigert und gleichzeitig die Form in Vibration versetzt wird. Bei Unterstellung dieser stark idealisierten Versuchsbedingungen wird sich der Druck sehr gleichmäßig in der Form ähnlich wie ein hydraulischer Druck in Flüssigkeiten verteilen und fortpflanzen. Man kommt auf diese Weise zur dichtesten nur möglichen Packung. An den Stellen, an denen die Pulverteilchen in atomare Berührung getreten sind, werden die Anziehungskräfte zur Wirkung gelangen. Sie sind in diesem Falle allein verantwortlich für den tatsächlich zu beobachtenden Zusammenhang der Teilchen, der zurück bleibt, wenn der Preßdruck entfernt ist. Dies Bild bleibt auch dann noch gültig, wenn man berücksichtigt, daß die so erzielte Packung — wie es in der Praxis stets der Fall ist — nicht an allen Stellen des Körpers gleichmäßig ist. Ausnahmslos beobachtet man nämlich, daß in der Nähe des sich bewegenden Preßstempels die Dichte am größten ist. Dies rührt daher, daß hier die Teilchen am meisten durcheinandergeschoben werden und damit in diesem Bereich der Erzeugung der dichtesten Lagerung Vorschub geleistet wird. In ähnlicher Weise sind Vibrationen der Form im ganzen vorteilhaft. Wo das Ineinanderschieben gering ist, besonders wenn eine Anzahl Teilchen wie die Bausteine bei einem Gewölbe den Druck aufnehmen, bleiben unter diesem Gewölbe größere Hohlräume erhalten (3). Abgesehen von diesen Unregelmäßigkeiten der Dichte zeichnet sich dieser beschriebene idealisierte Preßvorgang dadurch aus, daß die Pulverteilchen keine nennenswerte plastische Verformung aufweisen. Er ist daher ein besonders einfacher Grenzfall, was für ein später bei höheren Temperaturen vorgenommenes Glühen bzw. Sintern — vorausgesetzt, daß keine flüssige Phase auftritt — zur Folge hat, daß die bei höheren Temperaturen verlaufende Sinterung, insbesondere die Kristallisationsvorgänge, ebenfalls besonders einfach verlaufen. Es sind eine ganze Reihe von solch einfachen, regelmäßig verlaufenden Sinterungsvorgängen bekannt, woraus zu folgern ist, daß ein derartig einfacher Preßvorgang mit einer gewissen Annäherung häufig vorliegt.

Den zweiten Grenzfall besonders unübersichtlich verlaufender Preßvorgänge haben wir unter den entgegengesetzt gelagerten Bedingungen vor uns. Sind also die Pulverteilchen grobkörnig, von unregelmäßiger, vielgestaltiger, zackiger Oberfläche, ist das Pulver sehr plastisch und ist schließlich der Preßdruck sehr hoch, so wird nach F. Sauerwald eine gleichmäßige Erhöhung der Packdichte durch gleichmäßiges Ineinanderschieben der Teilchen nicht möglich sein. Die Einzelteilchen werden vielmehr erheblich plastisch verformt werden, und die Dichtesteigerung ist dann im wesentlichen durch die hierdurch mögliche Annäherung der Teilchen bedingt. An die Stelle von Berührungspunkten treten Berührungsflächen. Ein Zusammenhalten der Teilchen wird jetzt sowohl durch das Auswirken der Anziehungskräfte an Flächenbezirken statt an Einzelpunkten als auch durch das grobe Ineinanderverzahnen sperriger Stücke ermöglicht. Die größere mechanische Festigkeit derartiger Pulverpreßlinge wird hierdurch sofort verständlich. Infolge des Einflusses der plastischen Verformung (Kaltverformung!) auf den inneren Zustand der Teilchen sind dann natürlich alle weiteren Vorgänge im Körper bei der nachfolgenden Sinterung, insbesondere die Kristallisationsvorgänge (Rekristallisation), weit verwickelter. Ähnlich äußern sich Faktoren, die eine innere Instabilität der Pulverteilchen verursachen. Erinnert sei beispielsweise daran, daß sich die Pulverteilchen nach ihrer Herstellung häufig nicht im Gefügegleichgewicht befinden. Entweder können sie von ihrer Herstellung her noch Wirkungen einer Kaltverformung (Verfestigungen) zeigen oder sie können sonstwie mit inneren Spannungen behaftet sein, z. B. wenn sie durch Reduktion erzeugt sind und die Reduktionsgase ($H_2O$) gewaltsam aus den Teilchen ausgetreten sind. Auch bei elektrolytisch hergestelltem Pulver ist mit Spannungen zu rechnen. Wenn außerdem die Pulverteilchen besonders klein sind muß sich auch ferner die allgemeine Instabilität kleiner Körper bemerkbar machen.

Es ist zweckmäßig, sich die weiteren vorhandenen Erfahrungen über die Vorgänge beim Pressen, insbesondere über die Beeinflussung der physikalischen Eigenschaften der Preßkörper durch die Art der Druckanwendung und die Höhe des Preßdruckes, stets an den beiden skizzierten Grenzfällen klarzumachen.

## B. Beeinflussung der physikalischen Eigenschaften beim Preßvorgang durch:

### 1. die Art der Druckanwendung

In der Praxis hat man es natürlich, wie schon oben angedeutet, stets mit Preßvorgängen zu tun, bei denen mehrere der Faktoren der beiden oben beschriebenen Grenzfälle gleichzeitig vorliegen. Der Einfluß einer von außen wirkenden Kraft hängt damit von der Natur der Pulver, der Größe und der Form der Teilchen, der Anwesenheit von Gasen, der Form und der Größe der Matrize, dem Verhältnis der Pulvermenge zur Matrizengröße und -form, der Art der Druckausübung und schließ-

Beeinflussung der physikalischen Eigenschaften beim Preßvorgang. 79

lich von der Anwesenheit gewisser Preßzusätze ab. Alle diese Faktoren bewirken jedenfalls eine mehr oder weniger uneinheitliche Verteilung des Preßdruckes auf den Preßkörper. Da man es insbesondere stets mit mehr oder weniger unregelmäßig gestalteten Pulverteilchen zu tun hat, werden beim Pressen die Teilchen nicht reibungslos aneinander vorbeigleiten, um zur dichtesten Packung zu gelangen. Insbesondere beim Pressen relativ hoher Formkörper wird sich die reibende Wirkung der Preßformwand stark bemerkbar machen. F. Sauerwald (4) stellte fest, daß es nur bei Anwendung sehr kleiner Pulvermengen gelingt, die Bedingungen von hydrostatischen Drücken zu reproduzieren. Bei größeren Preßhöhen als etwa 1 cm ergeben sich schon beträchtliche Unterschiede in der Druckverteilung mit entsprechenden Unterschieden in den physikalischen Eigenschaften des Sinterkörpers. Wird der Preßdruck nur einseitig ausgeübt, d. h. ist beispielsweise nur der Oberstempel beweglich, so werden die Teilchen im oberen Teil der Matrize stärker durcheinandergeschoben als im unteren Teil. Man erhält dann ungefähr die in Abb. 39 angedeuteten Teilchenverschiebungen (5).

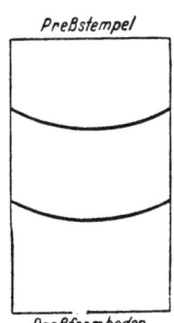

Abb. 39. Schichtlinien in einem Metallpulverpreßling (M. J. Balschin).

Man sieht, daß die größere Dichte im oberen Teil des Preßlings am Rand, im unteren Teil in der Mitte zu erwarten ist. Die Bestimmung der Rückprallhärte nach Shore bestätigt dies, wie aus Abb. 40 hervorgeht. In der folgenden Abb. 41 ist die Änderung der Dichte mit dem Abstand vom beweglichen Preßstempel bei einseitiger bzw. doppelseitiger Pressung (Ober- und Unterstempel beweglich!) am Beispiel des Elektrolytkupferpulvers dargestellt (5, 6). In derselben Abbildung sind die gleichen Zusammenhänge für Elektrolytkupferpulver, dem zur Verbesserung der Gleiteigenschaften 4% Graphit hinzugefügt wurde, für

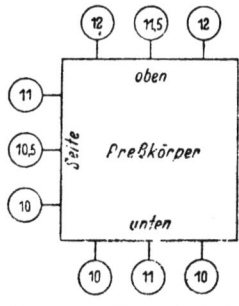

Abb. 40. Härteverlauf in einem Metallpulverpreßling (M. J. Balschin).

den Fall der einseitigen Pressung mit eingezeichnet. Es ergibt sich folgendes:

1. Die Dichte des Preßlings nimmt ungefähr linear mit dem Abstand vom beweglichen Preßstempel ab (Kurve *1* und *2*).
2. Zusätze von Graphit wirken — durch ihren die Reibung der Metallteilchen herabsetzenden Einfluß — stark ausgleichend auf die Dichteabweichungen (Kurve *3*).

Ähnlich wie ein Graphitzusatz wirkt sich die Verwendung hochglanzpolierter Hartmetallmatrizen aus, die die Reibung und Schweißneigung zwischen Matrizenwand und Pulver erheblich herabsetzt. Rein äußerlich erkennt man die unterschiedliche Dichteverteilung bzw. Durchpressung an der Ausbildung einer „neutralen Zone" höherer Porosität durch den unterschiedlichen Glanz der Mantelfläche des Preßlings. Im Falle zweiseitiger gleichmäßiger Druckanwendung befindet sich die neutrale Zone in der Mitte des Preßlings. Sie ist um so ausgeprägter, je höher die Reibung und Schweißneigung zwischen Matrizenwand und Metallpulver sind.

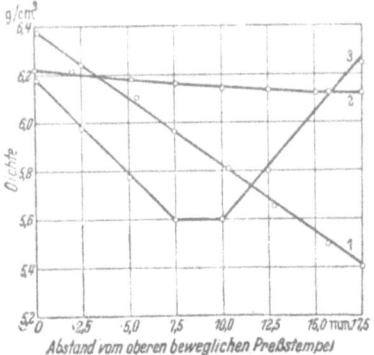

Abb. 41. Dichteverteilung in verschiedenen Metallpulverpreßlingen *1* Elektrolytkupfer; einseitig gepreßt. *2* Elektrolytkupfer + 4% Graphit; einseitig gepreßt. *3* Elektrolytkupfer; doppelseitig gepreßt (M. J. Balschin)

Die in der Praxis bei Pulverpreßlingen stets vorliegenden Dichteunterschiede, die um so größer sind, je größer die Preßhöhe ist, wirken sich bei der anschließenden Sinterung um so stärker aus, je mehr der Preßling bei der Sinterung „schwindet". Wie wir später noch sehen werden, beobachtet man einen besonders hohen Schwund bei der Sinterung von Pulverpreßlingen aus Feinstpulver und bei denen, die in Gegenwart einer flüssigen Phase gesintert werden. Erfahrungsgemäß wird dabei die beim Pressen erhaltene unterschiedliche Dichte weitgehend ausgeglichen, was aber zur Folge hat, daß beispielsweise zweiseitig gepreßte zylindrische Formkörper in der Art, wie aus Abb. 42 hervorgeht, schrumpfen. Diese Erscheinung ist natürlich besonders dann sehr lästig und unerwünscht, wenn man auf dem Sinterwege Fertigformkörper herstellen will, die keiner Nacharbeit mehr bedürfen, wie beispielsweise im Falle von Hartmetallformkörpern und Sintermagneten (vgl. Kap. 13 und 16). Soweit es möglich ist, d. h. soweit dadurch keine schädlichen Einwirkungen auf die physikalischen und chemischen Eigenschaften des Sinterprodukts ausgeübt werden, greift man daher zu anorganischen oder organischen, später sich verflüchtigenden Preßzusätzen, die wie im Falle des Graphits die Gleitung erleichtern und daher zu Körpern mit nur wenig unterschiedlicher Dichte

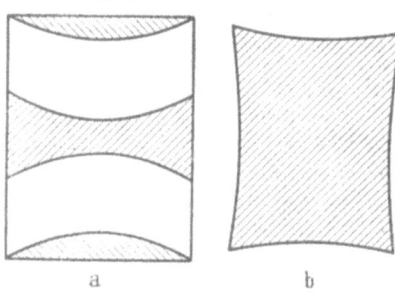

Abb. 42. Ungleichmäßiger Schwund eines zylindrischen Sinterkörpers wegen der beim Pressen verbleibenden Dichteunterschiede. a Preßkörper; schraffiert: Zonen geringerer Dichte; b der gleiche Körper nach der Sinterung.

führen. Trotz Anwendung der angeführten Kunstgriffe zur Verwirklichung hydrostatischer Druckfortpflanzung (preßerleichternde Zusätze, Naßpressen, hochglanzpolierte Matrizen, zweiseitige Druckausübung usw.) wird in der Praxis ein Verhältnis der Preßhöhe zum Durchmesser des Preßlings von 1:1 selten überschritten.

Preßzusätze (vgl. Seite 45 ff.) kommen übrigens nicht nur zur Begünstigung des Gegeneinandergleitens, sondern auch zur Herabsetzung des Preßdruckes zur Anwendung. Häufig sollen sie die Preßeigenschaften schlecht preßbarer Pulver verbessern oder in vielen Fällen das Pressen solcher Pulver überhaupt erst ermöglichen. Allerdings hinterlassen diese Zusätze nach ihrer Verflüchtigung meistens Feinporen (im Falle der porösen Lager erwünscht!), wenn keine Nachverdichtung vorgenommen wird. Dies muß man bei der Wahl eines Zusatzes beachten, da man den Vorteil hoher Gleichmäßigkeit der Dichte gegen den Nachteil vergrößerter Feinporigkeit eintauschen muß. Als preßerleichternde Zusätze sind folgende bekannt geworden: Wasser, Alkohol, Glyzerin, Azeton, Äther, Benzol, Benzin, Schwefelkohlenstoff, Schmieröl, Graphitpulver, Stearinsäure und Kampfer in einem geeigneten Lösungsmittel, z. B. Äther, Paraffin und Salizylsäure, gelöst in Tetrachlorkohlenstoff. Der Zusatz für rein preßerleichternde Zwecke soll möglichst klein, jedenfalls geringer als 1% gehalten werden.

## 2. die Höhe des Preßdruckes.

Bei der Betrachtung der physikalischen Eigenschaften der Preßkörper in Abhängigkeit von der Höhe des Preßdruckes ist es zweckmäßig, den Fall der Anwendung kleinster Drücke und solcher mittlerer bis höchster Drücke getrennt zu behandeln. Der erste Fall sei z. B. gegeben, wenn man dem Pulver durch Rütteln oder Klopfen eine dichtere Packung verleiht. Beachtenswert ist in diesem Falle lediglich die erzielte Dichte bzw. die Art und Größe des Porositätsgrades. Es leuchtet ein, daß diese Größen in starkem Maße nicht nur von der Korngröße und -gestalt, sondern auch von der Korngrößenverteilung (Siebanalyse!, vgl. Seite 28 ff.) abhängen. Über den bei Pulvern durch einfache Packung bzw. durch Rütteln theoretisch möglichen kleinsten Porositätsgrad liegen verschiedene Untersuchungen vor. R. Meldau und E. Stach (3) stellten fest daß man durch systematische Lagerung von Kugeln gleicher Größe aufeinander eine minimale Porosität von rund 26% erreichen kann. Die Porosität bei Kugeln gemischter Größe betrachteten L. C. Graton und H. J. Fraser (7). Eine maximale Porosität wird nach ihnen durch Teilchen gleicher Größe erreicht. Das Hinzufügen größerer und kleinerer Teilchen setzt den Porositätsgrad herab. Eine mathematische Beziehung zwischen der Korngrößenverteilung (Siebanalyse) eines gegebenen Pulvers und dem mit ihm erzielbaren Porositätsgrad, mit Hilfe

Die wissenschaftlichen Grundlagen der Pulvermetallurgie.

derer man also leicht für einen gewünschten Porositätsgrad eine dazu erforderliche Kornzusammensetzung ableiten könnte, existiert nicht. H. J. Fraser (8) konnte nämlich zeigen, daß man beispielsweise eine Porosität von rund 33% durch die verschiedensten Siebanalysen erreichen kann, wie aus Zahlentafel 16 hervorgeht. Lediglich auf Grund vorliegender praktischer Erfahrungen, also nicht aus theoretischen Erwägungen heraus, kann man für die Erzielung eines gewünschten Porositätsgrades nach folgenden Richtlinien vorgehen:

Zahlentafel 16.
Einstellung eines Porositätsgrades von rund 33% durch verschiedene Korngrößenverteilung (H. J. Fraser).

| Korngrößenverteilung in % | | | Porosität in % |
|---|---|---|---|
| 1,3 mm | 2,3 mm | 8,1 mm | |
| 10,51 | 9,63 | 79,86 | 33,32 |
| 29,57 | 41,39 | 29,04 | 33,84 |
| 41,43 | 29,84 | 28,55 | 33,13 |
| 10,17 | 44,48 | 45,34 | 33,39 |

1. Durch Verwendung groben Pulvers mit gleicher Korngröße erzielt man grobe Poren bei großer Porosität. Feinstpulver gleicher Korngröße führen zu Feinporen bei weiterhin gesteigerter Porosität.

2. Hinzufügung von feinstem Pulver zu groben Pulvern bewirkt bis zu einem gewissen Grade eine Abnahme der Porosität, da die kleineren, zwischen den größeren Körnern anfänglich vorhandenen Löcher von Feinpulverteilchen ausgefüllt werden.

Die Korngestalt ist mindestens ebenso wichtig für die bei einfacher Lagerung erzielte Dichte wie die Teilchengröße und Korngrößenverteilung. Kleine runde Teilchen, wie sie beispielsweise bei den Karbonylmetallen praktisch vorliegen, erlauben eine gleichmäßig dichte Packung und führen so zu einer sehr gleichmäßigen Porosität (vgl. Füllvolumen, Zahlentafel 4, Seite 27). Zackige, nadelige, ungleichmäßige, schwammartige, flache, tellerartige und ähnliche Pulver verursachen meist größere Porosität (vgl. Füllvolumen von Schwammeisenpulver, Zahlentafel 4, Seite 27). Daß sich Pulver mit rauhen und unregelmäßigen Oberflächen beim Pressen insofern günstiger verhalten, daß sie sich beim Pressen leicht miteinander verfilzen und verzahnen und so zu Preßkörpern erheblich höherer Festigkeit führen, hat mit dieser Feststellung natürlich nichts zu tun. Übrigens ist der nach einfachem Einschütten der Pulver in Formen beobachtete Porositätsgrad immer viel größer, als man auf Grund der durch Korngröße, Korngrößenverteilung und Korngestalt bedingten Packungsmöglichkeit erwarten sollte. Das beruht darauf, daß stets zusätzliche Hohlstellen durch Brückenbildung entstehen (Abb. 43) (3). Wie aus Abb. 44 hervorgeht, sind derartige Brückenbildungen, die durch gegenseitige Abstützung der Pulverteilchen hervorgerufen werden, nicht an eine unregelmäßige Gestalt der Teilchen gebunden. Sie können auch leicht bei Kugeln auftreten, wenn auch wahrscheinlich in geringerem Maße.

Wenn man einen locker gelagerten Pulverteilchenhaufen in einem Behälter nur rüttelt oder klopft (Vibrationen), so fällt die Pulvermasse unter gleichzeitiger Verdrängung der Luft mehr oder weniger zusammen (Klopfvolumen stets kleiner als das Füllvolumen!). Diese Volumenabnahme ist im wesentlichen auf die Tatsache zurückzuführen, daß die Brücken durch das Klopfen einbrechen, weil die sich gegenseitig abstützenden Teilchen ihren Halt verlieren. Das Zusammenfallen des Pulvers

Abb. 43. Brückenbildung in einem lose geschütteten Anthrazitpulver, Korngröße: 88 bis 120 μ. × 44 (R. Meldau und W. Stach).

ist naturgemäß besonders stark beim Beginn des Klopfens. Dann vollzieht sich die Packung langsamer, da die stabilsten Brücken erst bei intensivstem Klopfen der Pulver einfallen. Erwartungsgemäß geben kugelige Teilchen ihre Brückenbildung schneller auf als unregelmäßige Teilchen. Die dichteste Packung wird bei eckigen Teilchen durch eine Art gegenseitiger Anpassung der Teilchen (siehe Abb. 45) erreicht.

Zusammenfassend führen also folgende Vorgänge beim Klopfen von Pulvern von der einfachen Lagerung zur dichteren Packung:

1. Das Einbrechen von Brückenbildungen und Bogen.
2. Die Ineinanderlagerung und Anpassung von Teilchen durch Gleiten, Rotieren usw.
3. Das Ausfüllen von Hohlräumen zwischen größeren Teilchen durch kleinere.

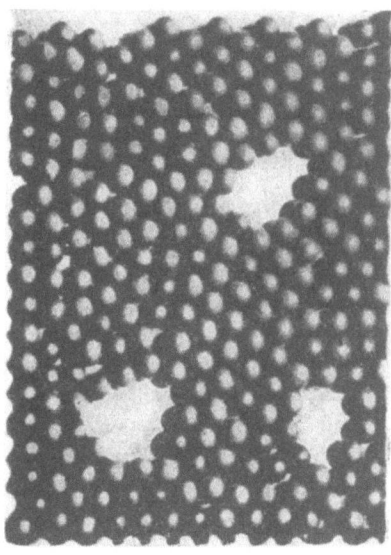

Abb. 44. Brückenbildung zwischen Bleikugeln (W. D. Jones).

Erfahrungsgemäß beobachtet man bei Feinstpulvern (Korngröße kleiner als 10 bis 15 μ) ein größeres Füll- und Klopfvolumen als bei gröberem Pulver. Da bei sehr feinem Pulver das Verhältnis zwischen Oberfläche und Volumen sehr groß wird, bestimmen die Oberflächeneigenschaften weitgehend das Verhalten der Teilchen beim Füllen und Klopfen. Es erlangen Reibungskräfte durch Luft oder gegenseitige Kohäsion, elektrostatische und ähnliche Kräfte steigende Bedeutung. P. S. Roller (9) fand z. B., daß das spez. Klopfvolumen (Volumen pro Gewichtseinheit) eines Pulvers bei Teilchengrößen unter 14 $\mu$ mit abnehmender Korngröße stetig zunahm. Obwohl die Poren an sich stets kleiner werden, kommt man also doch zu einer Zunahme der Gesamtporosität. Es muß allerdings schon in diesem Zusammenhang darauf aufmerksam gemacht werden, daß die nach einfachem Rütteln oder sogar nach dem Pressen vorhandene Porosität keineswegs die endgültige Porosität nach dem Sintern bestimmt. Es muß weiterhin betont werden, daß die maximale Porengröße wichtiger ist als die Gesamtporosität, da die Anziehungs- und Schwindungskräfte nur in der Lage sind, beim Sintern die kleinen Poren zu schließen. Nach der Sinterung sind daher die aus Feinstpulvern hergestellten Körper meistens dichter als die unter Verwendung von Grobpulvern erhaltenen Sinterkörper. In der Praxis sind die obigen Betrachtungen über die Porosität einfach gerüttelter oder niedrig gepreßter Pulver von Bedeutung bei Herstellung von hochporösen Metallfiltern, Lagerkörpern, Dochten und Dichtungsmassen (vgl. Seite 333ff).

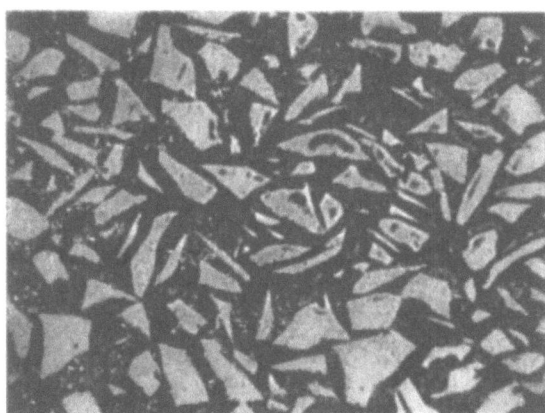

Abb. 45. Durch Rütteln dichtgepacktes Anthrazitpulver. Korngröße: 88 bis 120 $\mu$. × 86 (R. Meldau und W. Stach).

Die Untersuchungen über die Eigenschaftsänderungen von Metallpulverpreßkörpern in Abhängigkeit von der Höhe des angewandten Preßdruckes beziehen sich vornehmlich auf die Bestimmung der Dichte, Härte, elektrischen Leitfähigkeit und in seltenen Fällen auf diejenige der Zugfestigkeit. Letztgenannte Eigenschaft ist vornehmlich nur aus dem Grunde sehr selten bestimmt worden, weil die beobachteten Werte relativ klein sind und sich daher einer genauen Bestimmung meistens entziehen. Die untersuchten Druckbereiche erstrecken sich bis zu Höchstdrücken von 30 t/cm². Preßdrücke von etwa 1 bis 6 t/cm² sind

Beeinflussung der physikalischen Eigenschaften beim Preßvorgang. 85

als mittlere bzw. normale Drücke, von 6 bis 15 t/cm² als hohe und darüber hinaus gehende als extrem hohe Drücke zu betrachten. Schon Drücke oberhalb 10 t/cm² werden in der Praxis im Hinblick auf die beschränkte Festigkeit der Werkstoffe für den Matrizenbau nur in Ausnahmefällen angewandt.

Die Dichte von Preßkörpern steigt mit zunehmendem Preßdruck in der Art, wie in Abb. 46 schematisch angedeutet. Wie schon eingangs dieses Abschnittes erwähnt, führen ausgesprochen weiche Metallpulver zu relativ höheren Dichten als die harten Pulver.

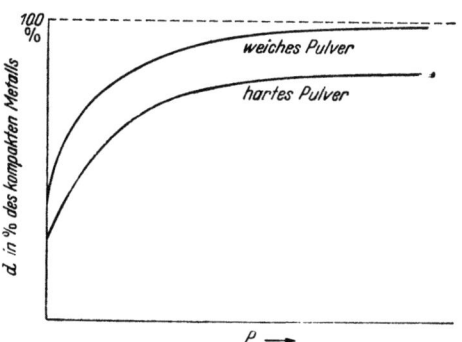

Abb. 46. Dichte von Preßkörpern aus hartem bzw. weichem Metallpulver in Abhängigkeit vom aufgewandten Preßdruck; schematisch.

Zur Bestätigung der Schemazeichnung sind die erreichten relativen Dichten von Gold-, Kupfer- Nickel- und Molybdänpulverpreßlingen auf Grund von Untersuchungen von W. Trzebiatowski (10) und G. Grube und H. Schlecht (11) in Abb. 47 dargestellt. Weil auf die Vorgänge beim Pressen schon früher allgemein eingegangen worden ist, sollen hier, um Wiederholungen zu vermeiden, die Gründe, die zu der Dichtesteigerung durch den aufgewandten Preßdruck führen, nur ganz kurz angeführt werden.

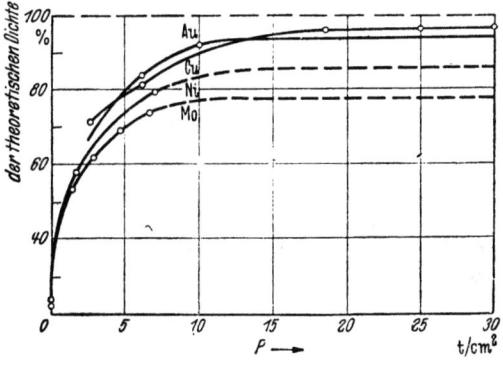

Abb. 47. Dichte von Kupfer-, Gold-, Nickel- und Molybdänpreßlingen in Abhängigkeit vom aufgewandten Preßdruck nach Untersuchungen von W. Trzebiatowski (Kupfer, Gold) und G. Grube und H. Schlecht (Nickel, Molybdän).

Es sind im wesentlichen folgende Wirkungen des Druckes:
1. Vernichtung der Brücken.
2. In anfangs vorhandene Hohlräume werden kleinere Teilchen hineingedrückt.
3. Es erfolgt eine gegenseitige Anpassung der Pulverteilchen unter Verformungserscheinungen der Körner, die ihrerseits von der Plastizität des betreffenden Metallpulvers weitgehend abhängig sind.
4. Mikroskopische bzw. submikroskopische Unregelmäßigkeiten der

Teilchen (Zacken, Nadeln usw.) werden abgerieben, wodurch eine größere gegenseitige Annäherung der Einzelteilchen ermöglicht wird.

Die gleiche Abhängigkeit vom Preßdruck zeigt der Verlauf der Härte, wobei allerdings zu beachten ist, daß die Dichte ihre Maximalwerte schon früher erreicht als die Härte. Abb. 48 zeigt den Härteverlauf in Abhängigkeit vom aufgewandten Preßdruck nach Untersuchungen von W. Trzebiatowski (10), C. G. Goetzel (13) und R. Kieffer und W. Hotop an Gold- und Kupferpulver. Beachtet man die aus Abb. 48 hervorgehenden Absolutwerte der insbesondere im Falle des Kupfers erreichten Härte, so muß man feststellen, daß der Einfluß des Preßdrucks auf die Härte von Pulverpreßkörpern in der Tat bemerkenswert ist. Da geschmolzenes Kupfer beispielsweise eine Härte von 40 bis 60 kg/mm$^2$ aufweist, bedeuten die im Falle von Pulverpreßkörpern gemessenen Härtewerte eine Steigerung um mehr als 100%. W. Trzebiatowski glaubt die hohe Härte darauf zurückführen zu können, daß die Pulver in derartigen Preßkörpern in einem „hoch kaltverfestigten Zustand" vorliegen. F. Sauerwald und St. Kubik (14) messen dem Vorhandensein von Oxydfilmen rund um jedes Teilchen große Bedeutung für die enorme Härte von Pulverpreßlingen bei. Nach W. D. Jones (15) können beide Gründe allein nicht die hohen Härtewerte bedingen. Nach ihm sind für die ungewöhnlichen physikalischen Eigenschaften von Kaltpreßlingen folgende Gründe anzuführen, von denen allerdings keinem überwiegende Bedeutung zukommt:

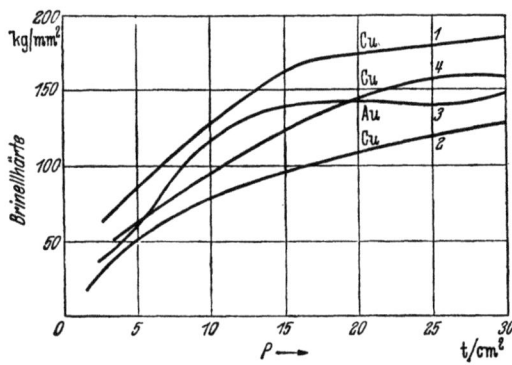

Abb. 48. Härte von Kupfer- und Goldpreßlingen in Abhängigkeit vom aufgewandten Preßdruck nach Untersuchungen von W. Trzebiatowski (1 + 3), C. G. Goetzel (2) und R. Kieffer und W. Hotop (4).

1. Die von der Herstellung vorhandene Bearbeitungshärte der Teilchen.
2. Die plastische Verformung beim Pressen, wodurch sich die Teilchen in ihrer Gestalt den Nachbarteilchen weitgehend anpassen.
3. Elastische Dehnungs- und Reckungserscheinungen beim Pressen.
4. Gegenseitiger Verschleiß und Abrieb der Oberflächenbezirke.
5. Oberflächenfilme (Oxydhäute usw.).
6. Verhinderung von Gleiterscheinungen, die auf Feinkörnigkeit und Oberflächenfilme zurückzuführen sind.
7. Besondere Gittereigenschaften solch feiner Teilchen.

Beeinflussung der physikalischen Eigenschaften beim Preßvorgang. 87

Nach Ansicht der Verfasser sind von den genannten Faktoren für die Härte von Metallpulverkaltpreßlingen vornehmlich die Korngröße, der Oxydgehalt und die Bearbeitungshärte des verwendeten Metallpulvers verantwortlich. Anwendung feinerer Pulver bedingt zwangsläufig höhere Oxydgehalte und damit höhere Härte.

Obwohl nur sehr spärliche Angaben über die bei Kaltpreßlingen erreichte mechanische Festigkeit vorliegen, darf man grundsätzlich den gleichen Verlauf für die Festigkeit wie für die Dichte und Härte in Abhängigkeit vom Preßdruck annehmen. Allerdings erreichen die Absolutwerte der Festigkeit nur einen Bruchteil derjenigen Festigkeitswerte, die durch zusätzliche Sinterung bei

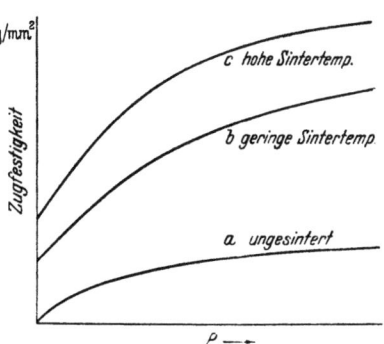

Abb. 49. Zugfestigkeit von Pulverpreßkörpern in Abhängigkeit vom aufgewandten Preßdruck; schematisch. *a* im ungesinterten Zustand, *b* gesintert bei geringer Sintertemperatur, *c* gesintert bei hoher Sintertemperatur.

mittleren und höheren Temperaturen erzielt werden können. Die schematische Darstellung in Abb. 49 gibt diesen Sachverhalt wieder.

W. Eilender und R. Schwalbe (16) bestimmten für Eisenpulverpreßkörper — es wurde durch mechanische Zerkleinerung hergestelltes technisches Eisenpulver mit einer Korngröße von 0,075 bis 0,1 mm benutzt — Festigkeiten zwischen 0,3 und 2,9 kg/mm² (3 bis 12% der Werte gesinterter Körper) bei Anwendung von Drücken zwischen 3 und 10 t/cm². Verbindet man diese Werte durch die wahrscheinlich zu beobachtende Kurve und zeichnet die nach Sinterung bei 800° erhaltenen Festigkeitswerte gleichzeitig ein, so erhält man gemäß Abb. 50 eine Darstellung, die das schematische Bild der Abb. 49 voll

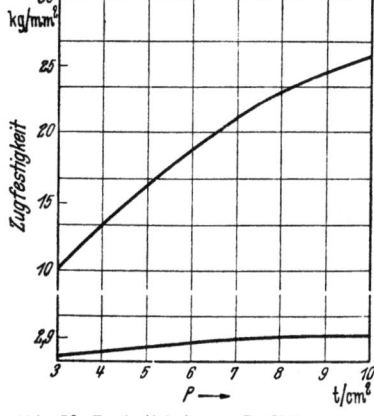

Abb. 50. Zugfestigkeit von Preßkörpern aus technischem Eisenpulver (Korngröße 0,075 bis 0,1 mm) in Abhängigkeit vom Preßdruck. Untere Kurve: Ungesintert, Obere Kurve: Gesintert bei 800°
(W. Eilender und R. Schwalbe).

bestätigt. Die Erklärung der Festigkeitssteigerung durch den Preßdruck wurde schon früher gegeben. Es soll hier nur erwähnt werden, daß bei niedrigen und mittleren Drücken der maßgebliche Einfluß wahrscheinlich auf Effekte der Kaltverschweißung zurückgeführt werden kann, während bei sehr hohen Drücken die mechanische Verzahnung der Teilchen und eine Warmverschweißung zusätzlich an Bedeutung gewinnen.

Das Studium der elektrischen Leitfähigkeit von Metallpulvern unter Druck ist nicht nur geeignet, das elektrische Verhalten der Metallpulver zu klären, sondern auch die allgemeinen Vorgänge beim Pressen von Pulvern und — worauf später noch eingegangen wird — auch die Sinterungsvorgänge bei erhöhter Temperatur zu erhellen. Offenbar wird nämlich der Widerstand um so kleiner, und er wird sich um so mehr dem des kompakten Metalles nähern, je mehr sich die Metallkörner bei dem aufgewandten Druck und der betreffenden Temperatur einander nähern und anpassen.

Mit der Leitfähigkeit von Metallpulverpreßlingen haben sich vornehmlich F. Streintz (17), F. Skaupy und O. Kantorowicz (18, 19, 20) beschäftigt. Die Ergebnisse von F. Streintz können durch die neueren Untersuchungen der beiden letztgenannten Forscher als überholt angesprochen werden. Die Untersuchungen von F. Skaupy und O. Kantorowicz erstreckten sich vornehmlich auf die Abhängigkeit des Widerstandes einer Reihe von Metallpulvern von der Korngrößenverteilung sowie von dem angewandten Druck. Der Widerstand wurde während eines ,,Preßganges" mehrere Male bei steigendem Druck bestimmt. Dabei ist unter ,,Preßgang" der Vorgang zu verstehen, der das Pulver vom Druck 0 auf den höchsten verwandten Druck bringt. Bezüglich Einzelheiten der Versuchsausführung, insbesondere bezüglich der verwendeten Meßanordnung, sei auf das Originalschrifttum verwiesen (20). Als die wesentlichsten Ergebnisse der Untersuchungen sind folgende anzuführen:

1. Der Widerstand von Metallpulvern, die unter Druck stehen, ist immer größer — häufig sogar um Größenordnungen — als der des kompakten Metalles. Bei den weichen Metallen (Zink, Blei, Zinn, Silber) ist der Unterschied im Widerstand geringer als bei den härteren Metallen (Eisen, Nickel, Wolfram usw.). In Zahlentafel 17 ist das Verhältnis der spez. Widerstände von Pulvern und kompaktem Material einer Reihe von Metallen angegeben. Bezüglich der in der gleichen Zahlentafel genannten Konstanten $c$ sei auf Punkt 3 verwiesen.

2. Der Widerstand von Preßkörpern ändert sich mit der Dauer der Aufrechterhaltung des Druckes, wobei der Widerstand zunächst rasch, dann langsamer abnimmt.

3. Innerhalb eines Preßganges bei steigendem Druck läßt sich der Widerstand $R$ in weiten Grenzen durch eine Gleichung von der Form $\frac{1}{R} = c\sqrt{P} + C$ darstellen, wobei $c$ und $C$ von dem Material und von der Vorbehandlung stark abhängige Konstanten sind. Ersetzt man $\frac{1}{R}$

Beeinflussung der physikalischen Eigenschaften beim Preßvorgang.

durch die Leitfähigkeit und berücksichtigt man die unter 1. mitgeteilten Ergebnisse, so kann die Druckabhängigkeit der elektrischen Leitfähigkeit für harte bzw. weiche Metallpulver schematisch wie in Abb. 51 dargestellt werden. Die Konstante $c$ ist ein Maß für die „Steigung" der Leitfähigkeit-Druckkurven. Sie ist für weiche Pulver größer als für harte (vgl. auch Zahlentafel 17). Die Konstante $C$ stellt den Leitfähigkeitswert für den Druck 0, also den Abschnitt auf der Ordinate in Abb. 51 dar.

4. Die Widerstand-Druck- bzw. Leitfähigkeit-Druckkurve ist irreversibel. Bei fallendem Druck bleibt also die Leitfähigkeit zunächst auf dem bei dem höchsten Druck erreichten Maximalwert stehen, um erst allmählich, oft erst bei sehr kleinen Drücken, wieder erheblich abzusinken. Dieser Tatbestand ist in der schematischen Darstellung der Abb. 51 durch die gestrichelten Kurven angedeutet.

5. Wiederholt man bei den Metallen Wolfram, Nickel, Silber, Zink, Wismut, Eisen, Kupfer, Antimon und Platin den Preßgang häufiger,

Zahlentafel 17. Verhältnis der spez. Widerstände von Pulvern und kompaktem Material (F. Skaupy und O. Kantorowicz).

| Stoff | $\dfrac{R \text{ Pulver}}{R \text{ kompakt}}$ | * |
|---|---|---|
| Zinn | 1,1 | 27 |
| Blei | 1,7—3,0 | 16,5— 6,3 |
| Graphit | 2,3 | 0,3 |
| Zink | 2,6 | 34 |
| Silber | 3,1—6,9 | 71,0—71,6 |
| Gold S** | 7,5 | 19 |
| Wismut | 7,9 | 0,6 |
| Gold P** | 12,0 | 4,9 |
| Antimon | 14—29 | 1,2—0,6 |
| Kupfer | 90 | 6,8 |
| Platin | 100 | 0,6 |
| Nickel (hart) | 120—150 | 1,9—2,0 |
| Nickel (geglüht) | 18—26 | 9,2—5,3 |
| Eisen | 185 | 2,1—1,1 |
| Wolfram | 110—420 | |

Die Pulver sind handelsüblich, die Schwankung stammt von verschiedener Korngröße und Legierung. Als „$R$-Pulver" wurde der Wert von $R$ im zweiten Preßgang bei 2500 at eingesetzt.

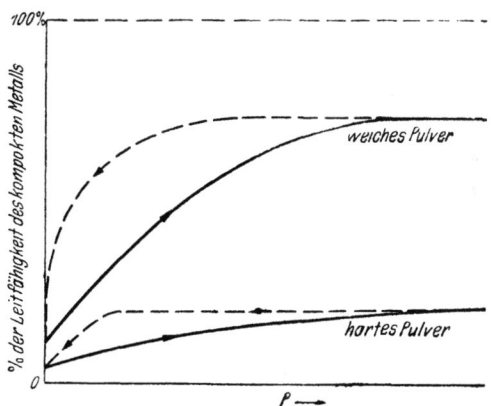

Abb. 51. Druckabhängigkeit der elektrischen Leitfähigkeit von Metallpulverpreßlingen; schematisch.
Obere Kurve: Für weiche Metalle. Untere Kurve: Für harte Metalle.

---

\* Vgl. Ausführungen im Text.
\*\* Gold $S$ = Samtgold; Gold $P$ = Pudergold. Weitere Einzelheiten vgl. O. Kantorowicz (20).

90 Die wissenschaftlichen Grundlagen der Pulvermetallurgie.

so stellt man bei der Messung des Widerstandes fest, daß der Widerstand um so mehr angestiegen ist, je öfter das Pressen wiederholt wurde. Diese Erscheinung beobachtet man nicht bei Gold, Zinn und Blei.

Zahlentafel 18. Elektr. Widerstand $R$ (in Ohm) und spezifischer elektr. Widerstand $\varrho$ $\left(\text{in } \Omega \, \dfrac{mm^2}{m}\right)$ von Wolframpulver in verschiedenen Preßgängen (O. Kantorowicz).

| $P$ in at | | | | Preßgang | | | | | |
|---|---|---|---|---|---|---|---|---|---|
| | | 1. | 10. | 20. | 30. | 40. | 50. | 60. | 70. |
| 0 | $R$ | 0,753 | 0,149 | 0,193 | 0,198 | 0,303 | 0,408 | 0,519 | 0,663 |
| | $\varrho$ | 10,4 | 3,35 | 4,50 | 5,02 | 7,80 | 10,3 | 13,3 | 17,3 |
| 500 | $R$ | 0,0348 | 0,0782 | 0,104 | 0,136 | 0,173 | 0,224 | 0,298 | 0,338 |
| | $\varrho$ | 0,64 | 1,88 | 2,60 | 3,30 | 4,43 | 5,74 | 7,65 | 8,92 |
| 1000 | $R$ | 0,0234 | 0,0578 | 0,0784 | 0,0977 | 0,115 | 0,145 | 0,180 | 0,212 |
| | $\varrho$ | 0,48 | 1,41 | 2,03 | 2,54 | 3,20 | 4,03 | 5,14 | 6,06 |
| 1500 | $R$ | 0,0179 | 0,0538 | 0,0688 | 0,0855 | 0,0975 | 0,121 | 0,140 | 0,160 |
| | $\varrho$ | 0,40 | 1,32 | 1,77 | 2,00 | 2,71 | 3,36 | 4,00 | 4,57 |
| 2000 | $R$ | 0,0168 | 0,0447 | 0,0615 | 0,0770 | 0,0843 | 0,104 | 0,118 | 0,132 |
| | $\varrho$ | 0,42 | 1,18 | 1,68 | 2,11 | 2,37 | 3,0 | 3,58 | 4,20 |

Sie ist besonders deutlich bei den härteren Metallen. Als typisches Beispiel sind die Versuchsergebnisse, die beim Pressen von Wolframpulver bei Wiederholung des Preßganges bis zu 70 mal erhalten wurden, in Zahlentafel 18 wiedergegeben. Um diese Befunde besonders deutlich herauszustellen und gleichzeitig den Zusammenhang mit den Schemakurven der Abb. 51 aufzuzeigen, sind die erzielten spez. elektrischen Leitfähigkeiten im ersten, zehnten, vierzigsten und siebzigsten Preßgang auf Grund der Angaben in Zahlentafel 18 berechnet und in Abb. 52 graphisch dargestellt worden.

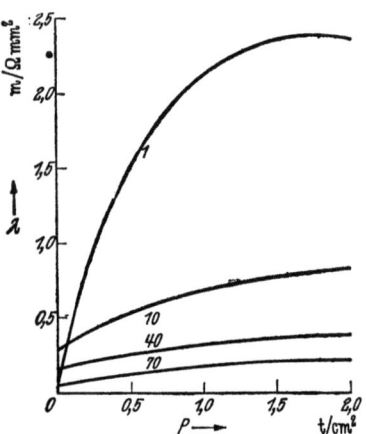

Abb. 52. Spezifische elektrische Leitfähigkeit von Wolframpulver im 1., 10., 40. und 70. Preßgang (O. Kantorowicz).

6. Die unter 5. erwähnte Zunahme des Widerstandes hängt in hohem Maße von der Verweilzeit unter hohem Druck ab, und zwar wird im allgemeinen die Widerstandssteigerung um so ausgeprägter, je länger das Pulver unter hohem Druck gestanden hat. Bei kleinen Verweilzeiten und weichen Pulvern kommt es vor, daß die Widerstandskurve eines folgenden Preßgangs tiefer liegt.

7. Der Widerstand eines Pulverpreßlings hängt von der Korngröße ab und ist im allgemeinen um so höher, je feiner die Teilchen sind (Beobachtungen bei einer Korngröße von 2 bis 60 $\mu$).

8. Bezüglich der genannten Eigenschaften verhält sich frisch reduziertes Wolframpulver ganz genau so wie ein Pulver, das vorher an der Luft gelagert wurde. Man kann deshalb annehmen, daß die oben beschriebenen Versuchsergebnisse nicht auf vorhandenen Oxydhäuten beruhen.

Die Versuchsergebnisse von F. Skaupy und O. Kantorowicz, insbesondere die unter 5 und 6 mitgeteilten, wurden von W. D. Jones (21) einer Kritik unterzogen, der man sich weitgehend anschließen muß. Es entspricht natürlich den Erwartungen, daß ein Metallpulver nach der Druckverdichtung wegen der Zunahme der Berührungsflächen und der „Kaltsinterung", die zwischen den Teilchen stattfindet, im Widerstand abnimmt. Daher ist es an sich schwer verständlich, warum wiederholtes Pressen den Widerstand vergrößert. F. Skaupy und O. Kantorowicz glauben die Zunahme des Widerstandes aus der Kaltverformung der Metallteilchen herleiten zu können. Im Falle kaltbearbeiteter geschmolzener Metalle ist die Widerstandszunahme aber wesentlich geringer (weniger als 5%), woraus zu schließen wäre, daß Pulverpreßkörper eine erheblich größere Kaltverformung erlitten als sie bei geschmolzenen Metallen möglich ist. Zur Stützung ihrer Ansicht führen F. Skaupy und O. Kantorowicz noch an, daß die Zunahme des elektrischen Widerstandes mit wiederholtem Pressen vornehmlich bei den härteren Metallen beobachtet wurde, die in höherem Maße kalt bearbeitet wurden. W. D. Jones macht demgegenüber mit Recht geltend, daß die Preßlinge von F. Skaupy und O. Kantorowicz an Luft hergestellt wurden, so daß die Widerstandszunahme nach wiederholtem Pressen auf fortschreitende Oxydation zurückzuführen ist. Das wiederholte Pressen führt aller Wahrscheinlichkeit nach zur Zerstörung der vom vorhergehenden Pressen noch vorhandenen blanken Kaltschweißstellen und damit zum erhöhten Abrieb der einzelnen Teilchen, wodurch verstärkte und erneute Oxydation möglich ist. Außerdem besteht die Möglichkeit, daß größere Teilchen durch die wiederholten Preßgänge zerstört werden und dadurch kleinere Pulverteilchen entstehen, die einen höheren Widerstand bedingen. In der Tat ist es bezeichnend, daß die an sich unerwarteten Versuchsergebnisse an harten Metallpulvern bei weichen Pulvern wie z. B. Gold, das stets frei von Oxydhäuten ist, ebenso wie bei Zinn und Blei, deren Oxydfilme bekanntlich leicht zerstört werden können, nicht erzielt werden konnten. Bei diesen werden beim wiederholten Pressen die einmal gebildeten Kaltschweißstellen nicht wieder vollständig getrennt. Sie werden höchstens verschoben, da der ganze Preßling, ebenso wie die kalt verschweißten Einzelkristallite, plastisch sind. Es ist bedauerlich, daß O. Kantorowicz seine Absicht, die Versuche im Hochvakuum zu wiederholen, um so den Einfluß von Gasbeladung und Oxydhäuten zu beseitigen, nicht durchführte. Diese Ergänzungsversuche hätten den einzigen strittigen Punkt in den interessanten Ergebnissen von F. Skaupy und O. Kantorowicz eindeutig klarstellen können.

### Literatur zum 5. Kapitel.

(1) Vgl. Fast, J. D.: Philips techn. Rdsch. 4 (1939) Nr. 11 S. 321/28.
(2) Sauerwald, F.: Metallwirtsch. 20 (1941) S. 649/55 u. 671/77.
(3) Meldau, R., u. E. Stach: Ber. d. Reichskohlenrats 1933 C 56.
(4) Sauerwald, F.: Z. Metallkde. 16 (1924) S. 41/46.
(5) Balschin, M. Yu: Vestn. Metalloprom. (1936) Nr. 17 S. 87/120, Nr. 18 S. 82/91 u. 91/99.
(6) Vgl. Ritzau, G.: Werkstattstechnik 35 (1941) S. 145/49.
(7) Graton, L. C., u. H. J. Fraser: J. Geol. (Chikago) 43 (1935) S. 785/909.
(8) Fraser, H. J.: J. Geol. (Chikago) 43 (1935) S. 910/1010.
(9) Roller, P. S.: Industr. Engng. Chem. 22 (1930) S. 1206/08.
(10) Trzebiatowski, W.: Z. phys. Chem. B 24 (1934) S. 75/86.
(11) Grube, G., u. H. Schlecht: Z. Elektrochem. 44 (1938) S. 367/74 u. 413/22.
(12) Kikuchi, R.: Sci. Rep. Tôhoku Univ. 26 (1937) S. 125/41.
(13) Goetzel, C. G.: Metals & Alloys 12 (1940) S. 30/35 u. 154/57.
(14) Sauerwald, F., u. St. Kubik: Z. Elektrochem. 38 (1932) S. 33/41.
(15) Jones, W. D.: Principles of Powder Metallurgy, S. 32. Verlag E. Arnold & Co., Lond. 1937.
(16) Eilender, W., u. R. Schwalbe: Arch. Eisenhüttenw. 13 (1939/40) S. 267/72.
(17) Streintz, F.: Ann. Phys., Lpz. 308 (1900) S. 1/19; 314 (1902) S. 854/85.
(18) Skaupy, F., u. O. Kantorowicz: Z. Elektrochem. 37 (1931) S. 482/85.
(19) Skaupy, F., u. O. Kantorowicz: Metallwirtsch. 10 (1931) S. 45/47.
(20) Kantorowicz, O. Ann. Phys., Lpz. 12 (1932) S. 1/51.
(21) Jones, W. D.: Principles of Powder Metallurgy, S. 100. Verlag E. Arnold & Co, Lond. 1937.

### 6. Kapitel.

## Das Sintern.

### A. Vorgänge in Einstoffsystemen.

**1. Beginn der Sinterung — Begriff der Sintertemperatur.**

Bei der Besprechung der Vorgänge beim Glühen bzw. Sintern ist es angebracht, die Sinterung von Ein- und Mehrstoffsystemen getrennt zu behandeln. In Mehrstoffsystemen spielen nämlich — selbst wenn es nicht zur Bildung einer flüssigen Phase kommt — Diffusionsvorgänge zwischen den verschiedenen Komponenten eine zusätzliche, oft entscheidende Rolle.

Mit steigender Temperatur nimmt die Wirksamkeit der Anziehungskräfte zu, weil die sinterungshemmenden Einflüsse allmählich in steigen-

## Das Sintern. — Vorgänge in Einstoffsystemen.

dem Maße ausgeschaltet werden. Daneben spielt eine Rolle, daß die Vorbedingungen für das Eintreten von Kristallisationen (Atomplatzwechsel) mit steigender Temperatur günstigere werden (1). Auf den zweiten Punkt wird später noch ausführlicher einzugehen sein. Eingangs dieses Buchteils (Seite 62—66) wurden als die wesentlichsten sinterungshemmenden Einflüsse die bei gewöhnlicher Temperatur mangelnde Plastizität der Pulverteilchen, das Vorhandensein von Oxyd- und Gashäuten auf ihnen, der durch die unregelmäßige Oberfläche der Pulverteilchen bedingte unvollständige Kontakt und schließlich beim Pressen eingeschlossene Gase erwähnt. Alle Faktoren zusammen bewirken, daß die eigentliche Sinterung, d. h. also das Zusammenbacken von Metallpulverteilchen und damit eine merkliche Verfestigung des Metallpulverkonglomerats erst bei mehr oder weniger hohen Temperaturen stattfindet. Da die aufgezählten sinterungshemmenden Einflüsse starken Schwankungen unterworfen sind und u. a. auch in hohem Maße von den Herstellungsbedingungen der Metallpulver abhängen — Einfluß dieser Bedingungen auf Kornform, Korngröße, Kornoberflächenbeschaffenheit, Oxydhäute, Einfluß der Lagerung der Pulver —, ist es erklärlich, weshalb die Vorgeschichte der zu sinternden Pulver für den Verlauf der Sinterung von ausschlaggebendem Einfluß ist. Insbesondere wird dadurch verständlich, daß alle Angaben über die **Temperatur des Beginns der Sinterung** eines bestimmten Metallpulvers keine allgemeingültige Bedeutung haben, wenn auch ein erhebliches praktisches Interesse an der Angabe der genannten Größe vorhanden ist. Wegen der praktischen Bedeutung der Temperatur der beginnenden Sinterung befassen sich eine ganze Reihe von Arbeiten mit der Feststellung der sogenannten „Sintertemperatur". L. Schlecht, W. Schubardt und F. Duftschmid (2) studierten die Sinterung von locker gefüllten Eisenpulvern durch mikroskopische Kontrolle der Gefügeänderungen der Sinterkörper. B. Garre (3) bestimmte die Bruchfestigkeit an kleinen zylindrischen Preßkörpern aus Metallpulvern, indem er in die Oberfläche des Preßkörpers einen Metallkeil einpreßte. Er fand an gepreßten Pulvern des Silbers, Kupfers, Bleis, Aluminiums und Magnesiums einen stärkeren Festigkeitsanstieg zwischen 150 und 300°, den er als Beginn der Sinterung deutete. G. Tammann und Q. A. Mansuri (4) ermittelten den Beginn des Sinterns von Metallpulvern nach dem „Verfahren des stehenbleibenden Rührers". Sie bewegten in verschiedenen Metallpulvern unter gleichzeitiger Erhitzung einen Rührer, der bei einer bestimmten Temperatur stehenbleibt. Dem Verfahren liegt der Gedanke zugrunde, daß durch das gegenseitige Reiben der Teilchen beim Rühren die Oxyd- und Gashäute teilweise abgerieben werden, wodurch die blanken Metalloberflächen in Kontakt kommen und bei einer bestimmten Temperatur aneinander haften bleiben, verschweißen oder aneinander sintern. Die Temperatur, die auf diese Weise ermittelt wird, hängt allerdings von einer großen Anzahl von Faktoren ab, wie z. B. von der Rührgeschwindigkeit und der Kraft, mit der gerührt wird, von der Form und dem Klopfvolumen der Pulver und schließlich von der Art des Aufheizens. Die dabei an den Metallen Silber, Antimon, Zinn, Kupfer, Eisen, Zink, Blei, Kadmium und Kobalt beobachteten Temperaturen des stehenbleibenden Rührers liegen im Temperaturbereich zwischen 130 und 300°, also im gleichen Gebiet, das B. Garre für den stärkeren Festigkeitsanstieg ermittelte. In neuerer Zeit bestimmte W. Dawihl (5) die „Klebetemperatur" als diejenige Temperatur, oberhalb der die Festigkeit der sich unter reiner Druckwirkung berührenden Oberflächen gleichartiger Stoffe rasch zu hohen Werten ansteigt. Diese Temperatur, für die im Falle des Eisens, Nickels bzw. Wolframs Temperaturen von 550, 600 (6) bzw. 1250° (7) angegeben werden, dürften im technischen Sinne — der praktisch allein von Wert ist — als die Temperatur der beginnenden Sinterung anzusehen sein.

Nach diesem allgemeinen Überblick über die Vorgänge beim Sintern, insbesondere über die Temperatur des Beginns der Sinterung, wollen wir die Vorgänge dadurch genauer erfassen, daß wir die Änderung der Eigenschaften von Sinterkörpern, wie z. B. der Dichte des Gefüges, der Härte, der mechanischen Eigenschaften und der elektrischen Leitfähigkeit in Abhängigkeit von der Sintertemperatur und -zeit sowie der Korngröße des Pulvers verfolgen. Da die Sinterkörper natürlich mit verschieden hohem Preßdruck hergestellt sein können, ist die Höhe des angewandten Druckes gleichzeitig zu berücksichtigen. Es wird sich herausstellen, daß die Eigenschaften von verschieden hoch gepreßten Pulverkörpern in Abhängigkeit von der Sintertemperatur häufig erheblich voneinander abweichen.

2. Einfluß der Sinterbedingungen auf die physikalischen und mechanischen Eigenschaften der Sinterkörper.

**a) Dichte, Porosität, Schwindung.** Zunächst wird der Einfluß der Sintertemperatur, Sinterzeit und Korngröße des Pulvers auf die Dichte bzw. auf die Schwindung oder Schrumpfung besprochen. Bei dieser Größe ist der Kurvenverlauf maßgeblich durch die Höhe des aufgewandten Preßdrucks bestimmt. In Abb. 53 ist die Abhängigkeit der Dichte von der Sintertemperatur für verschieden hohe Preßdrücke schematisch dargestellt. Zur Bestätigung sind in Abb. 54 Versuchsergebnisse von G. Grube und H. Schlecht (8) an feinem Molybdänpulver und in Abb. 55 solche von W. Trzebiatowski (9) an Feinstkupferpulver (Korngröße $< 2\,\mu$) wiedergegeben. Nach G. Grube und H. Schlecht steht die Dichtezunahme, die bei Molybdän bei etwa 1000°, bei Nickel bei etwa 400° beobachtet wird, zweifellos im Zu-

Das Sintern. — Vorgänge in Einstoffsystemen. 95

sammenhang mit dem Beginn des eigentlichen Sinterungsprozesses oder nach W. D. Jones (27) mit dem Beginn einer **verstärkten** Sinterung. Wie schon erwähnt, sind die Unterschiede im Verhalten der Dichte beim Glühen der Preßlinge zwischen den schwach und sehr stark gepreßten Pulvern bemerkenswert, worauf zum erstenmal von W. Trzebiatowski aufmerksam gemacht wurde. Verpreßt man Pulver mit sehr kleinem oder normalem Druck, so findet bei einer bestimmten Sintertemperatur eine normale Schwindung statt. Bei Anwendung sehr hoher Drücke (bis zu 30 t/cm²) zeigen die Pulverpreßlinge nicht nur keinen Schwund, sondern sogar eine Volumenzunahme.

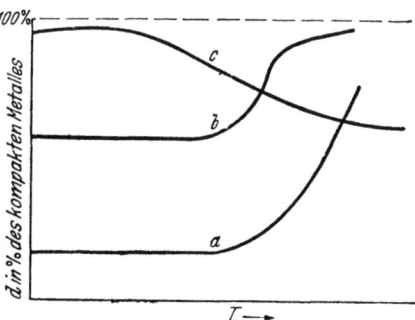

Abb. 53. Dichte von Metallpulvern in Abhängigkeit von der Sintertemperatur; schematisch. *a* ohne Vorpressen; *b* bei Anwendung eines mittleren Preßdruckes (etwa 5 t/cm²); *c* bei Anwendung eines sehr hohen Preßdruckes (etwa 30 t/cm²).

Dies führt z. B. im Falle des Kupfers dazu, daß bei einer Sintertemperatur von 600° der hochgepreßte Formkörper eine erheblich kleinere Dichte aufweist als der niedrig gepreßte. Von W. Trze-

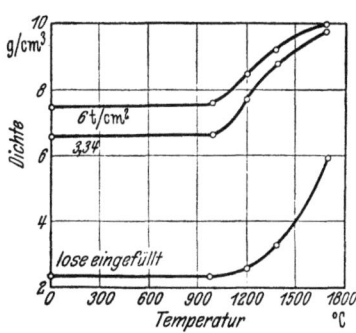

Abb. 54. Dichte von ungepreßtem, mit 3,34 und 6 t/cm² Druck gepreßtem Mo-Pulver in Abhängigkeit von der Sintertemperatur nach dreistündigem Sintern (G. Grube und H. Schlecht).

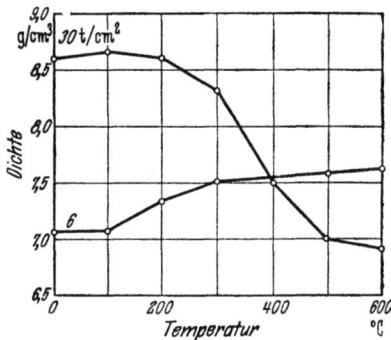

Abb. 55. Dichte von mit 6 und 30 t/cm² gepreßten Kupferformkörpern in Abhängigkeit von der Sintertemperatur (W. Trzebiatowski).

biatowski wurde dieses anormale Verhalten hochgepreßter Formkörper auf die **Wirkung von Gasen**, vorzugsweise Wasserdampf, zurückgeführt, eine Ansicht, der sich die Verfasser auf Grund von Erfahrungen an den verschiedensten Sintermetallen voll anschließen.

Bekanntlich gibt es außer von den Pulvern selbst gelösten Gasen noch folgende Quellen für eine Gasentwicklung beim Sintern:

1. absorbierte Gas- oder Dampffilme,

2. Luft oder andere Gase, die beim Pressen eingeschlossen wurden,
3. chemische Umsetzungen beim Glühen des Preßlings,
4. absichtlich zugesetzte, Gas abgebende Stoffe (z. B. Hydride).

Einzeln oder getrennt können diese verschiedenen Quellen für die großen Gasmengen verantwortlich sein, die man unter geeigneten Umständen beim Glühen von Metallpulvern bzw. Sintern von Pulverpreßlingen feststellen kann. Daß schon bei Raumtemperatur der Betrag an absorbiertem Gas beachtlich sein kann, wurde von R. Ruer und J. Kuschmann (10) nachgewiesen. Sie fanden an Kupferpulver, das durch Reduktion von CuO bei 750° mittels Wasserstoff und nachfolgender Vakuumbehandlung bei 440° gewonnen wurde, daß das Liegenlassen des Pulvers bei Raumtemperatur an Luft folgende Gewichtszunahme verursachte:

1 Std. 5,44 mg/100 g
3 „ 6,26 „
23 „ 8,07 „
70 „ 9,57 „

Ähnliche Resultate wurden mit reduziertem Eisenpulver erhalten:

1 Std. 20,43 mg/100 g
4 „ 21,3 „
20 „ 23,13 „

Weiterhin ist die Absorption von Wasserdampf bekannt. Abgesehen von chemischen Reaktionen mit dem Metall kann dieses Wasser beim Glühen einen Volumeneffekt (Schwellung, Aufblähung) auf die Sinterkörper ausüben. Obwohl der Betrag von absorbiertem Wasser in den meisten Fällen nur gering ist, erreicht er beispielsweise bei Gold nicht unbeträchtliche Werte. W. Trzebiatowski (9) beobachtete, daß es bei diesem Metall sogar sehr schwierig ist, die außerordentlich festhaftenden Wasserfilme vollkommen zu entfernen.

Die Luftmenge, die mechanisch während des Pressens eingeschlossen werden kann, hängt in starkem Maße von den Eigenschaften des betreffenden Metallpulvers sowie von der Art der verwandten Preßmatrize ab, worauf schon in Kap. 3 (Seite 47) kurz eingegangen wurde.

Oft bilden sich aber die Gase erst während der Sinterung durch Reaktion innerhalb des Sinterkörpers. Erinnert sei beispielsweise an die Wasserdampfbildung in oxydhaltigen Kupfer- oder Eisensinterkörpern bei der Sinterung in reduzierender Atmosphäre sowie an die Reaktionen zwischen Kohlenstoff und Sauerstoff bei Metallpulvern, die nach dem Karbonylverfahren gewonnen werden.

Wenn nun die Gase vor der eigentlichen Sinterung und Verfestigung der Preßkörper entweichen können, sind sie harmlos oder sogar in vielen Fällen günstig. Wenn sie jedoch erst bei hoher Temperatur zu entweichen beginnen — wobei ganz beachtliche Gasdrücke auftreten kön-

## Das Sintern. — Vorgänge in Einstoffsystemen.

nen —, verursachen sie häufig erhöhte Poren- und Blasenbildung. Es ist jetzt leicht einzusehen, warum höhere Kaltpreßdrücke nach dem Sintern zu weniger dichten Körpern führen als niedrigere Kaltpreßdrücke. Je höher der aufgewandte Preßdruck ist, um so fester sind die Pulverteilchen miteinander verfilzt und nach der Sinterung miteinander verschweißt, so daß eingeschlossene Gase weniger Gelegenheit haben zu entweichen, insbesondere, da die Poren im Innern häufig mit der Oberfläche nicht mehr durch feinste Kanäle verbunden sind. Ganz typisch ist die Blasenbildung und die Auflockerung des Gefüges bei der Sinterung sauerstoffhaltiger, hochkaltgepreßter Formkörper unter Wasserstoff, eine Erscheinung, die lebhaft an die Wasserstoffkrankheit des Kupfers erinnert. Die relativ kleinen Wasserstoffmoleküle diffundieren leicht in das Innere des Sinterkörpers, während der bei der Reduktion gebildete Wasserdampf nicht mehr nach außen gelangen kann und somit zum Auftreiben des Sinterkörpers führt.

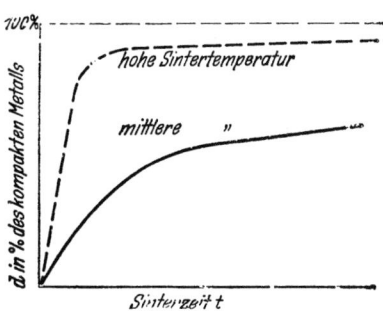

Abb. 56. Zusammenhang zwischen Dichtesteigerung und Sinterzeit bei mittlerer und hoher Sintertemperatur.

Bezüglich des Einflusses der Sinterzeit auf die Dichte bzw. Schwindung von Sinterkörpern gilt, daß der weitaus größere Teil der Dichtesteigerung in verhältnismäßig kurzer Zeit abläuft, und daß sich an diesen raschen Ablauf der Dichtesteigerung dann noch eine langsame Zunahme anschließt. Die Länge der Zeit, in der der Hauptanteil der Schwindung vor sich geht, nimmt mit steigender Temperatur ab, so daß der Einfluß der Zeit bei höheren Temperaturen immer geringer wird. Schematisch werden diese Verhältnisse durch die Abb. 56 wiedergegeben.

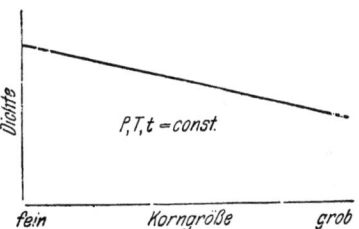

Abb. 57. Dichte von Sinterkörpern in Abhängigkeit von der Korngröße; schematisch.

Nicht nur Preßdruck, Sintertemperatur und Sinterzeit, sondern auch die Korngröße des verwandten Pulvers beeinflussen den Verlauf der Dichte bzw. der Schwindung in starkem Maße. Sintert man Pulverpreßlinge eines bestimmten Metalls, die mit gleichem Preßdruck, aber unter Verwendung verschiedener Pulverkorngrößen hergestellt wurden, unter gleichen Bedingungen, d. h. bei konstanter Sintertemperatur, Sinterzeit und Sinteratmosphäre, so ergibt sich die in Abb. 57 dar-

Kieffer u. Hotop, Pulvermetallurgie. 2. Aufl.

98    Die wissenschaftlichen Grundlagen der Pulvermetallurgie.

gestellte Abhängigkeit der Dichte von der Pulverkorngröße. Diese Zusammenhänge erhellen auch aus Abb. 58, in der die Abhängigkeit von der Sintertemperatur für zwei verschieden grobe Eisenpulver dargestellt ist (7). Das feinere Eisenpulver zeigt gegenüber dem grobkörnigen eine niedrigere Temperatur für den Beginn der Schwindung und einen allmählichen Anstieg. Das grobkörnige Eisenpulver gestattet keine so hohe Gesamtschwindung und ergibt dementsprechend einen Sinterkörper mit wesentlich größerem Porenraum.

Die Dichtesteigerung normal gepreßter Sinterkörper beruht zunächst auf dem steigenden Wirksamwerden der Anziehungskräfte bei höherer Temperatur infolge der Beseitigung der sinterungshemmenden Einflüsse. Das Wirksamwerden der Anziehungskräfte wird durch die Annäherung einer größeren Anzahl von Teilchen aneinander durch den aufgewandten Preßdruck ganz bedeutend unterstützt. Durch Berühren zweier Teilchen setzt die Sinterung an bestimmten Punkten ein. Durch festeres Aneinanderziehen der beiden Oberflächen werden die umliegenden Oberflächenstellen ebenfalls zum Sintern bzw. Verschweißen gebracht, so daß der gesinterte Bereich langsam von den ersten Kontaktstellen aus zu Kontaktflächen erweitert wird. Entscheidenden Einfluß auf die Schrumpfung dürften die Oberflächenspannungskräfte der Metallpulverteilchen ausüben. Diese wirken in Richtung einer Herabsetzung der Oberflächen und führen zwangsläufig zu einer Kornabrundung. So konnte C. H. Desch (11) z. B. zeigen, daß Goldkristalle durch Oberflächenspannungskräfte bei 900° an den Kanten abgerundet werden. Auch die Vereinigung vieler kleiner Kristalle zu größeren Goldkügelchen führt C. H. Desch auf die Wirkung der Oberflächenspannung zurück.

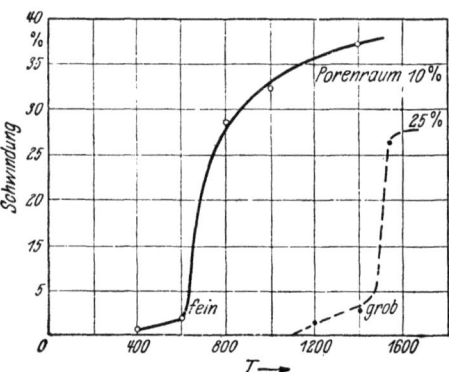

Abb. 58. Zusammenhang zwischen Schwindung und Temperatur bei fein- und grobkörnigem Eisenpulver (W. Dawihl). Preßdruck 0,23 t/cm²; Korngröße des Feinpulvers etwa 1 $\mu$, Korngröße des Grobpulvers etwa 50 $\mu$.

Eckige und zackige Pulverteilchen ändern ihre Gestalt beim Sintern auf Grund der Oberflächenspannungskräfte schneller als rundliche. Kleinere Teilchen werden in größerem Ausmaß durch die Oberflächenspannungskräfte beeinflußt als größere Teilchen, woraus sich die stärkere und frühere Schwindung von Preßlingen aus Feinstpulver erklärt.

Eine ganz ähnliche Wirkung auf den Verlauf der Schwindung wie die Oberflächenspannungskräfte üben chemische Umsetzungen zwischen Sinterkörper und Sinteratmosphäre aus. So ist es beispielsweise bekannt, daß Sinterkörper aus Pulvern von Metallen, die durch Wasserstoff reduzierbare Oxyde bilden, bei Anwesenheit von größeren Mengen Wasserdampf in der reduzierenden Sinteratmosphäre verstärkt schrumpfen. Der Erscheinung liegt die Reaktion zugrunde:

$$Me + H_2O \rightleftarrows MeO + H_2.$$

Diese Reaktion spielt sich infolge geringfügiger äußerer Gleichgewichtsstörungen abwechselnd in verschiedener Richtung ab, wodurch die aktiveren metallischen Feinstpulverteilchen über das Oxyd zu größeren, weniger Raum beanspruchenden Kristalliten zusammenwachsen. Dem Wasserdampf analog wirken $CO_2$ und Halogen-Wasserstoffverbindungen in der Sinteratmosphäre.

Schließlich spielen für die Schwindung, insbesondere bei höherer Temperatur, Umkristallisationserscheinungen innerhalb und zwischen den Einzelkörnern eine Rolle. Dabei werden aus polykristallinen Pulverteilchen Einkriställchen, die ihrerseits mit benachbarten Kristalliten zu noch größeren, weniger Raum beanspruchenden Kristallindividuen zusammenwachsen.

Die mit der „Vorschrumpfung" und „Hauptschrumpfung" im Verlauf der Sinterung verbundenen Oberflächenveränderungen von ungepreßten und niedriggepreßten Metall- und Metalloxydpulvern wurden von G. F. Hüttig und Mitarbeitern (12) in verschiedenen neueren Veröffentlichungen eingehend behandelt. G. F. Hüttig stützt seine Beobachtungen über den Verlauf der Sinterung auf verschiedene physikalisch-chemische Untersuchungsverfahren. Im Vordergrund stehen Messungen von elektromotorischen Kräften, von chemischen Umsetzungen mit verschiedenen flüssigen Medien, von Adsorptionsisothermen gegenüber Methanoldampf und gelösten Farbstoffen und von katalytischen Wirkungen.

b) **Gefügebefund.** Bevor wir auf die Beeinflussung der weiteren Eigenschaften von Sinterkörpern (Härte, Festigkeitseigenschaften, elektrische Leitfähigkeit) durch die Sinterbedingungen (Preßdruck, Temperatur, Zeit, Atmosphäre) weiter eingehen, müssen wir eine Erscheinung sehr genau besprechen, die bei Sinterkörpern — scheinbar im Gegensatz zu regulinischen Metallen — auftritt, nämlich ein verstärktes Kornwachstum bei bestimmten Sintertemperaturen. Durch dieses Kornwachstum können nämlich in besonderen Fällen die weiteren Eigenschaften, wie die Festigkeit und die Härte, die Dehnung, die Dichte usw. in erheblichem Maße beeinflußt werden.

Die Gefügeentwicklung während der Sinterung ist besonders eingehend von F. Sauerwald und seinen Mitarbeitern (13) untersucht worden. Beim Erhitzen von Sinterkörpern aus Pulvern bildsamer Metalle auf bestimmte Temperaturen ($^2/_3$ bis $^3/_4$ der absoluten Schmelztemperatur) wurde stets eine erhebliche Kornvergröberung beobachtet, und zwar auch für nur eingefüllte, nicht gepreßte und ebenfalls für besonders gereinigte Pulver (13b, 13k). Die Temperatur des beginnenden Kornwachstums wurde von der Höhe des Preßdrucks unabhängig gefunden, weswegen F Sauerwald diese Erscheinung als „spontanes Kornwachstum" bezeichnete. Er beobachtete diese Erscheinung zum erstenmal an feinkörnigem Kupferpulver, das durch Reduktion aus dem Oxyd gewonnen wurde. Der Preßdruck, der von 0 bis 5 t/cm² variiert wurde, war nicht von Einfluß auf die Temperatur der beginnenden Kornvergröberung, die bei etwa 720° gefunden wurde. Aus dieser Preßdruckunabhängigkeit wurde geschlossen, daß die Kornvergröberung nicht etwa auf eine vorangegangene Kaltverformung zurückzuführen sei, und daß eine Rekristallisation, wie sie bei regulinischen Metallen nach einer vorangegangenen Kaltverformung auftritt, nicht angenommen werden könne. Als Erklärung dieser Erscheinung wurde von ihm die Rekristallisationstheorie von G. Tammann (14) herangezogen, die auf dem Vorhandensein nichtmetallischer Zwischenhäute zwischen den einzelnen Kristalliten aufbaut. Nach ihr sollten diese erst zerstört werden müssen, was durch Kaltverformung erfolgen könne, bevor Kristallwachstum eintrete. Bei „synthetischen Körpern" sollten nun diese Zwischenschichten fehlen, und es sollte daher ein Kristallwachstum auch ohne vorherige Kaltverformung eintreten können.

Um die Frage, ob nicht geringe Verunreinigungen das Auftreten einer flüssigen Phase und damit die Kristallisationsvorgänge verschuldet haben könnten, zu entscheiden, wurde mit mehrfach gereinigtem Kupferpulver gearbeitet (13b). Die aus diesem Pulver mit einem Druck von 5 t/cm² hergestellten Sinterkörper zeigten wiederum bei 720° eine deutliche Kornvergröberung. Durch die sehr weitgehende Reinigung des Kupfers war also keine Änderung der Temperatur beginnenden Kornwachstums herbeigeführt worden.

Da die ohne Kaltbearbeitung eintretende Kornvergröberung bei sehr erheblich höheren Temperaturen beobachtet wurde als die gewöhnliche Rekristallisation, wurden die Preßkörper nach einem halbstündigen Sintern bei 520° einer starken Kaltverformung unterworfen (13b). Durch die Bearbeitung war eine Erniedrigung der Temperatur des Kornwachstums, und zwar je nach dem Grad der Kaltverformung von 720° auf Temperaturen bis herunter zu 420° zu beobachten. Damit war das Kornwachstum auch bei synthetischen Metallkörpern in ein Temperaturgebiet verlagert worden, in dem sonst auch Rekristallisation in geschmolzenen Metallen zu beobachten ist.

In einer späteren Arbeit (13k) wurde die Frage des Kornwachstums nochmals sehr gewissenhaft wieder aufgegriffen. Da es bei der mikroskopischen Verfolgung des Kornwachstums an Sinterkörpern aus Feinstkupferpulver (Korngröße etwa 1 bis 20 $\mu$) immerhin möglich war, daß Keimbildungen und Wachstum derselben der Beobachtung entgingen, wurde bei den neuen Versuchen ein nach einem Sonderverfahren hergestelltes, sehr sauberes Granulatkupfer (Korngröße 70 bis 140 $\mu$) mit glatter Oberfläche benutzt. Die Kupferkügelchen wurden lose in einem Schiffchen aufgeschichtet und in mehreren Versuchsserien bei 900 und 500° 3 Stunden lang im Wasserstoffstrom geglüht. Auf Grund einer Überschlagsrechnung weist F. Sauerwald nach, daß die Teilchen an den Berührungsstellen unter einem maximalen Druck von 100 g/cm² stehen, einem Druck, der eine plastische Verformung praktisch ausschließt.

Abb. 59. Überwachsen eines Kristalls von einem Kupferteilchen auf ein anderes; Sintertemperatur 900°. × 900 (F. Sauerwald und L. Holub).

Wie Abb. 59 zeigt, trat bei 900° deutlich ein Überwachsen von Kristallen über die ursprüngliche Begrenzungsfläche ein, womit zum erstenmal ein solcher Vorgang an Einzelkristalliten mikroskopisch nachgewiesen werden konnte. Bei 500° konnten entsprechende Beobachtungen nicht gemacht werden. An den Berührungsstellen waren immer die Grenzen der ursprünglichen Teilchen, wie Abb. 60 zeigt, noch deutlich zu erkennen. Mit diesen Befunden glaubte

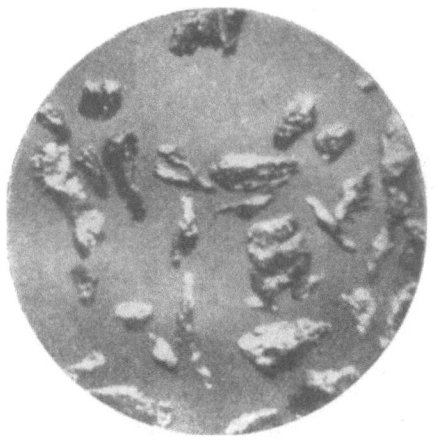

Abb. 60. Unveränderte Grenze zwischen zwei Kupferteilchen; Sintertemperatur 500°. × 900 (F. Sauerwald und L. Holub).

F. Sauerwald erneut bestätigt zu haben, daß auch im Gefügegleichgewicht befindliche, unbeanspruchte Pulverteilchen Kornwachstum zeigen, und zwar bei einer Temperatur, die beträchtlich höher liegt als die Rekristallisationstemperatur des betreffenden Metalls nach Kaltverformung. Allerdings konnte F. Sauerwald trotz der hohen Glühtemperatur (900°) nur an etwa 10% der beobachteten Kontaktstellen Kristallwachstum feststellen.

W. Trzebiatowski (9) verpreßte feinstes Kupfer- und Goldpulver (Korngröße $< 2\,\mu$) mit wesentlich höheren Drücken (bis zu 30 t/cm$^2$). Röntgenographisch zeigten die hochgepreßten Proben alle charakteristischen Merkmale einer starken Kaltverformung, die beim Glühen ab 200° unter gleichzeitigem Härteabfall allmählich wieder verschwanden. W. Trzebiatowski zieht den Schluß, daß zumindest bei sehr hochgepreßten Sinterkörpern die Entfestigung und der Härteabfall bei mittleren Temperaturen als typische Erholung anzusprechen sind, und daß in der Folge alle üblicherweise unter den Begriff „Rekristallisation" fallenden Erscheinungen an synthetischen Körpern zu erwarten sind.

Für die Sinterung von Karbonyleisenpulver wurden die Beobachtungen von F. Sauerwald über die Preßdruckunabhängigkeit der Temperatur des beginnenden Kornwachstums durch L. Schlecht, W. Schubardt und F. Duftschmid (2) bestätigt. Letztere fanden eine Abhängigkeit von der Vorgeschichte des verwandten Metallpulvers, denn ein auf 400° vorerhitztes Karbonyleisenpulver zeigte eine Kornvergrößerung bei 500°, ein auf 600° vorerhitztes erst bei 700°. Diese scheinbare Anomalie läßt sich unter Berücksichtigung früherer Ausführungen über chemische Umsetzungen bei der Sinterung gemäß Reaktionen wie

I: $Me + H_2O \rightleftarrows MeO + H_2$ und II: $Me + CO_2 \rightleftarrows MeO + CO$

leicht deuten. Wie oben erwähnt, führen derartige Reaktionen zu insgesamt gröberem Pulver auf Kosten der aktiveren Feinstpulverteilchen. Daher sind die bei 400° und 600° vorerhitzten Karbonyleisenpulver infolge ihrer Kornverschiedenheit und unterschiedlichen Gehalte an Sauerstoff und Kohlenstoff nicht mehr miteinander vergleichbar.

J. C. Smithells, W. R. Pitkin und J. W. Avery (15, 16) untersuchten das Verhalten von feinstem ($< 1\,\mu$) und feinem (etwa $5\,\mu$) Wolframpulver beim Sintern. Während der Glühung, die durch direkte Widerstandserhitzung erfolgte, wurde die Änderung des elektrischen Widerstandes gemessen. Jeweils nach den Glühungen wurde die Länge der Versuchsstäbe, das makroskopische und das mikroskopische Gefüge untersucht. Gleichzeitig wurde festgestellt, in welcher Weise sich eine Änderung des Preßdrucks (1,25 und 5 t/cm$^2$) auf das makroskopische Gefüge auswirkt.

Alle von J. C. Smithells, W. R. Pitkin und J. W. Avery gefundenen Besonderheiten der Abhängigkeit der Eigenschaften von der Temperatur werden im wesentlichen auf verschiedenes Verhalten hinsichtlich des Kornwachstums zurückgeführt. Mit 1,25 t/cm² gepreßte Körper sollen bei 1227°, mit 5 t/cm² gepreßte Körper schon bei 927° Kornwachstum zeigen. Die genannten Forscher halten mit anderen Worten eine Abhängigkeit der Kornwachstumstemperatur von der Korngröße und vom aufgewandten Preßdruck für gegeben. Diese Schlußfolgerung geht nach Ansicht der Verfasser etwas zu weit, da den Versuchen nicht nur Pulver verschiedener Korngröße, sondern sicherlich auch verschiedener chemischer Zusammensetzung zugrunde lagen. Bei dem an Sauerstoff reicheren Feinstpulver spielen Wechselreaktionen zwischen Metall und Metalloxyd sowie Metall und Wasserdampf — wie schon mehrfach erwähnt — eine Rolle und verursachen im wesentlichen die Erscheinungen, die die Forscher beobachtet haben (früherer Schrumpf, Kornwachstum bei tieferen Temperaturen, erhöhte Festigkeit usw.) (vgl. Seite 231). Der höhere Preßdruck führt zur dichteren Packung des Pulvers und damit zur verstärkten Reaktion im oben angedeuteten Sinne.

Auch W. Eilender und R. Schwalbe (1) ermittelten den Einfluß der Sintertemperatur auf die Kristallisationsvorgänge durch eingehende Gefüge- und Korngrößenuntersuchungen an Eisensinterkörpern. Bei Stäben aus einem relativ feinkörnigen technischen Eisenpulver (Korngröße 0,075 bis 0,1 mm) waren nach Glühen bei 500° die durch die Pressung hervorgerufene Kornlagerung und Kornverteilung noch deutlich zu erkennen, wie aus Abb. 61 hervorgeht. Die Korngrenzen sind noch unklar und verschwommen, und eine einwandfreie Bindung zwischen den einzelnen Körnern ist noch nicht eingetreten. Bei 600° ist bereits eine vollkommene Umkristallisation zumindest innerhalb der einzelnen Körner erfolgt, und es ist ein metallischer Verband erzielt, wenn auch die ehemalige Lage der Körner noch teilweise zu erkennen ist. Die auf 700° geglühten Proben zeigen ein völlig gleichmäßiges, homogenes Ferritgefüge, das nur durch die als dunkle Flecken hervortretenden Poren unterbrochen wird. Glühtemperaturen von 750 bis 800° ergeben grundsätzlich das gleiche Bild, nur ist die Korngröße schon etwas gewachsen. Die Poren treten mehr zurück (Abb. 62). Bei 850° tritt ein verstärktes Kornwachstum auf, die Korngröße wächst auf etwa den zehnfachen Wert (Abb. 63). Die alten Korngrenzen verschwinden, und die vorhandenen Poren erscheinen sehr auffällig als Fehlstellen innerhalb der einzelnen Körner. Bei weiterer Erhöhung der Temperatur bleibt dieser Zustand im wesentlichen erhalten, bis bei über 1200° die Korngröße wieder etwas absinkt. Die Gefügeuntersuchung von Stäben aus gröberem Eisenpulver (Siebanalyse 13,5% von 0,075 bis 0,1 mm; 73,5% von 0,1 bis 0,25 mm; 13% von 0,25 bis 0,5 mm) ergab die gleichen Verhältnisse, nur lag die Temperatur des verstärkten Kornwachstums etwas höher (850 bis 900°). Auch von W. Eilender und R. Schwalbe

104  Die wissenschaftlichen Grundlagen der Pulvermetallurgie.

wurde in Übereinstimmung mit den Ergebnissen von F. Sauerwald eine Preßdruckunabhängigkeit für die Temperatur des Kornwachstums festgestellt (Preßdrücke bis 8 t/cm²). Trotz dieser Preßdruckunabhängig-

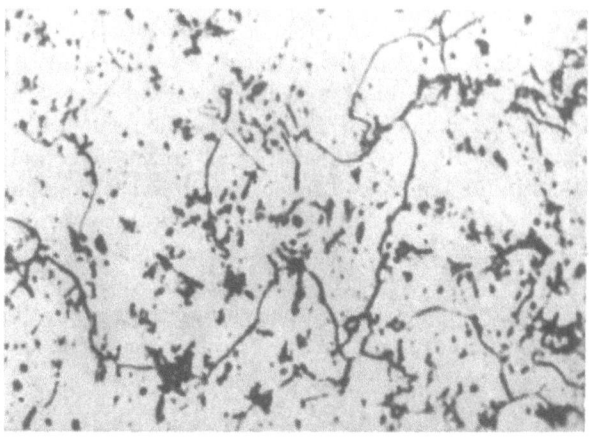

Abb. 61

keit glauben W. Eilender und R. Schwalbe (1) die Erscheinung des Kornwachstums an Sintermetallen mit den neueren Anschauungen über

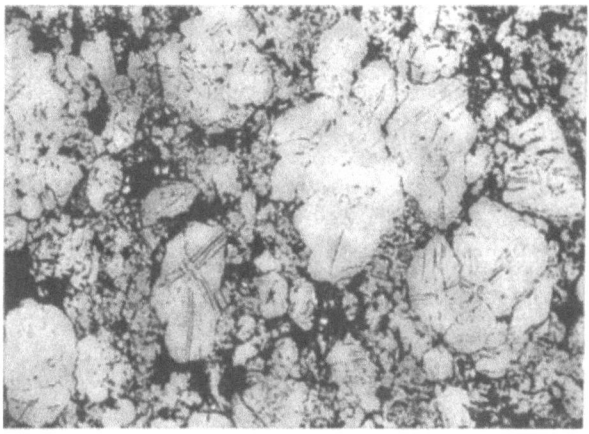

Abb. 62.

die Rekristallisation bzw. Kornneubildung in Übereinstimmung befindlich.

W. Dawihl (7) verfolgte das Kornwachstum in Abhängigkeit vom Preßdruck röntgenographisch, da das Kornwachstum nicht oder nur wenig gepreßter Metallpulver nach Sinterung bei niedrigen Glühtemperaturen metallographisch nicht immer einwandfrei beobachtet werden kann. Es wurden kleine Pastillen aus Eisenpulver im Wasserstoffstrom jeweils 2 Stunden lang gesintert. Um festzustellen, inwieweit sich eine Verformung der Einzelkörner auf das Kornwachstum auswirkt, wurde

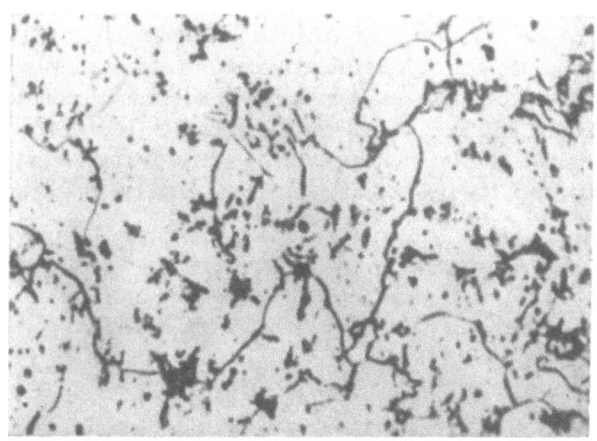

Abb. 63.

Abb. 61 bis 63. Gefüge von Eisensinterkörpern (Korngröße 0,075 bis 0,1 mm) nach Sinterung bei 500 bzw. 750 bzw. 850°. × 200. Sinterzeit 30 Minuten (W. Eilender und R. Schwalbe).

ein Teil des Pulvers 72 Stunden lang mit Methylalkohol in einer Eisenkugelmühle gemahlen. Ein Teil der von W. Dawihl erhaltenen Ver-

Zahlentafel 19. Sintertemperatur und Korngröße von Eisenpulver in Abhängigkeit vom Preßdruck (Ausgangskorngröße = $1 \mu$, Sinterzeit jeweils 1 Stunde) (W. Dawihl).

| Sinter- temperatur | Preßdruck kg/cm² | | | |
|---|---|---|---|---|
| °C | 0 | 230 | 4400 | 8800 |
| | Röntgenlinien bzw. Korngröße | | | |
| unge- sintert | scharf | wenig verwaschen | stark verwaschen | stark verwaschen |
| 200 | unverändert ($1 \mu$) | unverändert | unverändert | unverändert |
| 400 | unverändert ($1 \mu$) | erholt ($1 \mu$) | wenig erholt | wenig erholt |
| 600 | unverändert ($1 \mu$) | erholt ($1 \mu$) | erholt ($1 \mu$) | erholt ($1 \mu$) |
| 700 | unverändert ($1 \mu$) | erholt ($1 \mu$) | 2— 3 $\mu$ | 2— 8 $\mu$ |
| 800 | unverändert ($1 \mu$) | erholt ($1 \mu$) | 5—15 $\mu$ | 3— 7 $\mu$ |
| 1000 | 5—10 $\mu$ | 10 $\mu$ | 15—60 $\mu$ | 15—70 $\mu$ |
| 1200 | — | 5—40 $\mu$ | 15—80 $\mu$ | 15—80 $\mu$ |
| 1400 | bis 250 $\mu$ | bis 250 $\mu$ | bis 250 $\mu$ | bis 250 $\mu$ |

suchsergebnisse der röntgenographischen Untersuchung ist in Zahlentafel 19 zusammengestellt. Aus ihnen werden folgende Schlüsse gezogen:

1. Durch das Pressen mit hohen Drücken wird die Temperatur beginnenden Kornwachstums erheblich gesenkt, und zwar scheint die erzielte Korngröße bei sehr hohen Preßdrücken geringer zu sein als bei mittleren Preßdrücken.

106  Die wissenschaftlichen Grundlagen der Pulvermetallurgie.

2. Im Vergleich mit dem Rekristallisationsschaubild geschmolzenen Eisens liegen die Temperaturen für das beginnende Kornwachstum verhältnismäßig hoch. Bei geschmolzenem Eisen entspricht eine Rekristallisationstemperatur von 800° einem Verformungsgrad von 1%. Soweit sich die Preßvorgänge an Metallpulvern mit der Verformung von regulinischem Eisen vergleichen lassen, würde also selbst ein Preßdruck von 8,8 t/cm² nur eine sehr kleine Verformung bedeuten.

Schließlich hat sich in neuerer Zeit noch C. G. Goetzel (17), der die Eigenschaften von Sinterkörpern aus Kupferpulver verschiedener Korngröße und Herstellungsart eingehend untersuchte, mit den Ein-

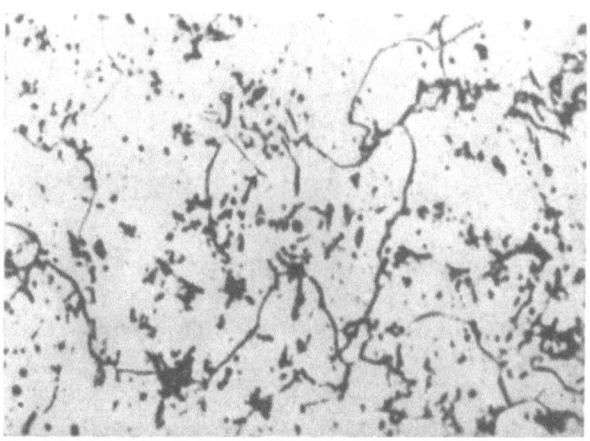

Abb. 64. Elektrolytkupferpulver (Mischung von groben und feinen Teilchen), gepreßt mit einem Druck von 7 t/cm², nicht gesintert. × 200 (C. G. Goetzel).

flüssen beschäftigt, die das Gefüge von Sinterkörpern bestimmen. Er kommt zu dem Schluß, daß im wesentlichen vier Faktoren für die Art des durch Sinterung erzielten Gefüges verantwortlich sind:

1. Die Beschaffenheit des Ausgangspulvers (Korngröße, Herstellungsverfahren des Pulvers, Reinheit, Oberfläche),
2. die Sintertemperatur,
3. die Sinterzeit,
4. die Sinteratmosphäre.

Von untergeordneter Bedeutung auf die Gefügeausbildung ist dagegen der Preßdruck, da er lediglich je nach seiner Höhe eine mehr oder weniger dichte Packung der Pulverteilchen von vornherein herbeiführt. Die so verbleibende Porosität der Preßkörper (Abb. 64) wirkt sich insofern aus, als das bei der Sinterung eintretende Kornwachstum einige der vorhandenen Poren beseitigen oder verändern kann; jedoch wird auch diese Veränderung maßgeblich durch die vier obengenannten Faktoren bestimmt. Im Falle des Kupfers ist die „Rekristallisation"

(Kornneubildung, Umkristallisation) nach einer sechzehnstündigen Wärmebehandlung bei einer Temperatur zwischen 750 und 900° abgeschlossen, was sich nicht nur in der Erreichung eines charakteristischen, polyederartigen Gefüges (Abb. 65) bemerkbar macht, sondern auch dadurch, daß sich nach Überschreiten dieser Temperatur und Zeit keine merkliche Verbesserung der physikalischen Eigenschaften mehr erzielen läßt, während bis zu dieser günstigsten Sintertemperatur und Zeit eine starke Verbesserung der physikalischen Eigenschaften zu beobachten ist. Die Art der Sinteratmosphäre beeinflußt die „Stabilisierung" (consolidation), die sowohl die Rekristallisation als auch das

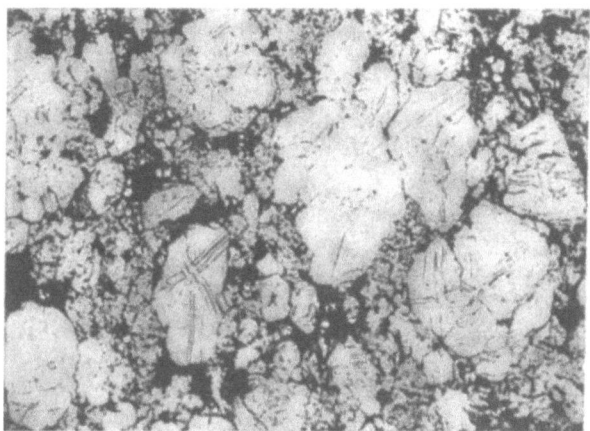

Abb. 65. Elektrolytkupferpulver (wie in Abb. 64), gepreßt mit einem Druck von 7 t/cm², 16 Stunden lang bei 750° unter Wasserstoff gesintert. × 200 (C. G. Goetzel).

Kornwachstum umfaßt, insofern als sie ohne Hemmnisse nur dann fortschreiten kann, wenn Verunreinigungen, wie beispielsweise Oxyd- und Karbonatreste, in ausreichendem Maße durch eine geeignete Sinteratmosphäre beseitigt werden können.

Da die Porosität das Kornwachstum und damit die Kristallitengröße im Endgefüge in gewissem Maße zu beeinflussen in der Lage ist und damit weiterhin die physikalischen und mechanischen Eigenschaften der Sinterkörper, wie z. B. die Dichte, die Verformbarkeit, Leitfähigkeit, Kerbschlagzähigkeit und Zugfestigkeit, widmet C. G. Goetzel (17) dieser Größe, die sich an Hand mikroskopischer Betrachtung gut verfolgen läßt, größere Aufmerksamkeit. Er unterscheidet die sogenannte „primäre Porosität" von der „sekundären Porosität". Unter der ersten versteht er den unvollkommenen, beim Pressen erreichten Zusammenhang, wie er durch Abb. 64 veranschaulicht wird. Auf sie vermag man in gewissem Maße durch Art und Korngröße der Pulver, Höhe des Preßdruckes und Form der Probekörper Einfluß zu nehmen. Die „sekundäre Porosität"

108  Die wissenschaftlichen Grundlagen der Pulvermetallurgie.

entsteht erst während der Wärmebehandlung, und zwar durch Gasausbrüche. Sie hängt im wesentlichen von zwei Größen ab:
1. Von der Korngröße des Pulvers,
2. von der Sinteratmosphäre, und zwar sowohl der Druckhöhe der Atmosphäre als auch von der Art des Schutzgases.

Die Korngröße hat insofern Einfluß, als feinere Pulver größere Mengen an Gasen zu absorbieren und beim Pressen einzuschließen vermögen als gröbere. Werden diese absorbierten und eingeschlossenen Gase unter Atmosphärendruck bei der Wärmebehandlung abgegeben, so vermögen sie das allmählich zu tun, insbesondere wenn genügend lange Zeit

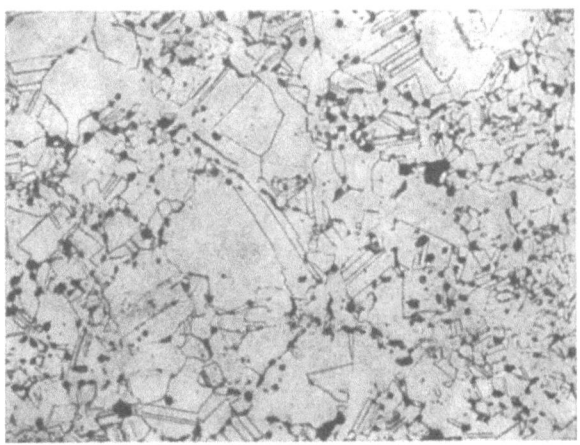

Abb. 66. Elektrolytkupferpulver (wie in Abb. 64 und 65), gepreßt mit einem Druck von 7 t/cm², 16 Stunden lang bei 750° im Vakuum gesintert. × 1000 (C. G. Goetzel).

dazu zur Verfügung steht. Durch Platzwechselvorgänge und Schwindung wird in der Folge der Porositätsgrad vermindert. Ganz andere Verhältnisse liegen aber dann vor, wenn man die Wärmebehandlung beispielsweise im Vakuum vornimmt, wie aus Abb. 66 hervorgeht. Schon während des Beginns der Wärmebehandlung wird ein großer Teil des Gases unter Bildung vieler kleiner „sekundärer Poren" innerhalb der Kristallite abgegeben. Derartige Poren werden weder in den Pulverpreßlingen noch in unter Wasserstoff gesinterten Körpern beobachtet. Der Dichteverlauf in Abhängigkeit von der Sintertemperatur derartiger, im Vakuum gesinterter Körper ähnelt also demjenigen von sehr hoch gepreßten Formkörpern.

Faßt man die Ergebnisse der verschiedenen Forscher über die Gefügeentwicklung von Sintermetallen im Verlauf der Sinterung zusammen, so ergibt sich etwa folgendes Bild: Mit fortschreitender Sinterung unterliegen die Pulverteilchen — gleichgültig ob gepreßt oder ungepreßt — einer immer deutlicher werdenden Kristallisation, die bei höheren Sintertemperaturen zu einem mehr oder weniger starken Kornwachstum führt. Bei weitgehend im Gefügegleichgewicht befindlichen Pulverteilchen soll das verstärkte Kornwachstum bei allen Metallen bei vergleichbaren Temperaturen, nämlich bei $^2/_3$ bis $^3/_4$ des absoluten Schmelzpunktes, eintreten. Der Beginn des Kornwachstums liegt im Vergleich zu der bei geschmolzenen Metallen eintretenden Rekristallisation bei verhältnismäßig hohen Temperaturen. Während auf Grund von metallographischen Untersuchungen bis vor kurzer Zeit für die Temperatur des beginnenden Kornwachstums eine Preßdruckunabhängigkeit angenommen wurde (1, 2, 13), sprechen neuere röntgenographische Untersuchungen (7) sowie Sinterversuche mit Feinstwolframpulver (15, 16) dafür, daß die Temperatur des beginnenden Kornwachstums durch Anwendung sehr hoher Preßdrücke anscheinend zu tieferen Temperaturen verlagert werden kann. Auch an dem Einfluß der Reinheit der Pulver, der Korngröße, der Oberflächenbeschaffenheit, der Herstellungsweise, der Vorbehandlung und schließlich der Sinteratmosphäre auf die Art des erzielten Gefüges und damit auch auf das Kornwachstum dürfte nicht mehr zu zweifeln sein. Die Reinheit der Pulver wirkt sich insofern aus, als wasserstoffreduzierbare Metalloxyde ($Fe_2O_3$, $Ni_3O_4$, $WO_3$, $MoO_3$) infolge von chemischen Wechselreaktionen zwischen dem reduzierenden Schutzgas und dem Metall über gebildeten Wasserdampf kornwachstumsfördernd wirken. Nicht wasserstoffreduzierbare Oxyde ($Al_2O_3$, $SiO_2$, $ThO_2$, $ZrO_2$, $CaO$ und $Na_2O$ usw.) wirken kristallisations- und kornwachstumshemmend.

Je feiner die Korngröße, um so schwieriger die Beseitigung von Oxydresten. Feinere Pulver müssen daher gemäß den obigen Ausführungen über die Reinheit der Pulver stärkeres Kornwachstum zeigen als gröbere, falls die Oxyde wasserstoffreduzierbar sind. Daneben mag noch eine Rolle spielen, daß feinere Pulver infolge ihrer größeren Gesamtoberfläche eine erhöhte Anzahl von Oberflächengitterstörstellen aufweisen, die sich keimbildend und kristallwachstumsfördernd auswirken.

Die Oberflächenbeschaffenheit der Pulver äußert sich im Gefüge der Sinterkörper insofern, als Pulver mit zackiger, nadeliger, unregelmäßiger, also instabiler Oberfläche stärker zu energieausgleichenden Kristallisationen neigen als mehr im Gefügegleichgewicht befindliche Pulver von glatter, regelmäßiger Gestalt, wie z. B. Granulatpulver.

Die Herstellungsweise und die Vorbehandlung der Pulver sind für die Reinheit, Korngröße und Oberflächenbeschaffenheit weitgehend bestimmend und beeinflussen infolgedessen auch auf Grund der obigen Ausführungen indirekt die Gefügeausbildung des Sinterproduktes.

Reduzierende Sinteratmosphäre ist maßgeblich an den schon mehrfach erwähnten chemischen Umsetzungen mit vorhandenen Oxydresten und anderen Verunreinigungen beteiligt. Inerte Atmosphäre oder Vakuum wirken kornwachstumshemmend, da diffusionshemmende Oxydhäute verbleiben, falls die Oxyde einen niedrigen Dampfdruck aufweisen. Vakuum führt außerdem zur „sekundären Porenbildung". Abwechselnde Wasserstoff- und Vakuumsinterung wirken infolge der weitgehenden Entfernung von Gasen, Oxyden und sonstigen flüchtigen Verunreinigungen kornwachstumsfördernd.

Alle Erörterungen über die Gefügeausbildung gesinterter Metalle, insbesondere über das bei ihnen charakteristische Kornwachstum, laufen mehr oder weniger auf die Entscheidung der Frage hinaus: **Ist das Kornwachstum bei Sintermetallen eine Rekristallisationserscheinung und damit in Übereinstimmung mit gleichartigen Vorgängen bei geschmolzenen unverformten bzw. verformten Metallen oder nicht?**

F. Sauerwald spricht sich dahin aus, daß die Erscheinung keine Rekristallisation, sondern im wesentlichen eine Sammelkristallisation darstellt, obwohl unter gewissen Voraussetzungen — Kaltverformung der Pulverteilchen, feinste instabile Pulver wie im Falle der Karbonylmetalle — nebenbei Rekristallisationsvorgänge innerhalb der einzelnen Pulverteilchen stattfinden können. Die von F. Sauerwald als Sammelkristallisation bezeichnete Gefügeänderung wird nach neueren Definitionen, auf die weiter unten näher eingegangen wird, Sammel**re**kristallisation genannt. Legt man den neueren Begriff den Sauerwaldschen Ergebnissen zugrunde, so befinden sie sich in vollster Übereinstimmung mit den von anderer Seite geäußerten Anschauungen. W. Trzebiatowski glaubt an einen maßgeblichen Einfluß von Verformungs- und damit von Rekristallisationserscheinungen. Auch W. Eilender und R. Schwalbe halten die Kristallisation in Sintermetallen in Übereinstimmung mit den neueren Anschauungen über die Rekristallisation für eine Sammel**re**kristallisation. Die Preßdruckunabhängigkeit des Beginns des Kornwachstums ist nach ihnen dadurch zu erklären, daß bei synthetischen Körpern mit steigendem Preßdruck gleichzeitig eine starke Verdichtung des Werkstoffes bewirkt wird. Hierdurch würde ein großer Teil der Preßenergie aufgenommen, so daß der Verformungsgrad zunächst mit steigendem Preßdruck nicht in dem Maße zunimmt, wie dies bei regulinischem Werkstoff der Fall sein würde. C. G. Goetzel spricht ebenfalls bei Erläuterungen des Gefüges von Kupfersinterkörpern von „Rekristallisation", die nach seiner Auffassung die Kristallisation und das Kornwachstum umfaßt. Auch W. Dawihl hält einen Zusammenhang zwischen dem Kornwachstum und einer Verformung der Körner — zumindest einer oberflächlichen — für sehr wahrscheinlich.

### Das Sintern. — Vorgänge in Einstoffsystemen.

Die Verfasser sind der Überzeugung, daß man alle Erscheinungen, die mit der Gefügeausbildung in Sintermetallen zusammenhängen, als **Rekristallisationserscheinungen**, wie sie in geschmolzenen Metallen auftreten, deuten kann, wenn man nur den Begriff der Rekristallisation in seiner allgemeinen, neueren Bedeutung zugrunde legt. Um diese Entscheidung zu begründen, ist es angebracht, die Grundanschauungen, die heute für die Rekristallisation in geschmolzenen Metallen bestehen, kurz zu erläutern (18, 19). Durch plastische Verformung in der Kälte verfestigte Metalle befinden sich in einem Zwangszustand, der einem höheren Energiegehalt als dem der weichen Metalle entspricht und thermodynamisch unbeständig ist. Wird ein durch plastische Verformung „beschädigtes" (unbeständiges) Gefüge durch ein anderes, ganz oder beinahe ganz unbeschädigtes ersetzt, so wird diese Gefügeneubildung als „Rekristallisation" bezeichnet. Man nimmt an, daß im Innern oder an den Grenzen der ursprünglichen Kristallite, jedenfalls vorwiegend an den unbeständigsten Stellen, die bei der Kaltreckung die stärkste „Schädigung" erlitten haben, kleine neue Kristallite entstehen, die auf Kosten der beschädigten Umgebung wachsen. **Allgemeiner versteht man unter der Rekristallisation von verformten oder unverformten „regulinischen" Körpern (Gußproben) und beliebigen Kristallaggregaten jede Gefügeänderung, sofern dabei keine Änderungen der chemischen Zusammensetzung (Phasenumwandlungen, Modifikationsänderungen oder chemische Reaktionen) stattfinden.** Es entstehen dabei Kristallite mit bestimmten Korngrenzen oder es finden Verschiebungen von Korngrenzen statt. Mit der Neubildung des Gefüges sind seine Änderungen, die es bei höheren Temperaturen erleidet, noch nicht abgeschlossen. Es schließt sich ein Kornwachstum an, das um so ausgeprägter ist, je höher die Erhitzungstemperatur des rekristallisierten Metalls ist. Daraus ist zu folgern, daß das zunächst neu gebildete Gefüge noch immer nicht ganz stabil ist, und daß es sich deshalb unter Vergrößerung der Kristallite freiwillig in ein stabileres verwandelt. Man nimmt an, daß die neu gebildeten Kristallite noch geringe, von einem Kristalliten zum anderen sich ändernde Verspannungsreste aufweisen, und daß die damit zusammenhängenden Unterschiede der Stabilität ausreichen, um das Wachstum eines stabileren Kristalls auf Kosten der etwas weniger stabilen Nachbarn herbeizuführen. Unter den Begriff der Rekristallisation fallen also zwei nacheinander eintretende und teilweise ineinandergreifende Vorgänge, nämlich eine **Neubildung des Gefüges und ein Kornwachstum.** Die mit voraufgegangener Kaltverformung verbundene Rekristallisation wird als „**Bearbeitungsrekristallisation**", solche ohne eigentliche Kaltverformung als „**Sammelrekristallisation**" bezeichnet.

Um auf die Deutung der Kristallisationsvorgänge in synthetischen Metallkörpern zurückzukommen, so ist jedes Metallpulveragglomerat im thermodynamischen Sinne als ein höchst unbeständiges Gebilde aufzufassen. Diese Unbeständigkeit wird um so ausgeprägter sein, je feiner das Pulver ist, je größer also die Oberfläche der Pulverteilchen im Vergleich zu seinem Volumen ist. Die fast durchweg sehr unregelmäßig gestaltete Oberfläche von Pulverteilchen weist eine unübersehbare Menge von Gitterstörungen auf, insbesondere, da durch die Art der Herstellung der Pulver und ihre Vorbehandlung vor dem Sintern (Mahlen, Reiben, Stampfen, Sieben, Verpressen) zumindest oberflächliche Verformungen der Pulverteilchen und damit zusätzliche Gitterstörungen hinzukommen. Völlig im Gefügegleichgewicht befindliche Pulverteilchen gibt es praktisch nicht, obwohl kugelige Granulate diesem Zustand sehr nahekommen. Bei der Warmbehandlung wird der energiereichere, thermodynamisch höchst unbeständige Zustand der einzelnen Pulverteilchen so weit abgebaut, daß die energieärmste, beständigste Form der Kristallite — unter Umständen der unverformte Einkristall — erreicht wird. Dieser Abbau wird um so eher erfolgen, je instabiler die einzelnen Teilchen sind. Praktisch wirkt sich der skizzierte Abbau in der bei allen synthetischen Metallen eintretenden Kristallisation innerhalb der Kristallite, die schließlich zu einem Kornwachstum durch Korngrenzenverschiebungen führt, aus. Eine derartige Erscheinung fällt aber auf Grund der obigen Ausführungen unter den Begriff der Rekristallisation, vornehmlich der Sammelrekristallisation. Gerade dieser Begriff ist nicht daran gebunden, daß die Gitterstörung durch plastische Deformation hervorgerufen wurde. In geschmolzenen Metallen ist die plastische Deformation praktisch die einzige Möglichkeit, um Gitterstörungen und damit höchst instabile Schädigungsstellen hervorzurufen, weswegen bei ihnen die Bearbeitungsrekristallisation größere Bedeutung hat. Im Falle von Metallpulvern kann durch den aufgewandten Preßdruck (beispielsweise bei sehr hohen Drücken) eine zusätzliche Vermehrung der Störstellen durch Kaltverformung eintreten. Es sind aber auch ohne Druckanwendung schon genügend unbeständige Fehlstellen vorhanden, die bei der Wärmebehandlung nach einem Ausgleich streben. Gelingt es tatsächlich durch besondere Vorsichtsmaßnahmen — wie beispielsweise F. Sauerwald im Falle des sehr groben stabilen Kupfergranulatpulvers — ein von Störstellen weitgehend freies Pulver zu erzeugen, so zeigt dieses Pulver nur geringe Neigung zur Sammelrekristallisation. Daß es im Falle des von F. Sauerwald erzeugten Kupferpulvers trotzdem bei 900° zu gelegentlichem Kornwachstum kommt, ist nur so zu erklären, daß selbst diese so vorsichtig erzeugten Pulverteilchen noch gewisse Restspannungen und Gitterverzerrungen aufweisen, die durch die Sammelrekristallisation ausgeglichen werden, indem ein stabilerer Kristall auf Kosten eines etwas weniger stabilen Nachbarn gewachsen ist.

Die Rekristallisation von Sinterkörpern aus Pulvern ähnelt sehr stark dem Verhalten von elektrolytisch niedergeschlagenen Metallschichten, von Kristallaggregaten, die aus der Dampfphase abgeschieden wurden (Abscheidung von Ti, W und Zr durch Zersetzung der Chloride an glühenden W-Drähten) und schließlich von gewissen geschmolzenen unbearbeiteten Metallen. Beispielsweise konnten H. Röhrig und E. Käpernick (20, 21) beim Glühen von geschmolzenem, zunächst auf Zimmertemperatur abgekühltem Aluminium dicht unterhalb des Schmelzpunktes Kornwachstum nachweisen. Ähnliches Kornwachstum sowie Korngrenzenverschiebungen an unverformten Gußproben konnte früher schon R. Vogel (22) bei einigen Metallen, u. a. bei Nickel, nach Glühen bei 1300° unter Wasserstoff beobachten. M. Cook (23) stellte die gleiche Erscheinung bei Kadmium fest, das 1300 bis 1400 Stunden kurz unterhalb des Schmelzpunktes geglüht wurde. Neuerdings kamen W. Bulian und E. Fahrenhorst (24) zu gleichen Ergebnissen bei Magnesiumguß.

Faßt man die Ergebnisse über den Gefügebefund von Sintermetallen zusammen, so ergibt sich, daß in den Kristallaggregaten aus den thermodynamisch instabilen Pulverteilchen bei entsprechender Glühbehandlung stets Korngrenzenverschiebungen und Kornwachstumserscheinungen stattfinden, die unter den Begriff „Oberflächen- bzw. Sammelrekristallisation" fallen. Außer den stets vorhandenen inneren Spannungen der den Kristall aufbauenden Pulverteilchen ist insbesondere bei sehr hohen Preßdrücken mit zusätzlichen Gitterverzerrungen zu rechnen, die zu untergeordneter „Bearbeitungs- oder Verformungsrekristallisation" führen. Bei den meisten Sinterwerkstoffen begünstigen chemische Reaktionen unter Mitwirkung der Sinteratmosphäre ein stärkeres Kornwachstum bei der Rekristallisation.

c) **Die Härte.** Der Verlauf der Brinellhärte in Abhängigkeit von der Sintertemperatur wird durch die Abb. 67 und 68 veranschaulicht. Abb. 67 enthält Versuchsergebnisse von W. Trzebiatowski (9) und R. Kieffer und W. Hotop an verschieden hoch gepreßten Kupferkörpern, während Abb. 68 die Versuchsergebnisse von G. Grube und H. Schlecht (8) an Karbonylnickelpulver wiedergibt. Auf die bemerkenswert hohe Härte mit hohem Druck hergestellter Preßlinge bildsamer Metalle, beispielsweise von Kupfer, wurde schon früher hingewiesen. Bei niedrigeren Preßdrücken nimmt die Härte mit steigender Sintertemperatur zu [vgl. Abb. 67 (2)]; bei mittleren und hohen Drücken

**114**  Die wissenschaftlichen Grundlagen der Pulvermetallurgie.

macht sich mit zunehmender Sintertemperatur zunächst ein deutlicher Härteabfall bemerkbar, der bei dem bildsamen Metall Kupfer ausgeprägter ist als bei Nickel. Die stetige Härtezunahme schwach gepreßter Sinterkörper läßt sich zwanglos als Folge verstärkten Zusammensinterns erklären, das zu einer erheblichen Dichtesteigerung führt. Das verstärkte Zusammensintern beruht auf dem mit steigender Tem-

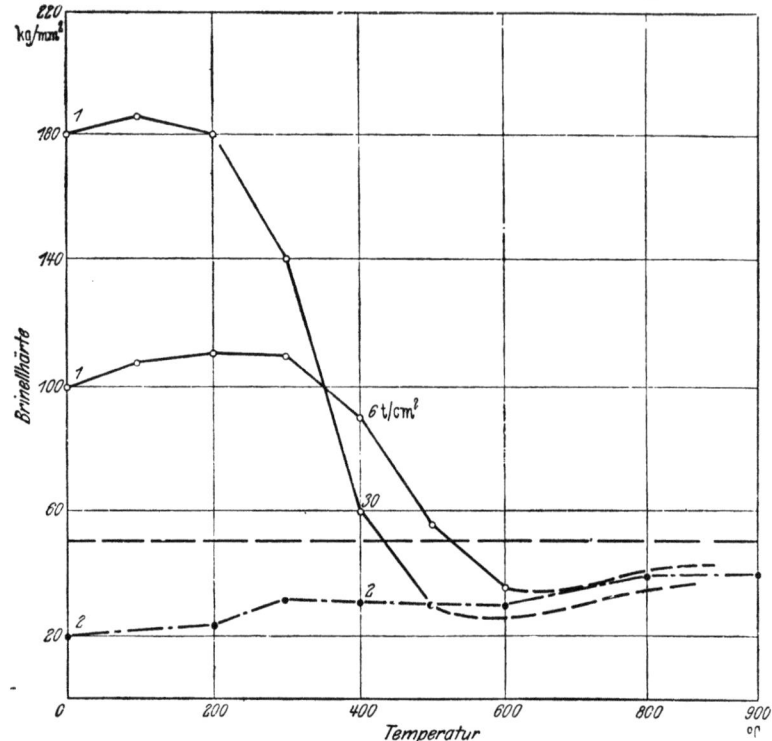

Abb. 67. Brinellhärte von verschieden hoch gepreßten Kupfersinterkörpern in Abhängigkeit von der Sintertemperatur nach Untersuchungen von W Trzebiatowski (1) und R. Kieffer und W. Hotop (2).
Gestrichelte Gerade: Härte des weichgeglühten, geschmolzenen Kupfers.

peratur zunehmenden Wirksamwerden der Anziehungskräfte und auf Kristallisationserscheinungen. Die bei sehr hohen Temperaturen zu beobachtende Härte kann bei chemisch reinen Metallpulvern natürlich diejenige des weichgeglühten, regulinischen Metalls nicht übersteigen. Sie wird meistens tiefer liegen, und zwar einmal wegen der noch verbleibenden Porosität, zum anderen infolge verstärkten Kornwachstums bei höheren Temperaturen. Der Härteabfall hochgepreßter Sinterkörper ist zweifellos als eine Erholungserscheinung infolge der beim Pressen stattgefundenen Kaltverformung aufzufassen. Darüber hinaus dürfte, zumindest im Falle des Kupfers, der starke Härteabfall mit dem parallel gehenden Dichteabfall hochgepreßter Kupferkörper zusammenhängen, der durch die Abgabe von Gasen bedingt ist.

Schematisch dürften sich die Versuchsergebnisse der verschiedensten Forscher über die Abhängigkeit der Härte von der Sintertemperatur für niedrige, mittlere und hohe Preßdrücke durch die drei Kurven in Abb. 69 am besten wiedergeben lassen. Die Kurven lassen sich auf wenig bildsame Metalle wie Wolfram und praktisch unbildsame Metallverbindungen wie die Karbide hochschmelzender Metalle nicht übertragen. Bei ihnen dürfte der Preßdruck nur sehr geringe oder keine Kaltverformung der Einzelkörner hervorrufen können, so daß der Härteabfall im Gebiet niedriger Glühtemperaturen nicht zu beobachten sein dürfte (7).

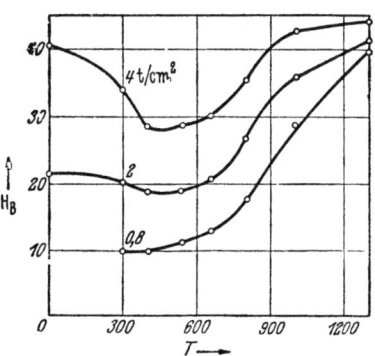

Abb. 68. Brinellhärte von verschieden hoch gepreßtem Karbonylnickelpulver in Abhängigkeit von der Sintertemperatur nach zweistündigem Glühen unter Wasserstoff (G. Grube und H. Schlecht).

Über den Einfluß der Sinterzeit auf die Härte liegen nur wenig Angaben in der Literatur vor. Man kann aber indirekt aus der Dichteabhängigkeit von der Sinterzeit auf den Verlauf der Härte, nämlich auf eine geringfügige Härtezunahme schließen. Diese Vermutung wird durch Beobachtungen von C. G. Goetzel (17) bestätigt, der eine Härtezunahme von 38 kg/mm² auf 44 kg/mm² an Elektrolytkupferpulver im Verlauf einer sechzehnstündigen Sinterung feststellte (Preßdruck 4 t/cm²; Sintertemperatur 750°).

Über den Einfluß der Korngröße auf die bei Sinterkörpern auftretende Härte liegen verschiedene Veröffentlichungen vor

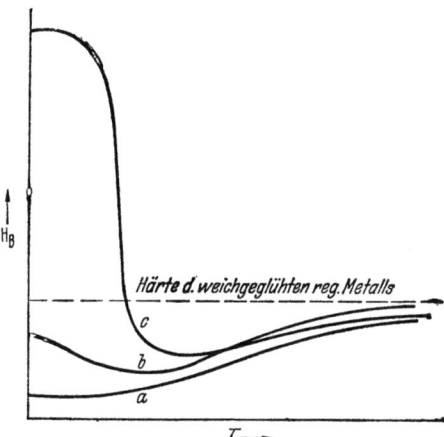

Abb. 69. Brinellhärte von verschieden hoch gepreßten Sinterkörpern bildsamer Metalle in Abhängigkeit von der Sintertemperatur im Vergleich mit der Härte des geglühten regulinischen Metalls; schematisch.
a geringer Preßdruck (etwa 2 t/cm²), b mittlerer Preßdruck (etwa 6 bis 8 t/cm²), c sehr hoher Preßdruck (etwa 20 bis 30 t/cm²).

(1, 25, 26). Da feinkörnige Pulver bei gleichem Preßdruck, gleicher Sintertemperatur und gleicher Sinterzeit zu höherer Dichte führen (vgl. Abb. 57, Seite 97), ergibt sich als selbstverständliche Folgerung für die Härteabhängigkeit von der Korngröße eine der Abb. 57 entsprechende Darstellung (vgl. Abb. 108, Seite 191).

**d) Mechanische Eigenschaften (Zugfestigkeit und Dehnung).** Zur Ermittlung der Zugfestigkeit und Dehnung von Sintermetallen empfiehlt sich die Verwendung eines Zerreißstabes, wie er kürzlich von W. Eilender und R. Schwalbe (1) vorgeschlagen wurde (Abb. 70). Die Gründe, die die Benutzung einer besonderen Zerreißstabform für Festigkeitsmessungen an Sintermetallen ratsam erscheinen lassen, wurden schon auf Seite 71 näher erläutert.

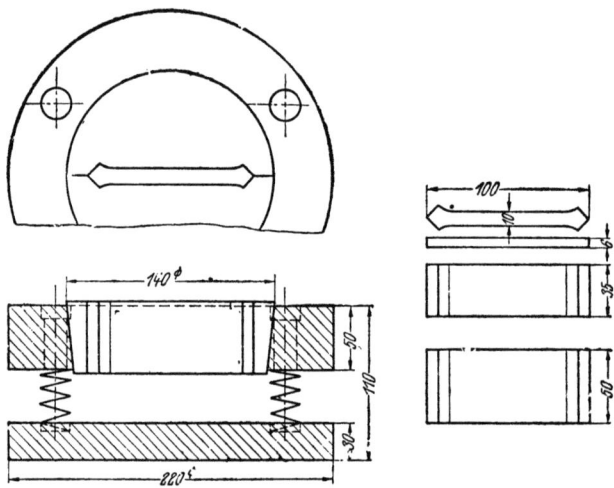

Abb. 70. Flachzerreißstab und entsprechende Preßform (W. Ellender und R. Schwalbe).

Zur Verschaffung eines allgemeinen Überblickes über die Vielzahl der Festigkeitsuntersuchungen von Sinterkörpern mögen die Abb. 71 u. 72 dienen. Abb. 71 zeigt Versuchsergebnisse von G. Grube und H. Schlecht (8), die Karbonylnickelpulver mit verschieden hohen Drücken (0,8 bis 4 t/cm²) preßten und bei Temperaturen zwischen 300 und 1300° unter Wasserstoff 2 Stunden lang sinterten. Die Angaben von G. Grube und H. Schlecht sind durch eigene Befunde an mit 10 t/cm² gepreßtem Karbonylnickelpulver ergänzt worden. Abb. 72 enthält die Ergebnisse der Zugfestigkeits- und Dehnungsmessungen an Sinterkörpern aus technischem Eisenpulver nach W. Eilender und R. Schwalbe (1). Die Versuchsstäbe wurden mit einem Druck von 6 t/cm² hergestellt und eine halbe Stunde lang unter Wasserstoff gesintert. Zur Verwendung kam durch mechanische Zerkleinerung gewonnenes technisches Eisenpulver mit einer Korngröße von 0,075 bis 0,1 mm. Betrachtet man die beiden Abbildungen nacheinander, so ist folgendes festzustellen: Im Falle des Karbonylnickelpulvers treten namentlich

Das Sintern. — Vorgänge in Einstoffsystemen.

bei höheren Preßdrücken zwei Temperaturgebiete auf, bei denen mit steigender Glühtemperatur die Zugfestigkeit stark zunimmt, und zwar zwischen 300 und 500°, sowie oberhalb 650°. Im unteren Temperaturgebiet dürfte ein erstes stärkeres Zusammenbacken der Pulverteilchen und damit eine Festigkeitssteigerung dadurch erfolgen, daß die Sinterkräfte wegen der Abnahme der entgegenstehenden Kräfte (Verschwinden von Oxydhäuten, Abdiffundieren von gelösten oder eingeschlossenen Gasen) zunehmen. Im oberen Temperaturgebiet dürfte verstärkte Sinterung durch die dort einsetzenden Kristallisationsvorgänge, über die im vorigen Abschnitt ausführlich berichtet wurde, stattfinden. Daß Anwendung höheren Preßdruckes von vornherein zu höheren Festigkeitswerten führt, und daß diese Unterschiede mit steigender Temperatur weiterhin bestehen bleiben, dürfte auf Grund der früher erörterten Wirkung des Preßdrucks ohne weiteres verständlich sein.

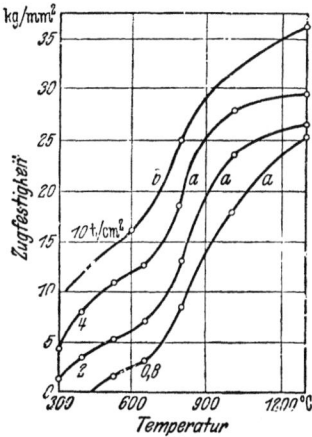

Abb. 71. Zugfestigkeit von verschieden hoch gepreßtem Karbonylnickelpulver in Abhängigkeit von der Sintertemperatur nach zweistündigem Glühen [G. Grube und H. Schlecht (a); R. Kieffer und W. Hotop (b)].

In Abb. 72 beobachtet man grundsätzlich den gleichen Kurvenverlauf. Auch hier ist die Festigkeitssteigerung bei tieferen Temperaturen durch das stärkere Wirksamwerden der Anziehungskräfte bedingt, während bei höheren Temperaturen, etwa von 600° an, für die Verfestigung vornehmlich Kristallisationserscheinungen verantwortlich gemacht werden müssen. Interessant ist beim Eisen ein vorübergehendes Absinken der Festigkeits- und Dehnungswerte im Bereich zwischen 800 und 1000°. Nach Angaben von W. Eilender und R. Schwalbe (1) findet man grundsätzlich den gleichen Kurvenverlauf auch für noch gröbere Eisenpulver. F. Sauerwald und E. Jaenichen (13f) erhielten auch für sehr feinkörniges

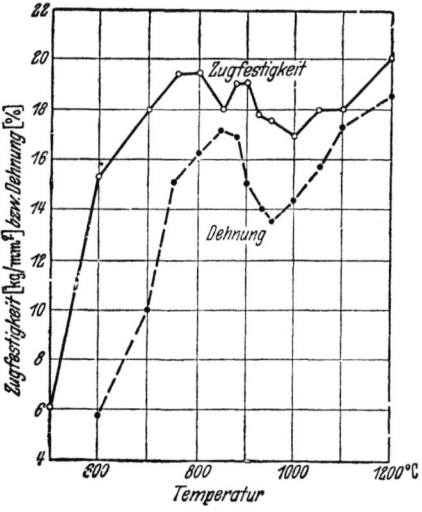

Abb. 72. Einfluß der Sintertemperatur auf die Zugfestigkeit und Dehnung von technischem Eisenpulver (Preßdruck 6 t/cm²) (W. Eilender und R. Schwalbe).

Eisenpulver (Reduktionspulver) keine wesentlich abweichenden Ergebnisse. Daraus folgt, daß die Korngröße des Ausgangspulvers auf die Charakteristik der Festigkeits-Temperaturkurve keinen Einfluß nimmt. Von F. Sauerwald und E. Jaenichen (13f) wurde der um 800° herum auftretende Festigkeitsabfall mit der $\alpha$-$\gamma$-Umwandlung des Eisens in Zusammenhang gebracht. Es wurde angegeben, daß die bei der Umwandlung auftretende Zusammenziehung und außerdem die damit verbundene Atomumgruppierung selbst zunächst zu einer Abnahme der Sinterkräfte führe, die erst bei höheren Temperaturen wieder ausgeglichen werde. Den Kristallisationsvorgängen wird dagegen für die Temperaturabhängigkeit der Verfestigung nur sekundäre Bedeutung beigemessen. Demgegenüber weisen W. Eilender und R. Schwalbe (1) darauf hin, daß die Kristallisationsvorgänge die Verfestigung maßgeblich beeinflussen. Beim Vergleich des Gefüges mit der Festigkeit (die Gefüge von Eisensinterkörpern bei verschieden hohen Sintertemperaturen wurden in Abb. 61 bis 63, Seite 104 u. 105 gezeigt) stellt man fest, daß mit dem Fortschreiten der Ausbildung eines gleichmäßigen Ferritgefüges gleichzeitig die Festigkeit stark ansteigt, bis im Temperaturbereich des verstärkten Kornwachstums auch der Festigkeitsabfall eintritt. Da dieser Festigkeitsabfall nach den Beobachtungen von W. Eilender und R. Schwalbe (1) stets schon unterhalb der Temperatur der $\alpha$-$\gamma$-Umwandlung auftritt, dürfte zu seiner Erklärung weniger die Umwandlung des Eisens als vielmehr das verstärkte Kornwachstum in Betracht zu ziehen sein. Das Wiederanwachsen der Festigkeit bei höheren Glühtemperaturen läßt sich ohne weiteres durch den erzielten größeren Kristallzusammenhang erklären. Zweifellos besteht die Anschauung von W. D. Jones (27), daß die zunehmende Verfestigung von Sinterkörpern mit höherer Sintertemperatur maßgeblich auf der Abnahme der der Sinterung entgegenstehenden Kräfte mit der Temperatur beruht, zu Recht. Darüber hinaus muß man aber mit W. Eilender und R. Schwalbe für die Verfestigung in vielleicht sogar noch entscheidenderem Maße die mit steigender Temperatur wesentlich günstiger werdenden Vorbedingungen für das Eintreten von Kristallisationen verantwortlich machen.

In Übereinstimmung mit den Ergebnissen von G. Grube und H. Schlecht einerseits und W. Eilender und R. Schwalbe andererseits stehen unter anderem zahlreiche Untersuchungsbefunde von F. Sauerwald und Mitarbeitern an Eisen-, Nickel- und vornehmlich an Kupferpulver. Ein im Falle des Kupferpulvers bei höheren Temperaturen zu beobachtendes Festigkeitsmaximum, oberhalb dessen die Festigkeit wieder etwas abfällt, scheint mit dem verstärkten Kornwachstum bei den höheren Sintertemperaturen zusammenzuhängen.

Auf Grund sämtlicher bekannt gewordener Einzeluntersuchungen dürften die in Abb. 73 dargestellten Kurven den Festigkeits- und Dehnungsverlauf in Abhängigkeit von der Sintertemperatur schematisch treffend wiedergeben. Die Kurven beziehen sich auf einen mittleren Preßdruck von etwa 3 bis 4 t/cm². Höhere Preßdrücke verlagern die beiden Kurven nach oben, geringere zu entsprechenden tieferen Werten.

Über den Einfluß der Sinterzeit auf die Festigkeitswerte liegen nur wenige Unterlagen vor. Die von W. Eilender und R. Schwalbe (1) an Sintereisen beobachteten Beziehungen zwischen der Sinterzeit und der Zugfestigkeit und Dehnung (Abb. 74) dürften sich aber im wesentlichen auf alle anderen Sintermetalle übertragen lassen. Es handelt sich hier um Ergebnisse an mit 6 t/cm² gepreßtem

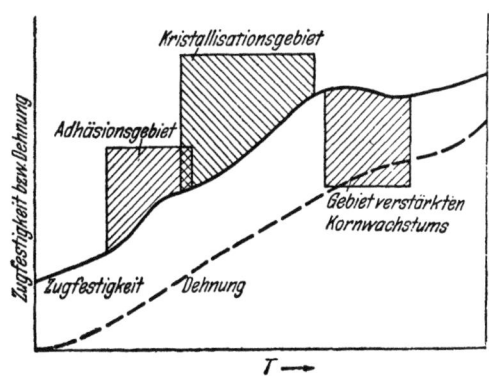

Abb. 73. Einfluß der Sintertemperatur auf Zugfestigkeit und Dehnung von Sinterkörpern: schematisch.

Eisenpulver (Korngröße 0,075 bis 0,1 mm), das verschieden lange bei 800° geglüht wurde. Die Zugfestigkeit nimmt zunächst bis zu einer Glühzeit von einer Stunde rasch zu und bleibt bei weiterer Steigerung der Glühzeit annähernd gleich. Die Kurve für die Dehnung verläuft ähnlich, nur ist bei 480 Minuten Glühzeit ein Höchstwert noch nicht erreicht. Lange Glühzeiten bringen demnach keine weitere Festigkeitssteigerung, wohl aber eine nicht unwesentliche Verbesserung der Dehnung.

Die Korngröße wirkt sich auf die Zugfestigkeit und Dehnung grundsätzlich in der gleichen Weise aus, wie sie das auf die Dichte und Härte tut. Die sche-

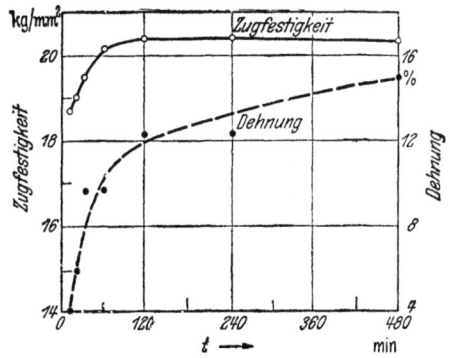

Abb. 74. Zugfestigkeit und Dehnung von Sintereisen in Abhängigkeit von der Sinterzeit (W. Eilender und R. Schwalbe).

matische Darstellung gemäß Abb. 57, Seite 97, gilt also auch für die Zugfestigkeit und Dehnung. Zur Bestätigung sei unter anderem auf Untersuchungsergebnisse von W. Eilender und R. Schwalbe (1) hingewiesen.

Außer der Zugfestigkeit und Dehnung sind in neuerer Zeit gelegentlich noch die Streckgrenze, die Einschnürung (1), die Kerbschlagzähigkeit, die Druckfestigkeit und die Dauerfestigkeit (17) festgestellt worden Da diese Eigenschaften aber keine grundsätzlich neuen Gesichtspunkte für die Deutung des Sintervorganges ergeben, kann auf ihre Besprechung in diesem Rahmen verzichtet werden.

e) **Elektrische Leitfähigkeit.** Bei der Besprechung der Vorgänge beim Pressen wurde die Änderung der spezifischen Leitfähigkeit bzw. des spezifischen elektrischen Widerstandes besonders ausführlich behandelt, weil diese Eigenschaft auf die Sinterungs- bzw. Verfestigungsvorgänge sehr empfindlich anspricht. Auch die Widerstandsänderung im Verlauf der Wärmebehandlung von Sinterkörpern wurde schon frühzeitig von verschiedensten Seiten untersucht (8, 13j, 28). Als besonders typisch seien die Untersuchungsergebnisse von G. Grube und H. Schlecht (8) näher behandelt. In Abb. 75 ist der spezifische elektrische Widerstand von verschieden hoch gepreßtem Karbonylnickelpulver nach zweistündigem Sintern bei verschiedenen Temperaturen dargestellt. Die Widerstandsmessungen wurden nach dem Abkühlen der Proben bei Zimmertemperatur ausgeführt. Der elektrische Widerstand fällt mit steigender Sintertemperatur zunächst stärker und bei höheren Temperaturen langsamer. Im übrigen liegt bei niedriger Temperatur der Widerstand um so höher, je niedriger der Preßdruck bei der Herstellung der Probe war. Der Kurvenverlauf steht in voller Übereinstimmung mit den Erwartungen. Die Erklärung von G. Grube und H. Schlecht dürfte den Sachverhalt richtig wiedergeben. Danach setzt sich der Gesamtwiderstand eines Sintermetallkörpers aus den eigenen Widerständen der Kristallite und den Kontaktwiderständen zwischen den einzelnen Kristalliten zusammen. Da die Pulverteilchen von einer absorbierten Gasschicht umgeben sind, sind die Kontaktwiderstände sehr groß so daß also auch der Gesamtwiderstand eines gepreßten Metallpulvers sehr groß ist. Erhöhter Preßdruck bewirkt größere Annäherung der Teilchen, verstärkte Berührungsflächen, z. T. durch Abrieb der isolierenden Oberflächenhäute, und dadurch Verringerung des Gesamtwiderstandes. Mit zunehmender Temperatur beginnen die absorbierten Gase abzudiffundieren, was ein starkes Absinken des elektrischen Widerstandes, also eine Zunahme der Leitfähigkeit zur Folge hat. Im weiteren Verlauf der

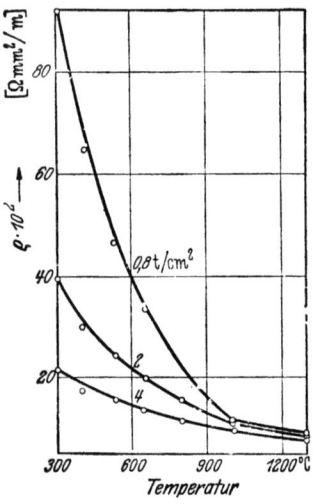

Abb. 75. Spezifischer elektrischer Widerstand von verschieden hoch gepreßtem Karbonylnickelpulver in Abhängigkeit von der Sintertemperatur nach zweistündigem Glühen (G. Grube und H. Schlecht).

Sinterung bilden sich infolge eintretender Kristallisationen verbesserte Strombrücken.

Um den Einfluß festzustellen, den an der Oberfläche der Teilchen absorbierte Gasschichten und Oxydhäute auf den elektrischen Widerstand der Preßkörper ausüben, wurden von G. Grube und H. Schlecht darüber hinaus Temperatur-Widerstands-Kurven von gepreßtem Karbonylnickelpulver aufgenommen. Ihre Ergebnisse, die in Abb. 76 dargestellt sind, stehen in guter Übereinstimmung mit entsprechenden Befunden von W. Trzebiatowski (24) bei Kupfer und Gold. Wie man sieht, nimmt der Widerstand zunächst mit einem auffallend großen Temperaturkoeffizienten zu, und zwar am meisten bei der im Hochvakuum gemessenen Probe III. Diese Zunahme hat nach G. Grube und H. Schlecht ihre Ursache in der Erhöhung der durch die Gasschichten bewirkten Übergangswiderstände an den Korngrenzen, die natürlich im Hochvakuum am größten werden. Der dann erfolgende starke Abfall des Widerstandes beruht auf dem Entweichen des absorbierten Gases. Nachdem das Gas abgegeben ist, zeigt nunmehr der Widerstand einen normalen Anstieg.

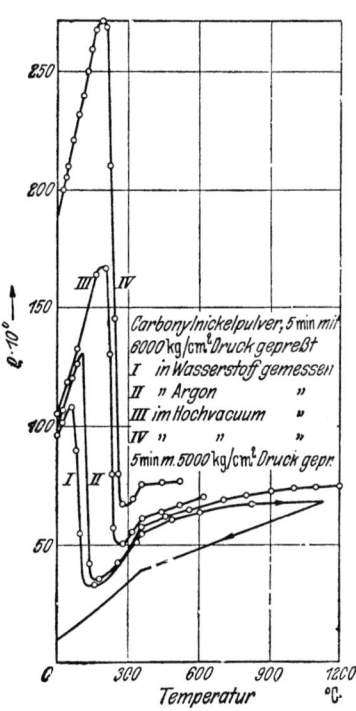

Abb. 76. Widerstandstemperaturkurven von gepreßtem Karbonylnickelpulver (G. Grube und H. Schlecht).

Das allmähliche Flachwerden der Kurven von etwa 600° ab hängt mit dem Beginn der verstärkten Sinterung, hervorgerufen durch die schon erwähnten Kristallisationsvorgänge, zusammen. Die Kurve $I$ wurde auch von 1140° abwärts gemessen, und man sieht, daß nunmehr die Temperatur-Widerstands-Kurve den normalen Verlauf des kompakten Nickels zeigt. Der an sämtlichen Kurven beobachtete Knick bei etwa 360° hängt mit der Curie-Temperatur des Nickels zusammen.

## B. Vorgänge in Mehrstoffsystemen.

Bei der Herstellung von Legierungen auf dem Schmelzwege kommen nur solche Systeme in Frage, deren Komponenten zumindest im flüssigen Zustand ineinander löslich sind, da man ja stets über den flüssigen Zustand zu der betreffenden Fertiglegierung gelangt. Im Gegensatz dazu kann man auf pulvermetallurgischem Wege praktisch jede beliebige Kombination verschiedener Stoffe herstellen, unabhängig von den gegenseitigen Löslichkeitsverhältnissen im flüssigen oder festen Zustand und unabängig vom Charakter der Ausgangsstoffe. Ob man verschiedene Metalle mit Metalloiden oder Metalle mit Metallverbindungen (Oxyden, Karbiden) miteinander kombinieren will, ist völlig belanglos. Grundsätzlich ist jede gewünschte Zusammenstellung in jedem gewünschten Verhältnis möglich.

Eine andere Frage ist es allerdings, ob sich die an Einstoffsystemen ermittelten Gesetzmäßigkeiten über die Vorgänge beim Pressen und Sintern und die erreichten physikalischen und mechanischen Eigenschaften auch auf Mehrstoffsysteme übertragen lassen. Zur Beantwortung dieser Frage nimmt man zweckmäßigerweise eine Unterteilung der Systeme vor, und zwar derart, daß man diejenigen Systeme, deren **Sinterung ohne Anwesenheit einer flüssigen Phase verläuft**, und diejenigen, bei denen **während der Sinterung vorübergehend oder dauernd ein mehr oder weniger großer Anteil in flüssiger Form vorliegt**, getrennt betrachtet.

### 1. Mehrstoffsysteme, die ohne Anwesenheit flüssiger Phase gesintert werden.

Sind die Schmelzpunkte der Komponenten nicht sehr verschieden, wie beispielsweise im Falle der Systeme Eisen-Nickel, Eisen-Kobalt, Eisen-Kobalt-Nickel usw., so wird die Sintertemperatur zweckmäßig stets unterhalb des Schmelzpunktes jeder der Einzelkomponenten liegen. Ob sich auf derartige Systeme die oben für Einstoffsysteme entwickelten Anschauungen über das Pressen und Sintern praktisch unverändert übertragen lassen, richtet sich nach dem Zustandsbild der Legierungspartner. Zu unterscheiden sind zwei Gruppen:

**Unmischbarkeit der Komponenten im flüssigen und festen Zustande** oder zumindest im festen Zustand (Bildung eines Eutektikums) einerseits, **Mischkristall- und Verbindungsbildung** andererseits. Bei Systemen der ersten Gruppe bleiben zweifellos die für Einstoffsysteme entwickelten Gedankengänge bestehen, so lange man gemäß der Voraussetzung eingangs dieses Abschnittes während der Sinterung keine flüssige Phase zuläßt, also bei einer Temperatur unterhalb der eutektischen sintert. Die Anziehungskräfte zwischen den Oberflächen zweier verschiedener Metalle sind kaum verschieden von denen zwischen einheitlichen Metallpulvern, und zwar deswegen, weil die Adhäsion ein Vorgang wesentlich physikalischer Natur ist, bei der die chemische Affinität keine Rolle spielt. Die bei höherer Temperatur einsetzenden Kristallisationsvorgänge werden sich allerdings stets im Bereiche jeder einzelnen Komponente abspielen. Gegenüber den Ein-

Das Sintern. — Vorgänge in Mehrstoffsystemen. 123

stoffsystemen ergeben sich eventuell dadurch andere Verhältnisse, als sich die verschiedenen Komponenten bei der Kristallisation gegenseitig behindern können. Diese gegenseitige Behinderung nutzt man übrigens gelegentlich bewußt aus, beispielsweise im Falle des Wolframs, wo man durch gewisse oxydische Zusätze ($ThO_2$, $CaO$ usw.) die Grobkornbildung einschränkt. Als Beispiel dieses ersten, soeben besprochenen Typs von Mehrstoffsystemen sei eine Reihe von praktisch wichtigen Systemen angeführt: Wolfram-Kupfer, Wolfram-Silber, Molybdän-Silber, Eisen-Silber, Eisen-Kupfer, Kupfer-Graphit, Silber-Graphit usw. Es sei dabei als selbstverständlich vorausgesetzt, daß man von den Pulvermischungen der Einzelkomponenten ausgeht und bei der Sinterung unterhalb des Schmelzpunktes der niedrigstschmelzenden Komponente bleibt. Von den angeführten Beispielen seien die Systeme Eisen-Silber und Eisen-Kupfer etwas näher besprochen. Obwohl Eisen und Silber weder im geschmolzenen noch im festen Zustand miteinander mischbar sind, ist es ohne weiteres auf pulvermetallurgischem Wege möglich, Eisen-Silber-Legierungen mit beachtlicher Festigkeit zu erzielen, wie von G. J. Comstock gezeigt werden konnte (29). Die Festigkeit und Härte derartiger Legierungen ergibt sich nach der Mischungsregel, wenn man durch Warmschmieden nach der Sinterung praktische Porenfreiheit herbeiführt. F. Sauerwald und E. Jaenichen (13f) untersuchten Sinterkörper aus Mischungen von Eisen-Kupferpulver, die unterhalb des Kupferschmelzpunktes gesintert wurden. Die Größenordnung der erhaltenen Festigkeits- und Dichtewerte wich nicht von der reinen Metalle ab. Im übrigen sei bezüglich der Eigenschaften von Sinterlegierungen des ersten Typs auf die im speziellen Teil besprochenen Kupfer-Wolfram-Legierungen verwiesen, die als Kontaktbaustoffe technische Anwendung finden. Härte und Dichte derartiger Legierungen ergeben sich nach der Mischungsregel (vgl. Abb. 203 u. 204, Seite 324 u. 325).

Bilden die Komponenten gemäß der oben durchgeführten Gruppeneinteilung im festen Zustand Mischkristalle oder Verbindungen, so überlagern sich gegebenenfalls den für Einstoffsyteme skizzierten Gesetzmäßigkeiten in der Mehrzahl der Fälle noch Erscheinungen, die mit der Mischkristall- und Verbindungsbildung zusammenhängen. Für sie ist das Diffusionsvermögen der Legierungspartner in die vorhandenen und entstehenden Phasen maßgebend. Wie schon im Kapitel 2 (Seite 19) erwähnt, ist es nach dem DPG-Verfahren möglich, Legierungspulver praktisch jeder Kombination herzustellen. Geht man von Pulvern aus, deren Einzelteilchen aus der fertigen Legierung bestehen, so hat man es allerdings auch in diesem Fall praktisch mit den gleichen Verhältnissen zu tun wie sie bei Einstoffsystemen vorliegen, und zwar deshalb, weil die Affinität der Legierungspartner schon abgesättigt ist. Es muß jedoch beachtet werden, daß die betreffenden Mischkristall- und Verbindungspulverteilchen viel schwerer verformbar sind (unplastisches, sprödes Pulver!), und daß sie schwerer kristallisieren und rekristallisieren als die reinen Metalle. Als Beweis für die schwerere Kristallisation von Mischkristallpulver können Befunde von S. Cassirer-Bánó und J. A. Hedvall (30) an gesinterten Kobalt-Nickel-Legierungen gelten, die einerseits aus Oxydmischkristallen und andererseits aus Oxydgemengen hergestellt wurden. Werden statt der fertigen Legierungspulver die reinen Komponenten oder sonst noch nicht im Gleichgewicht befindliche Phasen in Pulverform miteinander gemischt, gepreßt und gesintert, so kommt es nach der während der Sinterung erreichten Verfestigung infolge Diffusion zwischen den verschiedenen Metallen gegebenenfalls zu einer Veränderung der physikalischen Eigenschaften. Da der Grad der Diffusion maßgeblich durch Faktoren wie Sintertemperatur, Sinterzeit sowie Korngröße des Pulvers beeinflußt wird, hängen auch die physikalischen Eigenschaften derartiger Mehrstoffkörper von den gleichen Faktoren in starkem Maße ab. Wenn die Eigenschaften von lediglich gesinterten Mischkristallsystemen trotzdem nur unwesentlich von denjenigen der reinen Komponenten abweichen, wie von F. Sauerwald und E. Jaenichen (13f) für den Fall niedrig gesinterter Eisen-Nickel-Legierungen nachgewiesen wurde, so ist das häufig einerseits auf den unvollständigen Grad der Diffusion und andererseits auf die verbleibende Porosität zurückzuführen.

Interessant ist, daß die Bildung von echten Legierungen durch Diffusion von Metallpulvern zum ersten Male die Aufmerksamkeit auf die Pulvermetallurgie lenkte. Erwähnt seien die Arbeiten von M. Faraday und Stodart (31), W. Spring (32), W. Hallock (33) und schließlich von G. Masing (34). In diesen Arbeiten werden Legierungen aus Pulvern leichtschmelzender Metalle durch Anwendung von Wärme und Druck bei Temperaturen hergestellt, die unter dem Schmelzpunkt der die Legierungen bildenden Metalle liegen. W. Hallock wandte übrigens keinen nennenswerten Druck an und kam trotzdem zu Legierungen aus Kadmium-Zinn-Blei-Wismut (Woodsche Legierung) bei 100°, einem Zinn-Blei-Eutektikum bei 190° und einer Kalium-Natrium-Legierung bei Zimmertemperatur. G. Masing konnte Diffusion zwischen den einzelnen Pulvern dann einwandfrei feststellen, wenn man die Preßkörper erhitzte. Bei genügend langer Sinterzeit wurden Legierungen erhalten, welche Eigenschaften ähnlich denen der gleichen geschmolzenen Legierungen aufweisen. Diese Befunde wurden sowohl in Systemen mit Verbindungs- als auch in solchen mit reiner Mischkristallbildung gemacht. Die in der Folgezeit über die Diffusion von Metallen im festen Zustand gemachten Beobachtungen sind so zahlreich, daß auf sie nicht näher eingegangen werden kann. Es sei auf die kürzlich erschienene Einzeldarstellung von W. Seith (35) verwiesen. Die dort größtenteils für die

Diffusion kompakter Metalle gemachten Ausführungen lassen sich weitgehend auf die bei Metallpulvern vorliegenden Verhältnisse übertragen. Die bezüglich der Diffusion von Metallpulvern wesentlichsten Erfahrungstatsachen sollen in diesem Zusammenhang jedoch kurz festgehalten werden.

1. Inniggemischte Metallpulver diffundieren sehr viel leichter ineinander als kompakte Metalle, und zwar wird die Probe um so schneller homogen, je feiner das verwandte Pulver ist.

2. Die Diffusionsgeschwindigkeit steigt exponentiell mit der Temperatur.

3. Erleiden die verwandten Metallpulver während der Glühbehandlung Modifikationsänderungen, so können sich diese auf die Art und Weise der Diffusion auswirken.

4. Der Platzwechsel der Atome wird erklärlicherweise durch alle die Faktoren ebenfalls negativ beeinflußt, die die Anziehung behindern, wie z. B. mangelnder Kontakt der Einzelteilchen durch ungenügende Annäherung aneinander oder durch Oxyd- und Gashäute usw.

5. Die Diffusion geht wesentlich schneller vor sich, wenn geringe Mengen flüssiger Phase (z. B. Oxyde, Sulfide, Phosphide usw.) vorliegen, insbesondere, wenn die flüssige Phase vorhandene Oxydhäute und sonstige Verunreinigungen zu lösen vermag.

Im übrigen gelten für die Diffusion von Metallpulvern die gleichen Gesetze wie für die kompakten Metalle. Danach hat man sich die Diffusion so vorzustellen, daß sich die auf Grund des Zustandsbildes bei genügend hoher Temperatur zu erwartenden Gleichgewichtskristallarten zunächst in Form von Säumen bilden. Die Dicke der sich bildenden Schichten hängt natürlich von vielen Umständen ab, beispielsweise bei zwei Metallen A und B von der Glühtemperatur und Glühzeit, von der Diffusionsgeschwindigkeit der beiden Metalle A und B durch jede gebildete Schicht, von dem Mengenverhältnis der beiden Metalle und den relativen Mengen, die zur Schichtbildung benötigt werden, und schließlich davon, wie die Diffusion von A und B mit der Dicke jeder Schicht abnimmt.

In technischer Hinsicht bedeutet die gute Vermischung zweier Metallpulver durchaus eine gewisse Schwierigkeit, die man nur bis zu einem gewissen Grade meistern kann. Statt des mechanischen Gemenges der Metallpulver kann man beispielsweise von dem Gemenge der Oxydpulver ausgehen und dieses Gemenge gemeinsam reduzieren. Ein anderer Weg besteht darin, von Salzlösungen der betreffenden Metalle auszugehen, aus denen man gemeinsam die Oxyde, Karbonate, Oxalate usw. ausfällt und vor der Sinterung reduziert. Um aus den Pulvern eine homogene Legierung zu erhalten, wird man im Sinne der obigen Ausführungen bestrebt sein, die innigstgemischten, zweckmäßig naß gemahlenen

Feinstpulver möglichst hoch und lange zu sintern. Leider aber kann es dadurch zu unerwünschter Grobkornbildung kommen, die bekanntlich die mechanischen Eigenschaften des Körpers bis zu einem gewissen Grade verschlechtern kann. In der Praxis hilft man sich so, daß man die Sinterbehandlung bei nicht zu hohen Temperaturen zu wiederholten Malen durchführt und zwischendurch mehrere Male gut durchschmiedet. Bleibt die Bildung einer flüssigen Phase während der Sinterung ausgeschlossen, und muß man außerdem auf die mechanische Durcharbeitung und wiederholte Sinterung verzichten, so dürfte es praktisch ausgeschlossen sein, auf dem Sinterwege aus dem Gemisch verschiedener Pulver zu einer völlig homogenen Legierung zu gelangen, deren Eigenschaften denjenigen der geschmolzenen Legierungen entsprechen. Diese Gesichtspunkte spielen eine Rolle bei der pulvermetallurgischen Herstellung von Eisen-Nickel-Legierungen für magnetische Zwecke, von Eisen-Nickel-Kobalt-Legierungen für Glaseinschmelzungen, von Eisen-Nickel-Molybdän- und Nickel-Molybdän-Legierungen für Zwecke der Hochvakuumtechnik, bei Wolfram-Molybdän-Legierungen an Stelle von Molybdän für Haltedrähte in Lampen und Röhren und schließlich bei der Bildung von Karbidmischkristallen für Hartmetallegierungen, um aus der Fülle der Beispiele nur einige technisch bedeutsam gewordene herauszugreifen.

2. Mehrstoffsysteme, die in Gegenwart einer flüssigen Phase gesintert werden.

Eingangs des Abschnitts B war eine Unterteilung der Mehrstoffsysteme in solche, bei denen während der Sinterung keine flüssige Phase und solche, bei denen eine flüssige Phase auftritt, vorgenommen worden. Gerade die zweite Gruppe umfaßt eine Reihe besonders bemerkenswerter und technisch wichtiger Sinterwerkstoffe, nämlich die Sinterhartmetalle, das Wolfram-Kupfer-Nickel-Schwermetall, die Bronze für poröse Lager, die Sintermagnete und die Kontaktbaustoffe auf der Basis Wolfram-Kupfer, Wolfram-Silber usw. Durch das Auftreten einer flüssigen Phase während der Sinterung ergeben sich so viele beachtenswerte Gesichtspunkte für die im Verlauf der Sinterung erreichte Verfestigung und für die erzielten sonstigen Eigenschaften des Sinterkörpers, daß eine getrennte Besprechung dieser Mehrstoffsysteme durchaus berechtigt ist.

Auch bei Systemen mit flüssiger Phase entscheidet maßgeblich das Zustandsbild über den Verlauf der Sinterung. Wir nehmen zweckmäßigerweise auch hier eine Unterteilung vor, und zwar in der Weise, daß wir den nach beendeter Sinterung erreichten Zustand des Sinterkörpers: „homogen oder heterogen" als einteilendes Prinzip verwenden.

Im Falle einer homogenen Sinterlegierung kann eine flüssige Phase nur vorübergehend auftreten. Sie wird bei einer bestimmten Tem-

Das Sintern. — Vorgänge in Mehrstoffsystemen. 127

peratur gebildet und dann durch Diffusion unter Bildung fester Mischkristalle von der Grundmasse aufgenommen. Technisch wichtige Beispiele bilden die Herstellung synthetischer Bronzen für poröse Lager und von Sintermagneten auf der Grundlage Eisen-Nickel-Aluminium.

Die Herstellung synthetischer Bronze mit beispielsweise 10% Sn wird bekanntlich so vorgenommen, daß man die Metalle Kupfer und Zinn in Pulverform innig mischt, verpreßt und bei etwa 700 bis 800° in reduzierender Atmosphäre sintert. In den Preßlingen liegt der Zinnpulveranteil bei der Sinterung nach Erreichung des Zinnschmelzpunktes (232°) in flüssiger Form vor. Das flüssige Zinn füllt sehr rasch die Lücken und Spalten zwischen den Kupferteilchen aus und reagiert mit dem Kupfer, um dann unter Mischkristallbildung einzudiffundieren, so daß sich nach einer gewissen Zeit, meistens schon nach weniger als einer Stunde, eine homogene feste Mischkristallphase, und zwar α-Bronze, bildet. Schematisch kann man die Zwischenzustände, die dabei durchlaufen werden, gemäß Abb. 77 darstellen. In der genannten Abbildung ist nach F. Sauerwald (131) die Sinterung einer graphithaltigen Lagerbronze wiedergegeben.

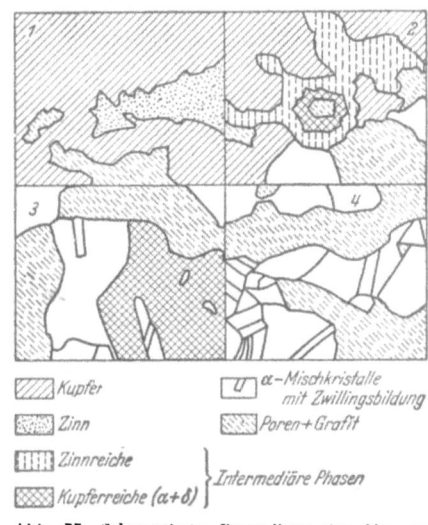

Abb 77. Schematische Darstellung des Sinterns von Kupfer-Zinn-Graphit-Lagermetall.
1 Ungesintertes Gemisch, 2 Nach 3 Minuten bei 810°, 3 Nach 15 Minuten bei 810°, 4 Nach 30 Minuten bei 810° × 400 (F. Sauerwald).

Bei der Herstellung von Sintermagneten auf der Basis Eisen-Nickel-Aluminium geht man zweckmäßigerweise von feinstem Eisen- und Nickelpulver sowie zwecks Einbringung des gewünschten Aluminiumgehaltes von dem Pulver einer Eisen-Aluminium-Vorlegierung mit etwa 50% Al aus (vgl. Seite 354). Die Sinterung des Pulvergemisches wird bei 1200 bis 1300° unter Schutzgas vorgenommen. Erreicht der Sinterkörper eine Temperatur von etwa 1150°, so schmilzt die eingebrachte Vorlegierung. Sie vermag sich rasch zwischen den Eisen- und Nickelpulverteilchen entlang den Oberflächen zu verteilen, so daß es auch hier zur chemischen Reaktion mit den festen Pulverteilchen und anschließend durch Diffusion zur Bildung einer festen, homogenen Mischkristallphase in verhältnismäßig kurzer Zeit kommt. Die Sinterung ist mit einer beachtlichen Schrumpfung verbunden, so daß derartige

Sintermagnete ohne irgendwelche Nachverdichtung eine Dichte von 97 bis 99% der theoretischen Dichte aufweisen. Sowohl für die hohe Dichte als auch für die schnelle Bildung homogener Mischkristalle ist das Auftreten einer gewissen Menge flüssiger Phase während der Sinterung verantwortlich zu machen. Sie beträgt bei der Herstellung von Sintermagneten mit beispielsweise 27% Ni, 13% Al, Rest Eisen bei 1150° zunächst rd. 26%, wenn man von einer Vorlegierung mit 50% Al ausgeht. Es versteht sich, daß bei der Sinterung in Gegenwart flüssiger Phase nur so viel Schmelze zugelassen werden darf, daß die durch den ungelösten Anteil gerüstartig bestimmte Form des Körpers nicht z. B. durch Kantenabrundung oder Erweichung beeinträchtigt wird.

Bei den bisher besprochenen Beispielen, bei denen die flüssige Phase nur vorübergehend auftritt, dürften aber zweifellos von vornherein größere Anteile an flüssiger Phase zugelassen sein als in den Fällen, wo die flüssige Phase während der ganzen Sinterdauer zugegen ist, weil ein großer Teil der Schmelze sehr schnell wegen der Bildung fester Mischkristalle aufgezehrt wird. Die große Schwindungsneigung von derartigen Körpern kann man vielleicht so erklären: Durch die flüssige Phase werden Oberflächenfilme und Oberflächenunregelmäßigkeiten weitgehend beseitigt. Das gegenseitige Ineinandergleiten der abgerundeten Pulverteilchen wird erleichtert. Die Kristallisationen werden wegen der höheren Beweglichkeit einer großen Anzahl von Atomen stark gefördert. Daneben spielt zweifellos die Oberflächenspannung der gebildeten flüssigen Phase eine entscheidende Rolle. Die Schmelze ist im Augenblick ihrer Entstehung in starkem Maße bestrebt, einen möglichst kleinen Raum einzunehmen und führt bei diesem Bestreben die umliegenden festen Pulverteilchen mit sich zu einer insgesamt dichteren Packung. Wenn man die Sinterung von Körpern mit flüssiger Phase zeitlich verfolgt, so wird man daher in dem Augenblick eine sprunghafte Zunahme des Schrumpfes feststellen, in dem sich die flüssige Phase bildet. Da sich im übrigen bei den beiden oben betrachteten Beispielen während der Sinterung ein völlig homogener, aus vielen Mischkristallindividuen bestehender Werkstoff bildet, dürfte die Sinterung im weiteren Verlauf von derjenigen der früher besprochenen Einstoffsysteme nicht weiter abweichen. Für die endgültige Festigkeit sind der hervorragende Grad der Annäherung der Einzelkristallite (praktische Porenfreiheit) sowie die im weiteren Verlauf der Sinterung noch stattfindenden Kristallisationen (verstärktes Kornwachstum usw.) verantwortlich zu machen.

Grundsätzlich andere Verhältnisse liegen aber unter allen Umständen dann vor, wenn man die Sinterung eines **heterogenen Mehrstoffsystems** betrachtet, bei dem ebenfalls im Verlauf der Sinterung eine flüssige Phase auftritt, sei es, weil der Schmelzpunkt der niedrigstschmelzenden Komponente überschritten wird, sei es, weil sich ein

Das Sintern. — Vorgänge in Mehrstoffsystemen.

niedrigschmelzendes Eutektikum bildet. Als klassische Beispiele für diesen technisch äußerst wichtigen Fall können die Sinterung des Hartmetalls und des Wolfram-Kupfer-Nickel-Schwermetalls herangezogen werden. Hier übernimmt die flüssige Phase, die in relativ kleiner Menge vorhanden ist, weitgehend die Rolle des „Binders" oder Verkittungsmittels der festbleibenden Bestandteile, die ihrerseits allein erst bei sehr hoher Temperatur und dann noch sehr unvollständig zu einem festen Körper zusammensintern würden. Wegen der technischen Wichtigkeit soll die Sinterung der beiden genannten Werkstoffe eingehender besprochen werden, und zwar diejenige des Hartmetalls am Beispiel einer Wolframkarbid-Kobalt-Legierung mit 6% Co und im Falle des Schwermetalls an einer Wolfram-Nickel-Kupfer-Legierung mit 6% Ni und 4% Cu.

Obwohl man die technische Bedeutung der hochschmelzenden Karbide wegen ihrer besonderen Härte und Verschleißfestigkeit schon recht frühzeitig erkannt hatte, gelang es erst ziemlich spät, einen zum überwiegenden Teil aus ihnen bestehenden Werkstoff zu schaffen, der die Herstellung von Werkzeugen genügender Bruchfestigkeit und Zähigkeit ermöglichte. Das Schmelzen der betreffenden Karbide führte, nicht zuletzt auch wegen des Zerfalls der Karbide bei sehr hohen Temperaturen unter Graphitabscheidung, zu recht spröden und ungleichmäßigen Körpern. Auch eine Sinterung der feingepulverten Karbide kam für die Praxis nicht in Frage, da wegen der großen Härte der Karbidteilchen, der hohen Schmelztemperatur und der mangelnden Plastizität die Anziehungskräfte erst bei sehr hohen Temperaturen wirksam genug werden und auch dann noch zu Körpern mit verhältnismäßig geringer Bruchfestigkeit führen. Durch Anwendung eines Kunstgriffes gelang K. Schröter (36) im Jahre 1922 die Lösung des Problems, indem er feingepulverte Wolframkarbidteilchen mittels eines niedriger schmelzenden geeigneten Bindemittels (Kobalt) bei Temperaturen zwischen 1400 und 1500° „zusammenkittete".

Um den Fortschritt, der durch dieses neuartige Verfahren erzielt wurde, in seiner metallurgischen Bedeutung erkennen zu können, wollen wir die Vorgänge bei der Sinterung und beim Schmelzen von Hartmetall an Hand des Dreistoffsystems Wolfram-Kobalt-Kohlenstoff genauer verfolgen. Das genannte Dreistoffsystem wurde von S. Takeda (37) eingehend untersucht. Danach läßt sich der Vorgang beim Sintern einer Legierung mit beispielsweise 94% WC und 6% Co sehr klar an Hand des Schnittes Wolframkarbid-Kobalt aus dem Dreistoffsystem Wolfram-Kobalt-Kohlenstoff (Abb. 78) beschreiben. Als Sintertemperatur für das feingepulverte Wolframkarbid-Kobalt-Gemenge werde 1400° gewählt. Zeichnet man in den Schnitt Wolframkarbid-Kobalt bei der gewählten Zusammensetzung (6% Co) eine senkrechte Linie und bei der als Beispiel gewählten Sintertemperatur von 1400°

130   Die wissenschaftlichen Grundlagen der Pulvermetallurgie.

eine waagerechte Linie ein, so kann man leicht für jede Temperatur die Zusammensetzung und Menge der Bestandteile dem Schaubild entnehmen. Beim Erhitzen der Probe von Zimmertemperatur auf Sintertemperatur tritt zunächst zwischen den Wolframkarbidkristallen und den

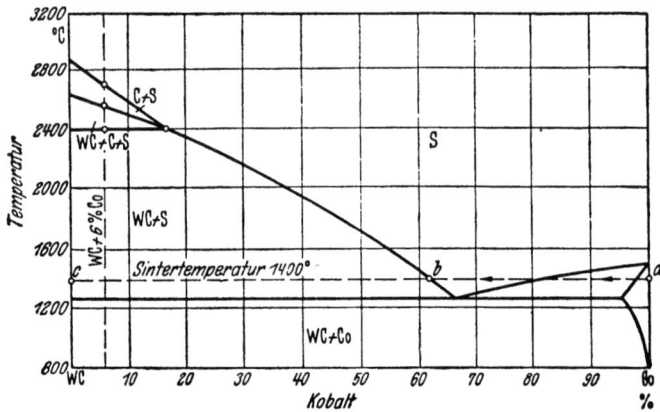

Abb. 78. Schnitt durch das Zustandsbild Wolfram-Kobalt-Kohlenstoff; Schnitt Wolframkarbid-Kobalt (S. Takeda).

Kobaltkristallen ein Atomaustausch, d. h. Diffusion im festen Zustand, ein. Das Kobalt nimmt etwas Wolframkarbid in fester Lösung auf und bildet einen kobaltreichen Mischkristall. Der Schmelzpunkt des Kobalts wird durch die Aufnahme von Wolframkarbid herabgesetzt; es entsteht deshalb bei weiterer Wolframkarbidaufnahme eine Schmelze, deren Menge zunimmt, bis alles Kobalt verflüssigt ist. Durch die Aufnahme des Wolframkarbids erniedrigt sich der Kobaltgehalt der Schmelze so weit, bis er nur noch 62% Co beträgt. Zusammenfassend ist festzustellen, daß bei der Sinterung des Wolframkarbid-Kobalt-Gemenges bei 1400° das reine Kobalt (Punkt a) verschwindet und über die zwischen den Punkten a und b gelegenen Zustände in Richtung der Pfeile in die Schmelze der Zusammensetzung b übergeht. Es sind dann im Sinterkörper bei 1400° rd. 90% Wolframkarbid (Punkt c) und 10% Schmelze (Punkt b) vorhanden. Dieser Mengenanteil ändert sich auch bei beliebig

Abb 79. Gefüge von WC-Co-Hartmetall mit 13% Co bei 2500-facher Vergrößerung (S. L. Hoyt).

Das Sintern. — Vorgänge in Mehrstoffsystemen. 131

langer Erhitzungsdauer nicht, solange die Temperatur nicht erhöht wird. Kühlt man jetzt den Probekörper wieder ab, so wird aus der Schmelze wegen der mit sinkender Temperatur abnehmenden Löslichkeit des Kobalts für Wolframkarbid das Wolframkarbid wieder ausgeschieden. Erfahrungsgemäß kristallisiert das ausscheidende Wolframkarbid immer an die noch vorhandenen ungeschmolzenen Wolframkarbidteilchen an. Dies wird durch den Gefügeaufbau von Hartmetall bestätigt, das bekanntlich gemäß Abb. 79 aus Wolframkarbidteilchen besteht (38), die fast allseitig von beinahe reinem Kobalt umgeben sind und damit durch das Kobaltnetzwerk fest zusammengehalten werden.

Es war schon oben erwähnt worden, daß Wolframkarbid (WC) bei sehr hohen Temperaturen zerfällt. Solange aber die Zerfallstemperatur des Wolframkarbids nicht erreicht wird, ändern sich die soeben beschriebenen Umsetzungen, die für die Sinterung von Hartmetall typisch sind, grundsätzlich nicht. Während reines Wolframkarbid erst bei 2600° zerfällt, wird die Zerfallstemperatur in Gegenwart von Kobalt zu einem Temperaturbereich unter Erniedrigung der Temperatur des beginnenden Zerfalls erweitert. Man kann aus dem Schnitt WC-Co (Abb. 78) entnehmen, daß der Wolframkarbidzerfall bei einer Wolframkarbid-Kobalt-Legierung mit 6% Co bei etwa 2400° beginnt. Unterhalb dieser Temperatur haben wir es, wie schon kurz erwähnt, mit den gleichen Umsetzungen zu tun, die für 1400° ausführlichst beschrieben wurden. In der Praxis wird man jedoch 1550 bis 1600° übersteigende Sintertemperaturen wegen des bekannten Blasigwerdens der Sinterkörper vermeiden, ein Effekt, den man nur durch gleichzeitige Druckanwendung beim Sintern verhindern kann. Natürlich nimmt der Anteil Schmelze mit wachsender Temperatur bis zu 2400° zu, weil ein wachsender Anteil an Wolframkarbid mit steigender Temperatur von der Schmelze gelöst werden kann. Da sich beim Abkühlen dann selbstverständlich eine größere Menge gelösten Karbids an einer kleineren Zahl ungeschmolzener Körner wieder ausscheiden wird, ändert sich selbstverständlich das Gefügebild mit steigender Sintertemperatur in Richtung der Bildung von größeren Wolframkarbidkristalliten nach der Abkühlung. Der gleiche Effekt einer Kornvergrößerung wird durch Verlängerung der Sinterdauer oder dadurch erzielt, daß man zu wiederholten Malen sintert (vgl. Abb. 173 und 174, Seite 290). Der Vorgang der Bildung einer Schmelze aus Karbid- und Kobaltteilchen braucht Zeit. Außerdem hängt die Auflösung der Wolframkarbidteilchen in der Schmelze in der Weise von der Korngröße des Pulvers ab, daß sich kleine Teilchen leichter lösen als große Teilchen. Da, wie erwähnt, die Ausscheidung des Wolframkarbids stets durch Anlagerung an noch vorhandene ungelöste Wolframkarbidteilchen erfolgt, und da sich die feinsten Wolframkarbidteilchen bei der Sinterung am leichtesten in Lösung begeben, wird bei wiederholter Sinterung eine fortschreitende Verarmung an feinsten Wolframkarbidteilchen und ein starkes Kornwachstum der größeren Wolframkarbidteilchen eintreten. In technischer Beziehung ist dieser Vorgang unerwünscht, weswegen man nicht nur die Sinterdauer begrenzt, sondern auch von vornherein von einem möglichst feinkörnigen Wolframkarbidpulver ausgeht. Aus diesen Tatsachen geht übrigens klar hervor, daß es keineswegs zulässig ist, aus der gemessenen Kornvergrößerung auf den Prozentsatz von geschmolzenem Wolframkarbid zu schließen.

Wir besprechen nunmehr die Vorgänge beim vollständigen Schmelzen eines Hartmetalls, um die metallurgischen Unterschiede zwischen der spröden Schmelzlegierung und der zähen Sinterlegierung und damit die Bedeutung des Sinterverfahrens für die Herstellung dieses Werkstoffs besonders herauszustellen. Der bei etwa 2400° beginnende Zerfall des Wolframkarbids ist bei etwa 2550° beendet. Innerhalb dieses Temperaturgebietes zersetzt sich das bis dahin noch nicht in Lösung gegangene Wolframkarbid im wesentlichen in Schmelze und Kohlenstoff in Form von Graphit.

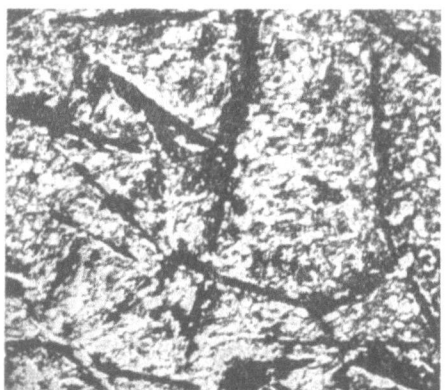

Abb. 80. Starke Graphitausscheidungen in geschmolzenem Hartmetall; Analyse: 94% WC, 6% Co. × 100.

Bei weiterer Temperatursteigerung löst sich auch der Kohlenstoff auf, bis schließlich bei 2700° die ganze Masse geschmolzen ist. Da bei der Zersetzung beträchtliche Wärmemengen verbraucht werden, erfordert dieser Vorgang eine nicht unbeträchtliche Zeit. Wird nunmehr die völlig geschmolzene Legierung wieder abgekühlt, so wiederholen sich die beschriebenen Vorgänge dieses Mal in umgekehrter Reihenfolge. Aus der Schmelze wird zunächst Kohlenstoff in Form von großen schwarzen Adern (Primärgraphit) ausgeschieden (Erkennungszeichen für geschmolzenes Hartmetall!) (Abb. 80). Bei sehr langsamer Abkühlung setzt sich der Kohlenstoff bei etwa 2550° mit der Restschmelze wieder in Wolframkarbid um. Da dieser Umwandlungsvorgang jedoch so träge verläuft, daß bei üblicher Abkühlungsgeschwindigkeit keine merkliche Umsetzung stattfindet, bleibt der Primärgraphit als solcher im Gefüge erhalten. Bei weiterer Abkühlung scheidet sich aus der Schmelze Wolframkarbid ($WC + W_2C$) in Form von Primärkristallen aus, die in der vorhandenen Schmelze frei wachsen können. Sie zeigen deshalb vielfach die gesetzmäßigen Formen der freiwachsenden Kristalle, beispielsweise

## Das Sintern. — Vorgänge in Mehrstoffsystemen.

Dreiecke und Rhomben (vgl. Abb. 159 und 160, Seite 273). Schließlich erstarrt die Restschmelze unter Bildung eines Eutektikums, d. h. einer feinverteilten Mischung von Graphit + Wolframkarbid + Kobalt. Infolge der großen Abkühlungsgeschwindigkeit ist in der Regel der Aufbau des Eutektikums aus den drei genannten Bestandteilen im einzelnen nicht zu erkennen. Daher sieht man im Gefüge bei mikroskopischer Betrachtung lediglich primäre Graphitadern, kristallographisch gesetzmäßig begrenzte Primärkristalle von Wolframkarbid und unregelmäßige Teile der zuletzt erstarrten Schmelze, die meist noch erhebliche Mengen an Wolframkarbid enthält. Bemerkenswert ist übrigens, daß man durch mechanische Zerkleinerung geschmolzenen Hartmetalls, anschließende Feinstnaßmahlung, Pressung und Sinterung bei 1400° bis 1500° und mehrfache Wiederholung dieser Verfahrensschritte einen Werkstoff erhält, der in seinen Eigenschaften weitgehend dem üblich hergestellten Sinterhartmetall entspricht.

Zusammenfassend ergeben sich also zwischen einer gesinterten Hartmetallegierung und einer geschmolzenen Legierung gleicher Zusammensetzung folgende Gefügeunterschiede, die für das grundsätzlich verschiedene technische Verhalten der beiden Werkstoffe verantwortlich zu machen sind. Das Sintergefüge besteht aus sehr vielen, sehr kleinen Karbidkörnern, die dicht aneinandergelagert sind, den Raum gleichmäßig erfüllen und durch nur geringe Mengen eines praktisch wolframkarbidfreien Bindemetalls voneinander getrennt und zusammengekittet sind (vgl. Abb. 79, Seite 130, und Abb. 173, Seite 290). An vielen Stellen sind die Wolframkarbidteilchen brückenartig miteinander verbunden. Die Karbidkristalle des Schmelzgefüges sind etwa zehn- bis zwanzigfach so groß, haben scharf ausgeprägte Kristallform und sind voneinander getrennt. Im Sintergefüge sind die Bruchstücke der Wolframkarbidkristalle, die bei der Herstellung des Ausgangspulvers durch Stampfen und Mahlen entstanden sind, grundsätzlich bis auf Kornabrundungen und Bildung von Wolframkarbideinkriställchen an Stelle der ursprünglichen polykristallinen Wolframkarbidteilchen erhalten geblieben. Nach Form und Größe sind sie infolge der bei der Erstarrung verlaufenden Vorgänge etwas verändert. Im Schmelzgefüge dagegen sind die ursprünglichen Pulverteilchen nicht mehr vorhanden. Grobe Karbidkristalle haben sich neu aus der Schmelze gebildet. Damit ergibt sich als Sinn und Zweck der Herstellung von Hartmetall auf dem Sinterwege die weitgehende Erhaltung und die Verkittung des ursprünglichen Karbidpulvers durch eine zähe Bindemittelphase.

Die Vorteile des Sintergefüges liegen auf der Hand. Die Feinkörnigkeit und Gleichmäßigkeit des Gefüges bedingen eine bessere Festigkeit und Zähigkeit als das Schmelzgefüge mit seinen großen Primärkristallen und der spröden Masse der Restschmelze. Die Einschaltung der flüssigen

Phase beim Sintern von Hartmetall ist ein technischer Kunstgriff, der den Bindungsvorgang beschleunigt und insbesondere den weiteren Zweck hat, die Zähigkeit der aus so spröden Stoffen hergestellten Werkstücke erheblich zu erhöhen. Für die Zähigkeit und für die Festigkeit des Sinterhartmetalles ist maßgeblich diejenige des Bindemittels, in diesem Falle des Kobaltmetalls, verantwortlich zu machen. Anziehungskräfte zwischen den Karbidkristalliten und eine Karbidskelettbildung dürften nur eine untergeordnete Rolle spielen. Das geht auch daraus hervor, daß der beim Herauslösen des Kobalts aus dem Hartmetall verbleibende Karbidskelettkörper nur eine relativ geringe Festigkeit aufweist. Für die Sinterung eines heterogenen Mehrstoffsystems in Gegenwart flüssiger Phase, wie sie am Beispiel des Sinterhartmetalls ausführlich beschrieben wurde, besteht also ein grundsätzlicher Unterschied gegenüber den Vorgängen bei der Sinterung von Einstoff- und homogenen Mehrstoffsystemen.

Um diese Tatsache noch deutlicher zu unterstreichen, seien auch die Vorgänge beim Sintern von „Wolfram-Kupfer-Nickel-Schwermetall" noch kurz beschrieben. Die Sinterung dieses Werkstoffes bei einem Wolframgehalt von 87 bis 93%, einem Nickelgehalt von 4 bis 6% und einem Kupfergehalt von 2 bis 4% wurde sehr eingehend in einer beachtenswerten Arbeit von G. H. S. Price, C. J. Smithells und S. V. Williams (39) beschrieben. Die Arbeit ist aus dem Grund besonders aufschlußreich, weil in ihr zum ersten Male klar auf die Bedingungen hingewiesen wurde, die bei der einfachen Sinterung eines Mehrstoffsystems ohne irgendwelche Nachverdichtung zu einem Körper mit praktisch theoretischer Dichte führen. Bekanntlich führt die Sinterung von Preßstäben aus reinem Wolframpulver selbst bei Anwendung sehr hoher Sintertemperaturen in der Nähe des Schmelzpunktes zu einem noch stark porösen Sinterkörper von relativ großer Sprödigkeit. G. H. S. Price, C. J. Smithells und S. V. Williams gelang es durch Zumischung von 5% Ni und 2% Cu zu sehr feinem Wolframpulver schon nach einstündiger Sinterung bei 1400° bis 1500°, Körper mit fast theoretischer Dichte und einer Festigkeit von 63 kg/mm$^2$ zu erzeugen. Die Wärmebehandlung verursacht dabei eine lineare Schrumpfung von 17 bis 20% und führt unter optimalen Bedingungen zu einer Legierung mit absolut porenfreiem Gefüge (Abb. 81). Es besteht aus ziemlich großen, runden, reinen Wolframkörnern (Einkristalle mit einer Korngröße von etwa 0,04 mm), welche durch eine Nickel-Kupfer-Wolfram-Legierung verbunden sind. Bei der Sinterung diffundieren das Kupfer- und Nickelpulver ineinander. Bei Erreichung des Kupferschmelzpunktes beginnt ein kleiner Teil des noch unlegierten Kupferpulvers zu schmelzen. Bei 1350 bis 1400° ist die Kupfer-Nickel-Legierung vollständig geschmolzen. Sie vermag bei dieser Temperatur nach den

Untersuchungen der obengenannten Forscher etwa 18% W zu lösen. Auch hier werden selbstverständlich die kleinsten Wolframteilchen zunächst gelöst. Hieraus haben G. H. S. Price, C. J. Smithells und S. V. Williams den Schluß gezogen, daß für die Erreichung einer möglichst hohen Dichte bei der betreffenden Legierung das Vorhandensein eines möglichst hohen Anteils von feinem Wolframpulver (Korngröße 1 bis 5 $\mu$) erforderlich sei. Nach eigenen Untersuchungen wird größte Dichte durch Naßmahlung des Wolfram-Kupfer-Nickel-Pulvergemenges erzielt, was nicht nur auf die dadurch erzielte Kornfeinheit, sondern auch auf die außerordentlich gleichmäßige Verteilung der Einzelkomponenten zurückzuführen ist. Bei der Abkühlung der genannten Legierung wird übrigens zumindest ein Teil des bei Sintertemperatur gelösten Wolframs wieder ausgeschieden, und zwar lagert sich das ausgeschiedene Wolfram an die noch vorhandenen größeren Kristallite an. Die Bildung der großen, im Schliffbild erkenntlichen Wolframkristallite ist aber durch die Ausscheidungsvorgänge bei der Abkühlung allein nicht genügend zu erklären. Es ist anzunehmen, daß sich schon

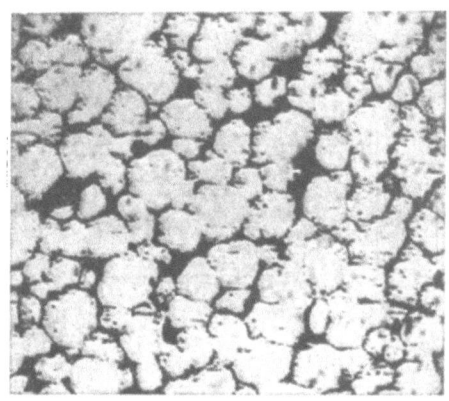

Abb. 81. Gefüge von Wolfram-Kupfer-Nickel-Schwermetall (90% W, 4% Cu, 6% Ni), geätzt mit alkal. Ferrizyankalium-Lösung. × 200.

während der Sinterung Reaktionen in dem Sinne abspielen, daß sich fortlaufend feinste Wolframteilchen in der flüssigen Phase lösen und aus der an Wolfram übersättigten Schmelze durch Anlagerung an größere, noch feste Wolframkristallite wieder ausgeschieden werden. Für den beachtenswerten Schwund der vorliegenden Legierung bei der Sinterung dürften teilweise die bei verschieden hoher Temperatur unterschiedlichen Löslichkeitsverhältnisse, zum überwiegenden Teil aber Oberflächenspannungskräfte der gebildeten Flüssigkeit, verantwortlich zu machen sein. Daneben spielt sicherlich die Tendenz der energiereichen Feinstwolframteilchen bzw. Kristallagglomerate eine nicht unwesentliche Rolle, in die thermodynamisch stabilste Form, nämlich die von Wolframeinkristallen rundlicher Gestalt, überzugehen. Die Ansicht von G. H. S. Price, C. J. Smithells und S. V. Williams, daß eine wie in diesem·System beobachtete Dichtsinterung zwingend an die folgenden Bedingungen geknüpft sei, dürfte nicht zu Recht bestehen:

1. Bei Sinterung eines Zweistoffsystems muß ein beachtenswerter Unterschied im Schmelzpunkt der beiden Komponenten bestehen.
2. Das schwerer schmelzbare Metall B sollte in dem leichter schmelzbaren Metall A löslich sein, jedoch A sollte in B unlöslich oder nur ganz wenig löslich sein.

Demgegenüber weist W. D. Jones (40) darauf hin, daß diese Bedingungen unnötig eng gefaßt sind, und daß es in der Tat eine große Anzahl von Legierungen gibt, für welche diese Art der Sintertechnik anwendbar ist. Nach W. D. Jones besteht keine absolute Notwendigkeit dafür, daß zwischen dem Schmelzpunkt der beiden zu sinternden Metalle ein nennenswerter Unterschied besteht. Wahrscheinlich lauten

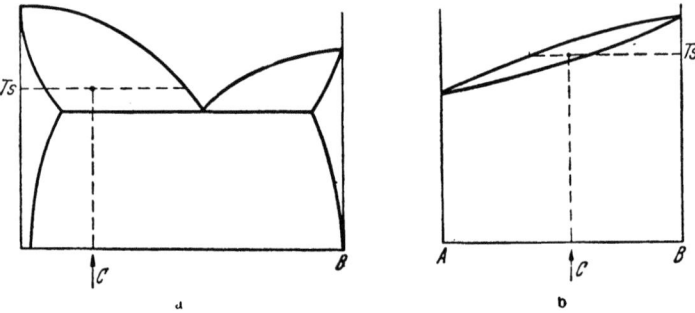

Abb. 82a und b. Kennzeichnende Zustandsbilder für Sinterlegierungen, die bei Sinterung in Anwesenheit flüssiger Phase zu fast porenfreien Sinterkörpern führen.
a Beschränkte Mischbarkeit in festem Zustand. b Völlige Mischbarkeit in festem Zustand.

die einzigen Bedingungen, die erfüllt sein müssen, nach W. D. Jones wie folgt: Es muß zur Zeit der Sinterung feste Teilchen von bestimmter Feinheit geben sowie eine flüssige Phase, die imstande ist, die festen Teilchen teilweise zu lösen. Diese Bedingungen lassen sich an einer ganzen Reihe von Systemen erzielen, deren Grundtypus in Abb. 82a und 82b schematisch dargestellt ist. Die Sinterung muß im Zustandsfeld „fest-flüssig" vorgenommen werden. In den beiden Abbildungen sind jeweils eine Zusammensetzung und Sintertemperatur angegeben, für die die nach W. D. Jones notwendigen Bedingungen zur Erzielung eines praktisch porenfreien Mehrstoffsinterkörpers erfüllt sind. Eine Reihe von praktischen Beispielen (Legierungszusammensetzung und Sintertemperatur) sind in Zahlentafel 20 wiedergegeben.

Es soll nochmals betont werden, daß die Sinterung, verstanden als Verfestigung, der Mehrstoffkörper vom Hartmetall- und W-Cu-Ni-Schwermetalltypus grundsätzlich verschieden ist von derjenigen in Einstoff- oder homogenen Mehrstoffsystemen. Die bei der Sinterung ungelösten Pulverteilchen werden durch die flüssige Phase sozusagen zusammengekittet. Für die Festigkeit ist vornehmlich das Binde-

## Das Sintern. — Vorgänge in Mehrstoffsystemen.

mittel verantwortlich zu machen. Die erzielte Korngröße der ungelösten Teilchen wird weitgehend durch die Umsetzung mit der flüssigen Phase bestimmt. Anziehungskräfte zwischen den ungelösten Pulverteilchen kommen nur beschränkt zur Auswirkung. Wesentlich für den Zusammenhang sind die Kräfte zwischen der Bindemittelphase und den von ihr umhüllten ungelösten Pulverteilchen. Die Grenzen zwischen der Bindemittelphase und der ungelösten festen Phase entsprechen praktisch den Korngrenzen in geschmolzenen Metallen. Die Anpassung der flüssigen Phase an die festen Teilchen ist als ideal anzusprechen. Diese ideale Anpassung kommt aber dadurch zustande, daß die Schmelze ein gewisses Lösungsvermögen für den hochschmelzenden Bestandteil der Legierung bei Sintertemperatur aufweist, worauf in diesem Zusammenhang sehr deutlich aufmerksam gemacht werden muß.

Zahlentafel 20.
Zusammensetzung und günstigste Sintertemperatur verschiedener Zweistoffsysteme, die sich in Gegenwart flüssiger Phase dicht sintern lassen (W. D. Jones).

| Legierung % A    % B | Sintertemperatur °C |
|---|---|
| 70 Pb + 30 Sn | 200 |
| 90 Sn + 10 Pb | 190 |
| 96 Pb + 4 Sb | 255 |
| 70 Sb + 30 Pb | 300 |
| 95 Cd + 5 Zn | 275 |
| 80 Zn + 20 Cd | 275 |
| 90 Cd + 10 Sn | 185 |
| 92 Pb + 8 Cd | 260 |
| 65 Au + 35 Ni | 1000 |
| 50 Cu + 50 Ni | 1275 |
| 90 Cu + 10 Sn | 925 |
| 95 Pb + 5 Te | 400 |
| 78 Al + 22 Mg | 475 |
| 80 Mg + 20 Al | 450 |
| 96 Al + 4 Si | 600 |

Besteht kein derartiges Lösungsvermögen, so kann es unmöglich zu der geschilderten idealen Anpassung kommen. Man spricht in diesem Fall davon, daß die Schmelze den hochschmelzenden Bestandteil nicht zu „benetzen" vermag.

Übrigens spielt das Benetzungsproblem eine große Rolle bei der Herstellung von Verbundmetallen nach der „Tränkungsmethode", auf die zum Schluß noch kurz eingegangen werden soll (vgl. Seite 324). Sie besteht grundsätzlich darin, daß man hochporöse, skelettartige Vorsinterkörper eines höher schmelzenden Metalls bzw. einer hochschmelzenden Metallverbindung, z. B. Karbide, mit einem niedriger schmelzenden Metall tränkt. Als Beispiel seien in diesem Zusammenhang angeführt: Das Tränken eines Wolframskelettkörpers, der durch Sinterung bei 1000 bis 1100° hergestellt wird, mittels Kupfer oder Silber, die Tränkung eines porösen Eisenskelettkörpers mittels Blei, Kupfer, Zink, Zinn usw. und schließlich die Tränkung vorgesinterter Karbidformstücke mit Kobaltmetall oder einer beliebigen Legierung der Metalle der Eisengruppe. Die Tränkung führt dann zu einem besonders gleichmäßigen Verbundkörper, wenn das niedrigschmelzende Metall eine gewisse, wenn auch kleine Löslichkeit für das hochschmelzende Metall bei der Tränkungstemperatur aufweist. Die Festigkeit der auf dem Tränkungswege hergestellten heterogenen Verbundkörper wird weitgehend durch das Netzwerk des niedrigschmelzenden Metalls bestimmt. Die Härte und die Dichte entspricht der Mischungsregel.

Bilden die Komponenten Mischkristalle, so kann nach dem Tränken eine Homogenisierungsglühung vorgenommen werden.

Das skizzierte Verfahren steht auf der Grenze zwischen Schmelz- und Sinterverfahren.

## Literatur zum 6. Kapitel.

(1) a) Eilender, W. u. R. Schwalbe: Arch. Eisenhüttenw. **13** (1939/40) S. 267/72.
 b) Schwalbe, R.: Dissertation. Aachen 1939.
(2) Schlecht, L., W. Schubardt u. F. Duftschmid: Z. Elektrochem. **37** (1931) S. 485/92.
(3) Garre, B.: Z. anorg. allg. Chem. **161** (1927) S. 152/54.
(4) Tammann, G., u. Q. A. Mansuri: Z. anorg. allg. Chem. **126** (1923) S. 119/28.
(5) Dawihl, W.: Z. techn. Phys. **21** (1940) S. 336/45.
(6) Baukloh, W., u. G. Henke: Metallwirtsch. **18** (1939) S. 59/61.
(7) Dawihl, W.: Stahl u. Eisen **61** (1941) S. 909/19.
(8) Grube, G., u. H. Schlecht: Z. Elektrochem. **44** (1938) S. 367/74 u. 413/22.
(9) Trzebiatowski, W.: Z. phys. Chem. B **24** (1934) S. 75/86.
(10) Ruer, R., u. J. Kuschmann: Z. anorg. allg. Chem. **154** (1926) S. 69/78; **166** (1927) S. 257/74; **173** (1928) S. 233/61.
(11) Desch, C. H.: J. Chem. Soc. **123** (1923) S. 280/94; The Chemistry of Solids. Lond. 1934.
(12) Hüttig, G. F.: Z. anorg. allg. Chem. **247** (1941) S. 221/48; Kolloid-Z. **96** (1941) S. 227/30; **97** (1941) S. 281/300; **98** (1942) S. 6/33.
(13) a) Sauerwald, F.: Z. anorg. allg. Chem. **122** (1922) S. 277/94.
 b) — Z. Elektrochem. **29** (1923) S. 79/85.
 c) — u. E. Jaenichen: Z. Elektrochem. **30** (1924) S. 175/80.
 d) — Z. Metallkde. **16** (1924) S. 41/46.
 e) — u. G. Elsner: Z. Elektrochem. **31** (1925) S. 15/18.
 f) — u. E. Jaenichen: Z. Elektrochem. **31** (1925) S. 18/24.
 g) — Z. Metallkde. **20** (1928) S. 227/28.
 h) — Metallwirtsch. **7** (1928) S. 1353.
 i) — u. J. Hunczek: Z. Metallkde. **21** (1929) S. 22/23.
 j) — u. St. Kubik: Z. Elektrochem. **38** (1932) S. 33/41.
 k) — u. L. Holub: Z. Elektrochem. **39** (1933) S. 750/53.
 l) — Metallwirtsch. **20** (1941) S. 649/55 u. 671/77.
(14) Tammann, G.: Lehrbuch der Metallographie (3. Auflage), S. 98/118. Verlag L. Voß, Lpz. 1923.
(15) Smithells, C. J., W. R. Pitkin u. J. W. Avery: J. Inst. Met. **38** (1927) S. 85/97.
(16) Smithells, C. J.: Tungsten, S. 64. Verlag Chapman & Hall Ltd., Lond. 1936.
(17) Goetzel, C. G.: Metals & Alloys **12** (1940) S. 30/35 u. 154/57.
(18) Masing, G.: Grundlagen der Metallkunde in anschaulicher Darstellung, S. 97/110. Verlag Springer, Bln. 1940.
(19) Burgers, W. G.: Handbuch der Metallphysik, Bd. 2: Rekristallisation. Verformter Zustand und Erholung. Verlag Akademische Verlagsges. Becker u. Erler KG., Lpz. 1941.

(20) Röhrig, H., u. E. Käpernik: Aluminium, Bln. **17** (1935) S. 411/15.
(21) Röhrig, H.: Z. Metallkde. **27** (1935) S. 175.
(22) Vogel, R.: Z. anorg. allg. Chem. **126** (1923) S. 1; Naturwiss. **12** (1924) S. 473.
(23) Cook, M.: Trans. Faraday Soc. **19** (1923) S. 43.
(24) Bulian, W., u. E. Fahrenhorst: Z. Metallkde. **34** (1942) S. 116/17.
(25) Kikuchi, R.: Sci. Rep. Tôhoku Univ. **26** (1937) S. 125/41.
(26) Schwarzkopf, P., u. C. G. Goetzel: Iron Age **146** (1940) S. 39/45.
(27) Jones, W. D.: Principles of Powder Metallurgy, S. 56/57. Verlag E. Arnold & Co., Lond. 1937.
(28) Trzebiatowski, W.: Z. phys. Chem. B **24** (1934) S. 87/94.
(29) Comstock, G. J.: Metal Progr. **35** (1939) S. 576/81.
(30) Cassirer-Bánó, S., u. J. A. Hedvall: Z. Metallkde. **31** (1939) S. 12/14.
(31) Faraday, M., u. Stodart: Experimental Researches in Chemistry and Physics, S. 57/81. 1859.
(32) Spring, W.: Bull. d. l'Acad. Roy. Belgique **45** (1878) S. 746/54; **49** (1880) S. 323/79; **28** (1894) S. 23/46; Ber. dtsch. chem. Ges. **15** (1882) S. 595/97; Z. phys. Chem. **15** (1894) S. 65/78.
(33) Hallock, W.: Z. phys. Chem. **2** (1888) S. 378/79.
(34) Masing, G.: Z. anorg. allg. Chem. **62** (1909) S. 265/309.
(35) Seith, W.: Diffusion in Metallen. Verlag Springer, Bln. 1939.
(36) D.R.P. 420689 (1923); 434527 (1925).
(37) Takeda, S.: Sci. Rep. Tôhoku Univ. Honda-Festband (1936) S. 864/81.
(38) Hoyt, S. L.: Trans. Amer. Inst. min. metallurg. Engrs. Inst. Met. Div. **89** (1930) S. 9/58.
(39) Price, G. H. S., C. J. Smithells u. S. V. Williams: J. Inst. Met. **62** (1938) S. 239/54.
(40) Jones, W. D.: Metal Treatm. **5** (1939) S. 13/16.

Kapitel 7.

# Das Heißpressen.

## A. Geschichtliche Entwicklung.

Die gute Preßbarkeit von Pulvern niedrig schmelzender Metalle und die Erfahrungen über die Sinterung bei hoher Temperatur legen es förmlich nahe, Preß- und Sintervorgang bei höher schmelzenden Metallen in höheren Temperaturgebieten zusammenzulegen und zum sogenannten Heißpressen oder Drucksintern überzugehen.

Die Entwicklung des Heißpressens in Verbindung mit den verarbeiteten Sinterwerkstoffen spiegelt sich am deutlichsten in dem Patentschrifttum wider. Im Jahre 1912 wurde zum erstenmal der Vorschlag gemacht, pulverförmiges Bor oder andere schwer schmelzbare Stoffe, wie z. B. Wolfram und hochschmelzende Karbide, im direkten Stromdurchgang derart zu sintern, daß in der Wärme auf die zu sinternde Masse ein Druck ausgeübt wird (1). Im Jahre 1917 wurde das gleiche Verfahren in etwas abgewandelter Form für die Herstellung von Legierungen des Wolframs bzw. Molybdäns mit Kohlenstoff, Titan, Bor, Eisen usw. in Amerika vorgeschlagen (2). Etwas später wird

140  Die wissenschaftlichen Grundlagen der Pulvermetallurgie.

Pressen, Hämmern und gleichzeitiges Erhitzen in einem besonderen Apparat für die Herstellung von Legierungen beliebiger Metall- und Metalloidkombinationen für Lager empfohlen (3). In den Jahren 1926 bzw. 1927 wird die Herstellung von Ziehsteinen und anderen Werkzeugen durch Heißpressen geeigneter Hartstoffe vorgeschlagen (4).

Wie schon im Kap. 3 erwähnt, spielt die Technik des Heißpressens in der Praxis vorläufig rediglich bei der Herstellung von Hartmetallziehsteinen, Diamantmetallegierungen und massiven Sinterlagern eine größere Rolle. Es scheint aber so, als ob sich das Heißpressen auch zur Herstellung verschiedener anderer Sinterwerkstoffe dank der auf diese Art und Weise erzielbaren wesentlich besseren Eigenschaften der Sinterkörper durchsetzen würde. Dafür spricht eine Reihe von einschlägigen Veröffentlichungen aus der letzten Zeit (5—13). Bezüglich der verschiedenen Einrichtungen, die im Laufe der Zeit zum Heißpressen der verschiedenen Sinterwerkstoffe verwandt wurden, sei auf eingehendere Ausführungen im Kap. 3 (S. 46) verwiesen. Im nachfolgenden soll lediglich über die durch das Heißpressen erzielten Eigenschaften von Sinterkörpern berichtet werden. Soweit wie möglich werden die Eigenschaften kaltgepreßter und anschließend gesinterter Körper zum Vergleich herangezogen.

### B. Eigenschaften von Heißpreßkörpern.

Die Tatsache, daß auf gewöhnlichem Wege hergestelltes Hartmetall stets eine mehr oder weniger große Anzahl von kleinen Poren aufweist, veranlaßte S. Hoyt (7), die Eigenschaften (Gefüge, Härte) von heißgepreßten Wolframkarbid/Kobalt-Gemischen näher zu untersuchen. Er stellte an heißgepreßten Körpern eine wesentlich höhere Härte fest als an üblicherweise gesinterten. Die Probekörper wurden in einer Graphitmatrize, die direkt oder indirekt elektrisch beheizt werden konnte, zweiseitig mittels Graphitstempeln gepreßt. Der angewandte Druck lag zwischen 80 und 300 kg/cm². Es wurde festgestellt, daß beim Heißpressen die Heizzeit wesentlich kürzer zu bemessen ist als die Sinterzeit bei gewöhnlicher Sinterung. Durch das Heißpressen wird eine sehr dichte Lagerung der Pulverteilchen und ein praktisch porenfreies Gefüge erzielt. S. L. Hoyt stellte die Temperatur beim Heißpressen, die in bestimmter Beziehung zum aufgewandten Druck steht, durch Messung der Temperatur der Oberfläche der Matrize mittels optischem Pyrometer fest. Da die Oberfläche der Matrize naturgemäß infolge Strahlung an den Außenraum sehr viel Wärme abgibt, ist die Temperatur des Preßlings wesentlich höher (150 bis 200°). Bezüglich des Zusammenhangs zwischen Preßtemperatur und Preßdruck interessieren folgende als günstig ermittelte Daten:

Preßtemperatur 1350 bis 1400°; Preßdruck 105 kg/cm²,
Preßtemperatur oberhalb 1400°; Preßdruck 70 kg/cm².

Damit ist natürlich nicht gesagt, daß sich Temperatur und Druck in ihrer Wirkung vollkommen ersetzen können. Aber augenscheinlich gibt es ein Verhältnis zwischen diesen beiden Größen, bei dem beste Eigenschaften des Hartmetalls erhalten werden (Härte, Bruchfestigkeit, Zähigkeit und Schneidleistung). Abb. 83 zeigt das Gefüge eines praktisch porenfreien, heißgepreßten Hartmetalls im Vergleich zu dem Gefüge zweier weiterer Hartmetalle mit normaler und besonders starker Porenbildung. Härte, Bruchfestigkeit, Zähigkeit und Schneidleistung von heißgepreßtem Hartmetall sind dem kaltgepreßten und anschließend gesinterten Material im allgemeinen überlegen. Einer Anwendung des Heißpreßverfahrens in größerem Umfang zur Herstellung von Hartmetallplättchen für Zerspanungszwecke stehen jedoch die schlechte Reproduzierbarkeit der Druck- und Sinterbedingungen sowie Schwierigkeiten hinsichtlich des Matrizenwerkstoffes entgegen. S. L. Hoyt beobachtete an den verschiedensten, auf gewöhnlichem Wege hergestellten Wolframkarbid-Kobalt-Hartlegierungen eine maximale Härte von 92 Rockwell A, bei heißgepreßtem Hartmetall erreichte er dagegen einen Höchstwert von

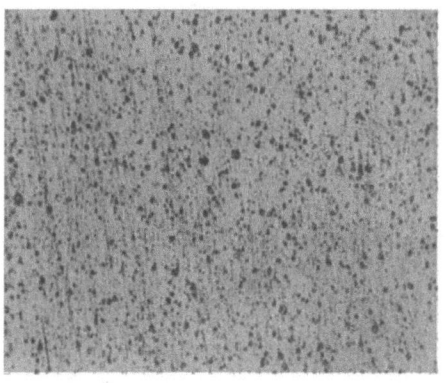

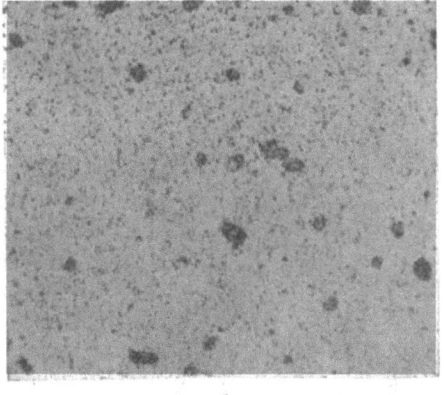

Abb. 83a bis c. Gefüge von heißgepreßtem Hartmetall im Vergleich zu dem Gefüge zweier weiterer gesinterter Hartmetalle mit normaler und besonders starker Porenbildung, ungeätzt. × 100.

95,6 Rockwell A. Spätere systematische Untersuchungen von O. Meyer und W. Eilender (14) über die Sinterung verschiedenster Hartmetalllegierungen bestätigen die Ergebnisse von S. L. Hoyt. Die beiden genannten Forscher stellten u. a. fest, daß durch gleichzeitiges Sintern und Pressen in Graphitformen die größtmöglichste Härte der Hartmetallegierungen überhaupt erzielt werden kann. Die höhere Härte erklärt sich daraus, daß beim Heißpreßvorgang einerseits eine höhere Dichte erzielt wird, andererseits etwas Kobalt aus dem Preßling ausgequetscht wird, so daß eine Co-ärmere Legierung als im Vergleichskörper vorliegt. Die erwähnte Härtesteigerung wird in mehr oder weniger großem Umfange bei allen bekannt gewordenen Hartmetallegierungen der verschiedensten Zusammensetzung beobachtet. In jüngster Zeit wurde beispielsweise auch über die Härtesteigerung von Tantalkarbid-Hilfsmetall-Legierungen durch Heißpressen von L. Molkow (15) berichtet.

Zahlentafel 21. **Zugfestigkeit von heißgepreßten Kupfer- und Eisensinterkörpern im Vergleich zu bei Raumtemperatur gepreßten und anschließend gesinterten Körpern** (F. Sauerwald und J. Hunczek).

| Glüh- bzw. Preßtemperatur | Zugfestigkeit nach Verfestigung mit Pressen bei Raumtemperatur und folgendem Glühen kg/mm² | | Zugfestigkeit nach Verfestigung mit Pressen bei hoher Temperatur kg/mm² | |
|---|---|---|---|---|
| °C | Cu | Fe | Cu | Fe |
| 610 | 14,2 | — | 26,3 | 19,7 |
| 715 | 13,2 | 6,6 | 24,1 | 29,3 |
| 810 | 10,3 | 11,5 | 23,5 | 39,6 |
| 920 | — | 14,7 | — | — |

Die ersten bekannt gewordenen Untersuchungen über die mechanischen Eigenschaften heißgepreßter Metallpulverkörper (Eisen und Kupfer) wurden von F. Sauerwald und Mitarbeitern durchgeführt (5, 16). Die Arbeiten von F. Sauerwald sind aus dem Grunde besonders erwähnenswert, weil in ihnen erstmalig das besonders schwierige Heißpressen von Stäben bis zu Preßtemperaturen von 810° und Drücken von 3600 kg/cm² beschrieben wird. Die erhebliche Verbesserung der Festigkeit von Eisen- bzw. Kupferkörpern durch das Heißpressen geht aus Zahlentafel 21 hervor.

Eine sehr wichtige und eingehende Arbeit über das Heißpressen von feinstem Kupfer- und Goldpulver wurde von W. Trzebiatowski (6) durchgeführt. Die beim Heißpressen an sehr sorgfältig gereinigtem, feinkörnigem Kupfer- und Goldpulver unter Anwendung eines konstanten Preßdruckes von 15 t/cm² erhaltenen Werte der Dichte, der Härte und des spez. elektrischen Widerstandes sind in Abb. 84 bzw. 85 wiedergegeben. Die Dichte der Heißpreßkörper steigt sehr schnell mit zunehmender Preßtemperatur an und erlangt ein Maximum von 8,9 für Kupfer bei etwa 400° und 19,11 für Gold bei etwa 300°. Diese Werte unterscheiden sich um weniger als 1% von denen, die mit Hilfe von

Eigenschaften von Heißpreßkörpern. 143

genauen Gitterparametermessungen an geschmolzenem Kupfer bzw. Gold festgestellt werden konnten (Kupfer 8,937, Gold 19,29). Bei höheren Preßtemperaturen fällt die Dichte wieder ab, was nach W. Trzebiatowski zum Teil darauf zurückzuführen ist, daß bei diesen Temperaturen das Versuchsmaterial bereits plastisch genug wird, um auch zwischen Matrizenwand und Preßstempel einzudringen, wodurch der effektive Preßdruck herabgesetzt wird. Auch ist zu erwarten, daß während der Abkühlungsperiode die im Metallpulver absorbierten Gase im Falle des Kupfers bzw. Wasserdampfmengen im Falle des Goldes noch einen geringen Dichteabfall bewirken können, der sich bei steigender Preßtemperatur natürlich vergrößert.

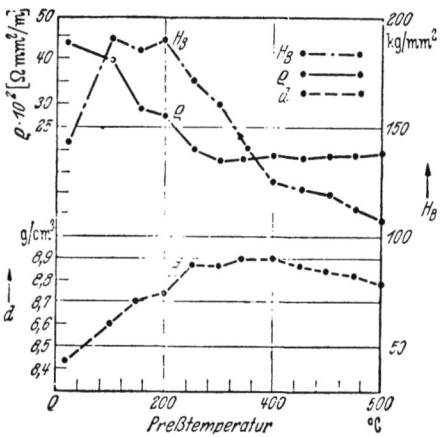

Abb. 84. Physikalische Eigenschaften von bei verschiedenen Temperaturen unter einem Druck von 15 t/cm² heißgepreßten Kupferpreßlingen (W. Trzebiatowski).

Die Härtewerte zeigen anfangs einen stärkeren Anstieg, was auf die zunehmende Verfestigung und Dichte zurückzuführen ist. Von etwa 200° an beginnt die Härte bei gleichzeitiger Dichtezunahme abzufallen. Dieser Abfall der Härte ist zweifellos mit der durch die höhere Temperatur bedingten Kristallerholung in Zusammenhang zu bringen. W. Trzebiatowski konnte nämlich beobachten, daß im Röntgenbild die Merkmale der Verformung gleichzeitig zurückgehen, so daß bei einer Preßtemperatur von 350° bereits die van Arkelsche Aufspaltung im Röntgenbild wieder erfolgt ist. Aber auch bei einer Preßtemperatur von 600° weisen die Kupferpreßlinge noch eine Härte von über 100 kg/mm² auf, was nach W. Trzebiatowski ein Anzeichen dafür ist, daß die im Röntgenbild sichtbaren Verspannungseffekte des Gitters nur zum Teil für die Härte des Preßlings verantwortlich sind. Durch Anwendung eines Kaltpreßdruckes von 30 t/cm² erhielt W. Trzebiatowski an Kupfer-

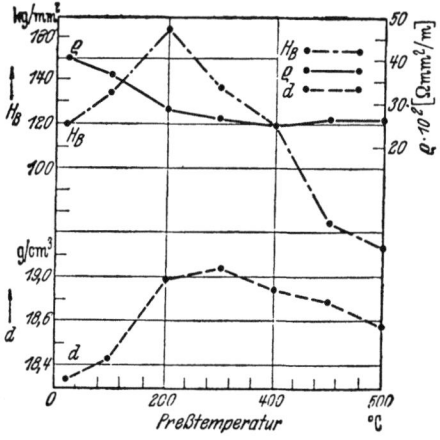

Abb. 85. Physikalische Eigenschaften von bei verschiedenen Temperaturen unter einem Druck von 15 t/cm² heißgepreßten Goldpreßlingen (W. Trzebiatowski).

preßlingen einen spez. Widerstand von etwa $40 \cdot 10^{-7}$ Ohm·cm $\left(\text{Leitfähigkeit}: 25 \frac{m}{\Omega \, mm^2}\right)$, an Goldpreßlingen von etwa $28 \cdot 10^{-7}$ Ohm·cm $\left(\text{Leitfähigkeit}: 35{,}8 \frac{m}{\Omega \, mm^2}\right)$. Besonders erwähnenswert ist es daher, daß durch Anwendung des Heißpressens Sinterkörper erzeugt werden können, die den massiven Metallen in ihren Leitfähigkeitswerten nicht nachstehen. Zwischen 300 und 450° heißgepreßte Kupferproben weisen nach den Befunden W. Trzebiatowskis bei 18° spez. Widerstände von 17 bis $18 \cdot 10^{-7}$ Ohm·cm $\left(\text{Leitfähigkeit}: 56 \text{ bis } 59 \frac{m}{\Omega \, mm^2}\right)$ auf. Bekanntlich wird für reinstes massives Kupfer ein Wert von $16 \cdot 10^{-7}$ Ohm·cm $\left(\text{Leitfähigkeit}: 62{,}5 \frac{m}{\Omega \, mm^2}\right)$ angenommen. Die Goldproben dagegen ergeben nicht so günstige Werte. Ihr spez. Widerstand bei 18° schwankt zwischen 25 bis $27 \cdot 10^{-7}$ Ohm·cm $\Big(\text{Leitfähigkeit}:$ 37 bis $40 \frac{m}{\Omega \, mm^2}\Big)$ gegenüber $22 \cdot 10^{-7}$ Ohm·cm $\left(\text{Leitfähigkeit}: 45{,}5 \frac{m}{\Omega \, mm^2}\right)$ des massiven Metalles. Zusammenfassend verdient folgendes für die Praxis wichtige Ergebnis der Untersuchungen von W. Trzebiatowski festgehalten zu werden: Auf dem Wege des Heißpressens ist es möglich, Metallkörper zu gewinnen, die eine besonders hohe Härte sowie gute Leitfähigkeitswerte aufweisen, also Eigenschaften, die auf anderem Wege in dieser Kombination sonst nicht zu erreichen sind.

Weitere systematische Untersuchungen über die verschiedensten physikalischen Eigenschaften von heißgepreßten Kupfersinterkörpern führte C. G. Goetzel (11) durch. Er benutzte für seine Untersuchungen handelsübliches Elektrolytkupferpulver. Bevor dieses Pulver zu Probekörpern verpreßt wurde, wurde es bei 300° zwei Stunden lang unter Wasserstoff vorgeglüht. Die Siebanalyse und die chemische Analyse des von C. G. Goetzel benutzten

Zahlentafel 22. Siebanalyse des Elektrolytkupferpulvers (C. G. Goetzel).

| Maschenweite mm | % |
|---|---|
| auf 0,45 | 0 |
| ,, 0,25 | 0 |
| ,, 0,149 | 0 |
| ,, 0,099 | 5,86 |
| ,, 0,074 | 18,66 |
| ,, 0,057 | 2,33 |
| ,, 0,044 | 25,37 |
| unter 0,044 | 47,44 |

Zahlentafel 23. Chemische Analyse des Elektrolytkupferpulvers (C. G. Goetzel).

| Element | % |
|---|---|
| Sauerstoff (Wasserstoffverlust) | 0,0915 |
| Eisen | Spuren |
| Blei | 0,023 |
| Antimon | Spuren |
| Zinn | Spuren |
| Zink | Spuren |
| Silizium | 0,011 |
| Schwefel } Kohlenstoff } | 0,057 |
| Fettgehalt | 0,029 |
| Salpetersäure unlöslich | 0,068 |

Elektrolytkupferpulvers gehen aus Zahlentafel 22 und 23 hervor. Abb. 86 zeigt Korngröße und Gestalt der Pulverteilchen. Man sieht, daß die Teilchen die für elektrolytisch abgeschiedene Metallpulver typische nadelförmige oder dendritische Struktur aufweisen. Mit der von C. G. Goetzel zum Heißpressen verwandten Apparatur konnten Heißpressungen bis zu einer Temperatur von 500° bei Drücken von 0,8 bis 8 t/cm² unter Wasserstoff vorgenommen werden.

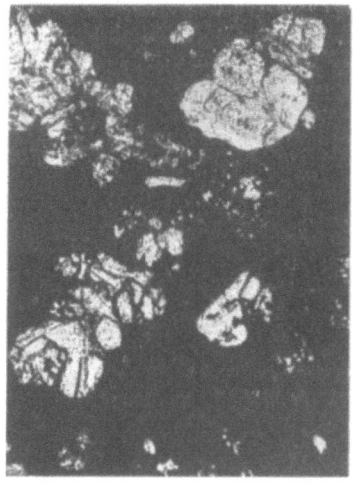

Abb. 86 Elektrolytkupferpulver. × 200 (C. G. Goetzel).

Der Einfluß der Preßtemperatur auf das Gefüge der heißgepreßten Proben (Preßdruck 8 t/cm²) geht aus den Abb. 87 und 88 hervor. Das Gefüge der bei 300° gepreßten Proben weist noch zahlreiche feine Poren auf, während größere Hohlräume ziemlich selten sind. Während in der bei 300° gepreßten Probe kaum Anzeichen stattgefundener Rekristallisation an den großen Pulverteilchen zu beobachten sind, sind sie nach dem Pressen bei 500° auffallend. Bei

Abb. 87. Gefüge von heißgepreßtem Elektrolytkupferpulver; Preßdruck 8 t/cm², Preßtemperatur 300°. × 200 (C. G. Goetzel).

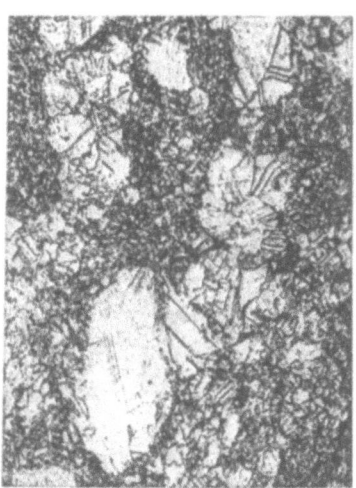

Abb. 88. Gefüge von heißgepreßtem Elektrolytkupferpulver; Preßdruck 8 t/cm², Preßtemperatur 500°. × 200 (C. G. Goetzel).

dieser Temperatur sind gleichzeitig sämtliche Poren geschlossen, und die Probekörper haben ihre höchste Dichte erreicht. Übrigens zeigt das heißgepreßte Kupfer mehr Verunreinigungen, speziell Kupferoxydul, als unter Wasserstoff normal gesintertes. Eine auffällige Änderung des Gefüges heißgepreßter Proben beobachtet man, wenn man die Proben nach dem Heißpressen eine Stunde lang unter Wasserstoff bei 800° glüht, wie aus Abb. 89 hervorgeht. Man stellt fest, daß während des Glühens eine vollständige Veränderung des Gefüges vor sich geht, und daß an die Stelle der vorher sehr unterschiedlichen Korngröße ein feinkristallines, homogenes Gefüge getreten ist.

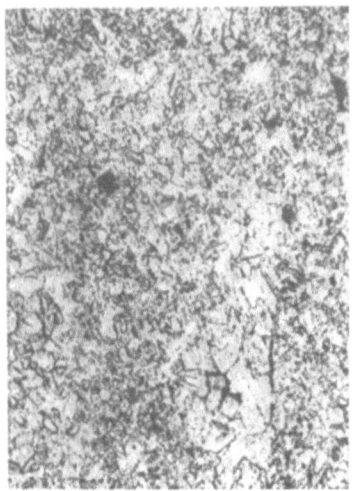

Abb. 89. Gefüge von heißgepreßtem Elektrolytkupferpulver; Preßdruck 8 t/cm², Preßtemperatur 400°, danach 1 Stunde lang bei 800° unter Wasserstoff geglüht. × 200 (C. G. Goetzel).

In Abb. 90 ist die Dichte von bei 300 bzw. 500° heißgepreßten Kupferkörpern in Abhängigkeit vom aufgewandten Preßdruck dargestellt. Zum Vergleich ist die Preßdruckabhängigkeit der Dichte einer kaltgepreßten und anschließend bei 800° unter Wasserstoff gesinterten Kupferprobe mit eingezeichnet. Dadurch wird besonders deutlich, daß man durch das Heißpressen von vornherein schon bei verhältnismäßig geringen Drücken zu wesentlich höheren Dichten gelangt. Höhere Preßtemperaturen führen zu etwas höherer

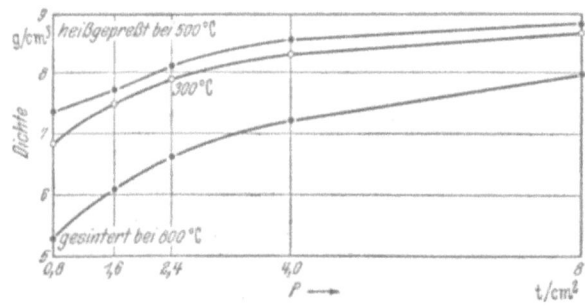

Abb. 90. Dichte verschiedener heißgepreßter und gesinterter Kupferkörper in Abhängigkeit vom aufgewandten Preßdruck (C. G. Goetzel).

Dichte als niedrigere Preßtemperaturen. Bei Anwendung eines Preßdruckes von 8 t/cm² bei 500° entspricht die Dichte der heißgepreßten Körper derjenigen des geschmolzenen Kupfers. In Abb. 91 ist zur Vervollständigung der Befunde über die Dichte von heißgepreßten Kupferkörpern die Dichte in Abhängigkeit von der Preßtemperatur dargestellt, und zwar für einen Preßdruck von 0,8, 4 und 8 t/cm². Es wird aus dieser Darstellung ersichtlich, daß mit zunehmender Preßtemperatur größere Dichten erreichbar sind, und daß für die Erreichung der theoretischen Dichte Preßdrücke von 0,8 und 4 t/cm² noch nicht ausreichen.

Die Brinellhärte von heißgepreßten Kupferkörpern in Abhängigkeit vom aufgewandten Preßdruck bei Temperaturen von 300 bis 500° geht aus Abb. 92 hervor. Auch in dieser Abbildung ist

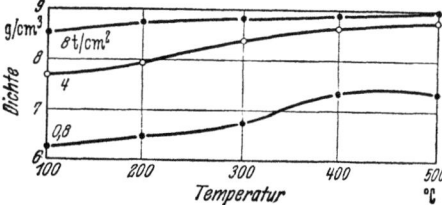

Abb. 91. Dichte von verschiedenen heißgepreßten Kupferkörpern in Abhängigkeit von der Preßtemperatur (C. G. Goetzel).

zum Vergleich die Härtekurve für kaltgepreßte und bei 800° gesinterte Proben mit eingezeichnet. In allen Fällen wächst die Härte mit zunehmendem Druck. Der größte Härtewert wird bei Anwendung eines Druckes von 8 t/cm² für eine Preßtemperatur von 300° erreicht. Immerhin bleibt das Maximum noch unter 110 Brinelleinheiten und erreicht somit nur etwa die Hälfte der Härtewerte, die W. Trzebiatowski an mit 15 t/cm² heißgepreßten Kupferkörpern erzielte (vgl. Abb. 84, Seite 143). Auf der 500°-Kurve zeigt der deutliche Knick den Beginn der Erholung und Rekristallisation an, was mit einem Weicherwerden der Proben verbunden ist. Wie zu erwarten, liegt die Härte von kaltgepreßten und anschließend gesinterten Proben weit unter derjenigen von heißgepreßten Proben. Bei 800°

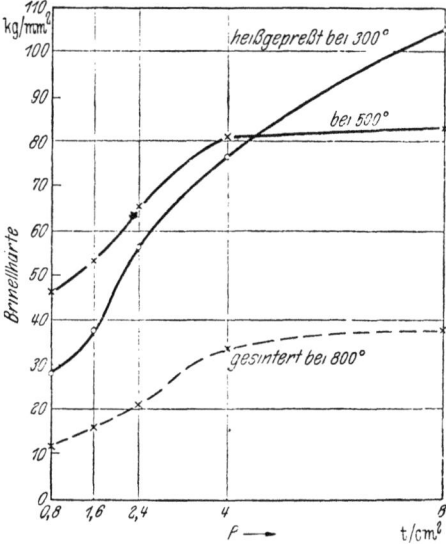

Abb. 92. Brinellhärte verschiedener heißgepreßter und gesinterter Kupferkörper in Abhängigkeit vom aufgewandten Preßdruck (C. G. Goetzel).

gesinterte Proben erreichen die normale Härte von gegossenem und geglühtem Kupfer bei Anwendung eines Kaltpreßdruckes von 8 t/cm².

In Abb. 93 ist die Härte von heißgepreßten Kupferprobekörpern als Funktion der Preßtemperatur für verschieden hohe Preßdrücke (0,8, 4 und 8 t/cm²) aufgetragen. Mit Ausnahme für den höchsten Preßdruck von 8 t/cm² zeigen die Kurven mit steigender Preßtemperatur

148  Die wissenschaftlichen Grundlagen der Pulvermetallurgie.

steigende Tendenz. Bei Anwendung des höchsten Preßdruckes wird ein Härtemaximum bei einer Preßtemperatur von 300° erreicht. Erwähnt sei, daß das Maximum der Härte bei Heißpreßversuchen an feinstem Kupferpulver von W. Trzebiatowski schon bei 100 bis 200° beobachtet wurde. Bei 300° ist die Härte der von W. Trzebiatowski heißgepreßten Kupferkörper schon wesentlich abgesunken.

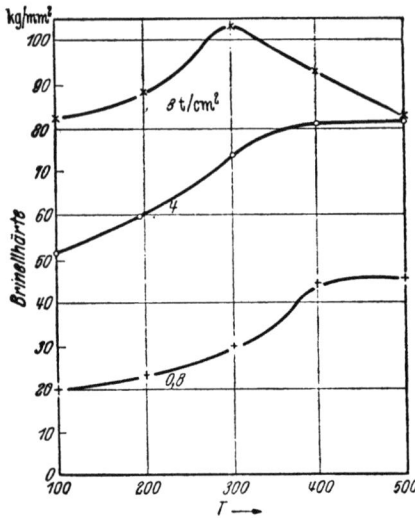

Abb. 93. Brinellhärte verschiedener heißgepreßter Kupferkörper in Abhängigkeit von der Preßtemperatur (C. G. Goetzel).

Außer der Dichte und Härte wurde von C. G. Goetzel noch die Walzbarkeit und Druckfestigkeit der heißgepreßten Proben eingehend untersucht. Die Walzbarkeitseigenschaften wurden durch Bestimmung der möglichen Querschnittsabnahme (in %) beim Kaltwalzen festgestellt. In Abb. 94 ist diese Querschnittsabnahme durch Kaltwalzen als Funktion des Preßdruckes für verschiedene heißgepreßte sowie kaltgepreßte und anschließend gesinterte Proben aufgetragen. Alle Kurven zeigen ein gleichmäßiges Ansteigen der Querschnittsabnahme mit wachsendem Preßdruck. Die Walzbarkeitseigenschaften von heißgepreßtem Material sind merklich besser als diejenigen von kaltgepreßten und bei 800° gesinterten Körpern. Erst bei Anwendung einer Heißpreßtemperatur von 400° erreicht man die Kaltwalzeigenschaften von gegossenem Kupfer. Bei dieser Temperatur hergestellte Heißpreßlinge können direkt zu Draht kaltverwalzt werden.

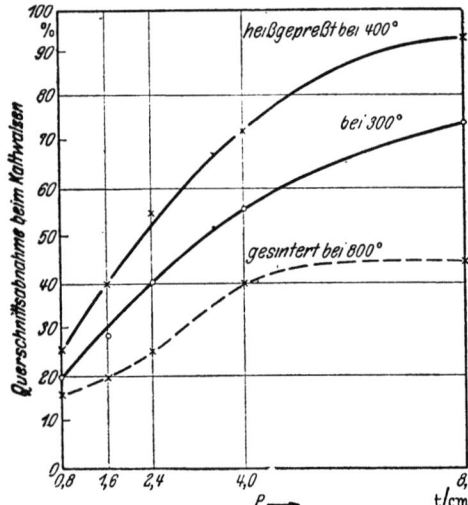

Abb. 94. Kaltwalzeigenschaften, ausgedrückt als Querschnittsabnahme verschiedener heißgepreßter Kupferkörper in Abhängigkeit vom aufgewandten Preßdruck (C. G. Goetzel).

Trägt man die beim Kaltwalzen von Heißpreßkörpern erzielte Querschnittsabnahme in Abhängigkeit von der Preßtemperatur für verschie-

Eigenschaften von Heißpreßkörpern. 149

den hohe Preßdrücke auf, so erhält man nach C. G. Goetzel die aus Abb. 95 hervorgehende Darstellung. Alle Kurven steigen mehr oder weniger gleichförmig mit wachsender Preßtemperatur an. Je höher der aufgewandte Preßdruck, um so steiler ist der Anstieg.

Auch die Untersuchungen über die Druckfestigkeit heißgepreßter oder kaltgepreßter und anschließend gesinterter Formstücke wurden an kleinen zylindrischen Proben mit einem Durchmesser von etwa 16 mm und einer Höhe von etwa 14 mm durchgeführt. Als Maß für die Druckfestigkeit wurde die Belastung angenommen, der die Proben maximal widerstehen konnten, ohne Anrisse zu zeigen. Außer der so bestimmten Größe wurde noch die Längen- und Durchmesseränderung der Proben während der Druckausübung durch Ausmessung mittels Mikrometer bestimmt. Abb. 96 vermittelt ein anschauliches Bild über das Verhalten der unter ver-

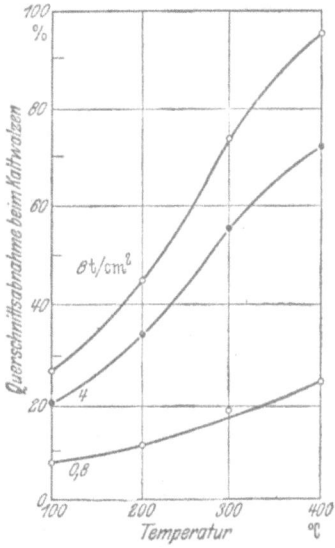

Abb. 95. Kaltwalzeigenschaften, ausgedrückt als Querschnittsabnahme verschiedener heißgepreßter Kupferkörper in Abhängigkeit von der aufgewandten Preßtemperatur (C. G. Goetzel).

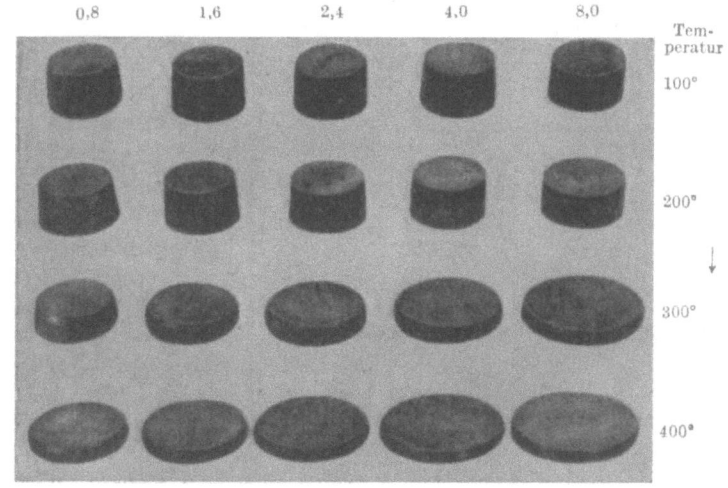

Abb. 96. Verhalten verschiedener heißgepreßter Kupferkörper bei der Druckprobe (C. G. Goetzel).

schiedensten Bedingungen heißgepreßten Kupferkörper bei der Druckprobe. Man sieht deutlich, daß die Bildsamkeit der Proben sprunghaft

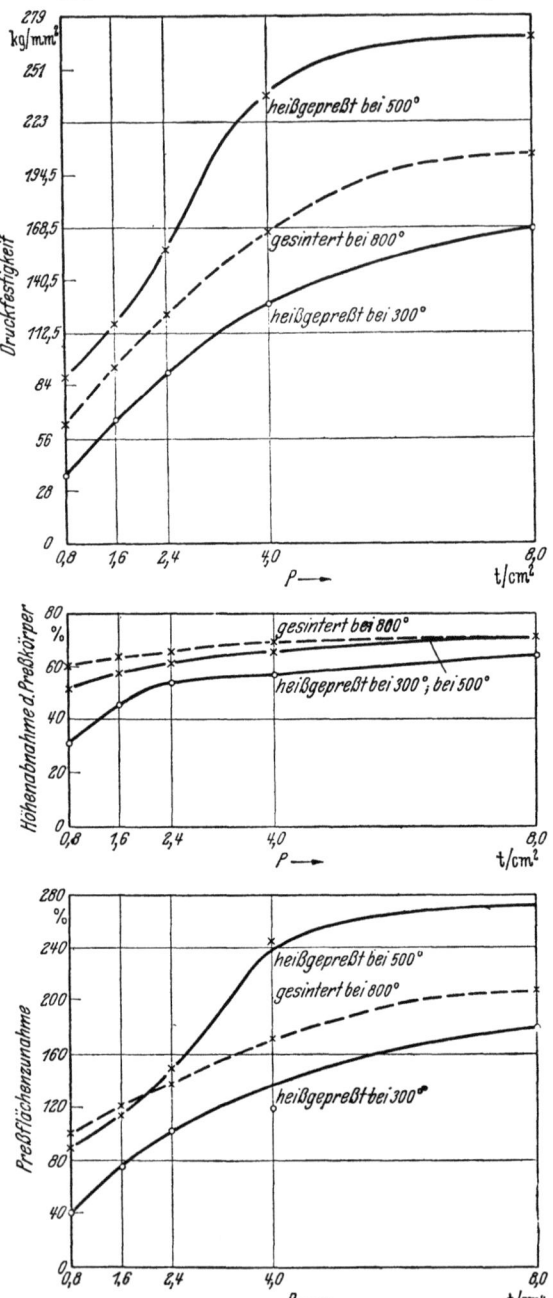

Abb. 97. Druckfestigkeitseigenschaften verschiedener heißgepreßter und gesinterter Kupferkörper in Abhängigkeit vom aufgewandten Preßdruck (C. G. Goetzel).

von einer Preßtemperatur von 300° an zunimmt. Es ist dies die Temperatur, bei welcher die Rekristallisation der größeren Pulveragglomerate einsetzt. In Abb. 97 sind die Druckfestigkeitseigenschaften von heißgepreßten und gesinterten Proben als Funktion des Preßdruckes aufgetragen. Sämtliche Kurven steigen mit wachsendem Preßdruck, zum Teil sogar beträchtlich, an. Die Kurven für das gesinterte Material liegen fast durchweg zwischen den Heißpreßkurven für 300 und 500°. Nach C. G. Goetzel werden die Druckfestigkeitseigenschaften von geschmolzenem Kupfer lediglich von den bei 500° mit einem Druck von 8 t/cm² heißgepreßten Proben erreicht bzw. teilweise übertroffen.

Schließlich sind in Abb. 98 die Druckfestigkeitseigenschaften von heißgepreßten Proben in Abhängigkeit von der Preßtemperatur aufgetragen, und zwar für Preßdrücke von 0,8, 4 und 8 t/cm². Auch hier zeigen sämtliche Druckfestigkeitseigenschaften mit steigender Preßtemperatur ansteigende Tendenz, und zwar liegen die Kur-

Eigenschaften von Heißpreßkörpern. 151

ven um so höher, je höher der aufgewandte Preßdruck ist. Nach C. G. Goetzel werden die Druckfestigkeitseigenschaften von geschmolzenem Kupfer nur von solchen heißgepreßten Körpern erreicht oder übertroffen, die entweder oberhalb 400° mit 8 t/cm² oder oberhalb 500° mit mindestens 4 t/cm² heißgepreßt wurden.

Neuere Heißpreßversuche von P. Schwarzkopf und C. G. Goetzel (12) erstreckten sich weiterhin auf die Eigenschaften (Gefüge, Dichte, Brinellhärte) von Schwammeisenpulver (Korngröße < 0,15 mm), Elektrolyteisenpulver (Korngröße < 0,15 mm) und Reduktionseisenpulver (Korngröße < 0,04 mm). Im Temperaturbereich zwischen 500 und 800° wurden bei Drücken bis zu 8 t/cm² Stahlmatrizen und im Temperaturgebiet zwischen 800 und 1300° bei Drücken bis zu 0,4 t/cm² Graphitmatrizen angewandt. Auch die Heißpreßversuche an Eisen ergaben, daß sowohl hohe Temperaturen bei geringen Drücken als auch tiefere Temperaturen bei entsprechend höheren Drücken zu dichten Sinterkörpern führen. Die zweite Methode ist jedoch im Hinblick auf den

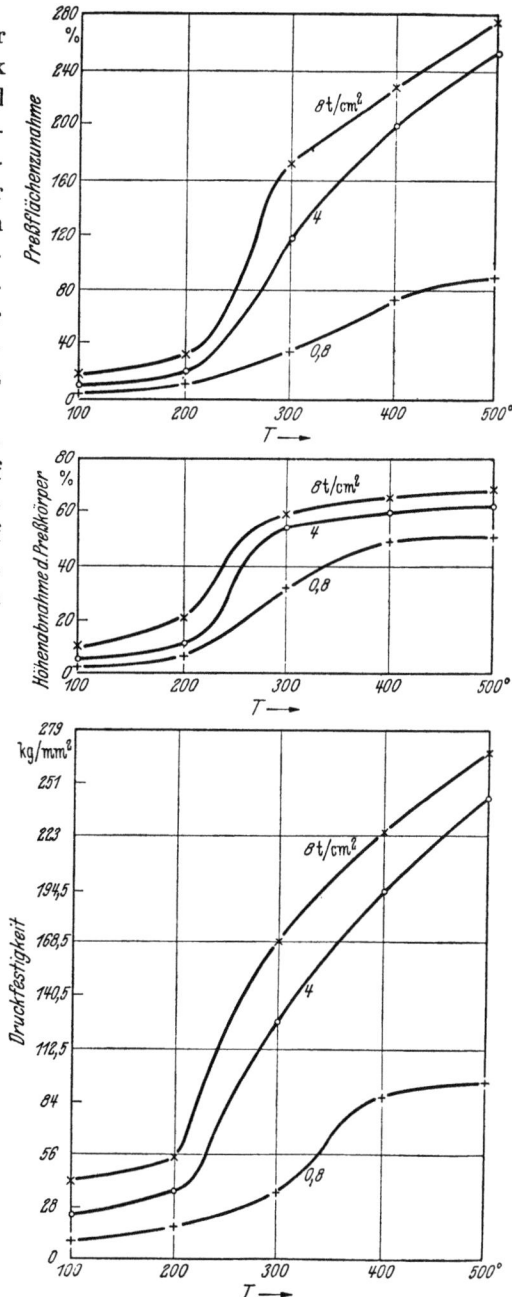

Abb. 98. Druckfestigkeitseigenschaften verschiedener heißgepreßter und gesinterter Kupferkörper in Abhängigkeit von der aufgewandten Preßtemperatur (C. G. Goetzel).

Matrizenverschleiß mehr zu empfehlen. Feinere und reinere Pulver (Elektrolyteisen) sind für die Erreichung maximaler Dichte und damit größerer Härte und besserer Festigkeitseigenschaften günstiger als gröbere Pulver (Schwammeisen). Für jede Preßtemperatur (einschließlich der Raumtemperatur) existiert ein Mindestdruck, der für die Erreichung der Dichte des kompakten Materials erforderlich ist. Während für die Erreichung der theoretischen Dichte von Eisen bei Raumtemperatur

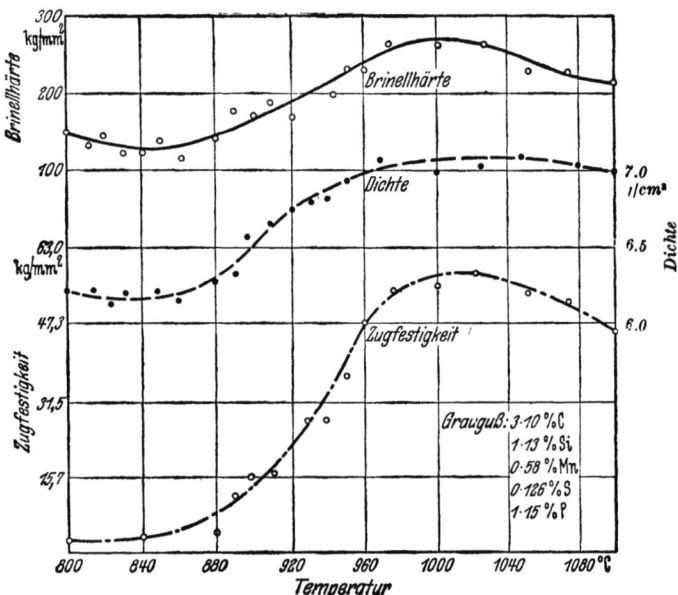

Abb. 99. Einfluß der Preßtemperatur auf die physikalischen Eigenschaften von heißgepreßtem Graugußpulver (Preßdruck 1,25 t/cm²) (W. D. Jones).

je nach dem vorliegenden Eisenpulver nach P. Schwarzkopf und C. G. Goetzel Drücke von 30 bis 47 t/cm² erforderlich sind, sinkt der notwendige Druck mit steigender Preßtemperatur ganz erheblich. In Zahlentafel 24 sind diese Zusammenhänge teils auf Grund von Versuchsunterlagen der genannten Forscher, teils auf Grund von Schätzungen (eingeklammerte Zahlen) zusammengestellt.

Erwähnenswert sind schließlich noch Heißpreßversuche von W. D. Jones, die teils mit einem Gußeisenpulver (Pacteron) (9), teils mit Messing- bzw. Bronzekomplexpulvern vorgenommen wurden (8). Für das Jonessche Heißpreßverfahren ist kennzeichnend, daß keine besondere Schutzatmosphäre angewandt wird. Ein Graugußpulver mit 3,1% C, 1,13% Si, 0,58% Mn, 0,126% S und 1,15% P mit einer Korngröße von < 0,2 mm wurde mit einem Druck von 1,25 t/cm² zu kleinen Probekörpern verpreßt und dann ohne Anwendung einer Schutzatmosphäre im elektrischen Ofen erhitzt. Unmittelbar nach Erreichung der in Aussicht genommenen Sintertemperatur wurden die Proben aus dem Ofen genommen und mit einem Druck von 1,25 t/cm² heißgepreßt. Nach dem Heißpressen wurden die Proben in der Matrize langsam abgekühlt. Die auf diese Art und Weise im Bereich zwischen 800 und 1100° erreichte Dichte, Härte und Zugfestigkeit der heißgepreßten Proben sind aus Abb. 99 zu entnehmen. Unterhalb einer Preßtemperatur von 800° ist die Zugfestigkeit der Proben noch ziemlich gering. Sie beträgt nur 3 bis 4 kg/mm² bei einer Dichte von etwa 6,25 g/cm³. Von 880 bis 975° ist ein starker Anstieg der genannten drei Eigenschaften, vor allen Dingen der Zugfestigkeit, zu beobachten. Bei einer Preßtemperatur von 975° werden an heißgepreßten Gußeisenkörpern immerhin so beachtliche Eigenschaften wie eine Dichte von 7 bis 7,1 g/cm³, eine Brinellhärte von 260 bis 270 und eine Zugfestigkeit von 56 bis 57 kg/mm² erreicht. Oberhalb 975° verbessern sich die genannten Eigenschaften nicht mehr.

Zahlentafel 24. Der bei gegebener Temperatur zur Erreichung gewünschter Dichte notwendige Preßdruck für verschiedene Eisenpulver (P. Schwarzkopf und C. G. Goetzel).

| Pulver | Raumerfüllung % | Preßdruck bei Raumtemperatur t/cm² | Preßdruck (t/cm²) bei Heißpreßtemperatur von C | | | | | | |
|---|---|---|---|---|---|---|---|---|---|
| | | | 500 | 600 | 700 | 800 | 900 | 1000 | 1100 |
| Schwammeisen aus Schwedenerz (< 0,15 mm) | 90 | (12) | 3,3 | 1,9 | 1,3 | 0,6 | 0,4 | (0,6) | (0,5) |
| | 95 | (20) | 4,3 | 2,8 | 1,7 | 0,9 | (0,6) | (0,9) | (0,8) |
| | 100 | (31) | (11,8) | (6,3) | (3,1) | (1,9) | (1,3) | (1,6) | (1,4) |
| Elektrolyteisen (< 0,15 mm) | 90 | (16) | 3,0 | 1,6 | (0,9) | (0,5) | 0,4 | (0,6) | (0,3) |
| | 95 | (24) | (5,5) | 3,0 | (1,6) | (0,8) | (0,6) | (0,9) | (0,6) |
| | 100 | (35) | (9,5) | 4,7 | (3,1) | (1,6) | (1,3) | (1,4) | (1,1) |
| Reduktionseisen (< 0,04 mm) | 90 | (20) | 3,8 | 1,6 | 0,9 | 0,5 | 0,24 | — | — |
| | 95 | (31) | 5,4 | 2,7 | 1,6 | 0,6 | — | — | — |
| | 100 | (47) | (11) | 4,7 | 3,1 | 1,6 | — | — | — |

Es ist im Gegenteil eine schwach fallende Tendenz zu beobachten. Es ist in der Tat erstaunlich, daß ein Werkstoff mit der genannten Zusammensetzung nach langsamer Abkühlung eine derartige Festigkeit aufweist. Nach W. D. Jones beruht die starke Bindung der Pulverteilchen zweifellos auf der Bildung einer flüssigen Phase während der Sinterung. Bei 950 bis 960° bildet sich nämlich ein flüssiges Phosphideutektikum, das unter der Einwirkung des Preßdruckes imstande ist, die vorhandenen Oxydfilme zu lösen und eine innige Verbindung der einzelnen Pulverteilchen herbeizuführen. Es wird dadurch aufs neue der günstige Einfluß des Auftretens einer flüssigen Phase für die Sinterfähigkeit von Metallpulvern bestätigt. Eine Mischung von 95 Gewichtsprozent 0,3% C enthaltenden Stahlpulvers mit 5 Gewichtsprozent Stahlpulver von 1% C und 10,2% P ergab nach Drucksinterung bei 1000° und langsamer Abkühlung sogar eine Zugfestigkeit von 83,4 kg/mm² und eine Brinellhärte von 230 bis 270 kg/mm². Allerdings war die Dehnung dieser Proben gleich Null. Derartige Zugfestigkeitswerte sind für eine geglühte Legierung als außerordentlich günstig zu bezeichnen.

Auf eine sehr bemerkenswerte Arbeit von R. P. Koehring (13) über das Heißpressen von Eisen- und Stahlpulvern mit und ohne Zusatz von Graphit wird in Kapitel 11 (Seite 198 ff.) eingegangen.

Beachtenswert sind die Ergebnisse von Drucksinterversuchen von W. D. Jones (8) an einfach und hochlegierten Messingen bzw. Bronzen, die in Form von Komplexpulvern vorlagen, bei denen also jedes einzelne Pulverkorn aus der fertigen Legierung besteht. Die Versuche von W. D. Jones wurden von G. Ritzau (10) einer eingehenden kritischen Betrachtung unterzogen. Fast in allen Fällen waren die erhaltenen Festigkeitswerte ganz gering. Lediglich die einfachen unlegierten (d. h. ohne Sonderzusätze) Messinge und Bronzen ergaben brauchbare Werte. Wesentlich günstiger verhielten sich dagegen Kupfer-Zink- bzw. Kupfer-Zinn-Legierungen, die aus den einzelnen Bestandteilen in Pulverform

Zahlentafel 25. **Festigkeitseigenschaften von druckgesinterten Messing- und Bronzelegierungen (W. D. Jones).**

|  | Cu | Zn | Sn | Zusätze | Sinterung °C | Zugfestigkeit kg/mm² | Streckgrenze kg/mm² | Dehnung % | Härte |
|---|---|---|---|---|---|---|---|---|---|
| Komplexpulver | 70 | 30 | — | — | 900 | 23,6 | 13,3 | 21 | — |
|  | 82...85 | Rest | 3,2...4,5 | 0,2...1,2 Fe | 870 | 33,8 | 19,7 | 46 | — |
| Einzelbestandteile in Pulverform | 90 | 10 | — | — | 900 | 24 | 13,3 | 22 | — |
|  | 80 | 20 | — | — | 900 | 29,1 | 14,2 | 34 | — |
|  | 70 | 30 | — | — | 800 | 29,9 | 17,3 | 16 | — |
|  | 50 | 50 | — | — | 775 | 16,5 | 16,5 | Null | 114 |
|  | 95 | — | 5 | — | 700 | 27,5 | 21,2 | 9 | 114 |
|  | 95 | — | 5 | — | 800 | 35,4 | 18,9 | 47 | — |
|  | 93 | — | 7 | — | 800 | 37 | 18,9 | 75 | — |
|  | 91 | — | 9 | — | 800 | 33 | 23,6 | 17 | — |
|  | 85,7 | 10,56 | 3,66 | — | 900 | 29,9 | 14,1 | 53 | — |
|  | 89,25 | — | 5,35 | 4,24 Ni; 0,79 Si | 850 | 35,2 | 25,2 | 13 | — |
|  | 88,55 | — | 5,4 | 5,3 Ni; 0,63 Si | 850 | 40,9 | 34,6 | 5 | — |
|  | 83,1 | 10,3 | 2,51 | 3,97 Ni | 900 | 30,7 | 14,1 | 32 | — |
|  | 28 | 25 | — | 45 Ni; 2 Si | 900 | 33 | — | Null | — |

Bemerkung: Der Preßdruck betrug 780 kg/cm²; die Heißpreßtemperatur lag 200° unterhalb des Schmelzpunktes der betreffenden Legierung.

hergestellt wurden. Das Gefügebild dieser Sinterlegierungen unterscheidet sich lediglich durch das feinere Korn von dem von geschmiedetem und nachträglich geglühtem Guß. In Zahlentafel 25 sind die wesentlichsten der von W. D. Jones gemessenen Werte aufgeführt. Die teilweise Überlegenheit der aus den elementaren Bestandteilen aufgebauten Sinterlegierungen gegenüber den aus fertigem Legierungspulver gesinterten ist nach W. D. Jones wesentlich dadurch bedingt, daß die niedrig schmelzenden Pulver Zink und Zinn beim Sintern kurzzeitig flüssig werden und hierbei die durch das Fehlen einer reduzierenden oder neutralen Schutzatmosphäre bedingten Oxydhäute weglösen. Diese Erklärung ist durchaus glaubhaft und deckt sich mit an anderer Stelle gemachten Erfahrungen.

Zusammenfassend ergeben sich durch das Heißpressen in Verbindung mit einer geeigneten Atmosphäre folgende Vorteile gegenüber gepreßten und lediglich gesinterten Formkörpern:
1. größere Formgenauigkeit,
2. höhere Zugfestigkeit und Härte,
3. höhere Dichte,
4. bessere Dehnung,
5. bessere Verformbarkeitseigenschaften,
6. gute elektrische Leitfähigkeit.

Durch Heißpressen gewonnene massive Sinterlager und Diamantmetallegierungen werden in Kap. 15 bzw. 17 besprochen.

### Literatur zum 7. Kapitel.
(1) D.R.P. 289864 (1912).
(2) A.P. 1343976 u. 1343977 (1917).
(3) D.R.P. 356716 (1920).
(4) D.R.P. 497558 (1927) u. 504484 (1926).
(5) Sauerwald, F., u. J. Hunczek: Z. Metallkde. 21 (1929) S. 22/23.
(6) Trzebiatowski, W.: Z. phys. Chem. Abt. A 169 (1934) S. 91/102.
(7) Hoyt, S. L.: Trans. Amer. Inst. min. metallurg. Engrs. Inst. Met. Div. 89 (1930) S. 9/58.
(8) Jones, W. D.: Metal Ind. Lond. 56 (1940) S. 69/71 u. 225/28; vgl. Ritzau, G. l. c. 10.
(9) — Foundry Trade J. 59 (1938) S. 401/02.
(10) Ritzau, G.: Werkstattstechnik 35 (1941) S. 145/49.
(11) Goetzel, C. G.: Preprint for the Twenty-second Annual Convention of the American Society for Metals, Cleveland, Ohio, 21.—25. Okt. 1940.
(12) Schwarzkopf, P., u. C. G. Goetzel: Iron Age 148 (1941) S. 37/44.
(13) Koehring, R. P.: Iron Age 148 (1941) S. 29/35 u. S. 100.
(14) Meyer, O., u. W. Eilender: Arch. Eisenhüttenw. 11 (1938) S. 545/62.
(15) Molkow, L., u. Chochlova: Red. Met. Nr. 1 (1935) (Redkije Metally).
(16) Sauerwald, F., u. St. Kubik: Z. Elektrochem. 38 (1932) S. 33/41.

## Dritter Teil.
# Gesinterte Metalle und Legierungen.

Seit der Beherrschung der Herstellung der hochschmelzenden Metalle Wolfram, Molybdän usw. durch Verfahren der Sintertechnik ist man längst dazu übergegangen, auch die meisten übrigen reinen Metalle oder ihre Legierungen über die Metallpulver unter Ausschluß des Schmelzweges zu verarbeiten, teils aus technischen Bedürfnissen heraus, zum großen Teil aber von rein wissenschaftlichen Fragestellungen aus, um die bei der Sinterung verlaufenden Vorgänge zu erforschen.

Die Beschreibung der sintertechnisch untersuchten Metalle soll in der Reihenfolge des periodischen Systems der Elemente erfolgen. Soweit die Metalle bzw. ihre Legierungen, wie im Falle des Wolframs, Molybdäns, Tantals und Niobs, größere technische Anwendung gefunden haben, soll ihre Besprechung dem vierten Teil dieses Buches ,,Sinterwerkstoffe der Technik" vorbehalten bleiben.

## 8. Kapitel.
## Erste Gruppe des periodischen Systems.

Hauptgruppe: Lithium, Natrium, Kalium, Rubidium, Cäsium.
Nebengruppe: Kupfer, Silber, Gold.

Von den aufgezählten Elementen sind lediglich die Metalle der Nebengruppe für die Pulvermetallurgie bedeutsam geworden.

### A. Kupfer.

Kupfer zählt zu den Metallen, dessen Sinterverhalten am eingehendsten untersucht worden ist. Dichte, Härte, Zugfestigkeit, Dehnung, Druckfestigkeit und elektrische Leitfähigkeit von Kupferpreßlingen wurden unter anderem von F. Sauerwald und Mitarbeitern (1), R. Kikuchi (2), W. Trzebiatowski (3) und C. G. Goetzel (4) in Abhängigkeit vom Preßdruck, der Glüh- und Heißpreßtemperatur bestimmt.

Wenn auch die Ergebnisse der verschiedenen Forscher im Charakter der gefundenen Kurven grundsätzlich übereinstimmen, so ergeben sich doch Abweichungen, die zum Teil in der Schwierigkeit der Reproduktion der Sinterbedingungen, zum Teil in den unterschiedlichen Herstellungsverfahren der verwandten Pulver und den dadurch bedingten Unterschieden in der Korngröße, Korngestalt und der Art der Verunreinigungen der Pulver liegen. Es ist klar, daß zu einem eindeutigen Vergleich der Versuchsergebnisse bei Sintererzeugnissen genaue Angaben über die Siebanalyse, das Herstellungsverfahren und die chemische Analyse der Ausgangspulver notwendig sind.

Die von den obengenannten Forschern benutzten Kupferpulver wurden teils durch Wasserstoff- oder Kohlenoxydreduktion von CuO, $Cu_2O$ bzw. Kupferoxalat, teils durch Elektrolyse und teils durch Zerstäubung von geschmolzenem Kupfer gewonnen. Genaue Angaben über Korngestalt, Siebanalyse und chemische Analyse des verwandten Kupferpulvers (Elektrolytpulver) werden lediglich von C. G. Goetzel (4b) gemacht. Das Pressen der stab- oder zylinderförmigen Probe-

Körper erfolgte in bekannter Weise in kalten oder elektrisch beheizten Stahlmatrizen, das Sintern wurde unter Wasserstoffschutzgas oder im Vakuum vorgenommen.

### 1. Eigenschaften von gesintertem Kupfer.

Die unter den skizzierten Herstellungsbedingungen erreichten physikalischen und mechanischen Eigenschaften sind folgende:

a) **Dichte.** Die Dichte steigt mit wachsendem Preßdruck sowohl von kalt- als auch von heißgepreßten Sinterkörpern gleichmäßig an (vgl. Abb. 90, Seite 146). Dabei übertreffen die warmgepreßten Sinterkörper die kaltgepreßten und anschließend gesinterten bezüglich ihrer Dichte erheblich. Bei ersteren erreicht man bei einem Druck von 8 t/cm² bei 500° annähernd die Dichte des geschmolzenen Kupfers. W. Trzebiatowski (3a) wandte Preßdrücke bis zu 30 t/cm² an und erzielte bei dem Höchstdruck schon an kaltgepreßten Kupferformkörpern eine Dichte von 8,75. Mit extrem hohen Drücken gepreßte Kupfersinterkörper zeigen bezüglich ihrer Dichte in Abhängigkeit von der Sintertemperatur ein anormales Verhalten (vgl. Abb. 55, Seite 95). Während mit 6 t/cm² gepreßte Kupferformkörper mit steigender Sintertemperatur in ihrer Dichte von 7,1 auf etwa 7,8 ansteigen beobachtet man an mit 30 t/cm² gepreßten Körpern einen Dichteabfall von 8,6 auf 6,9 bei gleicher Wärmebehandlung. Diese scheinbare Anomalie wurde schon im Kap. 6, Seite 95, ausführlicher besprochen.

b) **Härte.** Bezüglich der an Kupferkaltpreßlingen gefundenen Brinellhärte in Abhängigkeit vom aufgewandten Preßdruck sei auf Abb. 48, Seite 86, verwiesen. Während man an geschmolzenem, weich geglühtem Kupfer eine Brinellhärte von 40 kg/mm² und an kaltverfestigtem eine solche von etwa 110 bis 120 kg/mm² feststellen kann, steigt die Härte von Kupferpulverpreßlingen bei Drücken von 30 t/cm² auf Werte von 130 bis 160 kg/mm² an. Der von W. Trzebiatowski (3a) gefundene sehr hohe Härtewert von 180 kg/mm² dürfte durch die Verwendung des äußerst feinen Pulvers sowie gegebenenfalls durch die Art der Messung (Mikrohärteprüfung) etwas zu hoch ausgefallen sein.

Sintert man mit verschieden hohem Preßdruck hergestellte Kupferformkörper bei steigenden Temperaturen, so gelangt man nach R. Kikuchi (2) bei Verwendung verhältnismäßig groben Kupferpulvers zu der in Abb. 100 dargestellten Abhängigkeit der Brinellhärte von der Sintertemperatur. Man sieht, daß sich die Härte der Kupferpreßlinge — wie zu erwarten — mit steigender Sintertemperatur immer mehr derjenigen von geschmolzenem, weich geglühtem Kupfer nähert. Der steilere Härteabfall oberhalb 800° wird von R. Kikuchi auf ein bei dieser Temperatur einsetzendes Kornwachstum und eine damit verbundene Aufrauhung der Oberfläche zurückgeführt. Die Ergebnisse von R. Kikuchi decken sich nicht vollständig mit denen von W. Trzebiatowski (3a) (vgl. Abb. 67, Seite 114). Die unterschiedlichen Versuchsergebnisse der genannten Forscher dürften darauf beruhen, daß R. Kikuchi ein gröberes Kupferpulver (Korngröße etwa 0,07 bis 0,1 mm), W. Trzebiatowski dagegen ein außerordentlich feines, zwangsläufig sauerstoffhaltiges Kupferpulver (Korngröße kleiner als 0,002 mm) verwendete. Bei Versuchen, die R. Kikuchi mit Kupferpulver verschiedener Korngröße anstellte, wurden die aus Zahlentafel 26 hervorgehenden Werte

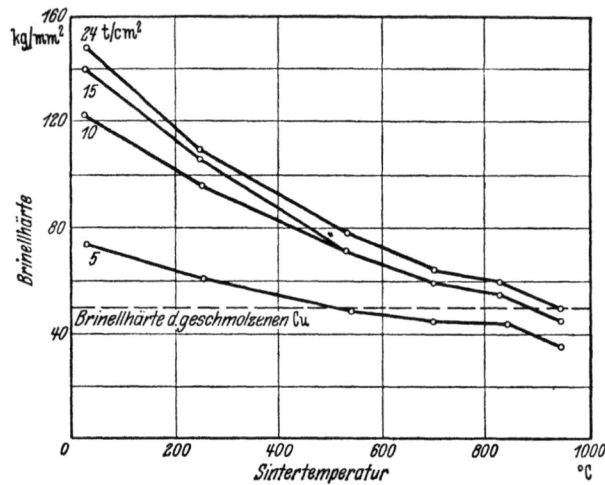

Abb. 100. Abhängigkeit der Härte von Sinterkörpern aus grobem Kupferpulver von der Sintertemperatur bei Anwendung verschiedener Preßdrücke (R. Kikuchi).

erzielt. Es ergibt sich daraus eindeutig, daß die gröberen Pulver bei Sinterung unterhalb 700° zu weicheren Sinterkörpern führen.

Zahlentafel 26.
Härte von Sinterkörpern aus Kupferpulver verschiedener Korngröße nach Sinterung bei verschiedenen Temperaturen (R. Kikuchi).

| Korngröße in mm etwä | Brinellhärte in kg/mm² nach | | | | | |
|---|---|---|---|---|---|---|
| | Pressen bei 20° | Sintern bei | | | | |
| | | 260° | 530° | 700° | 840° | 920° |
| 0,075 | 152,4 | 120,5 | 78,4 | 64,0 | 50,9 | 43,5 |
| 0,10 | 141,5 | 104,5 | 75,4 | 64,6 | 50,7 | 43,3 |
| 0,15 | 131,6 | 98,2 | 70,5 | 59,7 | 50,5 | 44,0 |
| 0,30 | 116,9 | 90,5 | 65,2 | 56,4 | 50,1 | 45,3 |

Führt man das Pressen von Kupferformkörpern bei erhöhter Temperatur durch (Heißpressen), so gelangt man im Gegensatz zum Kaltpressen mit anschließender Glühbehandlung bei Preßdrücken von 0,8 t/cm² und höher zu einem Härtemaximum bei etwa 300 bis 450°. Die Härte zeigt in Abhängigkeit von der Heißpreßtemperatur nach C. G. Goet-

Kupfer. 159

zel (4b) einen Kurvenverlauf gemäß Abb. 93, Seite 148. Diese Befunde stehen in guter Übereinstimmung mit entsprechenden Versuchsergebnissen von W. Trzebiatowski (3c), der Heißpreßdrücke bis zu 15 t/cm² anwandte.

c) **Mechanische Eigenschaften.** Über die Zugfestigkeit von Kupfersinterkörpern finden sieh in der Literatur lediglich bei F. Sauerwald (1) Angaben. In Abb. 101 sind die Versuchsergebnisse von F. Sauerwald und Mitarbeitern an kalt- und heißgepreßten Stäben mit eigenen Be-

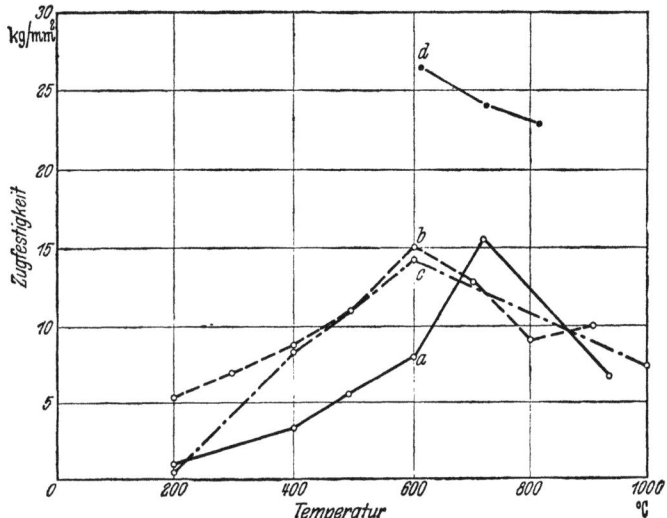

Abb. 101. Zugfestigkeit von kalt- und heißgepreßten Kupfersinterkörpern in Abhängigkeit von der Sintertemperatur.
a) gesintert; P = 1,5 t/cm² (F. Sauerwald und E. Jaenichen),
b) gesintert; P = 5 t/cm² (F. Sauerwald und St. Kubik),
c) gesintert; P = 10 t/cm² (R. Kieffer und W. Hotop),
d) heiß gepreßt; P = 3,6 t/cm² (F. Sauerwald und J. Hunczek).

funden an lediglich gesinterten Zerreißstäben kombiniert. Bei den eigenen Versuchen wurde reinstes Elektrolytpulver (Korngröße kleiner als 0,05 mm) benutzt. Die Festigkeit der Kupfersinterkörper steigt mit der Sintertemperatur, wobei Höchstwerte von etwa 15 kg/mm² an kaltgepreßten und anschließend gesinterten Körpern erreicht werden. Diese Festigkeit entspricht etwa 75% derjenigen von geschmolzenem, weichgeglühtem Kupfer. Oberhalb 600 bis 700° beobachtet man oft einen Festigkeitsabfall. Dieser Befund scheint weniger mit dem angewandten Preßdruck als mit dem Reinheitsgrad (Sauerstoffgehalt) des verwandten Pulvers in Zusammenhang zu stehen. Der Festigkeitsabfall ist stets von einem kleinen Abfall der Dichte begleitet und beruht auf Gasausbrüchen ($H_2O$-Dampf), die bei höheren Temperaturen infolge der Nachreduktion von Oxydresten und der Volumenzunahme der Körper stattfinden. Bei Sinterkörpern aus gröberem, unter Wasserstoff vorreduziertem Kupferpulver (Granulatkupfer) beobachtet man diese Erscheinung jedenfalls nicht.

Eine wesentliche Festigkeitssteigerung weisen nach den Befunden von F. Sauerwald (1i) heißgepreßte Kupfersinterkörper auf. Hier werden Festigkeiten von etwa 25 kg/mm² bei Heißpreßtemperaturen um 700° erreicht.

Die Dehnung von Kupfersinterkörpern nimmt mit steigendem Preßdruck und steigender Sintertemperatur zu. Sie beträgt bei einem Preßdruck von 3 bis 5 t/cm² bei Sintertemperaturen um 800° etwa 4 bis 5% und erreicht bei mit hohem Druck gepreßten Körpern (etwa 10 t/cm²) bei gleicher Sintertemperatur Werte bis zu 10%. Im Vergleich dazu beobachtet man an Zerreißstäben aus weichgeglühtem Kupfer Dehnungswerte von 40%. Dehnungswerte der gleichen Größenordnung lassen sich auch an druckgesintertem Kupfer erzielen.

Die Druckfestigkeitseigenschaften von kalt- und heißgepreßten zylindrischen Kupfersinterkörpern wurden von C. G. Goetzel (4b) eingehend untersucht. In Abb. 97, Seite 150, sind die Druckfestigkeitseigenschaften von kalt- und heißgepreßten Kupfersinterkörpern in Abhängigkeit vom aufgewandten Preßdruck wiedergegeben.

**d) Spezifischer elektrischer Widerstand.** Der Verlauf des spezifischen elektrischen Widerstandes in Kupferpreßlingen wurde von W. Trzebiatowski (3b) im Temperaturintervall von 18 bis 600° untersucht. Während W. Trzebiatowski den Widerstand bei der betreffenden Sintertemperatur ermittelte und so zu Widerstandstemperaturkurven gelangte, untersuchten F. Sauerwald und Mitarbeiter (1) den spezifischen elektrischen Widerstand von bei verschiedenen Temperaturen gesinterten Preßkörpern nach Abkühlen auf Zimmertemperatur. Wie zu erwarten, zeigen die am höchsten gesinterten Körper wegen ihrer höheren Dichte und des besseren Kornverbandes den geringsten Widerstand.

Der Kurvenverlauf des spezifischen elektrischen Widerstandes heißgepreßter Kupferkörper in Abhängigkeit von der Temperatur entspricht weitgehend dem des massiven Kupfers (3b). Auch die an solchen Körpern erzielte beste elektrische Leitfähigkeit unterscheidet sich vom geschmolzenen Kupfer kaum (vgl. Seite 140 ff.).

Verdichtet man aus reinstem Elektrolytkupferpulver (doppelt elektrolysiert) hergestellte Sinterkörper durch sorgfältiges Schmieden, Walzen und Ziehen unter Einschaltung einer mehrmaligen intensiven Glühung unter Wasserstoff, so erzielt man nach eigenen Untersuchungen ein Material, das wegen der vollständigen Entfernung von Oxydresten und gegebenenfalls vorhandenen Wasserdampfhäutchen eine elektrische Leitfähigkeit von $62 \frac{m}{Ohm \times mm^2}$ aufweist, die als hervorragend anzusprechen ist.

## 2. Vergleich der Eigenschaften von geschmolzenem und gesintertem Kupfer.

Vergleicht man zusammenfassend die physikalischen und mechanischen Eigenschaften von geschmolzenem und gesintertem Kupfer, so fallen größere Unterschiede ins Auge, falls man zum Vergleich einen gepreßten und anschließend lediglich gesinterten Werkstoff heranzieht. Insbesondere die mechanischen Eigenschaften und von diesen vornehmlich die Bruchdehnung sind beim gesinterten Werkstoff unterwertig. Druckgesintertes Kupfer sowie mehrfach gesintertes, zwischengepreßtes Material erreicht schon weitgehend die Eigenschaften von Kupfer im Gußzustand und übertrifft sie sogar bei gewissen Größen, beispielsweise bezüglich der Härte und der Festigkeit. Zwischen dem geschmolzenen und gesinterten Kupfer verbleibt praktisch kein Unterschied, wenn man den kalt- oder heißgepreßten Sinterkörper einer

Zahlentafel 27. Eigenschaften von geschmolzenem und gesintertem Kupfer in verschiedenem Bearbeitungszustand.

| Bearbeitungszustand des Werkstoffes | Härte $H_B$ kg/mm² | Zugfestigkeit kg/mm² | Dehnung % | Dichte g/cm³ | Elektrische Leitfähigkeit $\frac{m}{\Omega \, mm^2}$ |
|---|---|---|---|---|---|
| Gegossen | 40—50 | 15—20 | 15—25 | 8,9 | 55—57 |
| Geschmolzen, geschmiedet, gewalzt, weich geglüht | > 50 | 20—24 | > 38 | 8,93 | 57—59 |
| Geschmolzen, gewalzt, Abwalzungsgrad 80% | 100—110 | 44 | 10—12 | 8,93 | 55—57 |
| Kalt gepreßt (6 t/cm²), gesintert (600°) | 45 | 14—16 | 3—4 | 7,6 | 32—36 |
| Kalt gepreßt (30 t/cm²), gesintert (600°) | < 40 | n. b. | 2—3 | 6,9—7,0 | 20—25 |
| Warm gepreßt 8 t/cm² 300° | 100—110 | 25—30 | 10—20 | 8,9 | n. b. |
| Warm gepreßt 15 t/cm² 400° | 120—150 | 30—35 | n. b. | 8,9 | 57—59 |
| Kalt gepreßt (3 t/cm²), gesintert 900°, 90%, warm verformt, geglüht | 40—50 | 20—25 | < 35 | 8,9—8,93 | 59—62 |
| Kalt gepreßt (3 t/cm²), gesintert 900°, warm geschmiedet, 50% kalt verformt | 100—110 | 35—40 | 10—12 | 8,9—8,93 | 55—57 |

genügend gründlichen, spanlosen Verformung durch Schmieden, Walzen usw. bei erhöhter Temperatur unterzieht. In Zahlentafel 27 sind die Eigenschaftswerte von geschmolzenem und gesintertem Kupfer nach verschiedenen Verarbeitungsstufen einander gegenübergestellt.

## B. Kupferlegierungen.

1. **Kupfer-Silber** (s. Seite 165: Silberlegierungen).
2. **Kupfer-Wolfram** (s. Seite 320 ff.).
3. **Kupfer-Nickel-Wolfram** (s. Seite 330); **Kupfer-Nickel** (s. Seite 163).
4. **Kupfer-Graphit** (s. Seite 316 ff. und Seite 343 ff.).
5. **Kupfer-Graphit und Zusätze von Zinn, Zink, Blei** (s. Seite 316 ff. und 343 ff.).
6. **Kupfer-Blei** (s. Seite 345).
7. **Kupfer-Zink.**

Kupfer-Zink-Pulvergemenge wurden von W. Spring (5), G. Masing (6) und R. Kikuchi (2) untersucht. W. Spring ging dabei so vor, daß er Zink- und Kupferfeilspäne verpreßte, den Preßkörper anschließend wieder zerkleinerte und dieses Verfahren 5- bis 6 mal wiederholte. Er kam so zu Körpern mit messingähnlichem Aussehen, die allerdings entgegen seiner Ansicht keine echte Legierung, sondern ein mechanisches Gemenge der beiden Komponenten darstellten. Durch 20-stündiges Erhitzen auf 400° — also unterhalb des Zinkschmelzpunktes — gelang es G. Masing, bei Kupfer-Zink-Pulverpreßlingen eine merkliche Messingbildung durch Diffusion der beiden Komponenten, insbesondere des Zinks in das Kupfer, zu erzielen. Mit steigender Temperatur kann durch das Auftreten von flüssiger Phase, die während der Sinterbehandlung wieder verschwindet, eine noch vollkommenere Diffusion erzielt werden (7). Die Härte von mit 15 t/cm² gepreßten Kupfer-Zink-Sinterkörpern ist in Abhängigkeit von der Sintertemperatur (Sinterzeit 20 Min.) in Zahlentafel 28 wiedergegeben (2). Während bei niedrigen Sintertemperaturen die Härtewerte der Mischungsregel folgen, treten bei 400° Abweichungen von dieser Regel auf, die auf bei dieser Temperatur verstärkt einsetzende Mischkristallbildung zurückzuführen sind.

Weitere technologische Eigenschaften von heißgepreßtem Messing wurden von W. D. Jones (8) bestimmt (vgl. Zahlentafel 25, Seite 154).

Zahlentafel 28. Härte von Cu-Zn-Sinterkörpern in Abhängigkeit von der Sintertemperatur (R. Kikuchi).

| Gehalt an Cu bzw. Zn % | Brinellhärte in kg/mm² nach | | |
|---|---|---|---|
| | Pressen bei 20° | Sintern bei 260° | Sintern bei 400° |
| Reines Zn | 94,0 | 73,9 | 47,1 |
| Zn 90 Cu 10 | 98,2 | 53,7 | 37,9 |
| Zn 75 Cu 25 | 103,9 | 65,8 | 27,9 |
| Zn 50 Cu 50 | 116,9 | 78,0 | 80,4 |
| Zn 25 Cu 75 | 128,6 | 97,2 | 85,9 |
| Zn 10 Cu 90 | 136,9 | 110,7 | 84,6 |
| Reines Cu | 139,6 | 116,9 | 98,2 |

## 8. Kupfer-Zinn.

Gesinterte Kupfer-Zinn-Preßkörper haben gesteigertes Interesse gefunden, da sie die Grundlage für die porösen Bronzelager bilden. G. Masing (6) preßte Kupfer-Zinn-Feilicht in verschiedenen Mischungsverhältnissen zusammen und verfolgte mikroskopisch die Diffusionsvorgänge nach Erhitzen auf 200°. An einer Probe aus 50% Cu und 50% Sn konnte er bereits nach 16-stündigem Glühen bei 200°, also unterhalb des Zinnschmelzpunktes, die Bildung von intermediären Phasen ($Cu_3Sn$ bzw. CuSn) nachweisen.

Bei der Herstellung poröser Lager sintert man feinste Pulvergemenge aus etwa 90% Cu und 10% Sn mit 0 bis 2% Graphit bei etwa 800 bis 900°. Hierbei vollzieht sich die Mischkristallbildung, wie in Abb. 77, Seite 127, schematisch dargestellt (1 l).

Die mechanischen Eigenschaften von gesinterten Bronzen, die in der Literatur erwähnt werden, beziehen sich meistens auf den porösen Zustand (vgl. Seite 342). Bezüglich der Eigenschaften von heißgepreßten Bronzelegierungen sei auf Zahlentafel 25, Seite 154, verwiesen (8).

## 9. Weitere Kupferlegierungen.

F. Hardy (9) untersuchte eine Reihe von gesinterten Kupferlegierungen mit kleinen Gehalten (bis zu 3%) von Silber, Kadmium, Zink sowie Silber-Kadmium, Silber-Zink, Silber-Antimon und Zink-Antimon. Die Sinterkörper wurden mehrfach gesintert und zwischen den einzelnen Glühbehandlungen erneut durch Kaltpressen verdichtet. Die erzielten Härtewerte entsprechen nach der Schlußglühung den geschmolzenen Legierungen gleicher Zusammensetzung.

F. N. Rhines (10) sinterte eine Reihe von Kupfer-Nickel-Preßkörpern (90 bis 10% Cu bzw. 10 bis 90% Ni), um die Diffusionsvorgänge in einem typischen Mischkristallsystem in Abhängigkeit von der Sintertemperatur und -zeit, von der Zusammensetzung der Legierung und von der Reinheit des Pulvers zu verfolgen. Er konnte zeigen, daß die Pulverteilchen in allen untersuchten Legierungen, unabhängig von der Gesamtzusammensetzung des Preßkörpers, die gleichen Konzentrationsänderungen während der Sinterung durchlaufen. Wie zu erwarten, wird der Grad der erreichten Homogenisierung der Mischkristalle durch Oxydfilme auf den Pulverteilchen beeinträchtigt.

## C. Silber.

Aus reinstem Silberpulver lassen sich mühelos Stäbe mit hervorragenden Walz- und Schmiedeeigenschaften sintern. Als Ausgangswerkstoff verwendet man Silberpulver, das durch Glühen von Silberoxyd an Luft, durch Reduktion von Silberchlorid in Salzsäurelösung mit Zink oder durch Feingranulation hergestellt wird. Das reinste Silberpulver (frei von Silberchlorid und Alkalien) wird durch Zerstäuben von flüssigem Reinstsilber gewonnen.

Über die mechanischen Eigenschaften von Silber-Sinterkörpern finden sich im Schrifttum nur spärliche Angaben. R. Kikuchi (2) untersuchte im Vakuum und an Luft gesinterte Silberpreßkörper aus Pulvern verschiedener Körnung. Über die Herstellungsverfahren des Silberpulvers werden keine näheren Angaben gemacht. Bei den angewandten Preßdrücken von 15 bzw. 19 t/cm² wurde eine Brinellhärte von 150 bis 160 kg/mm² an den Kaltpreßlingen erzielt. Nach einer Sinterungsbehandlung bei Temperaturen bis zu 900° fällt die Brinellhärte auf 25 bis 30 kg/mm². Die mit feinem Silberpulver hergestellten Sinterkörper übertreffen die aus gröberem Pulver gewonnenen in der Härte nur unwesentlich. Der Härtebefund von R. Kikuchi konnte durch eigene Untersuchungen an Sinterkörpern, die aus feinstem Silberpulver (Zinkreduktion von Silberchlorid) und aus gröberem Granulatsilber (DPG-Verfahren) hergestellt waren, vollauf bestätigt werden. Mit 2, 6 und 10 t/cm² gepreßte Silbersinterkörper weisen nach zweistündiger Sinterung unter Wasserstoff bei Temperaturen zwischen 600 und 900° eine Zugfestigkeit zwischen 8 und 14 kg/mm² auf. Die besten Werte werden bei einem Preßdruck von 10 t/cm² und einer Sintertemperatur von 800° erreicht.

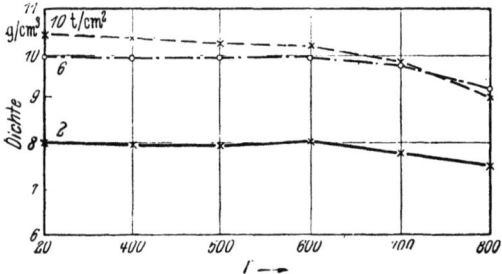

Abb. 102. Dichte von mit verschieden hohem Druck gepreßten Silbersinterkörpern aus grobem Granulatpulver in Abhängigkeit von der Sintertemperatur.

Im Gegensatz zu den meisten anderen Metallen sinkt sowohl bei niedrig- als auch bei hochgepreßten Silberformkörpern die Dichte mit steigender Sintertemperatur etwas ab, wie aus Abb. 102 hervorgeht. Diese Erscheinung ist wahrscheinlich auf die Wirkung von eingeschlossenen oder absorbierten Gasen sowie auf die geringe Neigung des Silberpulvers zum Kornwachstum zurückzuführen. Nach F. Sauerwald (1a) beobachtet man nämlich erst oberhalb 570° eine kaum merkliche Kornvergröberung, die auch bei Temperaturen nahe dem Schmelzpunkt nur unwesentlich stärker wird.

Selbstverständlich kann man auch bei Silbersinterkörpern durch nachträgliche Verformung (Schmieden, Walzen, Ziehen usw.) zu Eigenschaften gelangen, die denen des geschmolzenen Werkstoffes weitgehend entsprechen.

## D. Silberlegierungen.

1. Silber-Graphit (s. Seite 320).
2. Silber-Wolfram (s. Seite 327).
3. Silber-Molybdän (s. Seite 327).
4. Silber-Kupfer.

Das Zustandsbild von geschmolzenen Silber-Kupfer-Legierungen weist bekanntlich ein Eutektikum bei 72% Ag (eutektische Temperatur 779°) und beschränkte Mischbarkeit im festen Zustand auf (11). Mit der Sinterung von Silber-Kupfer-Legierungen haben sich R. Kikuchi (2), G. Price, S. Williams und C. J. Smithells (12), G. Masing (6), W. D. Jones (13) und G. Comstock (14) beschäftigt. Sämtliche Untersuchungen an gesinterten Legierungen dieses Systems sind aus wissenschaftlichen Gründen durchgeführt worden, und zwar vornehmlich, um die Sinterung bei solchen Körpern verfolgen zu können, die in Anwesenheit einer flüssigen Phase gesintert werden. Es leuchtet ein, daß sich die Sinterkörper hinsichtlich ihrer Eigenschaften wesentlich voneinander unterscheiden, je nachdem, ob man bei der Sinterung die eutektische Temperatur überschreitet oder nicht. Sintert man unterhalb der eutektischen Temperatur, so gelangt man stets zu porösen Körpern. Oberhalb der eutektischen Geraden gelingt es wegen des Auftretens flüssiger Phase und der Löslichkeitsverhältnisse im festen Zustand in diesem System Körper zu erzielen, die praktisch die Dichte der entsprechenden geschmolzenen Legierung erreichen (vgl. Kap. 6, Seite 134 ff.).

G. Price, S. Williams und C. J. Smithells (12) untersuchten eine Legierung aus 80% Cu und 20% Ag, die sie durch halbstündiges Sintern bei 900° herstellten. Die dabei erzielte Dichte des Sinterkörpers betrug 8,8 gegenüber 9,2 bei der geschmolzenen Legierung. Die Entstehung der Struktur der Sinterlegierung — runde $\beta$-Mischkristalle in einem Netzwerk von $\alpha$-Mischkristallen — wird von G. Price, S. Williams und C. J. Smithells ähnlich gedeutet wie die Struktur von Wolfram-Kupfer-Nickel-Schwermetallegierungen (vgl. Kap. 6, Seite 134 ff.).

G. Masing (6) untersuchte das Verhalten einer Pulvermischung im eutektischen Verhältnis (28% Cu, 72% Ag) beim Aufheizen bis zum vollständigen Schmelzen und beim anschließenden Abkühlen. Dabei beobachtete er auf der Erhitzungskurve im Bereich zwischen 770 und 800° ein Schmelzintervall. In dem genannten Temperaturintervall, also weit unterhalb der Schmelzpunkte des Kupfers und des Silbers, verflüssigt sich der ganze Preßkörper. Die anschließend aufgenommene Abkühlungskurve weist nur einen Haltepunkt auf, der praktisch mit der eutektischen Temperatur im geschmolzenen System zusammenfällt.

Von den mechanischen Eigenschaften von gesinterten Silber-Kupfer-

166 Gesinterte Metalle und Legierungen.

Legierungen wurde lediglich die Härte von R. Kikuchi (2) bestimmt. R. Kikuchi sinterte eine Reihe von Legierungen des Systems bei Temperaturen oberhalb und unterhalb der eutektischen Geraden. Die Korngröße der verwendeten Pulver betrug 40 bis 70 $\mu$. Zur Herstellung der Preßkörper, die 20 Minuten gesintert wurden, wurde ein Preßdruck von 15 t/cm² aufgewandt. Die Ergebnisse der Härteprüfung an den so hergestellten Legierungen enthält Zahlentafel 29. Die unterhalb 780° gesinterten Körper weisen Härtewerte auf, die in guter Übereinstimmung zur Mischungsregel stehen. Die bei Sintertemperaturen oberhalb des Eutektikums beobachtete Härtesteigerung ist auf eine mit dem Auftreten der eutektischen flüssigen Phase verbundene, verstärkte Legierungsbildung zurückzuführen.

Zahlentafel 29.
Härte von gesinterten Silber-Kupfer-Legierungen (R. Kikuchi).

| Gehalt an Ag bzw. Cu % | Brinellhärte in kg/mm² nach | | | | | |
|---|---|---|---|---|---|---|
| | Pressen bei 20° | Sintern bei | | | | |
| | | 260° | 530° | 700° | 840° | 920° |
| Reines Ag | 112,8 | 72,2 | 46,4 | 36,6 | 30,5 | 26,6 |
| Ag 90 Cu 10 | 115,5 | 84,6 | 51,8 | 44,2 | 36,6 | 27,6 |
| Ag 80 Cu 20 | 120,5 | 86,4 | 56,2 | 45,2 | 44,7 | 59,9 |
| Ag 50 Cu 50 | 131,6 | 101,1 | 65,2 | 56,7 | 41,0 | 64,3 |
| Ag 35 Cu 65 | 136,9 | 105,7 | 70,2 | 62,3 | 55,3 | 42,4 |
| Ag 20 Cu 80 | 141,5 | 107,6 | 76,1 | 67,6 | 41,2 | 34,8 |
| Ag 10 Cu 90 | 146,3 | 114,1 | 76,1 | 68,9 | 47,1 | 30,6 |
| Reines Cu | 141,5 | 120,5 | 78,4 | 64,0 | 49,9 | 43,5 |

### 5. Silber-Nickel und Silber-Eisen.

Silber-Nickel- und Silber-Eisen-Legierungen wurden von G. Comstock (13) durch Sintern unterhalb des Silberschmelzpunktes hergestellt und anschließend zu Blechen verwalzt. Da beide Komponenten füreinander sowohl im festen wie im flüssigen Zustand praktisch keine Löslichkeit aufweisen, ergeben sich Verbundmetalle, deren Eigenschaften weitgehend nach der Mischungsregel vorhergesagt werden können. Zahlenwerte der mechanischen Eigenschaften dieser Legierungen werden an keiner Stelle im Schrifttum genannt. Diese Legierungen scheinen noch keine besondere technische Bedeutung erlangt zu haben.

### 6. Silber-Blei.

Legierungen dieses Systems haben bis heute ebenfalls nur rein wissenschaftliche Beachtung gefunden. Bekanntlich weist das System Silber-Blei bei 2,5% Ag ein Eutektikum (eutektische Temperatur 304°) auf. Von W. D. Jones (12) wurde die Sinterung einer Legierung mit 70% Ag bei 400°, also bei einer höheren Temperatur als der eutektischen, beschrieben. Da sich in diesem System in festem Zustand ähnliche Löslichkeitsveränderungen wie im System Silber-Kupfer bzw. Wolfram-Kupfer-Nickel vorfinden, weisen die Silber-Blei-Sinterlegierungen, falls man im Gebiet des Auftretens einer flüssigen Sinterphase sintert, eine starke Schrumpfung und eine entsprechend hohe Dichte nach dem Sintern auf. Bei der obengenannten Legierung erzielte W. D. Jones eine Dichte, die etwa 95% der Dichte des geschmolzenen Werkstoffes ausmacht.

### 7. Weitere Silberlegierungen.

Geschmolzene und anschließend mechanisch zu Pulver zerkleinerte Silber-Zinn-Legierungen sind das wesentlichste Ausgangsmaterial für die Herstellung von Zahnplomben. Bekanntlich wird derartiges Pulver mit Quecksilber gemischt, verrieben, geknetet und in das Zahnhohl eingepreßt (vgl. Kap. 18, Seite 375ff.).

Bezüglich Silber-Kadmium-Kupfer, Silber-Zink-Kupfer- und Silber-Antimon-Kupfer-Legierungen sei auf die schon erwähnte Arbeit von F. Hardy (9) verwiesen.

## E. Gold.

Auch Sinterkörper aus Gold haben bis heute lediglich theoretische Beachtung gefunden. Eingehende Untersuchungen über derartige Körper wurden von W. Trzebiatowski (3) angestellt. Als Ausgangsprodukt für die Herstellung von Goldsinterkörpern diente feinstes Pulver (Korngröße etwa $2\,\mu$), das aus Goldchlorwasserstoffsäure ($HAuCl_4$) durch Fällung mit alkalischem Wasserstoffsuperoxyd mit anschließender

Zahlentafel 30. Dichte von Goldsinterkörpern in Abhängigkeit von der Sintertemperatur (W. Trzebiatowski).

| Preßdruck t/cm² | Dichte in g/cm³ nach | | | | | | |
|---|---|---|---|---|---|---|---|
| | Pressen bei 18° | Sintern bei | | | | | |
| | | 100° | 200° | 300° | 400° | 500° | 600° |
| 6 | 15,6 | 15,6 | 16,0 | 16,2 | 16,5 | 16,7 | 16,0 |
| 30 | 18,2 | 17,2 | 17,1 | 17,0 | 16,0 | 12,0 | — |

Reduktion gewonnen wurde. Die Kaltpreßlinge zeigen nach Anwendung eines Preßdrucks von 5 t/cm² eine Dichte von 15,6, die bei Steigerung des Preßdrucks auf 30 t/cm² einen Wert von etwa 18,2 (94% der theoretischen Dichte) erreicht. Sintert man mit 6 bzw. 30 t/cm² hergestellte Goldpreßkörper, so beobachtet man nach der Sinterung die aus Zahlentafel 30 hervorgehenden Dichtewerte. Während die mit dem niedrigeren Druck hergestellten Sinterkörper mit steigender Sintertemperatur die zu erwartende Dichtesteigerung aufweisen, fällt bei den mit extrem hohem Druck gepreßten Goldsinterkörpern die Dichte mit zunehmender Sintertemperatur von einem schon im kaltgepreßten Zustand erreichten Höchstwert immer weiter ab. Dieses Verhalten ist sicherlich auf Verunreinigungen (Alkalispuren), Gasreste usw., die sich zweifellos auf Grund der Herstellungsweise in dem sehr feinen Goldpulver gefunden haben, zurückzuführen. Bei höheren Temperaturen kommt es zu gewaltsamen Gasausbrüchen, wodurch eine Dichteerniedrigung eintritt (vgl. entsprechende Erscheinungen bei den mit extrem hohen Drücken hergestellten Kupfersinterkörpern). Durch Heißpressen erzielt man bei Anwendung eines Druckes von 15 t/cm² und einer Temperatur von 300° eine Dichte von 19,11, die nur 0,5% unter der theoretischen Dichte liegt (3c).

Der an Goldkaltpreßlingen in Abhängigkeit vom Preßdruck erzielte Verlauf der Brinellhärte entspricht den Erwartungen. Mit steigendem Preßdruck steigt die Härte zunächst schneller, dann langsamer bis auf einen Höchstwert von etwa 120 bis 150 kg/mm² an, der bei einem Druck von 30 t/cm² erreicht wird (3 a).

Sintert man mit verschieden hohem Druck gepreßte Goldformkörper, so zeigen sie einen grundsätzlich verschiedenen Härteverlauf, je nachdem, ob sie mit einem relativ niedrigen oder mit einem extrem hohen Preßdruck hergestellt wurden. In Zahlentafel 31 sind die von W. Trzebiatowski (3a) festgestellten Härtewerte von Goldformkörpern, die mit einem Druck von 6 bzw. 30 t/cm² gepreßt und anschließend gesintert wurden, in Abhängigkeit von der Sintertemperatur zusammengestellt.

Zahlentafel 31. Brinellhärte von mit verschieden hohem Druck gepreßten Goldsinterkörpern in Abhängigkeit von der Sintertemperatur (W. Trzebiatowski).

| Preßdruck t/cm² | Brinellhärte in kg/mm² nach | | | | | | |
|---|---|---|---|---|---|---|---|
| | Pressen bei 18° | Sintern bei | | | | | |
| | | 100° | 200° | 300° | 400° | 500° | 600° |
| 6 | 60 | 70 | 80 | 90 | 70 | 40 | 20 |
| 30 | 120 | 124 | 120 | 115 | 40 | 5—10 | 5—10 |
| 15 (heißgepreßt) | 120 | 135 | 165 | 138 | 120 | 65 | 45 |

Zum Vergleich sind in dieser Zahlentafel auch die Härtewerte von bei verschiedenen Temperaturen heißgepreßten Goldkörpern (Preßdruck 15 t/cm²) mit aufgeführt. Während die mit dem niedrigen Druck kaltgepreßten Körper mit steigender Sintertemperatur wegen der Dichtesteigerung zunächst auch in der Härte zunehmen, um bei höheren Sintertemperaturen den Härtewert von weichgeglühtem, geschmolzenem Gold zu erreichen, fallen die mit dem sehr hohen Druck von 30 t/cm² kaltgepreßten Körper von einer anfänglichen Maximalhärte von 120 Brinelleinheiten mit steigender Sintertemperatur auf extrem niedrige Werte ab. Auch dieser Härtebefund wird aus den Überlegungen verständlich, die oben bei Diskussion der Dichtewerte sowie bei Besprechung der gleichen Erscheinung beim Kupfer angestellt wurden.

Heißpressen führt bei bestimmter Temperatur zu härtesten Körpern. Im Falle des Goldes wird die größte Härte bei Anwendung eines Preßdrucks von 15 t/cm$^2$ bei einer Sintertemperatur von 200° erreicht.

Auch der spezifische elektrische Widerstand von heißgepreßten Goldkörpern wurde von W. Trzebiatowski (3b) eingehend untersucht. Er kam dabei im wesentlichen zu dem analogen Kurvenverlauf wie bei Kupferpreßlingen (vgl. Abb. 85, Seite 143).

## Literatur zum 8. Kapitel.

(1) a) Sauerwald, F.: Z. anorg. allg. Chem. **122** (1922) S. 277/94.
    b) — Z. Elektrochem. **29** (1923) S. 79/85.
    c) — u. E. Jaenichen: Z. Elektrochem. **30** (1924) S. 175/80.
    d) — Z. Metallkde. **16** (1924) S. 41/46.
    e) — u. G. Elsner: Z. Elektrochem. **31** (1925) S. 15/18.
    f) — u. E. Jaenichen: Z. Elektrochem. **31** (1925) S. 18/24.
    g) — Z. Metallkde. **20** (1928) S. 227/28.
    h) — Metallwirtsch. **7** (1928) S. 1353.
    i) — u. J. Hunczek: Z. Metallkde. **21** (1929) S. 22/23.
    j) — u. St. Kubik: Z. Elektrochem. **38** (1932) S. 33/41.
    k) — u. L. Holub: Z. Elektrochem. **39** (1933) S. 750/53.
    l) — Metallwirtsch. **20** (1941) S. 649/55 u. 671/77.
(2) Kikuchi, R.: Sci. Rep. Tôhoku Univ. **26** (1937) S. 125/41.
(3) Trzebiatowski, W.:
    a) Z. phys. Chem. Abt. B **24** (1934) S. 75/86.
    b) Z. phys. Chem. Abt. B **24** (1934) S. 87/97.
    c) Z. phys. Chem. Abt. A **169** (1934) S. 91/102.
(4) Goetzel, C. G.:
    a) Metals & Alloys **12** (1940) S. 30/35 u. 154/57.
    b) Preprint for the Twenty-second Annual Convention of the American Society for Metals, Cleveland, Ohio, 21.—25. Okt. 1940.
    c) Goetzel, C. G., u. P. Schwarzkopf: Iron Age **146** (1940) S. 39/45.
(5) Spring, W.: Ber. dtsch. chem. Ges. **15** (1882) S. 1.
(6) Masing, G.: Z. anorg. allg. Chem. **62** (1909) S. 265/309.
(7) Tammann, G.: Z. Elektrochem. **15** (1909) S. 447/450.
(8) Jones, W. D.: Metal Ind. Lond. **56** (1940) S. 69/71 u. 225/28.
(9) Hardy, F.: Metal Progr. **35** (1939) S. 57/59.
(10) Rhines, F. N.: Iron Age **148** (1941) S. 29/35 u. S. 100.
(11) Hansen, M.: Der Aufbau der Zweistofflegierungen, S. 23. Verlag Springer, Bln. 1936.
(12) Price, G. H. S., C. J. Smithells u. S. V. Williams: J. Inst. Met. **62** (1938) S. 239/54.
(13) Jones, W. D.: Metal Treatm. **5** (1939) S. 13/16.
(14) Comstock, G. J.: Metal Progr. **35** (1939) S. 576/81.

## 9. Kapitel.
## Zweite, dritte und vierte Gruppe des periodischen Systems.
### A. Zweite Gruppe.
Hauptgruppe: Beryllium, Magnesium, Kalzium, Strontium, Barium.
Nebengruppe: Zink, Kadmium, Quecksilber.

#### 1. Beryllium.

Berylliummetall wird meist in Pulverform durch Schmelzflußelektrolyse des Fluorids oder Chlorids gewonnen (1). Die Weiterverarbeitung des Metallpulvers durch Niederschmelzen des Pulvers in Berylliumoxydtiegeln bzw. durch Hochvakuumdestillation des geschmolzenen Rohberylliums (2, 3) führt stets zu spröden Reguli bzw. Kondensaten. Geschmolzene Reinberylliumformkörper haben keine technische Bedeutung erlangt. Seine Hauptverwendung findet das Beryllium in vergütbaren Schwermetallegierungen des Kupfers und des Nickels.

In gesinterter Form findet Beryllium Verwendung als Röntgenfenster, da die Durchlässigkeit des Berylliummetalles für Röntgenstrahlen von etwa 1 Å Wellenlänge etwa siebzehnmal besser ist als für Aluminiumfolie. Zur Herstellung der erwähnten Fenster verpreßten K. Hauser, A. Bardehle und G. Heisen (4) Berylliummetallpulver zu 1 bis 2 mm starken Plättchen, die sie nahe am Schmelzpunkt des Berylliums sinterten.

Zur Verbesserung der Sintereigenschaften von Berylliumpulver wird von G. Jaeger (5) vorgeschlagen, das Pulver unmittelbar vor dem Pressen und Sintern durch Behandlung mit verdünnter Salpetersäure von den sinterungshemmenden Berylliumoxydhäuten zu befreien.

#### 2. Magnesium.

Magnesium und Magnesiumlegierungen haben bis jetzt in der Pulvermetallurgie noch keine bedeutende Rolle gespielt. Von G. Masing (6) wurden eine Reihe von pulverförmigen Magnesiumlegierungen untersucht, um über die Bildung von Legierungen durch Druck und über die Reaktionsfähigkeit der Metalle im festen Zustand Aufschluß zu erhalten (Magnesium-Blei, Magnesium-Zink, Magnesium-Wismut, Magnesium-Zinn, Magnesium-Kadmium, Magnesium-Antimon, Magnesium-Aluminium). G. Masing konnte die Bildung einer Reihe von intermetallischen Verbindungen im festen Zustand in den genannten Systemen nachweisen.

#### 3. Kalzium, Strontium, Barium.

Die reinen Metalle haben in der Pulvermetallurgie keine Bedeutung erlangt. Kalziumhydridpulver wurde mehrfach als Desoxydationsmittel für leicht oxydierbare bzw. Oxyd enthaltende Pulverpreßlinge in Vorschlag gebracht (7). Darüber hinaus hat es zur Erzeugung anderer, dem gleichen Zweck dienender Metallhydride, z. B. Titanhydrid, Anwendung gefunden (8).

### 4. Zink.

Pulverpreßlinge aus technischem Zinkpulver wurden von F. Sauerwald (9) hergestellt und bei 360° gesintert. Daß sich dabei kein fester Sinterkörper ergab, ist wahrscheinlich auf den hohen Oxydgehalt des verwandten Zinkstaubes zurückzuführen.

R. Kikuchi (10) untersuchte die Härte von Zinksinterkörpern, die aus Zinkpulver verschiedener Korngröße (etwa 0,3 bis 0,075 mm) mit einem Druck von 10 t/cm² hergestellt worden waren, in Abhängigkeit von der Sintertemperatur. Im Gegensatz zu ähnlichen Beobachtungen an Sinterkörpern aus Kupfer, Silber usw. ist der Härteunterschied zwischen den Formkörpern aus Zinkpulver verschiedener Korngröße unerheblich. Kaltgepreßte Zinkkörper weisen eine Brinellhärte von 92 bis 94 kg/mm², die gleichen Körper nach Sinterung bei 400° eine solche von 45 bis 53 kg/mm² auf. Eine auf 450°, also über den Zinkschmelzpunkt erhitzte Probe hat eine Brinellhärte von 52 kg/mm². Die Zinkkristallite nehmen bei derartigem Glühen kugelige Gestalt an, ohne jedoch wegen der Oxydhäute zu einem einheitlich geschmolzenen Körper zusammenzulaufen.

Gesinterte Zink-Kupfer-Legierungen wurden entsprechend ihrer technischen Bedeutung eingehender untersucht (s. Seite 162).

Zink-Kadmium- und Zink-Magnesium-Sinterlegierungen wurden von G. Masing (6) im Rahmen seiner Untersuchungen über die Reaktionsfähigkeit der Metalle im festen Zustand behandelt. Irgendwelche Besonderheiten sind über diese Legierungen nicht zu erwähnen.

Als Beispiele für gesinterte Systeme mit zwei sowohl im festen als auch im flüssigen Zustand praktisch nicht mischbaren Komponenten wurden von R. Kikuchi (12) die Systeme Zink-Kohlenstoff und Zink-Silizium vornehmlich bezüglich ihrer Härte untersucht.

Die Zweistoffsysteme des Zinks mit Eisen, Kobalt und Nickel untersuchte J. Schramm (vgl. Seite 205 ff.).

### 5. Kadmium.

Das reine Metall ist in der Pulvermetallurgie noch nicht in Erscheinung getreten.

### 6. Quecksilber.

Quecksilber hat in der Geschichte der Pulvermetallurgie eine ziemlich wichtige Rolle gespielt. Durch Vermischen von Wolframpulver mit Kadmium-Amalgam, Verpressen des plastischen Gemenges durch Düsen und Sinterung unter Austreibung der Amalgame gelang beispielsweise die Herstellung von Wolframglühfäden („Amalgamverfahren", vgl. Seite 202 ff.).

Bei der Herstellung von Zahnamalgamen ist Quecksilber neben Silber und Zinn das entscheidende Legierungselement (vgl. Seite 373 ff.).

## B. Dritte Gruppe.

Hauptgruppe: Bor, Aluminium, seltene Erden.
Nebengruppe: Gallium, Indium, Thallium.

### 1. Bor.

Bor läßt sich nach G. Weintraub (11, 12) durch Reduktion von Boroxyd mit Magnesium bei hohen Temperaturen in einer Reinheit von 99% in Pulverform erhalten. Durch Drucksinterung erzeugte G. Weintraub kompakte Borkörper. Obwohl reines Bor sehr hart ist und selbst Korundkristalle ritzt, hat es wegen seiner Sprödigkeit (spröder als Diamant) bis jetzt keine technische Bedeutung erlangt.

Über Borkarbide, Metallboride und ihre Verwendung wird im Kap. 13 und 14 (Seite 278 ff. und Seite 331) berichtet.

### 2. Aluminium.

Aluminiumpulver, ganz gleich welcher Herstellungsart, weisen durchweg mehr oder minder starke Oxydhäute auf, die nicht nur die Preß-, sondern auch die Sintereigenschaften des Pulvers erheblich verschlechtern und die Herstellung eines festen, zusammenhängenden Sinterkörpers des reinen Metalles praktisch unmöglich machen (13). Das gebildete Aluminiumoxyd macht sich viel störender bemerkbar als die Oxyde aller anderen leicht oxydierbaren Metalle, beispielsweise des Titans, Thoriums usw., da es sehr fest auf dem Metall haftet, nicht wasserstoffreduzierbar ist, einen hohen Schmelzpunkt und kleinen Dampfdruck hat und schließlich eine außerordentlich hohe Härte aufweist. Von allen Aluminiumpulversorten verhalten sich die durch Granulation bzw. Feinstzerstäubung gewonnenen Pulver bezüglich ihrer Preß- und Sintereigenschaften noch am günstigsten.

R. Kikuchi (10) stellte Sinterkörper aus Duraluminiumpulver her und untersuchte ihre Härte in Abhängigkeit von der Sintertemperatur. Er benutzte zwei verschiedene Pulver, die beide durch Feilen, und zwar das eine aus abgeschrecktem Duraluminium, das andere aus der weichgeglühten Legierung hergestellt worden waren. Die aus diesen Pulvern gewonnenen Preßkörper unterscheiden sich nach einem Pressen mit 15 t/cm$^2$ um etwa 20 Brinelleinheiten (vgl. Zahlentafel 32). Der Härteunterschied verschwindet aber nach Sintern bei 520° vollständig.

Dritte Gruppe des periodischen Systems.

Zahlentafel 32. Härte von Sinterkörpern aus verschiedenen Duraluminiumpulvern in Abhängigkeit von der Glühtemperatur (R. Kikuchi).

| Ausgangszustand der Legierung für Herstellung des Pulvers | Brinellhärte in kg/mm² | | | | | | |
|---|---|---|---|---|---|---|---|
| | der Ausgangslegierung | nach Pressen bei 20° | nach Sintern bei | | | | |
| | | | 100° | 200° | 300° | 400° | 500° |
| Abgeschreckt .. | 56,9 | 85,5 | 81,6 | 60,3 | 33,0 | 31,6 | 38,4 |
| Weichgeglüht .. | 37,9 | 65,8 | 58,1 | 55,7 | 46,9 | 37,5 | 39,9 |

Von dem gleichen Verfasser wurde auch das Sinterverhalten und die Härte von Mischungen aus Duraluminiumpulver und Kieselsäure bzw. Silizium untersucht.

L. W. Kempf (14) bestimmte die Eigenschaften von gesinterten Aluminium-Magnesium-, Aluminium-Zink- und Aluminium-Magnesium-Zink-Legierungen. Seine Versuchsergebnisse gehen aus Zahlentafel 33 hervor.

Zahlentafel 33. Eigenschaften von verschiedenen Aluminiumsinterlegierungen (L. W. Kempf).
(Sinterdauer 24 Stunden in Luft, anschließend abgeschreckt in Wasser.)

| Pulvermischung | Herstellungsbedingungen | | Eigenschaften der Sinterkörper | | |
|---|---|---|---|---|---|
| | Preßdruck t/cm² | Sintertemperatur °C | Zugfestigkeit kg/mm² | Dichte g/cm³ | Porenvolumen % |
| 90% Al + 10% Mg | 3,1 | 430 | 3,75 | 2,266 | 13,0 |
| | 4,7 | 430 | 12,5 | 2,409 | 7,5 |
| | 9,1 | 430 | 17,5 | 2,519 | 3,3 |
| 90% Al + 10% Zn | 6,3 | 370 | 7,6 | | |
| | 6,3 | 430 | 9,6 | | |
| | 6,3 | 510 | 10,9 | | |
| 90% Al + 7% Zn + 3% Mg | 6,3 | 370 | 15,2 | | |
| | 6,3 | 430 | 23,2 | | |
| | 6,3 | 510 | 28,2 | | |

Aluminium in Form von gepulverten Vorlegierungen oder auch in Form von gepulverten, Aluminium enthaltenden Fertiglegierungen spielt bei der Herstellung von Sintermagneten auf der Grundlage Eisen-Nickel-Aluminium eine große Rolle. Auch bei dieser wichtigen Sinterwerkstoffklasse macht sich die große Affinität des Aluminiums zum Sauerstoff und die sinterungshemmende Wirkung des einmal gebildeten Aluminiumoxyds in starkem Maße bemerkbar. Bezüglich Einzelheiten sei auf das Kapitel 16 (Seite 352 ff.) verwiesen.

### 3. Seltene Erden.

Bis jetzt hat keines der Elemente dieser Gruppe in der Pulvermetallurgie eine besondere Rolle gespielt.

### 4. Gallium, Indium, Thallium.

Mit Gallium und Indium oder Legierungen von ihnen sind bislang keine Sinterversuche durchgeführt worden. Systeme mit Thallium (Wismut-Thallium, Blei-Thallium) aus den Pulvern der genannten Metalle untersuchte G. Masing (6). Er stellte bei den Metallpulvern Wismut-Thallium und Blei-Thallium schon bei Zimmertemperatur deutliche Mischkristallbildung fest. Bei 120° war die Diffusionsgeschwindigkeit 1000- bis 2000mal so groß wie bei Zimmertemperatur. Durch genügend lange Sinterung gelingt es, eine Struktur zu erzielen, die der der geschmolzenen Legierung völlig entspricht.

## C. Vierte Gruppe.

Hauptgruppe: Titan, Zirkon, Hafnium, Thorium.
Nebengruppe: Kohlenstoff, Silizium, Germanium, Zinn, Blei.

### 1. Titan, Zirkon.

Titan und Zirkon lassen sich durch Hochvakuumsinterung aus ihren reinen Pulvern in duktiler Form herstellen. Die Pulver werden zweckmäßig durch Reduktion der Tetrachloride mit Alkalimetallen in der Bombe oder durch Reduktion der Oxyde mittels Kalzium gewonnen (15). W. Kroll (16, 17) beschreibt die Herstellung größerer Mengen mit Kalzium reduzierten Titanpulvers, das mit Kalziumhydrid nachreduziert wurde. Das hochvakuumgesinterte Titanmetall läßt sich einwandfrei warmwalzen, zeigt jedoch eine starke, durch geringe Verunreinigungen hervorgerufene Kaltbrüchigkeit, die Titan- und Zirkonmetallbleche — nach dem Aufwachsverfahren (15) hergestellt — nicht aufweisen.

Um die Gründe für die mangelnde Duktilität des reinen Titans zu klären, wurden von W. Kroll (17) eine Reihe gesinterter Legierungen mit Zusätzen von 2 bis 9% der Metalle Zirkon, Chrom, Molybdän, Wolfram, Eisen, Nickel, Kobalt, Mangan, Beryllium, Silizium, Aluminium, Kupfer, Vanadin und Tantal hergestellt. Hierbei wurde Titanpulver mit der gewünschten Menge der Zusatzmetalle in Pulverform gemischt, das Gemenge mit etwa 2 t/cm² zu Zylindern verpreßt, die im Hochvakuum vorgesintert wurden. Die Hochsinterung fand unter Argon (Druck 50 mm Hg) statt. Als Unterlage für die Sinterkörper diente eine Platte aus gesinterter Tonerde. Die Sinterkörper (Höhe etwa 6,5 mm, Durchmesser etwa 21 mm) wurden mit einer Salzschutzdecke überzogen (40% $CaCl_2$, 40% $NaCl$, 20% $BaCl_2$) und warm zu Blechen von 1 mm Stärke verwalzt. Der Grad der Walzbarkeit, die Härte und der Gefügebefund der Titanlegierungen sind in Zahlentafel 34 zusammengestellt. Als die Verformbarkeit herabsetzende Verunreinigungen werden von

W. Kroll in erster Linie Sauerstoff, Kohle und Silizium neben adsorbierten Gasen angegeben. Als sehr gut walzbar wurden die festen Lösungen des Titans mit Molybdän, Wolfram und Tantal sowie die heterogenen Legierungen mit den Eisenmetallen erkannt.

Die Brinellhärte von gesintertem Titan beträgt nach Angaben von W. Kroll (16, 17) 210 kg/mm$^2$. Durch Kaltverformung steigt dieser Wert auf 260 kg/mm$^2$. Im Vergleich dazu hat nach dem Aufwachsverfahren hergestelltes Titanblech eine Härte von 122 bis 188 kg/mm$^2$.

Zirkonmetall weist eine erheblich geringere Härte auf (80 bis 100 kg/mm$^2$).

Zahlentafel 34. Walzbarkeit, Härte und Gefüge von gesinterten Titanlegierungen (W. Kroll).

| Zusatz | Walzbarkeit | Härte (187,5/2,5/60) | Gefügebefund |
|---|---|---|---|
| 4,77 Mo | gut | 363 | Feste Lösung |
| 4,77 W | gut | 363 | Feste Lösung |
| 4,77 Ni | sehr gut | 410 | Ti-Kristalle in brauner Grundmasse |
| 4,77 Fe | sehr gut | 363 | Ti-Kristalle in grauer Grundmasse |
| 4,77 Co | sehr gut | 477 | Ti-Kristalle in dunkelgrauer Grundmasse |
| 1,96 Be | Rotbruch | 229 | Verbindung, Ti-Grundmasse und Korngrenzenbestandteil |
| 1,96 Si | gut | 477 | Ti-Grundmasse, bläuliche Verbindung |
| 4,77 Mn | gut | 410 | Ti-Kristalle, Korngrenzenbestandteil |
| 4,77 Cr | gut | 451 | Ti-Kristalle, Korngrenzenbestandteil |
| 4,77 Cu | mäßig Maserung | 410 | Verbindung, Korngrenzenbestandteil, überätzt |
| 1,86 Al | mäßig Maserung | 477 | Gelbe Verbindung, wenig Korngrenzenbestandteil, Ti-Grundmasse |
| 4,77 Zr | mäßig Maserung | 363 | Verbindung, Korngrenzenbestandteil, Ti-Grundmasse |
| 4,77 V | gut | 477 | Ti-Grundmasse, Korngrenzenbestandteil |
| 9,09 Ta | sehr gut | 363 | Feste Lösung |

Während pulvermetallurgisch gewonnenes Titanmetall bisher praktisch nur geringfügige Anwendung in der Hochvakuumtechnik gefunden hat, spielt von seinen Verbindungen das Titankarbid als wesentlicher Bestandteil verschiedener Hartmetallegierungen eine große Rolle.

Zirkonmetall in Form von Pulver und Blech wird in der Hochvakuumtechnik als Gettermaterial (Fangstoff) (18, 19) verwendet. Das dem Titankarbid entsprechende Zirkonkarbid hat in der Hartmetalltechnik wegen seiner größeren Löslichkeit im Hilfsmetall keine Bedeutung erlangt.

## 2. Hafnium, Thorium.

Untersuchungen über gesintertes Hafnium sind bis heute in der Literatur nicht bekannt geworden. Duktiles Hafnium wurde lediglich nach dem Aufwachsverfahren hergestellt (15, 20).

Die Herstellung von gesintertem Thorium beschreiben F. Driggs und W. Lilliendahl (21). Das verwendete Thoriumpulver wurde durch Elektrolyse von $KThF_5$ in einem NaCl-KCl-Bad bei 750 bis 775° an einer Molybdänkathode abgeschieden. Das gereinigte Pulver wurde gepreßt und im Vakuum gesintert.

Gewalzte, weichgeglühte Proben zeigen eine Mikrohärte von 39 bis 54 kg/mm² (60 g Belastung) (15). Hervorgehoben wird die hervorragende Kaltverformbarkeit von Thorium ohne Zwischenglühung. In dieser Eigenschaft erinnert das Thorium an die Duktilität von reinstem Tantal.

Thoriumsinterkörper sind trotz hoher Sauerstoffgehalte noch sehr duktil. Thoriumoxyd ist praktisch in Thoriummetall unlöslich und setzt daher als beigemengtes Oxyd die Duktilität nur „mechanisch" herab. Thoriummetall steht damit im Gegensatz zu Titan- und Zirkonmetall, die eine beachtliche Mischkristallbildung mit ihren Oxyden aufweisen, wodurch bei diesen Metallen die Verformbarkeit stark herabgesetzt und Kaltbrüchigkeit hervorgerufen wird.

W. Kroll (22) stellte Thoriumpulver durch Reduktion von Thoriumoxyd mittels Kalzium in einer $CaCl_2$-$BaCl_2$-Schmelze her und sinterte es nach dem Verpressen im Hochvakuum. Ein weitgehend verformtes Thoriumblech (auf das Zehnfache ausgewalzt) wies eine Härte von 150 Brinell auf (187,5 kg, 2,5 mm Kugel, 60 sec).

Bemerkenswert für reines Thorium ist die geringe Durchlässigkeit für Röntgenstrahlen, wodurch sich eine Anwendungsmöglichkeit dieses seltenen Metalles in der Hochvakuumtechnik ergibt. Über die Eigenschaften und technische Verwendung des Thoriums und seiner Verbindungen unterrichtet ausführlichst eine Druckschrift der Auergesellschaft AG., Berlin (23)

### 3. Kohlenstoff, Silizium.

Obwohl Kohlenstoff und Silizium zu den Metalloiden gerechnet werden, soll ihre Anwendung in der Pulvermetallurgie auch in diesem Zusammenhang aus grundsätzlichen Erwägungen heraus kurz gestreift werden.

Bei der Erzeugung von Kohle- bzw. Graphitformkörpern (Rohren, Stäben, Elektroden usw.), die durch „Sinterung" von Kohle- bzw. Graphitpulver gewonnen werden, ergeben sich viele Analogien zur Herstellung der hochschmelzenden Metalle auf dem Sinterwege.

Sowohl in Form von Diamant als auch von Graphit ist der Kohlenstoff ein wesentlicher Bestandteil wichtiger pulvermetallurgischer Erzeugnisse. Als Diamant verschiedener Körnung wird er in Diamantmetallegierungen (vgl. Seite 364 ff.) eingesetzt. In Form von Graphit findet der Kohlenstoff in Metallkohlen (vgl. Seite 316 ff.) und in porösen und massiven Lagern (vgl. Seite 333 ff.) umfangreiche Verwendung.

Vierte Gruppe des periodischen Systems.

In gebundener Form als Karbidkohlenstoff der Metalle Wolfram, Molybdän, Titan, Tantal usw. ist Kohlenstoff einer der wichtigsten Grundbestandteile der gesinterten Hartlegierungen (Seite 272ff.).

In neuerer Zeit spielt der mit Eisen legierte Kohlenstoff bei der Herstellung von Maschinenteilen aus gesintertem Gußeisen bzw. Stahl eine wichtige Rolle (vgl. Seite 195ff.).

Silizium selbst ist in der Pulvermetallurgie bislang nicht in Erscheinung getreten. Seine Verwendung in Form verschiedener Verbindungen (Metallsilizide) ist für die Hartlegierungen mehrfach in Vorschlag gebracht worden.

### 4. Germanium.

Untersuchungen über gesintertes Germanium und seine Legierungen liegen nicht vor.

### 5. Zinn.

Sinterkörper aus Zinnpulver werden an keiner Stelle der Literatur, offenbar wegen des niedrigen Schmelzpunktes des Zinns, beschrieben. Große Bedeutung haben dagegen gesinterte Zinnlegierungen in der Pulvermetallurgie erlangt. Verwiesen sei auf Kupfer-Zinn-Legierungen, die als Bronzekohlen (vgl. Seite 163 und Seite 316) und als poröse Lager (vgl. Seite 333ff.) umfangreiche Anwendung gefunden haben. Zinn als Legierungselement nimmt weiterhin einen wichtigen Platz bei den Zahnamalgamen ein (vgl. Seite 373ff.).

### 6. Blei.

Ebenso wie reines Zinn ist Bleimetall in der Pulvermetallurgie allein noch nicht in Erscheinung getreten. Als Legierungsbestandteil dagegen spielt es für eine Reihe von pulvermetallurgischen Erzeugnissen, wie Metallkohlen, poröse Lager, massive Sinterlager, bleihaltige Eisenlegierungen für Maschinenteile usw. eine wesentliche Rolle. Es sei auf die Spezialkapitel verwiesen.

Wolfram-Blei-Verbundkörper fanden wegen ihres hohen spezifischen Gewichts als Geschoßkerne (24) und kurzzeitig als röntgenstrahlenundurchlässiger Werkstoff (25) Verwendung.

### Literatur zum 9. Kapitel.

(1) van Arkel, A. E.: Reine Metalle, S. 99ff. Verlag Springer, Bln. 1939.
(2) Sloman, H. A.: J. Inst. Met. 44 (1932) S. 365/91.
(3) Kroll, W.: Metallwirtsch. 13 (1934) S. 725; Metal Ind., Lond. 47 (1935) S. 29/31.
(4) Hauser, K. W., A. Bardehle u. G. Heisen: Fortschr. Röntgenstr. 35 (1926) S. 636.
(5) D.R.P. 704517 (1937).
(6) Masing, G.: Z. anorg. allg. Chem. 62 (1909) S. 265/309.

(7) Alexander, P. P.: Metals & Alloys 8 (1937) S. 263/64.
(8) — Metals & Alloys 9 (1938) S. 45/48, 179/81 u. 270/74.
(9) Sauerwald, F.: Z. anorg. allg. Chem. **122** (1922) S. 277/94.
(10) Kikuchi, R.: Sci. Rep. Tôhoku Univ. **26** (1937) S. 125/41.
(11) Weintraub, G.: Industr. Engng. Chem. **5** (1913) S. 106/15.
(12) Vgl. van Arkel, A. E.: Reine Metalle, S. 142ff. (Bor usw.). Verlag Springer, Bln. 1939.
(13) Vgl. Sauerwald, F.: Z. anorg. allg. Chem. **122** (1922) S. 286.
(14) Vgl. Wulff, J.: Metal Progr. **38** (1940) S. 665/68 u. 720.
(15) Vgl. van Arkel, A. E.: Reine Metalle, S. 181/207, 207/212, 212/220. Verlag Springer, Bln. 1939.
(16) Kroll, W.: Z. anorg. allg. Chem. **234** (1937) S. 42/50.
(17) — Z. Metallkde. **29** (1937) S. 189/92.
(18) Fast, J. D.: Philips Techn. Rdsch. **3** (1938) S. 353/60.
(19) — Philips Techn. Rdsch. **5** (1940) S. 221/26.
(20) de Boer, J. H. u. J. D. Fast: Z. anorg. allg. Chem. **187** (1930) S. 193.
(21) Driggs, F. H. u. W. C. Lilliendahl: Industr. Engng. Chem. **22** (1930) S. 1302/03.
(22) Kroll, W.: Z. Metallkde. **28** (1936) S. 30/33.
(23) Auergesellschaft AG., Berlin, Abt. Chemie: Thoriummetall (Druckschrift).
(24) Polster: Techn. Rdsch. **38** (1915) S. 278. (Vgl. Alterthum, H.: Wolfram. Verlag F. Vieweg & Sohn, Braunschweig 1925.)
(25) D.R.P. 643567 (1931); 681403 (1931).

## 10. Kapitel.

# Fünfte, sechste und siebente Gruppe des periodischen Systems.

## A. Fünfte Gruppe.

Hauptgruppe: Vanadin, Niob, Tantal.
Nebengruppe: Phosphor, Arsen, Antimon, Wismut.

### 1. Vanadin.

Bei der Untersuchung verschiedener für elektrische Glühfäden geeigneter Metalle wurde von W. v. Bolten (1) neben Niob und Tantal auch Vanadin in die betreffenden Arbeiten einbezogen. Er verpreßte Vanadinpentoxyd mit Paraffin als preßerleichterndem Zusatz und glühte die Preßstäbe einige Stunden bei etwa 1700° unter gleichzeitiger Einbettung in Kohlepulver. Die dabei entstehenden Trioxydstäbe konnten durch Erhitzen im Vakuum infolge Dissoziation in poröse Metallkörper umgewandelt werden. Das auf diesem Wege erzeugte Metall hatte einen Schmelzpunkt von 1680° und erwies sich in geringem Maße als duktil.

J. W. Marden und M. Rich (2) fanden an Granalien, die durch Kalziumreduktion von Vanadinpentoxyd hergestellt wurden, daß Vanadin ein sehr duktiles Metall ist. Die Granalien sind in der Kälte walzbar, lassen sich jedoch nicht zu Sinterkörpern weiterverarbeiten, da derartig grobe Metallkörner nicht zu verpressen sind. Es kommt entweder eine vorherige Feinzerkleinerung der groben Granalien in Wirbelschlagmühlen usw. in Frage oder der Weg, den W. Kroll (3) bei der Herstellung von Sinterkörpern aus Vanadin beschritt. W. Kroll vermochte durch geeignete Abwandlung des Kalziumreduktionsverfahrens aus Vanadinpentoxyd von vornherein zu sehr feinkörnigem Pulver zu gelangen, das gute Preß- und Sintereigenschaften aufwies. Die Vanadinpulverpreßlinge erwiesen sich nach halbstündigem Sintern bei 1400° im Vakuum als walzbar. Das Walzen mußte bei 1200° unter einer Schutzdecke von Borax vorgenommen werden. Die Brinellhärte eines so hergestellten Vanadinbleches beträgt 360 kg/mm². Reinstes, nach dem Aufwachsverfahren hergestelltes Vanadin — Zersetzung von Vanadinjodid an glühenden Wolframfäden (4) —, das sich durch besondere Duktilität auszeichnet, weist demgegenüber eine Brinellhärte von nur 260 kg/mm² auf. Zweifellos könnte man auch auf dem Sinterwege durch Verwendung reinsten Vanadinpulvers, das gegebenenfalls ähnlich wie Niob- und Tantalpulver auf elektrolytischem Wege herzustellen wäre, zu einem Material kommen, das bezüglich seiner Duktilität dem nach dem Aufwachsverfahren gewonnenen Produkt nahekommt.

## 2. Niob, Tantal.

Die reinen Metalle werden im Kapitel 12, Seite 254 ff., behandelt. Bezüglich der Legierungen des Niobs mit Nickel sei auf das Kapitel 11, Seite 212 ff., verwiesen. Gesinterte Niobkarbid- bzw. Tantalkarbidlegierungen werden im Kapitel 13, Seite 302 ff., besprochen.

## 3. Phosphor, Arsen, Antimon, Wismut.

Keines der genannten Elemente hat im unlegierten Zustand in der Pulvermetallurgie bisher Interesse gefunden. Ein gewisser Phosphorgehalt in gesintertem Gußeisen wird von W. D. Jones (5) zwecks Erzielung einer hohen Dichte und guter mechanischer Eigenschaften für sehr wesentlich gehalten (vgl. Seite 152).

## B. Sechste Gruppe.

Hauptgruppe: Chrom, Molybdän, Wolfram, Uran.
Nebengruppe: Selen, Tellur, Polonium.

### 1. Chrom und Chromlegierungen.

Auch Chrom ist in reiner Form ein duktiles Metall. Zu seiner Gewinnung stehen verschiedene Verfahren zur Verfügung:
a) die elektrolytische Abscheidung in kompakter Form mit anschließender Glühung im Hochvakuum (6);

b) die Destillation von elektrolytisch abgeschiedenem Chrom im Hochvakuum und anschließendes Umschmelzen in Berylliumoxydtiegeln unter Argon (6);

c) die Abscheidung aus der Gasphase (Aufwachsverfahren) durch Dissoziation des Chromjodids an glühendem Wolframdraht (7);

d) die Vorsinterung von Preßkörpern aus möglichst reinem Chrompulver im Hochvakuum und Hochsinterung unter Argon.

Die ersten der drei genannten Verfahren führen zu einem mehr oder weniger duktilen Produkt, das sich ohne Schwierigkeiten warm schmieden und walzen läßt. Die Brinellhärte des gewalzten Chroms wird mit 120 bis 180 kg/mm$^2$ angegeben.

Für eine großtechnische Gewinnung duktilen Chroms erscheinen alle drei genannten Verfahren wenig aussichtsreich. Dagegen scheint das Verfahren 4, der Sinterweg, insbesondere bei der Herstellung größerer Mengen, wirtschaftlich gangbar zu sein. Die Gewinnung eines möglichst reinen Ausgangspulvers ist auf verschiedenen Wegen möglich:

a) Reduktion von $CrCl_3$ durch Natrium in einer Stahlbombe (8).

b) Reduktion von $CrCl_3$ durch Magnesium unter Zusatz von KCl (9), sogenanntes „Glatzel-Chrom".

c) Reduktion von $CrCl_3$ durch Kalzium in Gegenwart von Alkali- bzw. Erdalkalichloriden (10).

d) Reduktion von $Cr_2O_3$ durch Kalzium in Gegenwart von $CaCl_2$ und $BaCl_2$ (6).

e) Mechanische Zerkleinerung von elektrolytisch abgeschiedenem Chrom und Nachbehandlung des so gewonnenen Pulvers bei erhöhter Temperatur im Vakuum.

f) Reduktion von $Cr_2O_3$ durch Kohlenstoff und Wasserstoff bei normalem Druck oder Unterdruck (11).

g) Reduktion von $Cr_2O_3$ durch Kalziumhydrid (12).

W. Kroll (6) berichtet als einziger ausführlicher über Chromsinterkörper. Zu ihrer Herstellung verwandte W. Kroll Chrompulver, das nach Verfahren d) gewonnen wurde. Zwecks Erzielung eines möglichst sauberen Pulvers mit guten Preßeigenschaften wurde das Pulver einer doppelten Reduktionsbehandlung mit Kalzium unter Argon unterzogen. Die Preßkörper wurden bei 1300° längere Zeit im Hochvakuum vorgesintert. Die Hochsinterung erfolgte wegen des hohen Dampfdruckes des Chroms in der Nähe seines Schmelzpunktes bei 1600 bis 1700° unter Argonschutzgas (Druck 100 mm Hg). Die Sinterkörper lassen sich unter einer $BaCl_2$-Schutzdecke bei 1200° ohne Schwierigkeiten auswalzen. Auf diese Weise hergestelltes Chromblech von 1 mm Stärke weist eine Brinellhärte von 150 kg/mm$^2$ im weichgeglühten Zustand auf.

Verglichen mit den hochschmelzenden Metallen Wolfram und Molybdän der gleichen Gruppe des periodischen Systems erweist sich gesintertes Chromblech als erheblich spröder als gleich starkes Wolframblech. Bei Temperaturen oberhalb 200° läßt sich Chromblech jedoch einwandfrei ohne Rißbildung biegen.

Gegenüber nicht oxydierenden Säuren (HCl, $H_2SO_4$) erweist sich Chrom als weit weniger beständig als Wolfram und Molybdän. Gegenüber oxydierenden Säuren ($HNO_3$) ist Chrom auf Grund der Passivierungserscheinungen erheblich beständiger als Wolfram und Molybdän.

Technische Anwendung hat duktiles Chrom in nennenswertem Umfange bis heute nicht gefunden. Für eine Verwendung als Hochvakuumwerkstoff scheidet es vornehmlich wegen seines hohen Dampfdruckes in der Nähe des Schmelzpunktes aus. Seiner Anwendung in der chemischen Industrie steht sein Korrosionsverhalten im Wege.

Gesinterte Legierungen des Chroms mit 3 bis 9% der Metalle Eisen, Nickel, Kobalt, Molybdän, Wolfram, Vanadin, Tantal, Silizium, Titan und Zirkon wurden von W. Kroll (13) hergestellt, um die Wirkung dieser Zusätze auf die Walzbarkeit des Chroms zu untersuchen. Die Pulvermischungen wurden mit 3 t/cm² verpreßt und zumeist unterhalb 1200° im Hochvakuum vorgesintert. Die Hochsinterung fand anschließend wie beim reinen Chrom bei 1500 bis 1700° unter einem geringen Argondruck statt, um ein Sublimieren des Chroms im Hochvakuum zu verhindern. Die etwa 6 mm starken Sinterkörper wurden dann — mit einer Boraxschutzdecke überzogen — unter Zwischenglühungen bei etwa 1200° heiß zu 1 mm starken Blechen verwalzt. Eigenschaften und Gefügebefund der gesinterten Chromlegierungen sind in Zahlentafel 35 zusammengestellt.

Da die Legierungen nach dem Walzen meist einer erneuten Homogenisierungsglühung unterzogen wurden, konnte von W. Kroll bei der Mehrzahl der Legierungen nichts Eindeutiges über die verschiedenen auftretenden Phasen ausgesagt werden. Die Legierungen mit Silizium, Titan und Aluminium ergeben bereits nach der ersten Hochsinterung Mischkristalle, die wahrscheinlich auch bei einem Teil der anderen Legierungen nach längeren Glühbehandlungen zu erwarten sind. Bemerkenswert ist, daß selbst beträchtliche Einschlüsse an Chromoxyden keine Rotbrüchigkeit verursachen, und daß Legierungen mit Eisen bessere, solche mit Nickel dagegen schlechtere Verarbeitbarkeit als das reine Chrom aufweisen. Schädlich für die Walzbarkeit der untersuchten Legierungen erscheinen nach W. Kroll Fremdmetalloxyde und karbidische Verunreinigungen.

Gesinterte Chrom-Molybdän-Legierungen wurden von W. Trzebiatowski (14) hergestellt. Durch röntgenographische und mikroskopische Untersuchung der Legierungen konnte nachgewiesen werden, daß die beiden Komponenten eine vollkommene Mischbarkeit im festen Zustand aufweisen. Das durch E. Siedschlag (15) aufgestellte Zustands-

Zahlentafel 35. **Eigenschaften und Gefüge von gesinterten Chromlegierungen** (W. Kroll).

| Nr. | Legierung | Walzbarkeit | Härte | Gefüge | Röntgeninterferenzen |
|---|---|---|---|---|---|
| 1 | Chrom gesintert | | | Grundmasse stark aufgerauht, nicht eingeformte Chrom-Körner | |
| 2 | Chrom gewalzt | | | Grundmasse stark aufgerauht | |
| 3 | Chrom gewalzt | 4 | | Oxydeinschlüsse | |
| 4 | Cr + 9,1% Ta | 3 | 120 | Gelbe Verbindung. Korngrenzen rein | Verschiebung |
| 5 | Cr + 9,1% V | 2 | 218 | Korngrenzenbestandteil | ,, |
| 6 | Cr + 9,1% Mo | 2 | 260 | | ,, |
| 7 | Cr + 9,1% W | 2 | 450 | Gelbe Kristalle | Neue Interferenz |
| 8 | Cr + 9,1% Co | 2 | 218 | Geringe Mengen Korngrenzenbestandteil. Feine Einschlüsse | Verschiebung |
| 9 | Cr + 9,1% Ni | 4 | 430 | Korngrenzen rein. Feine Einschlüsse | ,, |
| 10 | Cr + 9,2% Zr | 2 | 218 | Gelbe Verbindung | ,, |
| 11 | Cr + 4,7% Si | 2 | 300 | Korngrenzen rein. Feste Lösung, stark löcherig | ,, |
| 12 | Cr + 4,7% Ni | 3 | 315 | Korngrenzen rein | ,, |
| 13 | Cr + 4,7% Fe | 1 | 315 | Homogen | ,, |
| 14 | Cr + 3,0% Al | 3 | 315 | Korngrenzen rein. Ungelöste Chrom-Körner, löcherig | ,, |
| 15 | Cr + 4,7% Ti | 3 | 218 | Homogen. Reine Korngrenzen, löcherig | ,, |

[1] Bezeichnung der Walzbarkeit: 1 besser als Chrom, 2 wie Chrom, 3 schlechter als Chrom, 4 rotbrüchig.

diagramm weicht von diesem Befund wahrscheinlich deshalb ab, weil für die auf dem Schmelzwege erzeugten Legierungen aluminothermisch gewonnenes Chrom mit geringerem Reinheitsgrad verwandt wurde.

Auch Chrom und Wolfram zeigen vollkommene Mischbarkeit, wie an gesinterten Legierungen dieses Systems bei Verwendung reinster Ausgangsmaterialien (Wolframpulver für die Lampenindustrie und gepulvertes Elektrolytchrom) röntgenographisch und metallographisch einwandfrei nachgewiesen werden konnte (16).

### 2. Molybdän, Wolfram.

Die Herstellung und Anwendung dieser hochschmelzenden Metalle wird wegen ihrer Wichtigkeit in einem besonderen Kapitel (Kap. 12, Seite 222ff.) besprochen.

### 3. Uran.

Mit der Herstellung von duktilem Uran beschäftigten sich W. Kroll (3), F. H. Driggs und W. C. Lilliendahl (17) und P. P. Alexander (18). Sie versuchten zunächst, auf dem Sinterwege zum Ziel zu gelangen.

W. Kroll stellte Uranpulver durch Reduktion von $U_3O_8$ durch Kalzium in Gegenwart von $CaCl_2$ her. F. H. Driggs und W. C. Lilliendahl erzeugten Uranpulver durch Elektrolyse von $KUF_3$ in Graphittiegeln, wobei das Uran an einer Molybdänkathode abgeschieden wurde (Abb. 103). P. P. Alexander benutzte Uranpulver, das durch Umsetzung von $U_3O_8$ mit Kalziumhydrid gewonnen wurde. Die aus den verschiedenen Pulvern hergestellten Sinterkörper erwiesen sich als wenig duktil. Von allen drei Autoren wurden daher die Sinterprodukte im Berylliumoxyd- bzw. Thoriumoxydtiegel umgeschmolzen, wobei sich ein durchaus duktiles Metall ergab, das ohne Schwierigkeiten zu Blechen und Drähten bis zu einem Durchmesser von 0,01 mm verarbeitet werden konnte. Für im Berylliumtiegel umgeschmolzenes Uran gibt W. Kroll eine verhältnismäßig hohe Brinellhärte (etwa 480 kg/mm²) an, während F. H. Driggs und W. C. Lilliendahl an in Thoriumoxydtiegeln umgeschmolzenem Uran eine Härte von etwa 200 kg/mm² beobachteten, die nach dem Kaltwalzen auf etwa 250 kg/mm² anstieg.

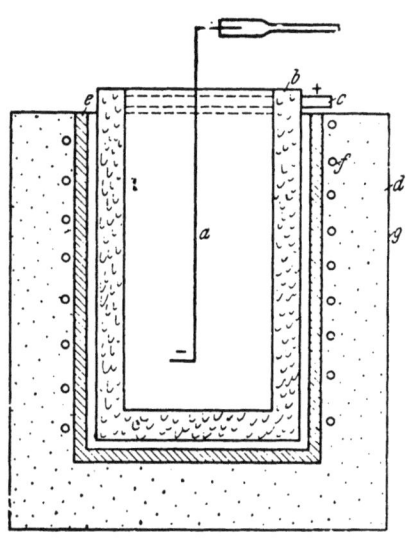

Abb. 103. Elektrolytische Zelle zur Abscheidung von Uranpulver an einer Molybdänkathode (F. H. Driggs und W. C. Lilliendahl).

*a* Molybdänkathode, *b* Kohletiegel, *c* Anodenverbindung aus Nickelblech, *d* Kieselgur, *e* Innerer Ofenmantel aus Eisen, *f* Heizleiter aus Nickelchrom, *g* Äußerer Ofenmantel aus Eisenblech.

Uranmetall findet bis heute weder in gesinterter noch in geschmolzener Form in der Technik Verwendung.

## C. Siebente Gruppe.

Mangan, Rhenium.

### 1. Mangan.

In reiner Form ist Mangan in der Pulvermetallurgie bisher noch nicht in Erscheinung getreten, insbesondere da es auch in reinstem Zustand verhältnismäßig spröde zu sein scheint. Für gesinterte manganhaltige Legierungen, insbesondere der Eisenmetalle besteht dagegen in der Technik starkes Interesse. Hierbei wird Mangan in Form von gepulvertem Mangan, Ferromangan oder von feinstem Braunstein bei gleichzeitiger Anwesenheit von Kohle als Reduktionsmittel eingesetzt (19). Bei einer Sinterung unter Wasserstoff ist die Anwesenheit von Kohlenstoff zur Reduktion nicht erforderlich, weil eine Reduktion des Braunsteins durch Wasserstoff bis zum Metall dann stattfindet, wenn gleichzeitig ein Metall vorhanden ist, das Mangan unter Mischkristallbildung zu lösen vermag (beispielsweise Eisen). G. Hamprecht und L. Schlecht (20) verwenden zur Herstellung gesinterter manganhaltiger Nickellegierungen Mangan in Form feingepulverten Braunsteins, falls das Nickel genügende Mengen an Kohlenstoff enthält; bei Nickelpulver, das praktisch frei von Kohlenstoff ist, verwenden sie Mangan in Feinstpulverform in einer Körnung von $< 0{,}06$ mm. Zwecks Erzielung homogener Mischkristalle empfehlen sie eine 6- bis 8-stündige Diffusionsglühung bei 800 bis 1000°, die gegebenenfalls nach einem Verschmieden der Sinterkörper wiederholt wird.

## 2. Rhenium.

Rheniummetallpulver läßt sich in reinster Form ohne Schwierigkeiten durch Reduktion von $ReO_2$ mittels Wasserstoff bei Rotglut herstellen (21, 22). Wegen seines hohen Schmelzpunktes ($3170 \pm 60°$) kommt für die Herstellung von duktilem Rhenium nur die Sinterung im direkten Stromdurchgang, ähnlich wie bei den hochschmelzenden Metallen Wolfram und Molybdän, in Frage. C. Agte und Mitarbeiter (23) haben ausführliche Untersuchungen über die mechanischen Eigenschaften von gesintertem Rhenium angestellt. Sie sinterten Rheniumpreßstäbe in der Nähe des Schmelzpunktes, wonach die Sinterstäbe eine gewisse Bildsamkeit aufwiesen. Die Stäbe lassen sich in der Wärme schmieden und walzen.

Gesinterte Wolfram-Rhenium-Legierungen wurden von K. Becker und K. Moers (24) hergestellt, um das Zustandsdiagramm aufzustellen (vgl. Seite 268).

### Literatur zum 10. Kapitel.

(1) v. Bolton, W.: Z. Elektrochem. 11 (1905) S. 45/51.
(2) Marden, J. W., u. M. N. Rich: Industr. Engng. Chem. 19 (1927) S. 786.
(3) Kroll, W.: Z. Metallkde. 28 (1936) S. 30/33.
(4) van Arkel, A. E.: Metallwirtsch. 13 (1934) S. 405.
(5) Jones, W. D.: Foundry Trade J. (Dez. 1938) S. 401/02.
(6) Kroll, W.: Z. anorg. allg. Chem. 226 (1935) S. 23/32.
(7) van Arkel, A. E.: Metallwirtsch. 13 (1934) S. 405 u. 511.
(8) Hunter, M. A., u. A. Jones: Amer. elektrochem. Soc. 44 (1923) S. 23/30.
(9) Glatzel: Ber. 23 (1890) S. 3127.
(10) Marden, J. W.: D.R.P. 441639 (1924); A.P. 1760367 (1926).
(11) D.R.P. 725828 (1938).
(12) Alexander, P. P.: Metals & Alloys 5 (1934) S. 37.
(13) Kroll, W.: Z. Metallkde. 28 (1936) S. 317/19.
(14) Trzebiatowski, W., u. H. Ploszek: Naturwiss. 26 (1938) S. 462; vgl. Kubaschewski, O., u. A. Schneider: Z. Elektrochem. 48 (1942) S. 671/74.

(15) Siedschlag, E.: Z. anorg. allg. Chem. **131** (1923) S. 191/96. (Vgl. Hansen, M.: Der Aufbau der Zweistofflegierungen, S. 533. Verlag Springer, Bln. 1936.)
(16) Vgl. Weibke, F., u. U. v. Quadt: Z. Elektrochem. **46** (1940) S. 635 und Kubaschewski, O., u. A. Schneider: Z. Elektrochem. **48** (1942) S. 671/74.
(17) Driggs, F. H., u. W. C. Lilliendahl: Industr. Engng. Chem. **22** (1930) S. 516/19.
(18) Alexander, P. P.: Metals & Alloys **9** (1938) S. 270/74.
(19) Offermann, E. K.: Mitt. Kohle- u. Eisenforschg. (1936) S. 85/120.
(20) Hamprecht, G., u. L. Schlecht: Metallwirtsch. **12** (1933) S. 281/84.
(21) Noddack, J., und W. Noddack: Das Rhenium. Lpz. 1933.
(22) — Z. anorg. allg. Chem. **215** (1933) S. 129.
(23) Agte, C., H. Alterthum, K. Becker, G. Hayne u. K. Moers: Z. anorg. allg. Chem. **196** (1931) S. 129.
(24) Becker, K., u. K. Moers: Metallwirtsch. **9** (1930) S. 1063/66. (Vgl. Hansen, M.: Der Aufbau der Zweistofflegierungen. Verlag Springer, Bln. 1936.)

## 11. Kapitel.
## Achte Gruppe des periodischen Systems.
### A. Eisenmetalle.
#### 1. Eisen.

Gesintertes Eisen und gesinterte Eisenlegierungen, die seit etwa 10 bis 15 Jahren langsam zunehmende Bedeutung erlangten, finden in allerletzter Zeit sprunghaft gesteigerte Beachtung. Beschränkte sich die Anwendung von Reinsteisenpulver wegen seiner magnetischen Eigenschaften zunächst lediglich auf die Herstellung von Massekernen, so kam schon sehr bald ein neues Anwendungsgebiet — Sintereisen und Sintereisenlegierungen als Werkstoffe für die Hochvakuumtechnik — hinzu. In den letzten Jahren treten neben den porösen selbstschmierenden Bronzelagern immer stärker die festeren, rohstoffsparenden Eisensinterlager in den Vordergrund. Aus fertigungstechnischen Gründen, zum Teil beschleunigt durch den Maschinen- und Facharbeitermangel, treten in jüngster Zeit gesinterte Eisen- bzw. Stahlfertigformkörper, beispielsweise Zahnräder, Buchsen usw an die Stelle von Schmiede- und Gußteilen, die meist zu ihrer Fertigstellung noch einer erheblichen spanabhebenden Bearbeitung bedürfen.

**a) Gewinnung und Eigenschaften von Eisenpulvern.** Für kein Metall gibt es derartig mannigfaltige Herstellungsverfahren des Pulvers wie beim Eisen. Schon die direkte Reduktion möglichst reiner Erze führt zu einem brauchbaren, schwammartigen Zwischenerzeugnis, das sich leicht zu Pulver gewünschter Korngröße mechanisch zerkleinern läßt (Schwammeisenpulver). Dieses Verfahren, das besonders in Schweden und in Amerika zur Herstellung von technischem Eisenpulver angewandt wird, führt zu einem verhältnismäßig billigen Pulver mit einem maximalen Eisengehalt von 99,5%. Bezüglich Einzelheiten der Herstellung sei auf ausführliche Darstellungen von A. H. Allen verwiesen (1). Über den schmelzflüssigen Zustand führen Zerstäubungs- bzw. Granulationsverfahren zu Eisenpulvern mit in weiten Grenzen veränderlicher Korngröße und Korngestalt (vgl. Abb. 12 a, b, Seite 19). Nach dem DPG-Verfahren (vgl. Abb. 11, Seite 18) zerschleudert man zur Herstellung von Weicheisenpulver eine möglichst mangan-, silizium- und kohlenstoffarme Eisenschmelze (Armcoeisen) unter Wasser und reduziert das mit einem Oxydgehalt von 1 bis 3% entstehende Feinpulver unter Wasserstoff.

Nach dem Rennerfelt-Kalling-Verfahren (2) erzeugt man zunächst unmittelbar aus dem Erz eine kohlenstoffhaltige Schmelze, granuliert sie in Wasser und reduziert das Granulat in CO- und $CO_2$-haltiger Atmosphäre. Das weitgehend entkohlte Granulat wird mechanisch auf gewünschte Korngröße zerkleinert.

Grobgranulate können ebenso wie Drahtstücke in Wirbelschlagmühlen zu sehr brauchbarem Pulver mit charakteristisch tellerartiger Korngestalt (vgl. Abb. 9, Seite 17) weiter zerkleinert werden (Hametagverfahren). Auch die bei der Verarbeitung von Stahl und Eisenlegierungen entstehenden Zundermengen (Walzensinter) lassen sich ebenso wie die aus Beizrückständen zu gewinnenden technischen Oxyde leicht durch Kohlenoxyd- bzw. Wasserstoffreduktion in brauchbare technische Eisenpulver überführen. Die Reduktion von chemisch reinem Eisenoxyd oder von Eisensalzen (z. B. Eisenoxalat) führt zu sehr feinkörnigem, reinstem Eisenpulver. Von den physikalisch-chemischen Verfahren zur Pulvererzeugung haben für das Eisen die elektrolytische Abscheidung sowie die Abscheidung aus der Gasphase (Karbonylverfahren) in großtechnischem Maßstab Anwendung gefunden. Die elektrolytische Abscheidung führt entweder unmittelbar zu Pulver oder zu spröden, kompakten Niederschlägen, die mechanisch leicht weiter zerkleinert werden können (vgl. Abb. 6 und 7, Seite 15).

Für die Herstellung der oben erwähnten Massekerne kommt vornehmlich Karbonyleisen, in geringerem Umfange Schwamm- und Elektrolyteisen in Frage. Für die Gewinnung von Reinsteisenblechen und -drähten für die Vakuumtechnik verwendet man fast ausschließlich Karbonyleisen auf Grund seines hohen Reinheitsgrades. Auch für Eisen-Nickel-Molybdän- und Eisen-Nickel-Kobalt-Legierungen, die als Gitterdrähte bzw. Einschmelzmaterial in der Vakuumtechnik Anwendung finden, setzt man ausschließlich Karbonyleisen ein. In Sintermagneten auf der Basis Eisen-Nickel-Aluminium, die in jüngster Zeit steigende Bedeutung erlangten, hat sich Karbonyleisen neben feinstem Elektrolyteisenpulver am besten bewährt. Für die Herstellung von Sinterlagern haben sich die auf mechanischem Wege erzeugten Eisenpulver neben Schwammeisen, technischem Reduktionspulver und Feingranulaten (DPG-Verfahren) durchgesetzt. Auch für die Massenfertigung von gesinterten Maschinenteilen aller Art kommen vornehmlich aus wirtschaftlichen Gründen die letztgenannten technischen Eisenpulversorten in Frage.

Mit den physikalischen und mechanischen Eigenschaften von Sinterkörpern aus reinstem und technischem Eisenpulver beschäftigten sich vornehmlich F. Sauerwald und Mitarbeiter (3), L. Schlecht, W. Schubardt und F. Duftschmid (4), W. Eilender und R. Schwalbe (5) sowie P. Schwarzkopf und C. G. Goetzel (6). Die Untersuchungen von F. Sauerwald haben vornehmlich theoretische Bedeutung und beziehen sich ausschließlich auf Sinterkörper aus Ferrum reductum, also einem sehr feinkörnigen Eisenpulver. Die Arbeiten von L. Schlecht und Mitarbeitern befassen sich eingehend mit den Eigenschaften und der Anwendungsmöglichkeit von Karbonyleisen-Sinterkörpern. W. Eilender und R. Schwalbe benutzten für ihre Untersuchungen technische, verhältnismäßig grobkörnige Eisenpulver im Hinblick auf die Eignung dieser Pulversorten für Sinterlager und Maschinenteile. P. Schwarzkopf und C. G. Goetzel untersuchten vornehmlich die Eigenschaften (Gefüge, Dichte und Härte) von heißgepreßten Eisensinterkörpern aus Schwammeisen-, Reduktionseisen- und Elektrolyteisenpulver (vgl. Seite 151 ff.).

**b) Eigenschaften von Sintereisen aus verschiedenen Eisenpulvern.** In den schon erwähnten Arbeiten von F. Sauerwald und Mitarbeitern wurden insbesondere die Zusammenhänge zwischen Preßdruck, Sintertemperatur, Sinterdauer, Kornwachstum, Dichte, Zugfestigkeit und elektrischer Leitfähigkeit untersucht. Bei der Untersuchung der Dichte und Zugfestigkeit von verschieden hoch gepreßtem Eisen in Abhängigkeit von der Sintertemperatur konnte F. Sauerwald ein Maximum der Dichte und Zerreißfestigkeit zwischen 800 und 900° feststellen. Er bringt dieses Maximum in Zusammenhang mit der Alpha-Gamma-Umwandlung (3 l). Übrigens beträgt der Höchstwert der Zugfestigkeit, den F. Sauerwald an mit 3,6 t/cm² gepreßten Stäben nach Sinterung bei 900° feststellte, etwa 15 kg/mm². An druckgesinterten Eisenkörpern ($P = 3,6$ t/cm²; $T = 810°$) wurde von ihm eine maximale Zugfestigkeit von etwa 40 kg/mm² gemessen.

L. Schlecht und Mitarbeiter (4) untersuchten eingehend die Eigenschaften von Karbonyleisen-Sinterkörpern, die durch Rütteln in bestimmte Formen und anschließende Glühbehandlung bei Temperaturen zwischen 400 und 1200° hergestellt wurden. Das Karbonyleisenpulver wird bekanntlich durch thermische Zersetzung von gasförmigem Eisenkarbonyl gewonnen und enthält wegen des Zerfalls von Kohlenoxyd bei der Dissoziationstemperatur stets wechselnde Mengen von Sauerstoff und Kohlenstoff (etwa 1 bis 4% O, 1 bis 2% C), die allerdings praktisch die einzigen nennenswerten Verunreinigungen darstellen. Erhitzt man

188  Gesinterte Metalle und Legierungen.

ungepreßte, nur in Formen gerüttelte Mischungen von verschiedenen Karbonyleisenpulvern mit etwa im Verhältnis von 3 : 2 abgestimmten Sauerstoff- und Kohlenstoffgehalten auf 1000 bis 1100°, so gelingt es unter fast quantitativer Bildung von Kohlenoxyd, Eisensinterkörper mit weniger als 0,02 % C und O herzustellen. In Abb. 104 und 105 sind die Abnahme des Kohlenstoff- und Sauerstoffgehaltes in derart hergestellten Karbonyleisenmischungen in Abhängigkeit von der Glühdauer bei verschiedenen Glühtemperaturen dargestellt (7). Das entweichende Kohlenoxyd wirkt während der Glühbehandlung als Schutzgas. Durch die starke Wechselwirkung des äußerst feinkörnigen Eisens mit FeO, C, CO und $CO_2$ während der Glühbehandlung findet eine mit steigender Temperatur rasch zunehmende Verfestigung unter erheblicher Dichtesteigerung des Pulvers statt, so daß man lediglich durch die Glühbehandlung des lose gerüttelten Pulvers zu einem kompakten Sinterkörper kommt. Bei gleichzeitiger Gegenwart von Wasserstoffschutzgas dürften auch $H_2O$-Dampf und Kohlenwasserstoffe auf die Kornwachstumsvorgänge von Einfluß sein. Ein sehr anschauliches Bild von der Gefüge- und Dichteänderung von unter Wasserstoff bei verschiedenen Temperaturen geglühtem, locker geschütteltem Karbonyleisenpulver (Glühdauer jeweils 24 Std.) geben L. Schlecht, W. Schubardt und F. Duftschmid (4) (Abb. 106). Oberhalb 500° verlieren die Pulverteilchen ihre charakteristische kugelige Gestalt, indem sie zu größeren polygonalen Teilchen zusammenwachsen. Mit steigender Glühtemperatur verringert sich die Größe und Anzahl der Poren ziemlich stark, so daß bei einer Glühtemperatur von 800° schon eine Dichte von 6,1 g/cm³ erreicht

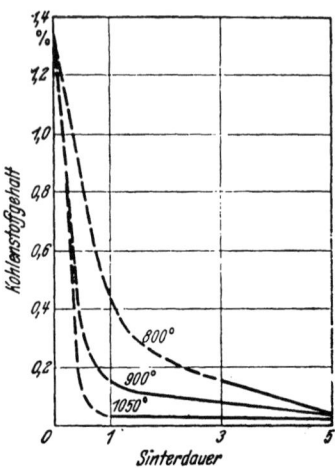

Abb. 104. Einfluß der Sinterbedingungen auf den Kohlenstoffgehalt von Karbonylreineisen (E. Offermann)

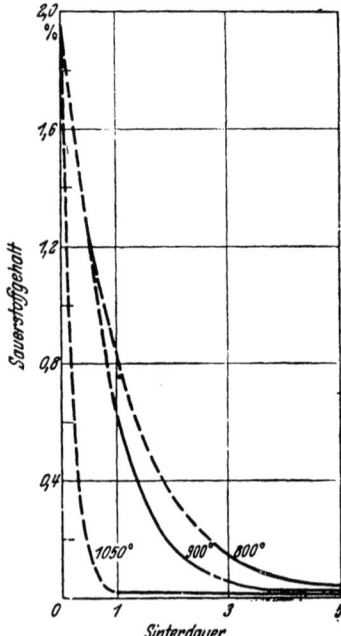

Abb. 105. Einfluß der Sinterbedingungen auf den Sauerstoffgehalt von Karbonylreineisen (E. Offermann).

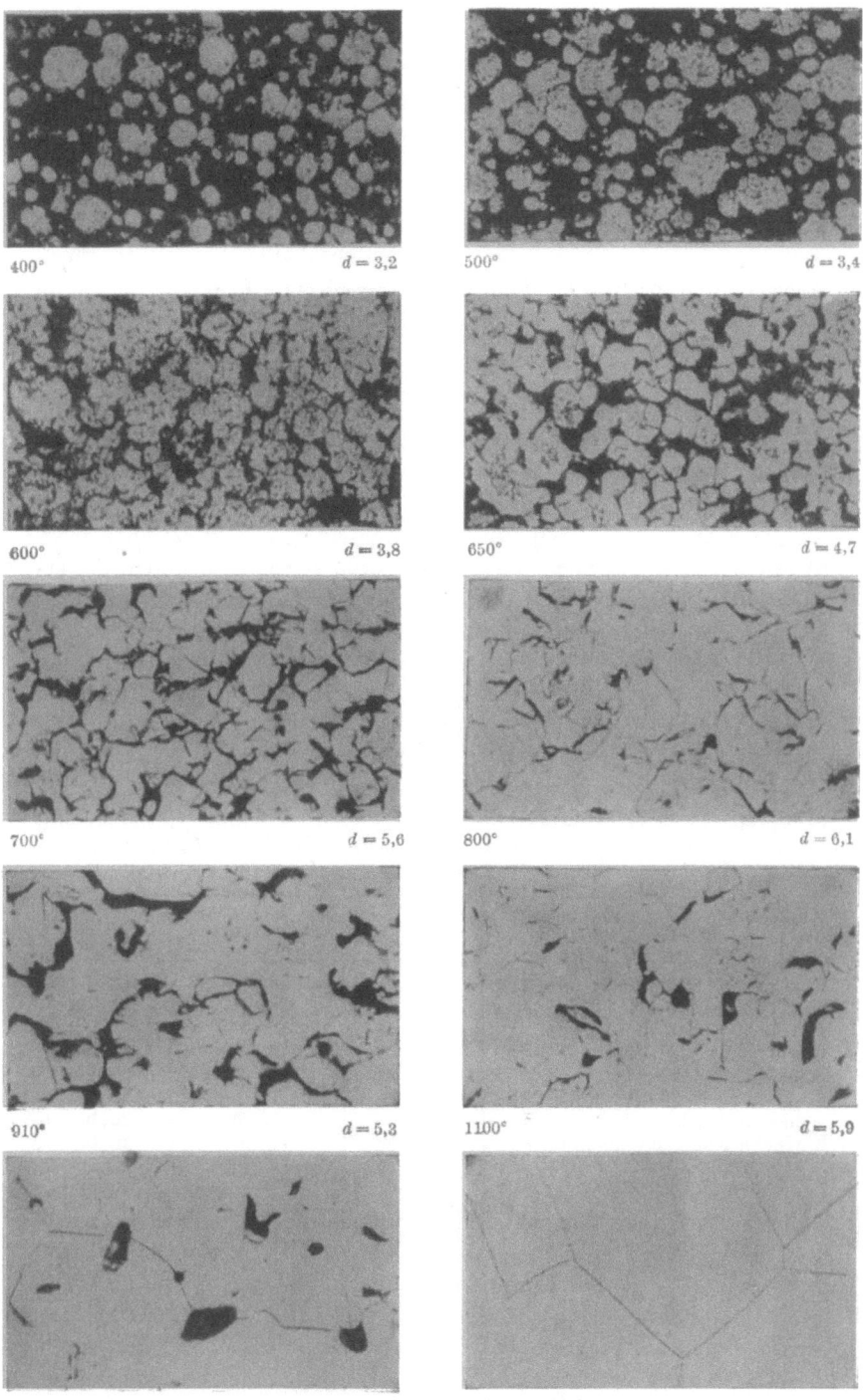

Abb. 106. Gefüge- und Dichteänderung von Karbonyleisenpulver in Abhängigkeit von der Sintertemperatur. × 1000 (L. Schlecht, W. Schubardt und F. Duftschmid).

wird. Bei etwa 900° beobachtet man, vermutlich wegen der bei der Umwandlung in Gammaeisen eintretenden Kontraktion, eine auffallende Vergrößerung der Poren. Die Umkristallisation ist also offenbar mit einer Auflockerung des Gefüges verbunden und macht sich in einem Abfall der Dichte zu erheblich tieferen Werten (5,3 g/cm³) bemerkbar. Mit weiter steigender Sintertemperatur findet unter weiterem Kornwachstum der Kristallite wieder eine Dichtesteigerung statt. Einen völlig dichten, praktisch porenfreien Sinterkörper erhält man nur, wenn man den gesinterten Werkstoff zusätzlich noch durch Schmieden oder Walzen warm verformt.

Zur Herstellung reinster Karbonyleisen-Formkörper empfiehlt es sich, das Eisenpulver unter Wasserstoff bei 500 bis 700° vorzuglühen und das dann praktisch sauerstoff- und kohlenstofffreie Pulver zu verpressen. Die Preßkörper werden anschließend bei 1100 bis 1300° unter reinstem Wasserstoff gesintert.

Die Festigkeitseigenschaften von gesinterten, unverformten Karbonyleisenkörpern unterscheiden sich kaum von denen aus anderem Feinstpulver (Reduktionspulver). Die mechanischen Eigenschaften von nach dem Sintern geschmiedetem bzw. gewalztem Karbonyleisen wurden von L. Schlecht, W. Schubardt und F. Duftschmid (4) sowie von E. Offermann (7) bestimmt. In Zahlentafel 36 sind die gefundenen Werte in Vergleich gesetzt zu denjenigen von geschmolzenem, gewalztem Elektrolyteisen nach normalisierendem Glühen.

Zahlentafel 36. Festigkeitseigenschaften von Karbonylreineisen im Vergleich zu geschmolzenem und anschließend warmgewalztem Elektrolyteisen. (Nach dem Warmwalzen normalgeglüht!)

|  | Nach E. Offermann | Nach L. Schlecht, W. Schubardt und F. Duftschmid | Elektrolyteisen |
|---|---|---|---|
| Streckgrenze kg/mm² | 16—20 | 11—17 | 7—14 |
| Zugfestigkeit kg/mm² | 28—32 | 20—28 | 24,5—28 |
| Dehnung % ($l = 10\,d$) | 33—28 | 40—30 | 40—60 |
| Einschnürung % | 82—78 | 80—70 | 70—90 |
| Brinellhärte kg/mm² | 70—85 | 56—80 | 45—90 |
| Erichsen-Tiefung mm (bei 1 mm dickem Blech) | 11,7 | 12,25 | n. b. |
| Kerbschlagzähigkeit mkg/cm² | 0,5—24 | n. b. | n. b. |

Einen sehr eingehenden und vollständigen Beitrag zur Kenntnis der Eigenschaften des Sintereisens lieferten W. Eilender und R. Schwalbe (5), die den Einfluß von Sinterzeit und Temperatur, Preßdruck und Korngröße des Ausgangspulvers auf Zugfestigkeit, Streckgrenze, Dehnung, Dichte und Kornwachstum untersuchten. Sie legten ihren Messungen ein durch mechanische Zerkleinerung von kompaktem

Eisen hergestelltes grobes Eisenpulver zugrunde, das nach einer Wasserstoffglühbehandlung bei 900° folgende Analyse aufwies:

C ... Spuren     P ... 0,01%
Si ... 0,015%    S ... 0,005%
Mn ... 0,025%

Geprüft wurden vier verschiedene Pulversorten, die sich lediglich durch ihren Korngrößenbereich wie folgt unterschieden:

I. < 0,075 mm            III. > 0,1 mm, < 0,5 mm
II. > 0,075 mm, < 0,1 mm IV. < 0,5 mm.

Da keine Siebanalyse der einzelnen Pulversorten angegeben wird, ist die Kornklassenverteilung nicht ersichtlich. Jedenfalls sind die Pulver

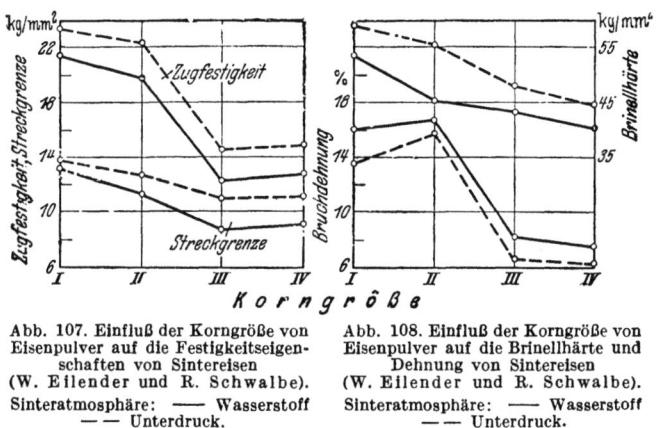

Abb. 107. Einfluß der Korngröße von Eisenpulver auf die Festigkeitseigenschaften von Sintereisen (W. Eilender und R. Schwalbe). Sinteratmosphäre: —— Wasserstoff  — — Unterdruck.

Abb. 108. Einfluß der Korngröße von Eisenpulver auf die Brinellhärte und Dehnung von Sintereisen (W. Eilender und R. Schwalbe). Sinteratmosphäre: —— Wasserstoff  — — Unterdruck.

I und II als Feinpulver, die Pulver III und IV als Grobpulver anzusprechen.

Zur Ermittlung der Festigkeitseigenschaften wurden in einer eigens dafür konstruierten Schwebematrize (vgl. Abb. 70, Seite 116) Flachzerreißstäbe gepreßt und anschließend entweder unter Wasserstoff oder im Unterdruck (CO-N-Atmosphäre) gesintert.

Der Einfluß der Korngröße auf die Festigkeitseigenschaften bzw. Brinellhärte von Sintereisen ist in Abb. 107 und 108 wiedergegeben. Man sieht, daß Zugfestigkeit, Streckgrenze, Bruchdehnung und Härte mit steigender Korngröße abfallen. Diese übrigens auch bei anderen Metallpulvern festzustellende Abnahme der Festigkeitswerte mit steigender Ausgangskorngröße wird mit der geringeren Anzahl von Berührungspunkten und -flächen bei gröberen Pulvern erklärt (vgl. S. 119).

Für die Untersuchung der Abhängigkeit der Festigkeitseigenschaften von der Sintertemperatur wurde das Pulver II (Korngröße > 0,075 mm, < 0,1 mm) herangezogen. Die Festigkeitseigenschaften (vgl. Abb. 72,

Seite 117) steigen mit zunehmender Sintertemperatur, erreichen ein Maximum bei etwa 800°, fallen im Bereich plötzlichen Kornwachstums (850 bis 900°), um dann wieder erneut anzusteigen. Kurven von im wesentlichen gleichem Charakter ergeben sich nach eigenen Messungen an Sinterstäben aus Feinsteisenpulver (Korngröße etwa 1 bis 5 $\mu$), das durch Reduktion aus chemisch reinem Oxyd gewonnen wurde. Unabhängig von der Höhe des aufgewandten Preßdruckes liegt das Festigkeitsmaximum bei 850 bis 875°. Während Sinterkörper aus Fein- und Feinsteisenpulvern im Bereich der Alpha-Gamma-Umwandlung ein Festigkeitsmaximum durchlaufen — das gleiche wurde übrigens auch von F. Sauerwald beobachtet —, zeigen nach eigenen Untersuchungen Sinterstäbe aus technischem, grobem Eisenpulver bei Preßdrücken bis zu etwa 5 t/cm² eine mit steigender Sintertemperatur stetig zunehmende Zugfestigkeit, ohne daß die Alpha-Gamma-Umwandlung und beginnendes Kornwachstum die Festigkeit beeinträchtigen.

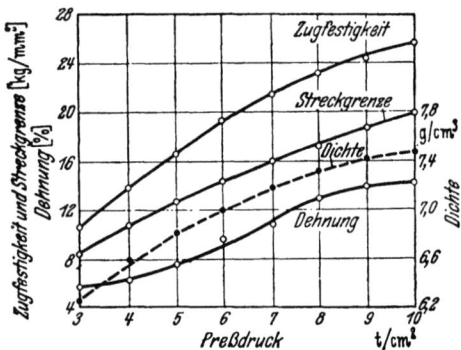

Abb. 109. Einfluß des Preßdrucks auf die Festigkeitseigenschaften und Dichte von Eisen-Sinterkörpern (Pulversorte II), Sintertemperatur 800°, Sinterzeit 30 Minuten, Wasserstoffschutzgas (W. Eilender und R. Schwalbe).

Der Einfluß des Preßdruckes auf die Dichte und die Festigkeitseigenschaften von beispielsweise bei 800° gesinterten Eisenkörpern (Pulversorte II) geht aus Abb. 109 hervor. Festigkeit und Dichte nehmen mit steigendem Preßdruck entsprechend der engeren Packung und der dadurch bedingten Vergrößerung der Berührungsflächen der Pulverteilchen stetig zu. Zu denselben Feststellungen gelangt man, wenn man bei irgendeiner beliebigen anderen Temperatur sintert, wie durch eigene Sinterversuche bei Temperaturen zwischen 700 und 1300° nachgewiesen werden konnte.

Bei der Untersuchung des Einflusses der Sinterzeit konnten W. Eilender und R. Schwalbe zeigen, daß oberhalb einer Sinterdauer von 2 Stunden keine nennenswerte Verbesserung der Festigkeitseigenschaften mehr eintritt (vgl. Abb. 74, Seite 119).

Bezüglich der Untersuchungen von P. Schwarzkopf und C. G. Goetzel über heißgepreßte Eisenpulver sei auf frühere Ausführungen (Seite 151ff.) verwiesen.

Zahlentafel 37 vermittelt zusammenfassend einen Überblick über die an verschiedensten Stellen ermittelten Eigenschaften von gesintertem Eisen nach verschiedenen Behandlungsstufen im Vergleich zu geschmolzenem Elektrolyteisen.

Eisen.

Zahlentafel 37.
Mechanische Eigenschaften von Sintereisen nach verschiedenen Behandlungsstufen im Vergleich zu geschmolzenem Elektrolyteisen.

| Lfd. Nr. | Behandlung des Metalls | Dichte im Vergleich zur theoretischen Dichte % | Brinellhärte | Streckgrenze kg/mm² | Zugfestigkeit kg/mm² | Dehnung % | Einschnürung % |
|---|---|---|---|---|---|---|---|
| 1 | Kaltgepreßt mit 8 t/cm² | 77—83 | 70—75 | — | 0,28—0,35 | — | — |
| 2 | Kaltgepreßt mit 6 bis 8 t/cm² und gesintert bei 1000° . . . . . | 83—88 | 40—50 | — | 17,5—21,0 | 8—12 | 8—12 |
| 3 | Kaltgepreßt mit 6 bis 8 t/cm², gesintert und wieder gepreßt (Preßdruck und Sintertemperatur wie bei 2) | 90—93 | 65—70 | — | 23,0—29.0 | 0—3 | 0—3 |
| 4 | Kaltgepreßt, gesintert, wieder gepreßt u. wieder gesintert (Preßdruck und Sintertemperatur wie bei 3) . | 90—93 | 55—65 | 11—14 | 23—26 | 16—22 | 16—22 |
| 5 | Heißgepreßt bei 810° mit 3,5 t/cm² . . . | 95—100 | 60—100 | n. b. | 35—40 | n. b. | n. b. |
| 6 | Kaltgepreßt, gesintert (Preßdruck und Sintertemperatur wie bei 4), dann warmgeschmiedet . . . . | 100 | 90 | 21 | 35,5 | 35 | 60 |
| 7 | Elektrolyteisen, geschmolzen, gewalzt und normal geglüht . | 100 | 75—90 | 7—14 | 24,5—28,0 | 40—60 | 70—90 |

c) **Verwendungsgebiete von Sintereisen.** Wie schon eingangs erwähnt, sind die wichtigsten Anwendungsgebiete für Eisenpulver bzw. für Sintereisen Massekerne für Pupinspulen, magnetische Werkstoffe, Vakuumwerkstoffe, Sinterlager und Maschinenteile.

Die Herstellung und Verwendung der Massekerne und der gesinterten Magnetwerkstoffe wird wegen ihrer besonderen technischen Bedeutung in einem eigenen Kapitel besprochen (vgl. Seite 346ff.).

Aus Karbonyleisenpulver hergestelltes Reinstsintereisen hat sich als Werkstoff in der Vakuumtechnik bewährt. Die Eigenschaften dieses Werkstoffes sind im Vergleich zu denen anderer Hochvakuumbaustoffe (gesinterte Eisen-Nickel-Molybdän-Legierungen, Reinnickel, Wolfram, Molybdän) in Zahlentafel 38 aufgeführt. Als kennzeichnende Eigenschaften dieses Werkstoffes werden hervorgehoben die leichte Entgasbarkeit, die geringe Zerstäubungsneigung und eine Unempfindlichkeit gegen flüssiges und dampfförmiges Quecksilber.

An Stelle poröser Bronzelager haben sich in jüngster Zeit in stärkerem Umfange poröse Eisensinterlager eingeführt. Hierfür waren nicht nur Rohstoffgründe maßgebend, sondern auch die erheblich höhere Festig-

Zahlentafel 38. Verschiedene Eigenschaften von auf dem Sinterwege erzeugten Hochvakuumwerkstoffen[1].

| | Maß | Reinsteisen | Reinstnickel | Ni-Fe-Mo-Legierung (58% Ni, 22% Fe, 20% Mo) | Wolfram | Molybdän |
|---|---|---|---|---|---|---|
| spez. Gewicht bezogen auf $O=16$ | | 55,84 | 58,68 | — | 184,0 | 98 |
| bei 20° | g/cm³ | 7,88 | 8,85 | 8,8 | 19,2—19,4 | 10,3 |
| Reinheitsgrad | % | 99,98 | 99,87 | — | 99,98—99,99 | 99,98—99,99 |
| Schmelzpunkt | °C | etwa 1530 | 1452 | 1320 | etwa 3400 | etwa 2630 |
| Umwandlungspunkt | °C | 768 | etwa 360 | — | keinen | keinen |
| Festigkeit von Feindraht | | | | | | |
| geglüht kaltverfestigt | kg/mm² | 63—65 | bis 80 | bis 105 | bis 400 | bis 250 |
| geglüht | kg/mm² | 15—25 | 40 (sehr rein: 32—35) | 77—84 | 110 | 70—120 |
| Festigkeit bei 800° | kg/mm² | 2 | 10 | 30—40 | 80—120 | 60—80 |
| Dehnung {ungeglüht | % | 1,5 | etwa 2 | 5 | 1—4 | 2—5 |
| geglüht | % | 40—60 | 40—50 | 25—35 | — | 10—25 |
| Streckgrenze {hart | kg/mm² | 15—18 | 60 | bis 80 | etwa 150 | 41—61 |
| geglüht | kg/mm² | 7—14 | 10 | 33—36 | 72—83 | 50—60 |
| Elastizitätsmodul | kg/mm² | 21000 | 22000 | — | 41500 | 33600 |
| Härte {ungeglüht | kg/mm² | etwa 45—80 | bis 220 | 280 | 350 | 160—185 |
| geglüht | kg/mm² | 45—65 | 80—90 | 207 | — | 147 |
| Wärmeausdehnung 0—100° | mm/m | 12,5·10⁻⁶ | 13·10⁻⁶ | 10,7·10⁻⁶ | 4,4·10⁻⁶ | 5,5·10⁻⁶ |
| Leitfähigkeit {bei 20° | cal/cm·sec·°C | 0,18 | 0,215 | 0,04 | 0,38 | 0,35 |
| bei 800° | cal/cm·sec·°C | 0,07 | 0,17 | — | — | — |
| Wärme (0—100°) | cal/g·°C | 0,111 | 0,106 | — | 0,034 | 0,062 |
| Reflexionsvermögen $\lambda=0,650\mu$ (Zimmertemperatur) | % | hochglanzgewalzt: 40—44 / mattgewalzt: 45—50 / oxydiert: 80—90 | 37,5 | — | 47 | 41,9 |

# Gesinterter Stahl.

| | | | | | | |
|---|---|---|---|---|---|---|
| Spez. elektrischer Widerstand | | | | | | |
| bei 20° | Ohm·mm²/m | 0,103 | 0,10 | 1,1 | 0,055 | 0,048 |
| bei 500° | Ohm·mm²/m | 0,54 | 0,36 | — | 0,183 | 0,139 |
| bei 1000° | Ohm·mm²/m | 1,17 | 0,50 | — | 0,330 | 0,274 |
| Spez. elektrische Leitfähigkeit | | | | | | |
| bei 20° | m/Ohm·mm² | 9,7 | 10,— | 0,9 | 18,2 | 20,8 |
| bei 500° | m/Ohm·mm² | 1,85 | 2,8 | — | 5,5 | 7,2 |
| bei 1000° | m/Ohm·mm² | 0,85 | 2,0 | — | 3,0 | 3,6 |
| Temperaturkoeffizient des elektrischen Widerstandes | 0—100° | $62 \cdot 10^{-4}$ | $50 \cdot 10^{-4}$ | bis 900° vernachlässigbar | $48 \cdot 10^{-4}$ | $46 \cdot 10^{-4}$ |

[1] Prospekt Metallwerk Plansee G. m. b. H., Reutte/Tirol.

keit, die sich mit diesem Werkstoff erreichen läßt. Eine eingehendere Würdigung dieses Anwendungsgebietes von Sintereisen bleibt einem besonderen Kapitel vorbehalten (vgl. Seite 333ff.).

Im Zuge der modernen Massen- und Serienfabrikation ist man bei der Herstellung von genormten kleineren Maschinenteilen verschiedener Form und Größe (Abb. 110) zur direkten Herstellung auf dem Sinterwege übergegangen (8). So hergestellte Sintereisenteile scheinen berufen, Spritz- oder Preßgußteile aus Buntmetall zu verdrängen. Ein wichtiger Gesichtspunkt für ihre Einführung ist weiterhin die Möglichkeit der Einsparung von kostspieliger spanabhebender Bearbeitung.

An weiteren Anwendungsbeispielen für Sintereisen sind die Verwendung poröser, mit Bitumen getränkter Eisenkörper [„Sinterit" (9)] an Stelle von Weichblei zum Verstemmen und Dichten (Abb. 111a und b) sowie poröser Eisenkörper für Filter und schließlich Dochte für Oberflächenverbrennung organischer Flüssigkeiten zu nennen (vgl. Seite 343).

## 2. Gesinterter Stahl und gesintertes Gußeisen.

Mit der Herstellung von gesinterten Stählen aus Karbonyleisenpulver befaßte sich erstmalig eingehend E. Offermann (7). Kohlenstoffhaltiges Karbonyleisenpulver wurde ähnlich wie bei der Herstellung von Karbonylreineisenblöcken in Blechformen eingerüttelt und bei etwa 1000 bis 1100° mehrere Stunden lang gesintert. Die dabei erhaltenen Rohblöcke wurden in der Sinterhitze auf Knüppel von 50 mm 4kt. ausgeschmiedet. Es gelang so, Karbonylstähle mit verhältnismäßig homogenem

196 Gesinterte Metalle und Legierungen.

Gefüge mit Kohlenstoffgehalten bis etwa 0,9% zu erhalten. Unter Rußzusatz hergestellte höher gekohlte Stähle (bis 1,5% C) wiesen ungleichmäßige Kohlenstoffverteilung unter Zonenbildung auf. Die Zonenbildung konnte durch Feinstmahlung des Karbonyleisenpulvers mit Ruß, durch geringe Phosphor- und Schwefelzusätze und durch Verwendung von weniger reinen Aufkohlungsmitteln, wie z. B. Graphit und Kokspulver, verhindert werden. Die auch von F. Duftschmid und

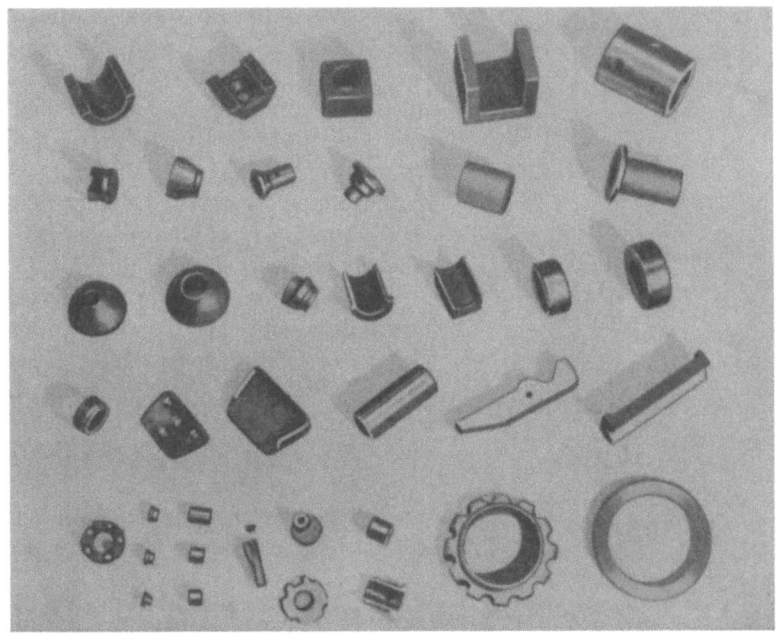

Abb. 110. Gesinterte Maschinenteile aus Eisenpulver (G. Comstock).

E. Houdremont (10) festgestellte Neigung der Karbonylstähle zu anormaler Gefügeausbildung konnte durch geringe Manganzusätze beseitigt werden. Größere Manganmengen führen zu größeren, stark schwankenden Mengen freien Kohlenstoffs und steigern die Anzahl und Größe nichtmetallischer Einschlüsse. Mangan wird zweckmäßig in Form von Braunstein eingesetzt, der während der Sinterung reduziert wird. Nickelstähle lassen sich leicht durch Zumischen von Nickelpulver herstellen.

Beim Vergleich der gesinterten Karbonylstähle mit geschmolzenen technischen Stählen und umgeschmolzenen Karbonylstählen kommt E. Offermann zu dem Schluß, daß sich diese, abgesehen von ihrem geringeren Silizium-, Phosphor- und Schwefelgehalt und ihrer besseren Schweißbarkeit, in den physikalischen und chemischen Eigenschaften kaum von technisch geschmolzenen Stählen unterscheiden. Zugfestigkeit, Streckgrenze, Härte und Vergütbarkeit sind geringer als bei dem vergleichbaren geschmolzenen Werkstoff. Umgeschmolzene Karbonylstähle haben praktisch dieselben Eigenschaften wie die entsprechenden handelsüblichen Stahlsorten.

Zur Herstellung von Maschinenteilen wird von F. Hardy (11) kohlenstoffhaltiges Eisenpulver (Stahlpulver) mit 0,15%, 0,4% bzw. 0,8% C sowie Chrom- und Nickelgehalten von 1,5 bis 3% unter dem Namen

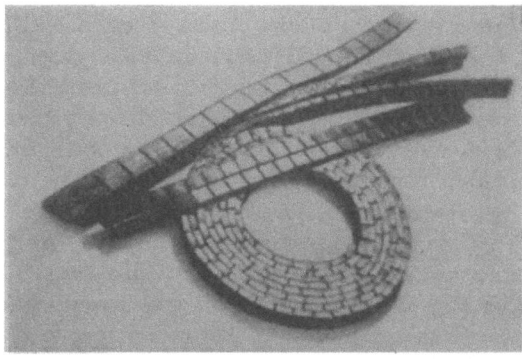

Abb. 111a. Biegsame Streifen aus „Sinterit" zum Verstemmen von Rohrmuffen (Hans Vogt).

„Sinterloy" empfohlen. Die Pulver sollen sich besonders zur Erzeugung von Zahnrädern, Pumpenkolben, Unterlagscheiben, Nocken, Dornen, Nieten und verschiedenen Werkzeugteilen eignen. Das Legierungspulver wird mit einem Druck von etwa 8 t/cm² verpreßt und in reduzierender Atmosphäre bei 1075 bis 1150° 6 bis 8 Std. lang gesintert. Die Sinterkörper mit 0,4 bzw. 0,8% C sollen sich auf 40 bzw. 50 Rc vergüten lassen, wobei bei 0,8% C eine Zugfestigkeit von etwa 55 bis 85 kg/mm² erreicht werden soll.

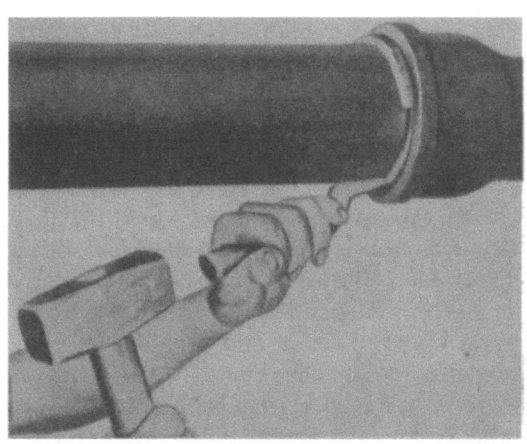

Abb. 111b. Verstemmen einer Rohrmuffe mit „Sinterit" (Werksaufnahme Sinterit-Gesellschaft (Hans Vogt, Berlin-Neukölln).

Wenn es übrigens nur auf die Oberflächenhärte von gesinterten Eisenformkörpern ankommt, so steht selbstverständlich in der Einsatzhärtung auch bei ihnen ein bequemes Mittel zur Verfügung, um mehr oder weniger tiefe Härteschichten zu erzeugen. Die Einsatzhärtung kommt sowohl für unlegierte als auch für legierte Eisensinter-

198     Gesinterte Metalle und Legierungen.

körper in Frage. Während die Härte der im Einsatz gehärteten Sinterkörper immerhin sehr beachtliche Werte (bis zu 400 Brinell gegenüber 65 Brinell im ungehärteten Werkstoff) annimmt, steigt selbstverständlich die Zugfestigkeit nicht im gleichen Verhältnis an, weil für sie der Gesamtquerschnitt des Stabes bestimmend ist.

A. H. Allen (1 b) verpreßte Stahlspäne mit niedrigem Kohlenstoff- und hohem Phosphorgehalt (USA.-Norm SAEX 1112) nach mechanischer Zerkleinerung zu grobem Pulver mit einem Druck von 4,5 t/cm$^2$. Nach einer Sinterung bei 1000° wurden die Preßkörper unmittelbar anschließend in wassergekühlten Formen heiß nachverdichtet. Nach Vergütung und Kaltverformung weist der so hergestellte Werkstoff bei wesentlich gesteigerter Härte und sehr guter Verschleißfestigkeit eine sechsmal höhere Festigkeit als Gußeisen auf. Nach A. H. Allen findet das Material mit gutem Erfolg Verwendung als Verschlußbüchsenringe für Kugellagerhalter in Fahrzeugmotoren.

Auch neuere Versuche von R. P. Koehring (12) beschäftigen sich mit dem Warmnachverdichten von Eisen- und Stahl-Sinterkörpern. Die Versuche wurden mit fünf verschiedenen Ausgangsmaterialien durchgeführt:

1. Stahldrehspäne von der Art, wie sie früher schon von A. H. Allen beschrieben und verwandt wurden (vgl. obige Ausführungen).

2. Entkohltes Stahlpulver mit einer Korngröße von weniger als 0,15 mm.

3. Pulver gemäß 2, vermischt mit 0,6% Graphit.

4. Eisenpulver, das durch Reduktion von Walzensinter erhalten wurde; Körnung kleiner als 0,15 mm.

5. Pulver gemäß 4, vermischt mit 0,6% Graphit.

Die Proben wurden eine Stunde bei 1050° gesintert, und zwar die Reineisenproben unter Wasserstoff und die kohlenstoffhaltigen in einem mit Kohle gefüllten geschlossenen Behälter. Unmittelbar im Anschluß an die Sinterung wurden die Sinterkörper in wassergekühlten Formen warm nachverdichtet und geglüht. Über die Art der Schlußglühung werden keine Angaben gemacht. Das Gefüge der warm nachverdichteten Sinterkörper zeigt bei den kohlenstoffhaltigen Proben eine durchschnittliche Entkohlung um 50%. Die erzielten technologischen Eigenschaften gehen aus Zahlentafel 39 hervor. Nach dem von R. P. Koehring angewandten Verfahren werden bei guter Dichte der Sinterkörper ganz beachtliche Festigkeits- und Dehnungswerte erzielt, die denen des geschmolzenen und anschließend vergüteten Werkstoffs gleicher Zusammensetzung kaum nachstehen dürften (vgl. insbesondere die Ergebnisse am Ausgangspulver Nr. 3). Überraschend sind allerdings die geringen Festigkeitswerte, die man mit dem Eisenpulver aus Walzensinter erzielt. Ob die mit diesem Pulver erhaltenen, noch ungenügenden Festigkeits- und Dehnungswerte auf die Korngestalt des Pulvers oder aber auf mangelhafte Vorreduktion und Verunreinigungen des Walzensinters zurückzuführen sind, kann leider nicht entschieden werden, weil über beide Punkte keine Angaben gemacht werden.

Zahlentafel 39. Eigenschaften verschiedener heißgepreßter Stahl- bzw. Eisen-Graphit-Sinterkörper (R. P. Koehring).

| Ausgangspulver (gemäß Ausführungen im Text) | Dichte g/cm³ | Zugfestigkeit kg/mm² | Streckgrenze kg/mm² | Dehnung % (bezogen auf eine Länge von 50,8 mm) | Einschnürung % | Härte (Rockwell-B) |
|---|---|---|---|---|---|---|
| 1 | 7,79 | 38,2 | 26,8 | 11 | 13 | 59—74 |
| 2 | 7,82 | 38,9 | 26,6 | 14 | 13 | 61—68 |
| 3 | 7,78 | 51,5 | 36,1 | 23 | 32 | 64—75 |
| 4 | 7,39 | 28,1 | 23,2 | 3 | 3 | 67—82 |
| 5 | 7,39 | 31,5 | 26,0 | 4 | 5 | 66—74 |

Auch durch Drucksinterung von gepulvertem Gußeisenschrott (3,16% C, 1,13% Si, 0,58% Mn, 0,126% S, 1,054% P) wurden von W. D. Jones (13) unter der Bezeichnung „Pacteron" Sinterlegierungen mit beachtlichen mechanischen Eigenschaften erzielt. Bezüglich Einzelheiten sei auf entsprechende Ausführungen im Kapitel 7 verwiesen (Abb. 99, Seite 152).

Drucksinterversuche mit gepulvertem weißem Roheisen (etwa 4 % C, 5% Mn) stellten übrigens schon vor W. D. Jones auch F. Sauerwald und St. Kubik (3) an. Das Roheisen wurde in einem Diamantmörser zerkleinert und auf ein Pulver mit einer Korngröße von 0,05 mm verarbeitet. Die mit einem Druck von 3,6 t/cm² hergestellten Preßlinge wurden anschließend 30 sec lang bei etwa 800° unter Aufwendung des gleichen Druckes warm verdichtet. Nach dieser Drucksinterbehandlung erwies sich der Warmpreßling als nur halb so hart wie das Ausgangsmaterial. Dieses wenig befriedigende Ergebnis F. Sauerwalds wird sofort verständlich, wenn man seine Versuchsbedingungen mit den Befunden von W. D. Jones gemäß Abb. 99, Seite 152, vergleicht. F. Sauerwald wandte eine zu niedrige Warmpreßtemperatur an. Bei einer Temperatur von 975 bis 1000° würde er ohne Zweifel die gleiche Härte an den Warmpreßsinterkörpern erhalten haben, wie sie das Ausgangsmaterial aufwies.

Ob bei der Weiterentwicklung gesinterter Werkzeugteile dem Weg des Einsatzhärtens kohlenstoffreier Eisenlegierungen, der Sinterung von Stahlpulver, der Sinterung von Eisenpulver unter Zusatz von Graphit oder der Drucksinterung von stahl- oder gußeisenähnlichen Pulvern mehr Bedeutung zukommen wird, sei dahingestellt.

Jedenfalls kann nach Ansicht amerikanischer Fachleute (1), (11), (12) überall dort, wo besondere Maßhaltigkeit erforderlich ist, bei besonders

200    Gesinterte Metalle und Legierungen.

verschleißfesten Teilen, bei sehr komplizierten Formteilen und bei Stählen mit besonderen Eigenschaften, die nach den bisherigen Arbeitsverfahren nicht erzielt werden können, den Stahlsinterkörpern eine große Zukunft vorausgesagt werden. Es ist selbstverständlich, daß man die vorhandenen Schwierigkeiten beispielsweise bei der Matrizenherstellung und die Tatsache, daß noch kein für alle Verwendungszwecke geeignetes Eisen- bzw. Stahlpulver in ausreichender Menge zu niedrigem Preise zur Verfügung steht, nicht verkennen darf.

### 3. Weitere Eisenlegierungen.

**a) Eisen-Nickel-Legierungen.** Gesinterte Eisen-Nickel-Legierungen haben vornehmlich wegen ihrer magnetischen Eigenschaften und wegen ihrer innerhalb enger Grenzen genau einhaltbaren Ausdehnungskoeffizienten technische Bedeutung erlangt.

Über die Verwendung von Eisen-Nickel-Legierungen als magnetischer Werkstoff wird in Kapitel 16, Seite 347 ff., berichtet werden.

In Abb. 112 ist das Ausdehnungsverhalten einiger gesinterter Karbonyleisen-Nickel-Legierungen im weichgeglühten Zustand dargestellt. Gesinterte Legierungen mit 35 bis 36% Ni zeigen wegen ihrer hohen Reinheit eine geringere Wärmeausdehnung als die entsprechenden geschmolzenen Legierungen (14). Das unterschiedliche Wärmeausdehnungsverhalten von Eisen-Nickel-Legierungen mit verschieden hohem Nickelgehalt wird bekanntlich zur Herstellung von Bimetallen, wie sie in der Elektrotechnik als Temperaturregler und automatische Schaltvorrichtungen Verwendung finden, ausgenutzt. Sehr vorteilhaft kann man derartige Bimetallstreifen auf dem Sinterwege herstellen. Man füllt Metallpulvergemische verschiedener Zusammensetzung in entsprechende Formen schichtweise übereinander, sintert und verformt anschließend die Verbundsinterblöcke in gewünschter Weise durch Schmieden, Walzen usw. Die Pulverschichtung kann entweder ungepreßt gesintert oder vor dem Sintern durch Pressen verdichtet werden.

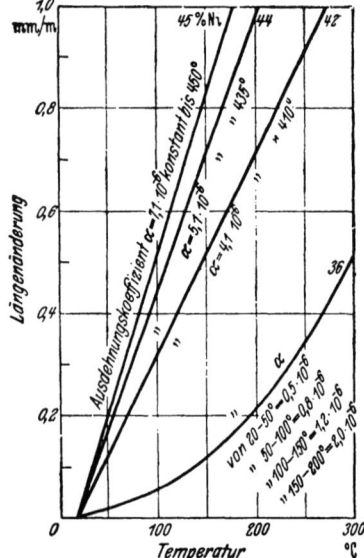

Abb. 112. Wärmeausdehnungsbeiwert gesinterter Karbonyl-Nickel-Eisen-Legierungen in weichgeglühtem Zustand (G. Hamprecht und L. Schlecht).

**b) Eisen-Nickel-Aluminium-Legierungen.** Gesinterte Eisen-Nickel-Aluminium-Legierungen werden neuerdings neben den gegossenen Le-

Weitere Eisenlegierungen. 201

gierungen gleicher Zusammensetzung für Dauermagnete eingesetzt. Bezüglich Einzelheiten über Herstellung und Eigenschaften sei auf Kap. 16, Seite 350 ff., verwiesen.

c) **Eisen-Nickel-Kobalt-Legierungen.** Geschmolzene Eisen-Nickel-Kobalt-Legierungen haben sich wegen ihres Ausdehnungsverhaltens als Einschmelzmaterialien in der Vakuumtechnik unter dem Namen „Kovar" oder „Fernico" durchgesetzt (15), (16). Da, wie schon häufiger ausgeführt, die Sinterung bei Verwendung reinster Ausgangsstoffe zu besonders reinen Legierungen führt, ist es nicht verwunderlich, daß auch gesinterte Eisen-Nickel-Kobalt-Legierungen („Sivar") für den gleichen Zweck herangezogen wurden. In der Praxis haben sich diese Sinterlegierungen wegen ihrer besonderen Gasfreiheit und guten Einschmelzbarkeit sehr bewährt (17). Ihre Zusammensetzung wird der Glassorte, in die sie eingeschmolzen werden sollen, zwecks Erreichung derselben Ausdehnungscharakteristik angepaßt. Nach Mischen der besonders reinen Ausgangspulver erfolgt die Sinterung der aus der Mischung hergestellten Preßstäbe mehrere Stunden lang bei etwa 1100 bis 1200°. Um eine gute Diffusion der Legierungspartner ineinander zu erreichen und um dem Material eine gute Tiefziehfähigkeit zu verleihen, empfiehlt sich eine eingehende Durchschmiedung mit zwischengeschalteter Glühbehandlung bei 1000 bis 1100°. Das so verarbeitete Material kommt nach einer Schlußglühung bei etwa 800 bis 900° in Draht- bzw. Bandform zum Einsatz.

d) **Eisen-Chrom- und Eisen-Chrom-Nickel-Legierungen.** Eisen-Chrom-Legierungen lassen sich leicht durch Sinterung von gepreßten Eisen-Chrom-Pulvergemengen bei 1250 bis 1350° unter reinstem Wasserstoff herstellen. Durch Zusatz von Kohlenstoff in Form von Ruß und Anwendung eines Kohlenoxyd- oder Wasserstoffunterdruckes kann die sinterungs- und diffusionshemmende Wirkung gegebenenfalls vorhandener Chromoxydhäute weitgehend verhindert werden.

Man kann auch ähnlich wie bei den gesinterten Nickel-Chrom-Legierungen (vgl. Seite 210 ff.) das Chrom ganz oder teilweise in Form des reinen Oxyds einsetzen. Die Reduktion von Chromoxyd in Gegenwart von Karbonyleisenpulver mit Hilfe von Wasserstoff wurde von H. H. Meyer (18) untersucht. In Zahlentafel 40 sind die Ergebnisse der Reduktion verschiedener Karbonyleisen-Chromoxyd-Mischungen in Abhängigkeit von Temperatur und Zeit wiedergegeben. Erwähnenswert ist, daß bei einer Probe mit 20% Chromoxyd nach 11-stündiger Reduktionsdauer bei 1350° eine 95%-ige Reduktion erzielt werden konnte. Bei Zumischung von Ruß und Arbeiten im Wasserstoffunterdruck kann eine Reduktion des Chromoxyds ohne nennenswerte Schwierigkeiten erzielt werden (19). Auch durch Verlängerung der Reduktionsdauer läßt sich die Herstellung einer sauerstofffreien homogenen Eisen-Chrom-Legierung bewerkstelligen, wie G. Grube und K. Ratsch (20) durch etwa

100-stündige Sinterung einer Eisen-Chromoxyd-Mischung bei 1200° unter Wasserstoff zeigen konnten.

Zahlentafel 40. **Reduktion einer Chromoxyd-Karbonyleisen-Mischung in Abhängigkeit von Temperatur und Zeit (H. H. Meyer).**

| Versuchs-Nr. | Temperatur °C | Zeit Std. | Chromoxyd-gehalt in der Mischung % | Chrom-gehalt im Eisen % | Reduktionsgrad | Bemerkungen |
|---|---|---|---|---|---|---|
| 1 | 1150 | 2 | 10 | 1,92 | 28,1 | |
| 2 | 1200—1250 | 1 | 30 | 1,7 | 8,0 | |
| 3 | 1250 | 4 | 30 | 6,9 | 33,7 | |
| 4 | 1250 | 4 | 50 | 5,9 | 17,2 | } Bildung von schwarzem Chromoxyd |
| 5 | 1300 | 5 | 50 | 4,0 | 11,7 | |
| 6 | 1300 | 12 | 25 | 7,82 | 45,7 | |
| 7 | 1300 | 15 | 25 | 8,82 | 51,5 | |
| 8 | 1300—1350 | 6 | 25 | 4,8 | 28,1 | Bomben-Wasserstoff gereinigt |
| 9 | 1300—1350 | 6 | 25 | 2,0 | 11,7 | Bomben-Wasserstoff ungereinigt |
| 10 | 1350 | 1 | 30 | 5,3 | 25,8 | |
| 11 | 1350 | 2 | 20 | 5,47 | 40,0 | angedrückt |
| 12 | 1350 | 2 | 20 | 7,93 | 58,2 | nicht angedrückt |
| 13 | 1350 | 2,5 | 30 | 6,9 | 33,7 | |
| 14 | 1350 | 4 | 35 | 13,5 | 56,4 | |
| 15 | 1350 | 11 | 20 | 13,03 | 95,2 | |
| 16 | 1350 | 11,5 | 35 | 19,1 | 79,8 | |
| 17 | 1350 | 13 | 25 | 14,8 | 86,5 | |
| 18 | 1350 | 13 | 30 | 7,9 | 38,5 | |
| 19 | 1400 | 0,5 | 20 | 2,54 | 18,5 | |
| 20 | 1400 | 1,5 | 30 | 7,5 | 36,7 | |
| 21 | 1400 | 2 | 50 | 9,8 | 28,6 | Bildung von schwarzem Chromoxyd |

Dieselben Gesichtspunkte, die für die Herstellung von gesinterten Eisen-Chrom-Legierungen gelten, sind auch bei gesinterten Eisen-Chrom-Nickel-Legierungen, beispielsweise des technisch besonders interessanten Typus der rostfreien Stähle (18% Cr, 8% Ni usw.), zu beachten. Das Nickel wird zweckmäßig in Form von Karbonylpulver, das Chrom in Form von fein gepulvertem Elektrolytchrom eingebracht. Neben der Beseitigung vorhandener Chromoxydhäute durch geringe Rußzusätze bzw. Sinterung im Vakuum oder Wasserstoffunterdruck ist es zweckmäßig, die Sinterbehandlung unter Zwischenschaltung einer Warmverformung mehrfach zu wiederholen, bis das Bruchgefüge metallisch glänzend ist und keine grünlichen Chromoxydhäutchen mehr aufweist. So hergestellte 18/8-Legierungen lassen sich ohne weiteres bei 1000 bis 1200° walzen, schmieden, hämmern und zu Feindraht und Feinblech verarbeiten. Die gesinterten 18/8-Legierungen weisen nach der geschilderten Weiterverarbeitung in ihren mechanischen Eigenschaften und ihrem Korrosionsverhalten keinerlei Unterschiede mehr gegenüber den geschmolzenen Stählen auf.

Über ein neueres Sinterverfahren zur Herstellung von korrosionsbeständigen Teilen berichtet J. Wulff (21). Wegen der mangelnden Diffusionsfähigkeit von Nickel- und Chrompulver geht J. Wulff von einem austenitischen Stahlpulver aus, das aus korrosionsbeständigem Schrott gewonnen wird. Der Schrott in Form von Feil- oder Drehspänen bzw. Stanzabfällen wird bei 500 bis 800° geglüht, um Verunreinigungen und Karbide an den Korngrenzen zur Ausscheidung zu bringen. Nach der Abkühlung können diese Korngrenzenausscheidungen weggeätzt werden, soweit ihre Potentialdifferenz gegen die reinen Kristalle dazu ausreichend ist. Zu diesem Zweck wird der vorher hocherhitzte Schrott mit kupfersulfathaltiger Schwefelsäure behandelt. Man gelangt so zu einem sehr reinen und weichen Chromnickelstahlpulver (Korngröße $< 0{,}06$ mm). Dieses Stahlpulver läßt sich ausgezeichnet verpressen und sintern. Bei einem Preßdruck von 5,5 t/cm$^2$ erzielt man eine Dichte von 7 g/cm$^3$. Bei 1250° gesinterte Körper weisen eine Zugfestigkeit von 28 kg/mm$^2$ bei 22% Dehnung, bei 1375° gesinterte eine Zugfestigkeit von 44 kg/mm$^2$ bei 48% Dehnung auf. Die Stabform, an der diese Werte bestimmt wurden, wird leider nicht angegeben. Jedenfalls sind die zuletzt genannten Werte für gesinterte, unverformte Körper ganz beachtlich. Es wird betont, daß sie nur bei Anwendung einer geeigneten Sinteratmosphäre zu erzielen sind. Als geeignete Sinteratmosphäre wird sorgfältig gereinigter und getrockneter Wasserstoff genannt, den man unter Verwendung von Titanhydrid oder metallischem Kalzium erhalten kann. Nach einer 8%-igen Verformung steigt die Zugfestigkeit des bei 1250° gesinterten Materials auf 56 kg/mm$^2$, die Dehnung auf 60%. Es ist vorläufig noch nicht daran zu denken, daß gesinterte Chromnickelstähle wirtschaftlich mit den geschmolzenen Legierungen in Wettbewerb treten können. Es ist allerdings nicht ausgeschlossen, daß die Möglichkeit, auf dem Sinterwege praktisch kohlenstofffreie Eisen-Chrom-Nickel-Legierungen herzustellen, eines Tages für das Sintererzeugnis gewisse Anwendungsgebiete eröffnet, weil bei dem gesinterten Werkstoff die Gefahr der interkristallinen Korrosion von vornherein ausgeschlossen ist. Außerdem erscheint es möglich, daß sich für korrosionsfeste Massenartikel durch die Anwendung des Sinterverfahrens fertigungstechnische Vorteile ergeben.

e) **Eisen-Wolfram- und Eisen-Molybdän-Legierungen.** Eisen-Wolfram-Legierungen werden zweckmäßig durch Sinterung gepreßter Gemenge von reinstem Karbonyleisenpulver und Wolframpulver (Wolfram aus der Glühlampenindustrie) hergestellt. Die Diffusionsgeschwindigkeit des Wolframs in Eisen ist erheblich geringer als die von Molybdän und Wolfram in Nickel. Bei Legierungen mit 10 bis 20% W ist eine etwa 6-stündige Sinterung bei 1250° notwendig, um zu einer festen Lösung zu gelangen. Durch mehrtägiges Feinsttrommeln der Eisen-Wolfram-

Pulvergemenge und durch mechanische Zwischenverformung der Sinterkörper kann die Diffusion verbessert werden. Dabei entstehen bisweilen Mischkristalle von mehreren Zentimetern Länge. Legierungen mit 10 bis 25% W sind leicht walz- und schmiedbar. Legierungen mit 30 bis 40% W können noch heiß bei 1250 bis 1300° gewalzt bzw. geschmiedet werden. Geschmolzene Legierungen gleichen Wolframgehaltes lassen sich nicht mehr schmieden und walzen, was wahrscheinlich auf den unvermeidbaren Kohlenstoff- und Siliziumgehalt der geschmolzenen Legierungen zurückzuführen ist. Von 1300° abgeschreckte Proben zeigen bis zu 32% W ferritisches Gefüge. Die abgeschreckten Legierungen zeigen im Gegensatz zu den heterogenen, langsam abgekühlten Legierungen in diesem Bereich keine Rostneigung. Die gesinterten Legierungen weisen die gleiche Brinellhärte wie die entsprechenden geschmolzenen Legierungen auf. Wie zu erwarten, lassen sich die durch Ausscheidungshärtung erzielbaren Vergütungseffekte in diesem System bei den gesinterten Legierungen im gleichen Umfang erzielen wie bei den geschmolzenen.

Die Herstellung gesinterter Eisen-Molybdän-Legierungen erfolgt zweckmäßig ebenso wie die der Eisen-Wolfram-Legierungen. Ausgangspulver: Mit Wasserstoff vorreduziertes Karbonyleisen, Molybdän mit einer Reinheit von 99,95% aus der Glühlampenindustrie.

Die Diffusionsgeschwindigkeit der Komponenten ist geringer als bei der entsprechenden Nickellegierung. Nach 4- bis 6-stündigem Sintern bei 1300° kommt man zu homogenen Mischkristallen, soweit diese nach dem Zustandsdiagramm zu erwarten sind. Legierungen mit Molybdängehalten bis 25% sind warm walzbar.

J. Kurz (22) sinterte Eisen-Molybdän-Kupfer-Legierungen mit Molybdängehalten von 5, 10, 15 und 20% bei Kupfergehalten von 1% jeweils eine Stunde bei 1200° unter Wasserstoff. Die gesinterten Legierungen weisen gegenüber geschmolzenen Legierungen gleicher Zusammensetzung ein erheblich feineres Korn und eine weit bessere Bearbeitbarkeit auf. J. Kurz empfiehlt diese Legierungen wegen ihrer Ausdehnungscharakteristik für Glas-Metall-Verschmelzungen.

**f) Eisen-Kobalt-Molybdän- und Eisen-Kobalt-Wolfram-Legierungen.** Im Prinzip auf die gleiche Weise lassen sich Eisen-Kobalt-Molybdän- und Eisen-Kobalt-Wolfram-Legierungen herstellen. Diese Legierungen sind bis jetzt in der Technik noch nicht verwandt worden.

Erwähnenswert sind zwar die guten dauermagnetischen Eigenschaften der Legierungen, die durch die Untersuchungen von W. Köster (23) im Jahre 1931 bekannt wurden. Da die betreffenden Legierungen in ihrer magnetischen Leistung aber durch die kurze Zeit später entdeckten Mishimalegierungen übertroffen wurden, kamen sie überhaupt nicht zum Einsatz. Wegen ihrer besseren mechanischen Eigenschaften wurde die Herstellung der in Frage stehenden Dauermagnetlegierungen auf dem Sinterwege in Vorschlag gebracht (24).

**g) Eisenlegierungen mit Silber, Kupfer, Blei, Zinn und Zink.** Legierungen des Eisens mit den niedriger schmelzenden Metallen Silber, Kupfer, Blei, Zinn und Zink, die übrigens fast durchweg eine Mischungslücke im festen Zustand aufweisen, lassen sich sehr leicht auf pulvermetallurgischem Wege in jedem gewünschten Verhältnis herstellen. Dafür stehen verschiedene Wege, die bei der Herstellung der verbundmetallartigen Kontaktbaustoffe gestreift werden, zur Verfügung. Man kann beispielsweise die Metallpulver miteinander mischen und das gepreßte Gemisch sintern. Die Sintertemperatur richtet sich nach dem Gehalt an niedrig schmelzendem Metall. Bei hohen Eisengehalten sintert man zweckmäßig in der Nähe des Schmelzpunktes des Legierungsmetalles, um zu möglichst dichten Sinterkörpern zu gelangen. Auf die beschriebene Art und Weise wurden beispielsweise von G. J. Comstock (25) und von C. G. Fink und V. S. de Marchi (26) Eisen-Silber-Legierungen hergestellt. Die Sinterung der zu Stäben verpreßten Pulvergemische wurde unter Wasserstoff bei 950° vorgenommen. Die Sinterdauer betrug 4 Std. Nach dieser Glühbehandlung ließen sich die Stäbe kalt walzen. Es wurde festgestellt, daß die Ferritkristallite max. 0,5 bis 1% Ag lösen können. Der darüber hinausgehende Silberanteil bildet ein zusammenhängendes Netzwerk, das die Eisenkristallite allseitig umschließt. Das Gefüge dieser Legierungen ähnelt dem von Wolfram-Silber- und Eisen-Kupfer-Verbundkörpern sehr stark. Legierungen mit 0,5 bis 1% Ag erwiesen sich nach C. G. Fink und V. S. de Marchi bei Korrosionsversuchen mit $^1/_{10}$ n-Salzsäure und Essigsäure als bedeutend edler als reines Eisen.

Statt der reinen Metallpulver kann das mit Eisen zu legierende Metall zwecks Erzielung eines besseren Verteilungsgrades auch in Form des Oxyds eingesetzt werden. Letzteres wird dann beim Sintern unter Wasserstoff reduziert und begünstigt den Schrumpfungsvorgang. Dieses Verfahren wird z. B. bei der Herstellung von Eisen-Blei-Legierungen mit Bleigehalten von 1 bis 10% mit gutem Erfolg angewendet. Derartig hergestellte Eisenlegierungen mit Bleigehalten von beispielsweise nur 3% sind vorzüglich bildsam, so daß sie sich wie Kupfer zu Stangen und Profilstäben aller Art ohne nennenswerte Schwierigkeiten strangpressen lassen. Diese Eigenschaften verdankt das Verbundmetall offenbar dem Bleizusatz, der sich in Form feinster Filme in den Korngrenzen befindet und dort als Gleitmittel wirkt. Aus Abb. 113 ist das Gefüge eines Eisen-Blei-Sinterkörpers ersichtlich, der nach dem Strangpressen mehrere Stunden lang oberhalb 800° geglüht wurde. Bemerkenswerterweise ist der Bleigehalt trotz der starken Vergrößerung nicht als besonderer Gefügebestandteil sichtbar, was auf die besondere Feinheit der erwähnten Bleifilme an den Korngrenzen schließen läßt. Ähnlich hergestellte Eisen-

Blei-Graphitkörper haben als Lagerwerkstoffe unter dem Namen „Presskö" technische Anwendung gefunden (vgl. Seite 342).

Grundsätzlich ist auch der Weg des Tränkens von Eisenskelettkörpern mit den flüssigen, oben genannten Nichteisenmetallen zur Herstellung der gewünschten Eisenlegierungen möglich. Durch geeignete Wahl des Eisenpulvers (Grob- oder Feinstpulver verschiedenster Herstellungsart), des Preßdruckes, der Sintertemperatur und der Sinterzeit, gegebenenfalls durch flüchtige Zusätze, kann man bekanntlich auf das Porenvolumen der Eisenskelettkörper weitgehend Einfluß nehmen. Demgemäß kommt man durch Tränken der Eisenkörper mit dem nied-

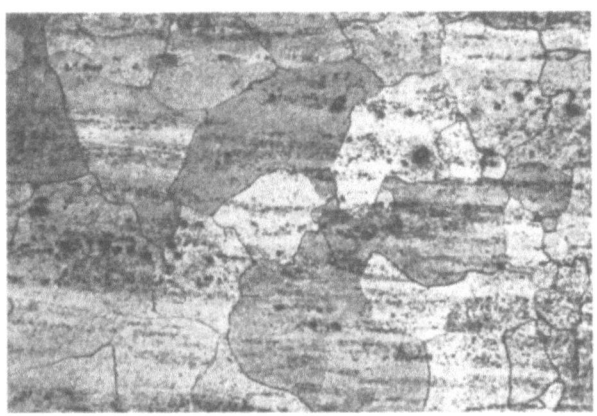

Abb. 113. Gefüge eines Eisen-Blei-Sinterkörpers mit etwa 3% Blei; nach dem Strangpressen oberhalb 800° 3 Stunden lang unter Wasserstoff geglüht (Werksaufnahme Deutsche Pulvermetallurgische Gesellschaft, Frankfurt/Main).

riger schmelzenden Metall zu Verbundkörpern, die zwischen 5 und 50% an Nichteisenmetall enthalten können. P. Melchior (27) beschreibt z. B. Eisensinterkörper mit einem Porenvolumen von 50%, die mit Kupfer bei 1100° getränkt wurden. Die Eisen-Kupfer-Verbundkörper, die eine Brinellhärte von 90 bis 120 kg/mm² aufweisen, zeigten eine elektrische Leitfähigkeit von $17 \frac{m}{\Omega\,mm^2}$ und eine magnetische Induktion von 5500 Gauß bei 12,56 Oersted.

Als kennzeichnendes Gefüge von Verbundmetallkörpern nach dem Tränkungsverfahren ist in Abb. 114 das Gefüge eines Eisen-Blei-Sinterkörpers mit etwa 35% Pb wiedergegeben.

Die Herstellung von Eisen-Zinn- und Eisen-Zink-Legierungen scheiterte lange Zeit an dem starken Schmelzpunktsunterschied der beiden Metalle und im Falle des Zinks insbesondere an seinem hohen Dampfdruck. Durch Tränken von Eisenskelettkörpern gelingt es jedoch, Legierungen der genannten Metalle herzustellen. Nach dem Tränken können die verbundmetallartigen Körper einer Diffusionsglühung unterzogen werden, insbesondere wenn man durch geeignete Maßnahmen (Druckgefäß) eine Verdampfung des niedrig schmelzenden Metalles verhindert. Man gelangt so zu homogenen Eisen-Zinn- bzw. Eisen-Zink-Mischkristallen. Eisen-Zink-Legierungen mit verhältnismäßig hohen Zinkgehalten wurden von J. Schramm (28) auf dem Sinterwege in der Weise hergestellt, daß zunächst eine Zink-Eisen-Vorlegierung mit 15% Fe erzeugt, diese nach der Abkühlung feinst zerkleinert und mit Eisenpulver (Ferrum reductum bzw. mit besserem Erfolg Karbonyleisenpulver) auf den gewünschten Eisengehalt ge-

Abb. 114. Eisen-Blei-Sinterkörper mit 35% Blei, durch Tränken eines Eisenskelettkörpers mit Blei erhalten. × 200, geätzt alkohol. HNO$_3$.

mischt wurde. Von dem pulverförmigen Gemisch wurden unter Anwendung eines Druckes von etwa 3 t/cm² kleine zylindrische Preßlinge erzeugt, die zunächst eine Stunde bei 300 bis 400° unter Wasserstoff geglüht, dann in Röhren aus Supremaxglas luftdicht eingeschlossen und schließlich weitere 10 bis 20 Stunden bei 800 bis 750° gesintert wurden. Die beste Glühtemperatur ist von der Zusammensetzung abhängig; bei den eisenarmen Legierungen liegt sie tiefer, bei den eisenreichen höher. Durch Gewinnung einer Reihe von Legierungen des Systems Eisen-Zink auf dem Sinterwege konnte J. Schramm die Gleichgewichtsverhältnisse im gesamten System Eisen-Zink klären, was bisher nicht möglich war, da wegen der starken Schmelzpunktsunterschiede der beiden Komponenten und dem hohen Dampfdruck des Zinks nur ein beschränkter Teil des Systems auf dem Schmelzwege zugänglich war.

Praktische Anwendungsmöglichkeiten haben sich für sämtliche genannten Legierungen dieses Abschnittes nur in beschränktem Umfang ergeben, beispielsweise für Eisen-Blei-Graphit-Körper als Lagerwerkstoff. Eisen-Blei-Legierungen dürften sich wegen ihrer guten Bildsamkeit und Zerspanbarkeit bei gleichzeitiger Möglichkeit der Einsatzhärtung für Maschinenteile verschiedenster Art eignen. Für Eisen-Kupfer- und Eisen-Silber-Verbundkörper scheint eine Anwendungsmöglichkeit als Kontaktbaustoff nicht ausgeschlossen.

### 4. Nickel.

Mit der Herstellung und den Eigenschaften gesinterter Nickelformkörper haben sich F. Sauerwald und Mitarbeiter (3), G. Hamprecht und L. Schlecht (14), G. Grube und H. Schlecht (29) und L. Schlecht und G. Trageser (30) befaßt. F. Sauerwald verwandte für seine Untersuchungen aus Nickeloxyd durch Reduktion gewonnenes Pulver mit einem Nickelgehalt von 99,89%. Die anderen Forscher verwendeten Karbonylnickelpulver sehr hohen Reinheitsgrades. Auch aus Nickeloxalat durch Reduktion hergestelltes, sehr voluminöses Nickelpulver eignet sich vorzüglich für Sinterzwecke. Die mit verschieden hohem Druck hergestellten Preßstäbe wurden durchweg 1 bis 2 Std. lang unter Wasserstoff gesintert. Die bei der Sinterung bei verschieden hohen Temperaturen ermittelten Eigenschaften bezogen sich auf die Feststellung der Dichte, der Brinellhärte, der Zerreißfestigkeit und des spez. elektrischen Widerstandes. Die Ergebnisse der eingehenden Arbeit von G. Grube und H. Schlecht, die unter besonders sorgfältigen Bedingungen durchgeführt wurde, seien den nachfolgenden Ausführungen zugrunde gelegt. In Abb. 115 ist die Dichte von mit 0,8, 2 und 4 t/cm² Druck gepreßtem Karbonylnickelpulver in Abhängigkeit von der Sintertemperatur nach zweistündigem Glühen wiedergegeben. Die Angaben von G. Grube und H. Schlecht sind ergänzt durch eigene Untersuchungen an Nickelpreßkörpern, die mit einem Druck von 6 bzw. 15 t/cm² hergestellt wurden. Ein merklicher Dichteanstieg ergibt sich durchweg erst nach Glühen oberhalb 400°. Die Dichtesteigerung ist bei den schwach gepreßten Körpern prozentual größer als bei den stärker gepreßten. Der oberhalb 400° plötzlich einsetzende starke Schrumpf dürfte mit dem Beginn der eigentlichen Sinterung zusammenhängen.

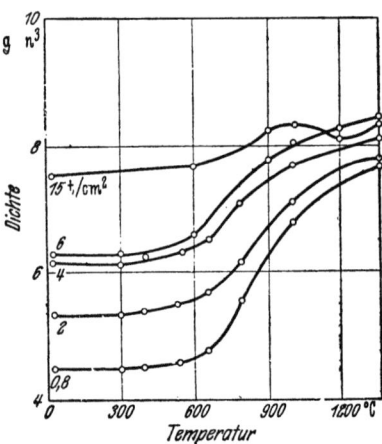

Abb. 115. Dichte von verschieden hoch gepreßtem Karbonyl-Nickel-Pulver in Abhängigkeit von der Sintertemperatur nach zweistündigem Glühen (G. Grube und H. Schlecht bzw. R. Kieffer und W. Hotop).

Nickel. 209

Bezüglich des Verlaufs der Brinellhärte von verschieden hoch gepreßtem Karbonylnickelpulver in Abhängigkeit von der Sintertemperatur sei auf Abb. 68, Seite 115, verwiesen.

Der Verlauf der von G. Grube und H. Schlecht beobachteten Härtekurven konnte bei eigenen Untersuchungen, die sich auf Preßdrücke von 2, 6 und 15 t/cm$^2$ erstreckten, im Temperaturgebiet von 600 bis 1300° bestätigt werden. Jedoch wurden durchweg fast um 100% höhere Härtewerte beobachtet.

Die Zugfestigkeit von verschieden hoch gepreßtem Karbonylnickelpulver geht in Abhängigkeit von der Sintertemperatur nach zweistündigem Glühen aus Abb. 71, Seite 117, hervor. Auch die Angaben dieser Abbildung sind durch eigene Befunde, die an mit 10 t/cm$^2$ gepreßten Nickelformkörpern festgestellt wurden, ergänzt worden. Im übrigen konnten die bei den niedrigeren Drücken von G. Grube und H. Schlecht festgestellten Werte bestätigt werden. Bemerkenswert ist, daß man bei Anwendung genügend hoher Sintertemperaturen im Falle des Nickels zu wesentlich höheren Zugfestigkeiten kommt als beim Karbonyleisen.

Der spez. elektrische Widerstand von Karbonylnickelpreßkörpern (vgl. Abb. 75, Seite 120) fällt mit steigender Sintertemperatur zunächst stärker und bei höheren Temperaturen merklich langsamer ab. Im übrigen liegt der Widerstand bei niedrigeren Sintertemperaturen um so höher, je niedriger der angewandte Preßdruck ist.

Die Nickelsinterkörper können durch Schmieden, Walzen, Hämmern, Ziehen usw. zu Blechen, Bändern, Drähten usw. weiterverarbeitet werden. Bei Verwendung des gut sinterfähigen Karbonylnickelpulvers kann man statt von Preßstäben auch von in Formen gerüttelten und anschließend gesinterten Blöcken ausgehen (14, 30). Nach dieser Methode werden Nickelsinterblöcke schon bis zu einem Gewicht von 1600 kg hergestellt.

Für geglühte Bleche aus Karbonylnickel werden von G. Hamprecht und L. Schlecht (14) folgende mechanischen Eigenschaften genannt:

| | | | |
|---|---|---|---|
| Streckgrenze . . | 12 kg/mm$^2$ | | |
| Zugfestigkeit . . | 40 kg/mm$^2$ | | |
| Dehnung . . . . | 50% | | |
| Einschnürung . . | 80% | | |
| Brinellhärte . . . | 90 kg/mm$^2$ | | |
| Tiefziehfähigkeit | Blechstärke | 0,5 mm | 11,7 mm |
| nach Erichsen | „ | 1,0 mm | 12,7 mm |
| | „ | 1,5 mm | 13,3 mm |

Auf Grund seiner hohen Reinheit zeigt gesintertes und geschmolzenes kaltverformtes Karbonylnickel ebenso wie geschmolzenes kaltverformtes Elektrolytnickel eine um etwa 200° niedriger liegende Rekristallisationstemperatur als handelsübliches Reinstnickel, das gewöhnlich bei etwa 550° zu rekristallisieren beginnt. Diese Tatsache konnte durch eingehende Untersuchungen von E. Fetz (31) nachgewiesen werden. Er bestimmte den Einfluß einer vorangegangenen Kaltreckung auf die Erholungstemperatur sowie die Abhängigkeit der Kristallerholung vom Reinheitsgrad an gesintertem und geschmolzenem Karbonylnickel und an geschmolzenem Elektrolytnickel innerhalb eines Temperaturgebietes von etwa 300 bis 500°.

Gesintertes Reinstnickel wird in geringerem Umfang in der Hochvakuumtechnik in Form von Blechen, Bändern, Röhrchen, Drähten usw. verwendet. Wegen der hervorragenden Bildsamkeit und Schweißbarkeit werden Sinternickelbleche aus Karbonylpulver bereits in größerem Umfang zum Plattieren von Stählen, d. h. zur Herstellung von Verbundblechen, gebraucht (30a). Poröse Nickelkörper haben sich in Form von Platten, Rohren, Kerzen usw. zum Filtrieren alkalischer Lösungen, starker Laugen usw. bewährt (30b). Auch die Verwendung von gesintertem Nickel für Dochte, Diaphragmen, Akkumulatorenplatten usw. wurde schon in Vorschlag gebracht.

### 5. Nickellegierungen.

Von den Legierungen des Nickels wurden diejenigen mit den Metallen Aluminium, Kupfer, Kobalt, Chrom, Eisen, Mangan, Molybdän, Niob, Titan, Vanadin, Wolfram, Zirkon und Zink gelegentlich auf dem Sinterwege hergestellt und untersucht.

Legierungen, in denen außer Eisen das Nickel und Aluminium wesentliche Legierungsbestandteile sind, spielen bei der Herstellung von Sintermagneten eine Rolle (vgl. Seite 350 ff.).

Nickel-Kupfer-Legierungen wurden schon im Kapitel 8 unter Kupfer-Nickel-Legierungen behandelt.

Nickel-Kobalt-Legierungen werden im Abschnitt 7, Seite 215, unter Kobalt-Nickel-Legierungen besprochen.

Nickel-Kobalt-Eisen-Legierungen wurden unter Eisen-Nickel-Kobalt-Legierungen schon oben behandelt (Abschn. 3, Seite 201).

Die Herstellung von gesinterten Nickel-Kobalt-Molybdän- und Nickel-Kobalt-Wolfram-Legierungen gleicht entsprechenden Eisen-Legierungen (vgl. Abschn. 3, Seite 204). Über die technische Anwendung derartiger Legierungen ist bis heute nichts bekannt geworden.

Nickel-Chrom-Legierungen mit 5 bis 20% Cr lassen sich in einwandfreier Beschaffenheit auch auf dem Sinterwege herstellen, wenn auch wegen der sinterungshemmenden Chromoxydhäute und deren begrenzter Reduktionsmöglichkeit durch Wasserstoff die Herstellung homogener sauerstofffreier Legierungen gewisse Schwierigkeiten bereitet. Als Ausgangsmaterial für die Nickelkomponente verwendet man am besten das Karbonylpulver, das durch hohe Reinheit ausgezeichnet ist,

## Nickellegierungen.

und das durch eine Wasserstoffvorbehandlung bei 700 bis 800° zweckmäßig von Sauerstoff und Kohlenstoff befreit wird. Das Chrompulver wird vorteilhaft durch Pulverisierung von Elektrolytchrom hergestellt.

Zur Herstellung der Sinterlegierungen werden die Metallpulver im gewünschten Mischungsverhältnis feinstgemahlen, gepreßt und 3 bis 6 Std. in sorgfältig gereinigtem Wasserstoff bei 1200 bis 1300° gesintert. Die Sinterung muß — zweckmäßig unter Zwischenschaltung einer Warmverformung um 1 bis 5% — so lange wiederholt werden, bis bei etwa 20-facher Vergrößerung der Bruch metallisch glänzend erscheint und keine grünlichen Chromoxydhäute im Bruchgefüge mehr sichtbar sind. Besonders günstig erweist sich zur schnellen Herstellung reinster Legierungen bei sehr kurzer Diffusionszeit die abwechselnde Anwendung von Vakuum- und Wasserstoffsinterung (32). Die so hergestellten Sinterkörper lassen sich bei 1100 bis 1200° walzen, schmieden, hämmern und auf Feinstdraht und Feinblech verarbeiten.

G. Grube und K. Ratsch (20) gingen bei der Herstellung von gesinterten Nickel-Chrom-, Eisen-Chrom- bzw. Kobalt-Chrom-Legierungen statt von Chrommetallpulver von reinstem Chromoxyd aus. Die Mischungen von Chromoxyd mit den entsprechenden Metallpulvern der Eisengruppe wurden gepreßt und unter Wasserstoff gesintert. Zur Reduktion und Erzielung vollkommener Diffusion waren Glühzeiten bis zu 100 Std. notwendig. Als Maßstab für die quantitative Reduktion diente die Gewichtskonstanz der geglühten Preßlinge. Über die technologischen Eigenschaften der so hergestellten Legierungen wurden keine Angaben gemacht.

Durchweg weisen die gesinterten und anschließend geschmiedeten Legierungen in ihrem thermischen Verhalten, ihren Korrosionseigenschaften und ihren mechanischen Eigenschaften praktisch keine Unterschiede gegenüber geschmolzenen Legierungen gleicher Zusammensetzung auf. Unter Verwendung von heute noch nicht in größerem Umfang erhältlichem, chemisch reinem Chrompulver müßte es jedoch möglich sein, die technologischen Eigenschaften gesinterter Nickel-Chrom-Legierungen zu verbessern (praktisches Fehlen von Verunreinigungen wie z. B. Kohlenstoff, Silizium, Schwefel usw.). Von der Überlegenheit der technologischen Eigenschaften der Sinterlegierungen ist es weitgehend abhängig, ob diese sich gegenüber den entsprechenden Schmelzlegierungen wirtschaftlich durchsetzen können.

Bezüglich Nickel-Eisen-Chrom-Legierungen sei auf frühere Ausführungen zu Eisen-Chrom-Nickel-Legierungen verwiesen.

Nickel-Eisen-Legierungen sind als magnetisch weiche Werkstoffe auch in gesinterter Form wichtig geworden. Sie werden im Kapitel 16, Seite 347, behandelt (vgl. auch Abschnitt 3, Seite 200).

Auch Nickel-Mangan-Legierungen, die z. B. bei einem Mangangehalt von 4% für Zündkerzenelektroden Verwendung finden, können leicht auf dem Sinterwege hergestellt werden. Nach G. Hamprecht und L. Schlecht (14) nimmt man kohlenstoffreies Nickelpulver und feinstgepulvertes Mangan (Korngröße < 0,06 mm) und sintert das Gemenge 6 bis 8 Std. bei 1100 bis 1200°. Falls in der fertigen Legierung ein gewisser Eisengehalt nicht stört, kann auch von hochprozentigem Ferromangan statt von Manganmetall ausgegangen werden. G. Hamprecht und L. Schlecht (14) beschreiben ferner das Verfahren, Nickel-Mangan-Legierungen durch Sinterung kohlenstoffhaltigen Nickelpulvers mit feingepulvertem Braunstein herzustellen. Während des Glühvorganges reduzieren Kohle und Schutzgas gemeinsam das Manganoxyd, so daß das primär entstehende Manganmetall von dem Nickel unter Legierungsbildung aufgenommen wird.

Gesinterte Nickel-Molybdän- und Nickel-Molybdän-Eisen-Legierungen der Zusammensetzung 80% Ni/20% Mo bzw. 75% Ni/25% Mo bzw. 58% Ni/20% Mo/22% Fe haben sich wegen ihrer befriedigenden Warmfestigkeit, der praktischen Gasfreiheit und der chemischen Reinheit als Konstruktionswerkstoff in Entladungsgefäßen bewährt (33). In Zahlentafel 38 S. 194 sind die physikalischen Eigenschaften der molybdän- und eisenhaltigen Nickellegierung in Vergleich gesetzt zu anderen Vakuumwerkstoffen. Die an sich gute Salzsäure- und Schwefelsäurebeständigkeit geschmolzener Nickel-Molybdän- und Nickel-Molybdän-Eisen-Legierungen wird von den gesinterten Legierungen gleicher Zusammensetzung, insbesondere den eisenfreien Nickel-Molybdän-Legierungen, noch übertroffen.

Bezüglich der Härte, der elektrischen Leitfähigkeit, der Struktur, der Dichte und des Korrosionsverhaltens einer Reihe gesinterter Nickel-Molybdän-Legierungen sei auf die eingehenden Untersuchungen von G. Grube und H. Schlecht (29) verwiesen.

Nickel-Niob-Legierungen lassen sich ebenso wie Nickel-Tantal-Legierungen leicht durch Glühen der gepreßten Metallpulvergemenge im Vakuum bei 1200 bis 1300° herstellen. Ein sehr bemerkenswerter und wirtschaftlicher Weg, Nickel-Niob-Legierungen zu gewinnen, wurde von G. Grube und Mitarbeitern (20, 34) beschritten. Erhitzt man nach ihnen Mischungen von Niobpentoxyd (99,5% $Nb_2O_5$) mit Nickelpulver, vorzugsweise Karbonylnickel, unter reinstem Wasserstoff bei 1150 bis 1300°, so gelingt es, das gepreßte oder lockere Oxyd-Metall-Gemenge zu praktisch sauerstoffreien Nickel-Niob-Legierungen zu reduzieren. Die Beendigung der Reduktion läßt sich an der Gewichtskonstanz der reduzierten Pulverpreßlinge erkennen. Während bei Legierungen mit 20% Nb die Reduktion des Niobpentoxyds vollständig verläuft, enthalten Legierungen mit 30% Nb noch etwa 2% O nach der Glühbehandlung. Auch bei der Untersuchung des Systems Nickel-Niob gingen G. Grube und

Mitarbeiter von Niobpentoxyd-Nickel-Mischungen aus, die in Form von Preßstäben bei 1100 bis 1150° unter Wasserstoff in einem Silitstabofen reduziert wurden. Die Reduktion verläuft bei den niedrig legierten Proben anfangs verhältnismäßig rasch, um sich besonders bei Proben mit höheren Niobgehalten mit fallendem Sauerstoffgehalt langsamer zu vollziehen.

Ähnlich wie die Nickel-Niob-Legierungen können auch **Legierungen des Nickels mit Tantal, Titan, Vanadin und Zirkon** aus einem Gemisch von Nickelpulver mit den in reinster Form leicht zugänglichen Oxyden der genannten Metalle hergestellt werden. Zur Erleichterung der Reduktion kann den Metalloxyd-Nickelpulver-Gemengen auch Kohle in Form von Ruß zugesetzt und die Reduktion bei Wasserstoffunterdruck durchgeführt werden (19).

Gesinterte **Nickel-Wolfram-Legierungen** etwa in der Zusammensetzung 15 bis 20% Ni und 80 bis 85% W fanden zu Anfang des 20. Jahrhunderts Anwendung zur Herstellung von Wolframglühfäden (vgl. Seite 224). Feinstes Wolframpulver wurde mit feinstem Nickelpulver innigst gemischt und die daraus hergestellten Preßkörper bei 1100 bis 1400° gesintert. Diese Sinterlegierungen ließen sich erstaunlicherweise schmieden, hämmern und zu feinen Fäden ziehen. Durch Erhitzen der Fäden im direkten Stromdurchgang im. Vakuum ließ sich das Nickel ausdampfen und ein poröser Wolframsinterkörper herstellen.

Bei etwa 1200° unter Wasserstoff gesinterte Nickel-Wolfram-Legierungen mit 75 bis 95% Ni lassen sich ausgezeichnet schmieden, hämmern und walzen. Legierungen mit 60 bis 70% Ni sind noch verhältnismäßig gut schmiedbar, Legierungen mit 30 bis 60% Ni sind dagegen sehr spröde. Oberhalb etwa 80% W bis zu einem Wolframgehalt von 95% erhält man wieder bildsame Legierungen. Dieses Verhalten wird aus dem Zustandsbild sofort verständlich (35).

Untersuchungen über gesinterte Legierungen des Systems **Nickel-Zink** stellten W. Heike, J. Schramm und O. Vaupel (36, 37) an. Die Herstellung der Legierungen auf dem Sinterwege wurde in ähnlicher Weise vorgenommen wie bei der Besprechung von gesinterten Eisen-Zink-Legierungen ausführlicher beschrieben (vgl. Seite 206 ff.). Auch hier war es durch Zuhilfenahme des Sinterverfahrens möglich, die Gleichgewichtsverhältnisse im gesamten System Nickel-Zink zu klären.

## 6. Kobalt.

Für die Herstellung von Sinterkobalt und kobalthaltigen Sinterlegierungen kommt entweder durch Pulverisierung von geschmolzenem Kobalt oder durch Reduktion von Kobaltoxyd bzw. Kobaltoxalat gewonnenes Pulver in Frage. Das durch mechanische Zerkleinerung gewonnene Kobaltpulver enthält meist größere Mengen Kohlenstoff, Silizium und Eisen als Verunreinigungen, während die beiden zuletzt genannten Pulversorten neben geringen Eisen- und Nickelmengen meist wechselnde Gehalte an Alkalien aufweisen.

Zur Herstellung von walz- und schmiedbarem Sinterkobalt empfiehlt es sich, von chemisch reinem Kobaltoxyd oder am besten von doppelt gereinigtem Kobaltoxalat auszugehen. Das durch Reduktion mit Wasserstoff bei 500 bis 700° gewonnene Kobaltmetallpulver muß sorgfältig durch Waschen von Salzresten und durch längeres Glühen unter Wasserstoff von Sauerstoff- und Kohleresten befreit werden. Im Gegensatz zu Eisen und Nickel, die mit verhältnismäßig hohen Gehalten an Sauerstoff, Kohlenstoff, Silizium usw. auf dem Sinterwege in schmied- und walzbarer Form erhalten werden können, ist die Erzeugung von bildsamem Sinterkobalt sehr schwierig und wird bereits durch geringe Mengen von Silizium und insbesondere von Kohlenstoff empfindlich gestört.

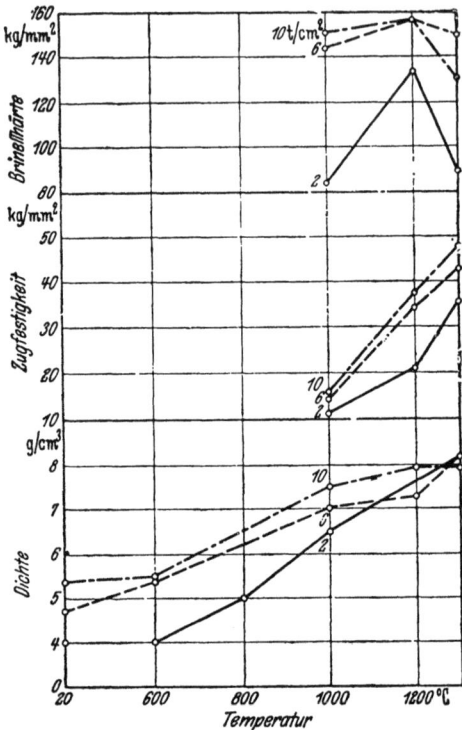

Abb. 116. Dichte, Zugfestigkeit und Brinellhärte verschieden hoch gepreßter Kobaltsinterstäbe in Abhängigkeit von der Sintertemperatur; Sinterdauer: 2 Stunden, Sinteratmosphäre: Wasserstoff.

Nach eigenen Untersuchungen ergeben sich für die Dichte, die Brinellhärte und die Zugfestigkeit von verschieden hoch gepreßten Kobaltstäben nach Sinterung bei Temperaturen zwischen 600 und 1300° die aus Abb. 116 hervorgehenden Eigenschaftswerte.

Geht man von besonders reinem Kobaltpulver aus, so lassen sich die daraus hergestellten Sinterstäbe warm auf Blech und Draht verarbeiten. Bezüglich seiner Verformbarkeit kann man Kobalt mit reinem Molybdän auf die gleiche Stufe stellen.

Die Brinellhärte von 1 mm starkem geglühtem Kobaltblech, warmgewalzt aus Sinterstäben von $12 \times 12$ mm, beträgt etwa 260 kg/mm². 1 mm starker Draht, aus gesintertem Reinstkobalt hergestellt, hat nach einstündigem Glühen bei 1000° eine Zugfestigkeit von 80 bis 90 kg/mm² bei 10 bis 12% Dehnung.

Sehr eingehend hat sich W. P. Sykes (38) mit den Eigenschaften verschiedener Kobaltpulver und den aus ihnen hergestellten Sinterkörpern beschäftigt.

## 7. Kobaltlegierungen.

Von den Legierungen des Kobalts wurden auf dem Sinterwege diejenigen mit den Elementen Eisen, Nickel, Chrom, Molybdän, Wolfram, Zink sowie verschiedenen Hartstoffen hergestellt. Darüber hinaus kommt Kobalt in neuester Zeit in Sintermagneten auf der Grundlage Eisen-Nickel-Aluminium zum Einsatz.

Gesinterte Kobalt-Nickel-Legierungen wurden von S. Cassirer-Bánó und J. A. Hedvall (39) hergestellt, um die Legierungsbildung an Hand von Schrumpf- und Kornwachstumserscheinungen in Abhängigkeit von dem Verteilungsgrad der Ausgangsstoffe zu untersuchen. Zur Herstellung der Legierungen wurden einerseits Mischkristalle aus Nickel-II-Oxyd und Kobalt-II-Oxyd — diese wurden durch Glühen der gemischten Oxyde bei 500° und anschließendes einstündiges Erhitzen des Oxydgemenges in einem KCl-Bad bei 1000° erzeugt —, andererseits durch zweistündiges Trommeln in Kugelmühlen hergestellte mechanische Gemenge von Nickel-II-Oxyd und Kobalt-II-Oxyd als Ausgangsmaterialien eingesetzt. Die verschieden hergestellten Oxydgemische wurden mit etwa 2 t/cm² unter Zusatz von etwas Stärkelösung verpreßt und in Wasserstoff bis zur Gewichtskonstanz geglüht (etwa 7 Std. bei 500°). Nach dieser Reduktionsbehandlung wurden die Preßkörper verschieden lange Zeiten bei 650 bis 950° gesintert; die hierbei eintretende lineare Schrumpfung sowie das Kornwachstum wurden verfolgt. Als Ergebnis der Untersuchung zeigt sich, daß Legierungsbildung und Kristallwachstum davon abhängig sind, ob die Ausgangsoxyde als feste Lösungen oder in sehr feinkörnigem Gemisch vorliegen. Wie erwartet, zeigen die aus Oxydmischkristall hergestellten Körper wegen der „idealen" Durchmischung der beiden Komponenten früher verstärkten Schrumpf, d. h. Legierungsbildung, als die aus einem Gemisch hergestellten Körper (vgl. Seite 121 ff.).

Gesinterte Kobalt-Nickel-Eisen-Legierungen wurden unter Eisen-Nickel-Kobalt-Legierungen (vgl. Seite 201) beschrieben, weil in ihnen das Eisen der vorherrschende Bestandteil ist.

Kobalt-Chrom-Legierungen wurden gelegentlich neben Chrom-Eisen- und Chrom-Nickel-Legierungen von G. Grube und K. Ratsch (20) hergestellt. Über die Eigenschaften dieser Sinterlegierungen und ihre technische Anwendung wurde bisher nichts bekannt.

Gesinterte Kobalt-Molybdän-Legierungen sind duktiler als die entsprechenden geschmolzenen Legierungen. Das Zustandsdiagramm dieser Legierungen wurde bekanntlich mit Hilfe geschmolzener Proben weitgehend aufgestellt. Danach sind im Bereich zwischen 5 und 25% Mo Vergütungseffekte zu erwarten, die auf der starken Löslichkeitsänderung des Molybdäns im Kobalt im festen Zustand beruhen. Die größere Bildsamkeit der gesinterten Legierungen ist aller Wahrscheinlichkeit nach auf die größere Reinheit, d. h. das vollkommene Fehlen von Kohlenstoff, Silizium, Mangan und Schwefel usw. zurückzuführen. Bei eigenen Untersuchungen über die Vergütbarkeit gesinterter Kobalt-Molybdän-Legierungen wurde zur Herstellung der Legierung von reinstem Kobaltpulver, das aus doppelt gereinigtem Oxalat durch zweimalige Reduktion bei 600° gewonnen wurde, und vom Molybdänpulver der Lampenindustrie (Gesamtverunreinigungen max. 0,05%) ausgegangen. Die Preßkörper wurden mit einem Druck von etwa 2 t/cm² gepreßt und längere Zeit bei 1250° im Hochfrequenz-Vakuumofen gesintert, anschließend mehrmals bei gleich hohen Temperaturen warmverdichtet und ausgeglüht. Die Vergütungsbehandlung bestand in einem Abschrecken von ca. 1250° und anschließendem Anlassen bei ca. 550°. Die nach dieser Warmbehandlung erzielten Härtewerte stimmen größenordnungsmäßig mit denen überein, die W. P. Sykes (38) an gesinterten Kobalt-Wolfram-Legierungen mit Wolframgehalten bis 35% beobachtete (58 bis 65 Rc).

Trotz ihrer ausgezeichneten Härte haben sich für die vorbeschriebenen Legierungen bisher keine technischen Anwendungsmöglichkeiten ergeben.

Bezüglich Kobalt-Molybdän-Eisen-Legierungen sei auf die früher beschriebenen Eisen-Kobalt-Molybdän-Legierungen (vgl. Seite 204) verwiesen. Die Legierungen wurden aus dem Grunde unter Eisenlegierungen behandelt, weil lediglich die in der Eisenecke des Dreistoffsystems Eisen-Kobalt-Molybdän liegenden Legierungen untersucht wurden.

Bei der Untersuchung des Systems Kobalt-Wolfram ging W. P. Sykes (38) von gesinterten Kobalt-Wolfram-Legierungen aus. Er verwandte Kobaltpulver, das durch Glühen von technischem Kobaltnitrat bei 600° und Reduktion des entstandenen Oxyds bei 700° in Wasserstoff hergestellt wurde. Die Gesamtverunreinigungen dieses Pulvers betrugen etwa 0,5%; sie bestanden vorzugsweise aus $Al_2O_3$ und $SiO_2$. Das Wolframpulver wurde in bekannter Weise durch Reduktion des Trioxyds mit Wasserstoff hergestellt und enthielt $< 0,2\%$ Gesamtverunreinigungen. Während die gesinterten Proben mit niedrigem Wolframgehalt meist zur Kontrolle nochmals in $Al_2O_3$-Tiegeln umgeschmolzen wurden, verwendete W. P. Sykes für Legierungen mit 65 bis 98% W ausschließlich Proben, die durch Sinterung gepreßter Kobalt-Wolfram-Pulvergemenge bei etwa 1400 bis 1500° hergestellt wurden. Die Sinterdauer betrug 25 bis 50 Stunden. Bis zu 35% W wurde bei höheren Temperaturen Mischkristallbildung festgestellt. Wegen der starken Löslichkeitsänderung der auf der Kobaltseite gelegenen Legierungen im festen Zustand ergibt sich auch bei diesen Legierungen die Möglichkeit einer Vergütung. In Abb. 117 ist die Härte gesinterter Kobalt-Wolfram-Legierungen mit 5 bis 35% W im abgeschreckten und im vergüteten Zustand wiedergegeben (36). Die Messungen wurden an Proben durchgeführt, die lediglich gesintert worden waren, d. h. also, die nachträglich keinerlei Warmverformung aufwiesen. Die Vergütungsbehandlung bestand in einem Abschrecken von etwa 1250° und anschließendem Anlassen bei 500 bis 700°. Nach einem Warmschmieden der Proben konnten noch etwas höhere Härtewerte als in Abb. 117 angegeben beobachtet werden.

Gesinterte Kobalt-Wolfram-Legierungen mit 20 bis 35% W fanden Verwendung als Hämmerbacken in Rundhämmermaschinen zum Bearbeiten von Wolfram (38). Die Legierungen wurden nach dem Pressen zwischen 1400 und 1450° 2 Stunden lang gesintert. Nach dieser Sinterbehandlung wurden sie auf Maß bearbeitet und anschließend nach Abschrecken aus dem Zustandsgebiet fester Lösung 500 Stunden lang bei 650° angelassen. Die Kobalt-Wolfram-Hämmerbacken zeichneten sich durch ihre hervorragende Verschleiß- und Warmfestigkeit aus und sollen sich besten Wolframwarmarbeitsstählen überlegen gezeigt haben. Für den vorliegenden Verwendungszweck bewährte sich eine Legierung mit 20% W, die auf 52 Rc vergütet worden war, wegen ihrer hohen Zähigkeit besser als eine harte Legierung mit 33 bis 35% W, die nach der Vergütung eine Härte von 63 bis 65 Rc aufweist. Die besondere Bewährung dieser Legierungen bei den bei der Verarbeitung des Wolframs auftretenden hohen Hämmertemperaturen von 1400 bis 1700° spricht für die gute Warm- und Dauerstandfestigkeit der Legierungen.

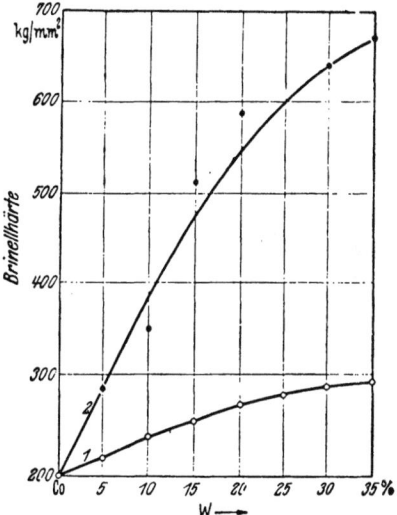

Abb. 117. Härte gesinterter Kobalt-Wolfram-Legierungen mit 5 bis 35% Wolfram im gesinterten (1) und im vergüteten Zustand (2) (W. P. Sykes).

Bezüglich Kobalt-Wolfram-Eisen-Legierungen gilt das gleiche, was über Kobalt-Molybdän-Eisen-Legierungen gesagt wurde. Auch sie wurden im Abschnitt 3, Seite 204, unter Eisen-Kobalt-Wolfram-Legierungen erwähnt.

Kobalt-Zink-Legierungen wurden von J. Schramm (40) zur Klärung der Gleichgewichtsverhältnisse im gesamten System Kobalt-Zink zum ersten Male hergestellt. Das von ihm für die Herstellung von

Kobalt-Zink-Legierungen angewandte Verfahren entspricht fast wörtlich dem für gesinterte Eisen-Zink-Legierungen benutzten, über das im Abschnitt 6 eingehender berichtet wurde.

Das Hauptanwendungsgebiet für Kobalt in der Pulvermetallurgie sind die **Sinterhartmetalle**, in denen Kobalt als Bindemittel der Hartstoffe in Mengen von 3 bis 15% eingesetzt wird (vgl. Seite 272 ff.).

Bezüglich **kobalthaltiger Dauermagnetlegierungen** auf der Basis Eisen-Nickel-Aluminium sei auf das Kapitel 16, Seite 350 ff., verwiesen.

## B. Platinmetalle.

Ruthenium, Rhodium, Palladium.
Osmium, Iridium, Platin.

Von den sechs Elementen der Platingruppe sind auf dem Sinterwege nur Osmium- und Platin in größerem Maßstabe, Iridium dagegen nur versuchsweise hergestellt worden. Von den genannten Metallen spielt heute lediglich das Sinterplatin noch eine gewisse Rolle.

K. Auer v. Welsbach (41) erzeugte um 1900 aus **Osmium**metallpulver Glühdrähte nach dem Pasteverfahren. Das Osmiumpulver wurde mit organischen Bindemitteln in einen teigigen Zustand überführt und die plastische Masse durch feine Diamantdüsen zu Fäden gespritzt. — Es sei in diesem Zusammenhang auf das Spritzen von Wolframfäden im Kapitel 12, Seite 223, verwiesen. — Die gespritzte Masse wurde zu haarnadelähnlichen Bügeln gebogen, die nun in reduzierender Atmosphäre oder im Vakuum bis dicht unterhalb des Schmelzpunktes erhitzt wurden. Die organischen Zusätze verflüchtigen sich hierbei und hinterlassen einen porösen, verhältnismäßig spröden Metallkörper. Die Osmiumhaarnadeln fanden für geraume Zeit in den sogenannten Osmiumglühlampen praktische Anwendung als Glühkörper (42).

Die geschichtliche Entwicklung des Herstellungsverfahrens von duktilem **Platin** ist in metallurgischer Hinsicht besonders interessant. Hier wurde der Grundstein gelegt für die Pulvermetallurgie. Nachdem die Bedeutung des Platins für die chemische Industrie erkannt worden war, fehlte es nicht an Versuchen, Platin zu schmelzen oder Platinschwamm auf andere Weise in Blech- oder Drahtform überzuführen. Da der Stand des Ofenbaues und der Wärmetechnik Ende des 18. Jahrhunderts den Schmelz- und Gießweg für reines Platin ausschloß, stellte man behelfsweise durch Hinzulegieren von Arsen ein niedrig schmelzendes Eutektikum her (43). Aus dem Gußkörper konnte durch Glühen an Luft oder Sauerstoff das Arsen fast vollständig verflüchtigt und walz- bzw. schmiedbares Platin hergestellt werden (44). An diese schmelztechnische Notlösung schlossen sich anfangs des 19. Jahrhunderts zahlreiche Versuche an, Platinschwamm durch eine geeignete Preß- und Glühbehandlung walzbar zu machen (45, 46). Durch die wohl interessanteste Arbeit von H. W. Wollaston aus dem Jahre 1829 (47) wurden die Grundlinien für die pulvermetallurgische Fertigung reinster Metalle ausgearbeitet, die noch heute für die Erzeugung von Sintereisen, Sinternickel usw. bestimmend sind.

Industrielle Anwendung fand Sinterplatin zuerst bei der Kaiserlich-Russischen Münze, die zwischen den Jahren 1826 und 1865 Platinhartgeld aus Platinpulver oder -schwamm herstellte (vgl. Abb. 1, Seite 3).

Obwohl das Schmelzen von Platin in großtechnischem Maßstabe — Sauerstoff-Wasserstoff-Gebläse, Kohlenoxyd-Sauerstoffgebläse, Hochfrequenzofen — kein Problem mehr darstellt, wird auch heute noch das Sinterverfahren zur Herstellung von reinstem Platin angewandt (48).

Das von H. W. Wollaston 1829 eingehend beschriebene Sinterverfahren hat sich in kaum abgeänderter Form bis heute erhalten, so daß die Einzelheiten dieser Pionierarbeit näher beschrieben werden sollen. Das Platinpulver wurde durch Glühen von Platinammoniumchlorid hergestellt. Die Glühtemperatur wurde möglichst niedrig gehalten, um ein zu starkes Zusammenbacken der Pulverteilchen zu verhindern. Der leicht zusammenhaftende Platinschwamm wurde mit der Hand verrieben und das entstehende Platinpulver durch ein Seidensieb abgesiebt. Grobe Anteile wurden in einem Holzmörser erst trocken, später naß verrieben und die feinsten Anteile laufend abgeschlämmt. Die vereinigten Platinfeinstpulverfraktionen wurden in einem Messingrohr verpreßt und die Preßkörper in einem Holzkohlenfeuer vorgesintert, wobei Wasser, Salzreste usw. ausgetrieben wurden. Der schwach gesinterte Körper wurde nun in einer zweiten Glühstufe in einem Gebläseofen bis nahe an den Schmelzpunkt erhitzt. Der so behandelte Sinterstab konnte nun bei Rotglut geschmiedet und anschließend gewalzt oder gezogen werden.

Die Änderung des Raumgewichts im Laufe des Verarbeitungsganges erhellt besonders deutlich das Überführen des Metallpulvers über den porösen Sinterkörper in das kompakte Metall.

Raumgewicht des Platinnaßschlammes . . . . . . 4,3 g/cm³
„ „ naßgepreßten Formkörpers . . . 10,0 „
„ „ hochgesinterten Formkörpers . . 17,0—17,7 „
„ „ geschmiedeten Formkörpers . . 21,25 „
„ „ gezogenen Platinstabes. . . . . 21,4 „

Die Herstellung von reinstem Sinterplatin geschieht noch heute in vollkommener Anlehnung an das Wollastonverfahren. Man geht von reinsten Platinsalzen aus und fällt feinstes Platinpulver zweckmäßig durch organische Reduktionsmittel. Das Platinpulver wird trocken unter einem Druck von etwa 0,8 t/cm² in einer Stahlmatrize verpreßt (49). Die Hochsinterung des Preßstabes kann nun ähnlich wie bei Wolfram- oder Molybdänstäben im direkten Stromdurchgang durch Erhitzen bis nahe an den Schmelzpunkt oder durch indirekte Erhitzung (Hochfrequenzöfen oder Öfen mit Molybdänheizleitern) bei etwa 1500 bis 1600° bewirkt werden. Zur Herstellung von bildsamem Platin mit guten Tiefzieheigenschaften empfiehlt es sich, von verhältnismäßig starken Sinterstäben auszugehen und diese vor dem Weiterverarbeiten oberhalb 1000° energisch durchzuschmieden. Ungenügend durchgeschmiedetes Material ist porös (49) und verhältnismäßig wenig tiefziehfähig. Mangelhaft durchgeschmiedetes Platin neigt auch bei der Weiterverarbeitung zu Blech zu Blasenbildungen, eine Erscheinung, die auch gelegentlich bei gesintertem Eisen und hochschmelzenden Metallen auftritt.

Sinterplatin soll nach McDonald (49) in metallurgischer und physikalischer Hinsicht gegossenem Reinstplatin leicht überlegen sein. McDonald fand für geglühtes Platinblech aus geschmolzenem Platin eine Brinellhärte von 40 bis 44 gegenüber einer Brinellhärte von 38 bis 42 für ein gleich starkes Blech aus Sinterplatin.

Der wesentliche Unterschied zwischen Sinterplatin und Schmelzplatin besteht darin, daß durch die Umgehung des Schmelzvorganges die Aufnahme von Gasen und Verunreinigungen insbesondere aus den Ofenbaustoffen vollkommen vermieden wird, und daß so ein Produkt mit der höchstmöglichen Reinheit des eingesetzten Metallpulvers erzeugt werden kann.

Das Schmelzen im Knallgasgebläse oder im Hochfrequenzofen wird bei großen Chargen beim Einsetzen von Abfällen und auch zur Herstellung von Platinlegierungen ohne Zweifel stets wirtschaftlicher bleiben.

## Literatur zum 11. Kapitel.

(1) a) Allen A. H.: Steel **104** (1939) S. 43/54.
    b) — Iron Age **148** (1941) S. 29/35 u. 100.
(2) Rennerfelt, J., u. B. Kalling: Vgl. J. Iron Steel Inst. **2** (1939); Steel **106** (1940) S. 45 ff.
(3) a) Sauerwald, F.: Z. anorg. allg. Chem. **122** (1922) S. 277/94.
    b) — Z. Elektrochem. **29** (1923) S. 79/85.
    c) — u. E. Jaenichen: Z. Elektrochem. **30** (1924) S. 175/80.
    d) — Z. Metallkde. **16** (1924) S. 41/46.
    e) — u. G. Elsner: Z. Elektrochem. **31** (1925) S. 15/18.
    f) — u. E. Jaenichen: Z. Elektrochem. **31** (1925) S. 18/24.
    g) — Z. Metallkde. **20** (1928) S. 227/28.
    h) — Metallwirtsch. **7** (1928) S. 1353.
    i) — u. J. Hunczek: Z. Metallkde. **21** (1929) S. 22/23.
    j) — u. St. Kubik: Z. Elektrochem. **38** (1932) S. 33/41.
    k) — u. L. Holub: Z. Elektrochem. **39** (1933) S. 750/53.
    l) — Metallwirtsch. **20** (1941) S. 649/55 u. 671/77.
(4) a) Schlecht, L., W. Schubardt u. F. Duftschmid: Z. Elektrochem. **37** (1931) S. 485.
    b) Duftschmid, F., L. Schlecht u. W. Schubardt: Stahl u. Eisen **52** (1932) S. 845/49.

(5) Eilender, W., u. R. Schwalbe: Arch. Eisenhüttenw. **13** (1939/40) S. 267/72.
(6) Schwarzkopf, P., u. C. G. Goetzel: Iron Age **148** (1941) S. 37/44.
(7) Offermann, E. K.: Mitt. Kohle- u. Eisenforschg. Bd. 1 Lieferung 5 (1936) S. 85/120.
(8) Vgl. Comstock, G. J.: Mech. Engng. **60** (1938) S. 801/06.
(9) Vogt, H.: Gesundh.-Ing. **59** (1936) Nr. 43 S. 628/30; Sonderdruck aus Gas- u. Wasserfach (1936) Nr. 32; Forsch. u. Fortschr. **13** (1937) Nr. 9 S. 119/20. — Milkowski, F.: Gas- u. Wasserfach **81** (1938) H. 20 S. 336/40.
(10) Duftschmid, F., u. E. Houdremont: Stahl u. Eisen **51** (1931) S. 1613/16.
(11) Hardy, C.: Machinery, Lond. **56** (1940) S. 659; vgl. Chem. Zbl. **112** (1941) S. 3280.
(12) Koehring, R. P.: Iron Age **148** (1941) S. 29/35 u. 100.
(13) a) Jones, W. D.: Foundry Trade J. **59** (1938) S. 401/02.
   b) Jones, W. D.: Iron Coal Tr. Rev. **137** (1938) S. 1013/14.
(14) Hamprecht, G., u. L. Schlecht: Metallwirtsch. **12** (1933) S. 281/84.
(15) Scott, H.: Trans. Amer. Inst. min. metallurg. Engrs. Techn. Publ. Nr. 318 (1930); Trans. Amer. Soc. Steel Treatm. **13** (1928) S. 829/47; J. Franklin Inst. **1936**, S. 73/75.
(16) Vgl. Hessenbruch, W.: Z. Metallkde. **29** (1937) S. 193/95.
(17) Vgl. Kieffer, R.: Metall u. Erz **37** (1940) S. 67/70 u. 88/92.
(18) Meyer, H. H.: Mitt. K.-Wilh.-Inst. Eisenforschg. **13** (1931) S. 199/204.
(19) Schwed.P. 101410 (1939); E.P. 512502 (1938); It.P. 371055 (1939).
(20) Grube, G., u. K. Ratsch: Z. Elektrochem. **45** (1939) S. 838/43.
(21) Wulff, G.: Iron Age **148** (1941) S. 29/35 u. 100.
(22) Kurz, J.: Iron Age **148** (1941) S. 29/35 u. 100.
(23) Köster, W.: Arch. Eisenhüttenw. **6** (1932/33) S. 17/34.
(24) D.R.P. 673877 (1931).
(25) Comstock, G. J.: Metal Progr. **35** (1939) S. 576/81.
(26) Fink, C. G., u. V. S. de Marchi: Electrochem. Soc.; Preprint for the Meeting at Rochester; 12.—15. Okt. 1938.
(27) Melchior, P.: Vgl. Sauerwald, F.: Z. Metallkde. **21** (1929) S. 22/24.
(28) Schramm, J.: Z. Metallkde. **28** (1936) S. 203/07.
(29) Grube, G., u. H. Schlecht: Z. Elektrochem. **44** (1938) S. 367/74 u. 413/22. Vgl. H. Schlecht: Diss. Stuttgart 1936.
(30) a) Schlecht, L., u. G. Trageser: Metallwirtsch. **19** (1940) H. 4.
   b) — — Chem. Fabrik **12** (1939) S. 243/44.
(31) Fetz, E.: Trans. Amer. Soc. Met. **26** (1938) S. 961/86; Metals & Alloys **8** (1937) S. 339/44.
(32) D.R.P. 635644 (1933).
(33) Espe, W., u. M. Knoll: Werkstoffkunde der Hochvakuumtechnik, S. 97. Verlag Springer, Bln. 1936.
(34) Grube, G., O. Kubaschewski u. K. Zwiauer: Z. Elektrochem. **45** (1939) S. 881/84.
(35) Vgl. Hansen, M.: Der Aufbau der Zweistofflegierungen, S. 960. Verlag Springer, Bln. 1936.
(36) Heike, W., J. Schramm u. O. Vaupel: Metallwirtsch. **11** (1932) S. 525/30 u. 539/42; **12** (1933) S. 115/20.
(37) Heike, W., J. Schramm u. O. Vaupel: Metallwirtsch. **15** (1936) S. 655/62.
(38) Sykes, W. P.: Trans. Amer. Soc. Steel Treatm. **21** (1933) S. 385/423.
(39) Cassirer-Bánó, S., u. J. A. Hedvall: Z. Metallkde. **31** (1939) S. 12/14.
(40) Schramm, J.: Z. Metallkde. **30** (1938) S. 10/14.

(41) K. Auer v. Welsbach: Vgl. Ullmann: Enzyklopädie der technischen Chemie, 2. Ausgabe, Bd. 5, S. 787. Verlag Urban & Schwarzenberg, Bln.-Wien 1931.
(42) Vgl. Mennicke, H.: Die Metallurgie des Wolframs, S. 322/24. Verlag M. Krayn, Bln. 1911.
(43) Scheffer, T.: Handbuch Akademie Stockholm 14 (1751) S. 275.
(44) Achard, F. C.: Mem. akad. Wissensch., Bln. 1779.
(45) Knight, R.: Phil. Mag. 6 (1800) S. 1.
(46) Tiloch, A.: Phil. Mag. 21 (1805) S. 188.
(47) Wollaston, H. W.: Phil. Trans. roy. Soc. Lond. 119 (1829) S. 1/8.
(48) Vgl. Atkinson, R. H., u. R. Raper: J. Inst. Met. 59 (1936) S. 179/210.
(49) Vgl. McDonald: Chem. and Ind. 9 (1931) S. 1031/41.

Vierter Teil.

# Die Sinterwerkstoffe der Technik.

## 12. Kapitel.
## Die hochschmelzenden Metalle und ihre Legierungen.
### A. Wolfram.

#### 1. Geschichtliche Entwicklung.

Da die verschiedenen Verfahren, die zur immer vollkommeneren Herstellung von duktilem Wolfram geführt haben, sowohl vom metallurgischen als auch vom technologischen Standpunkt aus überaus interessant sind und die spätere Entwicklung der gesamten Pulvermetallurgie stärkstens befruchtet haben, soll auf sie einleitend näher eingegangen werden.

Die ersten Versuche, Wolfram mit Hilfe des elektrischen Lichtbogens zu schmelzen, führten nicht — wie im Falle des Tantals — zu einem duktilen Metall, das sich ohne Schwierigkeiten weiter verarbeiten ließ. Selbst reines, mehrfach im Vakuum umgeschmolzenes Wolfram war überraschenderweise noch derartig spröde, daß es sich weder in der Kälte noch in der Wärme nennenswert verformen ließ.

Von A. Just und F. Hanamann (1) wurde daher das von K. Auer v. Welsbach (2, 14) zur Herstellung von Osmiumglühfäden angewendete „Pasteverfahren" auch auf die Erzeugung von Wolframglühfäden übertragen. Feinstes Wolframpulver wurde mit organischen Zusätzen wie Dextrin-, Karamel-, Zucker- und Tragantlösungen vermischt und daraus eine knetbare, plastische Masse hergestellt. Durch Eindicken oder Zugabe weiteren Wassers zu der Paste wurde die Konsistenz so beeinflußt, daß ein Verpressen der Masse durch Diamantdüsen möglich wurde. Abb. 118 zeigt eine derartige Strangpresse im Querschnitt (3). Es liegt hier eine vollkommene Analogie zur Herstellung stranggepreßter Profilstäbe und Rohre aus plastischen oxydischen Massen vor. Die gespritzten Fäden wurden auf „Karten" aufgewickelt, getrocknet und später zu „Haarnadeln" geschnitten. Die Haarnadeln wurden nun im direkten Stromdurchgang unter Wasserstoff oder in einer Stickstoff-Wasserstoff-Atmosphäre auf hellste Weißglut erhitzt. Die restliche Feuchtigkeit und die organischen Zusätze verflüchtigten sich beim Aufheizen, während die zurückbleibende Kohle sich bei höheren Temperaturen zu Kohlenwasserstoffen umsetzte. Das Ergebnis dieser Glühbehandlung war ein poröses Wolframskelett, das bei steigender Temperatur durch Kornwachstum der feinsten Wolframkristallite zu einem verhältnismäßig dichten metallischen Körper zusammensinterte. Die gesinterten Glühfäden waren noch außerordentlich spröde und zeigten erst bei heller Rotglut eine gewisse Verformbarkeit. Beim Glühen in der Lampe sinterten die Heizdrähte meist noch nach, was sich durch eine geringe Schrumpfung anzeigte.

Zwei Abarten des Pasteverfahrens, nämlich das „Kolloidverfahren" nach H. Kuzel (4) und das sehr viel später entwickelte „Pintsch-Einkristallverfahren" (5), erlangten ebenfalls eine gewisse industrielle Bedeutung. H. Kuzel stellte durch Zerstäuben von Wolfram im Wolframlichtbogen unter Wasser eine strangpreßfähige, plastische Masse her, die sich ohne organische Zusätze zu Fäden spritzen ließ. Die Plastizität ist auf die hohen Anteile an kolloidalen, niederen Wolframoxyden zurückzuführen, die gewissermaßen ein Schutzkolloid für die feinsten Wolframteilchen bilden. Bei der nachfolgenden Sinterbehandlung der Wolframfäden wurden die vorhandenen Oxyde gleichzeitig reduziert.

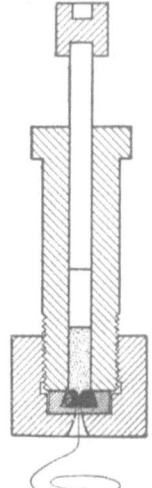

Abb. 118. Schema einer Einrichtung für die Herstellung von gespritzten Wolframfäden nach dem Pasteverfahren (F. Skaupy).

Von A. Just und F. Hanamann wurde 1903 (6) ein gleichfalls bemerkenswertes Verfahren zur Herstellung rohrförmiger Heizkörper entwickelt, das als „Substitutionsverfahren" bekannt wurde. Auf einen glühenden Kohlefaden von etwa 0,02 mm Durchmesser wurde aus einer Atmosphäre von Wolframhexachlorid und Wasserstoff eine gleichmäßige Wolframschicht niedergeschlagen. In einer zweiten Stufe wurde dieser Wolframmanteldraht auf helle Weißglut erhitzt, wobei der Kohlekern unter Karbidbildung quantitativ von dem Wolframmantel aufgenommen wurde. Das so entstandene wolframkarbidhaltige Wolframröhrchen wurde in nassem Wasserstoff so lange gesintert, bis alle Kohlereste als Kohlenoxyd verflüchtigt waren. Das Verfahren hat zwar technisch keine besondere Bedeutung erlangt, tauchte aber später in abgewandelter Form bei dem sogenannten Aufwachsverfahren wieder auf, wobei auf einen feinen Wolframdraht duktile Schichten von Chrom, Zirkon, Titan usw. niedergeschlagen werden.

An die Versuche, Wolframpulver durch organische Zusätze oder durch anorganische Kolloide plastisch verformbar zu machen, schlossen sich die sogenannten „Verbundmetallverfahren" an, deren bedeutendste das „Amalgamverfahren" (7), das „Kupfer-Wolfram-Verfahren" (8) und das „Nickel-Wolfram-Verfahren" (9) sind.

Das Amalgamverfahren wurde 1906 in USA. entwickelt und dort längere Zeit erfolgreich angewandt. Feines Wolframpulver wurde mit einem flüssigen oder teigigen Amalgam vermischt und das so hergestellte Amalgam-Wolfram-Verbundmetall durch Strangpressen zu Drähten verformt. Dabei hat sich ein Kadmium-Wismut-Amalgam (42% Cd, 5% Bi, 53% Hg) gut bewährt. Durch Erhitzen der Drähte im direkten Stromdurchgang wurden die Amalgame abdestilliert und das zurückbleibende Wolframskelett bei hellster Weißglut zu einem dichten Heizfaden gesintert.

Nach dem Kupfer-Wolfram-Verfahren wurden Wolfram- und Kupferpulver gemischt oder Wolfram- und Kupferoxyd gemeinsam reduziert. Das Wolfram-Kupfer-Pulvergemisch wurde zu Stäben gepreßt oder locker in Porzellanrohre eingefüllt und anschließend knapp über oder unter den Schmelzpunkt des Kupfers erhitzt. Die so entstandenen Verbundkörper wurden anschließend gehämmert oder gewalzt und zu Drähten gezogen. Bei einem Kupfergehalt von 35% und mehr war die Verarbeitbarkeit der Kupfer-Wolfram-Verbundmetalle verhältnismäßig gut. Das Austreiben des Kupfers geschah wiederum im direkten Stromdurchgang. Übrigens erlangten derartige Wolfram-Kupfer-Verbundkörper später als Kontaktbaustoffe große Bedeutung (vgl. Kap. 14, Seite 320ff.).

Erfolgreicher als das Kupfer-Wolfram-Verfahren war das Nickel-Wolfram-Verfahren, das von der Firma Siemens & Halske längere Zeit zur Herstellung von Glühlampenfäden angewendet wurde. Die Sinterung der Nickel-Wolfram-Pulverpreßlinge wurde bei etwa 1400° vorgenommen, wobei jedoch eine gewisse Legierungsbildung nicht zu vermeiden war [vgl. Zustandsbild Wolfram-Nickel (10)]. Die Verformbarkeit von gesinterten Nickel-Wolfram-Legierungen mit etwa 10 bis 15% Ni war erstaunlich gut, so daß sich sogar feinste Drähte herstellen ließen. Das Ausdampfen des Nickels wurde wegen des störenden Einflusses des niedrig schmelzenden Eutektikums im System Wolfram-Nickel nicht bei Atmosphärendruck, sondern im Vakuum vorgenommen. Die Technik der Herstellung von Wolfram-Nickel-Verbundkörpern wurde später für die Entwicklung gesinterter Wolframkarbid-Nickel- bzw. Wolframkarbid-Kobalt-Hartlegierungen richtungsweisend. Mit geringen Kupferzusätzen haben die Wolfram-Nickel-Verbundkörper in neuerer Zeit wieder als Wolfram-Nickel-Kupfer-Schwermetallegierungen technische Bedeutung erlangt (vgl. Kap. 14, Seite 330).

Im Jahre 1909 gelang es C. Coolidge (11) als Abschluß seiner mehrjährigen intensiven Forschungsarbeiten auf dem Gebiete der Herstellung duktiler Wolframfäden, auch ohne organische Zusätze und metallische Bindemittel duktiles Wolframmetall zu erhalten (Coolidgeverfahren). Er preßte feines, sehr reines Wolframpulver und sinterte die Preßstäbe im direkten Stromdurchgang bei einer Temperatur sehr nahe dem Schmelzpunkt des Metalles. Er erzielte dabei einen sehr festen Sinterstab mit beachtlicher Warmverformbarkeit. Durch Hämmern bei relativ hohen Temperaturen verbesserte sich die Duktilität unter Bildung eines Fasergefüges derart, daß die Herstellung von feinsten Drähten und Blechen möglich wurde.

Die nach dem Pasteverfahren hergestellten Wolfram- bzw. Molybdänfäden zeigten, wie bereits erwähnt, eine gewisse, allerdings geringe Warmverformbarkeit. Eine Weiterverarbeitung dieser Fäden zu dünneren Drähten war aber praktisch deswegen unmöglich, weil in den Fäden auf Grund ihrer Porosität nur eine mehr oder minder punktförmige „Verschweißung" der Metallkristallite stattgefunden hatte. Bei den nach dem Coolidge-Verfahren hergestellten Sinterstäben muß man jedoch eine bessere Verschweißung der Einzelkristallite entlang der Korngrenzen annehmen, wodurch sich die Verbesserung der Warmverformbarkeit erklären läßt. Der anschließend bei 1600 bis 1800° durchgeführte Hämmerprozeß bewirkte eine noch vollkommenere Verschweißung der Einzelkristallite und Beseitigung noch vorhandener Poren. Das sich gleichzeitig ausbildende Fasergefüge führte zu einer weiteren Steigerung der Duktilität.

Das Coolidge'sche Sinterverfahren ermöglichte den ungeheuren Aufschwung der Glühlampenindustrie und ist bis heute neben dem nur noch in ganz beschränktem Umfange angewandten Pintsch-Einkristallverfahren das ausschließlich industriell angewandte Verfahren zur Erzeugung der duktilen hochschmelzenden Metalle geblieben.

Das von Orbig und Schaller (5) entwickelte sogenannte Pintsch-Verfahren führt zur Erzeugung von oft meterlangen Einkristallen. Hierzu wird feinstes, schwach sauerstoffhaltiges Wolframpulver mit einer Korngröße von etwa 0,5 $\mu$ und einem Thoriumoxydgehalt von etwa 2% nach dem Pasteverfahren zu Drähten gespritzt. Diese Fäden werden nun nicht, wie sonst üblich, im direkten Stromdurchgang bis zur Bildung einer polykristallinen Struktur erhitzt, sondern indirekt durch eine Wolframspirale beim Durchlaufen derselben auf eine Temperatur von 2000 bis 2200° gebracht. Hierbei wird der Draht mit einem Vorschub von etwa 3 m/Std., der ungefähr der Kornwachstumsgeschwindigkeit bei den gegebenen Glühbedingungen entspricht, durch die Heizzone geführt.

Wegen weiterer Einzelheiten bezüglich der Geschichte des duktilen Wolframs sei auf die recht interessanten Arbeiten von S. L. Hoyt (12, 13) verwiesen, sowie auf die Biographien von H. Mennicke (14), H. Alterthum (15) und C. J. Smithells (16).

## 2. Herstellung von duktilem Wolfram.

**a) Gewinnung von reinem Wolframtrioxyd.** Als Ausgangsmaterial für reines Wolframtrioxyd werden die Erze Wolframit (Eisen-Mangan-Wolframat) und Scheelit (Kalzium-Wolframat) verwendet.

Wolframit wird feinstgemahlen und mit Soda im Schmelzfluß bei etwa 800° aufgeschlossen. Auch der Aufschluß mit kochender Ätzalkalilösung hat technische Bedeutung erlangt. Nach beiden Verfahren gelangt man zu Alkaliwolframatlösungen, aus denen man entweder mit Salzsäure bzw. Salzsäure-Salpetersäure-Mischung eine rohe Wolframsäure fällt oder durch Kalziumchloridzusatz ein technisch reines Kalzium-Wolframat als Zwischenprodukt niederschlägt.

Feingemahlenen Scheelit schließt man am besten durch Einlaufenlassen einer wässerigen Suspension in konzentrierte heiße Salzsäure auf. Die so gewonnene Wolframsäure enthält gewöhnlich noch größere Mengen an Kalk und Kieselsäure. Durch Behandeln der nach den verschiedenen Verfahren gewonnenen rohen Wolframsäuren mit wässerigem Ammoniak gelangt man zu Ammoniumwolframatlösungen. Aus ihnen kann man durch langsames Eingießen in kochende Salzsäure eine Wolframsäure mit max. 0,05% Gesamtverunreinigungen herstellen.

Aus den Ammoniumwolframatlösungen scheiden sich beim Eindampfen oder beim längeren Stehenlassen unlösliche Ammoniumparawolframatkristalle aus, die nun entweder mit anorganischen Säuren zu Wolframsäure umgesetzt oder durch Glühen an Luft in reinstes Wolframtrioxyd übergeführt werden können.

Die Korngröße und die Dichte des Wolframtrioxyds, von denen die gleichen Eigenschaften des daraus gewonnenen Metallpulvers abhängen, können in weiten Grenzen durch die Art der Herstellung (Fällungsbedingungen) sowie durch eine Glühbehandlung an Luft beeinflußt werden. Zahlentafel 41 gibt das Klopfvolumen von Wolframtrioxyd in Abhängigkeit von der Glühbehandlung wieder. Mit steigender Glühtemperatur sinkt das Klopfvolumen der Wolframsäure sehr stark (16).

Zahlentafel 41.
Einfluß des Glühens an Luft auf das Klopfvolumen von Wolframtrioxyd (C. J. Smithells).

| Behandlung | | Klopfvolumen cm³/100 g |
|---|---|---|
| Getrocknet bei | 200° | 36,5 |
| Geglüht | „ 650° | 30,5 |
| „ | „ 750° | 16,0 |
| „ | „ 800° | 14,2 |
| „ | „ 850° | 13,5 |
| „ | „ 900° | 12,7 |

**b) Reduktion von Wolframtrioxyd zu Wolframmetall.** Während die

Herstellung von technischem Wolframpulver für die Stahlindustrie vorzugsweise durch Reduktion von Wolframtrioxyd mit Kohle in gasbeheizten Tontiegeln erfolgt, vollzieht sich die Reduktion von Wolframtrioxyd für die Glühlampen-, Röhren- und Hartmetallindustrie ausschließlich mit reinem Wasserstoff in elektrisch beheizten Durchsatz- oder Drehrohröfen (vgl. Abb. 15, Seite 22, und Abb. 29a, b, Seite 52). Bei der Reduktion in Durchsatzöfen wird das schwach geglühte grünlichgelbe Wolframtrioxyd oder die orange gefärbte Hydratsäure ($H_2WO_4$) — in dünnen Schichten in Nickelschiffchen ausgebreitet — im Gegenstromprinzip unter Wasserstoff bei 800 bis 900° durch den Ofen geschoben. Der gebildete Wasserdampf wird durch eine Trockenanlage entfernt und der verbleibende Wasserstoff nach eingehender Reinigung wieder im Kreislauf dem Ofen zugeführt. Für die Praxis ist von Bedeutung, daß selbst in feuchtem, strömendem Wasserstoff von Atmosphärendruck, der bis zu 50 g Wasser/m³ enthalten kann, bei 900° das Gleichgewicht der Reaktion

$$WO_3 + 3\,H_2 \rightleftarrows W + 3\,H_2O$$

noch vollkommen nach rechts verschoben ist. Wegen Einzelheiten bezüglich des Gleichgewichts zwischen verschiedenen Wolframoxyden, Wasserstoff und Wasserdampf sei auf die Arbeiten von C. Chaudron (17) und J. van Liempt (18) verwiesen.

Das Wolframtrioxyd durchläuft bei der Reduktion die verschiedensten Oxydationsstufen, wobei die Reduktionszwischenprodukte durch die violette Färbung des $W_4O_{11}$, die braune Färbung des $WO_2$ oder Mischfarben dieser Oxyde mit dem charakteristischen Gelbgrün des $WO_3$ gekennzeichnet sind. Aus Zahlentafel 42 geht das Aussehen der verschiedenen Reduktionsstufen und ihre ungefähre chemische Zusammensetzung hervor (16).

Zahlentafel 42. Reduktionsstufen von Wolframtrioxyd (C. J. Smithells).

| Temperatur °C | Aussehen | Annähernde Zusammensetzung |
|---|---|---|
| 400 | grünlichblau | $WO_3 + W_4O_{11}$ |
| 500 | marineblau | $WO_3 + W_4O_{11}$ |
| 550 | violett | $W_4O_{11}$ |
| 575 | rotbraun | $W_4O_{11} + WO_2$ |
| 600 | dunkelbraun (schokolade) | $WO_2$ |
| 650 | braunschwarz | $WO_2 + W$ |
| 700 | grauschwarz | W |
| 800 | grau | W |
| 900 | metallisch grau | W |
| 1000 | grob metallisch glänzend | W |

Die Korngröße des gewonnenen Wolframpulvers hängt von der Reduktionstemperatur, dem Wassergehalt des Wasserstoffes, der Strömungsgeschwindigkeit des Wasserstoffes und der Vorgeschichte des Wolframtrioxyds ab. Das Wolframpulver wird im allgemeinen um so gröber, je gröber die verwendete Wolframsäure, je höher die Reduktionstemperatur, je höher der Wassergehalt im

Wasserstoff und je kleiner die Strömungsgeschwindigkeit des Wasserstoffes ist. Zahlentafel 43 zeigt die Zusammenhänge zwischen der Korngröße von Wolframmetallpulver und der Höhe der Reduktionstemperatur, dem Feuchtigkeitsgehalt des Wasserstoffes und der Klopfdichte des verwendeten Wolframtrioxyds (16).

Zahlentafel 43. Herstellungsbedingungen von Wolframpulvern verschiedener Korngröße (C. J. Smithells).

| Korngröße des erzielten Wolframpulvers in $\mu$ | Reduktionstemperatur in °C | Feuchtigkeitsgehalt des Wasserstoffs | Klopfdichte des Wolframtrioxyds in g/cm³ |
|---|---|---|---|
| 0,5 | 800 | trocken | 0,05 |
| 2 | 830 | ,, | 0,5 |
| 4 | 900 | ,, | 1,0 |
| 8 | 1130 | mit Wasser gesättigt bei 75° | 1,5 |
| 10 | 1200 | mit Wasser gesättigt bei 85° | 2,0 |

Ähnliche Beziehungen, wie sie hier für die Reduktion von Wolframtrioxyd beschrieben wurden, gelten auch für die Reduktion anderer Metalloxyde, z. B. von $Ni_3O_4$, $Co_3O_4$, $CuO$, $Fe_2O_3$ usw. durch Wasser-

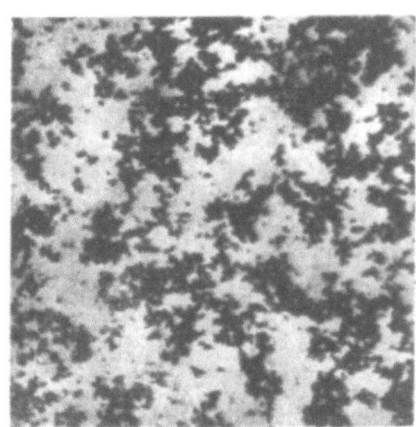

a × 20  b × 100
Abb. 119a und b. Feinstes Wolframpulver (Reduktionspulver).

stoff. Abb. 119 vermittelt einen Eindruck von der Korngröße von Wolframpulver bei 20-facher bzw. 100-facher Vergrößerung.

Unter dem Elektronenübermikroskop sieht man bei 20000-facher Vergrößerung, daß die Wolframkristallite von feinsten Kristallnädelchen bedeckt sind (vgl. Abb. 17, Seite 33). Die Nadeln, die zunächst für feinste Wolframkristalle gehalten wurden, stellten sich später (vgl.

Wolfram.

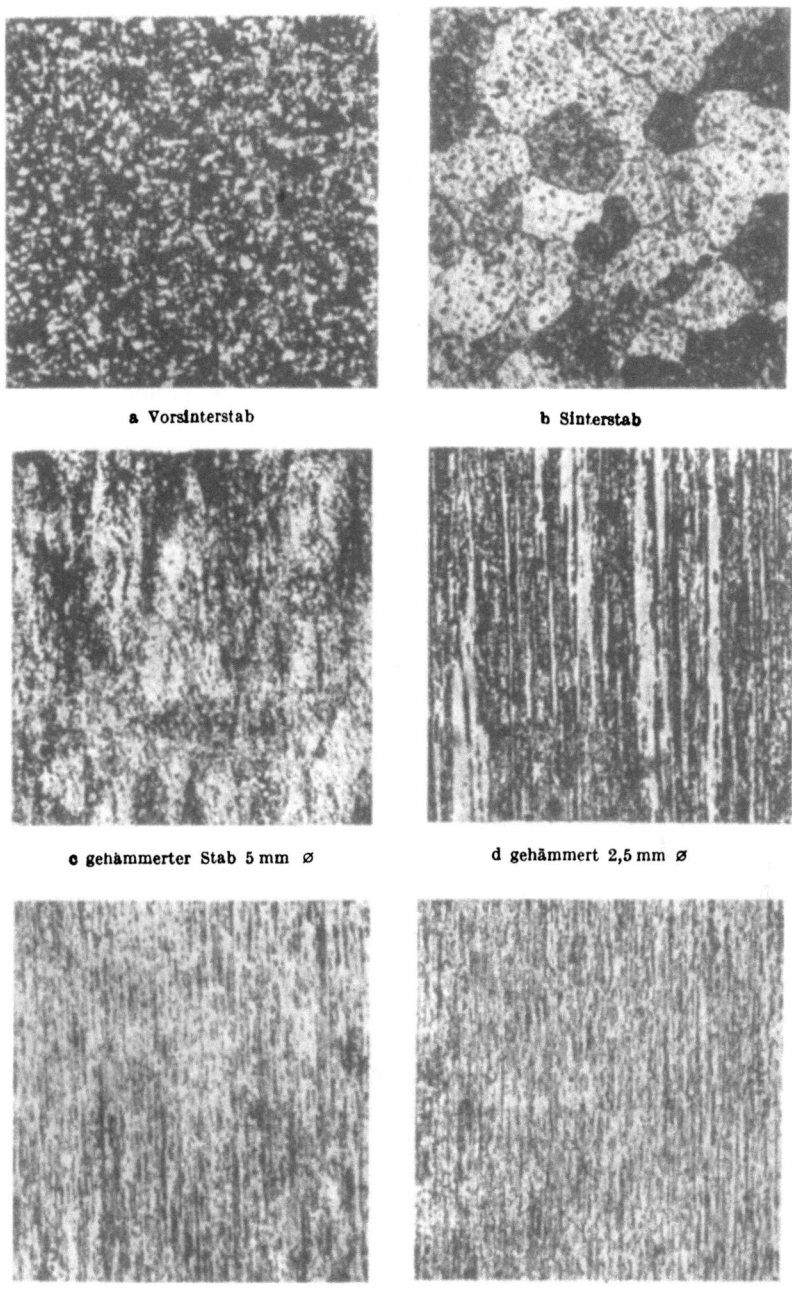

a Vorsinterstab  b Sinterstab

c gehämmerter Stab 5 mm ⌀   d gehämmert 2,5 mm ⌀

e gezogen 1,2 mm ⌀   f gezogen 0,6 mm ⌀

Abb. 120 a bis f. Änderung des Gefüges eines Wolframsinterstabes im Verlauf seiner Weiterverarbeitung.

230    Die Sinterwerkstoffe der Technik.

Seite 33) als $WO_3$ Kristalle heraus, die sich durch Oxydation des Präparates im Übermikroskop gebildet hatten.

**c) Pressen des Wolframpulvers und Vorsintern der Wolframstäbe.** Durch hydraulisches Pressen des Wolframpulvers in Stahlmatrizen werden in der ersten Verfahrensstufe sog. Preßstäbe mit meist quadratischem Querschnitt hergestellt. Die üblichen Abmessungen der Preßstäbe variieren je nach der Weiterverarbeitung auf Draht, Blech oder Formstücke zwischen 8 × 8 und 40 × 40 mm bei einer Länge von 200 bis 600 mm. Die Preßdrücke liegen meist zwischen 2 und 6 t/cm². Als preßerleichternde Zusätze werden zuweilen Lösungen von Kampfer in Äther oder Paraffinwachs in Benzin verwendet. Da die Festigkeit der Preßstäbe relativ gering ist, unterzieht man sie meistens einer **Vorsinterung** bei 1000 bis 1100° in wasserstoffgeschützten Durchsatzöfen mit Molybdänheizleitern. Hierbei findet ein gewisses Kornwachstum auf Kosten der feinsten Kristallite statt, das wahrscheinlich durch den bei der Nachreduktion der Oxydhäute und Oxydreste entwickelten Wasserdampf begünstigt wird. Bezüglich des Gefüges eines vorgesinterten Wolframstabes sei auf Abb. 120a verwiesen.

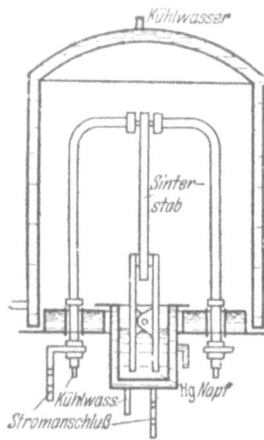

Abb. 121. Querschnitt durch eine Sinterglocke zum Sintern von Wolframstäben.

**d) Sintern der Wolframpreßstäbe.** Die Sinterung der Wolframpreßstäbe findet im direkten Stromdurchgang in wassergekühlten Glocken unter Wasserstoff statt. Der nur kurze Zeit währende Sintervorgang mit darauffolgender rascher Abkühlung der gesinterten Stäbe macht die Anwendung eines besonderen Wärmeschutzes entbehrlich. Mit dem Sintervorgang ist ein bedeutender Schwund des Preßstabes, d. h. eine Verminderung der äußeren Abmessungen verbunden. Dadurch ist die Anwendung nachgiebiger Stromklemmen notwendig. Abb. 121 zeigt eine der ältesten Anordnungen zur Sinterung von Preßstäben aus Wolfram, die ebenso für die Sinterung der anderen hochschmelzenden Metalle gebräuchlich ist. Sie besteht im wesentlichen aus einer feststehenden, wassergekühlten Oberklemme und einer in ein Quecksilbergefäß tauchenden beweglichen Unterklemme. Zum Schutz gegen Oxydation ist über das Ganze eine mit einem Kühlmantel versehene Glocke gestülpt, der als Schutzgas reiner Wasserstoff zugeführt wird. Die vom Stab abgestrahlte Energie wird von der Glocke aufgefangen und durch das Kühlwasser abgeleitet.

Zur Sinterung werden Quecksilbernapf und Oberklemme an Spannungen von 10 bis 50 Volt gelegt; man verwendet Ströme von mehreren

1000 Ampère. Der Strom muß so reguliert werden, daß eine schroffe Temperatursteigerung vermieden wird. Die Größe der erforderlichen Sinterenergie ist im wesentlichen von der Größe der Staboberfläche abhängig. Sie liegt meistens zwischen 60 und 300 Watt/cm², auf die Oberfläche des Stabes bezogen.

Aus dem „Sinterdiagramm" in Abb. 122 sind Ströme, Spannungen und Stabwiderstände während einer Sinterfahrt ersichtlich. Man erkennt, daß der Anfangswiderstand des Stabes infolge nur punktförmiger Berührung der einzelnen Pulverteilchen ziemlich hoch ist. Mit fortschreitender Sinterung fällt dieser Widerstand ab. Die Gesamtsinterzeit beträgt meistens 30 bis 40 Minuten, wobei der stufenweise aufgeheizte Stab 5 bis 15 Minuten auf Höchsttemperatur, etwa 2800 bis 3200°, gehalten wird.

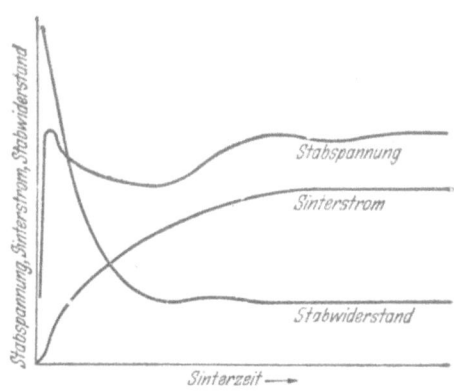

Abb. 122. Sinterdiagramm; Strom-, Spannungs- und Widerstandsverlauf während einer Sinterung von Wolfram- oder Molybdänstäben.

Die Dichte des vorgesinterten Preßstabes wächst beim Hochsintern von etwa 10 bis 13 auf 17 bis 18. Abb. 123 zeigt Wolframstäbe im vorgesinterten und fertiggesinterten, geschrumpften Zustand.

Während des Sintervorganges findet ein mehr oder weniger starkes Kornwachstum auf Kosten der Feinstpulverteilchen statt, wodurch man einen Sinterkörper mit fast einheitlicher Kristallitgröße erhält (Abb. 120 b).

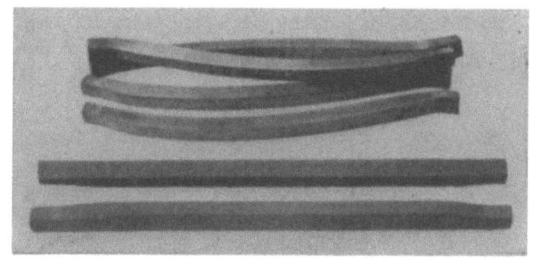

Abb. 123. Wolframstäbe, a vorgesintert, b fertiggesintert.

Die in Wolframsinterstäben erreichte Korngröße hängt im wesentlichen von der Sintertemperatur, der Sinterzeit, der Teilchengröße des Ausgangspulvers, dem Wassergehalt des Schutzgases, den oxydischen Verunreinigungen des Pulvers sowie gegebenenfalls dem Preßdruck ab. Das mit steigender Sintertemperatur auftretende starke Kornwachstum durchläuft nach Z. Jeffries (19) ein Maximum zwischen 2600 und 2800° (vgl. Abb. 124). Erhitzt man jedoch die Sinterstäbe sehr lange dicht unterhalb des Schmelzpunktes unter zweckmäßig sehr nassem Wasserstoff, so lassen sich nach H. Alterthum (20) sogar Einkristalle herstellen. Die Verwendung von feinstem, sauerstoffhaltigem Wolframpulver (Korngröße 0,5 bis 2 $\mu$) führt in der Regel zu Sinterstäben mit relativ grobem Korn, während gröberes Metallpulver (Korngröße 5 bis 10 $\mu$) unter den gleichen Sinterbedingungen meist zu Stäben mit feinkörnigem Gefüge führt. Fremdmetalloxyde (ThO$_2$, Al$_2$O$_3$, CaO, SiO$_2$ usw.) im Pulver wirken bei der Sinterung kornwachstumshemmend, während die niederen Wolframoxyde das Kornwachstum bei der Sinterung fördern (vgl. Seite 103). C. J. Smithells (16) fand zunehmendes Kornwachstum mit steigendem Preßdruck bei Wolframsinterstäben, die aus einem Wolframpulver mit etwa 0,6 $\mu$ Korngröße

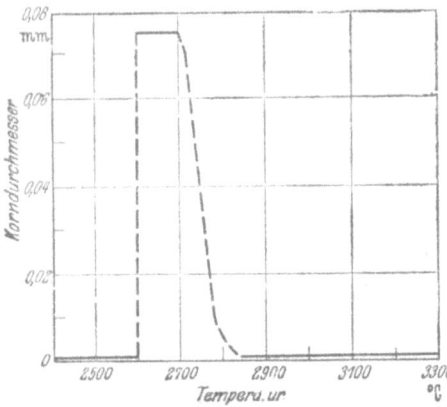

Abb. 124. Wirkung der Sintertemperatur auf die Korngröße eines Wolframsinterstabes (Z. Jeffries).

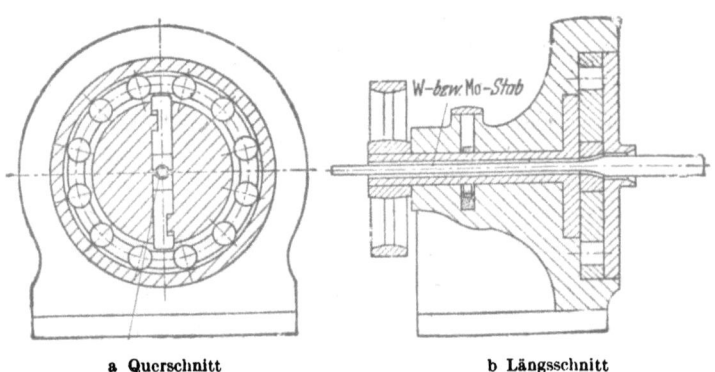

a Querschnitt    b Längsschnitt

Abb. 125a und b. Rundhämmermaschine.

hergestellt worden waren. An gröberen, sauerstoffreien Wolframpulvern von 5 bis 20 $\mu$ konnten die Verfasser keine derartige Beziehung feststellen. Es muß angenommen werden, daß die von C. J. Smithells beobachtete Abhängigkeit des Kornwachstums vom Preßdruck und der Korngröße im wesentlichen auf den Sauerstoffgehalt des verwendeten Feinstpulvers — Feinpulver enthalten immer mehr oder weniger große Mengen Sauerstoff — zurückzuführen ist (vgl. Kap. 6 A, Seite 99 ff.).

Der spröde Sinterstab zeigt keine Kaltverformbarkeit. Er läßt sich jedoch bei 1400 bis 1700° leicht biegen, hämmern, schmieden und walzen.

e) **Hämmern, Schmieden und Walzen.** Das Hämmern der Wolframsinterstäbe wird bei etwa 1400 bis 1700° in Rundhämmermaschinen vorgenommen (Abb. 125), wobei der Stab etwa 10000 Schläge je Minute durch die Hämmerbacken erhält und dadurch von allen Seiten gleichmäßig durchgeschmiedet wird. Der ursprünglich vierkantige Wolframstab nimmt hierbei runde Gestalt an und wird langsam in die Länge gereckt. Bei dieser Hochtemperaturverformung werden die porösen Stäbe verdichtet und hierbei die an den Korngrenzen und in den Kristalliten vorhandenen Poren zum Verschwinden gebracht (vgl. Abb. 120c). Die Zugfestigkeit steigt beim Hämmern sprunghaft auf ein Mehrfaches der Festigkeit des Sinterstabes. Im übrigen wird die Bearbeitung mit Rundhämmermaschinen bei fallenden Temperaturen (von 1400° anfangend bis auf 700° absinkend) bis zu einem Durchmesser von etwa 2 mm fortgesetzt (vgl. Abb. 120d), wobei zwischen den einzelnen Hämmerstufen die Stäbe bzw. Drähte jeweils erneut erwärmt werden. Gewöhnlich trägt man von einem Durchmesser von 3 mm ab eine Schutzschicht aus feinstem Graphit durch Eintauchen des Stabes in eine Suspension von kolloidalem Graphit in Wasser auf. Die beim Weiterverarbeiten festhaftende Schicht wirkt als Gleitmittel beim Ziehen und als Schutzschicht gegen den Luftsauerstoff. Da Wolfram im Gegensatz zu den meisten Metallen seine Duktilität durch Grobkornbildung verliert, ist letztere durch geeignete Wärmebehandlung beim Hämmerprozeß sorgfältig zu vermeiden.

Im Gegensatz zu geschmolzenen Metallen ist die intrakristalline Festigkeit (Zugfestigkeit des Wolframeinkristalls etwa 110 kg/mm$^2$) erheblich größer als die Korngrenzenfestigkeit (interkristalline Festigkeit). Treten daher im Laufe des Bearbeitungsprozesses Risse auf, so führen sie im Falle von polykristallinem Material (Sinter- oder Rekristallisationsgefüge) zu durchgehenden Querrissen und Bruch der Stäbe, im Falle von faserigem Gefüge zu Längsrissen entlang den Korngrenzen in Form von Haarrissen oder Splitterungen, die unter Umständen noch eine Weiterverarbeitung zulassen. Dieses ungewöhnliche Verhalten des Wolframs dürfte zusätzlich auf Korngrenzenverunreinigungen im Sinne G. Tammanns zurückzuführen sein. Derartige Verunreinigungen können verhältnismäßig leicht durch Behandeln von Wolframfeinstdrähten bei etwa 500° in einem Salzsäure-Luft-Gemisch unter Verflüchtigung des Metalles als Oxychlorid in Form von feinsten, spinnwebartigen Skelettkörpern sichtbar gemacht werden.

Das Schmieden des Wolframs geschieht gewöhnlich bei etwas höheren Temperaturen als das Hämmern (mit 1800° beginnend, dann fallend auf Temperaturen bis zu 1100°), wobei auch hier die Wolframstäbe zwischen jeder Verformung erneut auf Schmiedetemperaturen gebracht werden. Ein Ausschmieden von Formstücken in einer Hitze kommt für Wolfram nicht in Frage. Aus Wolframschmiedestücken lassen sich durch Schneiden mit hochtourigen Karborundumscheiben, durch Stanzen, Schleifen und spanabhebende Bearbeitung mittels Hartmetallwerkzeugen beliebige Formkörper, z. B. Ronden, Platten usw. herstellen.

Bei der Erzeugung von Wolframfeinblechen geht man gewöhnlich von flachgeschmiedeten Sinterstäben aus, die bis zu etwa 1 mm Stärke heiß unter Einschaltung von Zwischenerhitzungen nach jedem Walzenstich gewalzt werden. Das etwa 1 mm starke Blech wird durch Beizen mit Kaliumnitrit gereinigt und anschließend kalt weitergewalzt, wobei gelegentlich Zwischenglühungen bei nicht zu hohen Temperaturen (Rekristallisation!) die Weiterverarbeitung erleichtern.

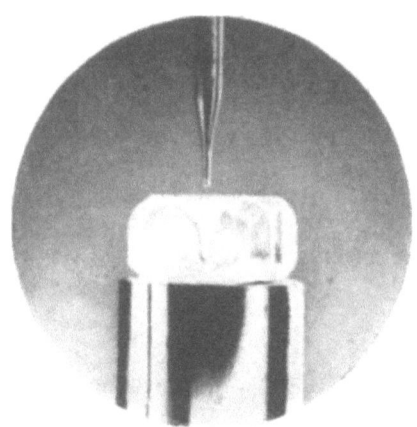

Abb. 126. Bohren eines Diamanten (Werksaufnahme Philips).

f) **Das Ziehen von Wolframdraht.** An den Hämmerprozeß schließt sich das Ziehen des Wolframdrahtes mittels Hartmetallziehsteinen und ab etwa 0,5 mm Durchmesser mittels Ziehsteinen aus Diamant an. Dabei wird das Fasergefüge (vgl. Abb. 120e und 120f) immer ausgesprochener. Die Herstellung von Diamantziehsteinen, die das Ziehen von beispielsweise nur 12 bis 15 $\mu$ starken Wolframdrähten erlauben, stellt eine beachtliche technische Leistung dar. Die Bohrlöcher werden mit Hilfe von feinst angespitzten Stahlnadeln unter Verwendung von geschlämmtem Diamantboart gefertigt (Abb. 126). Neuerdings wird aus Zeit- und Materialeinsparungsgründen der Diamant aus dem oberen Teil des Ziehkanals durch ein Oxydationsverfahren (21) muldenartig abgetragen. Abb. 127 zeigt die Form eines Ziehkanals innerhalb einer Diamantziehdüse bei 120-facher Vergrößerung (22). Um besonders duktile Grobdrähte mit ausgeprägtem Fasergefüge zu erzielen, kann man den Ziehvorgang bereits bei 3 bis 4 mm starken Stäben beginnen. Von etwa 0,3 mm auf 0,01 mm Durchmesser wird ausschließlich mit Diamantziehsteinen gezogen. Feinstdrähte von 0,007 bis 0,002 mm können durch Ätzen oder elektrolytische Beizung in einer geschmolzenen Mischung aus Natriumnitrit und Ätznatron, ferner auch durch kathodische Abtragung hergestellt werden. Der Durchmesser der feinsten Wolframdrähte wird durch ein mit Hartmetall bestücktes Tastmikrometer oder besser durch Wägen eines Drahtstückes von meist 20 cm Länge auf einer Torsionswaage bestimmt. Für das Reinigen des Wolframs von den

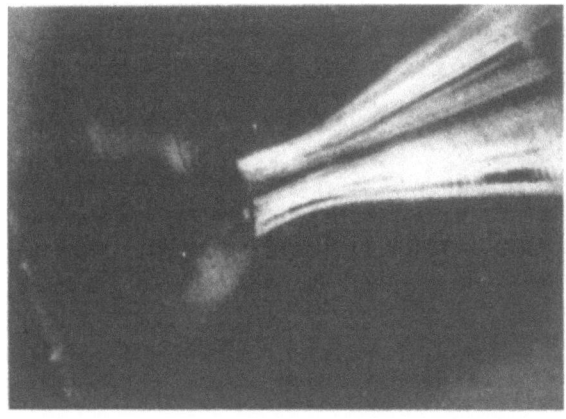

Abb. 127. Ziehkanal innerhalb einer Diamantziehdüse (Werksaufnahme Philips).

Oxyd-Graphitschichten, die vom Ziehvorgang herrühren, sind die verschiedensten Verfahren vorgeschlagen worden: Auskochen mit verdünnter oder konzentrierter Alkalihydroxydlösung, elektrolytisches Beizen bei starken Durchmessern, Beizen mit geschmolzenem Natriumnitrit und endlich Glühen in sauerstoffhaltigem Stickstoff oder in nassem Wasserstoff.

3. **Beeinflussung der gefügeempfindlichen Eigenschaften des Wolframs, kontrollierte Rekristallisation.**

Im Gegensatz zu den meisten Metallen und Legierungen, die in der Technik Verwendung finden, wird Wolfram in der Praxis regelmäßig weit über seiner Rekristallisationstemperatur beansprucht, so daß eine genaue Kontrolle der Rekristallisation von großer Wichtigkeit ist. Um ein zu starkes Kornwachstum zu vermeiden, werden meist Oxyde, insbesondere Thoriumoxyd oder Gemische von Thoriumoxyd, Kalziumoxyd, Aluminiumoxyd, Kieselsäure und Alkalioxyden verwendet. Beansprucht man reine Wolframdrähte bei Temperaturen oberhalb 2000°, so wird nach kurzer Brenndauer das vom Ziehen vorhandene Fasergefüge vernichtet und ein polykristallines Gefüge gebildet. Die neuen Kristallite nehmen nach längerer Brenndauer den ganzen Drahtquerschnitt ein. Bei Wechselstromerhitzung verschieben sich die großen Kristalle je nach Ausbildung des Glühfadens zusätzlich entlang ihren Korngrenzen und zeigen so eine charakteristische Kristallversetzung (Abb. 128), die sich bei Glühdrähten in einem lästigen Durchhängen bemerkbar macht (23). Man geht nun zwei grundsätzlich verschiedene Wege in der Glühlampentechnik, um das Durchhängen zu vermeiden. Entweder verhindert man ein zu starkes Kornwachstum durch Zusatz von etwa 0,7 bis 1% Thoriumoxyd, oder man erzeugt durch geringe, zumindest teilweise flüchtige Zusätze von Alkalisilikaten oder Gemengen von Kieselsäure, Natrium-Kalziumoxyd und $Al_2O_3$ ein makrokristallines Spezialgefüge. Dieses besteht in der Ausbildung von sich überlappenden Kristallen, einer Kristallanordnung hoher Festigkeit,

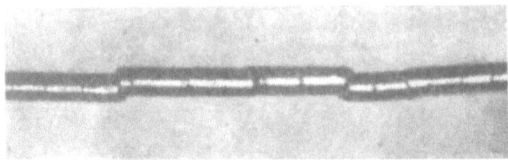

Abb. 128. Kristallversetzung in Wolframdrähten. × 250 (G. Gehlhoff).

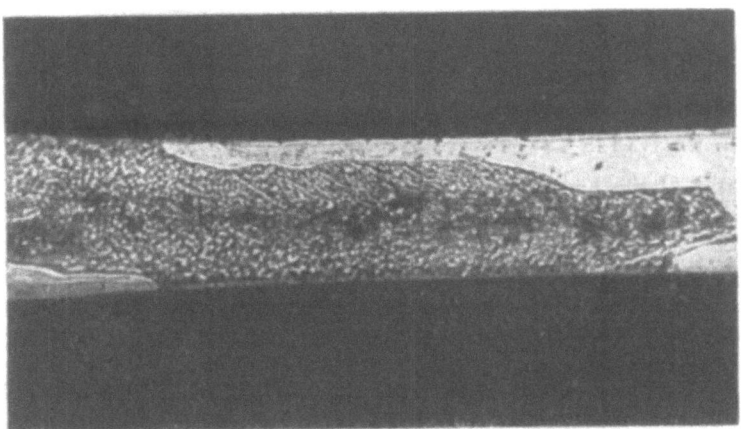

Abb. 129. Wolfram-Stapeldrahtgefüge. × 450 (G. Gehlhoff).

die als „Stapeldrahtgefüge" (Abb. 129) bekannt geworden ist. Die kristallwachstumshemmende Wirkung des Thoriumoxyds kann übrigens in instruktiver Weise dadurch aufgehoben werden, daß man in eine Lampe mit einer glühenden thorierten Wolframwendel Natrium- oder Phosphordampf einführt. Das Thoriumoxyd wird hierbei zu Metall reduziert, das nicht mehr kristallwachstumshemmend wirkt, so daß jetzt die normale Rekristallisation in der Wendel wie bei reinen Wolframdrähten einsetzt.

### 4. Technische Anwendung des Wolframs.

Die verschiedenen Anwendungsgebiete des Wolframs sind durch seine physikalischen und chemischen Eigenschaften bestimmt. Kennzeichnend sind der hohe Schmelzpunkt, der kleine Dampfdruck im Vakuum, die hohe Warmfestigkeit und Härte, die gute Wärme- und elektrische Leitfähigkeit, das paramagnetische Verhalten, die chemische Reinheit sowie die gute Beständigkeit gegenüber Säuren, inerten und reduzierenden Gasen. In Zahlentafel 44 sind die physikalischen Eigen-

Zahlentafel 44. Physikalische Eigenschaften von Wolfram.

| | | |
|---|---|---|
| Dichte (g/cm³) | vorgesintert bis etwa 1500° = 10,0—13,0<br>hochgesintert bis 3000° = 16,5—17,5<br>gehämmert = 18,0—19,0<br>gezogen = 19,0—19,3 | |
| Schmelzpunkt (° C) | 3400 ± 50 | |
| Gittertyp | kub.-raumzentr., Gitterparameter = 3,158 Å | |
| Dampfdruck (Torr)[1] | 1800° K = $1{,}93 \cdot 10^{-15}$<br>2400° K = $7{,}9 \cdot 10^{-9}$<br>3000° K = $6{,}55 \cdot 10^{-5}$<br>3500° K = $4{,}68 \cdot 10^{-3}$ | |
| Zugfestigkeit (kg/mm²) und zugehörige Dehnung (%) bei 20° | hochgesintert (Formstück) . . 13<br>gehämmert (Stab) . . . . . . 35—150<br>gezogen (Draht) 1,0 mm ⌀ . . 180<br>„ „ 0,5 mm ⌀ . . 200<br>„ „ 0,2 mm ⌀ . . 250<br>„ „ 0,1 mm ⌀ . . 300<br>„ „ 0,02 mm ⌀ . . 400—415<br>Draht ausgeglüht (rekr.) . . . 110<br>Einkristalldraht unverformt<br>(Th-haltig) etwa . . . . . . 110<br>Einkristalldraht verformt<br>(Th-haltig) bis . . . . . . . 180 | —<br>—<br>1—4<br>1—4<br>1—4<br>. 1—4<br>—<br>0<br><br>etwa 20<br><br>— |
| Streckgrenze (kg/mm²) | geglüht (Draht 0,5—1 mm ⌀) 72—83<br>ungeglüht ( „ 0,5—1 mm ⌀) 150 | |
| Warmfestigkeit (kg/mm²) und zugehörige Dehnung (%) | 400° (Draht 0,6 mm ⌀) . . . 120—160<br>800° ( „ 0,6 mm ⌀) . . . 80—100<br>1200° ( „ 0,6 mm ⌀) . . . 40— 60<br>1800° ( „ 0,6 mm ⌀) . . . 10— 30 | 2—3<br>5<br>6<br>n. b. |
| Brinellhärte (kg/mm²) | Sinterstab . . . . . . . . . 200—250<br>gehämmerter Stab . . . . . 350—400 | |
| Elastizitätsmodul (kg/mm²) | 41 500 | |
| Linearer Wärmeausdehnungskoeffizient ($\alpha \cdot 10^7$) | 30° = 44,4<br>1030° = 51,9<br>2030° = 72,6 | |
| Wärmeleitfähigkeit (cal/cm·sec·Grad) | 20° = etwa 0,4 | |
| Spez. elektr. Widerstand ($\Omega \cdot$ mm²/m) | 20° = 0,055<br>1200° = 0,4<br>2400° = 0,82 | |

[1] 1 Torr = 1 mm QS.

schaften, in Zahlentafel 45 ist das chemische Verhalten des Wolframs wiedergegeben.

Wolfram wird, wie schon verschiedentlich erwähnt, vornehmlich in der Glühlampenindustrie und Hochvakuumtechnik in Form von Drähten, Wendeln, Doppelwendeln, Stäben, Blechen und Formstücken verwendet. Bei der Herstellung von gewendelten Leuchtkörpern geht man wie

Zahlentafel 45.
Chemisches Verhalten von Wolfram (Temperaturangaben in ° C).

| Einwirkungsmittel | Verhalten des Wolframs |
|---|---|
| Luft und Sauerstoff | bei Zimmertemperatur: beständig<br>bei 400—500°: beginnende Oxydation<br>bei höheren Temperaturen: lebhafte Oxydation |
| Wasserdampf | bei Rotglut: rasche Oxydation |
| Salzsäure oder Schwefelsäure | kalt, verdünnt und konz.: praktisch beständig<br>warm, „ „ „ : leichter Angriff |
| Salpetersäure oder Königswasser | kalt, verdünnt und konz.: praktisch beständig<br>warm, „ „ „ : merklicher Angriff |
| Flußsäure | kalt und warm: beständig |
| Flußsäure und Salpetersäure | starker Angriff, rasche Auflösung |
| Alkalien | kalte Kali- oder Natronlauge: praktisch beständig;<br>geschmolzenes Ätzkali oder Natriumkarbonat:<br>a) bei Luftzutritt: langsame Oxydation,<br>b) bei Gegenwart von Oxydationsmitteln wie $KNO_3$, $KNO_2$, $KCLO_3$, $PbO_2$: rasche Auflösung |
| Kohle, fest (Ruß, Kohle, Graphit), und Kohlenwasserstoffe | Teilweise Karbidbildung ab etwa 1200° (Aufkohlung über $W_2C$ zu $WC$), vollständige Karbidbildung bei etwa 1400—1600° |
| Kohlenoxyd | beständig bis etwa 1400° |
| Kohlendioxyd | Oxydation oberhalb 1200° |
| Wasserstoff | indifferent bis zum Schmelzpunkt |
| Stickstoff | mit festem W keine Reaktion, mit Wolframdampf Nitridbildung |

folgt vor: Man wickelt feine Wolframdrähte über einen Molybdänkern und glüht die gewickelte Wendel zwecks Erzeugung des Stapelkristallgefüges (s. oben) und der dadurch bedingten höheren Formbeständigkeit bei Temperaturen von etwa 2000° unter Wasserstoff oder Formiergas. Der Kerndraht wird anschließend mit Schwefelsäure-Salpetersäure-Mischungen aus der Wendel herausgelöst. Abb. 130 zeigt einen Doppelwendelleuchtkörper aus Wolframdraht. Außer als Leuchtkörper finden Wolframdrähte noch in der Hochvakuumtechnik Verwendung für direkt beheizte Glühkathoden, in Elektronensenderöhren, Gleichrichtern und Meßröhren, gasgefüllten Stromrichtern, Leuchtröhren und Röntgenröhren, ferner als Kerndrähte für direkt geheizte Filmkathoden und als Träger für Sinterkathoden (24).

Feinste Wolframdrähte (polykristallin oder einkristallin) von 0,05 mm Durchmesser dienen dazu, bis zu 9 mm starke Aufwachsungen (polykristallin oder einkristallin) aus Wolfram, Titan, Zirkon, Thorium, Chrom usw. durch Dissoziation entsprechender gasförmiger Verbindungen herzustellen. Diese als „Aufwachsverfahren" (25 bis 29) bekannt gewordene Methode ist für einen Teil der genannten Metalle das bisher einzige Verfahren, um sie in duktiler Form herzustellen.

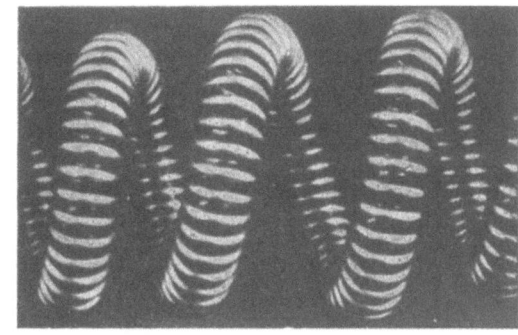

Abb. 130. Doppelwendel-Leuchtkörper aus Wolframdraht (aus einer sogenannten D-Glühlampe).

Runde oder viereckige Formstücke (geschmiedet oder gestanzt) bzw. Keulen und Schaufeln aus Wolfram sind der ausschließlich angewandte Werkstoff für Antikathoden in Röntgenröhren. Wegen der hohen Ord-

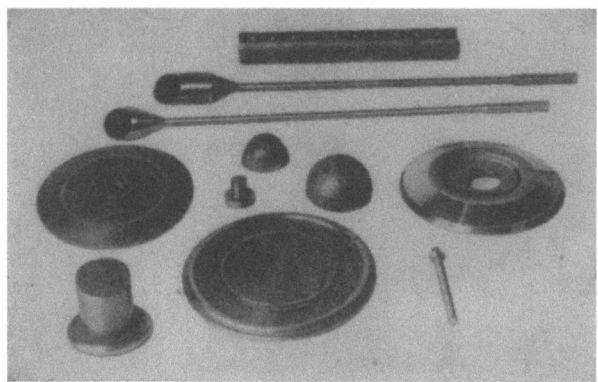

Abb. 131. Wolframformstücke.

nungszahl des Wolframs, des hohen Schmelzpunktes und der relativ guten Wärmeleitfähigkeit können im Elektronenbrennfleck Temperaturen von 2000 bis 2500°, kurzzeitig sogar Temperaturen bis zu 3000° erreicht werden. Bei Einsetzen des Metalls für die letztgenannten Verwendungszwecke ist auf größte Reinheit und Gasfreiheit sowie auf geringe Rekristallisationsneigung zu achten. Abb. 131 zeigt eine Reihe verschiedener Wolframformstücke u. a. für den Einbau in Röntgenröhren.

240  Die Sinterwerkstoffe der Technik.

Weitere vakuumtechnisch wichtige Anwendungsgebiete des Wolframs sind die Verwendung als Spannfedern für Glühkathoden, als Einschmelzdrähte für Stromzuführungen in Hartglasröhren, als Gitterdraht in Elektronen- und Leuchtröhren sowie als Vergleichsleuchtdraht in Pyrometerlampen.

Abb. 132. Zündunterbrecher mit Wolframkontakten.

Die große Dichte und die bedeutende Härte des Wolframs haben seine Einführung als Kontaktwerkstoff in die Unterbrecher von Zündgeräten (Abb. 132) und Wechselrichtern ermöglicht. Bei den hohen Schalthäufigkeiten zeigen Wolframkontakte unter bestimmten elektrischen Bedingungen sehr geringen Abbrand und sehr geringe Werkstoffwanderung. Die Herstellung von Wolframstäben, die als Ausgangsmaterial für die Wolframunterbrecherkontakte dienen, vollzieht sich ähnlich wie die Erzeugung der Rundstäbe für Feindrähte. Durch hochtourige, 0,5 bis 0,7 mm starke, organisch gebundene Karborundumscheiben werden die Wolframstäbe in dünne Plättchen geschnitten.

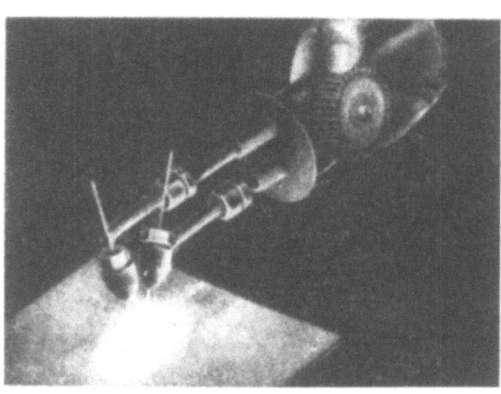

Abb. 133. Arcatom-Schweißgerät (E. Thiemer).

Die Wolframplättchen werden mit Hilfe von Kupfer- und Messinglot auf Stahlträger aufgelötet. Die Lötung kann im direkten Stromdurchgang oder besser noch in wasserstoffgeschützten Durchsatzöfen mit Molybdänheizleitern erfolgen. Früher war es üblich, Unterbrecherkontakte durch Stanzen aus Wolframblech herzustellen. Man ist davon abgekommen, da sich Kontakte mit Kristallfasern senkrecht zur Kontaktfläche im Kontaktvorgang besser verhalten haben als gestanzte Plättchen.

Erwähnt sei ferner die gute Eignung des Wolframs als Werkstoff für Zündkerzenelektroden. Wenn durch Hintergießen der Wolframspitze mit Kupfer für rasches Ableiten der in der Spitze anfallenden Wärme gesorgt wird, zeigen derartige Zündkerzenelektroden den geringsten Werkstoffabbau im Vergleich zu allen anderen bisher verwendeten Elektrodenmaterialien.

In der Schweißtechnik, vor allen Dingen im Flugzeug- und Automobilbau, werden große Mengen von Wolframstäben als Elektroden in Arcatom-Schweißgeräten (30, 31) benötigt. Bekanntlich werden bei der Arcatom-Lichtbogenschweißung in Wolframlichtbogen mit naszierendem Wasserstoff Temperaturen bis zu 4000° erreicht, Temperaturen also, denen nur das Wolfram gewachsen ist. Abb. 133 zeigt ein Arcatom-Schweißgerät beim Schweißen dünner Bleche.

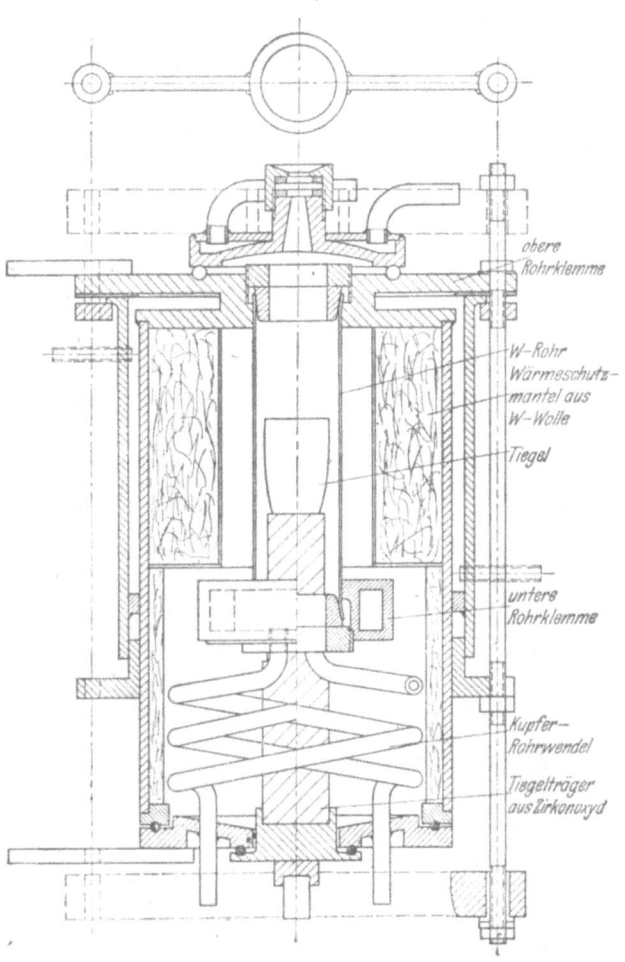

Abb. 134. Hochtemperaturvakuumofen mit einem Wolframrohr als Heizkörper.

Ähnlich wie Molybdän kann Wolfram in Form von Drähten, Stäben, Röhren usw. als Heizkörper für Hochtemperaturöfen (Vakuum- oder Wasserstoffglühöfen) bei Betriebstemperaturen bis zu 3000° verwandt werden (32, 33). In Abb. 134 ist ein Vakuumofen mit einem Wolframrohr als Heizleiter abgebildet, der sich besonders zur wissenschaftlichen Untersuchung von hochschmelzenden Metallen und Hartstoffen bewährt hat. In Zahlentafel 46 sind die Anwendungsgebiete von Wolfram nochmals übersichtlich zusammengestellt.

Zahlentafel 46. Anwendungsgebiete von Wolfram.

| | |
|---|---|
| 1. Glühdrähte | für Glühlampen, Radioröhren, Senderöhren usw. |
| 2. Kontakte | für Unterbrecher in Zündapparaten<br>für Wechselrichter<br>für Spannungsregler in Automobil-Lichtmaschinen, vorzugsweise in Form flacher bzw. kombinierter Kontaktplättchen<br>für Hochspannungsdruckgasschalter in Form von Stiften eingelötet bzw. hintergossen mit Phosphorbronze |
| 3. Elektroden für das Schweißen nach dem Arcatom-Verfahren | in Form von Stäben |
| 4. Konstruktionsteile in der Röhrentechnik | Röntgenröhren: Antikathoden in Form von Ronden, Platten, Bändern, Tellern, Keulen; Kathoden, Steuer- und Abschirmgitter in Form von Stäben, Drähten und Geweben<br>Hochvakuumverstärker- und Senderöhren: Bänder und Drähte zur Herstellung von Kathodenstreckfedern, Stäbe zur Herstellung von Einschmelzungen in Hartglasröhren, insbesondere bei hoher Belastung und Kurzwellenröhren<br>Hochspannungsgleichrichter: Stäbe und Drähte zur Herstellung von Zündstiften für Tauch- und Spritzzündung<br>Gasentladungsröhren: Drähte und Stäbe zur Herstellung von Versteifungsteilen an oxydpastierten Glühkathoden |
| 5. Elektroden für Hochleistungszündkerzen | Mittel- und Körperelektroden in Form von angespitzten Wolframstiften und in Form von fertigen Elektroden |
| 6. Sonstiges | Schiffchen, offen und geschlossen, Näpfchen zum Glühen und Entgasen von Wolframspiralen und anderen vakuumtechnischen Materialien bei hohen Temperaturen<br>Röhrchen, Töpfchen, Zylinder, Federn, Bolzen, Gewindestäbe für Sonderzwecke<br>Ronden für Funkenstrecken in Löschfunkensendern für Diathermie- und Kurzwellentherapie-Apparate<br>Heizelemente für Hochtemperaturöfen in Form von Folien, Bändern oder Drähten<br>Einschmelzstifte und Lichtbogenansatzstifte für Quecksilberschalter und Vakuumschalter |

**Anmerkung:** Die Legierungen des Wolframs mit anderen hochschmelzenden Metallen wie Molybdän, Tantal, Niob, Rhenium und Chrom werden im Anschluß an die Besprechung der reinen Metalle Molybdän, Tantal und Niob behandelt.

Molybdän. 243

Die Legierungen des Wolframs mit den Metallen der Eisengruppe wurden im Kapitel 11 beschrieben.

Wolframpseudolegierungen mit Kupfer. Kupfer-Nickel, Silber, Gold, Platin, Blei usw. werden im Kapitel 14 besprochen.

Die Behandlung der Wolfram-Kohlenstoff-Legierungen ist dem Kapitel 13 vorbehalten.

## B. Molybdän.

Fast alle bei der geschichtlichen Entwicklung des duktilen Wolframs beschriebenen Verfahren wurden gleichzeitig auch für Molybdän angewendet. F. Skaupy (34) gelang es schon 1907, also einige Zeit bevor C. Coolidge (11) in Amerika duktiles Wolfram herstellte, nach dem Pasteverfahren duktiles Molybdän zu gewinnen. Gespritzte Molybdänfäden wurden von ihm in einer wasserdampf- oder kohlendioxydhaltigen Wasserstoffatmosphäre hochgesintert, um schädliche Kohlenstoffreste zu entfernen und gleichzeitig eine relativ grobkristalline Struktur z erzielen. Fäden dieser Art ließen sich im Gegensatz zu ähnlich hergestellten Wolframfäden einwandfrei warm herunterziehen.

Nach der allgemeinen Einführung des Coolidge-Verfahrens wurde dieses auf die Gewinnung von duktilem Molybdän in Form von Stäben, Drähten und Blechen übertragen und weiterhin ausschließlich angewandt.

### 1. Herstellung und Eigenschaften von duktilem Molybdän.

Als Ausgangsmaterial für die Gewinnung von chemisch reinem Molybdäntrioxyd dient Molybdänglanz ($MoS_2$) und in beschränktem Umfange Gelbbleierz ($PbMoO_4$). Das abgeröstete Molybdänkonzentrat wird entweder chemisch oder physikalisch auf Reinstsäure weiterverarbeitet.

Die chemischen Verfahren bestehen darin, aus dem Röstprodukt, das meist neben 80 bis 90% Molybdäntrioxyd 10 bis 20% Gangart (vorzugsweise Eisenoxyd und Kieselsäure) enthält, mit geschmolzenen oder wässerigen Alkalien Alkalimolybdatlösungen zu bilden. Aus den alkalischen Lösungen oder aus dem als Zwischenprodukt gefällten Kalziummolybdat läßt sich eine technisch reine Hydratsäure herstellen, die am besten durch nochmaliges Umfällen über eine Ammoniummolybdatlösung in chemisch reines Molybdäntrioxyd übergeführt werden kann (35).

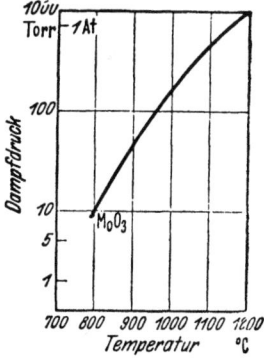

Abb. 135. Dampfdruck von Molybdäntrioxyd in Abhängigkeit von der Temperatur.

Die physikalische Herstellung von reinem Molybdäntrioxyd beruht auf dessen leichter Flüchtigkeit bei höheren Temperaturen. Der Dampfdruck von Molybdäntrioxyd in Abhängigkeit von der Temperatur ist

16*

in Abb. 135 wiedergegeben. Durch Erhitzen von Molybdänglanz in Luft oder Sauerstoff kann man die Reaktion so lenken, daß das gebildete Molybdäntrioxyd gleichzeitig abdestilliert und in Sackfiltern aufgefangen werden kann. Als außerordentlich brauchbar hat sich das Verfahren der Deutschen Glühfadenfabrik (36) bewährt, das darin besteht, abgeröstete Molybdänkonzentrate in Quarztiegeln mit Molybdänheizwicklungen niederzuschmelzen und durch Überleiten von Luft das Molybdäntrioxyddestillat abzuführen. Der Reinheitsgrad des so destillierten Molybdäntrioxyds beträgt ungefähr 99,97 bis 99,98%. Abb. 136 zeigt eine entsprechende Destillationsanlage. Ihre Arbeitsweise ergibt sich aus der schematischen Darstellung in Abb. 137.

Abb. 136. Destillationsanlage für die Gewinnung von reinem Molybdäntrioxyd.

Die Destillation von Molybdäntrioxyd zählt zu den wenigen rein physikalischen Großverfahren zur Herstellung eines chemisch reinen, anorganischen Produktes. Die hohe Reinheit des destillierten Molybdäntrioxyds ist im wesentlichen auf den geringen Dampfdruck der Verunreinigungen des Konzentrates dicht oberhalb des Molybdäntrioxydschmelzpunktes zurückzuführen.

Die Reduktion von Molybdäntrioxyd zu Molybdänmetall erfolgt wie bei Wolfram zweckmäßig in Eisen- oder Nickelschiffchen in Durchsatzöfen mit Molybdänheizleitern. Um die Bildung zu groben Molybdänpulvers durch den bei der Reduktion entstehenden Wasserdampf zu verhindern, nimmt man die Reduktion vorteilhaft in zwei Stufen vor. Dabei vollziehen sich folgende Reaktionen:

1. Stufe: $MoO_3 + H_2 \rightleftarrows MoO_2$ (Mo-Rot) $+ H_2O$ (exotherm!)
2. Stufe: $MoO_2 + 2 H_2 \rightleftarrows Mo + 2 H_2O$.

Die Weiterverarbeitung des Molybdänmetallpulvers geschieht ähnlich wie beim Wolfram. Da die Preßstäbe (übliche Abmessungen 15 × 15 × 300 mm bis 60 × 60 × 500 mm) meist genügende Festigkeit nach dem Pressen aufweisen, erübrigt sich die beim Wolfram zweckmäßige Vorsinterung. Sinterung und Weiterverarbeitung der Sinterstäbe (Hämmern, Schmieden, Walzen, Ziehen) vollziehen sich wiederum wie beim Wolf-

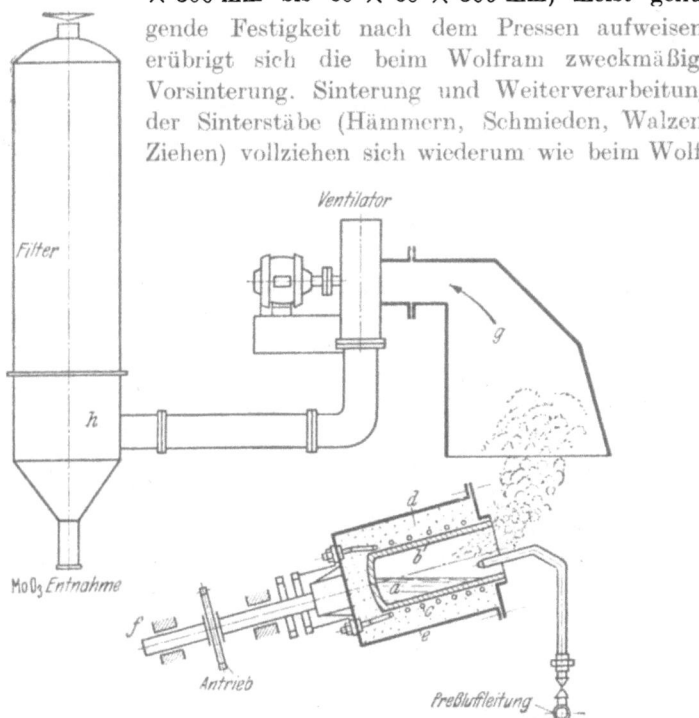

Abb. 137. Schemazeichnung einer Anlage für die Destillation von Molybdäntrioxyd.
*a* Flüssiges Mo-Konzentrat, *b* Quarztiegel, *c* Mo-Heizleiter, *d* Isolationsmasse, *e* Außenmantel, *f* rotierende Achse des Ofens, *g* Abzugshaube, *h* Sammelraum.

ram. Die Sintertemperatur liegt bei etwa 60 bis 90% des Molybdänschmelzpunktes und somit etwa 1000° niedriger als die des Wolframs.

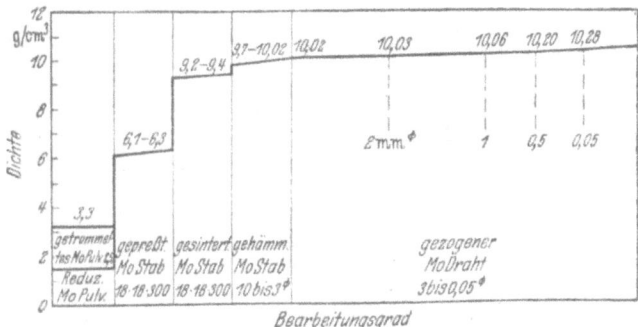

Abb. 138. Dichtesteigerung von Molybdän in Abhängigkeit vom Bearbeitungsgrad.

246  Die Sinterwerkstoffe der Technik.

Die Hämmer-, Schmiede-, Walz- und Ziehtemperaturen werden meistens 100 bis 300° niedriger als beim Wolfram gewählt.

Ein Molybdändraht von 3 bis 5 mm Durchmesser ist bereits außerordentlich biegsam, während ein gehämmerter Wolframdraht entsprechender Stärke noch keine Kaltverformbarkeit aufweist. Durch Kaltwalzen von Molybdänblechpaketen lassen sich Metallfolien von 0,01 bis 0,015 mm Stärke herstellen. Die Dichtesteigerung, die Molybdän im Zuge seiner Verarbeitung zu Feinstdraht erfährt, geht aus Abb. 138 hervor. G. Grube und H. Schlecht (37) untersuchten die Dichte von Molybdänpreßstäben in Abhängigkeit vom Preßdruck bei Zimmertemperatur sowie nach dreistündiger Glüh-

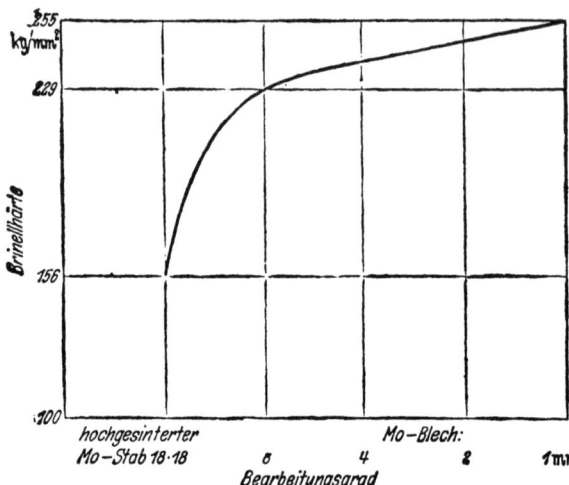

Abb. 139. Brinellhärte von Molybdän in Abhängigkeit vom Bearbeitungsgrad.

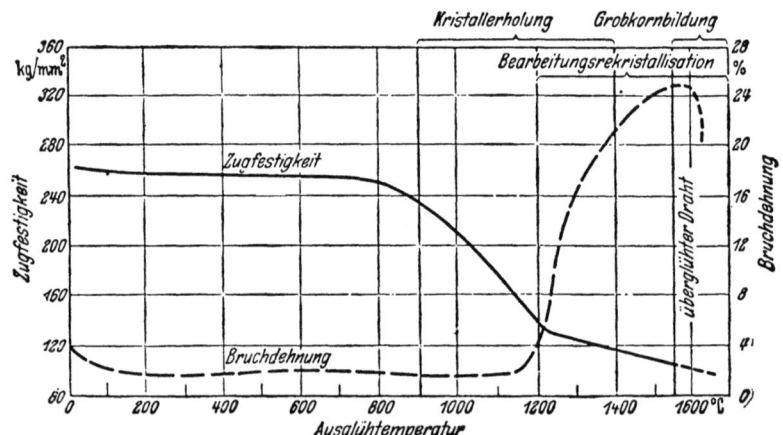

Abb. 140. Zugfestigkeit und Bruchdehnung von Molybdändraht (⌀ 0,1 mm) in Abhängigkeit von der Ausglühtemperatur (kurzzeitig geglüht).

behandlung bei 1000, 1200, 1400 und 1700°. Die bei diesen Versuchen erzielten Ergebnisse stimmen überein mit den praktischen Erfahrungen der Molybdänindustrie, wonach die Dichtesteigerung von der Sintertemperatur meist weit stärker beeinflußt wird als vom Preßdruck. Trägt man nach G. Grube und H. Schlecht die Dichte von ungepreßten sowie von mit verschieden hohen Drücken gepreßten Molybdänstäben in Abhängigkeit von der Sintertemperatur — Glühdauer 3 Stunden — (vgl. Abb. 54, Seite 95) auf, so geht aus dieser Darstellung der oben aufgezeigte Zusammenhang noch deutlicher hervor. Beachtet man, daß ungesintertes und bei 1000° geglühtes Molybdänpulver in Abhängigkeit vom Preßdruck praktisch die gleiche Dichtesteigerung aufweist, und daß lose gefülltes sowie mit einem

Abb. 141 gezogen, ungeglüht

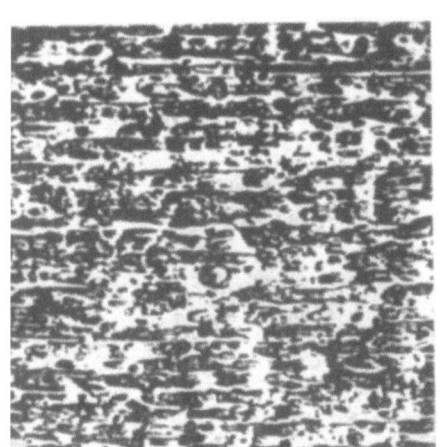

Abb. 142 gezogen, normal geglüht

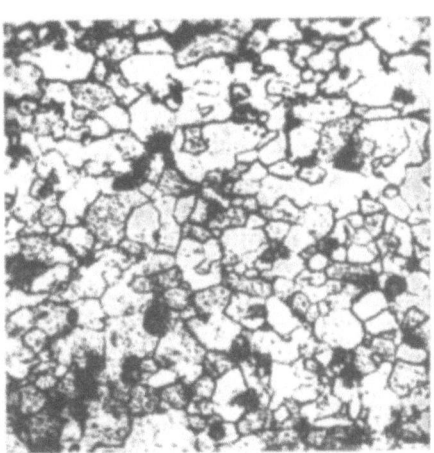

Abb. 143 gezogen, überglüht. × 200.

Abb. 141 bis 143. Gefüge von Molybdändraht nach verschiedener Glühbehandlung (⌀ 0,8 mm).

Druck von 6 t/cm² verpreßtes Molybdänpulver eine Dichtesteigerung in Abhängigkeit von der Sintertemperatur erst oberhalb 1000° zeigt (vgl. Abb. 54, Seite 95), so scheint in der Tat in Übereinstimmung mit F. Sauerwald (38) und im Gegensatz zu C. J. Smithells (16) der Beginn der Sinterung unabhängig vom Preßdruck zu sein (vgl. Seite 99ff.).

Der Dichtesteigerung des Molybdäns im Laufe seiner Verarbeitung geht ein entsprechender Härtezuwachs parallel. Die Brinellhärte eines Molybdänsinterstabes (18 × 18 mm) steigt beispielsweise beim Warmwalzen zu einem Blech von 1 mm Stärke von etwa 155 kg/mm² auf etwa 255 kg/mm² (vgl. Abb. 139).

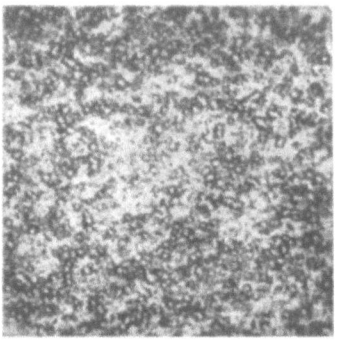

Abb. 144. Gefüge eines thorierten Molybdändrahtes. × 200.

Glüht man kaltgezogenen, 0,1 mm starken Molybdändraht aus, so ergibt sich die aus Abb. 140 ersichtliche Abhängigkeit der Zugfestigkeit und Bruchdehnung von der Ausglühtemperatur. Das Gefüge gezogenen, normal geglühten und überglühten (rekristallisierten) Molybdändrahtes (Durchmesser 0,8 mm) geht aus den Abb. 141 bis 143 hervor. Die Rekristallisation ist bei Molybdän technisch weniger von Bedeutung als beim Wolfram, da die thermische Beanspruchung des Molybdäns in der Vakuumtechnik weit geringer ist. Rekristallisationshemmende Zusätze von Thoriumoxyd werden selten angewandt. Die Anwendung von thoriertem Molybdän beschränkt sich ausschließlich auf Emissionsdrähte in Gleichrichtern (39). Abb. 144 gibt das Gefüge eines thorierten Molybdändrahtes mit 2,5% Thoriumoxyd und 0,15% C wieder. Die im Schliffbild ersichtlichen runden, Thorium enthaltenden Einlagerungen dürften karbidischer Natur sein.

Bezüglich weiterer Eigenschaften über die Herstellung, Verarbeitung und Eigenschaften des Molybdäns sei auf das Spezialschrifttum verwiesen (24, 40, 41).

### 2. Technische Anwendung des Molybdäns.

Die Verwendung des Molybdäns in der Hochvakuum- und Ofenbautechnik ähnelt derjenigen des Wolframs. Auch hier bestimmen die physikalischen und chemischen Eigenschaften des Metalles seinen jeweiligen Einsatz. In Zahlentafel 47 sind die physikalischen Eigenschaften, in Zahlentafel 48 das chemische Verhalten, das Molybdän gegenüber verschiedenen Einwirkungsmitteln aufweist, zusammengestellt.

Ein großer Teil des duktilen Molybdäns wird zur Halterung der Wolframdrähte in Lampen mit gestrecktem oder gewendeltem Faden in Form von Haken und Ösen verwendet. Den Einsatz von Wolfram und Molybdän in einer Glühlampe veranschaulicht Abb. 145a. Auch die Gitter von Entladungsröhren, insbesondere die Wickelgitter von Empfängerröhren, werden aus Molybdän gefertigt (Abb. 145b). Im Abschnitt A dieses Kapitels war schon kurz erwähnt worden, daß die Kerndrähte

Molybdän.

Zahlentafel 47. Physikalische Eigenschaften von Molybdän.

| | |
|---|---|
| Dichte (g/cm³) | gepreßt, ungesintert = 6,1— 6,3<br>gesintert bei etwa 1800—2000° = 9,2— 9,4<br>gehämmert = 9,7—10,0<br>gezogen = 10,0—10,3 |
| Schmelzpunkt (° C) | 2630 ± 50° |
| Gittertyp | kubisch, raumzentriert, Gitterparameter 3,140 Å |
| Dampfdruck (Torr)[1] | 1530° = 6,4·10⁻⁹<br>1730° = 8 ·10⁻⁷<br>1930° = 4 ·10⁻⁵ |
| Zugfestigkeit (kg/mm²) und zugehörige Dehnung (%)<br><br>bei 20° | gezogener Draht 1,20 mm ⌀ 100—120   2— 5<br>  ,,   ,,   0,4 mm ⌀ 150—170   2— 5<br>  ,,   ,,   0,05 mm ⌀ 180—250   2— 5<br>ausgeglühter Draht 1,25 mm ⌀  80—100  10—20<br>  ,,   ,,   0,4 mm ⌀  80—120  10—25<br>  ,,   ,,   0,03 mm ⌀  80—120  20—30<br>Mo-Einkristall . . . . . . . .  etwa 35 etwa 30 |
| Streckgrenze (kg/mm²) | ungeglüht<br>geglüht } 0,1—0,5 mm ⌀ . . 40— 60 |
| Warmfestigkeit und Dehnung (kg/mm² bzw. %) | 200° (Draht 0,6 mm ⌀) . . .  80—100  4—5<br>400° (  ,,  0,6 mm ⌀) . . .  60— 70  4—5<br>800° (  ,,  0,6 mm ⌀) . . .  50— 60  4—5<br>1200° (  ,,  0,6 mm ⌀) . . .  20— 30  5—6 |
| Brinellhärte (kg/mm²) | Sinterstab 18·18 . . . . . . 150—160<br>geschmiedeter Stab 8 mm ▫ . 200—230<br>Blech 2 mm stark . . . . . . 240—250<br>Blech 1 mm stark . . . . . . 250—255 |
| Elastizitätsmodul (kg/mm²)* | 33 600 |
| Linearer Wärmeausdehnungskoeffizient ($\alpha \cdot 10^7$) | 25—300° = 53—57<br>25—700° = 58—62 |
| Wärmeleitfähigkeit (cal/cm·sec·Grad) | bei   20° etwa 0,35<br>bei 1000° etwa 0,236 |
| Spez. elektr. Widerstand (Ω mm²/m) | hartgezogener Draht  20° = 0,048<br>800° = 0,22<br>1200° = 0,33<br>2000° = 0,6 |

[1] 1 Torr = 1 mm QS.
* Unveröffentlichte Messungen von W. Köster und W. Rauscher.

für die Formierung von Wolframglühspiralen aus Molybdän bestehen. Auch für diesen Verwendungszweck werden nicht unerhebliche Mengen besonders genau gezogenen Molybdändrahtes verwendet. Bei Glas-Metall- bzw. Quarz-Metallverschmelzungen von Quecksilberdampfgleichrichtern, Quarzlampen für Bestrahlungszwecke und Quecksilberhochdrucklampen wird Molybdän dank seiner guten elektrischen Leit-

250   Die Sinterwerkstoffe der Technik.

Zahlentafel 48.
Chemisches Verhalten von Molybdän (Temperaturangaben in °C).

| Einwirkungsmittel | Verhalten des Molybdäns |
|---|---|
| Luft und Sauerstoff | bei Zimmertemperatur: praktisch beständig<br>bei 400°: schwache Oxydation<br>ab 600°: lebhafte Oxydation zu $MoO_3$ |
| Wasserdampf | bei Rotglut: rasche Oxydation |
| Salzsäure oder Schwefelsäure | kalt, verdünnt und konz.: praktisch beständig<br>warm, „ „ „ : leichter Angriff |
| Salpetersäure oder Königswasser | kalt, verdünnt u. konz.: langsamer Angriff<br>warm, „ „ „ heftiger Angriff und Umsetzung zu $H_2MoO_4$ |
| Flußsäure | kalt und warm: beständig |
| Flußsäure + Salpetersäure | starker Angriff, rasche Auflösung |
| Alkalien | kalte Kalilauge oder Natronlauge: prakt. beständig<br>geschmolzenes Ätzkali oder Natriumkarbonat:<br>a) bei Luftzutritt<br>b) bei Gegenwart von Oxydationsmitteln wie $KNO_3$, $KNO_2$, $KClO_3$, $PbO_2$: rasche Auflösung unter Feuererscheinung |
| Kohle, fest (Ruß, Kohle, Graphit), und Kohlenwasserstoffe | teilweise Karbidbildung ab etwa 1100°, vollständige Karburierung bei etwa 1300—1500° |
| Kohlenoxyd | beständig bis 1400° |
| Kohlendioxyd | Oxydation oberhalb 1200° |
| Wasserstoff | indifferent bis zum Schmelzpunkt |
| Stickstoff | bis 1500° indifferent, bei höheren Temperaturen Nitridbildung |

fähigkeit und wegen seiner Fähigkeit, einwandfrei vakuumdichte und temperaturwechselfeste Verschmelzungen mit Glas und Quarz zu bilden, in Form von Stäben, Drähten, Bändern und Folien eingesetzt. Abb. 146 zeigt einen Gleichrichterkolben mit Molybdänstabeinschmelzungen. Weitere Anwendungsgebiete des Molybdäns in der Hochvakuumtechnik sind Anoden aus Blech oder Geweben in Senderöhren, Kathodenfederungen in Entladungsröhren aller Art, Distanzstücke in Form von Ronden und Platten jeder Form und Größe und schließlich Anodenschirme und Anodenkappen in Röntgenröhren. In Abb. 147, die schematisch den Aufbau einer Röntgenrohrglühkathode zeigt, sind die aus Molybdän bzw. Wolfram bestehenden Konstruktionselemente besonders gekennzeichnet.

Seit einigen Jahren finden Hochtemperaturöfen mit Heizleitern und Tragelementen aus Molybdän für die großtechnische Erzeugung pulvermetallurgischer Werkstoffe steigendes Interesse. Solche Öfen

Molybdän. 251

werden beispielsweise als Reduktionsöfen zur Erzeugung von Metallpulvern aus ihren Oxyden (Wolfram, Molybdän, Kobalt, Nickel, Eisen usw.), als Schmiede- und Hämmeröfen für die Bearbeitung von Wolfram und Molybdän sowie von schwer bearbeitbaren Sonderstählen, als Sinteröfen für Hartmetall. Sintermagnete, poröse Eisenlager, Maschinenteile usw. mit großem Erfolg eingesetzt. Aus diesem Grunde sei auf die wesentlichsten Gesichtspunkte für den Bau solcher Öfen etwas näher eingegangen.

Für die brauchbare Durchbildung von Molybdänindustrieöfen war die Beachtung von drei grundlegenden Voraussetzungen wichtig:

a) die Verwendung großer Heizleiterquerschnitte (daher meistens niedrige Spannung des Heizstromes);

b) möglichste Vermeidung einer direkten Berührung des Heizleiters mit dem Ofenmauerwerk;

c) die Ausbildung geeigneter wasser- oder luftgekühlter Anschlußklemmen für die Heizleiter und gasdichte Durchführung derselben durch das Ofengehäuse.

Die früher verwendeten dünnen Drähte und Bänder wiesen durchgehend den Nachteil auf, daß sie bei eintretender Korrosion durch Querschnittsverminderung zu örtlicher Überhitzung und damit zu frühzei-

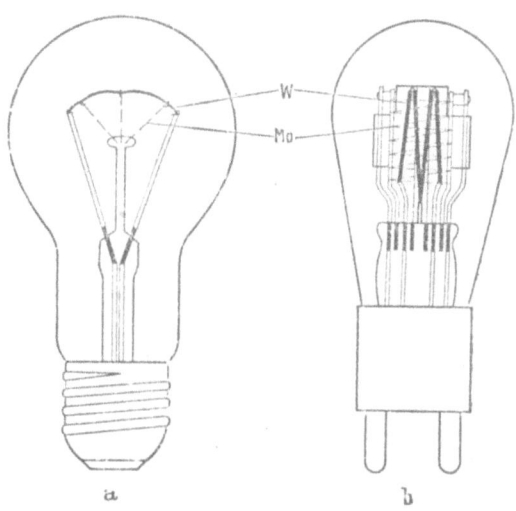

Abb. 145. Einsatz von Molybdän und Wolfram in einer Glühlampe (a) und einer Radioröhre (b) (schematisch).

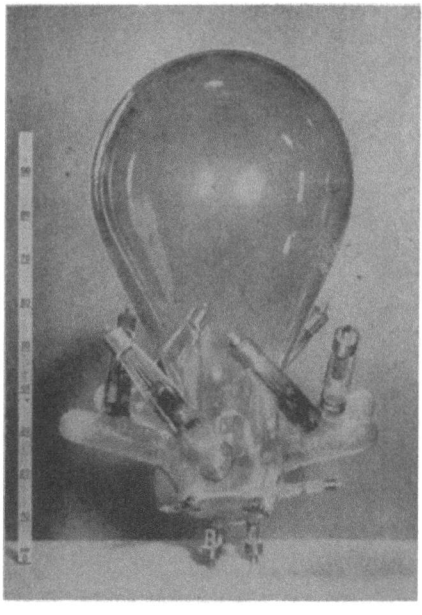

Abb. 146. Gleichrichterkolben mit Molybdänstabeinschmelzungen.

252  Die Sinterwerkstoffe der Technik.

tiger Zerstörung des Heizkörpers führten. Heizleitern von großem Querschnitt hingegen können zufällige örtliche Oberflächenkorrosionen ohne Nachteil zugemutet werden.

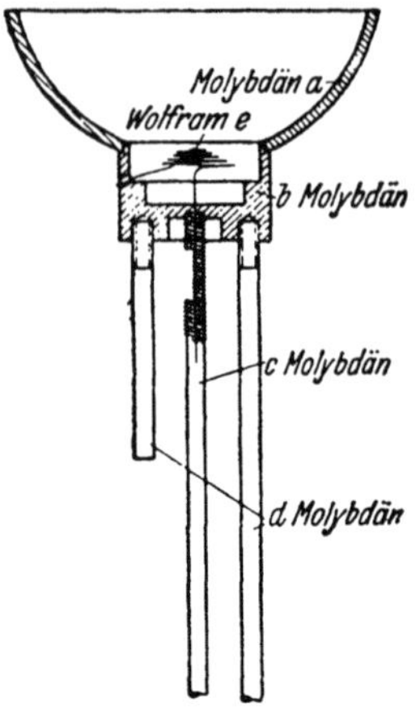

Durch die möglichen Reaktionen zwischen Molybdän und Keramik wird bei unmittelbarer Berührung beider Stoffe oft eine Zerstörung des Molybdänheizleiters herbeigeführt. Verwendet man freihängende oder höchstens punktweise auf geeigneter Keramik (Sintertonerde, Sillimanit usw.) abgestützte Heizleiter, so können diese unerwünschten Wechselwirkungen weitgehend vermieden werden.

Die bekannten Schwierigkeiten der Heizleiteranschlüsse erhalten bei Hochtemperaturöfen eine besondere Bedeutung. Durch die stets an den Klemmen auftretenden Übergangswiderstände ergeben sich an diesen Stellen zusätzliche Erhitzungen, die um so mehr ins Gewicht fallen, je höher die Temperatur der Heizleiter getrieben wird. Diese Schwierigkeiten werden durch geeignete Ausbildung wasser- oder luftgekühlter Kupferanschlüsse mit Klemmstücken aus Molybdän beseitigt (42). Da Molybdänheizleiter stets unter Schutzgas arbeiten müssen, ist auf gasdichte Durchführungen der Anschlußklemmen durch das Ofengehäuse besonders zu achten.

Abb. 147. Aufbau einer Röntgenrohrglühkathode.

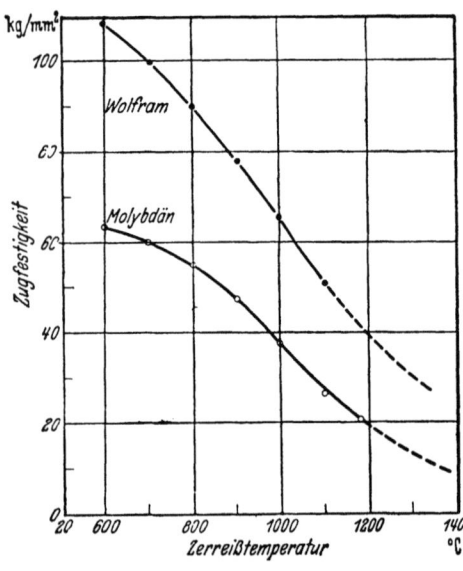

Abb. 148. Warmfestigkeit von Molybdän und Wolfram.

Mit Molybdänheizkörpern lassen sich Öfen bauen, die dauernd Betriebstemperaturen bis 1700° am Ofengut aufweisen. Der besondere Vorteil des Molybdäns liegt in seiner hohen Warmfestigkeit, die nur noch von Wolfram übertroffen wird (vgl. Abb. 148), und die bisweilen sogar freitragende Heizkörper in waagerechter Anordnung ermöglicht. Außerdem lassen sich mit Molybdän wegen des hohen Schmelzpunktes sehr hohe spezifische Oberflächenbelastungen erzielen (Abb. 149), die besonders wirt-

Molybdän. 253

schaftliche Wärmeübertragungen mit sich bringen. Während z. B. für Chromnickelheizelemente eine Oberflächenbelastung bis 5 Watt/cm² möglich ist, Halbleiterheizkörper (Silitstäbe) dagegen schon bis zu 23 Watt/cm² üblicherweise aushalten, kann dem Molybdän eine Belastung von 80 Watt/cm² und mehr zugemutet werden.

Ein weiterer Vorzug des Molybdäns als Heizleiter ist seine Widerstandscharakteristik, die ungewollten Spannungs- und damit verbundenen Temperaturschwankungen regelnd entgegenwirkt. Der Widerstand ist bei 2000° fast zehnmal so groß wie bei Raumtemperatur (Abb. 150), weswegen zur Vermeidung von zu großen Einschaltstromspitzen zweckmäßig Regeldrosseln, Drehtransformatoren oder Stufentransformatoren vorgesehen werden müssen.

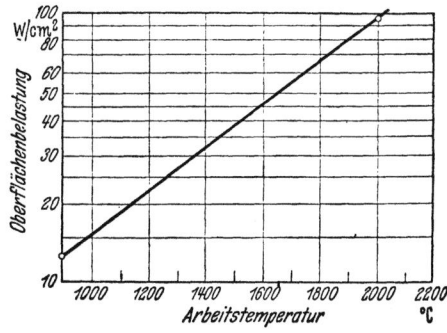

Abb. 149. Oberflächenbelastung von Molybdänheizleitern.

Molybdänheizleiter müssen — wie schon erwähnt — wegen der bei höheren Temperaturen starken Affinität des Molybdäns zu Sauerstoff unter Schutzgas arbeiten. Als Ofenatmosphäre kommen alle Schutzgase in Frage, die ohnehin zwecks einwandfreier Sinterung pulvermetallurgischer Erzeugnisse benutzt werden (vgl. Kap. 3, Seite 57 ff.).

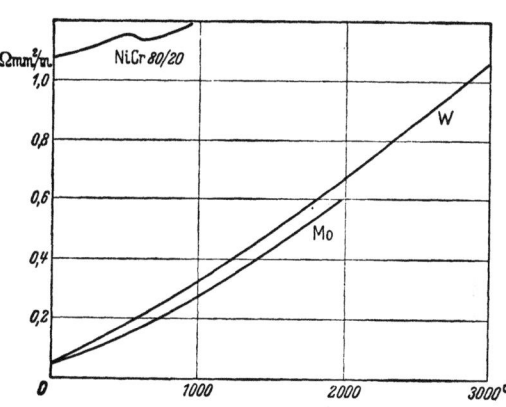

Abb. 150. Widerstandskurve von Molybdän-, Wolfram- und Nickel-Chrom-Heizleitern.

Als Beispiel für verschiedene Hochtemperaturöfen mit Molybdänheizleitern, die sich in der Sintertechnik für die verschiedensten Zwecke bestens bewährt haben, wurden früher schon ein Durchsatzofen (Abb. 29a, b, Seite 52, und Abb. 15, Seite 22) und ein Muldenofen (Abb. 27, Seite 51) gezeigt. Weitere Ofenkonstruktionen mit Molybdänheizleitern sind in zwei Arbeiten von R. Kieffer und F. Krall (42, 43) näher beschrieben.

## C. Tantal.

Tantalmetall wurde zuerst von J. Berzelius (44) im Jahre 1824 als Pulver in unreiner Form durch Umsetzung von $K_2TaF_7$ mit Kalium hergestellt. Spätere Forscher (45—48) verwandten Halogenide, Doppelsalze und $Ta_2O_5$ als Ausgangsmaterial, wobei sie als Reduktionsmittel Mischmetall oder Alkalimetalle benutzten (vgl. Zahlentafel 49). H. Moissan (49) stellte durch Reduktion von $Ta_2O_5$ mit Kohle im elektrischen Ofen ein sprödes, 0,5% C, also fast 10% TaC enthaltendes Metall her. W. v. Bolton (50) erzeugte als erster durch Dissoziation von $Ta_2O_4$ bei hohen Temperaturen Tantalmetall in duktiler Form. Neben der Reduktion von Doppelsalzen und Halogeniden mit Alkalimetallen in Gegenwart von Alkalihalogeniden findet heute fast ausschließlich die Schmelzflußelektrolyse von $K_2TaF_7$ zur Herstellung von Tantalpulver Verwendung.

Zahlentafel 49. Geschichte der Gewinnung von Tantal.

| Ausgangsprodukt | Reduktionsmittel | Autor |
|---|---|---|
| $K_2TaF_7$ | Kalium | Berzelius (44) |
| $Na_2TaF_7$ | Natrium | Rose (45) |
| $TaCl_5$ | Natrium in Fe-Bombe | Rose (46) |
| $Ta_2O_5$ | Mischmetall | Muthmann (47) |
| $K_2TaF_7$ | Natrium | Spitzin und Kaschtanoff (48) |
| $Ta_2O_5$ | Kohlenstoff | Moissan (49) |
| $Ta_2O_4$ | Dissoziation bei höheren Temperaturen | v. Bolton (50) |
| $K_2TaF_7 + KF + KCl + Ta_2O_5$ | Schmelzflußelektrolyse | Driggs u. Lilliendahl (51) |
| $K_2TaF_7$ + Alkalihalogenide | Schmelzflußelektrolyse | Balke (52, 53) |

### 1. Herstellung von duktilem Tantal.

Die wichtigsten Ausgangsmaterialien für die Herstellung von $Ta_2O_5$ und $K_2TaF_7$ sind vorzugsweise hochprozentige Tantalite und Niobite, die bis zu 75% Tantal- und Niobpentoxyd enthalten können. Hochwertige, fast titan-, zinn- und wolframfreie Tantalite mit etwa 60% $Ta_2O_5$ und 15% $Nb_2O_5$ werden in Westafrika gefunden. Zahlentafel 50 gibt die Zusammensetzung bekannter Ta-Nb-Erze an (54).

Die feingepulverten Erze werden mit Ätzalkali, Soda oder Kaliumpyrosulfat aufgeschlossen. Aus den gebildeten Natrium- bzw. Kaliumtantalaten und -niobaten scheidet man die entsprechenden Hydroxyde ab, die anschließend in konzentrierter Flußsäure gelöst werden. Durch ausreichenden Zusatz von Kaliumfluorid zu der Lösung werden die Dop-

Zahlentafel 50. Zusammensetzung der wichtigsten Tantal- und Nioberze (N. Isgarischew und A. F. Prede).

| | Tantalit (nach Johnstone) | Tantalit (nach Giredmet) | Columbit Ceylon | Samarskit Miass | Fergusonit Ceylon |
|---|---|---|---|---|---|
| | | | (Analyse nach Johnstone) | | |
| $Ta_2O_5$ | 76,34 | — | 7,30 | 1,36 | 1,51 |
| $Nb_2O_5$ | 7,54 | 78,69 | 67,35 | 47,47 | 46,06 |
| FeO | — | — | 9,22 | — | 0,43 |
| $Fe_2O_3$ | 13,90 | 7,24 | 22,05 | 11,02 | — |
| $Y_2O_3$ | — | — | — | 12,61 | 41,22 |
| $Ce_2O_3$ | — | — | — | 3,31 | 0,82 |
| $U_3O_8$ | — | — | — | 11,60 | 3,92 |
| MnO | 1,42 | 9,34 | 10,30 | 0,96 | — |
| CaO | — | — | 0,36 | 0,73 | — |
| MgO | — | — | — | 0,14 | — |
| $ThO_2$ | — | — | — | 6,05 | 2,48 |
| $TiO_2$ | — | 0,30 | — | — | 0,07 |
| $SnO_2$ | 0,70 | — | — | 0,5 | — |
| $SiO_2$ | — | 4,07 | — | — | — |
| $WO_3$ | — | — | — | 1,36 | — |
| $ZrO_2$ | — | — | — | 4,35 | — |

pelfluoride $K_2TaF_7$ und $K_2NbOF_5 \cdot H_2O$ gefällt. Wegen weiterer Einzelheiten der genannten Aufschlußverfahren sowie des Aufschlusses der Erze mit Flußsäure und Oxalsäure sei auf die Arbeiten von E. Wedekind und W. Maass (55) sowie C. G. Fink und L. G. Jenness (56) verwiesen.

Da das Niobdoppelfluorid die zwölffache Löslichkeit in Wasser hat wie das Tantaldoppelsalz, kann durch fraktionierte Kristallisation und mehrfaches Umkristallisieren in verdünnter Flußsäure praktisch niobfreies $K_2TaF_7$ hergestellt werden. Durch Hydrolyse oder Fällung mit Ammoniak erhält man aus dem Doppelfluorid reine Tantalsäure, die frisch gefällt leicht in Flußsäure löslich ist. Die Mutterlauge dient als Ausgangsmaterial für die Herstellung von Niobdoppelfluorid und Niobsäure.

Für die Herstellung von Tantalmetallpulver aus den beiden beschriebenen Ausgangsmaterialien ($Ta_2O_5$, $K_2TaF_7$) kommen zwei verschiedene Verfahren in Frage, nämlich die chemische Umsetzung von $K_2TaF_7$ mit Alkalimetallen oder die Schmelzflußelektrolyse.

Das wasserfreie Doppelfluorid wird nach dem erstgenannten Verfahren schichtweise mit reinstem Kaliummetall unter Zusatz von Alkalichloriden oder Fluoriden in einen Nickeltiegel eingebracht. Durch Erhitzen des Tiegels wird die Reaktion eingeleitet. Sie verläuft dann exotherm je nach dem Gehalt an Alkalifluoriden oder Chloriden gemäßigt oder sehr stürmisch. Nach Versuchen der Verfasser kann man die Reaktion auch in druckfesten, absolut gasdichten Bomben aus Nickel oder Eisen vornehmen, die in einem elektrisch beheizten Ofen auf 800 bis 1000° erhitzt werden. Dieses Verfahren hat den Vorteil, reproduzierbare Verhältnisse zu ergeben. Der Tiegel- bzw. Bombeninhalt wird wegen des Gehaltes an freiem Alkalimetall mit einem großen Überschuß an Wasser aufgearbeitet. Das Tantalmetall fällt bei der Reaktion in Form von mehr oder weniger feinem Pulver an. Da die Feinstpulveranteile meist noch sauerstoffhaltig sind, werden sie bei einem neuen Ansatz zur Nachreduktion und Kornvergröberung wieder eingesetzt. Das grobe Pulver, das Korngrößen bis zu 1 mm erreicht, ist verhältnismäßig rein und teilweise schon duktil, so daß eine Weiterverarbeitung zu duktilem Metall (s. weiter unten) ohne weiteres möglich ist. Auf Einzelheiten der Aufarbeitung des Salz-Metall-Pulvergemenges wird im nächsten Abschnitt noch näher eingegangen.

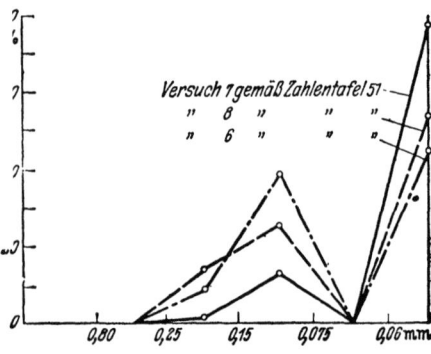

Abb. 151. Kornverteilung von Tantalpulver (F. H. Driggs und W. C. Lilliendahl).

Die heute am meisten angewandte Methode zur Herstellung von Tantalpulver ist die Elektrolyse von geschmolzenem $K_2TaF_7$ in Tiegeln aus Gußeisen, Nickel oder Graphit, die gleichzeitig als Kathode dienen. Als Anode verwendet man einen Graphitstab. Zur Verhinderung der Polarisation wird dem Bad regelmäßig $Ta_2O_5$ zugesetzt, das sich sofort löst. Alkalichloridzusätze führen zu einer besseren Stromausbeute.

Das Tantalmetallpulver scheidet sich meist in Form eines mehr oder minder grobkristallinen Pulvers an den Wandungen des Tiegels ab. Bei mehrstündiger Elektrolyse ist das ganze Salzbad von Tantalkristallen durchwachsen, wobei ein Teil des Salzes an der Anode erstarrt. Zahlentafel 51 zeigt die Ergebnisse verschiedener Schmelzflußelektrolysen zur Gewinnung von Tantalpulver (51). Die Kornverteilung der bei den Versuchen 6, 7 und 8 (vgl. Zahlentafel 51) gewonnenen Pulver geht aus Abb. 151 hervor. Bei einem größeren Versuch unter den unter 6 aufgeführten Versuchsbedingungen (Zahlentafel 51) konnten F. H. Driggs und W. C. Lilliendahl (51) in etwa 4 Stunden insgesamt 500 g Tantalmetallpulver abscheiden.

Nach Beendigung der Elektrolyse wird der erstarrte Tiegelinhalt feingepulvert und anschließend der größte Teil des Salzes mechanisch, am besten durch Windsichtung, entfernt. Durch abwechselndes Behandeln des schon verhältnismäßig reinen Tantalpulvers mit verdünnten Säuren und Kaliumhydroxydlösungen und zuletzt mit verdünnter Flußsäure gelingt es, ein sehr reines Pulver zu erzeugen (etwa 99,8% Ta), das nur noch geringe Mengen von Eisen, Nickel, Kohlenstoff, Wasserstoff und

Tantal.

Zahlentafel 51.
Ergebnis verschiedener Elektrolysen zur Gewinnung von Tantalpulver (F. H. Driggs und W. C. Lilliendahl).

| Nr. | Badzusammensetzung Salze | g | Stromstärke Amp. | Elektrolysierzeit Std. | Kathode | Anode | Kathodenstromdichte Amp./dm² | Stromausbeute % | Ausbeute an Metall g | Art des Metallpulvers |
|---|---|---|---|---|---|---|---|---|---|---|
| 1 | $K_2TaF_7$<br>$KF$ | 200<br>200 | 15 | 2 | Graphittiegel | Kohlenstoff | 10 | — | Spur | Feinstpulver |
| 2 | $K_2TaF_7$<br>$Ta_2O_5$ | 400<br>80 | 25 | 4 | Graphittiegel | Kohlenstoff | 17 | 26 | 36 | Hoher Prozentsatz von Feinstpulver |
| 3 | $K_2TaF_7$<br>$Ta_2O_5$ | 300<br>10 | 25 | 3 | Nickeltiegel | Kohlenstoff | 40 | 4 | 3,8 | Hoher Prozentsatz Feinpulver |
| 4 | $K_2TaF_7$<br>$KF$<br>$Ta_2O_5$ | 200<br>200<br>50 | 26 | 4 | Nickeltiegel | Kohlenstoff | 41 | 11 | 15 | Hoher Prozentsatz Feinpulver |
| 5 | $K_2TaF_7$<br>$Ta_2O_5$<br>$KCl$<br>$KF$ | 50<br>10<br>100<br>40 | 15 | 2 | Nickeltiegel | Kohlenstoff | 23 | 51 | 21 | Grob |
| 6 | $KCl$<br>$KF$<br>$K_2TaF_7$<br>$Ta_2O_5$ | 100<br>40<br>25<br>6 | 10 | 1 | Nickeltiegel | Kohlenstoff | 16 | 59 | 7,99 | Grob |
| 7 | $KF$<br>$K_2TaF_7$<br>$Ta_2O_5$ | 150<br>25<br>6 | 10 | 1 | Nickeltiegel | Kohlenstoff | 16 | 22 | 2,97 | Hoher Prozentsatz Feinpulver |
| 8 | $KCl$<br>$K_2TaF_7$<br>$Ta_2O_5$ | 150<br>25<br>6 | 10 | 1 | Nickeltiegel | Kohlenstoff | 16 | 74 | 9,98 | Grob |
| 9 | $KCl$<br>$KF$<br>$K_2TaF_7$ | 100<br>40<br>35 | 10 | 1 | Nickeltiegel | Kohlenstoff | 16 | 10,68 | 1,44 | Grob |

Sauerstoff enthält. Eisen, Nickel und Kohlenstoff stammen aus der Elektrolysenanlage, der absorbierte Wasserstoff und Sauerstoff von Wasserspuren bei der Elektrolyse und von der Flußsäurebehandlung des Pulvers. Eine typische Analyse eines elektrolytisch gewonnenen Tantalpulvers geht aus Zahlentafel 9, Seite 37, hervor. Durch Vakuumerhitzung auf 1200 bis 1600° kann man das Tantalpulver noch einer Nachreinigung unterziehen und Fluoridreste entfernen. Abb. 152 zeigt Tantalpulver normaler Korngröße bei 110-facher Vergrößerung (57).

Das Tantalpulver wird — aus preßtechnischen Gründen — unter Zusatz eines Teils von feinstgemahlenem Pulver zu Stäben gepreßt. Die Preßeigenschaften des Tantalpulvers sind trotz der verhältnis-

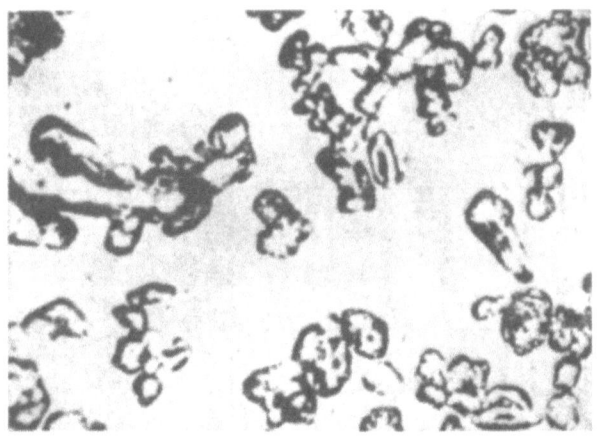

Abb. 152. Aussehen von Tantalpulver normaler Fertigung. × 110 (C. W. Balke).

mäßig groben Körnung des Pulvers recht gut. Die einzelnen Körner weisen bereits Anzeichen einer Kaltverformbarkeit auf. Zwecks Erzeugung gleichmäßiger Sinterprodukte ist auf eine gleichbleibende Kornzusammensetzung größte Sorgfalt zu verwenden. Die Preßstäbe werden im direkten Stromdurchgang, ähnlich wie Wolfram und Molybdän, allerdings im Hochvakuum, bis auf 2600 bis 2700° erhitzt. Eine Sinterung unter Schutzgas, z. B. Wasserstoff, kommt wegen der großen Löslichkeit des Tantals für alle Gase, insbesondere für Wasserstoff, nicht in Frage, zumal der gelöste Wasserstoff eine starke Versprödung des Tantals herbeiführt.

Wegen weiterer Einzelheiten bezüglich der pulvermetallurgischen Gewinnung von duktilem Tantal sei auf die Arbeiten des Pioniers des gesinterten duktilen Tantals, C. W. Balke, verwiesen (52, 53, 57, 58, 59).

Wegen der Grobkörnigkeit des Tantalpulvers sowie vorhandener absorbierter Gase und Oxydfilme zeigen die Tantalstäbe nach der ersten

Sinterung praktisch keinen Schrumpf. Es liegt hier eine ähnliche Erscheinung vor wie bei der fast schrumpfungsfreien Sinterung von groben technischen Eisenpulvern bei der Erzeugung poröser Lager. Die Tantalkristallite sind bis dahin nur an den durch den Preßvorgang erzielten Kontaktflächen „verschweißt". Ein nennenswertes Kornwachstum hat noch nicht stattgefunden. Trotz dieser nur unvollkommenen Verschweißung der Tantalkristallite sind die Sinterstäbe schon kalt verformbar. Nach einer Kaltverformung um etwa 5 bis 20% durch Schmieden werden die Tantalstäbe einer zweiten Vakuumsinterung dicht unter dem Tantalschmelzpunkt unterzogen. Bei dieser erneuten Glühbehandlung findet Kornwachstum und eine weitergehende Selbstreinigung des Tantals durch Abdampfen von festen Verunreinigungen und Austritt von Gasen statt. Die thermisch so behandelten Sinterstäbe weisen eine hervorragende Kaltverformbarkeit auf und können ohne Zwischenglühung auf Blech von 0,01 mm Stärke gewalzt werden.

Nach Versuchen von R. Kieffer (60) kann man Tantalmetallabfälle wieder unmittelbar in brauchbares Tantalpulver und damit in duktile Sinterstäbe überführen. Dazu werden Blech-, Draht- und Stanzabfälle mit chemisch reinem Wasserstoff bei etwa 1100° behandelt, wobei Tantal bis zum Vierhundertfachen seines Volumens an Wasserstoff absorbiert und stark versprödet. Ähnliche Beobachtungen wurden auch von C.W. Balke (58) gemacht. Die so behandelten Abfälle lassen sich leicht in hartmetallausgekleideten Mühlen zu feinem Tantalpulver vermahlen. Bei Anwendung von Stahlmühlen und Stahlkugeln muß das Pulver durch Salzsäurebehandlung von den eingemahlenen Eisenverunreinigungen wieder befreit werden. Das Pulver wird nun allein oder gemischt mit frischem Tantalpulver gepreßt und so lange im Vakuum gesintert, bis der aufgenommene Wasserstoff zum größten Teil abgepumpt ist. Nach einer Kaltverformung des Sinterstabes um 5 bis 10% wird dieser erneut bis nahe an den Schmelzpunkt erhitzt, wobei unter Kornwachstum die letzten Wasserstoffreste abgegeben werden. Die Struktur und Verformbarkeit solcher aus Abfällen gewonnenen Sinterstäbe sind weitgehend identisch mit den gleichen Eigenschaften normaler Sinterstäbe.

Das älteste, heute nur noch geschichtlich interessierende pulvermetallurgische Verfahren zur Gewinnung von duktilem Tantal ist übrigens das schon eingangs kurz erwähnte Dissoziationsverfahren des $Ta_2O_4$ nach W. v. Bolton (50). Aus dem schlecht stromleitenden $Ta_2O_5$ wird durch Kohlereduktion bei etwa 1700° das dunkelbraune, gutleitende $Ta_2O_4$ hergestellt. $Ta_2O_4$ wird anschließend nach dem Pasteverfahren zu feinen Fäden verspritzt, die, zu Bügeln gebogen, im Vakuum durch Wechselstromerhitzung gesintert werden. Hierbei dissoziiert das $Ta_2O_4$ in Metall und Sauerstoff, wobei mit fortschreitender Dissoziation die Sintertemperatur bis nahe an den Schmelzpunkt des Tantals gesteigert wird. Der sich entwickelnde Sauerstoff wird laufend durch Hochvakuumpumpen abgesaugt. Der Tantaldrahtbügel ist nach mehrstündigem Sintern bei 80 bis 90% seiner Schmelztemperatur kalt verformbar. Für die Herstellung größerer Mengen duktilen Tantals ist dieses Verfahren nicht geeignet.

Der Vollständigkeit halber muß ein weiteres, noch heute in größerem Umfange angewandtes Verfahren zur Gewinnung von duktilem Tantal erwähnt werden, das allerdings kein pulvermetallurgisches, sondern ein Schmelzverfahren ist (50, 61). Gemäß dem in Abb. 153 dargestellten Verfahren wird vorgepreßtes Tantalpulver im Gleichstromlichtbogen im Vakuum zu einem kompakten Metallstück niedergeschmolzen. Die Gegenelektrode, die beweglich angeordnet ist, besteht aus einem Preßstab aus grobem Tantalpulver. Vakuumgeschmolzenes Tantal soll sich durch besonders gute Tiefziehfähigkeit auszeichnen.

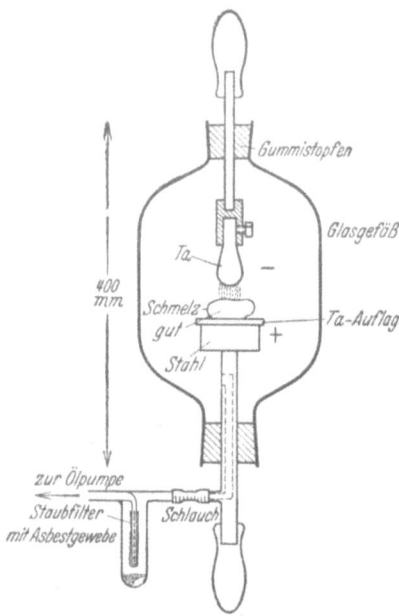

Abb. 153. Schmelzen von Tantal im Gleichstromlichtbogen unter Vakuum (Siemens & Halske AG.).

### 2. Eigenschaften und technische Anwendung von Tantal.

Metallisches Tantal hat eine blaustichige, platinähnliche Farbe. Vakuumgesintertes Reinsttantal ist ein hervorragend streckbares Metall. Bemerkenswert ist, daß die Festigkeitssteigerung selbst bei stärkerer Kaltverformung kein so hohes Maß erreicht wie beispielsweise bei den duktilen Metallen Kupfer und Silber. Man kann sich daher Zwischenglühungen, die im Hochvakuum vorgenommen werden müssen und daher den Bearbeitungsprozeß erschweren würden, praktisch ersparen. Man beschränkt sich in der Folge bei solchen Blechen, die durch Tiefziehen weiter verarbeitet werden, auf eine einmalige Vakuumglühung unmittelbar vor dem letzten Fertigungsgang. Beachtenswert ist schließlich noch, daß rekristallisierte Tantalbleche nicht so spröde sind wie rekristallisierte Bleche aus Wolfram oder Molybdän.

Die Härte des Tantals wird selbst von Spuren von Verunreinigungen wie Sauerstoff, Stickstoff, Wasserstoff, Kohlenstoff, Eisen und Silizium stark beeinflußt. Durch Glühen von Tantalblechen bei 600 bis 900° in chemisch reinem Stickstoff können durch Stickstoffabsorption bzw. beginnende Nitridbildung Brinellhärten von 250 bis 300 kg/mm² erzielt werden. In Zahlentafel 52 sind die wichtigsten physikalischen Eigenschaften des Tantals aufgeführt.

Das chemische Verhalten von Tantal gegenüber Luft, Wasserdampf, Wasserstoff, Stickstoff, Kohlendioxyd, Kohlenwasserstoff und verschiedenen Chemikalien geht aus Zahlentafel 53 hervor. B. Fetkenheuer (62) untersuchte das Korrosionsverhalten des Tantals eingehender. Seine Untersuchungsergebnisse sind in Zahlentafel 54 wiedergegeben. Die

Zahlentafel 52. Physikalische Eigenschaften von Tantal.

| | |
|---|---|
| Dichte (g/cm³) | 16,6 ± 0,1 |
| Schmelzpunkt (°C) | 2900 ± 100 |
| Gittertyp | kubisch, raumzentrisch, Gitterparameter 3,298 Å |
| Dampfdruck (Torr)[1] | zwischen Wolfram und Molybdän, jedoch näher an Wolfram gelegen |
| Zugfestigkeit (kg/mm²) und zugehör. Dehnung (%) | bearbeitet: 90—120<br>2—10 |
| Brinellhärte (kg/mm²) | Sinterstab . . . . . . . 40— 60<br>Blech, ungeglüht. . . . 150—200<br>Blech, geglüht . . . . . 70—120 |
| Elastizitätsmodul (kg/mm²) | 18800 |
| Linearer Wärmeausdehnungskoeffizient ($\alpha \cdot 10^7$) | 0— 100° . . . . . . . 65<br>0— 500° . . . . . . . 66<br>20—1500° . . . . . . . 80 |
| Wärmeleitfähigkeit (cal/cm·sec·Grad) | bei 20°—100° . . . . 0,13<br>bei 1430° . . . . . . . 0,174<br>bei 1630° . . . . . . . 0,186<br>bei 1830° . . . . . . . 0,198 |
| Spez. elektrischer Widerstand ($\Omega \cdot$mm²/m) | bei 20° . . . . . . . 0,155<br>bei 1130° . . . . . . . 0,61<br>bei 1430° . . . . . . . 0,71<br>bei 1730° . . . . . . . 0,80 |

[1] 1 Torr = 1 mm QS.

Gewichtszu- und -abnahme wurde an Blechstreifen von 30×40×0,3 mm bei einer vierundzwanzigstündigen Einwirkung der Reagenzien ermittelt. Man sieht, daß außer heißer Schwefelsäure (200°), heißer Kalilauge (100°) und kalter bzw. warmer Flußsäure verschiedener Konzentration praktisch alle Reagenzien ohne nennenswerte Einwirkung sind.

Tantalblech und daraus hergestellte Formstücke haben im Vakuumröhrenbau vielseitige Verwendung als Röhrenbaustoff sowie als „Fangstoff" zur Sorption von Gasresten gefunden. Der Sorptionsvorgang, in der Hochvakuumtechnik als „Getterung" bezeichnet, besteht darin, daß die letzten noch schädlichen Spuren von Gasen, wie z. B. Sauerstoff, Stickstoff, Kohlenoxyd, Kohlendioxyd, Kohlenwasserstoff, Wasser usw., die oft erst nach gewisser Betriebszeit aus den metallischen Werkstoffen der Röhren austreten, vom Tantal absorbiert oder chemisch gebunden werden.

Zahlentafel 53. Chemisches Verhalten von Tantal (Temperaturangaben in °C.)

| Einwirkungsmittel | Verhalten des Tantals |
|---|---|
| Luft und Sauerstoff | bei Zimmertemperatur: praktisch beständig<br>bei 400°: blaues Anlaufen<br>bei 600°: graue Anlauffarbe<br>bei höh. Temp.: Bildung einer weißlichen Schicht von $Ta_2O_5$ |
| Wasserdampf | bei Rotglut: rasche Oxydation |
| Salzsäure oder Schwefelsäure | kalt, verdünnt u. konz.: praktisch beständig<br>warm bis 100° verdünnt u. konz.: praktisch beständ. |
| Salpetersäure oder Königswasser | kalt, verdünnt u. konz.: praktisch beständig<br>warm, „ „ „ Angriff unter Bildung einer Schutzschicht von Tantalsäure |
| Flußsäure | kalt u. warm: Angriff unter Wasserstoffaufnahme |
| Flußsäure u. Salpetersäure | starker Angriff, rasche Auflösung |
| Alkalien | kalte Kalilauge oder Natronlauge: leichter Angriff<br>warme „ „ „ : starker Angriff<br>Ätzkali oder Natriumkarbonat: rasche Auflösung |
| Kohle, fest (Ruß, Kohle, Graphit), und Kohlenwasserstoff | Karbidbildung ab etwa 1200°, vollständige Karburierung bei etwa 1400° |
| Kohlenoxyd | Absorption bei Rotglut |
| Wasserstoff | starke Aufnahme von Wasserstoff schon bei tieferen Temperaturen, evtl. Bildung von Hydrid, langsame Abgabe von Wasserstoff oberhalb 1400° im Vakuum |
| Stickstoff | Stickstoffabsorption schon unter 600°, Nitridbildung bei höheren Temperaturen |

Die hauptsächlichste Verwendung des Tantals im Röhrenbau erstreckt sich auf die Herstellung von Gittern und Anoden in Elektronenröhren, insbesondere von hochbelasteten Senderöhren.

Wegen der hervorragenden Beständigkeit des Tantals sowohl gegen verdünnte als auch konzentrierte Salzsäure und Schwefelsäure wird es in der chemischen Industrie als Konstruktionselement für Salzsäureabsorptionsapparaturen sowie für Dampferhitzer in Form von Siederohren, Tauchsiedern, Heizschlangen usw. verwendet (57—59; 62). Auch im chemischen Laboratorium werden Tantalelektroden, Tantalschalen

Tantal. 263

und Tantalschiffchen und Siebe mit Erfolg eingesetzt. Entscheidend ist hierbei der gegenüber Platin wesentlich geringere Preis. Eine labora-

Zahlentafel 54. Korrosionsverhalten von Tantal (B. Fetkenheuer).

| Nr. | Reagens | Tantalgewicht vor dem Versuch | Tantalgewicht nach dem Versuch | Temperatur °C | Abnahme % | Zunahme % |
|---|---|---|---|---|---|---|
| 1 | $\frac{2}{n}$ HCl | 1,0246 | 1,0246 | 20 | — | — |
| 2 | $\frac{2}{n}$ HCl | 1,1580 | 1,1580 | 100 | — | — |
| 3 | konz. HCl | 1,1891 | 1,1891 | 20 | — | |
| 4 | konz. HCl | 0,7529 | 0,7529 | 100 | — | — |
| 5 | $\frac{2}{n}$ HNO$_3$ | 1,1236 | 1,1236 | 20 | — | — |
| 6 | $\frac{2}{n}$ HNO$_3$ | 1,1716 | 1,1726 | 100 | — | 0,085 |
| 7 | konz. HNO$_3$ | 1,2530 | 1,2544 | 20 | — | 0,117 |
| 8 | konz. HNO$_3$ | 0,7100 | 0,7112 | 100 | — | 1,169 |
| 9 | $\frac{2}{n}$ H$_2$SO$_4$ | 1,1900 | 1,1900 | 20 | — | — |
| 10 | $\frac{2}{n}$ H$_2$SO$_4$ | 1,1520 | 1,1520 | 100 | — | — |
| 11 | konz. H$_2$SO$_4$ | 0,7884 | 0,7884 | 20 | — | — |
| 12 | konz. H$_2$SO$_4$ | 0,9920 | 0,9920 | 100 | — | — |
| 13 | konz. H$_2$SO$_4$ | 1,1730 | 1,1024 | 200 | 6,018 | — |
| 14 | konz. H$_2$SO$_4$ | 1,2300 | 1,1005 | 300 | 10,528 | — |
| 15 | konz. Essigsäure | 1,0872 | 1,0872 | 20 | — | — |
| 16 | konz. Essigsäure | 1,0911 | 1,0911 | 100 | — | — |
| 17 | Ammoniak 13% | 1,1850 | 1,1841 | 20 | 0,076 | — |
| 18 | Ammoniak 13% | 0,9344 | 0,9336 | 100 | 0,085 | — |
| 19 | Ammoniak 13% | 1,0256 | 1,0250 | 20 | 0,058 | — |
| 20 | Ammoniak 13% | 1,0250 | 1,0222 | 100 | 0,273 | — |
| 21 | $\frac{2}{n}$ KOH | 0,9592 | 0,9586 | 20 | 0,062 | — |
| 22 | $\frac{2}{n}$ KOH | 0,8182 | 0,8158 | 100 | 0,293 | — |
| 23 | 50% KOH | 1,1268 | 1,1200 | 20 | 0,603 | — |
| 24 | 50% KOH | 0,8748 | 0,4722 | 100 | 46,02 | — |
| 25 | Königswasser | 0,8188 | 0,8200 | 20 | — | 0,146 |
| 26 | Königswasser | 1,0588 | 1,0600 | 100 | — | 0,113 |
| 27 | Bromwasser, gesättigte Lösung | 1,1700 | 1,1700 | 20 | — | — |
| 28 | Bromwasser, gesättigte Lösung | 0,8722 | 0,8722 | 100 | — | — |
| 29 | Chromschwefelsäure, gesättigte Lösung | 0,7576 | 0,7576 | 20 | — | — |
| 30 | Chromschwefelsäure, gesättigte Lösung | 0,7960 | 0,7960 | 100 | — | — |
| 31 | Perchlorsäure 70% | 0,7100 | 0,7100 | 20 | — | — |
| 32 | Perchlorsäure 70% | 0,7204 | 0,7204 | 100 | — | — |
| 33 | Fluorwasserstoffsäure 10% | 0,9374 | 0,7365 | 20 | 21,442 | — |
| 34 | Fluorwasserstoffsäure 10% | 0,8534 | 0,6125 | 100 | 28,288 | — |
| 35 | Fluorwasserstoffsäure 30% | 0,8937 | 0,3210 | 20 | 64,082 | — |
| 36 | Fluorwasserstoffsäure 30% | 0,9576 | 0,0375 | 100 | 96,084 | — |

toriumsmäßige Verwendung des Tantals bei höheren Temperaturen kommt jedoch nicht in Frage (vgl. Zahlentafel 53).

Abb. 154. Tantalspinndüsen (F. Eilfeld).
Links oben: Querschnitt durch ein Bohrloch bei starker Vergrößerung. Links unten: Bohr- bzw. Schlagnadel für das Lochen.

In der Kunstseidenindustrie hat die Tantalspinndüse zum Teil die Edelmetallspinndüse verdrängen können. Tantalspinndüsen (Abb. 154), die nach dem Bohren der feinen Löcher in Stickstoff gehärtet werden, sollen eine mehrfache Lebensdauer gegenüber Golddüsen erreichen. In Amerika hat Tantal für zahnärztliche Geräte und in manchen Fällen als Schmuckmetall Anwendung gefunden.

Tantalpulver dient als Ausgangsmaterial für die Herstellung des goldgelb gefärbten Tantalkarbids, das als Hartstoff in Sonderhartmetallegierungen zur Bearbeitung langspanender Werkstoffe verwendet wird (vgl. Kap. 13E).

## D. Niob.

Während Molybdän als Schwesterelement des Wolframs ein bedeutendes Anwendungsgebiet in der Hochvakuumtechnik gefunden hat, konnte das Niob, das als ständiger Begleiter des Tantals auftritt, keine besondere technische Bedeutung erlangen. Die ersten Proben duktilen Niobs wurden von W. v. Bolton (50) 1907 hergestellt. Ähnlich wie beim Tantal gelang es W. v. Bolton, durch Dissoziation des $NbO_2$ zu duktilem Niob zu kommen. Besonders reines Niob erzielte er durch mehrfaches Umschmelzen eines Niobregulus im Gleichstromlichtbogen unter Vakuum. Heute wird duktiles Niob ausschließlich durch das von C. W. Balke entwickelte Vakuum-Sinterverfahren gewonnen (52, 53, 57, 58, 59).

### 1. Gewinnung von duktilem Niob.

Als Ausgangsmaterial für die Gewinnung des Niobs dienen Niobite bzw. Tantalite, da Niob und Tantal in ihren Erzen stets vergesellschaftet vorkommen. Bei der Aufarbeitung der Tantalite (vgl. Abschn. C) reichert sich Niob in der Mutterlauge als Kalium-Niobdoppelfluorid der Formel $K_2NbOF_5H_2O$ an. Die Reinigung des Doppelfluorids von den letzten Resten Zinn, Titan und Wolfram ist wegen der hohen Löslichkeit der

Fluoride der genannten Metalle verhältnismäßig schwierig. Nach N. Isgarischew und A. F. Prede (54, 63) läßt sich Niob in wässerigen Lösungen aus einem Niob und Tantal enthaltenden Elektrolyten unter Zusatz von Zitronensäure trennen.

Das zweckmäßigste Herstellungsverfahren für Niobpulver ist die Schmelzelektrolyse unter Zusatz von Alkalichloriden, Fluoriden und Niobpentoxyd in einem Nickeltiegel mit Graphitelektrode. Man muß hierbei auf ein ziemlich grobes Pulver hinarbeiten, da die feinsten Niobteilchen bei der Aufarbeitung der Schmelze von verdünnten Waschsäuren merklich angegriffen werden und hierbei leicht kolloidale Niobsäure bilden.

Das Sintern der Niobpreßstäbe wird ähnlich wie beim Tantal in einer Hochvakuumsinteranlage vorgenommen. Der Effekt der Selbstreinigung ist beim Niob wegen des niedrigeren Schmelzpunktes (2500°) und der dadurch bedingten niedrigeren Sintertemperatur geringer als beim Tantal.

## 2. Eigenschaften und technische Anwendung von Niob.

Niob hat eine silbrige, platinähnliche Färbung. Im reinen, weich geglühten Zustand weist Niob eine so hervorragende Verarbeitbarkeit auf wie Nickel. Es ist im Gegensatz zu früheren Feststellungen duktiler als Tantal. Die weiteren physikalischen Eigenschaften des Niobs stimmen weitgehend mit denen des Tantals überein. Niob hat bei schwacher Rotglut ein starkes Absorptionsvermögen für die meisten Gase. Bei etwa 400 bis 500° überzieht es sich an Luft mit weißem Niobpentoxyd. Mit Stickstoff reagiert es bei höheren Temperaturen unter Nitridbildung. Wasserstoff wird bei etwa 300° heftig absorbiert, wobei wie beim Tantal eine starke Versprödung auftritt. Alkali-, Erdkali- und Quecksilberdämpfe greifen Niob nicht an. Ähnlich wie Tantal bildet Niob bei 1200 bis 1400° mit festem Kohlenstoff ein stabiles Karbid (NbC), das gelegentlich in Sinterhartmetallen, insbesondere in Form von TaC-NbC-Mischkristallen Anwendung findet (vgl. Kap. 13 E).

Während sich die Vakuumwerkstoffe Wolfram und Molybdän durch ihr unterschiedliches Verhalten gegen Salpetersäure (Molybdän wird im Gegensatz zu Wolfram von Salpetersäure stark angegriffen) trennen lassen, unterscheidet sich Niob in seinem Verhalten gegen Alkalien und Säuren sehr wenig von Tantal. Das sicherste Unterscheidungsmerkmal im Laboratorium bilden die Färbung und die Dichte (Dichte von Tantal 16,6, von Niob 8,6).

Niob wird in Amerika von der Fansteel Company in letzter Zeit in steigendem Maße auf den Markt gebracht. Da es aber keine speziellen Vorteile gegenüber Wolfram, Molybdän oder Tantal aufweist, hat es sich in der Hochvakuumtechnik bisher keine größeren bleibenden Anwendungsgebiete sichern können. Die Anwendungsmöglichkeiten sind ähnlich gelagert wie bei den reinen Metallen Titan, Zirkon und Thorium, die bislang auch nur einen beschränkten Platz in der Hochvakuumtechnik finden konnten. Niob soll sich für Glühkathoden (64) wegen seiner gegenüber Tantal besseren Punktschweißbarkeit bewährt haben.

### E. Legierungen des Wolframs und Molybdäns mit anderen hochschmelzenden Metallen.

#### 1. Wolfram-Molybdän-Legierungen.

Wolfram und Molybdän bilden, wie schon die praktisch übereinstimmenden Gitter vermuten lassen, eine lückenlose Reihe von Mischkristallen (65, 66). Die Dichte der Legierungen ist daher eine lineare Funktion der Zusammensetzung.

Zur Herstellung von Wolfram-Molybdän-Legierungen reduziert man Gemische der Trioxyde oder man mengt die fertigen Metallpulver. Die Metallpulvergemische werden gepreßt, im direkten Stromdurchgang gesintert und anschließend wie reines Wolfram oder Molybdän weiter bearbeitet. Man gelangt so zu duktilen Legierungen. Die Diffusionsgeschwindigkeit der beiden Metalle ineinander bei verschiedenen Temperaturen untersuchte J. A. van Liempt (67).

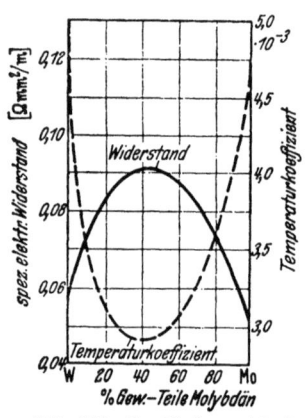

Abb. 155. Spezifischer elektrischer Widerstand und zugehöriger Temperaturkoeffizient im System Wolfram-Molybdän.

Die Zugfestigkeit von Wolfram wird durch Molybdän heruntergesetzt. Die Festigkeit fällt bei Feinstdrähten z. B. durch Zulegieren von 4% Mo von etwa 340 kg/mm² auf etwa 300 kg/mm² (68). Die Warmfestigkeit von Wolfram-Molybdän-Legierungen im Temperaturbereich von 1000 bis 1500° wurde neuerdings von W. Köster und H. Bückle (69) bestimmt. Bei 1000° wurden für die Warmfestigkeit an Legierungen mit 27 bis 80% Wolfram (Stäbe von 5 mm Durchm.) Zugfestigkeitswerte von 52 bis 55 kg/mm², bei 1400° von etwa 15 bis 25 kg/mm² ermittelt.

Das von N. S. Kurnakow und S. F. Žemeczužny (70) für eine Reihe von Systemen mit lückenloser Mischkristallbildung gefundene Härtemaximum konnte von den Verfassern im System Wolfram-Molybdän nicht festgestellt werden. Im Gegensatz dazu glaubt F. A. Fahrenwald (71), ein ausgesprochenes Härtemaximum zwischen 40 und 50 Gew.-% Molybdän an Sinterstäben mit einem Bearbeitungsgrad von 60% gefunden zu haben.

Die elektrische Leitfähigkeit von Wolfram und Molybdän wird durch gegenseitiges Legieren herabgesetzt. Ein Maximum des spezifischen elektrischen Widerstandes findet sich bei 40 Gew.-% Molybdän (Abb. 155).

Die Wolfram-Molybdän-Legierungen haben in Band- und Drahtform neben den reinen Metallen Verwendung als Häkchen und Ösen für Glühlampen und Glühkathoden gefunden. Mit Nickel umwendelt eignen sich nach E. Patai und G. Frank (72) Wolfram-Molybdän-Legierungen als Kerndrähte für Pasteoxydkathoden. In Zahlentafel 55 sind die physikalischen Eigenschaften einiger wichtiger Wolfram-Molybdän-Legierungen zusammengestellt.

Zahlentafel 55. **Physikalische Eigenschaften verschiedener technisch wichtiger Wolfram-Molybdän-Legierungen.**

| Zusammensetzung in %-Gewichtsteilen etwa | | Schmelzpunkt °C | Dichte (hoher Bearbeitungsgrad) g/cm³ etwa | Spez. elektrischer Widerstand bei 20°C Ω mm²/m etwa | Temp.-Koeffizient des elektrischen Widerstands zwischen 20 und 100°C | Brinellhärte kg/mm² etwa |
|---|---|---|---|---|---|---|
| Molybdän | Wolfram | | | | | |
| 72,5 | 27,5 | 2675 ± 25 | 12,8 | 0,083 | $3,25 \cdot 10^{-3}$ | 250 |
| 51 | 49 | 2850 ± 25 | 14,8 | 0,090 | $2,9 \cdot 10^{-3}$ | 300 |
| 20 | 80 | 3075 ± 25 | 17,5 | 0,080 | $3,2 \cdot 10^{-3}$ | 330 |
| 100 | 0 | 2630 ± 50 | 10,3 | 0,053 | $4,75 \cdot 10^{-3}$ | 200 |
| 0 | 100 | 3400 ± 50 | 19,3 | 0,055 | $4,82 \cdot 10^{-3}$ | 350 |

## 2. Legierungen des Wolframs und Molybdäns mit Tantal und Niob.

Nach W. v. Bolton (50) sollen sich Wolfram und Tantal sowie Molybdän und Tantal in jedem Verhältnis legieren. C. Agte und K. Becker (73) untersuchten speziell das System Wolfram-Tantal röntgenographisch an gesinterten Stäben und fanden vollkommene Mischbarkeit der Komponenten.

Die Herstellung der Legierungen geschieht am besten durch Mischen von Wolfram- und Tantalpulver, Pressen des Pulvergemenges und Sintern im Vakuum kurz unterhalb des Schmelzpunktes. Auch abwechselndes Sintern unter Wasserstoff oder im Vakuum ist möglich (74).

Die Legierungen in der Nähe der beiden reinen Metalle (95 bis 100% W. bzw. 95 bis 100% Ta) sind duktil, die übrigen relativ spröde und schwer zu bearbeiten. Der spezifische elektrische Widerstand wird beispielsweise durch 3,7% Ta um etwa 30 bis 40% erhöht.

Wegen des höheren spezifischen elektrischen Widerstandes gegenüber den reinen Metallen könnten Wolfram-Tantal- oder Molybdän-Tantal-Legierungen gegebenenfalls als Heizleiterlegierungen bedeutsam werden. Übrigens wurden u. a. neben den Kombinationen Wolfram-Molybdän und Wolfram-Platin auch Wolfram-Tantal-Legierungen als

Schenkel für Hochtemperatur-Thermoelemente untersucht (75, 76). Sonstige typische Anwendungsbeispiele sind für die obigen Legierungen bisher nicht bekannt geworden. Neuerdings wurden von W. Köster und H. Bückle (69) sämtliche möglichen Zweistoff- und Dreistoff-Legierungen der Metalle Wolfram, Molybdän, Tantal und Niob röntgenographisch untersucht. Dabei wurde als wesentliches Ergebnis festgestellt, daß sämtliche untersuchten Systeme lükkenlose Reihen von Mischkristallen bilden. Die Gitterkonstanten der Mischkristallpaare Molybdän-Wolfram, Tantal-Niob, Molybdän-Niob,

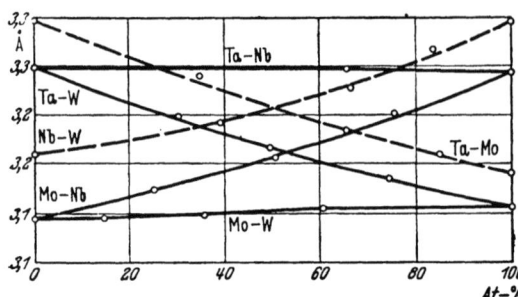

Abb. 156. Gitterparameter binärer Legierungen der Metalle Wolfram, Molybdän, Tantal und Niob (W. Köster und H. Bückle).

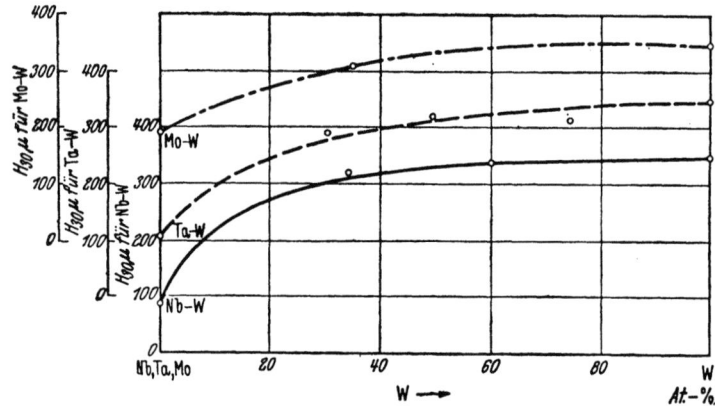

Abb. 157. Mikrohärte binärer Legierungen der Metalle Wolfram, Molybdän, Tantal und Niob (W. Köster und H. Bückle).

Niob-Wolfram, Tantal-Molybdän und Tantal-Wolfram sind in Abb. 156 dargestellt. W. Köster und H. Bückle ermittelten außerdem die Mikrohärte der binären Legierungen Molybdän-Wolfram, Tantal-Wolfram und Niob-Wolfram mit dem neuen Mikrohärtemesser nach H. Hanemann (Abb. 157).

3. **Legierungen des Wolframs und Molybdäns mit Rhenium.**

Das System der beiden höchstschmelzenden Metalle Wolfram (Sm. etwa 3400°) und Rhenium (Sm. etwa 3200°) wurde von K. Becker und K. Moers (77) untersucht. Dabei wurde Wolfram-Rhenium-Pulvergemenge zu Pastillen gepreßt und in reduzierender Atmosphäre hochgesintert. Die Pastillen wurden anschließend nach der Lichtbogenmethode von M. Pirani (78) so lange und so hoch erhitzt, bis sich ein großer Schmelztropfen bildete. Das von K. Becker und K. Moers aufgestellte Schmelzpunktdiagramm ist in Abb. 158 wiedergegeben. In der Kritik der Arbeiten von K. Becker und K. Moers stellt M. Hansen (79) fest, daß die aus Abb. 158 ersichtliche Schmelzpunktkurve nicht der wahren Gleichgewichtstemperatur des Systems Wolfram-Rhenium entspricht, sondern vielmehr im heterogenen Zustandsgebiet „Kristall + Schmelze" liegt. Da das Schmelzintervall indessen sehr eng ist, dürften keine wesentlichen Unterschiede gegenüber den wahren Schmelzpunkten vorliegen.

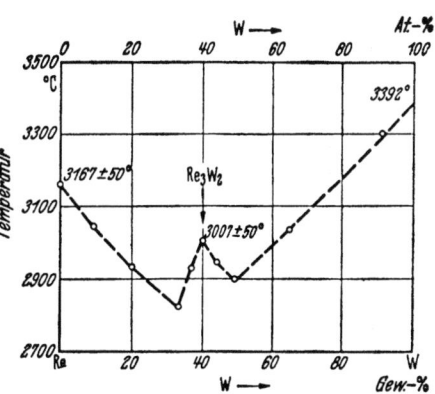

Abb. 158. Zustandsbild Wolfram-Rhenium (K. Becker und K. Moers).

Auch für diese Legierungen sind vornehmlich wegen der Seltenheit und des außerordentlich hohen Preises des Rheniums noch keine Verwendungsgebiete vorhanden.

Das System Molybdän-Rhenium ist bis jetzt noch nicht untersucht worden.

## 4. Legierungen des Wolframs und Molybdäns mit Chrom.

Gesinterte Wolfram-Chrom-Legierungen sind nach C. J. Smithells (16) sehr hart und wurden erfolgreich für Ziehsteine verwendet. Nach C. J. Smithells tritt bei 20% Cr ein heterogenes Gefüge auf. Nach A. Schneider und O. Kubaschewski (80) sollen jedoch Wolfram und Chrom eine lückenlose Reihe von Mischkristallen bilden. Wahrscheinlich rührt das heterogene Gefüge, das C. J. Smithells fand, von Verunreinigungen des Chroms (z. B. Aluminium, Silizium usw.) und von Chromoxydresten her. Für eine vollkommene Reduktion vorhandener Chromoxydhäute dürfte die von C. J. Smithells angewandte Sintertemperatur von 1625° unter Wasserstoff nicht ausgereicht haben. Außer der oben erwähnten gelegentlichen Anwendung der Wolfram-Chrom-Legierungen für Ziehsteine sind keine weiteren Anwendungsgebiete bekannt geworden.

Nach W. Trzebiatowski (81) bilden auf Grund von röntgenographischen Untersuchungen Molybdän und Chrom ebenfalls eine lückenlose Reihe von Mischkristallen. Auch diese Legierungen haben bisher noch keine technische Anwendung gefunden.

**5. Legierungen des Wolframs und Molybdäns mit Zirkon, Hafnium und Thorium.**

Diese Legierungen können durch Sintern von Metallpulvergemengen oder durch Sintern von Wolfram- bzw. Molybdänpreßstäben, die geringe Zusätze an Oxyden des Zirkons (82), Hafniums (82) und Thoriums (83—87) und gegebenenfalls Kohlenstoff enthalten, unter Wasserstoff hergestellt werden. Auch ein Niederschlagen der genannten Metalle auf Wolfram- bzw. Molybdändrähten (88) und anschließende Diffusionsglühung zu einer Legierung ist möglich.

Technische Bedeutung haben vornehmlich Wolfram-Thorium- und Molybdän-Thorium-Legierungen für direkt geheizte Glühkathoden in Entladungsgefäßen erlangt.

### Literatur zum 12. Kapitel.

(1) D.R.P. 154262 (1903); E.P. 23809 (1904).
(2) K. Auer v. Welsbach, (1897): Vgl. Ullmann: Enzyklopädie der technischen Chemie, 2. Ausgabe, Bd. 5, S. 787. Verlag Urban & Schwarzenberg, Bln.—Wien 1931.
(3) Skaupy, F.: Metallkeramik. Verlag Chemie, Bln. 1930.
(4) D.R.P. 194348 (1905); E.P. 7655 (1906).
(5) D.R.P. 291994 (1913), 296191 (1914).
(6) D.R.P. 154262 (1903), 184379 (1905), 193221 (1906); E.P. 11949 (1905).
(7) D.R.P. 207395 (1906); A.P. 1026343 (1907).
(8) D.R.P. 207395 (1906); A.P. 963872 (1906).
(9) D.R.P. 233885 (1907).
(10) Hansen, M.: Der Aufbau der Zweistofflegierungen, S. 960. Verlag Springer, Bln. 1936.
(11) Coolidge, C.: J. Amer. Inst. Electr. Engng. **29** (1910) S. 953.
(12) Hoyt, S. L.: Metals & Alloys **6** (1935) S. 11—18.
(13) — Metal Progr. **32** (1937) S. 749/54.
(14) Mennicke, H.: Die Metallurgie des Wolframs. Verlag M. Krayn, Bln. 1911.
(15) Alterthum, H.: Wolfram. Verlag F. Vieweg & Sohn, Braunschweig 1925.
(16) Smithells, C. J.: Tungsten. Verlag Chapman & Hall Ltd., Lond. 1936.
(17) Chaudron, C.: C. R. Acad. Sci., Paris **170** (1920) S. 1056.
(18) van Liempt, J. A. M.: Z. anorg. allg. Chem. **120** (1922) S. 267.
(19) Jeffries, Z.: Met. Chem. Engng. **16** (1917) S. 503.
(20) Alterthum, H.: Z. phys. Chem. **110** (1924) S. 1.
(21) D.R.P. 657814; vgl. Dawihl, W., u. O. Fritsch: Z. VDI. **85** (1941) S. 265/68.
(22) Philips Techn. Rdsch. **5** (1940) S. 14/15.
(23) Gehlhoff, G.: Lehrbuch der technischen Physik, Bd. 3: Die Physik der Stoffe. Lpz. 1928.
(24) Espe, W., u. M. Knoll: Werkstoffkunde der Hochvakuumtechnik. Verlag Springer, Bln. 1936.
(25) Koref, F., u. A. E. van Arkel: Z. Elektrochem. **28** (1922) S. 511.
(26) Fischvoigt, H., u. F. Koref: Z. techn. Phys. **6** (1925) S. 298.

(27) van Arkel, A. E.: Physica, Haag **3** (1923) S. 76; Chem. Weekbladet **24** (1927) S. 90; Metallwirtsch. **13** (1934) S. 405, 511.
(28) Vgl. van Liempt, J. A. M.: Metallwirtsch. **11** (1932) S. 357.
(29) Fast, J. D.: Öst. Chem.-Ztg. **43** (1940) S. 27/54.
(30) Langmuir, J.: Gen. Electr. Rev. **29** (1926) S. 153.
(31) Vgl. Thiemer, E.: Techn. Zbl. prakt. Metallbearb. **52** (1942) S. 36/39, 58/61, 83/85 u. 103/04.
(32) Fehse, W.: Elektrische Öfen mit Heizkörpern aus Wolfram. Verlag F. Vieweg & Sohn, Braunschweig 1928.
(33) Pirani, M.: Elektrothermie. Bln. 1930.
(34) Skaupy, F.: Wegscheider Festschrift. Monatshefte für Chemie **53** (1929) S. 73.
(35) Feiser, J.: Metall u. Erz **28** (1931) S. 297/302.
(36) D.R.P. 480287 (1926), 566948 (1927).
(37) Grube, G., u. H. Schlecht: Z. Elektrochem. **44** (1938) S. 367/374 u. 413/422.
(38) Sauerwald, F.: Z. Metallkde. **20** (1928) S. 227/28.
(39) Gehrts, A.: Z. techn. Phys. **12** (1931) S. 66/71.
(40) Pokorny, E.: Molybdän. Verlag W. Knapp, Halle (Saale) 1927.
(41) Metallkeramik, Vakuumtechnik, Sondermetalle. Heft 2: Molybdän. Prospekt Metallwerk Plansee G. m. b. H., Reutte (Tirol).
(42) Kieffer, R., u. F. Krall: VDE-Fachberichte **11** (1939) S. 107/112.
(43) — — Elektrowärme **12** (1942) S. 33/37.
(44) Berzelius, J. J.: Poggendorffs Ann. **4** (1825) S. 10.
(45) Rose, H.: Poggendorffs Ann. **99** (1856) S. 69.
(46) — Poggendorffs Ann. **100** (1857) S. 146.
(47) Muthmann, W., L. Weiß u. R. Riedelbauch: Ann Phys., Lpz. **355** (1907) S. 58.
(48) Spitzin, V., u. L. Kaschtanoff: Z. anorg. allg. Chem. **182** (1929) S. 207.
(49) Moissan, H.: C. R. Acad. Sci., Paris **134** (1902) S. 211/15.
(50) v. Bolton, W.: Z. Elektrochem. **11** (1905) S. 45/51.
(51) Driggs, F. H., u. W. C. Lilliendahl: Industr. Engng. Chem. **23** (1931) S. 634/37.
(52) Balke, C. W.: Industr. Engng. Chem. **21** (1929) S. 1002.
(53) — Industr. Engng. Chem. **27** (1935) S. 1166.
(54) Isgarischew, N., u. A. F. Prede: Z. Elektrochem. **39** (1933) S. 283/88.
(55) Wedekind, E., u. W. Maas: Angew. Chem. **23** (1910) S. 2314.
(56) Fink, C. G., u. L. G. Jenness: Trans. Amer. Inst. min. metallurg. Engrs. Techn. Publ. **379** (1931) S. 3/18.
(57) Balke, C. W.: Trans. Amer. Inst. min. metallurg. Engrs. **128** (1938) S. 67/70.
(58) — Metal Ind., Lond. **52** (1938) S. 425/27.
(59) — Industr. Engng. Chem. **30** (1938) S. 251/54.
(60) Kieffer, R.: Unveröffentlichte Arbeiten aus dem Jahre 1936.
(61) D.R.P. 152848 (1903), 152870 (1903), 153826 (1903), 155548 (1903).
(62) Vgl. Ganswindt, S., u. K. Matthies: Chem. Fabrik **52** (1933) S. 521/23.
(63) Isgarischew, N., u. A. F. Prede: Z. Elektrochem. **40** (1934) S. 295/97.
(64) Ganswindt, S., u. K. Matthies: Z. techn. Phys. **15** (1934) S. 26.
(65) van Arkel, A. E.: Z. Kristallogr. **67** (1928) S. 235.
(66) Geiß, W., u. J. A. van Liempt: Z. anorg. allg. Chem. **128** (1923) S. 355; Z. Metallkde. **15** (1923) S. 283.
(67) van Liempt, J. A.: Rec. trav. Chim. Pays-Bas **51** (1932) S. 114.
(68) Agte, C., u. K. Becker: Z. techn. Phys. **11** (1930) S. 107.
(69) Köster, W., u. H. Bückle: Z. Metallkde. demnächst.

(70) Kurnakow, N. S., u. S. F. Žemecžužny: Z. anorg. allg. Chem. 54 (1907) S. 164.
— — u. M. Zasedatelew: J. Inst. Met. 15 (1916) S. 305.
(71) Fahrenwald, F. A.: Trans. Amer. Inst. min. metallurg. Engrs. 54 (1917) S. 570/73 u. 583/85; 56 (1917) S. 612/19.
(72) Patai, E., u. G. Frank: Z. techn. Phys. 16 (1935) S. 254.
(73) Agte, C., u. K. Becker: Phys. Z. 32 (1931) S. 65.
(74) D.R.P. 635644 (1933).
(75) Schulze, A.: Z. Metallkde. 24 (1932) S. 206.
(76) Osann, B., u. E. Schröder: Arch. Eisenhüttenw. 7 (1933/34) S. 89.
(77) Becker, K., u. K. Moers: Metallwirtsch. 9 (1930) S. 1063/66.
(78) Pirani, M.: Z. Elektrochem. 17 (1911) S. 909.
(79) Hansen, M.: Der Aufbau der Zweistofflegierungen, S. 1029. Verlag Springer, Bln. 1936.
(80) Schneider, A., u. O. Kubaschewski: Z. Elektrochem. 48 (1942) S. 671/74. Vgl. F. Weibke u. U. Frhr. v. Quadt: Z. Elektrochem. 46 (1940) S. 635/41.
(81) Trzebiatowski, W., u. H. Ploszek: Naturwiss. 26 (1938) S. 462.
(82) van Liempt, J. A.: Nature, Lond. 115 (1925) S. 194.
(83) Jeffries, Z., u. P. Tarasov: Trans. Amer. Inst. min. metallurg. Engrs. Inst. Met. Div. (1927) S. 395.
(84) Smithells, C. J.: Trans. Chem. Soc. 121 (1922) S. 2236.
(85) Burgers, W. G., u. J. A. van Liempt: Z. anorg. allg. Chem. 193 (1930) S. 144.
(86) v. Wartenberg, H.: Z. Elektrochem. 29 (1923) S. 214.
(87) Langmuir, I.: Phys. Rev. 22 (1923) S. 357.
(88) Claassen, A., u. W. G. Burgers: Z. Kristallogr. 86 (1933) S. 100.

## 13. Kapitel.

# Sinterhartmetalle.

## A. Geschichtliche Entwicklung.

Die Hartstoffe Diamant, Korund, Siliziumkarbid und Borkarbid erfüllten schon lange als Zieh-, Dreh- und Schleifwerkzeuge eine wichtige Aufgabe in der Industrie, bevor die hochschmelzenden Karbide der Metalle Wolfram, Molybdän, Tantal und Titan als Grundmasse der heutigen Sinterhartmetalle technische Bedeutung erlangten. Eingehendere Kenntnisse über die hochschmelzenden Metalle und ihre Karbide vermittelten Anfang dieses Jahrhunderts die Pionierarbeiten H. Moissans (1), obwohl die meisten von ihm hergestellten Metalle und Hartstoffe nicht als reine und definierte Körper anzusprechen waren.

1909 wurde erstmalig vorgeschlagen, geschmolzene Wolframkarbidkügelchen als Uhrenlager zu verwenden (2). Es dauerte bis 1914, daß H. Lohmann brauchbare Ziehsteine aus geschmolzenem Wolframkarbid (Abb. 159) in industriellem Maßstab herstellen konnte (3). Wegen

Sinterhartmetalle — Geschichtliche Entwicklung. 273

der ungleichmäßigen Qualität und schwankenden Zusammensetzung geschmolzenen Wolframkarbids — bedingt durch Lunkerstellen und Graphitausscheidungen — suchte H. Lohmann nach besseren Verfahren zur Herstellung von Ziehsteinen und bediente sich dazu später pulvermetallurgischer Verfahren, um aus feinstem Wolframkarbidpulver Formkörper durch Sinterung dicht unter dem Schmelzpunkt herzustellen (4). Hiermit wurde der Grundstein gelegt für die Entwicklung der späteren Sinterhartmetalle (5, 6). Durch Hinzulegieren von Metallen der Eisengruppe und Titan zum Wolframkarbid stellten G. Fuchs und A. Kopietz (7) 1917 zähe Wolfram-Titan-Kohlenstoff-Eisen-Legierungen her, die jedoch in der

Abb. 159. Gefüge eines Ziehsteines aus geschmolzenem Wolframkarbid (4,7% C). × 1000.

Härte dem reinen Wolframkarbid unterlegen waren. Derartige Legierungen wurden sowohl auf dem Schmelz- als auch auf dem Sinterwege gewonnen. Abb. 160 stellt eine geschmolzene „Tizit"-Legierung nach G. Fuchs in der Zusammensetzung 55% W, 3,5% Ti, 5% Cr, 33% Co, 3,5% C dar. Abb. 161 zeigt eine zwischen Graphitelektroden druckgesinterte Tizitlegierung ähnlicher Zusammensetzung mit Eisen als Bindemittel. Während sich bei der geschmolzenen Legierung aus der Grundmasse [Wolfram-Chrom-Kobalt-(Eisen-)Legierung] sehr deutlich die te-

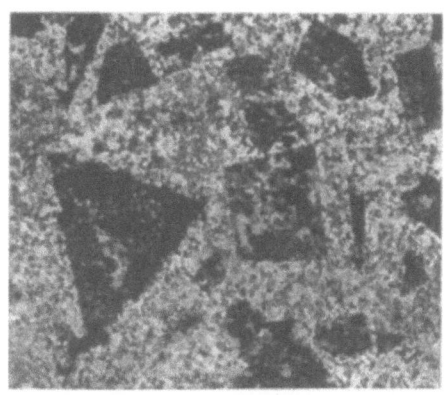

Abb. 160. Gefüge eines Ziehsteines aus einer geschmolzenen „Tizitlegierung". × 100.

traeder- und rhombusförmigen, titanenthaltenden Doppelkarbide schon bei mäßiger Vergrößerung abheben, sind in dem gesinterten Werkstoff noch große, rundliche Wolframkarbidkörner neben aus der Grundmasse ausgeschiedenen Doppelkarbiden zu sehen.

Versuche, aus Wolframpulverpreßkörpern mit geringen Zusätzen an

274  Die Sinterwerkstoffe der Technik.

Chrom, Eisen, Titan usw. durch eine Art Einsatzhärtung eine brauchbare Schneidlegierung zu erhalten (8), gewannen ebensowenig Bedeutung wie der Versuch, kohlenstoffreie, geschmolzene Wolfram-Molybdän-Titan-Chrom-Eisen-Legierungen durch nachträgliches Karburieren in Hartlegierungen überzuführen (9).

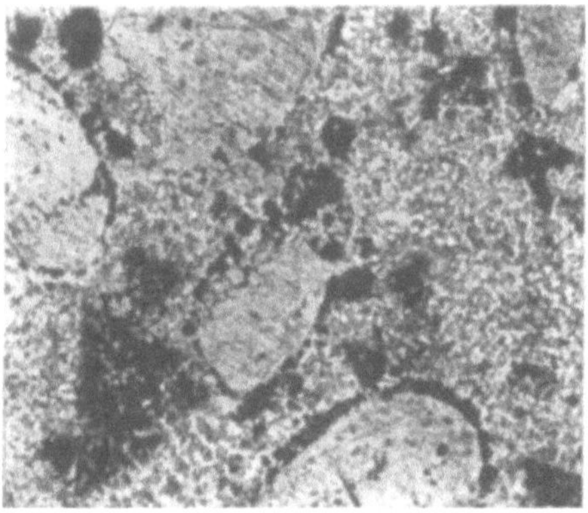

Während des ersten Weltkrieges kamen in den USA. gesinterte, hoch wolframhaltige Legierungen von der Zusammensetzung 90% W, 10% Fe oder 80% W, 15% Co, 5% Cr oder 80% W, 19,5% Cr, 0,5% C als Ziehsteine in Gebrauch (10). Die Legierungen setzten sich aber nicht durch, da sie wegen des zu geringen Kohlenstoffgehaltes für den beabsichtigten Zweck zu weich waren.

Abb. 161. Gefüge einer heißgepreßten „Tizitlegierung". × 100.

Im Jahre 1922 wurde von G. Fuchs (11) eine Hartlegierung mit 75 bis 84% W, 10 bis 15% Ti, < 10% Metall der Eisengruppe und

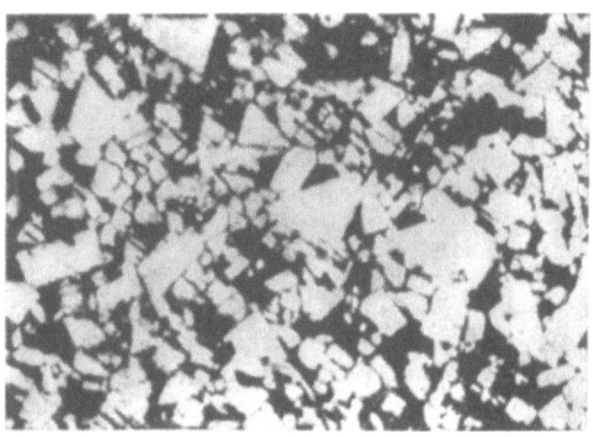

Abb. 162. Gefüge eines auf dem Saigerwege hergestellten Hartmetalls mit 90% Wolframkarbid, 10% Kobalt. × 1000.

3 bis 5% C für Werkzeuge vorgeschlagen, die für die spätere Entwicklung des Hartmetalles „Titanit" (1929 bis 1931) richtunggebend wurde.

Die von C. L. Gebauer (12) entwickelte Technik, poröse Körper aus hochschmelzenden Metallen mit niedrigschmelzenden Metallen zu

Sinterhartmetalle — Geschichtliche Entwicklung. 275

tränken (z. B. Tränken von Eisenkörpern mit Kupfer, Wolframkörpern mit Silber usw.), wurde von H. Baumhauer (13) im Jahre 1922 auf Karbidskelettkörper übertragen, die mit Metallen der Eisengruppe getränkt wurden. Das Gefüge solcher „Saigerhartmetalle" ist von dem der späteren Sinterhartmetalle nicht sehr verschieden (Abb. 162); lediglich die Tränkungsseite der Karbidkörper ist porös und die Hilfsmetallverteilung nicht ganz gleichmäßig. Das von K. Schröter (14) 1922 bei der Osram-Studiengesellschaft entwickelte Verfahren, Wolframmonokarbid (etwa 6% C) mit Eisenmetallen bis zu 20% zu mischen

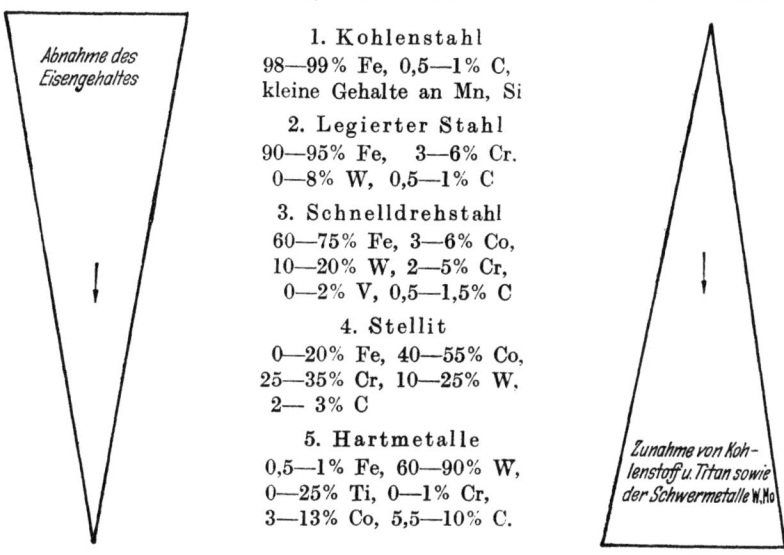

Abnahme des Eisengehaltes

1. Kohlenstahl
98—99% Fe, 0,5—1% C,
kleine Gehalte an Mn, Si

2. Legierter Stahl
90—95% Fe, 3—6% Cr.
0—8% W, 0,5—1% C

3. Schnelldrehstahl
60—75% Fe, 3—6% Co,
10—20% W, 2—5% Cr,
0—2% V, 0,5—1,5% C

4. Stellit
0—20% Fe, 40—55% Co,
25—35% Cr, 10—25% W,
2— 3% C

5. Hartmetalle
0,5—1% Fe, 60—90% W,
0—25% Ti, 0—1% Cr,
3—13% Co, 5,5—10% C.

Zunahme von Kohlenstoff u. Titan sowie der Schwermetalle W, Mo

Abb. 163. Zunahme des Schwermetallkarbidgehaltes auf Kosten des Anteils an Eisen im Laufe der geschichtlichen Entwicklung (schematisch).

und daraus hergestellte Preßkörper in der Nähe des Schmelzpunktes der Eisenmetalle zu sintern („Widia" der Firma Fried. Krupp A.G.), blieb in der Folgezeit das fast ausschließlich angewandte Verfahren zur Herstellung der modernen Sinterhartmetalle. Über Einzelheiten dieser bei der Osram-Studiengesellschaft geleisteten grundlegenden Entwicklungsarbeiten hat F. Skaupy (6, 15, 16) ausführlicher berichtet.

Die Weiterentwicklung der Sinterhartmetalle ging dahin, das Wolframkarbid ganz oder teilweise durch die Karbide des Tantals, Titans, Molybdäns oder Niobs, das Hilfsmetall Kobalt durch Nickel- oder Eisenmehrstofflegierungen zu ersetzen. Im Zuge dieser Entwicklung wurden 1929—1930 Hartmetallegierungen aus Mischkristallen Wolframkarbid-Titankarbid, Molybdänkarbid-Titankarbid und ähnlichen Karbidkombinationen mit Hilfsmetallen der Eisengruppe hergestellt (Hartmetall „Titanit" der Deutsche Edelstahlwerke A.G.) (17).

Zahlentafel 56. **Änderung der chemischen Zusammensetzung verschiedener**

| | | C % | Mn % |
|---|---|---|---|
| Bis 1894 | Kohlenstoffstahl (Tiegelgußstahl) | 1,0—1,5 | 0,1—0,2 |
| Bis 1900 | Selbsthärtender Stahl (Mushet-Stahl) | 2,0—2,2 | 1,5—2,5 |
| 1900 | Älteste Schnelldrehstähle (Taylor-White) | 1,8—1,9 | 0,3 |
| 1906—1913 | Neuere Schnelldrehstähle | 0,65—0,8 | 0,1—0,25 |
| 1909 | Stellit | 1,5—2,5 | 0,2 |
| 1940 | Neuere Stellite | 2,0—3,0 | 0,2—0,25 |
| 1914—1940 | Geschmolzene Wolframkarbide | 4,0—4,5 | — |
| 1917—1923 | Tizitlegierungen | 3,5—4,5 | — |
| 1922 | Gesinterte WC-Co-Legierungen (Widia) | 5,5—6,0 | — |
| 1929 | Gesinterte $Mo_2C$-TiC-Ni-Legierungen (Titanit) | 9—11 | — |
| 1929—1930 | Gesinterte WC-$Mo_2C$-TiC-Co-Ni-Legierungen „ | 7—8 | — |
| 1930 | Gesinterte TaC-Ni-Co-Legierungen (Ramet) | 5,5—6,0 | — |
| 1931 | Gesinterte WC-TiC-Co-Legierungen (Widia X) | 6,5—7,5 | — |
| 1931 | Gesinterte TiC-W-Mo-Ni-Co-Legierungen (Böhlerit) | 9—13 | — |
| 1933—1941 | Deutsche Sinterhartmetalle | | |
| | S-Gruppe (S 1, S 2, S 3) | 6,5—8,5 | — |
| | G- und H-Gruppe (G 1, G 2, G 3 u. H 1, H 2) | 5,5—6,0 | — |
| | F-Gruppe (F 1) | 9—10 | — |
| | Ausländische Sinterhartmetalle | 5,5—6,0 | — |
| | (z. B. Ardoloy, Carboloy, Cutanit, Firthite, Pobjedit (Stalinit), Safety, Secco, Stellram, Super-Vitesse, Teco, Vascoloy-Ramet, Wimet usw.) | 6—13 | — |
| | | 5—8,5 | — |
| | (Gruppen entsprechen weitgehend den deutschen) | 8—13 | — |

Unter dem Namen „Ramet" brachte 1931 die Fansteel Company (18) in USA. ein Hartmetall mit Tantalkarbid als Basis auf den Markt. Im gleichen Jahre erschien das „Widia X" der Firma Fried. Krupp AG., das aus etwa 8,5% Titankarbid, 86,5% Wolframkarbid und 5% Kobalt bestand. Die im Hartmetall-Schrifttum mehrfach vorgeschlagene Substitution der Karbide durch Nitride, Boride, Silizide (19) blieb bis heute ohne brauchbare Ergebnisse.

Die modernen Sinterhartmetalle enthalten durchweg Wolframkarbid mit wechselnden Mengen an Kobalt, z. B. 3 bis 13% (Qualitäten für die Bearbeitung von Guß und anderen kurzspanenden Werkstoffen) oder Wolframkarbid mit wechselnden Gehalten an Titankarbid, z. B. 2, 4, 10, 16, 30% und Kobalt, z. B. 5 bis 13% (Schneidmetalle für die Bearbeitung langspanender Werkstoffe wie Stahl usw.). In Sonderfällen wird der Titankarbidgehalt bis zu 60% erhöht (Feinbohrqualitäten) und den Wolframkarbid-Kobalt- bzw. Wolframkarbid-Titankarbid-Kobalt-Legierungen gegebenenfalls Molybdänkarbid, Vanadinkarbid, Niobkarbid oder Tantalkarbid in Mengen bis zu 20% zugesetzt.

Sinterhartmetalle — Geschichtliche Entwicklung. 277

Schneidlegierungen im Laufe der geschichtlichen Entwicklung.

| Si % | Cr % | Mo % | W % | V,Nb,Ta % | Fe % | Ni % | Co % | Ti % |
|---|---|---|---|---|---|---|---|---|
| 0,2 | — | — | — | — | Rest | — | — | — |
| ,0—1,1 | 0,4 | — | 5—5,5 | — | Rest | — | — | — |
| ,1—0,15 | 4—8 | — | etwa 8 | — | Rest | — | — | — |
| ,1—0,25 | 4,0—5,5 | 0—1,0 | 16—21 | V 0,3—1,2 | Rest | — | 5—6 | — |
| 0,5 | 20—25 | 0—18 | 10—25 | — | Rest | — | 50 | — |
| ,5—0,8 | 25—35 | 0—1,0 | 10—25 | — | Rest | — | 40—55 | — |
| — | 0—10 | 0—1,0 | Rest | Ta 0—3,5 | 1—3 | — | 0—3,0 | — |
| — | 0—10 | 0,5 | 45—60 | — | 5—10 | Ni und/oder Co 25—35 | | 3,5—6,0 |
| — | 0—0,5 | — | 86,5—89 | — | 0,5—1,0 | | 5—6 | — |
| — | 0,5—2,0 | 35—40 | — | — | 0,5—1,0 | 8—15 | — | 35—40 |
| — | 0—0,5 | 0—5 | 65—77 | — | 0,5—1,0 | 2—4 | 4—6 | 10—12 |
| — | — | 0—10 | 0—20 | Ta 60—86 | 0,5—1,0 | Ni und/oder Co 8—13 | | — |
| — | 0—0,5 | — | 77—82 | — | 0,5—1,0 | — | 5—6 | 6—8 |
| — | 0—5,0 | 10—15 | 20—25 | — | 0,5—1,0 | 5—10 | 5—10 | 40—50 |
| — | 0—1 | 0—2,0 | 67,5—79,5 | — | 0,5—1,0 | — | 5—10 | 4—13,5 |
| — | 0—1 | — | 80—91 | 0—2,5 | 0,5—1,0 | — | 3—13 | 0—2,0 |
| — | 0—1 | — | 55—65 | — | 0,5—1,0 | — | 5—10 | 20—24 |
| — | 0—1,0 | — | 80—91 | — | 0,5—1 | Ni und/oder Co 3,5—13 | | — |
| — | 0—1,0 | 0—2 | 45—89 | — | 0,5—1 | | 5—13 | 1—50 |
| — | 0—1,0 | — | 44—85 | 5—20 | 0,5—1 | | 5—13 | 0—20 |
| — | 0—1,0 | 35—40 | 0—25 | — | 0,5—1 | | 8—15 | 15—60 |

In Zahlentafel 56 ist die oben dargestellte geschichtliche Entwicklung der Hartmetalle in Vergleich gesetzt zur Entwicklung der Schnelldrehstähle und der Stellite. In Abb. 163 ist die dabei vor sich gehende Zunahme des Schwermetallkarbidgehaltes der bekannten Schneidlegierungen auf Kosten des Eisens schematisch dargestellt. Bei dieser Betrachtungsweise sieht man, daß die Sinterhartmetalle als Endglied in der Entwicklungsreihe der Schneidmetalle angesehen werden können, die von den unlegierten und legierten Stählen über die Schnelldrehstähle und Stellite zu den gegossenen und

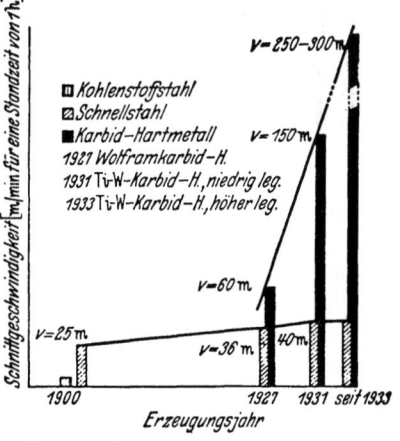

Abb. 164. Die Steigerung der Schnittleistung beim Drehen von Stahl seit dem Jahre 1900 (F. Rapatz, H. Pollack, J. Holzberger).

später gesinterten Karbidlegierungen führt. Die Karbide als Träger der Härte und Schneidhaltigkeit bilden dabei einen immer größeren Anteil der Schneidlegierungen, um bei den geschmolzenen Karbiden vorübergehend 100% des Werkstoffes auszumachen. Mit dem steigenden Gehalt an Karbiden, insbesondere an Wolfram- und Titankarbid, wurde es möglich, die Schnittgeschwindigkeit bei der spanabhebenden Bearbeitung erheblich zu steigern, so daß man heute in der Lage ist, einen Stahl mit 40 bis 50 kg/mm$^2$ Festigkeit wirtschaftlich mit einem geeigneten Wolframkarbid-Titankarbid-Kobalt-Sinterhartmetall mit einer Schnittgeschwindigkeit von 250 bis 300 m/min bei Vorschüben von 1 mm/U. und Spantiefen von 4 mm zu bearbeiten (20). In Abb. 164 ist die Steigerung der Schnittleistung seit dem Jahre 1900 beim Drehen von Stahl in überzeugender Weise dargestellt. Von hervorragender volkswirtschaftlicher Bedeutung ist dabei noch die Tatsache, daß die Zerspanungsleistung der gleichen Menge Wolfram in einem Sinterhartmetall, beispielsweise der Qualität „S 1" (vgl. Zahlentafel 72, Seite 306), 10- bis 30mal so groß ist wie im Schnellstahl (21).

## B. Die Hartstoffe.

Die Grundkörper der Sinterhartmetalle sind, wie schon oben erwähnt, metallisch leitende hochschmelzende Hartstoffe, insbesondere die Karbide der 4., 5. und 6. Gruppe des periodischen Systems, nämlich:

$TiC$; $ZrC$ (4. Gruppe)
$VC$; $NbC$; $TaC$ (5. Gruppe)
$Mo_2C$; $WC$; $W_2C$ (6. Gruppe)

Die Nitride, Boride und Silizide der Metalle der oben genannten Gruppen haben nur geringe technische Bedeutung erlangt und sollen deshalb im Rahmen der Besprechung der Hartstoffe nicht eingehender berücksichtigt werden. Eine ausführliche Beschreibung dieser Hartstoffe gibt K. Becker in seinem Buch „Hochschmelzende Hartstoffe und ihre technische Anwendung" (22).

Die Karbide und Hartstoffe sind durch ihre hohen Schmelzpunkte, die zum Teil höher liegen als die der Elemente Wolfram und Kohlenstoff, ihre metallische Leitfähigkeit, ihre hohe Härte und Warmfestigkeit, ihre Legierbarkeit mit den Metallen der Eisengruppe und nicht zuletzt durch ihre chemische Beständigkeit ausgezeichnet. Genauere Kenntnis der Hartstoffe verdanken wir insbesondere H. Moissan, O. Hönigschmid, O. Ruff, E. Friederich und L. Sittig, E. van Arkel, K. Becker, C. Agte, H. Alterthum, K. Moers, F. Skaupy, W. P. Sykes u. a. (1, 23—34).

Die Hartstoffe. 279

**1. Verfahren zur Herstellung von Hartstoffen und Eigenschaften der Hartstoffe.**

**a) Karbide.** Zur Erzeugung von Karbiden sind folgende 5 Wege gangbar:
1. Die Herstellung im Schmelzfluß.
2. Die Karburierung der pulverförmigen Metalle oder Oxyde mit festem Kohlenstoff.
3. Die Karburierung der pulverförmigen Metalle und Oxyde mit Kohlenstoff enthaltenden Gasen, gegebenenfalls unter Zusatz von festem Kohlenstoff.
4. Die Abscheidung aus der Gasphase.
5. Die chemische Isolierung aus aufgekohlten Ferrolegierungen.

Die unter 1. und 4. genannten Verfahren (35) spielen in der modernen Hartmetalltechnik praktisch keine Rolle. Am gebräuchlichsten ist die Herstellung von pulverförmigen Karbiden durch Karburierung der hochschmelzenden Metalle bzw. ihrer Oxyde mit festem Kohlenstoff unterhalb des Schmelzpunktes der Karbide (WC, $Mo_2C$, TiC, TaC). Der Kohlenstoff wird in Form von feingemahlener Zuckerkohle, am zweckmäßigsten jedoch in Form von ungeglühtem Flammruß eingesetzt. Die Metall-Kohle- oder Metalloxyd-Kohle-Gemenge werden in Kugelmühlen oder in Kollergängen innig gemischt. Bei Metall-Kohle-Gemengen genügt es meistens, 5 bis 10% über dem theoretisch notwendigen Gehalt an Kohlenstoff einzusetzen, während bei Metalloxyd-Kohle-Gemischen je nach der Mitwirkung des gebildeten Kohlenoxyds und des verwendeten Schutzgases bei der Reaktion 70 bis 90% des berechneten Kohlenstoffes genügen. Die Erhitzung wird in einer oder mehreren Karburierungsstufen in elektrisch beheizten Öfen vorgenommen. Neben kontinuierlich arbeitenden Kohlerohrwiderstandsöfen und Durchsatzöfen mit Molybdänheizleitern sind noch diskontinuierlich arbeitende Hochfrequenzöfen in Verwendung (vgl. Seite 52ff.). Als Schutzgas können Wasserstoff, Kohlenoxyd, generatorgasähnliche Gasgemenge und gespaltenes Ammoniak verwendet werden, falls keine Nitridbildung zu befürchten ist.

Die Reaktionstemperaturen liegen je nach der Karbidart zwischen 1200 und 1900°. Obwohl sich mit steigender Temperatur die Karbidbildung rascher vollzieht, wählt man wegen des oft unerwünschten Kornwachstums bei höheren Temperaturen meist die niedrigst mögliche, noch wirtschaftliche Karburierungstemperatur.

Im einzelnen werden Molybdänkarbid, Wolframkarbid und Tantalkarbid am zweckmäßigsten durch Karburierung des Metallpulvers mit Lampenruß bei Temperaturen zwischen 1400 und 1600° gewonnen. Bei der Herstellung von Titankarbid geht man von einem Gemenge von möglichst reinem Titanoxyd ($TiO_2$) mit Ruß aus. Die Karburierungstemperatur liegt hier zwischen 1700 und 1900°. Um den theoretisch erreichbaren Kohlenstoffgehalt zu erzielen, empfiehlt es sich, das gebildete Rohkarbid im Falle einer Überkohlung unter Zusatz von freiem Metall oder Metalloxyd, im Falle einer Unterkohlung unter Zusatz von weiterem Ruß nochmals in einer zweiten Stufe auf Karburierungstemperatur zu erhitzen. Im Gegensatz zu verschiedenen Angaben im Schrifttum (36, 37) muß in diesem Zusammenhang festgestellt werden, daß ein Molybdänkarbid der Formel MoC jedenfalls bei Zimmertemperatur nicht existiert. Der erreichbare Gehalt an gebundenem Kohlenstoff entspricht der Formel $Mo_2C$. Wolfram dagegen bildet mit Bestimmtheit zwei bei Raumtemperatur stabile Karbide, nämlich $W_2C$ und WC, die röntgenographisch durch definierte Gitter gekennzeichnet sind. $W_2C$ ist im Schmelzfluß stabil, während das Karbid WC beim Schmelzen in ein Gemenge von $W_2C$, WC und Graphit zerfällt (34, 38). Die Sinterhartmetalle enthalten vornehmlich das Wolframmonokarbid (WC).

Die Herstellung des Zirkonkarbids geschieht analog zur Gewinnung des Titankarbids aus dem Metalloxyd-Kohle-Gemenge, wobei allerdings eine Karburierungstemperatur von 1800 bis 2000° notwendig ist.

Vanadin- und Niobkarbid werden durch Karburierung der Tri- oder Pentoxyde gewonnen. Die Karburierung der Metalle scheidet in der Praxis wegen des hohen Preises der reinen Metalle Vanadin und Niob aus.

Da die modernen Hartmetalle in mehr oder weniger großem Umfange Mischkristalle (17) von Metallkarbiden enthalten, ist die Herstellung der Karbidmischkristalle besonders bedeutungsvoll. Es werden in der Praxis vier verschiedene Wege beschritten:

1. Erhitzen inniger Metalloxydgemenge mit Ruß auf Karburierungstemperatur;
2. Erhitzen inniger Metallgemenge mit Ruß auf Karburierungstemperatur;
3. Erhitzen inniger Karbidgemenge auf Mischkristallbildungstemperatur;
4. chemische Isolation von Karbidmischkristallen aus aufgekohlten komplexen Ferrolegierungen.

Mischkristalle der Systeme WC-$Mo_2C$, WC-TiC, $Mo_2C$-TiC, WC-TaC, WC-$Mo_2C$-TiC, WC-TiC-TaC können nach einem der unter 1. bis 3. genannten Verfahren gewonnen werden. Das vierte Verfahren wird vorzugsweise zur Herstellung von Mischkristallen der Systeme NbC-TaC (39) und WC-TiC (40) angewandt.

**b) Nitride und Boride.** Die Nitride des Titans, Zirkons, Hafniums, Vanadins, Tantals und Niobs lassen sich bei 1100 bis 1200° leicht durch Glühen der reinen Metalle in einer Stickstoffatmosphäre herstellen. Da die Metalle sehr schwer rein zu erhalten und nur durch pyrometallurgische Prozesse zugänglich sind, wird zweckmäßigerweise der Weg be-

Die Hartstoffe. 281

schritten, Metalloxyd-Kohle-Gemenge in einem Stickstoff- oder Ammoniakstrom bei etwa 1200 bis 1300° zu glühen (22). Die so erhaltenen Nitride sind allerdings meistens karbidhaltig.

Die Boride der Metalle der 4., 5. und 6. Gruppe des periodischen Systems sind neben ihrer hohen Härte durch gute elektrische Leitfähigkeit ausgezeichnet. Sie können aus dem betreffenden Metallpulver und reinem Borpulver durch Glühen im Vakuum bei 1800 bis 2200° oder nach dem Aufwachsverfahren (Verfahren 4, S. 279: Gewinnung aus der Gasphase) hergestellt werden.

c) **Systeme von Karbiden und Nitriden.** Die Karbide der 4., 5. und 6. Gruppe des periodischen Systems der Elemente scheinen jeweils mit den Karbiden der eigenen Gruppe eine lückenlose Reihe von Mischkristallen zu bilden (Beispiele: $Mo_2C$-$W_2C$, NbC-TaC, TiC-ZrC). Ebenso scheinen die Karbide der 4. und 5. Gruppe des periodischen Systems miteinander vollkommen mischbar zu sein (Beispiel: ZrC-TaC). Die Karbide der 4. und 5. Gruppe sind jedoch beschränkt mischbar mit den Karbiden der 6. Gruppe, wobei aber das Lösungsvermögen der Karbide der 4. und 5. Gruppe für die der 6. Gruppe größer ist als umgekehrt. So reichen im System TiC-$Mo_2C$ beispielsweise die Gebiete der homogenen Mischkristalle von 0 bis 50% $Mo_2C$ auf der TiC-Seite und von 80 bis 100% $Mo_2C$ auf der $Mo_2C$-Seite.

Eine Reihe von Zweistoffsystemen verschiedener Karbide, z. B. TaC-WC, ZrC-WC, NbC-TaC, NbC-ZrC, TaC-ZrC und TaC-HfC, sowie

Zahlentafel 57. Herstellungsverfahren für Hartstoffe.

| Art der Hartstoffe | Verfahren | Temperatur °C |
|---|---|---|
| 1. Karbide | | |
| a) $W_2C$; WC | $WO_3$ + Ruß; W-Metallpulver + Ruß | 1400—1600 |
| | W-Metall + Ruß + Kohlenwasserstoff | 1200—1400 |
| b) $Mo_2C$ | $MoO_3$ + Ruß; Mo-Metall + Ruß | 1200—1400 |
| | Mo-Metall + Ruß + Kohlenwasserstoff | 1100—1300 |
| c) TiC | $TiO_2$ + Ruß | 1700—1900 |
| d) ZrC | $ZrO_2$ + Ruß | 1800—2000 |
| e) VC | $V_2O_5$ bzw. $V_2O_3$ + Ruß | 1100—1200 |
| f) NbC | $Nb_2O_5$ + Ruß bzw. Nb-Metall + Ruß | 1300—1400 |
| g) TaC | $Ta_2O_5$ + Ruß; Ta-Metallpulver + Ruß | 1300—1500 |
| 2. Karbidmischkristalle zweier oder mehrerer der Karbide unter 1a)—g) | Metalloxyd A + Metalloxyd B + Ruß | 1500—1700 |
| | Metallpulver A + Metallpulver B + Ruß | 1500—1700 |
| | Karbidpulver A + Karbidpulver B | 1700—2000 |
| | Chem. Isolation mittels Säuren aus hoch aufgekohlten Ferrolegierungen | 20—100 |
| 3. Nitride TiN, ZrN, HfN, VN, NbN, TaN | Metallpulver + Stickstoff | 1200—1400 |
| | Metallpulver + Ammoniak | 1200—1400 |
| | Metalloxyd + Ruß + Stickstoff (oder $NH_3$) | 1200—1400 |
| 4. Boride WB, ZrB, $ZrB_2$ | Metallpulver + Borpulver im Vakuum | 1800—2200 |

Zahlentafel 58. Eigenschaften der wichtigsten Hartstoffe.

| Nr. | Verbindung | Formel | Molekular-gewicht | C % | N % | Gitterart | Schmelz-temperatur °C | Dichte g/cm³ berechnet | Dichte g/cm³ gefunden | Elastizitäts-modul[1] kg/mm² |
|---|---|---|---|---|---|---|---|---|---|---|
| 1 | Borkarbid | B₆C | 76,9 | 15,61 | — | reg. Tetraeder | 2550 | — | 2,51 | — |
| 2 | Siliziumkarbid | SiC | 40,1 | 29,97 | — | — | zersetzlich | — | 3,12 | — |
| 3 | Titankarbid | TiC | 59,9 | 20,05 | — | NaCl-Typ | 3200 | 4,23 | 4,25 | 32200 |
| 4 | Zirkonkarbid | ZrC | 103,2 | 11,64 | — | NaCl-Typ | 3250 | 6,51 | 6,70 | 14000 |
| 5 | Vanadinkarbid | VC | 63,0 | 19,07 | — | NaCl-Typ | 2800 | 5,25 | 5,36 | 27500 |
| 6 | Niobkarbid | NbC | 104,9 | 11,46 | — | NaCl-Typ | 3800 | 8,20 | 7,76 | 34700 |
| 7 | Tantalkarbid | TaC | 192,9 | 6,22 | — | NaCl-Typ | 3800 | 13,95 | 14,49 | 29000 |
| 8 | Chromkarbid | Cr₃C₂ | 180,1 | 13,31 | — | orthorhombisch | 1750 | — | 6,68 | — |
| 9 | Molybdänkarbid | Mo₂C | 203,9 | 5,89 | — | hexagonal, dichtest gepackt | 2500 | — | 8,82 | 22700 |
| 10 | Wolframkarbid | W₂C | 380,0 | 3,16 | — | hexagonal, dichtest gepackt | 2850 | 17,15 | 17,2 | 42800 |
| 11 | Wolframkarbid | WC | 195,9 | 6,13 | — | hexagonal | 2900 | 15,52 | 15,6 | 72200 |
| 12 | Chromwolframkarbid | 3 Cr₃C₂·W₂C | 920,0 | 9,14 | 51,0 Cr | — | 1950 | — | 8,50 | — |
| 13 | Titannitrid | TiN | 61,9 | — | 22,10 | NaCl-Typ | 2950 | 4,81 | 5,29 | 8800 |
| 14 | Zyanstickstofftitan | 4 TiN·TiC | 307,5 | 3,90 | 18,21 | NaCl-Typ | zersetzlich | 5,32 | 5,29 | — |
| 15 | Vanadinnitrid | VN | 65,0 | — | 21,57 | NaCl-Typ | zersetzlich | — | 5,91 | — |
| 16 | Vanadinnitrid | V₂N | 115,9 | — | 12,07 | hexagonal, dichtest gepackt | zersetzlich | — | — | — |
| 17 | Chromnitrid | CrN | 66,0 | — | 21,22 | NaCl-Typ | zersetzlich | 6,1 | 5,9 | — |
| 18 | Chromnitrid | Cr₂N | 118,0 | — | 11,87 | hexagonal, dichtest gepackt | zersetzlich | — | — | — |
| 19 | Molybdännitrid | Mo₂N | 205,9 | — | 6,80 | reg. Tetraeder | zersetzlich | — | — | — |
| 20 | Diamant | C | 12,01 | 100,0 | — | — | 3750 | — | 3,51 | — |
| 21 | Korund | Al₂O₃ | 101,9 | — | — | hexagonal | 2050 | — | 3,9 | — |

[1] Der Elastizitätsmodul der Karbide wurde von W. Köster und W. Rauscher bestimmt.

eine Reihe von Karbid-Nitrid-Systemen, beispielsweise TiC-TiN, TaC-TaN, wurden von C. Agte und H. Alterthum (32) und von K. Becker (22) eingehender untersucht.

In Zahlentafel 57 sind die oben erläuterten Herstellungsverfahren für die Gewinnung von Hartstoffen zusammengestellt.

Über die Eigenschaften der Hartstoffe unterrichtet Zahlentafel 58 (19).

## C. Herstellung der Sinterhartmetalle.

Unter „Sinterhartmetallen" versteht man gesinterte Werkstoffe, die zu mehr als 80% aus hochschmelzenden Karbiden und zum Rest aus Metallen oder Legierungen der Eisengruppe als zähem Bindemittel („Hilfsmetall") bestehen.

Als Grundstoff zur Herstellung der Sinterhartmetalle dienen einerseits die pulverförmigen Karbide des Wolframs, Titans, Tantals sowie in untergeordnetem Maße die Karbide des Molybdäns, Vanadins und Niobs, andererseits Kobalt-, Nickel- und in beschränktem Umfange Eisenpulver selbst. Die Karbide des Wolframs, Molybdäns, Titans und Tantals bzw. ihre Mischkristalle, deren Herstellung unter B eingehend beschrieben wurde, werden mit Kobalt- oder Nickelpulver (Gewinnung vgl. Seite 20ff.) in Kugelmühlen feinstvermahlen. Es kann hierbei trocken unter Luft oder Schutzgas oder naß unter Wasser oder organischen Flüssigkeiten gemahlen werden. Bei der oft mehrere Tage dauernden Feinstmahlung (16) überziehen sich die Karbide derart fest mit einem Hilfsmetallfilm, daß sich das Metallpulver nicht mehr magnetisch von den Karbidteilchen scheiden läßt (41).

Der Einfluß verschiedener Mahlmittel auf die Eisen- und Sauerstoffaufnahme von in Stahlmühlen gemahlenen WC-Co-Gemengen ist in Zahlentafel 59 wiedergegeben. Der Abrieb der Mühle und die

Zahlentafel 59. Einfluß des Mahlmittels auf die Eisen- und Sauerstoffaufnahme von WC-Co-Gemengen (O. Meyer und W. Eilender).

| Mahlung in | Eisenzunahme % Fe/kg/Std. | Gewichtsverlust in % bei der Reduktion mit Wasserstoff bei 700° |
|---|---|---|
| Wasser . . . . | 0,35 | 0,10 |
| Benzol . . . . | 0,12 | 0,045 |
| Luft . . . . | 0,070 | 0,033 |
| Wasserstoff . . | 0,030 | 0,015 |
| Wasser und Wasserstoff . | 0,10 | 0,04 |

Zahlentafel 60. Kohlenstoffgehalt einer WC-Co-Mischung nach dem Glühen in Wasserstoff bei verschiedenen Temperaturen (O. Meyer und W. Eilender).

| Reduktionstemperatur ° C | Glühdauer Std. | C* % |
|---|---|---|
| 650 | 3 | 5,12 |
| 700 | 3 | 5,10 |
| 750 | 3 | 5,05 |
| 850 | 3 | 4,85 |
| 950 | 3 | 4,65 |
| 1050 | 3 | 4,08 |

* Kohlenstoffgehalt im Ausgangszustand: 5,15 %.

Oxydation des Mahlgutes ist unter Wasser am stärksten, unter Wasserstoff am geringsten. Das Mahlgut wird zweckmäßigerweise nach dem Trocknen einer Nachreduktion unter trockenem Wasserstoff bei etwa

Abb. 165. Stapel gepreßter Blöcke aus Hartmetall.

Abb. 166. Zerschneiden der Blöcke.

600 bis 700° unterzogen. Mit fallender Korngröße und steigender Glühdauer und Glühtemperatur tritt eine merkbare Entkohlung des WC ein (vgl. Zahlentafel 60). Die Wirkung der Mahldauer auf die Korngrößenverteilung von WC-Co-Gemengen mit 8% Co ist in Zahlentafel 14, Seite 44, wiedergegeben. Man sieht, daß die Korngröße mit steigender Mahldauer erheblich (bis unter $1\mu$) abnimmt, wobei sich das Füll- bzw. Klopfvolumen fast verdoppelt.

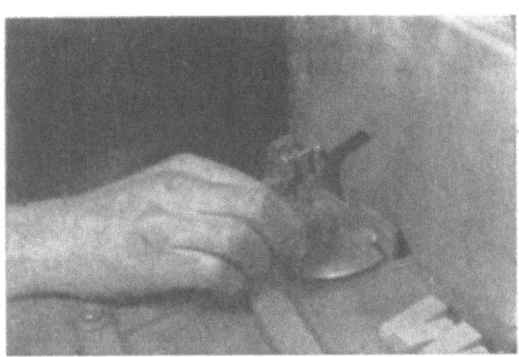

Abb. 167. Winkelanschleifen.

Die feinstvermahlenen und nachreduzierten Karbid-Hilfsmetall-Gemenge werden in Stahlmatrizen zu Blöcken oder Platten verpreßt (Abb. 165) (Preßdruck etwa 1 bis 2 t/cm²), die nach einer Vorsinterung bei etwa 900 bis 1000° genügend fest sind, um sich mit Hilfe von Karborundumschleifscheiben zu Schneidplättchen sowie Profilkörpern aller Art formen zu lassen. Die Verfestigung bei der Vorsintertemperatur ist vorwiegend als ein Kobaltsintereffekt zu deuten. Die Abb. 166

Herstellung der Sinterhartmetalle.

bis 170 zeigen nach C. Ballhausen (42) die Formgebung von Hartmetallplättchen verschiedener Art aus vorgesinterten Preßstäben. Bei Körpern einfacher Gestalt braucht das sogenannte „Formgebungsverfahren" (Pressen, Vorsintern, Formen) nicht angewandt zu werden; solche Körper lassen sich in entsprechenden Matrizen aus dem Pulvergemenge unmittelbar auf die gewünschte Fertigform pressen.

An die Formgebung schließt sich die Hoch- bzw. Fertigsinterung der Formkörper an. Sie findet in wasserstoffgeschützten Kohlerohröfen oder Kohlespiral-Vakuumöfen, in Durchsatzöfen mit Molybdänheizleitern oder in Hochfrequenz-Vakuumöfen statt (vgl. Seite 52ff.). Die Hartmetallplättchen werden während der Sinterung auf Graphit- oder Sintertonerdeplatten gelegt und gegebenenfalls mit Aluminiumoxyd- oder Graphitpulver bedeckt, um eine Entkohlung durch das Schutzgas zu vermeiden und eine gleichmäßige Wärme-

Abb. 168. Profilschleifen.

Abb. 169. Bearbeiten einer Drehform.

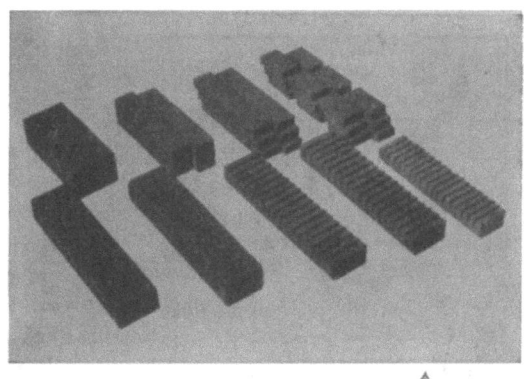

Abb. 170. Zusammenstellung der Zwischenstufen vom Block bis zu den fertigen Plättchen.
a Plättchen, geschliffen mit Übermaß.
b Die gleichen Plättchen, gesintert.

Abb. 165—170. Vom Preßstab zum fertigen Hartmetallplättchen.

übertragung zu gewährleisten. In der Praxis wird üblicherweise eine Sinterdauer von 1 bis 2 Stunden bei 1400 bis 1550° angewandt. Während der Sinterung schrumpfen die Formkörper um etwa 15 bis 25% ihrer linearen Abmessungen, was bei der Formgebung zwecks Erzielung der gewünschten Maße der Formkörper nach der Sinterung berücksichtigt werden muß (Abb. 171).

Die verschiedenen Verfahrensschritte wirken sich auf die Eigenschaften, insbesondere die Härte des Fertigerzeugnisses, wie folgt aus:

Mit fortschreitendem Mahlungsgrad und steigender Kornverfeinerung tritt eine erhebliche Härtesteigerung der fertigen Sinterlegierungen ein. In Zahlentafel 61 ist die Härte einiger Wolframkarbid-Kobalt-Sinterkörper in Abhängigkeit von der Korngröße bei jeweils günstigen Preß- und Sinterbedingungen sowie die chemische Zusammensetzung wiedergegeben. Die besonders hohe Härte der Probe 7 ist teils auf den Mah-

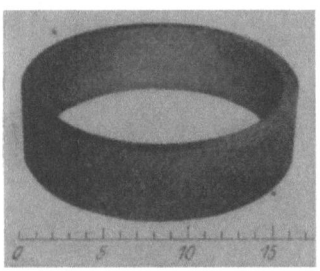

Abb. 171 a und b. Hartmetallformstück.
a ungesintert, b·gesintert.
Maßstab: Zentimeterteilung.

Zahlentafel 61. **Chemische Zusammensetzung, Korngröße und Härte gesinterter WC-Co-Körper (O. Meyer und W. Eilender).**

| Pulver Nr. | C % | Co % | Fe % | Korngröße μ | Art der Zerkleinerung | Sintertemperatur °C | Preßdruck t/cm² | Rockwellhärte C 60 |
|---|---|---|---|---|---|---|---|---|
| 1 | 5,5 | 7,95 | 0,18 | 60—200 | gemörsert und gesiebt | 1500 | 8 | nicht meßbar |
| 2 | 5,5 | 7,95 | 0,18 | 60— 25 | | | | 68 |
| 3 | 5,5 | 7,95 | 0,18 | 25— 15 | | | | 70,5 |
| 4 | 5,5 | 7,95 | 0,18 | 0— 15 | | | | 78,5 |
| 5 | 5,4 | 8,05 | 0,44 | 75% kleiner als 6 μ | 12 Std. unter Wasserstoff gemahlen | | 0,8 | 83,5 |
| 6[1] | 5,34 | 8,15 | 0,60 | 75% kleiner als 4 μ | 30 Std. unter Wasserstoff gemahlen | | | 89 |
| 7[2] | 5,25 | 7,56 | 3,86 | 75% kleiner als 3 μ | wie 6, zusätzl. 48 Std. in Wasser gemahlen | | 0,2 | 92 |

[1] 0,04% Si.  [2] 0,1% Si, 1,09% Cr.

**Zahlentafel 62. Einfluß des Kaltpreßdrucks auf die Härte verschiedener WC-Co-Gemenge nach dem Sintern (O. Meyer und W. Eilender).**

| Grobpulver[1] (Nr. 4 gemäß Zahlentafel 61) | | Feinpulver[1] (Nr. 6 gemäß Zahlentafel 61) | | Feinstpulver[2] (Nr. 7 gemäß Zahlentafel 61) | |
|---|---|---|---|---|---|
| Preßdruck t/cm² | Rockwellhärte C 60 | Preßdruck t/cm² | Rockwellhärte C 60 | Preßdruck t/cm² | Rockwellhärte C 60 |
| 3 | 71 | 0,1 | 87 | 0,02 | 89 |
| 4 | 72 | 0,2 | 87 | 0,04 | 92 |
| 5 | 75 | 0,4 | 87,5 | 0,07 | 90,5 |
| 6 | 77 | 0,6 | 87,5 | 0,1 | 91 |
| 8 | 78 | 0,7 | 88 | 0,2 | 91,5 |
| 10 | 76,5 | 0,8 | 89 | ? | 89,5 |
| 15 | 75 | 0,9 | 88 | — | — |
| — | — | 1 | 87,5 | — | — |
| — | — | 2 | 86,5 | — | — |
| — | — | 3 | 86 | — | — |
| — | — | 5 | 85 | — | — |

[1] Sintertemperatur 1500°.   [2] Sintertemperatur 1400°; Sinterzeit ½ Std.

lungsgrad, teils auf die hohen Chrom- und Eisengehalte zurückzuführen, die der Hilfsmetallphase den Charakter einer harten Eisen-Chrom-Kobalt-Legierung geben. Die durch die Feinmahlung bedingte Härtesteigerung ist meist von einem Anstieg der Bruchfestigkeit sowie einem Abfall der Bruchdehnung begleitet. Die Sintertemperatur kann entsprechend einem fortschreitenden Feinmahlungsgrad gesenkt werden.

Die Härte gesinterter Karbid-Hilfsmetall-Körper durchläuft bei konstanten Sinterbedingungen (Temperatur und Zeit) in Abhängigkeit vom aufgewandten Kaltpreßdruck ein Maximum (vgl. Zahlentafel 62). Diese Erscheinung ist im wesentlichen auf eine dem Verlauf der Härtekurve parallel gehende Dichtekurve zurückzuführen.

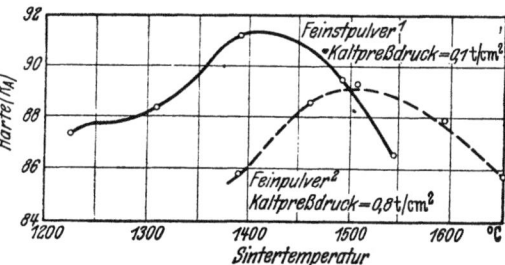

Abb. 172. Härte von Hartmetall in Abhängigkeit von der Sintertemperatur (O. Meyer und W. Eilender).
1 Korngröße: 75% < 3 μ; 30 Stunden unter Wasserstoff gemahlen, zusätzlich 48 Stunden in Wasser gemahlen.
2 Korngröße: 75% < 4 μ; 30 Stunden unter Wasserstoff gemahlen.

Ein ähnliches Maximum zeigt die Härte in Abhängigkeit von der Sintertemperatur. Das Maximum liegt je nach dem Feinmahlungsgrad bei 1400 bzw. 1500° (vgl. Abb. 172). Oberhalb 1600° tritt eine auffallende Kornvergröberung, begleitet von starker Blasenbildung, auf. Bei 1700 bis 1900° verdampft das Kobalt merklich, wobei die Sinterkörper ein schwammartiges Gefüge annehmen. Weniger temperaturempfindlich sind die hoch titankarbidhaltigen Hartlegierungen.

Durch Drucksinterung zwischen Graphitelektroden kann die Blasenbildung und Porosität von Legierungen mit geringen Kobaltgehalten auch bei Sintertemperaturen bis zu 2000° weitgehend vermieden werden. Es treten lediglich Kornvergröberung und feinste Graphitausscheidungen auf. Übrigens lassen sich durch Heißpressen bei 1375 bis 1500° porenfreie Hartmetalle herstellen, die eine um 1 bis 3 Rockwell-A-Einheiten höhere Härte aufweisen als nicht druckgesintertes Hartmetall (19, 41) (vgl. Seite 141). Bezüglich des Einflusses der Sinterdauer auf die Härte ist festzustellen, daß sich mit steigender Sinterdauer die Härte asymptotisch einem Bestwert nähert, der nach 1 bis 2 Stunden Sinterung bereits erreicht ist.

### D. Die physikalisch-chemischen Vorgänge bei der Sinterung von Hartmetall und die zu ihrer Aufklärung möglichen Prüfverfahren.

Zur Untersuchung der Vorgänge bei der Sinterung von Hartlegierungen können folgende Verfahren herangezogen werden, die in ihrer Gesamtheit ein verhältnismäßig zuverlässiges Bild ergeben:

1. die mikroskopische Untersuchung;
2. die Untersuchung des Zustandsbildes der Hauptkomponenten des Hartmetalls, also beispielsweise von ternären Legierungen wie Wolfram-Kobalt-Kohlenstoff;
3. die thermische Analyse von Hartmetallsinterkörpern zwecks Feststellung der Temperatur des Auftretens einer flüssigen Phase beim Sintern;
4. das Auspressen der Hilfsmetallphase bei Sintertemperatur zwecks analytischer Bestimmung der Löslichkeitsverhältnisse der Karbide im Hilfsmetall;
5. die Rückstandsanalyse feinstgepulverter Hartlegierungen zur Bestimmung des bei Zimmertemperatur gelösten Anteiles an Karbiden im Hilfsmetall;
6. röntgenographische Untersuchungen (Debye-Scherrer) zur Ermittlung der Struktur der Karbidphase (Mischkristallbildung, Doppelkarbide usw.).

Um die Technik der Herstellung einwandfreier Hartmetallschliffe für die mikroskopische Untersuchung hat sich K. Schröter (43) verdient gemacht. Das von ihm ausgearbeitete Verfahren ist zwischenzeitlich vervollkommnet worden. Vollkommen plane Flächen und Hochglanzpolituren erhält man, wenn man die Hartmetallplättchen erst grob mit Siliziumkarbidscheiben vorschleift, um sie dann mit Diamantmetallscheiben feinst nachzuschleifen. Die notwendige Hochglanzpolitur der nunmehr schon fast kratzerfreien Hartmetallschliffe wird mit feinstgeschlämmtem Diamantpulver in Olivenöl auf rotierenden Scheiben mit feinstem Schmirgelpapier erzielt. Zur Entwicklung des Gefüges kommen als Ätzmittel kochendes Wasserstoffsuperoxyd, Ammoniak oder besser alkalische Ferrizyankalilösung und Salpetersäure-Flußsäure-Gemische in Frage. Abwechselndes basisches und saures Ätzen führt zu sehr klaren Gefügebildern. Den Porositätsgrad eines vorliegenden Hartmetalles stellt man am zweckmäßigsten bei nur 50- bis 100-facher Vergrößerung am ungeätzten Schliff im Mikroskop fest (vgl. Abb. 83, Seite 141). Graphitausscheidungen geben sich meist als Poren zu erkennen, da beim Polieren mit Diamant der Graphit aus der Oberfläche herausgerissen wird. Zur Gefügeuntersuchung sind stärkere Vergrößerungen, etwa 500- bis 2500-fach, erforderlich. Abb. 79, Seite 130, zeigt beispielsweise das Gefüge eines Hartmetalles mit 13% Co, Rest Wolframkarbid, bei 2500-facher Vergrößerung.

Die Untersuchung der Gleichgewichtsverhältnisse in Mehrstoffsystemen pflegt man meistens an Legierungen vorzunehmen, die aus dem Schmelzfluß erstarrt sind. Im Hartmetall kann eine derartige Untersuchung keinen klaren Aufschluß über den in diesem Werkstoff verwirklichten Gleichgewichtszustand geben. Im Hartmetall ergibt sich beim Erhitzen vom festen zum flüssigen Zustand ein anderes Gefüge als beim Abkühlen aus dem Schmelzfluß (vgl. Seite 129 ff.). Das liegt daran, daß beim Niederschmelzen von Karbidhilfsmetallgemengen die Karbide unter Abscheidung von Graphit zerstört werden. Schmilzt man z. B. das Gemenge von 95% WC und 5% Co nieder, so erhält man nach dem Erstarren eine spröde, heterogene Legierung, deren Einzelbestandteile aus Graphit, einem Wolfram-Kobalt-Mischkristall und einem Gemisch der Karbide $W_2C$ und WC bestehen, von denen letztere noch geringe Mengen Kobalt in fester Lösung enthalten. Das Hartmetall verdankt aber seine vorzüglichen Eigenschaften gerade der Tatsache, daß es gelang, durch Anwendung neuartiger Herstellungsverfahren auf eine an sich bekannte Legierung aus den Elementen Wolfram, Kobalt und Kohlenstoff, nämlich durch Sinterung bei Temperaturen unterhalb des Schmelzpunktes der Einzelkomponenten, Wolframkarbid unverändert in eine Grundmasse aus Kobalt einzubauen. Daher können über das im Hartmetall verwirklichte Gefüge vornehmlich nur solche Gleichgewichtsuntersuchungen Auskunft geben, die im festen Zustand oder in dem Temperaturgebiet vorgenommen werden, in dem eine geringe Menge flüssiger Phase auftritt.

Beliebige Wärmebehandlungen ändern den Gefügeaufbau von Hartmetall grundsätzlich nicht, solange man sie in einem Temperaturgebiet vornimmt, in dem sich die vorhandenen Karbide noch nicht zersetzen können. Demgemäß zeigen Hartmetallplättchen, die etwa 200mal jeweils 2 Stunden lang auf etwa 1500° erhitzt wurden, außer einem starken Kornwachstum (vgl. Kap. 6, S. 131) und einer zwangsläufigen Verarmung an Kobalt keinerlei Veränderung im Gefügeaufbau, wie aus den Abb. 173 und 174 hervorgeht (Abb. 173: Hartmetallschliff nach

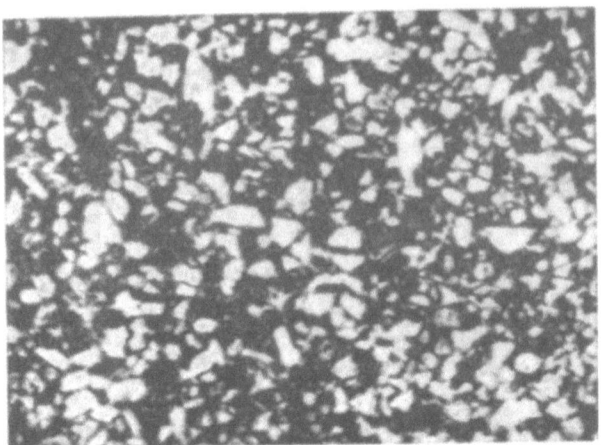

Abb. 173. Hartmetall (86% WC, 5% TiC, 9% Co) nach zweistündiger Sinterung bei 1500°. × 1000.

einmaliger zweistündiger Sinterung bei 1500°; Abb. 174: das gleiche Hartmetall nach 200maliger, jeweils zweistündiger Sinterung bei 1500°).

Abb. 174. Hartmetall (86% WC, 5% TiC, 9% Co) nach 200× zweistündiger Sinterung bei 1500°. × 1000.

An einer geschmolzenen Hartmetallegierung kann das im gesinterten Hartmetall vorliegende Gefüge nur dadurch wieder eingestellt werden, daß man das geschmolzene Produkt feinst pulverisiert, preßt und sintert. Nach mehrfacher Wiederholung des Mahl-, Preß- und Sintervorganges gelingt es, den vorhandenen freien Kohlenstoff wieder restlos zu binden und eine Hartlegierung herzustellen, die in ihrem Gefügeaufbau vollkommen identisch ist mit einer Legierung, die durch Sinterung eines Wolframkarbid-Kobalt-Gemenges hergestellt wurde.

Über die bei der Sinterung von Hartmetall verlaufenden physikalisch-chemischen Vorgänge dürfte heute vollständige Klarheit herrschen. Die ersten eingehenderen Untersuchungen darüber stellten L. L. Wyman und F. C. Kelley (44) an. Sie konnten auf Grund umfangreicher Sinterversuche an Wolframkarbid-Kobalt-Preßkörpern wechselnder Zusammensetzung den Mechanismus der bei der Sinterung sich abspielenden Vorgänge zumindest qualitativ völlig klarstellen. Danach bildet sich schon unterhalb des Schmelzpunktes des reinen Kobalts bei der Sinterung eine flüssige Phase. Kobalt vermag nämlich einen gewissen Prozentsatz an Wolframkarbid unter Schmelzpunktserniedrigung zu lösen. Beim Abkühlen der Sinterkörper scheidet sich das gelöste Wolframkarbid aus dem Bindemittel wieder aus, wobei es sich an den ungelösten Wolframkarbidkristallen wieder anlagert. Selbst bei sehr schnellem Abkühlen gesinterter Wolframkarbid-Kobalt-Körper geht die Ausscheidung des Wolframkarbids aus der Bindemittelphase so rasch vor sich, daß weder ein eutektisches Gefüge noch feinste Wolframkarbidausscheidungen in der Kobaltphase mikroskopisch nachzuweisen sind. Nach Untersuchungen von S. L. Hoyt (41) bildet sich die flüssige Phase bei etwa 1350°, wie durch thermische Analyse bewiesen werden konnte. Daß sich bei der Sintertemperatur in der Tat eine wolframkarbidhaltige Kobaltlegierung bildet, konnten L. L. Wyman und F. C. Kelley durch einen einfachen Versuch nachweisen. Sie preßten Wolframkarbid-Kobalt-Sinterkörper bei etwa 1500° zwischen Graphitelektroden und analysierten die ausgequetschte flüssige Phase. Nach ihren Befunden wies die ausgepreßte Legierung einen Wolframkarbidgehalt von 27,5% auf.

S. Takeda (45) stellte eingehende Gleichgewichtsuntersuchungen an den ternären Systemen Wolfram-Kobalt-Kohlenstoff, Wolfram-Nickel-Kohlenstoff und Wolfram-Eisen-Kohlenstoff an, einerseits, um quantitative Aussagen über die Vorgänge bei der Sinterung von Wolframkarbid-Kobalt-Hartmetallen machen zu können, andererseits, um den Grund für die Überlegenheit des Kobalts als Bindemittel gegenüber Nickel und Eisen zu finden. S. Takeda konnte die Auffassung von L. L. Wyman und F. C. Kelley über den Mechanismus der Sinterung von Hartmetall in vollem Umfang bestätigen. Er fand, daß das Kobalt in einer Wolframkarbid-Kobalt-Legierung mit 6% Co bei 1400° zu schmelzen beginnt, wenn es 1,5% WC gelöst hat, und daß es vollständig geschmolzen ist, wenn der gelöste Wolframkarbidgehalt etwa 20% erreicht hat (vgl. Seite 130). Bei längerer Sinterdauer nimmt die flüssige Kobalt-Wolframkarbid-Legierungsphase weitere

Wolframkarbidmengen bis zu insgesamt 38% auf. Unter diesen Umständen macht die flüssige Phase rund 10 Gew.-% des Preßlings aus, d. h. also ungefähr das Doppelte des ursprünglich eingesetzten Bindemittels. Bei beginnender Abkühlung wird das gelöste Wolframkarbid bis auf 4% bei Erreichung des festen Zustandes (etwa 1275°) wieder ausgeschieden. Bei Zimmertemperatur beträgt der gelöste Wolframkarbidanteil jedoch nur noch weniger als 1%. Das bei Zimmertemperatur noch vorhandene geringe Lösungsvermögen des Kobalts für Wolframkarbid scheint durch die von L. L. Wyman und F. C. Kelley beobachtete Gitterverspannung des Kobalts bestätigt zu werden.

Nach S. Takeda tritt im Gegensatz zu den Wolframkarbid-Kobalt-Legierungen in Wolframkarbid-Nickel- und Wolframkarbid-Eisen-Legierungen nach der Sinterung keine quantitative Wiederausscheidung des Wolframkarbids aus der festen Lösung ein, so daß die bei letzteren beiden Legierungen vorhandene Bindemittelphase spröder ist als das aus praktisch reinem Kobalt bestehende Bindemittel von Wolframkarbid-Kobalt-Legierungen. Aus dem unterschiedlichen Lösungsvermögen der drei Eisenmetalle für Wolframkarbid erklärt sich somit die Überlegenheit des Kobalts.

Ähnliche Verhältnisse dürften auch in solchen Hartmetallen vorliegen, die mehrere Karbide enthalten.

Ein brauchbares Verfahren zur Untersuchung der Löslichkeitsverhältnisse bei diesen stellt die Rückstandsanalyse dar. Feinstgepulvertes Hartmetall wird mit Salzsäure und gegebenenfalls zum Schluß mit Ammoniak behandelt. Die ungelösten Karbide enthalten nur noch einige Zehntel Prozent Hilfsmetall; die Lösung dagegen enthält praktisch die Gesamtmenge an Hilfsmetall sowie gewisse Anteile der Metalle der Grundkarbide, z. B. Wolfram, Molybdän, Chrom, Titan, Niob usw. Stellt man durch einen Leerversuch an den reinen, feinstgemahlenen Karbiden noch deren Angriff durch die Extraktionssäure fest, so erhält man einen ziemlich zuverlässigen Aufschluß über die Art der Bindemittelphase im festen Zustand. Behandelt man beispielsweise eine gepulverte Hartlegierung aus 42,5% $Mo_2C$, 42,5% TiC und 15% Ni, so läßt sich in der Lösung etwa 7,5 bis 10% Mo, 0,3 bis 0,5% Ti, Rest Ni nachweisen. Es folgt daraus, daß die bei 1300 bis 1350° auftretende flüssige Sinterphase auch in diesem System einen gewissen Anteil beider Karbide gelöst enthält. Auch hier ist anzunehmen, daß das Lösungsvermögen des Hilfsmetalls für die Karbide bei Sintertemperatur erheblich größer ist als bei gewöhnlicher Temperatur. Die gelösten Karbide scheiden sich beim Abkühlen — allerdings nicht in so starkem Maße wie im System Wolframkarbid-Kobalt — wieder aus, und zwar bis auf den aus der Rückstandsanalyse ermittelten Betrag. Bezüglich grundsätzlicher Zusammenhänge bei der Herstellung von Sinterkörpern in

Gegenwart flüssiger Phase sei auf frühere Ausführungen (Seite 126ff.) verwiesen.

Wie schon früher erwähnt, enthalten die Hartmetalle zum Bearbeiten von langspanenden Werkstoffen (Stahl) durchweg mehrere Karbide. Bei ihnen interessiert außer der Zusammensetzung des Bindemittels die Natur der Karbidphase. Über letztere, insbesondere über das Vorhandensein von Mischkristallen, vermag am besten die Röntgenstrukturanalyse Auskunft zu geben. Röntgenographisch konnte beispielsweise an einer für Feinbohrzwecke wichtigen Wolframkarbid-Titankarbid-Kobalt-Legierung mit beispielsweise 35% TiC, 58% WC, 7% Co nachgewiesen werden, daß bei ihr ein reiner Mischkristall mit regulärem Gitter (Kochsalztypus) des Titankarbids vorliegt.

Man hat auch versucht, durch Messung von magnetischen Werten [Induktion (41), Koerzitivkraft (46)] über die Vorgänge beim Sintern und über die Eigenschaften von Sinterhartmetallen Aufschluß zu erhalten. G. Ritzau (46) führt die selbst bei kleinsten Kobaltgehalten (0,5%) gemessenen hohen Koerzitivkräfte (350 Oe) auf im Kobalt auftretende Spannungen zurück. Da es sich bei Sinterhartmetallen um heterogene Systeme handelt, sind diese Spannungen als Volumendifferenzspannungen zwischen Karbiden und Hilfsmetallen anzusehen. Es ist wahrscheinlich, daß diese Spannungen wenigstens zum Teil für die im Vergleich zum reinen Kobalt hohe Bruchfestigkeit der Sinterhartmetalle verantwortlich sind.

## E. Eigenschaften der Sinterhartmetalle.

### 1. Prüfung der Eigenschaften.

Die laufende Qualitätsüberwachung erstreckt sich auf die Prüfung folgender Eigenschaften:

a) Chemische Zusammensetzung,
b) Dichte,
c) Härte,
d) Bruchfestigkeit,
e) Bruchgefüge und Porosität,
f) Zerspanungsleistung.

Zur Ermittlung der Zusammensetzung und zur laufenden Kontrolle der Legierungselemente wurden analytische Spezialverfahren entwickelt, über die im Schrifttum erst neuerdings Hinweise zu finden sind (47, 48). Besonders wichtig ist die dauernde Überwachung des freien und gebundenen Kohlenstoff- sowie des Bindemittelgehaltes, weil von diesen Elementen in sehr starkem Maße die mechanischen Eigenschaften der Hartmetalle, insbesondere ihre Härte, Bruchfestigkeit und Zerspanungsleistung, beeinflußt werden.

Da die in Sinterhartmetallen gefundene Dichte weitgehend übereinstimmt mit der theoretisch auf Grund der Mischungsregel zu erwartenden (vgl. Seite 326), vermag die Bestimmung dieser Größe bei Kenntnis der Grundkomponenten eines vorliegenden Hartmetalles schnell einen gewissen Anhaltspunkt für die chemische Zusammensetzung zu geben. Sie ist gleichzeitig bei fester Zusammensetzung ein Maß für den bei der Sinterung erreichten Schrumpf und die Porosität.

Eine äußerst wichtige Kenngröße der Hartmetalle ist die Härte. Die Härteprüfung wird bisher fast ausschließlich mit Hilfe des Rockwellapparates vorgenommen. Bei dieser Messung drückt man einen Diamantkegel von 120° Spitzenwinkel und einem Spitzenradius von 0,2 mm mit einer Belastung von 60 kg bei 10 kg Vorlast [Rockwell A (C 60)] in den Prüfkörper ein. Da die Empfindlichkeit der Rockwellprüfung mit steigender Härte abnimmt, ist es nach W. Dawihl (49) zweckmäßiger, an die Stelle der Rockwellzahl die Kegeldruckhärte, die aus der angewandten Prüflast und der Fläche des Eindrucks berechnet wird, zu setzen (50).

Über die Zähigkeit des Hartmetalles vermag die Bestimmung der Bruch- oder Biegebruchfestigkeit gewisse Auskunft zu geben.

Abb. 175. Prüfeinrichtung für die Bestimmung der Biegebruchfestigkeit von Hartmetall.

Sie wird an etwa 60 mm langen Stäbchen mit quadratischem Querschnitt (etwa $5 \times 5$ mm) vorgenommen. Bei der Prüfung beträgt die Auflagelänge meistens 50 mm. Abb. 175 zeigt eine einfache Prüfvorrichtung zur Bestimmung der Bruchfestigkeit von Hartmetall.

Ähnlich wie die Bruchprobe dem Fachmann über die Güte eines gehärteten Stahles Auskunft gibt, vermag das Bruchgefüge eines zerschlagenen Hartmetallplättchens wertvolle Hinweise für die Güte des Sinterproduktes zu vermitteln. Der Porositätsgrad wird, wie schon kurz erwähnt, an ungeätzten Schliffen bei etwa 20- bis 50-facher Vergrößerung bestimmt.

Außer der Härte, der Bruchfestigkeit und dem Bruchgefüge eines Hartmetalles wird als wesentlichste Eignungsprüfung von Hartlegierungen ein Drehversuch auf Guß oder Stahl, gegebenenfalls im unterbrochenen Schnitt, durchgeführt. Auf Gußeisen von 200 bis 300 kg/mm²

Eigenschaften der Sinterhartmetalle. 295

Brinellhärte wird beispielsweise mit einem Vorschub von 0,4 mm bei einer Drehgeschwindigkeit von 40 bis 60 m/min, auf SM-Stahl von 80 bis 90 kg/mm² Festigkeit mit einem Vorschub von 0,4 bis 1 mm bei einer Drehgeschwindigkeit von 90 bis 140 m/min gearbeitet. Als Maßstab für die Brauchbarkeit einer Hartlegierung dient die Fasenstumpfung an der Schneidkante des Hartmetallplättchens, die in einem Kurz- oder in einem Dauerversuch ermittelt wird. Um die Zerspanungsleistung verschieden zusammengesetzter Sinterhartmetalle bei den verschiedenen Schnittgeschwindigkeiten überblicken zu können, nimmt man sogenannte $T$-$v$-Kurven auf ($T$ = Standzeit; $v$ = Schnittgeschwindigkeit). In Abb. 176 ist beispielsweise der Einfluß verschiedenen Kobaltgehaltes auf die Zerspanungsleistung eines Wolframkarbid-Titankarbid-Kobalt-Sinterhartmetalls beim Drehen von unlegiertem Stahl mit 90 kg/mm² Festigkeit nach Untersuchungen von F. Rapatz, H. Pollack und J. Holzberger (20) dargestellt. In ähnlicher Weise zeigt Abb. 177 den Einfluß steigenden Titankarbidgehaltes.

Die Zusammenhänge zwischen den verschiedenen oben aufgezählten Eigenschaften von Hartmetallen und der Zerspanungsleistung im Betrieb sind so mannigfach, daß im Rahmen dieses Buches auf weitere Einzelheiten nicht

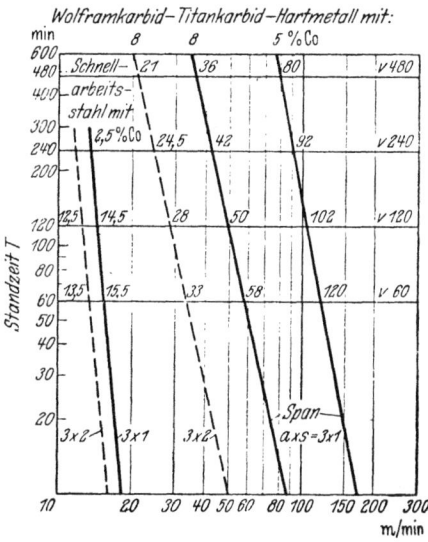

Abb. 176. Einfluß verschiedener Kobaltgehalte auf die Zerspanungsleistung von Hartmetallen beim Drehen von unlegiertem Stahl mit 80 kg/mm² Zugfestigkeit (F. Rapatz, H. Pollack, J. Holzberger).

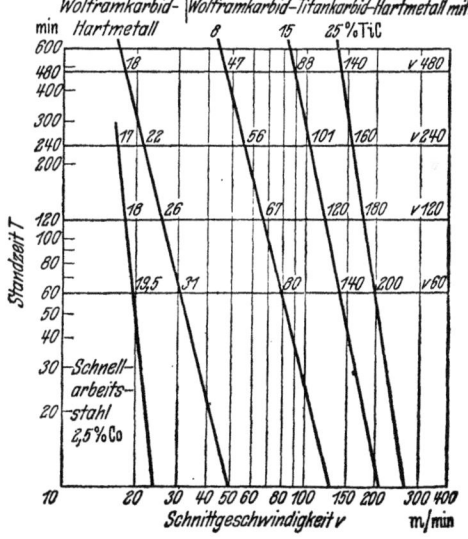

Abb. 177. Einfluß steigender Titankarbidgehalte auf die Zerspanungsleistung von Hartmetallen beim Drehen von unlegiertem Stahl mit 90 kg/mm² Zugfestigkeit (F. Rapatz, H. Pollack, J. Holzberger).

296    Die Sinterwerkstoffe der Technik.

eingegangen werden kann; es sei auf das umfangreiche Hartmetall-Sonderschrifttum verwiesen (51—68).

## 2. Abhängigkeit der Eigenschaften der Sinterhartmetalle von ihrer chemischen Zusammensetzung.

### a) Wolframkarbid-Kobalt-Legierungen.

Wie bei der Besprechung der geschichtlichen Entwicklung der Hartmetalle eingangs dieses Kapitels schon erwähnt, erlangten Hartmetallegierungen auf der Basis Wolframkarbid-Kobalt als erste größere technische Bedeutung. Die Eigenschaften derartiger Legierungen sind sehr stark vom Kobaltgehalt abhängig. In Zahlentafel 63 sind eine Reihe von mechanischen und physikalischen Eigenschaften, wie z. B. die Dichte, die Härte, die elektrische und Wärmeleitfähigkeit, die Bruchfestigkeit usw., von Wolframkarbid-Kobalt-Legierungen mit 3, 6, 9, 11, 13 und 20% Co in Vergleich gesetzt zu den entsprechenden Eigenschaftswerten des reinen Wolframkarbids bzw. des Kobalts. Einen recht interessanten Verlauf zeigt die Rockwellhärte derartiger Legierungen. Das zu beobachtende Maximum der Härte bei etwa 5 bis 6% Co dürfte darin begründet sein, daß es im Bereich kleinster Kobaltgehalte bei Sinterung ohne gleichzeitige Druckanwendung kaum möglich ist, völlig dichte Sinterkörper zu erzielen. Das gleiche gilt für die hoch kobalthaltigen Legierungen, die in ihrem spezifischen

Zahlentafel 63. **Physikalische und mechanische Eigenschaften von gesinterte WC-Co-Hartlegierungen.**

| Zusammensetzung | WC | 3% Co Rest WC | 6% Co Rest WC | 9% Co Rest WC | 11% Co Rest WC | 13% Co Rest WC | 20% Co Rest WC | Co |
|---|---|---|---|---|---|---|---|---|
| Dichte g/cm³ gefunden | 15,60 | 15,15 | 14,80 | 14,56 | 14,30 | 14,20 | 12,54 | 8,76 |
| Dichte g/cm³ errechnet | 15,52 | 15,32 | 15,13 | 15,02 | 14,62 | 14,62 | 14,14 | 8,76 |
| Rockwellhärte C 60 | 91–94 | 89–91 | 90–91 | 89–90 | 88–89 | 87–88 | 84–83 | 35–40 |
| Spez. elektr. Widerstand in Ohm·mm²/m | — | 0,21 | 0,20 | 0,19 | 0,18 | 0,20 | 0,30 | 0,06 |
| Wärmeleitfähigk. cal/cm sec·°C | — | — | 0,19 | — | 0,16 | — | — | 0,13–0,1 |
| Mittl. Ausdehnungsbeiwert zw. 20—800° | — | — | $5,0 \cdot 10^{-6}$ | — | $5,5 \cdot 10^{-6}$ | $6,0 \cdot 10^{-6}$ 20—400°C | — | — |
| Bruchfestigk. in kg/mm² | 30–45 | 90–120 | 130–170 | 150–180 | 160–190 | 20° 174 800° 137 850° 127 900° 105 | — | 70—80 |
| Elastizitätsmodul (kg/mm²)* (kg/mm²) | 72 200 | — | 55 100 | — | 52 600 (10% Co) | — | 42 700 | |

\* Nach unveröffentlichten Messungen von W. Köster u. W. Rauscher.

Gewicht und in der Härte prozentual viel niedriger liegen, als man bei dem Kobaltgehalt erwarten sollte. Die Bruchfestigkeit steigt im Bereich niedriger Kobaltgehalte sehr schnell an, um bei höheren Kobaltgehalten, etwa oberhalb 10%, einem konstanten Bestwert zuzustreben.

W. Dawihl bestimmte die Abhängigkeit der schon erwähnten Kegeldruckhärte von Wolframkarbid-Kobalt-Legierungen mit verschiedenen Kobaltgehalten von der Temperatur und gelangte zu Zusammenhängen gemäß Abb. 178. Erwähnenswert ist, daß die Härte von Hartmetallen mit 5% Co bei 700° noch derjenigen von Schnelldrehstahl bei Zimmertemperatur gleichkommt.

**b) Wolframkarbid-Hartlegierungen mit anderen Bindemitteln als Kobalt.** Versuche, an Stelle des Kobaltbindemittels Eisen, Nickel oder Legierungen aus Molybdän-Nickel, Kobalt-Kupfer, Kobalt-Wolfram, Kobalt-Molybdän, Kobalt-Chrom, Kobalt-Molybdän-Kupfer usw. (69, 19) zu verwenden, haben keine besonderen technischen Vorteile gebracht. Eisen und Nickel ergeben als Bindemittel bei Wolframkarbid-Hartlegierungen nur 40 bis 60% der Bruchfestigkeit der Kobaltbindung.

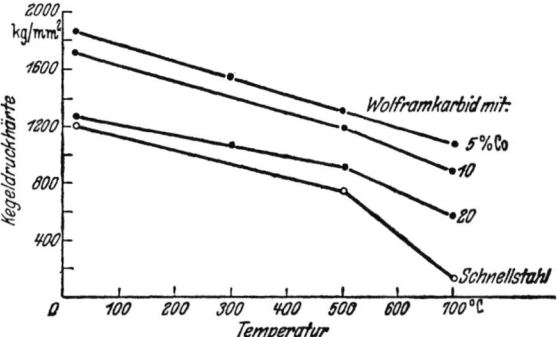

Abb. 178. Abhängigkeit der Kegeldruckhärte von Hartmetall von der Temperatur (W. Dawihl).

Der Grund für die schlechteren Eigenschaften von Eisen und Nickel als Bindemittel besteht in der Löslichkeit der genannten Bindemittel im festen Zustand für Wolframkarbid, worauf schon oben hingewiesen wurde. Ein teilweiser Ersatz des Kobalts (bis zu 30%) durch Eisen oder Nickel ergibt im Falle des Eisens härtere und sprödere Legierungen, im Falle des Nickels etwas weichere Legierungen. In beiden Fällen jedoch sinkt die Bruchfestigkeit leicht ab. Teilweiser Ersatz des Kobalts durch Molybdän und Wolfram bedeutet eine Herabsetzung des Gehaltes an zähen Bindemitteln und führt zu einer restlosen Bindung des freien Kohlenstoffes sowie zur Bildung einer weniger zähen Molybdän- bzw. Wolfram-Kobalt-Bindelegierung. In Zahlentafel 64 sind die Härte und Bruchfestigkeit von wolframkarbidhaltigen Hartmetallen mit verschiedenen Bindemitteln in Vergleich gesetzt zu den gleichen Eigenschaften von Hartmetallen, die TiC, TaC oder $Mo_2C$ an Stelle von Wolframkarbid enthalten.

**c) Andere reine Karbide mit verschiedenartigen Bindemitteln.** Ersetzt man das Wolframkarbid in Hartlegierungen vollständig durch andere reine hochschmelzende Karbide, wie z. B. TiC, TaC oder Mo$_2$C, so ergeben sich bei Anwendung verschiedenartiger Bindemittel die in der schon erwähnten Zahlentafel 64 angegebenen Eigenschaftswerte für verschiedene derartige Kombinationen. Die Hartmetallegierungen mit Mo$_2$C und TaC als Basis sind erheblich weicher als solche, die WC und TiC als Hartstoffgrundkörper enthalten. Die Festigkeit und Zähigkeit sowohl der TiC- als auch der TaC- und Mo$_2$C-Hilfsmetallegierungen liegen erheblich unter den entsprechenden Werten der Wolframkarbid-Kobalt-Legierungen. Interessant ist, daß in Hartlegierungen mit Tantalkarbid Nickel als Bindemittel dem Kobalt und Eisen überlegen ist, was auf eine größere Löslichkeit des Kobalts bzw. Eisens für Tantalkarbid bei Zimmertemperatur schließen läßt (70).

d) **Wolframkarbid-Molybdänkarbid-Hilfsmetall-Legierungen.**

Zahlentafel 64. Eigenschaften von Hartmetallen auf der Basis WC, TiC, TaC, Mo$_2$C mit verschiedenen Bindemitteln.

| Chemische Zusammensetzung | Rockwellhärte C 60 | Biegebruchfestigkeit kg/mm² |
|---|---|---|
| 94% WC, 6% Co | 90—91 | 130—170 |
| 94% WC, 6% Ni | 89 | 90—110 |
| 94% WC, 6% Fe | 90 | 80—100 |
| 92% WC, 8% Co/W (50:50) | 92 | 100—130 |
| 92% WC, 8% Co/Mo (50:50) | 92 | 80—100 |
| 92% WC, 8% Co/Cr (50:50) | 92 | 120—140 |
| 84% WC, 6% Ni, 10% Mo | 89 | 80 |
| 90% TiC, 10% Co | 89—90 | 80 |
| 90% TiC, 10% Ni | 89—91 | 65 |
| 90% TiC, 10% Fe | 89—91 | 50 |
| 85% TiC, 15% Fe | 89 | 55 |
| 80% TiC, 10% Co, 10% Cr | 92 | 70—80 |
| 87% TaC, 13% Co | 83 | 70 |
| 87% TaC, 13% Fe | 84 | 85 |
| 87% TaC, 13% Ni | 82 | 120 |
| 87% TaC, 13% Co/W (75:25) | 84 | 135 |
| 87% TaC, 13% Fe/Mo (63:37) | 89 | 85 |
| 90% Mo$_2$C, 10% Ni | 81 | 60—80 |

Legierungen zweier oder mehrerer hochschmelzender Karbide haben schon bei der Entwicklung der Hartmetalle eine Rolle gespielt (3, 4, 7, 11). Im Vordergrund des Interesses standen zunächst Karbidsysteme der gleichen Gruppe des periodischen Systems der Elemente; Beispiel: Wolframkarbid-Molybdänkarbid.

Hochgesinterte Gemenge von Mo$_2$C und W$_2$C sowie Mo$_2$C und WC sind beschränkt mischbar. Die mit 10% Co abgebundenen Karbidlegierungen der Reihe Mo$_2$C-WC zeigen bei etwa 63% WC ein Härtemaximum (71). Die Bruchfestigkeit dieser Legierungen liegt zwischen 50 und 120 kg/mm² in Richtung steigenden Wolframkarbidgehaltes. Nickelgebundene Mischkristalle weisen insbesondere bei höheren Mo$_2$C-Gehalten größere Festigkeiten auf als die kobaltgebundenen.

Da die Wolframkarbid-Molybdänkarbid-Legierungen unabhängig vom eingesetzten Bindemittel in der Festigkeit durchweg unter den

Wolframkarbid-Kobalt-Legierungen liegen und außerdem keine sonstigen verbesserten Eigenschaften außer der Härte gegenüber den Wolframkarbid-Kobalt-Legierungen aufweisen, hat sich für sie noch kein besonderes Anwendungsgebiet in der Zerspanungstechnik ergeben.

e) **Molybdänkarbid-Titankarbid-Hilfsmetall-Legierungen.** Die ersten Hartmetalle, die sich für die Zerspanung von Stahl und anderen langspanenden Werkstoffen eigneten — Wolframkarbid-Kobalt-Hartmetall ist bekanntlich nur für die Bearbeitung von Guß und kurzspanenden

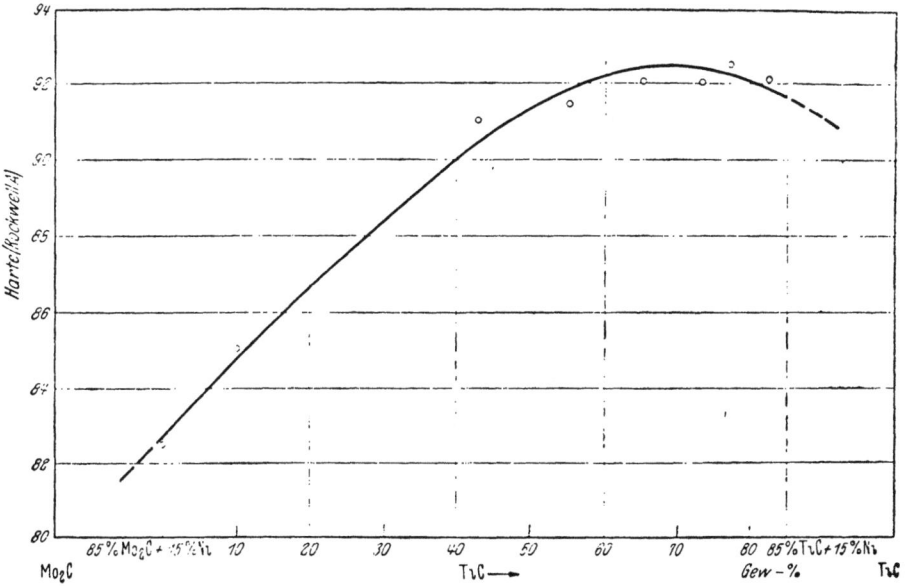

Abb. 179. Härte von TiC-Mo₂C-Ni-Hartlegierungen in Abhängigkeit vom TiC-Gehalt.

Werkstoffen wirtschaftlich einzusetzen —, enthielten wesentliche Mengen an Titankarbid neben Karbiden der 6. Gruppe des periodischen Systems der Elemente. Von diesen Legierungen kam als erste im Jahre 1930 das „Titanit S" auf der Basis TiC-Mo$_2$C-Ni als brauchbares Hartmetall auf den Markt. Die Härte von TiC-Mo$_2$C-Ni-Legierungen mit einem Bindemittelgehalt von beispielsweise 15% weisen zwischen etwa 55 und 80% TiC ein Härtemaximum auf (vgl. Abb. 179). Erwähnenswert ist, daß die härtesten Legierungen dieses Systems diejenigen aus dem technisch wichtigen System Wolframkarbid-Kobalt in der Härte um etwa 1 bis 1,5 Rockwell-A-Einheiten übertreffen. Dieser Unterschied wird noch erheblich deutlicher, wenn man an Stelle der Rockwell-A-Härte die Kegeldruckhärte dem Vergleich zugrunde legt. Die Bruchfestigkeit beträgt jedoch nur 50 bis 60% derjenigen der Wolframkarbid-Kobalt-Hartmetalle. In Zahlentafel 65 sind die Bruchfestigkeit, die Härte und die Dichte einiger Mo$_2$C-TiC-Legierungen mit verschiedenen Bindemitteln, hauptsächlich Nickel bzw. Nickel-Chrom, zusammengestellt. U. a. sind auch die Eigenschaften einiger Legierungen mit höheren Nickelgehalten aufgeführt. Diese zeigen zwar steigende Bruchfestigkeit, sind aber wegen ihrer geringeren Härte beim Zerspanungsvorgang auf Stahl zu wenig verschleißfest. Sie lassen sich jedoch durch Drucksintern in ihren mechanischen Eigenschaften erheblich verbessern. Legierungen auf der Basis Mo$_2$C-TiC-Ni lassen sich zur Feinstbearbeitung von Stahl erfolgreich einsetzen.

Zahlentafel 65. Härte, Bruchfestigkeit und Dichte einer Reihe von Mo$_2$C-TiC-Hartlegierungen mit Ni-, Ni-Cr- und Co-Bindung.

| Mo$_2$C % | TiC % | Ni, Cr, Co % | Rockwellhärte C 60 | Biegebruchfestigkeit kg/mm² | Dichte g/cm³ |
|---|---|---|---|---|---|
| 85 | — | 15 Ni | 82,5 | 60 | 8,8 |
| — | 85 | 15 Ni | 91,5 | 70 | 5,5 |
| 75,0 | 10 | 15 Ni | 85 | 75 | 8,2 |
| 42,5 | 42,5 | 15 Ni | 91 | 90 | 6,9 |
| 30 | 55 | 15 Ni | 91,5 | 85 | — |
| 20 | 65 | 15 Ni | 92 | 80 | 6,2 |
| 12 | 73 | 15 Ni | 92 | 70 | 6,1 |
| 8 | 77 | 15 Ni | 92,5 | 70 | — |
| 3 | 82 | 15 Ni | 92 | 70 | — |
| 35 | 35 | 28 Ni 2 Cr | 89 | 110 | — |
| 45 | 45 | 10 Ni | 91 | 80 | 7,0 |
| 30 | 60 | 10 Ni | 91 | 75 | — |
| 20 | 70 | 10 Ni | 92 | 65 | 6,3 |
| 15 | 77 | 8 Ni | 92 | 60 | 6,2 |
| 15 | 58 | 25 Ni 2 Cr | 89 | 100 | — |
| 15 | 63 | 20 Ni 2 Cr | 89,5 | 100 | — |
| 15 | 75 | 10 Ni | 92,5 | 70 | 6,2 |
| 42,5 | 42,5 | 15 Co | 91 | 75 | 6,9 |

f) **Wolframkarbid-Titankarbid-Kobalt-Legierungen.** Zu den wichtigsten Hartmetallen gehören diejenigen des Systems WC-TiC-Co. Große Mengen derartiger Hartlegierungen finden heute zur Zerspanung langspanender Werkstoffe Verwendung. Legierungen mit kleinen TiC-Gehalten kann man mit Erfolg auch zur Bearbeitung kurzspanender Werkstoffe einsetzen. Durch das Hinzulegieren von TiC zu WC-Co-Legierungen wird die Oxydationsbeständigkeit und Warmfestigkeit der WC-Co-Legierungen verbessert. Auch die geringere Wärmeleitfähigkeit und die verringerte Klebneigung zum ablaufenden Span derartiger Legierungen (vgl. Zahlentafel 66) wirkt sich beim Zerspanen von Stahl und anderen langspanenden Werkstoffen sehr günstig aus (49, 42).

Bei der Herstellung von Wolframkarbid-Titankarbid-Kobalt-Hartmetall-Legierungen kann man von Karbidgemengen oder von Karbidmischkristallen ausgehen. Letztere können durch gemeinsames Karburieren des Wolframtrioxyds und des Titandioxyds oder durch Erhitzen der hilfsmetallfreien Karbidgemenge auf 1700 bis 2000° hergestellt werden (17, 72). Bis zu etwa 5% TiC weisen die Mischkristalle ein reines Wolframkarbidgitter auf. Durch die Aufnahme von Titankarbid in das Wolframkarbidgitter tritt nach Untersuchungen von W. Zumbusch und W. Sander (73) eine Gitterkontraktion des Wolframkarbidgitters auf, und zwar für die Kante $a$ von 2,898 auf 2,857 Å und für die Kante $c$ von 2,827 auf 2,818 Å, so daß $c/a$ statt 0,972 nunmehr den Wert 0,986 annimmt. Zwischen 5 und 30% TiC treten nach eigenen Untersuchungen

Zahlentafel 66. Verschweißungstemperatur von Co, WC, TiC und deren Legierungen gegenüber verschiedenen Werkstoffen bei ruhender Berührung (W. Dawihl).

| | Stahl 60 kg/mm² Festigkeit °C | Stahl 140 kg/mm² Festigkeit °C | WC-Co-Legierung °C | WC-TiC-Co-Legierung °C | WC °C | TiC °C | Grauguß 200 kg/mm² Brinellhärte °C |
|---|---|---|---|---|---|---|---|
| Co | 500 | 750 | — | — | — | — | — |
| WC | 925 | 1000 | — | — | 1050 | — | — |
| TiC | 1125 | 1175 | — | — | — | 1200 | — |
| WC mit 6% Co (Hartmetall „G 1") | 650—675 | 750 | 925 | 1025 | — | — | 700 |
| WC mit 16% TiC und 6% Co (Hartmetall „S 1") | 700—875 | 800—900 | — | 1000 | — | — | 825 |

Mischkristalle mit Wolframkarbidgitter neben solchen mit Titankarbidgitter auf. L. Molkow (72) glaubt festgestellt zu haben, daß das heterogene Gebiet zweier Mischkristalle lediglich bis zu rund 20% TiC reicht, und daß oberhalb 20% TiC nur Mischkristalle mit dem wenig deformierten Titankarbidgitter vorkommen. Nach eigenen Untersuchungen wird das reine Titankarbidgitter aber erst oberhalb 30 bis 35% TiC beobachtet, woraus folgt, daß Titankarbid 65 bis 70% WC zu lösen imstande ist. Ein Mischkristall mit beispielsweise 50% WC und 50% TiC zeigt das reine Titankarbidgitter mit

Zahlentafel 67. Gitterkonstanten von Sinterhartmetall-Aufbau- und -Fertigprodukten (W. Zumbusch u. W. Sander).

| Probe | Gitterkonstante in $10^{-8}$ cm | | |
|---|---|---|---|
| | $a$ | $c$ | $c/a$ |
| Co | $3,56_1$ | — | — |
| TiC | $4,31_7$ | — | — |
| WC | $2,89_8$ | $2,82_7$ | $0,97_2$ |
| Mo$_2$C | $2,99_5$ | $4,76_2$ | $1,59_0$ |
| Mischkristall WC : TiC = 1 : 1 | $4,25_1$ | — | — |
| Mischkristall Mo$_2$C : TiC = 1 : 1 | $4,23_1$ | — | — |
| Sinterhartmetall mit 65% TiC, 15% Mo$_2$C, 12% WC, 8% Co | $4,27_7$ | — | — |

einem Gitterparameter von 4,251 (vgl. Zahlentafel 67) gegenüber einem Parameter von 4,317 des reinen Titankarbids. Eine entsprechende Gitterparameterernjedrigung zeigen nach Untersuchungen von W. Zumbusch und W. Sander auch Molybdänkarbid-Titankarbid-Mischkristalle mit 50% Mo$_2$C und 50% TiC. Hier wird ein Parameter von 4,231 ermittelt (vgl. Zahlentafel 67). Ein reines Titankarbidgitter weist übrigens auch ein Sinterhartmetall mit 65% TiC, 15% Mo$_2$C, 12% WC und 8% Co (eine Qualität für Feinstbearbeitung) auf. Hier beobachtet man eine Gitterkontraktion von 4,317 auf 4,277 Å (vgl. Zahlentafel 67). Die übrigen Eigenschaften einiger Wolframkarbid-Titankarbid-Kobalt-Legierungen mit unterschiedlichem Titankarbid- und Kobaltgehalt gehen aus Zahlentafel 68 hervor (TiC von 1 bis 45%, Co von 5 bis 15%). Abb. 180 zeigt die Bruchfestigkeit dieser Legierungen mit verschiedenen Titankarbidgehalten in Abhängigkeit vom Kobaltgehalt. Man sieht aus dem Verlauf der verschiedenen Kurven, daß die Bruchfestigkeit bei niedrigen Titankarbidgehalten mit steigendem Kobaltgehalt stärker anwächst als bei hohen Titankarbidgehalten.

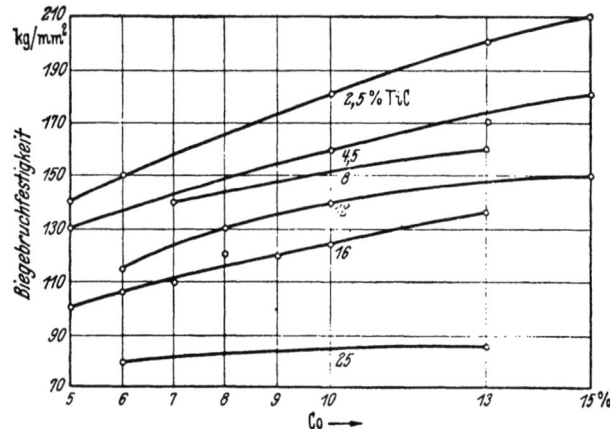

Abb. 180. Biegebruchfestigkeit von WC-TiC-Co-Legierungen mit verschiedenen TiC-Gehalten in Abhängigkeit vom Co-Gehalt.

Legierungen mit 2,5 bis 4,5% TiC bei Co-Gehalten zwischen 8 und 13% entsprechen in etwa der deutschen S 3- Qualität, Legierungen mit etwa 16% TiC und Co-Gehalten zwischen 5 und 7% der S 1- Qualität und mit Co-Gehalten bis zu 10% bei gleichen Titankarbidgehalten der S 2- Qualität. Eine Legierung mit etwa 25% TiC und etwa 5 bis 7% Co findet als F 1- Qualität für Feinbohrzwecke Verwendung (vgl. auch Zahlentafel 72, Seite 306).

g) **Wolframkarbid-Tantalkarbid(Niobkarbid)-Kobalt-Legierungen.** Legierungen auf der Basis des reinen Tantalkarbids (vgl. c) haben in Amerika unter der Bezeichnung „Ramet" kurzzeitig in Verwendung gestanden (74). Wegen ihrer geringen Härte wurden sie alsbald von Wolframkarbid-Kobalt-Legierungen abgelöst, die Tantalkarbid nur als Zusatz in Mengen von etwa 5 bis 40% enthielten. In neuerer Zeit haben Legierungen mit Zusätzen von Tantalkarbid-Niobkarbid-Mischkristallen steigendes Interesse gefunden. In Zahlentafel 69 ist die Bruchfestigkeit und Härte einiger Wolframkarbid-Tantalkarbid-Kobalt- bzw. Wolframkarbid-

Tantalkarbid-Niobkarbid-Kobalt-Legierungen in Vergleich gesetzt zu den Legierungen mit reinem Wolframkarbid bzw. Tantalkarbid mit 6% Co. Legierungen mit 1 bis 5% TaC bzw. TaC-NbC sind zur Zerspanung von Gußeisen sowie anderen kurzspanenden Werkstoffen geeignet. Legie-

Zahlentafel 68. Eigenschaften von verschiedenen WC-TiC-Co-Legierungen.

| Co % | TiC % | WC % | Rockwell-härte C 60 | Biegebruch-festigkeit kg/mm² | Dichte g/cm³ |
|---|---|---|---|---|---|
| 5 | 1 | 94 | 90,5 | 150 | 14,6 |
| 5 | 2,5 | 92,5 | 90,5 | 140 | 14,2 |
| 6 | 2,5 | 91,5 | 90,5 | 150 | — |
| 10 | 2,5 | 87,5 | 89,5 | 180 | 14,0 |
| 13 | 2,5 | 84,5 | 87,5—88 | 200 | 13,9 |
| 15 | 2,5 | 82,5 | 86,5—87 | 210 | — |
| 5 | 4,5 | 90,5 | 91 | 130 | 13,5 |
| 10 | 4,5 | 85,5 | 89,5 | 160 | 13,4 |
| 13 | 4,5 | 82,5 | 89 | 170 | — |
| 15 | 4,5 | 80,5 | 87,4 | 180 | — |
| 7 | 8 | 85 | 90 | 140 | 12,9 |
| 13 | 8 | 79 | 89 | 160 | — |
| 6 | 12 | 82 | 90,5 | 115 | 12,2 |
| 8 | 12 | 80 | 90 | 130 | — |
| 10 | 12 | 78 | 89,5 | 140 | 12,0 |
| 15 | 12 | 73 | 88,5 | 150 | — |
| 5 | 16 | 79 | 91 | 100 | 11,2 |
| 6 | 16 | 78 | 91 | 108 | 11,2 |
| 7 | 16 | 77 | 90,5 | 110 | 11,1 |
| 8 | 16 | 76 | 90,5 | 120 | — |
| 9 | 16 | 75 | 90 | 120 | 10,9 |
| 10 | 16 | 74 | 89,5 | 125 | — |
| 13 | 16 | 71 | 89,5 | 135 | — |
| 6 | 25 | 69 | 92—92,5 | 80 | 9,9 |
| 13 | 25 | 62 | 91 | 85 | — |
| 10 | 45 | 45 | 92 | 85 | 7,9 |

Zahlentafel 69.
Eigenschaften von WC-TaC-Co- und WC-TaC-NbC-Co-Legierungen.

| WC % | TaC bzw. TaC/NbC % | Co % | Rockwell-härte C 60 | Biegebruch-festigkeit kg/mm² | Dichte g/cm³ |
|---|---|---|---|---|---|
| 94 | 1 TaC/NbC * | 5 | — 90,5 | 160 | 14,6 |
| 91,5 | 2 TaC/NbC | 6,5 | 90,5 | 180 | 14,4 |
| 92 | 3 TaC/NbC | 5 | 90,5 | 160 | 14,2 |
| 84 | 10 TaC | 6 | 89,5 | 160 | 14,5 |
| 81 | 11 TaC/NbC | 8 | — 90 | 145 | 13,7 |
| 79 | 15 TaC | 6 | — 90 | 150 | 14,4 |
| 74 | 20 TaC/NbC | 6 | — 90 | 100 | 13,2 |
| 67 | 25 TaC | 8 | 89 | 120 | 14,3 |
| 62 | 25 TaC/NbC | 13 | 88,0 | 130 | 13,0 |
| 64 | 30 TaC | 6 | 89,5 | 120 | 14,3 |
| 54 | 40 TaC/NbC | 6 | 89,0 | 100 | 11,9 |
| 19 | 75 TaC/NbC | 6 | 88,0 | 80 | 10,3 |
| 0 | 94 TaC | 6 | 82,5 | 90 | 13,8 |
| 94 | 0 | 6 | 91 | 180 | 14,9 |

* TaC : NbC = etwa 3 : 2.

rungen mit 10 bis 30% TaC bzw. TaC-NbC sind zur Stahlbearbeitung brauchbar, stehen jedoch in ihrer Leistung erheblich hinter den Wolframkarbid-Titankarbid-Kobalt- und Wolframkarbid-Titankarbid-Tantalkarbid-Kobalt-Legierungen zurück. Die Legierungen mit TaC-NbC-Mischkristallen übertreffen in ihrer Härte die entsprechenden Legierungen mit reinem Tantalkarbid.

h) **Wolframkarbid-Titankarbid-Tantalkarbid (Niobkarbid)-Kobalt-Legierungen.** Im Gegensatz zu den Wolframkarbid-Tantalkarbid-Kobalt-

Zahlentafel 70.
Eigenschaften von WC-TiC-TaC-Co- und WC-TiC-TaC-NbC-Co-Legierungen.

| WC % | TiC % | TaC % | TaC-NbC % | Co % | Rockwellhärte C 60 | Biegebruchfestigkeit kg/mm² | Dichte g/cm³ |
|---|---|---|---|---|---|---|---|
| 84 | 5 | — | 5 | 6 | 89,5 | 130 | 13,0 |
| 79 | 5 | — | 10 | 6 | 90 | 120 | 12,63 |
| 69 | 5 | — | 20 | 6 | 90 + | 110 | 12,25 |
| 49 | 5 | — | 40 | 6 | 89,5 | 90 | 11,26 |
| 24 | 5 | — | 65 | 6 | 88,5 | 70 | 12,29 |
| 76 | 7,5 | 10 | — | 6,5 | 89,5 | 120 | — |
| 79,5 | 9,5 | — | 5 | 6 | 89,5 | 95 | 11,8 |
| 74,5 | 9,5 | — | 10 | 6 | 90 | 115 | 11,5 |
| 64,5 | 9,5 | — | 20 | 6 | 90 | 100 | 11,0 |
| 44,5 | 9,5 | — | 40 | 6 | 90 | 90 | 10,6 |
| 24,5 | 9,5 | — | 60 | 6 | 89,5 | 65 | 9,7 |
| 64 | 15 | 15 | — | 6 | 90,5 | 105 | — |
| 74 | 15 | — | 5 | 6 | 90,5 | 100 | 10,98 |
| 69 | 15 | — | 10 | 6 | 90,5 | 110 | 10,75 |
| 64 | 15 | — | 15 | 6 | 90,5 | 100 | 10,59 |
| 59 | 15 | — | 20 | 6 | 90,5 | 95 | 10,03 |
| 54 | 15 | — | 25 | 6 | 90 | 95 | 9,80 |
| 24 | 15 | — | 55 | 6 | 89,5 | 70 | 8,96 |

Legierungen haben Hartmetalle auf der Grundlage dreier verschiedener Karbide, nämlich von Wolframkarbid, Titankarbid, Tantalkarbid (NbC), insbesondere in Amerika unter dem Namen „Vascaloy-Ramet" größere technische Bedeutung erlangt. Durch das Hinzutreten von 5 bis 15% TiC kann die Härte der WC-TaC-Co- bzw. WC-TaC-NbC-Co-Legierungen besonders im Bereich hoher TaC-Gehalte um etwa 0,5 bis 2 Rockwell-A-Einheiten gesteigert werden. Die Härtesteigerung ist meist von einem geringfügigen Abfall der Bruchfestigkeit begleitet. Die Zerspanungsleistung dieser Legierungen auf Stahl ist erheblich besser als die der TiC-freien Legierungen. Sie ähneln in ihrem Charakter und ihrer Drehleistung stark den WC-TiC-Co-Legierungen. In Zahlentafel 70 sind die Härte, die Bruchfestigkeit und die Dichte einer Reihe dieser Legierungen zusammengestellt. Für die Praxis kommen z. B. Legierungen mit 5 bis 15% TiC, 5 bis 25% TaC (NbC), Rest WC bei Bindemittelgehalten von 6 bis 13% in Frage.

i) **Weitere Hartmetalle auf der Grundlage zweier oder mehrerer ver-**

**schiedener Karbide.** Außer den obengenannten Hartmetallegierungen verdienen noch einige weitere mit zwei oder mehreren Karbiden ein gewisses Interesse. In Zahlentafel 71 sind die Eigenschaftswerte einiger

Zahlentafel 71. **Die Eigenschaften einiger Hartlegierungen auf der Grundlage mehrerer Karbide (WC, $Mo_2C$, TiC, TaC, NbC) mit verschiedenen Hilfsmetallen.**

| WC % | $Mo_2C$ % | TiC % | TaC (NbC) % | Ni und/oder Co % | Rockwellhärte C 60 | Biegebruchfestigkeit kg/mm² |
|---|---|---|---|---|---|---|
| 76 | 2 | 16 | — | 6 Co | 91 | 100 |
| 73 | 5 | 16 | — | 3 Ni 3 Co | 91 | 95 |
| 60 | 16 | 16 | — | 8 Ni | 91 | 90 |
| 60 | 16 | 16 | — | 8 Co | 91,5 | 80 |
| 30 | 30 | 25 | — | 15 Ni | 91 | 80 |
| 15 | 30 | 45 | — | 5 Ni 5 Co | 91 | 85 |
| 15 | 30 | 40 | — | 10 Ni 5 Co | 91 | 95 |
| 15 | 15 | 55 | — | 10 Ni 5 Co | 91 | 95 |
| 20 | 10 | 65 | — | 2 Ni 3 Co | 92 | 90 |
| — | — | 42,5 | 42,5 TaC | 15 Ni | 89 | 85 |
| — | 42,5 | — | 42,5 TaC | 15 Ni | 87 | 90 |
| — | 30 | 25 | 30 TaC | 15 Ni | 89 | 95 |
| 93 | 0,5 | — | 1,5 NbC | 5 Co | 91,5 | 150 |
| 92,5 | — | 0,5 | 1 TaC/NbC | 6 Co | 91,5 | 150 |

solcher Legierungen zusammengestellt. Beispielsweise erhöhen $Mo_2C$-Zusätze zu WC-TiC-Legierungen die Härte auf Kosten der Bruchfestigkeit. Bei höheren $Mo_2C$-Gehalten ergeben sich zähere Legierungen, wenn man an Stelle von Kobalt das Nickel als Bindemittel wählt. $Mo_2C$-WC-TiC-Legierungen sind zur Bearbeitung von Stahl gut brauchbar, jedoch weniger bruchfest und zäh als die entsprechenden $Mo_2C$-freien Legierungen.

Titankarbid-Tantalkarbid-Legierungen weisen eine charakteristische violette Färbung im Bruchgefüge auf, wodurch sie sich deutlich von den silbrig-weißen $Mo_2C$- und ZrC-, den bläulichen WC- und TiC- sowie den gelblich-braunen TaC-Hartlegierungen unterscheiden.

$Mo_2C$-TaC-Legierungen sind in fast allen Mischungsverhältnissen für die Bearbeitung von Stahl wegen ihrer zu geringen Härte ungeeignet.

Wolframkarbid-Kobalt-Legierungen mit geringen Gehalten (1 bis 5%) an TaC- oder NbC- bzw. TaC-NbC-Mischkristallen bei gleichzeitiger Anwesenheit von 0,5 bis 2% $Mo_2C$ bzw. TiC sind als Feinbohrqualitäten für Guß und zur Bearbeitung von Sonderhartguß mit Erfolg verwendbar.

## F. Anwendungsgebiete der Sinterhartmetalle.

Nach roher Schätzung verteilt sich die Gesamtmenge des in der Welt erzeugten Hartmetalles prozentual wie folgt auf die verschiedenen Anwendungsgebiete:

1. 70% für spanabhebende Werkzeuge,
2. 10% für Bohr- und Schrämarbeiten im Bergbau,
3. 10% für Ziehsteine und Ziehmatrizen,
4. der Rest für weitere Werkzeuge bzw. Werkzeugteile, bei denen es auf besondere Verschleißfestigkeit ankommt.

Von den im vorigen Abschnitt beschriebenen Karbid-Hilfsmetall-Systemen kommen in Europa vornehmlich zwei zum technischen Einsatz, und zwar die Wolframkarbid-Kobalt- und Wolframkarbid-Titankarbid-Kobalt-Legierungen; in USA. spielen daneben noch die Wolframkarbid-Tantalkarbid-Kobalt- und die Wolframkarbid-Tantalkarbid-Titankarbid-Kobalt-Legierungen eine Rolle.

### 1. Spanabhebende Werkzeuge.

Bestimmend für die Verwendung des Hartmetalls für Zerspanungszwecke sind seine besonders hohe Härte, seine Verschleißfestigkeit, seine hohe Warmhärte, seine geringe Klebneigung gegenüber den zu bearbeitenden Werkstoffen und seine verhältnismäßig gute Bruchfestigkeit. Die Zerspanung der verschiedensten Werkstoffe unter stark wechselnden Bedingungen stellt an das Bearbeitungswerkzeug stark unterschiedliche Anforderungen, insbesondere bezüglich seiner Härte bzw. Verschleißfestigkeit einerseits, seiner Bruchfestigkeit und Zähigkeit andererseits. Diesen verschiedenen Anforderungen vermag man legierungstechnisch

Zahlentafel 72. **Mechanische und physikalische Eigenschaften der deutschen Hartmetallqualitäten** (K. Becker).

| Hartmetallsorte | H 1 | G 1 | G 2 | S 1 | S 2 | S 3 | F 1. |
|---|---|---|---|---|---|---|---|
| Ungefähre Zusammensetzung | WC +6% Co | WC +6% Co | WC +11% Co | WC +16% TiC + 6% Co | WC +15% TiC + 9% Co | WC +5% TiC +9% Co | WC +25% TiC + 6% Co |
| Vickershärte | 1600 | 1600 | 1400 | 1600 | 1550 | 1500 | 1650 |
| Dichte (g/cm³) | 14,7 | 14,7 | 14,0 | 11,1 | 11,2 | 13,3 | 9,9 |
| Biegebruchfestigkeit (kg/mm²) | 150 | 165 | 185 | 115 | 135 | 150 | 90 |
| Wärmeleitfähigkeit in $\frac{cal.}{cm \cdot sec \, °C}$ | 0,19 | 0,19 | 0,16 | 0,09 | 0,12 | 0,15 | 0,05 |
| Mittl. Ausdehnungsbeiwert zw. 20 u. 800° C | $5 \cdot 10^{-6}$ | $5 \cdot 10^{-6}$ | $5,5 \cdot 10^{-6}$ | $6 \cdot 10^{-6}$ | $6 \cdot 10^{-6}$ | $5,5 \cdot 10^{-6}$ | $7 \cdot 10^{-6}$ |
| Spez. elektr. Widerstand in $\frac{\Omega \cdot mm^2}{m}$ | 0,20 | 0,20 | 0,18 | 0,43 | 0,29 | 0,25 | 0,65 |

Anwendungsgebiete der Sinterhartmetalle.

Zahlentafel 73.
**Richtlinien für die Kennzeichnung von Hartmetallwerkzeugen (DIN 4990).**

Die Hartmetallgruppe (Qualität) wird durch eine farbige Kappe gekennzeichnet, die am hinteren Schaftende etwa 30 mm lang aufgebracht wird. Markenbezeichnung (z. B. Bö, Mi, Rh, Ti, Wi) sowie Kennbuchstabe und Kennziffer können an der linken Schaftseite (vom hinteren Schaftende aus gesehen) angebracht werden.

| Kennbuchstabe und Kennziffer | Anwendungsbereiche | Kennfarbe[1] | Farbkennzeichnung |
|---|---|---|---|
| F 1 | Feinstdrehen und Feinstbohren von Stahl, d. h. bei Arbeiten mit sehr kleinen Spanquerschnitten und Schnittkräften | grau | |
| S 1 | S 1 für hohe Schnittgeschwindigkeiten bei Vorschüben bis 1 mm/U | schwarz | |
| S 2 | S 2 für mittlere Schnittgeschwindigkeiten bei Vorschüben bis 2 mm/U, insbesondere bei Verwendung älterer Werkzeugmaschinen sowie bei Arbeiten mit unterbrochenem Schnitt oder wechselnden Schnittiefen. Die Schnittgeschwindigkeiten liegen etwa 30% tiefer als die für Gruppe S 1 | weiß | |
| S 3 | S 3 für niedrige und mittlere Schnittgeschwindigkeiten bei Vorschüben bis 3 mm/U, insbesondere für Arbeiten mit stark wechselnden Schnittiefen oder unterbrochenem Schnitt. Die Schnittgeschwindigkeiten liegen etwa 50% tiefer als die für Gruppe S 1 | rot | |
| G 1 | Bearbeitung von Gußeisen mit $H_n \leq$ 200 kg/mm², Kupfer, Kupferlegierungen, Messing, Leichtmetallen, Kunst- und Preßstoffen und ähnlichen Werkstoffen; ferner zum Bestücken von Drehbankkörnerspitzen, Meßlehren, Feinmeßwerkzeugen und Gleitflächen von Führungsschienen | blau | |
| G 2 | Bearbeitung von Kunst- und Hartholz, Faserstoffen, verschiedenen Preßstoffen und für Schlagbohrwerkzeuge | braun | |
| G 3 | Bearbeitung von Elektrodenkohle | blau mit schwarzem Streifen | |
| H 1 | Bearbeitung von Hartguß, Gußeisen mit $H_n \geq$ 200 kg/mm², Gußeisen mit harten Stellen in der Randschicht, Temperguß, Glas, Porzellan, Gesteine, Hartpapier | gelb | |
| H 2 | Sonder-Hartguß (z. B. Ni-legierter Hartguß) über 100 Shore Härte | gelb mit schwarzem Streifen | |

Für S 1, S 2, S 3: Bearbeitung von Stahl und Stahlguß aller Art

[1] Kennfarben nach DIN 5381.

weitgehend durch Variation des Kobalt- und Titankarbidgehaltes in Wolframkarbid-Kobalt- bzw. Wolframkarbid-Titankarbid-Kobalt-Legierungen Rechnung zu tragen. Auf Grund der verschiedenen Forderungen, die von der Praxis an die Hartmetallwerkzeuge gestellt wurden, haben sich in Deutschland eine Reihe von verschiedenen Qualitäten herausgebildet, deren wichtigste samt ihren Eigenschaften in Zahlentafel 72 angegeben sind (75). Durch Steigerung des Kobaltgehaltes wird die Festigkeit von Hartmetallegierungen erhöht, während die Härte erniedrigt wird. Am besten sind diese Zusammenhänge aus der Gegenüberstellung der Hartmetallsorten G 1 und G 2 sowie der Qualitäten S 1 und S 2 zu ersehen, die sich jeweils nur im Kobaltgehalt unterscheiden. Die Erhöhung des Titankarbidgehaltes bewirkt eine Herabsetzung der Biegebruchfestigkeit bei gleichzeitiger Heraufsetzung der Härte (vgl. die beiden Qualitäten S 1 und F 1). Auf die Möglichkeit der Änderung der Eigenschaften durch unterschiedliche Herstellungsbedingungen (Änderung der Sinterzeit, Sintertemperatur, Vermahlungsdauer, Preßdruck usw.) wurde schon im Abschnitt C dieses Kapitels verwiesen. Vergleicht man die TiC-freien mit den TiC-haltigen Hartmetallsorten, so zeichnen sich erstere durch größere Biegebruchfestigkeit und bessere Wärmeleitfähigkeit, letztere durch höhere Warmfestigkeit, bessere Oxydationsbeständigkeit und geringere Kleb- bzw. Schweißneigung zum Drehspan aus (vgl. auch Zahlentafel 66, Seite 301). Die Anwendungsbereiche der verschiedenen Hartmetallgruppen F, S, G und H in der Zerspanungstechnik gehen aus Zahlentafel 73 hervor. Die Zahlentafel gibt die Richtlinien für die Kennzeichnung von Hartmetallwerkzeugen gemäß DIN 4990 wieder.

Die Gesichtspunkte, die bei der Fertigung von mit Hartmetall be-

Abb. 181. Verschiedene Plättchen aus Hartmetall für spanabhebende Werkzeuge.

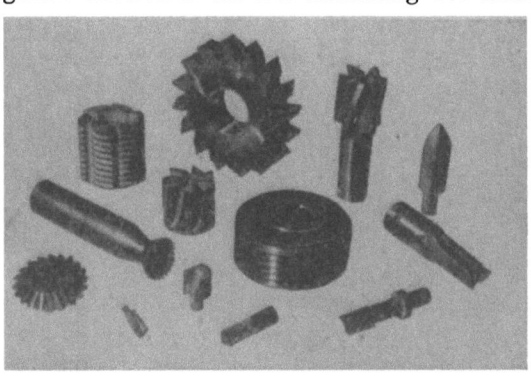

Abb. 182. Fräser, Bohrer und Gewindelehre aus Vollhartmetall.

stückten Zerspanungswerkzeugen sowie bei ihrem technischen Einsatz zu beachten sind, können im Rahmen dieses Buches nicht näher berücksichtigt werden. Es sei auf das umfangreiche Spezialschrifttum verwiesen (51—54, 75, 76). Abb. 181 zeigt eine Reihe von Normalplättchen-

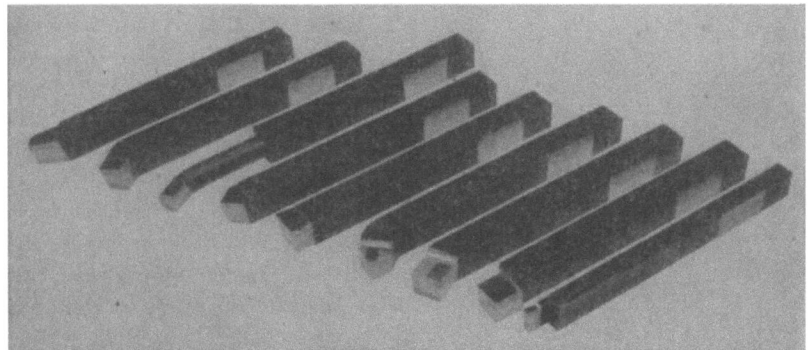

Abb. 183. Hartmetallbestückte fertige Drehstähle.

formen aus Hartmetall zur Bestückung von spanabhebenden Werkzeugen, vornehmlich Drehmeißeln. In Abb. 182 sind verschiedene Vollhartmetallwerkzeuge (z. B. Fräser, Bohrer, Gewindelehre) zu sehen. Hartmetallbestückte fertige Drehstähle sind in Abb. 183 wiedergegeben.

## 2. Werkzeuge im Bergbau.

Die zum Bohren, Schlagbohren und Schrämen im Bergbau verwandten Werkzeuge werden bei der großen Härte der verschiedenen Gesteine, Kohlearten und Salze außerordentlich stark auf Verschleiß beansprucht. Die hervorragende Verschleißfestigkeit der Hartmetalle hat schon frühzeitig zur Anwendung von Hartmetallwerkzeugen im Bergbau in Form von meist zweiflügeligen Bohrern, Schrämpicken usw. geführt (77—88). Auch bei Gesteinsbohrkronen werden in zunehmendem Maße Hartmetallstücke zum Besatz verwandt. Die Bohrplättchen kommen hierbei in Form von Sechs- oder Dreikantprismen sowie von Rhomboedern zur Verwendung. Für Tiefbohrzwecke hat sich die Auf- oder Einschweißung von vielgestaltigen Hartmetallstücken (Hartmetallsplit) bewährt. Als Aufschweißwerkstoffe sind geschmolzene oder gesinterte stellitartige Legierungen auf der Basis Wolfram-Kobalt-Chrom-Kohlenstoff-Bor-Eisen in Verwendung (89, 90).

## 3. Ziehsteine.

Wie bei der Darstellung der geschichtlichen Entwicklung der Hartmetalle ausgeführt, ging schon frühzeitig das Bestreben der Technik dahin, den teuren Diamanten als Bearbeitungswerkzeug im Drahtziehereigewerbe durch einen billigeren Werkstoff zu ersetzen. Geschmolzene, gesinterte und heißgepreßte Ziehsteine aus Hartmetall haben sich mit Erfolg bei großen Kalibern an Stelle von Ziehsteinen aus Edelstählen, bei mittleren Kalibern an Stelle von Diamant durchsetzen können. Von einem Ziehstein werden im wesentlichen hohe Härte, gute Dichte, gute Polierfähigkeit und gute Verschleißfestigkeit, d. h. große Kaliberbeständigkeit verlangt. Die Biegebruchfestigkeit spielt bei diesem Verwendungszweck, abgesehen von großen Kalibern, keine so erhebliche Rolle wie bei der Verwendung von Hartmetall zu Zerspanungszwecken. Abb. 184

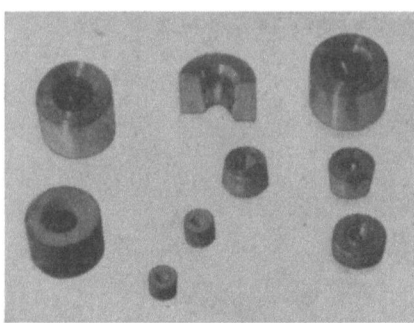

Abb. 184. Ziehsteinrohlinge aus Hartmetall, Ziehsteine gefaßt und poliert, aufgeschnittener Ziehstein.

zeigt eine Reihe von Ziehsteinrohlingen aus Hartmetall sowie einige gefaßte, fertig polierte Ziehsteine. Im oberen Bildteil befindet sich ein in der Mitte durchgetrennter Ziehstein, an dem das Bruchgefüge und der Ziehkonus des Hartmetallkernes sowie seine Fassung in der Stahlhalterung zu erkennen ist. Für das Ziehen von vier- und sechskantigem Stangenmaterial sind verstellbare Mehrkantziehmatrizen mit Hartmetallziehbacken entwickelt worden (22).

### 4. Weitere besonderem Verschleiß unterliegende Werkzeuge.

Die in neuerer Zeit fortschreitende Anwendung des Hartmetalles für solche Werkzeuge, die besonderem Verschleiß ausgesetzt sind, wie beispielsweise Matrizen, Prägestempel, Kugelmühlen, Lehren, Walzen, Führungsschienen, Drehbankspitzen usw., beruht auf der Überlegenheit des Hartmetalles bezüglich seiner Verschleißfestigkeit gegenüber allen anderen bekannten Werkstoffen. Wie groß die Verschleißfestigkeit des Hartmetalles ist, kann nach E. Ammann (91) durch einen Abnutzungsversuch mit Hilfe

Abb. 185. Verschleißprüfung mit Stahlkiesgebläse, Versuchsdauer: 12 Minuten (E. Ammann).

Anwendungsgebiete der Sinterhartmetalle. 311

eines Stahlgebläses gezeigt werden. Die Ergebnisse eines solchen Versuches sind in Abb. 185 gezeigt. Setzt man danach den durch Abnutzung im Gebläse erzielten Volumenverlust für Hartmetall = 1, so ergeben sich für Schnelldrehstahl Abnutzungszahlen von 58 und für Kohlenstoffstahl von 110. Bezüglich der Verschleißfestigkeit überragt also das Hartmetall den Schnelldrehstahl und erst recht den Kohlenstoffstahl um mehr als eine Größenordnung. Die in Abb. 185 gleichzeitig angegebene Härte der drei verschiedenen Materialien zeigt, daß man von der Härte eines Werkstoffes noch lange nicht auf seinen Abnutzungswiderstand schließen kann.

Abb. 186. Hartmetallbestückte Matrize zum Pressen von zylindrischen Sinterkörpern.

Matrizen oder Matrizenteile aus Sinterhartmetall sind wegen ihrer hohen Verschleißfestigkeit schon frühzeitig in der Pulvermetallurgie mit bestem Erfolg verwandt worden. Aus Preisgründen werden naturgemäß auch hier nur die Teile mit Hartmetall bestückt, die besonderem Verschleiß durch unmittelbare Berührung mit dem zu verpressenden Pulver ausgesetzt sind. Die maßgenaue Fertigung derartiger mit Hartmetall bestückter Matrizen stellt hohe Anforderungen an die Schleifeinrichtung und insbesondere an den Schleifwerkstoff. Diamantmetallegierungen mit Eisen-, Hartmetall- oder Wolfram-Kupfer-Nickel-Bindung haben sich für Grob- und Feinschliff derartiger Matrizen am besten bewährt (vgl. Seite 364ff.). Beim Pressen von voll- oder hohlzylindrischen Körpern ist es ratsam, die Hartmetallauskleidung in Form von eingeschrumpften Buchsen vorzunehmen.

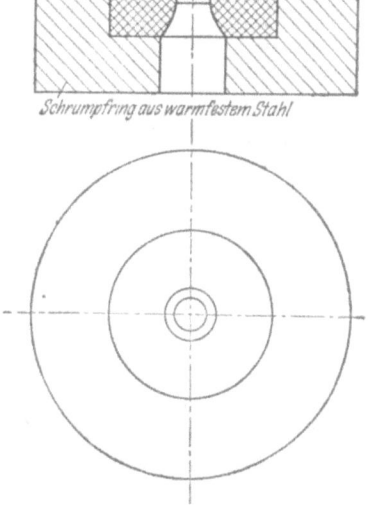

Abb. 187. Schemazeichnung einer Strangpreßmatrize mit Hartmetalleinsatz.

Hierbei empfiehlt sich einerseits die Wahl einer besonders zähen Hartmetallqualität (etwa S 3 oder G 2), andererseits die Anwendung sehr hoher Schrumpfspannungen, um im Innern der Matrize mit Sicherheit spezifische Preßdrücke von 2 bis 8 t/cm² ohne Gefahr des Platzens der Hartmetallbuchse anwenden zu können. Abb. 186

zeigt eine mit Hartmetall bestückte Matrize ohne Preßstempel zum Pressen von zylindrischen Sinterkörpern (Durchmesser 95 mm). Die

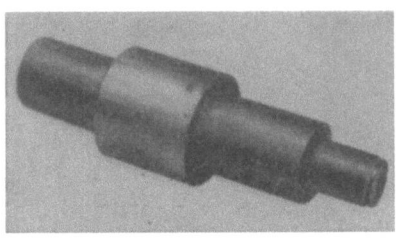

Abb. 188. Walze.

eingeschrumpfte Hartmetallbuchse hat eine Wandstärke von etwa 8 mm und eine Höhe von etwa 60 mm.

Wegen der Form- und Kaliberbeständigkeit von Hartmetall sind Hartmetallmatrizen auch für das Strangpressen verschiedener metallischer Werkstoffe (Kupfer, Bronze, Messing, Aluminiumlegierungen usw.) schon frühzeitig mit Erfolg eingesetzt worden. Abb. 187 zeigt den Schnitt durch einen Strangpreßeinsatz, der eine in Schnell-

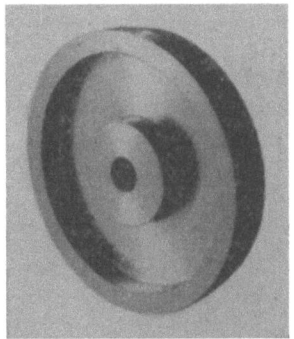

Abb. 189. Polierscheibe.

Abb. 190. Drehbankspitzen und Führungsbuchse.

drehstahl eingeschrumpfte Hartmetallmatrize zum Strangpressen von Stangenmaterial enthält.

Über die Bewehrung von Kugelmühlen mit Auskleidungen aus Sinterhartmetall wurde schon an anderer Stelle (vgl. Seite 14) berichtet. Die Anordnung der Hartmetallsegmente, deren größte Flächenausdehnung bis zu 100 cm$^2$ beträgt, entspricht am zweckmäßigsten nach R. Kieffer und S. Heiß (92) der bekannten Brunnenauskleidung (vgl. Abb. 5, Seite 14). Als Mahlkugeln in derartigen Mühlen finden meist Kugeln Verwendung, die gleichfalls aus Sinterhartmetall bestehen.

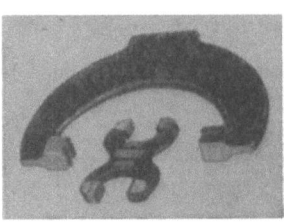

Abb. 191. Meßlehren.

Verschiedene andere Verschleißprobleme der Technik fanden ebenfalls durch Anwendung von Sinterhartmetall eine befriedigende Lösung.

## Anwendungsgebiete der Sinterhartmetalle.

So weisen beispielsweise feinstgeschliffene, hochglanzpolierte Hartmetallwalzen eine überraschend lange Lebensdauer beim Hochglanzwalzen von Metallbändern aller Art auf (vgl. Abb. 188). Auch Polierscheiben, wie sie in der Uhrenindustrie Verwendung finden, werden vorteilhaft mit Sinterhartmetall bestückt (Abb. 189).

Die Spitzen von Drehbankkörnern werden heute besonders bei hochtourigen Drehbänken aus Sinterhartmetall hergestellt (Abb. 190).

Auch hochwertige Meßwerkzeuge für die Massenfertigung, wie

Abb. 192. Ventilkegel und Ventilsitze.

beispielsweise Lehren, Paßmeter, Feinmeßschrauben usw., werden an den Kontaktstellen mit Hartmetall armiert (Abb. 191).

Hochbeanspruchte Ventile in der chemischen Industrie, durch die schlammartige heiße Massen gepreßt werden, bestehen häufig aus Vollhartmetall (Abb. 192).

Sandstrahldüsen aus Sinterhartmetall übertreffen in der Lebensdauer solche aus verschleißfesten Stählen um ein Vielfaches (Abb. 193).

Führungsschienen, Führungsbuchsen (Abb. 190), Leitrollen, Nocken usw., bei denen ebenfalls das Verschleißproblem im Vordergrund steht, erhalten in zu-

Abb. 193. Sandstrahldüse; links: Hartmetallkern; rechts: in Stahl gefaßt.

nehmendem Maße eine zweckentsprechende Hartmetallauflage.

Während auf zerspanungstechnischem Gebiet die großen Möglichkeiten, die in der Anwendung der Sinterhartmetalle liegen, in starkem Maße ausgenutzt werden, steckt der Einsatz von Hartmetall zur Lösung von Verschleißproblemen aller Art trotz des allen andern Werkstoffen weit überlegenen hohen Abnutzungswiderstandes noch in den Anfängen. Die gute Bewährung von Sinterhartmetall bei Matrizen, Drehbankspitzen, Führungsbuchsen und Sandstrahldüsen lassen jedoch für die nächste Zukunft einen verstärkten Einsatz von Hartmetall in ähnlich gelagerten Fällen erwarten.

## Literatur zum 13. Kapitel.

(1) Moissan, H.: Der elektrische Ofen. Verlag M. Krayn, Bln. 1900.
(2) A.P. 1023299 (1909).
(3) D.R.P. 286184 (1914).
(4) D.R.P. 289066 (1914) u. Zusatzpatente 292583 (1914), 295656 (1914), 295726 (1914).
(5) Vgl. Kieffer, R.: Metall u. Erz **37** (1940) S. 67/70 u. 88/92.
(6) Vgl. Skaupy, F.: Metallwirtsch. **20** (1941) S. 537/39.
(7) D.R.P. 307764 (1917), 310041 (1918), 320996 (1918).
(8) A.P. 1343976 (1917), 1343977 (1917).
(9) D.R.P. 335405 (1918).
(10) Smithells, C. J.: Tungsten. Verlag Chapman & Hall Ltd., Lond. 1936.
(11) D.R.P. 401600 (1922).
(12) A.P. 1342801 (1917), 1346192 (1916), 1395269 (1918).
(13) D.R.P. 443911 (1922).
(14) D.R.P. 420689 (1923), 434527 (1925).
(15) a) Skaupy, F.: Z. Elektrochem. **23** (1927) S. 487/91.
(16) — Kolloid-Z. **98** (1942) S. 92/95.
(17) D.R.P. 720502 (1929) u. Österr.P. 138248 (1929).
(18) F.P. 713086 (1930), 713087 (1930).
(19) Vgl. Meyer, O., u. W. Eilender: Arch. Eisenhüttenw. **11** (1937/38) S. 545/62.
(20) Rapatz, F., H. Pollack u. J. Holzberger: Stahl u. Eisen **58** (1938) S. 265/76.
(21) Vgl. Becker, K.: Werkzeugmaschine **39** (1935) S. 440/43 u. 451.
(22) Becker, K.: Hochschmelzende Hartstoffe und ihre technische Anwendung. Verlag Chemie, Bln. 1935.
(23) Hönigschmid, O.: Karbide und Silizide. Verlag W. Knapp, Halle (Saale) 1914.
(24) D.R.P. 286054 (1914).
(25) Ruff, O., u. H. Brintzinger: Z. anorg. allg. Chem. **129** (1923) S. 267.
(26) — u. Martin: Z. angew. Chem. **25** (1912) S. 49.
(27) — u. Wunsch: Z. anorg. allg. Chem. **85** (1914) S. 292.
(28) Friederich, E., u. L. Sittig: Z. anorg. allg. Chem. **143** (1925) S. 293; **144** (1925) S. 169/89.
(29) van Arkel, A. E.: Physica, Haag **4** (1924) S. 286.
(30) Becker, K.: Z. Elektrochem. **34** (1928) S. 640; Z. Metallkde. **20** (1928) S. 487; vgl. auch l. c. (21) S. 16/49.
(31) Agte, C., u. K. Moers: Z. anorg. allg. Chem. **198** (1931) S. 233.
(32) — H. Alterthum, K. Becker, G. Hayne und K. Moers: Z. anorg. allg. Chem. **196** (1931) S. 129.
(33) Skaupy, F.: Metallkeramik. Verlag Chemie, Bln. 1930.
(34) Sykes, W. P.: Trans. Amer. Soc. Steel Treating **18** (1930) S. 968/92.
(35) Vgl. Moissan, H.: l. c. (1). — Hönigschmid, O.: l. c. (23). — Skaupy, F.: l. c. (15). — van Arkel, A. E.: l. c.: (29). — Moers, K.: Z. anorg. allg. Chem. **198** (1931) S. 233. — Hilpert, S., u. M. Ornstein: Ber. dtsch. chem. Ges. **46** (1913) S. 1669. — Becker, K.: l. c. (30).
(36) Moissan H., u. M. K. Hoffmann: C. R. Acad. Sci., Paris **138** (1904) S. 1558.
(37) Westgren, A., u. G. Phragmen: Z. anorg. allg. Chem. **156** (1926) S. 27.
(38) Vgl. Agte, C., u. H. Alterthum: Z. techn. Phys. **11** (1930) S. 182.
(39) F.P. 828551 (1937).
(40) F.P. 846617 (1937).

(41) Hoyt, S. L.: Trans. Amer. Inst. min. metallurg. Engrs. Inst. Met. Div. 89 (1930) S. 9/58.
(42) Ballhausen, C.: Werkstattstechnik 35 (1941) S. 225/27.
(43) Schröter, K.: Z. Metallkde. 20 (1928) S. 31.
(44) Wyman, L. L., u. F. C. Kelley: Trans. Amer. Inst. min. metallurg. Engrs. Met. Div. 93 (1931) S. 208.
(45) Takeda, S.: Sci. Rep. Tôhoku Univ. Series 1 Honda Anniv. Vol. 1936, S. 864/81.
(46) Ritzau, G.: Referat in Stahl u. Eisen 60 (1940) S. 891.
(47) Weihrich, R.: Die chemische Analyse in der Stahlindustrie. Stuttgart 1939.
(48) Handbuch für das Eisenhüttenlaboratorium. Bd. 2: Die Untersuchung der metallischen Stoffe. Verlag Stahleisen, Düsseldorf 1941.
(49) Dawihl, W.: Z. techn. Phys. 21 (1940) S. 336/45.
(50) Vgl. Ludwig, P.: Kegelprobe, ein neues Verfahren zur Härtebestimmung. Bln. 1908; Z. Metallkde. 14 (1922) S. 101.
(51) Becker, K.: Hartmetallwerkzeuge. Verlag Chemie, Bln. 1935.
(52) Fehse, H.: Hartmetallwerkzeuge. Verlag B. G. Teubner, Lpz.-Bln. 1939.
(53) Leier, F. W.: Hartmetall in der Werkstatt. Verlag Springer, Bln. 1937.
(54) Leyensetter, W.: Grundlagen und Prüfverfahren der Zerspanung. R.K.W. Veröffentlichung Nr. 114. Verlag B. G. Teubner, Lpz.-Bln. 1938 (vgl. dort ausführliches Schrifttumsverzeichnis).
(55) Dawihl, W.: Masch.-Bau Betrieb 17 (1938) S. 511/13.
(56) — Z. Metallkde. 32 (1940) S. 320/25.
(57) — Stahl u. Eisen 61 (1941) S. 210/13.
(58) Drescher, W. C.: Masch.-Bau Betrieb 7 (1928) S. 49.
(59) Opitz, H.: Aluminium 19 (1937) Nr. 3.
(60) — u. Zimmermann: Z. Metallkde. 29 (1937) S. 296.
(61) Schallbroch, H.: Masch.-Bau Betrieb 15 (1936) S. 605.
(62) — u. H. Schaumann: Z. VDI 81 (1937) S. 325.
(63) — Sonderdruck Aluminium, Berl. März 1937.
(64) — H. Schaumann u. R. Wallichs: Hauptversammlung Dtsch. Ges. Metallkde. (1938) Sonderheft, S. 34.
(65) — Masch.-Bau Betrieb 18 (1939) S. 583/86.
(66) Wallichs, A.: Stahl u. Eisen 55 (1935) S. 481.
(67) — Z. VDI 81 (1937) S. 457.
(68) Schwerdtfeger, F.: Schleif- und Poliertechnik 13 (1936) S. 293.
(69) Fink, C. G., u. G. H. Meyerson: Iron Age 130 (1932) S. 8/9.
(70) Kelley, F. C.: Gen. Electr. Co. Res. Lab. Nr. 595 (1931).
(71) A.P. 1959879 (1929).
(72) Vgl. Meerson, G. A.: Redkije Metally 4 (1935) S. 6—20.
(73) Zumbusch, W., u. W. Sander: Unveröffentlichte Versuchsergebnisse aus der Versuchsanstalt der Deutsche Edelstahlwerke A.G., Krefeld.
(74) F.P. 713086 (1930), 713087 (1930). — Kelley, F. C.: l. c. (70). — Kelley, F. C.: Trans. Amer. Soc. Steel Treating 19 (1932) S. 233/46. — Vgl. Bekker, K.: l. c. (22) S. 113.
(75) Technisch-wissenschaftliche Abhandlungen der Deutschen Hartmetallwerkzeug-Gesellschaft Berlin-Schöneberg, Bd. III.
(76) Beutel, H.: Werkzeugmaschine 39 (1935) S. 436/39 u. 485.
(77) Mencke, J.: Glückauf 68 (1932) S. 337ff.
(78) Müller, O., u. H. Wohlbier: Krupp. Mh. 13 (1932) S. 89.
(79) Iron Age 123 (1929) S. 1349.
(80) Schüller: Kohle u. Erz 27 (1930) S. 523.

(81) Fehse, A.: Masch.-Bau Betrieb **10** (1931) S. 161.
(82) Paßmann: Kali, Heft 8 (1930).
(83) Becker, K.: Elektr. i. Bergbau **10** (1935) S. 93/96.
(84) Hensoldt, E. E.: Hartmetallbohrkunde des Steinbruchs. Verlag DAF., Bln. 1942.
(85) Hinnüber, J.: Berg- u. hüttenm. Mh. **89** (1941) S. 117/24.
(86) Müller, E.: Glückauf **77** (1941) S. 565/70.
(87) Jeschke, H.: Glückauf **77** (1941) S. 570/74.
(88) Richter, E.: Metall u. Erz **39** (1942) S. 178/84.
(89) Ammann, E.: Werkzeugmaschine **39** (1935) S. 429/34.
(90) Prospekt: Kruppsche Sonderlegierungen für Tiefbohrwerkzeuge (1932).
(91) Ammann, E.: Z. techn. Phys. **21** (1940) S. 332/35.
(92) D.R.P. 712679 (1938).

## 14. Kapitel.
## Gesinterte Kontaktbaustoffe.

Ein wichtiger Teil der für elektrische Kontakte aller Art verwendeten Werkstoffe wird auf pulvermetallurgischem Wege hergestellt (1). Für die Anwendung der Pulvermetallurgie waren insbesondere zwei Gründe maßgebend: 1. Das Unvermögen der Technik, hochschmelzende Metalle (z. B. Wolfram), die wegen ihrer Härte bei gleichzeitig annehmbarer Leitfähigkeit als Kontaktwerkstoff interessant erschienen, auf dem Schmelz- und Gießwege in duktiler Form herzustellen; 2. der Wunsch, Kombinationen praktisch nicht legierbarer Metalle und Metalloide, wie z. B. Kupfer-Graphit, Silber-Wolfram usw., in Form von „Pseudolegierungen" unter Beibehaltung der besonderen elektrischen und mechanischen Eigenschaften der Ausgangselemente zu schaffen.

In Zahlentafel 74 sind die wichtigsten pulvermetallurgisch hergestellten Kontaktbaustoffe aufgeführt. Dabei sind die Legierungsbestandteile wegen der meist stark schwankenden Zusammensetzung nur schematisch angedeutet. Der Schmelzpunkt, der Siedepunkt, die elektrische Leitfähigkeit und die Dichte — physikalische Eigenschaften, die neben anderen für den Kontaktvorgang von Bedeutung sind — gehen aus Zahlentafel 75 hervor.

### A. Metallkohlen.

Zu den ältesten Vertretern pulvermetallurgisch hergestellter Kontaktbaustoffe zählen die sogenannten Metallkohlen (Kupfer-Graphit, Bronze-Graphit), die sich aus den Kohlebürsten entwickelt haben. Diese Metallkohlen werden durch Mischen von feinstem Kupferpulver mit Graphit — gegebenenfalls unter Zusatz von Zinn, Zink, Blei —, Pressen dieser Mischung und Sinterung des Preßlings in reduzierender Atmosphäre hergestellt.

Zahlentafel 74. Die Legierungselemente der wichtigsten pulvermetallurgisch hergestellten Kontaktbaustoffe.

| Kontaktbaustoffe | C | Ag | Cu | W | Mo | Fe-Met. FeNiCo | Sn | Pb | Zn | B | N | Ta Nb | Ti |
|---|---|---|---|---|---|---|---|---|---|---|---|---|---|
| a) Metallkohlen: | | | | | | | | | | | | | |
| 1. Cu-Kohlen | O | | O | | | | | | | | | | |
| 2. Bronzekohlen | O | | | | | | O | O | O | | | | |
| 3. Poröse Bronzelegierungen | O | | O | | | | | | O | | | | |
| 4. Ag-Graphit | O | O | | | | | | | | | | | |
| b) Verbundmetalle: | | | | | | | | | | | | | |
| 1. Cu-W | | | O | O | O | | | | | | | | |
| 2. Ag-W | | O | | O | O | | | | | | | | |
| 3. Ag-Mo | | O | | | O | O | | | | | | | |
| 4. W-Cu-Ni-Schwermetalle | | | O | O | | O | | | | | | | |
| 5. Ag-Ni | | O | | | | O | | | | | | | |
| c) Hartstoffe und Hartmetallegierungen: | | | | | | | | | | | | | |
| 1. Karbide | O | | | O | O | | | | | | | O | O |
| 2. Hartmetallegierungen | O | | | O | O | O | | | | | | O | O |
| 3. Bor, Boride, Nitride | | | | O | | | | | | O | O | | O |
| d) W- bzw. Mo-Kontakte: | | | | | | | | | | | | | |
| 1. Elektroden und Zündunterbrecherkontakte aus W, Mo u. deren Legierungen | | | | O | O | | | | | | | | |
| 2. Arcatom-Schweißelektroden | | | | O | | | | | | | | | |

Zahlentafel 75. Physikalische Eigenschaften von Elementen, die in Kontaktbaustoffen Verwendung finden.

| Element | Schmelzpunkt °C | Siedepunkt °C | Elektrische Leitfähigkeit in m/ $\Omega$ mm² | Dichte g/cm³ |
|---|---|---|---|---|
| Ag | 960,5 | 2150 | 68 | 10,5 |
| Al | 660 | 2000 | 40 | 2,69 |
| C Elektrographit | 3800—3900 | n. b. | 0,09—0,17 | 2,25 |
| C Graphitkristalle | 3800—3900 | n. b. | 2—2,5 | 2,25 |
| Cd | 321 | 767 | 13 | 8,64 |
| Co | 1490 | 2400 | 10 | 8,8 |
| Cu | 1083 | 2360 | 57—64 | 8,93 |
| Fe | 1530 | 2840 | 7—10 | 7,86 |
| Mo | 2630 ± 50 | 3200 | 19 | 10,2 |
| Ni | 1452 | 2340 | 8—15 | 8,8 |
| Pb | 327 | 1740 | 5 | 11,34 |
| Pt | 1776 | 3800 | 9 | 21,4 |
| Sn | 232 | 2275 | 8—9 | 7,28 |
| W | 3400 ± 50 | 5500 | 18 | 19,1 |
| Zn | 419 | 907 | 17 | 7,14 |

Als Schutzgase können Kohlenoxyd oder Kohlenoxyd-Stickstoff-Gemische sowie generatorgas- oder wassergasähnliche Gasgemenge verwendet werden. Häufig werden die Preßkörper auch durch Einbetten in Kohlepulver bei der Sinterung vor Oxydation geschützt. Bei den Kupferkohlen wird die Sintertemperatur etwa 200 bis 300° unterhalb des Kupferschmelzpunktes gehalten. Bei den mit Zinn und Blei legierten Bronzekohlen tritt stets bei Beginn der Sinterung eine flüssige zinn- oder bleihaltige Phase auf, die eine besondere Dichtesteigerung bewirkt und, beispielsweise im Falle des Zinnes, im Laufe der Sinterung von der Grundmasse unter Mischkristallbildung aufgenommen wird.

Als preßerleichternde Zusätze zum Kaltpressen der gemischten pulverförmigen Ausgangsstoffe werden Kunstharze, Teer, Öle sowie unzersetzt verdampfende Kohlenwasserstoffe verwendet.

Die Zusammensetzung der Metallkohlen schwankt je nach der gewünschten Härte, dem Gleitvermögen und der elektrischen Leitfähigkeit zwischen 5 bis 70% Graphit, 0 bis 10% Zinn, 0 bis 12% Zink, 0 bis 10% Blei, Rest Kupfer.

Den in der Technik auftretenden verschiedenartigen Anforderungen an die Metallkohlen kann man durch Variation der Zusammensetzung in den oben angegebenen Grenzen weitgehend Rechnung tragen. Durch Steigerung des Zinn- und Zinkgehaltes und gleichzeitige Herabsetzung des Graphitanteiles kann die Härte neben einer Senkung der elektrischen Leitfähigkeit beispielsweise erhöht werden. Steigender Graphitgehalt sowie Bleizusätze verbessern das Gleitvermögen.

Die Metallkohlen sind auf Grund ihrer Herstellungsweise mehr oder weniger porös und werden gegebenenfalls mit Paraffin „gefettet". Die physikalischen Eigenschaften einiger in der Technik laufend benutzter Metallkohlen gehen aus Zahlentafel 76 hervor (2). Zahlentafel 77 enthält einige typische Analysen von Kupfer- und Bronzekohlen.

Zahlentafel 76. Physikalische Eigenschaften einiger Metallkohlen (H. Stephan, Ringsdorff-Werke KG.).

| Art der Kohle | Graphitarme Bronzekohle | Graphitreiche Bronzekohle | Kupferkohle |
|---|---|---|---|
| Aussehen . . . . . . | kupferfarben | kupferbraun | graphitisch mit Kupfereinlagerungen |
| Dichte . . . . . . . | 5,0 | 3,5 | 2,5 |
| Kugeldruckhärte . . . | 38 | 32 | 15 |
| Skleroskophärte (Weichmetallhammer) . . . | 10 | 20 | 15 |
| Ausdehnungskoeffizient | | | |
| längs . . . . . . | $120 \cdot 10^{-7}$ | $40 \cdot 10^{-7}$ | $29 \cdot 10^{-7}$ |
| quer . . . . . . . | $130 \cdot 10^{-7}$ | $50 \cdot 10^{-7}$ | $59 \cdot 10^{-7}$ |
| Spez. Widerstand in Mikroohm/cm³ . . . | 10 | 50 | 800 |
| Bruchfestigkeit in kg/mm² . . . . . | 3 | 3,5 | 1 |

## Metallkohlen.

Metallurgisch sind die Metallkohlen als gesinterte Verbundkörper aus Metallen und Metalloiden anzusprechen. Es ist klar, daß Verbundkörper dieser Art nicht durch Schmelzen hergestellt werden können, da weder reines Kupfer noch Bronzelegierungen eine nennenswerte Löslichkeit für Kohlenstoff haben und alle mechanischen Verfahren zum Emulgieren von Graphit in den entsprechenden Metallbädern versagen. Aus Abb. 194 geht das Gefüge der Metallkohlen hervor. Die Graphitblättchen sind fest in die metallische Grundmasse eingebettet.

Zahlentafel 77. Chemische Zusammensetzung einiger gebräuchlicher Kupfer- und Bronzekohlen.

| Lfd. Nr. | Cu % | C (Graphit) % | Sn % | Pb % | Zn % |
|---|---|---|---|---|---|
| 1 | 85 | 5 | — | 10 | — |
| 2 | 80 | 10 | — | 10 | — |
| 3 | 80 | 10 | 10 | — | — |
| 4 | 70 | 20 | — | 10 | — |
| 5 | 70 | 30 | — | — | — |
| 6 | 68 | 12 | 8 | — | 12 |
| 7 | 30 | 70 | — | — | — |

Die Metallkohlen finden ausgedehnte Anwendung als Schleifbürsten bei Niederspannungsmaschinen, insbesondere für Elektrolyseanlagen, bei Drehstrommaschinen, bei Autoanlassern und bei Lichtmaschinen. Schleifbürsten mit größeren Abmessungen werden aus Platten

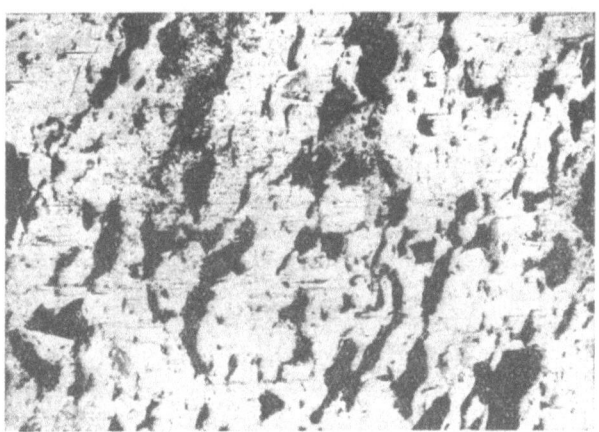

Abb. 194. Gefüge einer Metallkohle mit 11,3% C. × 150

geschnitten und auf Fertigmaß geschliffen, während die kleineren Schleifbürsten, beispielsweise für Autoanlasser und Lichtmaschinen, vorwiegend direkt auf Fertigform gepreßt und anschließend gesintert werden. Bezüglich Einzelheiten des zweckentsprechenden Einsatzes und der Gestaltung der Bürsten sei wegen des Mangels an einschlägigem Fachschrifttum auf die Prospekte der Spezialfirmen verwiesen (3—6).

In neuester Zeit sind auch poröse, niedrig graphithaltige Bronzelegierungen, wie sie als sogenannte öllose Lager Verwendung finden, als Kontaktlegierungen in Vorschlag gebracht worden. Die Zusammensetzung solcher Porenbronzen liegt bei etwa 75 bis 95% Cu, 5 bis 20% Sn, 0,5 bis 2% Graphit. Schalttechnisch ergibt sich für die genannten Porenlegierungen die Möglichkeit, sie mit Schaltflüssigkeiten beliebiger Art zu tränken. Die Herstellung derartiger Legierungen weicht nur unwesentlich von der der dichteren Metallkohlen ab. Die gewünschte Porosität wird ähnlich wie bei den porösen Lagern durch Variation der Pulverkorngröße, des Preßdrucks und durch Preßzusätze erreicht, die bei der Sinterung verdampfen oder sich zersetzen.

Neben den Metallkohlen, die als Grundelement Kupfer enthalten, sind auch Silber-Graphit-Verbundstoffe mit Graphitgehalten unter 5% bekanntgeworden. Diese Silber-Graphit-Legierungen, deren Herstellungsweise derjenigen der Kupfer-Graphit-Körper völlig entspricht, sollen sich in Sonderfällen im Schalterbau bewährt haben.

## B. Verbundmetalle auf der Grundlage Wolfram-Kupfer, Wolfram-Silber, Molybdän-Silber.

Verbundmetalle aus Wolfram-Kupfer und Wolfram-Silber haben in den letzten Jahren steigende Bedeutung erlangt (7). Da Kupfer praktisch keine Löslichkeit für Wolfram hat, war man bei der Entwicklung dieser Verbundmetalle wiederum zwangsläufig auf die Anwendung pulvermetallurgischer Prinzipien angewiesen. Die hohe Bedeutung derartiger Kontaktstoffe liegt darin, daß am Kontakt die kennzeichnenden Eigenschaften des Wolframs — geringer volummäßiger Abbrand, geringe Neigung zum Materialtransport, geringe Schweißneigung, hohe Härte — und die charakteristischen Eigenschaften des Kupfers bzw. Silbers — hohe elektrische und thermische Leitfähigkeit, große Duktilität, geringere Oxydationsneigung als Wolfram — nebeneinander auftreten, so daß bestimmte Kontaktprobleme einer geeigneten Lösung zugeführt werden konnten.

Nach pulvermetallurgischen Methoden werden aus Wolframpulver und Kupfer oder Silber kompakte Formkörper hergestellt, die später für die sintertechnische Erzeugung von Metallkombinationen, wie z. B. Molybdän-Silber, Nickel-Silber, Kupfer-Silber, Eisen-Blei, Eisen-Kupfer, Kupfer-Chrom usw., richtunggebend waren.

### 1. Herstellung der Verbundmetalle.

Für die Herstellung der genannten Verbundmetalle sind verschiedene Verfahren entwickelt worden.

a) Pulver aus den hochschmelzenden Metallen Wolfram oder Molybdän werden in Graphittiegel gefüllt. In die Hohlräume zwischen den einzelnen Körnern läßt man flüssiges Kupfer oder Silber eindringen. Die so gewonnenen Verbundmetalle lassen sich durch Schmieden, Walzen oder Strangpressen verformen. Durch Strangpressen verformter Werkstoff (Abb. 195) zeichnet sich durch besonders hohe Zähigkeit aus. Der Wolframanteil kommt zweckmäßig in Form eines relativ grobkörnigen Pulvers, das man durch mechanische Zerkleinerung von gesintertem Wolfram gewinnt (8) (Abb. 196), oder als feines Reduktionspulver (9) zum Einsatz. Dabei beträgt die Korngröße des groben Wolframpulvers 30 bis 400 $\mu$, die des feinen 1 bis 50 $\mu$. Nach diesem Verfahren werden Kontaktbaustoffe hergestellt, bei denen die niedrigstschmelzende Komponente in Gehalten zwischen 35 und 60% vorliegt. Die Schwankungen in der Zusammensetzung derartig hergestellter Körper sind ver-

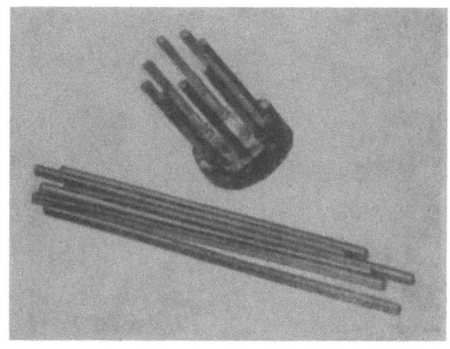

Abb. 195. Bündel von stranggepreßten Silber-Wolfram-Stäben nebst Preßrest (spez. Preßdruck 15 t/cm² Temperatur 700°).

Abb. 196. Grobes Wolframpulver, hergestellt durch mechanische Zerkleinerung von gesintertem Wolfram. × 20.

hältnismäßig gering und betragen nicht mehr als 1 bis 4% der niedrigschmelzenden Komponente an den verschiedenen Stellen des Tränkungskörpers.

b) Man mischt Wolfram- oder Molybdänpulver im gewünschten Verhältnis mit Kupfer- oder Silberpulver, verpreßt das Gemenge und sintert unterhalb des Kupfer- oder Silberschmelzpunktes. Auf diese Art und

Weise kann praktisch jede Legierungszusammensetzung mit sehr großer Genauigkeit ohne Schwierigkeiten hergestellt werden. Bei genügend hohem Kupfer- bzw. Silbergehalt (etwa 20% und mehr) lassen sich die so hergestellten Körper spanlos durch Schmieden, Walzen und Strangpressen weiterverarbeiten. Die nach dem Verfahren a) hergestellten Verbundkörper sind allerdings, gleiche Zusammensetzung vorausgesetzt, etwas duktiler. Das Kupfer wird bei diesem Verfahren meist in Form von sehr reinem, feinstem Elektrolytkupferpulver eingesetzt. Bei solchen Legierungen, die mehr als 80% des hochschmelzenden Metalles enthalten und daher nicht mehr spanlos verformbar sind, erreicht man einen sehr dichten, praktisch porenfreien Verbundkörper durch gegebenenfalls mehrmaliges Drucksintern des Preßlings. Im Falle Silber-Molybdän kann das beschriebene Verfahren dahingehend geändert werden, daß an die Stelle der Sinterung bei Temperaturen unterhalb des Silberschmelzpunktes und einer anschließenden Verdichtung durch Schmieden usw. eine Sinterung bei einer Temperatur tritt, die erheblich über dem Silberschmelzpunkt liegt (1400 bis 1700°); hier gelangt man lediglich durch die Sinterung, ähnlich wie bei den Sinterhartmetallen, zu praktisch dichten Körpern.

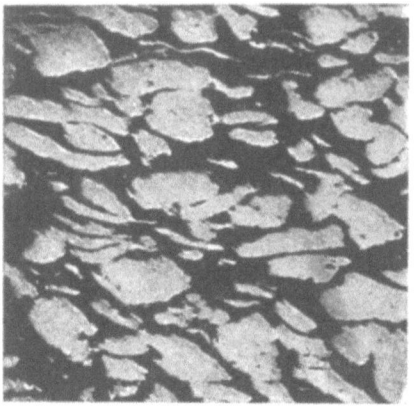

Abb. 197. „Elmet-Rotung"-Verbundkörper mit 80% W (hell) und 20% Cu (dunkel), grobes W-Korn, geätzt mit Kupferammoniumchlorid. ×70.

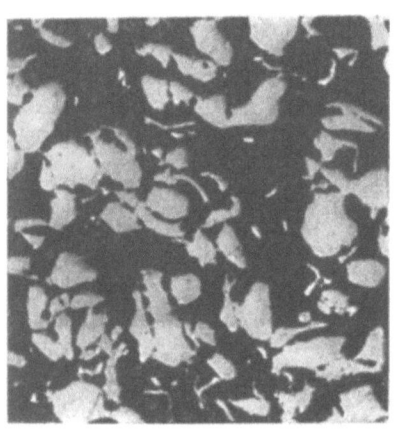

Abb. 198. „Elmet-Rotung"-Verbundkörper mit 60% W (hell) und 40% Cu (dunkel), mittleres W-Korn, geätzt mit Kupferammoniumchlorid. ×70.

Die Erscheinung beruht auf den Löslichkeitsverhältnissen, die im System Silber-Molybdän vorliegen. Während Kupfer weder eine Löslichkeit für Wolfram noch für Molybdän aufweist, vermag Silber bei Temperaturen oberhalb 1400° geringere Mengen Wolfram (einige Zehntel Prozent), dagegen beachtliche Mengen Molybdän (einige Prozent) zu lösen. Die Lösung feinster Molyb-

Verbundmetalle. 323

dänteilchen im flüssigen Silber ist von einer starken Schrumpfung der Preßkörper begleitet. Es übernimmt also die bei Temperaturen oberhalb 1400° gebildete Silber-Molybdän-Legierung eine ähnliche Funktion, wie

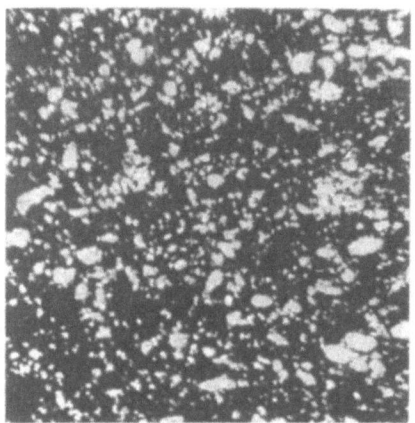

Abb. 199. ,,Elmet - Rotung" - Verbundkörper mit 80% W (hell) und 20% Cu (dunkel), feines W-Korn, geätzt mit Kupferammoniumchlorid. × 70.

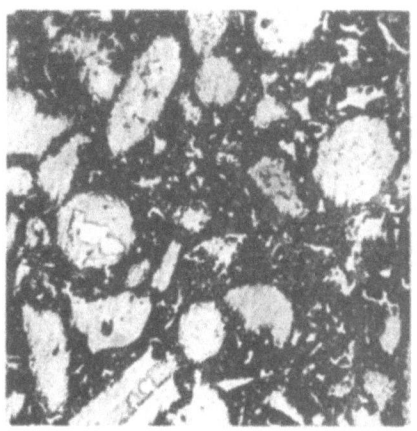

Abb. 200. ,,Elmet - Silmo" - Verbundkörper mit 72% Mo (hell) und 28% Ag (dunkel), grobes Mo-Korn, geätzt mit Ammoniumsulfid. × 70.

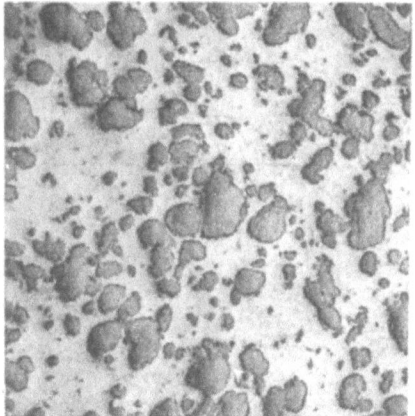

Abb. 201. ,,Elmet - Silvung" - Verbundkörper mit 30% W (dunkel) und 70% Ag (hell), mittleres W-Korn, ungeätzt. × 70.

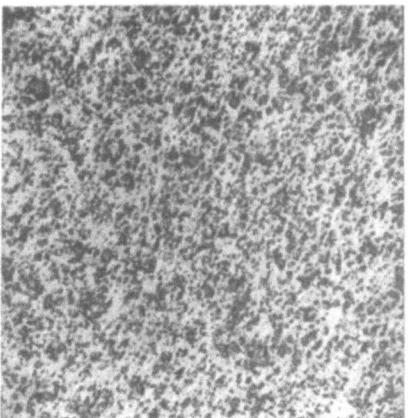

Abb. 202. ,,Elmet - Silvung" - Verbundkörper mit 30% W (dunkel) und 70% Ag (hell), feinstes W-Korn, ungeätzt. × 70.

sie die eutektische Wolfram-Kohlenstoff-Kobalt-Legierung im Falle der Sinterung von Wolframkarbid-Kobalt-Hartmetallen ausübt (vgl. S. 126 ff.). Da im festen Zustand Silber keine Löslichkeit für Molybdän aufweist, scheiden sich die während der Hochsinterung gelösten Molybdänteilchen beim Abkühlen an den größeren Molybdänkristalliten wieder ab.

Auch diese Erscheinung entspricht den Vorgängen, die sich beim Abkühlen von Hartmetallegierungen abspielen.

c) Aus Wolfram- oder Molybdänpulver bestimmter Korngröße werden Preßkörper hergestellt und diese nach einer Vorsinterung bei 900 bis 1000° einer Formgebung unterzogen, so daß porige Wolfram- und Molybdänskelettkörper gewünschter Gestalt und Abmessung entstehen. Diese porösen Skelettkörper werden unter Wasserstoffschutzgas in flüssiges Kupfer oder Silber getaucht, wobei sie von dem niedrigschmelzenden Metall vollständig durchtränkt werden. Das Wolframpulver gewinnt man durch mechanische Zerkleinerung von gesinterten Wolframstäben bzw. Wolframmetallabfällen oder durch Reduktion von Wolframsäure. Die Korngröße der verwandten Pulver schwankt zwischen 30 und 500 $\mu$ bzw. 1 und 30 $\mu$. Derart hergestellte Körper weisen einen Hilfsmetallgehalt von 5 bis 25% auf und lassen sich spanabhebend am besten mittels Hartmetallwerkzeugen bearbeiten. Gewünschte kleine Abstufungen der Zusammensetzung sind durch Änderung des Preßdruckes und der Vorsinterungstemperatur der Skelettkörper in gewissen Grenzen möglich.

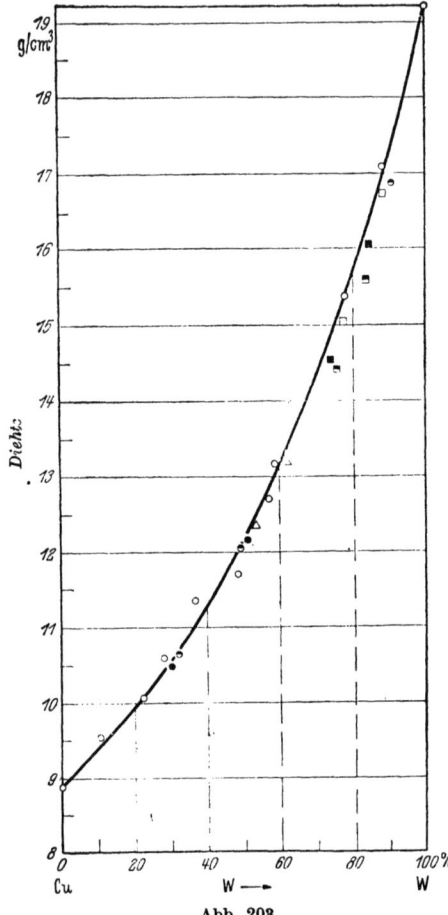

Abb. 203.
Dichte von Kupfer-Wolfram-Legierungen.

Das Gefüge von technisch verwendeten Wolfram-Kupfer-, Wolfram-Silber- bzw. Molybdän-Silber-Verbundkörpern verschiedener Zusammensetzung sowie mit verschiedenem Wolframkorn geht aus den Abbildungen 197—202 hervor. Derartige Verbundstoffe sind unter der Bezeichnung „Elmet-Rotung", „Elmet-Silvung" bzw. „Elmet-Silmo" auf dem Markt[1].

---

[1] Hersteller: Metallwerk Plansee G.m.b.H., Reutte (Tirol).

## 2. Eigenschaften der Verbundmetalle.

Die physikalischen Eigenschaften der Legierungen des Systems Kupfer-Wolfram (Dichte, Brinellhärte und elektrische Leitfähigkeit) sind in den Abb. 203 bis 205 wiedergegeben. Die in diesen Abbildungen eingetragenen Meßpunkte beziehen sich auf Legierungen, die nach einem der obenerwähnten drei Herstellungsverfahren unter Verwendung von Feinstwolframpulver (Reduktionspulver, 1 bis 20 $\mu$), Pulver mittlerer Korngröße (50 bis 100 $\mu$) und grobem Wolframkorn (100 bis 400 $\mu$) hergestellt wurden. Dabei deuten verschiedene Meßpunkte Herstellungsverfahren und verwandtes Wolframpulver gemäß der Aufstellung in Zahlentafel 78 an. Die nach Verfahren a) hergestellten Legierungen wurden nach dem Tränken zu Stäben stranggverpreßt. Legierungen nach dem Verfahren b) wurden nach dem Sintern im Bereich bis zu 60% W stranggepreßt, oberhalb dieses Wolframgehaltes jedoch zweimal warmdruckver-

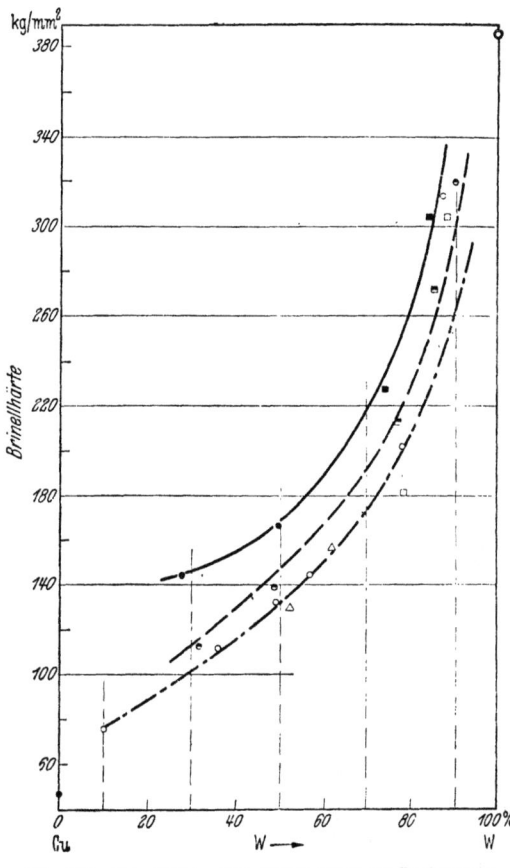

Abb. 204. Brinellhärte von Kupfer-Wolfram-Legierungen.

Zahlentafel 78. Herstellung und Kennzeichnung der in den Abb. 203 bis 205 aufgeführten Wolfram-Kupfer-Legierungen.

| Herstellungsverfahren | Korngröße des Wolframpulvers | Bezeichnungsweise |
|---|---|---|
| a) Tränken des locker gefüllten Wolframpulvers [1] | grob (100—400 $\mu$) | △ |
| b) Mischen der Pulver [1] | grob (100—400 $\mu$)<br>mittel (50—100 $\mu$)<br>feinst (1—50 $\mu$) | ○<br>◐<br>● |
| c) Tränken eines Wolframpreßkörpers [1] | grob (100—400 $\mu$)<br>mittel (50—100 $\mu$)<br>feinst (1—50 $\mu$) | □<br>◨<br>■ |

[1] Vgl. Text dieses Kapitels, Abschnitt B 1.

dichtet. Bei den nach Verfahren c) hergestellten Legierungen wurde von vornherein auf möglichst lange Stäbe mit quadratischem Querschnitt hingearbeitet, die nach dem Tränken spanabhebend auf die für die Messung zweckentsprechende Rundform weiterverarbeitet wurden.

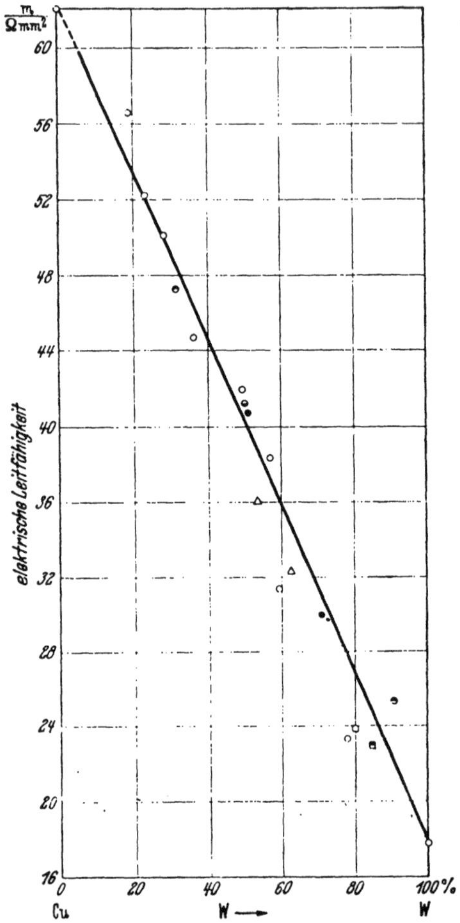

Die Dichte von Legierungen, deren Komponenten keine Mischbarkeit im festen Zustand aufweisen, berechnet sich nach der Formel

$$\varrho_L = \frac{100}{\frac{A}{\varrho_A} + \frac{B}{\varrho_B}}.$$

Dabei bedeuten:

$\varrho_L$ die Dichte der Legierung,
$A$ den Prozentgehalt der Komponente $A$,
$\varrho_A$ die Dichte der Komponente $A$,
$B$ den Prozentgehalt der Komponente $B$,
$\varrho_B$ die Dichte der Komponente $B$.

Legt man für die Dichte die Werte der kompakten Metalle zugrunde und berechnet man auf Grund der angegebenen Formel die Dichte einer Reihe von Legierungen des Systems Wolfram-Kupfer, so ergibt sich die in Abb. 203 eingezeichnete theoretische Kurve, die nach unten leicht durchgebogen ist. Wie man sieht, passen sich die eingetragenen Meßpunkte dieser theoretischen Kurve sehr gut an, obwohl die Legierungen nach ganz verschiedenen Verfahren und unter Verwendung von Wolframpulvern stark unterschiedlicher Korngröße hergestellt wurden (vgl. Zahlentafel 78).

Abb. 205. Spezifische elektrische Leitfähigkeit von Kupfer-Wolfram-Legierungen.

Die Kurven für die Brinellhärte von Kupfer-Wolfram-Legierungen (Abb. 204) ähneln in ihrer Charakteristik der Kurve der Dichte. Auffällig ist jedoch hier der Härteunterschied der Legierungen, die mit Wolframpulver verschiedener Korngröße hergestellt wurden. So liegt die Härte von Legierungen aus grobem Wolframkorn eindeutig unter derjenigen, zu deren Herstellung Feinstwolframpulver verwandt wurde. Dieser Unterschied mag zum Teil darauf beruhen, daß die Brinellprüfung für derart inhomogene Verbundstoffe kein eindeutiges Bild über die Härte der Legierungen zu geben vermag. Wenn das harte Wolframpulver in Feinstverteilung bei Verwendung von durch Reduktion gewonnenem Pulver vorliegt, so wird die Härte der Legierung vornehmlich durch das Wolfram bestimmt, da sich besonders bei hohen Wolframgehalten die vielen kleinen Wolframkörner gegenseitig abzustützen vermögen. Verwendet man Grobwolframkorn, so ist sein volummäßiger Anteil geringer als bei Legierungen, die einen gleich hohen gewichtsmäßigen Wolframgehalt in Feinstpulverform enthalten. Die Wolframkörner können in der Kupfereinbettungsmasse unter der Einwirkung der belastenden Brinellkugel gegebenenfalls ausweichen und zu scheinbar geringeren Härtewerten führen.

Zahlentafel 79. Physikalische Eigenschaften von Wolfram-Silber-Legierungen.

| Zusammensetzung | | Dichte g/cm³ | Brinellhärte kg/mm² | Elektrische Leitfähigkeit m/Ω mm² |
|---|---|---|---|---|
| W % etwa | Ag % etwa | etwa | etwa | etwa |
| 30 | 70 | 12,1 | 50— 60 | 47—51 |
| 50 | 50 | 13,5 | 90—100 | 39—41 |
| 60 | 40 | 14,4 | 110—120 | 35—37 |
| 65 | 35 | 14,7 | 120—140 | 33—35 |
| 75 | 25 | 15,8 | 160—180 | 28—30 |
| 80 | 20 | 16,3 | 200—220 | 26—28 |
| 85 | 15 | 17,0 | 210—230 | 24—25 |

Zahlentafel 80. Physikalische Eigenschaften von Molybdän-Silber-Legierungen.

| Zusammensetzung | | Dichte g/cm³ | Brinellhärte kg/mm² | Elektrische Leitfähigkeit m/Ω mm² |
|---|---|---|---|---|
| Mo % etwa | Ag % etwa | etwa | etwa | etwa |
| 60 | 40 | 10,32 | 125—150 | 36—38 |
| 65 | 35 | 10,29 | 150—160 | 34—36 |
| 70 | 30 | 10,28 | 160—180 | 32—34 |
| 75 | 25 | 10,27 | 175—190 | 30—32 |
| 80 | 20 | 10,25 | 180—210 | 28—30 |

Die elektrische Leitfähigkeit wurde an Stäben von 3,5 mm Durchmesser bestimmt, die spanabhebend bzw. durch Schleifen aus den stranggepreßten, doppelt warmdruckverdichteten oder getränkten Formkörpern herausgearbeitet wurden. Die Leitfähigkeit des reinen Kupfers bezieht sich ebenfalls auf gesintertes Kupfer, das aus reinstem Elektrolytkupferpulver gewonnen wurde. Selbstverständlich wurde durch genügende Bearbeitung des Sinterstabes durch Schmieden, Walzen und Ziehen sowie Ausglühen des Kupferdrahtes dafür gesorgt, daß ein Material mit möglichst theoretischer Dichte und guter Leitfähigkeit vorlag. Die Leitfähigkeit des Wolframs wurde an einem Stab von 2,5 mm Durchmesser ermittelt, der in bekannter Weise aus Feinstwolframpulver erzeugt wurde. Wie aus Abb. 205 zu ersehen ist, passen sich die für die Leitfähigkeit erhaltenen Meßpunkte sehr gut der geradlinigen

328     Die Sinterwerkstoffe der Technik.

Verbindungslinie zwischen den Leitfähigkeiten der reinen Komponenten an. Bekanntlich ist für Legierungen in solchen Systemen, deren Komponenten keine Mischbarkeit im festen Zustand aufweisen, eine derartig lineare Abhängigkeit der Leitfähigkeit von der Zusammensetzung zu erwarten.

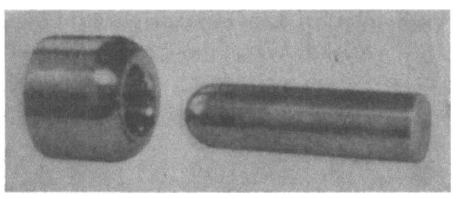

Abb. 206. Schaltstulpe und Schaltstift mit Wolfram-Kupfer-Armierung.

Die Legierungen, die aus dem System Kupfer-Wolfram technische Bedeutung erlangt haben, weisen Kupfergehalte zwischen 15 und 40%, je nach Verwendungszweck, auf. Für die Herstellung kommen alle drei obengenannten Verfahren in Frage, wobei allerdings dem einen oder anderen Verfahren der Vorzug gegeben wird, je nach den Anforderungen, die im Gebrauch an das betreffende Kontaktmaterial gestellt werden.

Abb. 207. Mit Wolfram-Kupfer belegte Schützkontakte.

Die physikalischen Eigenschaften von Wolfram-Silber- und Molybdän-Silber-Pseudolegierungen entsprechen weitgehend den Gesetzmäßigkeiten, die für das System Wolfram-Kupfer eingehend dargelegt wurden. Statt graphischer Darstellungen sind in Zahlentafel 79 und 80 die physikalischen Eigenschaften einiger technisch wichtiger Legierungen aus dem System Silber-Wolfram bzw. Silber-Molybdän aufgeführt.

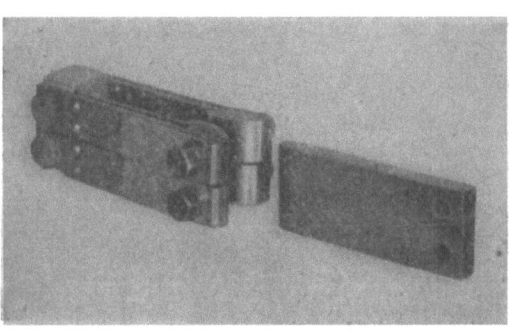

Abb. 208. Kontaktfinger und -messer mit Wolfram-Kupfer armiert.

8. Anwendungsgebiete.

Mit den Verbundmetallen werden die Kontakte der verschiedensten Art versehen, und zwar an den Stellen, die erhöhter Beanspruchung unterliegen. Die

Verbundmetallformstücke werden durch Löten mit Hilfe von Messing- oder Silberlot unter Schutzgas mit den Kontakten, die meist aus Kupfer, Messing oder Bronze bestehen, verbunden. Ein besonders inniger Zusammenhalt zwischen Verbundmetallauflage und Kontaktkörper wird durch Hintergießen, beispielsweise des Kupfer-Wolfram-Körpers mit Kupfer oder Kupferlegierungen, erzielt.

Wolfram - Kupfer-Verbundmetalle werden mit ausgezeichnetem Erfolg in Hochspannungsschaltgeräten (Öl-, Löschkammer-, Kon-

Abb. 209. Mit Wolfram-Kupfer armierte Löschköpfe für Transformatorenlastschalter.

traktionskammer-, Expansionsschalter, Strömungsschalter mit Öl, Luft oder Wasser, Druckgas-, Leistungstrenn- und Transformatorenregelschalter) und in Niederspannungsschaltgeräten, besonders Kleinölschaltern, verwendet. Die Abb. 206 bis 210 zeigen eine Reihe verschiedenster, mit Wolfram-Kupfer-Belägen versehener Kontakte. In der Schweißtechnik finden die Verbundmetalle aus Wolfram-Kupfer mit bestem Erfolg Verwendung zur Armierung von Stumpfschweißbacken. Die hohe Härte

Abb. 210. Hauptkontakte eines Luftschutzes für große Schaltleistungen, mit Wolfram-Kupfer versehen.

der Verbundstoffe und die beachtliche elektrische und Wärmeleitfähigkeit erhöhen die Lebensdauer der Elektroden beträchtlich. Auch bei der Hochfrequenzhärtung von Fahrzeugkurbelwellen nach dem Doppel-Duro-Tocco-Verfahren haben sich Wolfram-Kupfer-Beläge für die Glühkopfkontakte als sehr wertvoll erwiesen (10).

Silber-Wolfram-Verbundmetalle haben sich in erster Linie in Spannungsreglern zur Regelung niederer Spannungen gut bewährt. In letzter

Zeit treten auch Silber-Molybdän-Verbundmetalle für gewisse Spezialgebiete des Schalterbaues in Erscheinung.

### C. Weitere Verbundmetalle.

Durch Zusatz von Nickel in der Größenordnung von 0,1 bis 5% kann die Härte von Kupfer-Wolfram-Verbundmetallen erheblich gesteigert werden (11). Legierungen mit 85 bis 95% W, 3 bis 10% Ni und 2 bis 5% Cu sind als sogenannte „Schwermetallegierungen" mit Dichtewerten bis zu 17,5 in neuerer Zeit bekanntgeworden (12). Sie sollen sich insbesondere für Hochspannungsschalter bewährt haben. Wolfram-Kupfer-Nickel-Legierungen der genannten Zusammensetzung können pulvermetallurgisch auf zwei verschiedene Arten hergestellt werden:

1. man tränkt einen vorgesinterten Wolframskelettkörper mit einer Kupfer-Nickel-Legierung gewünschter Zusammensetzung;
2. man mischt feines Wolframpulver mit Kupfer- und Nickel-Pulver, preßt das Gemenge und sintert bei Temperaturen zwischen 1400 und 1550°.

Besonders nach dem zweiten Verfahren lassen sich Körper sehr hoher Dichte erzielen, die außer als Kontaktbaustoffe auch mit Vorteil als Radiumaufbewahrungsbehälter und Schwungmassen für Regler usw. Verwendung finden. Abb. 81, Seite 135, zeigt das Mikrogefüge einer Schwermetallegierung mit 90% W, 6% Ni, 4% Cu bei 200-facher Vergrößerung. Die rundlichen Wolframkörner sind gleichmäßig in der bei Sintertemperatur als flüssige Phase vorliegenden wolframhaltigen Kupfer-Nickel-Legierung eingebettet (vgl. Seite 126ff.).

Wegen ihrer Nichtmischbarkeit sowohl im flüssigen als auch im festen Zustand auf dem Schmelzwege nicht herstellbare Nickel-Silber-Legierungen erzeugte G. Comstock (13) auf dem Sinterwege. Er stellte Legierungen mit 10, 20, 40 und 60% Ni, Rest Silber durch Mischen der Pulver, Pressen und Sintern bei Temperaturen unterhalb des Silberschmelzpunktes her. Die Legierungen ließen sich leicht spanlos verformen. Silber-Nickel-Verbundmetalle sollen sich im Schalterbau wegen ihrer guten Leitfähigkeit und geringen Schweißneigung bewähren.

Als Schweißelektroden haben gesinterte Kupfer-Chrom-Legierungen, die ebenfalls als typische Verbundmetalle anzusprechen sind, in Amerika Eingang gefunden.

### D. Hartstoffe und Hartmetallegierungen.

Aus dieser Gruppe von Sinterwerkstoffen (vgl. Seite 272ff.) wurde eine Reihe von Patentvorschlägen bezüglich der Verwendung der Hartstoffe als Kontaktbauelemente gemacht. In der Praxis haben sich die Hartstoffe — vermutlich wegen ihrer schlechteren Leitfähigkeit — in nennenswertem Umfang nicht durchsetzen können.

Bei besonders auf Verschleiß beanspruchten Kontaktkörpern, wie z. B. Stromabnehmern, für die sich Wolfram-Kupfer-Verbundmetalle bewährten, hat man versuchsweise Wolframkarbid-Kupfer-Verbundkörper eingesetzt. Die Versuche haben keinen Erfolg ergeben.
Reines Wolframkarbid soll sich für Vakuumkontakte wegen seiner geringen Klebneigung gut eignen.
Auch Wolframkarbid-Kobalt-Hartmetalle werden als Vakuumschalterbaustoffe genannt (14).
Nach einem Vorschlag von F. Skaupy (15) werden tantal-niobhaltige Karbidlegierungen und durch das D.R.P. 622 522 titankarbidhaltige Legierungen für Kontaktkörper vorgeschlagen. Mit hoch titankarbidhaltigen Schweißelektroden lassen sich nach dem Weibelverfahren (16) sehr gute Schweißverbindungen bei Reinstaluminium und Chromnickelstählen erzielen.
G. Weintraub (17) benutzte gesinterte Bormetallkörper als Kontakte. Im D.R.P. 651 594 wurden Boride und im A. P. 2 180 984 Nitride hochschmelzender Metalle als Kontaktbaustoffe in Vorschlag gebracht.

## E. Wolframkontakte.

Als Kontaktwerkstoff für Zündunterbrecher in Verbrennungsmotoren findet heute fast ausschließlich Wolfram Verwendung. Das teure Platin wurde damit trotz seiner hervorragenden Oxydationsbeständigkeit fast völlig von dem billigeren, aber abbrandfesteren und weniger zur Materialwanderung neigenden Wolfram verdrängt. Ein weiteres bedeutendes Anwendungsgebiet wird sich nach Klärung reiner Konstruktionsfragen dem Wolframmetall als Kontaktmaterial für Wechselrichter in gewissen Spannungsbereichen erschließen.

Wolframkontaktplättchen werden durch Zerschneiden von Wolframrundstäben (2,4 bis 6 mm Durchmesser) mit 0,5 bis 1 mm starken Karborundumscheiben hergestellt. Der metallographische Befund (Abb. 211) solcher geschnittenen Plättchen zeigt, daß die senkrecht zur Kontaktfläche stehenden Kristallfasern außerordentlich fein sind. Dieses Gefüge hat sich für den Schaltvorgang als günstiger erwiesen als das Gefüge von

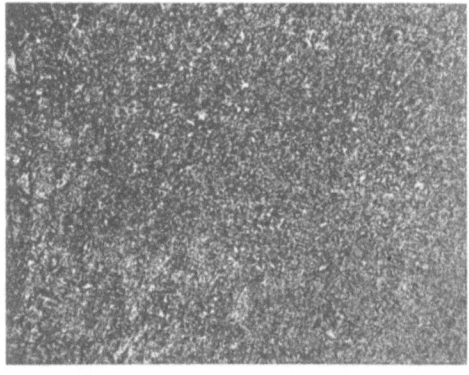

Abb. 211. Gefüge eines Wolframkontaktplättchens

aus Blech gestanzten Plättchen, deren Kristallfasern parallel zur Kontaktfläche liegen.

Die Wolframplättchen werden mit Kupfer- oder Silberloten auf Stahlschrauben aufgelötet und in den Unterbrecherapparaten (vgl. Abb. 132, Seite 240) eingebaut.

Nach amerikanischen Angaben sollen sich Wolframlegierungen mit etwa 0,5% Mo wegen des angeblich feineren Kristallgefüges reinen Wolframkontakten überlegen zeigen. Legierungen mit höheren Gehalten an Molybdän (bis zu 20%) zeigen eine eindeutige Unterlegenheit gegenüber reinem Wolfram, was wahrscheinlich auf die stark verschlechterte Leitfähigkeit und die geringe Oxydationsbeständigkeit der höherprozentigen Wolfram-Molybdän-Mischkristalle gegenüber Reinstwolfram zurückzuführen ist.

Elektroden aus Reinstwolfram haben die Entwicklung und Einführung des Arcatomschweißens in der Schweißtechnik (Flugzeugbau, Automobilbau) ermöglicht (vgl. Seite 236ff.).

Kupferhintergossene Wolframstiftchen dienen als Elektroden in Zündkerzen.

Reinstmolybdän wird mit Erfolg im Hochspannungsschalterbau als Kontaktmaterial verwendet.

### Literatur zum 14. Kapitel.

(1) Vgl. Kieffer, R.: Z. techn. Phys. 21 (1940) S. 35/40.
(2) Stephan, H.: Die heutige Bedeutung der Stromabnehmerbürste, S. 19. Ringsdorffwerke KG., Mehlem/Rhein.
(3) Ringsdorffwerke KG., Mehlem/Rhein: Prospekt.
(4) Schunk & Ebe, Gießen/Lahn: Prospekt.
(5) Siemens-Plania-Werke, Berlin-Lichtenberg: Prospekt.
(6) Conradty-Werke, Nürnberg: Prospekt.
(7) Vgl. Meier, K.: ETZ 57 (1936) S. 493.
(8) D.R.P. 612880 (1932), 643567 (1931).
(9) D.R.P. 436678 (1924); A.P. 1223322 (1916).
(10) Vgl. Kieffer, R.: ATZ (1940) H. 5 S. 109/12.
(11) Price, G. H., C. J. Smithells u. S. V. Williams: J. Inst. Met. 62 (1938) S. 239/54; vgl. D.R.P. 612880 (1932).
(12) Vgl. Meier, K.: Z. VDI 83 (1939) S. 1094.
(13) Comstock, G. J.: Metal Progr. 35 (1939) S. 576/81.
(14) D.R.P. 497472 (1927).
(15) D.R.P. 554931 (1928).
(16) Vgl. Gabler, K. G.: Z. VDI 82 (1938) Nr. 49 S. 1399/1400.
(17) D.R.P. 289864 (1912).

## 15. Kapitel.
# Poröse Sinterkörper für Lager, Filter usw. — Massive Sinterlager.

## A. Poröse Sinterkörper für Lager.

Eines der größten und interessantesten Teilgebiete der Pulvermetallurgie umfaßt die Herstellung gesinterter poröser Werkstoffe, insbesondere für Lager. Bereits 1908 wurde der Vorschlag gemacht, durch Sinterung hergestellte poröse, mit einem Schmiermittel getränkte Formkörper als Lager zu verwenden (1). Als die Wegbereiter der porösen Sinterlager sind die Entwickler und Hersteller der Metallkohlen anzusprechen.

Zweck der Anwendung der Pulvermetallurgie auf dem Lagergebiet war es an sich nicht, aus den bekannten Lagermetallegierungen, die man bisher auf dem Schmelzwege hergestellt hatte, nun durch Sinterung fertige Lagerkörper zu erzeugen, sondern Endziel war einerseits das Erreichen einer grundsätzlich anderen Struktur, nämlich eines porösen Gefügeaufbaues, andererseits, ähnlich wie bei gesinterten Kontaktlegierungen, die Vereinigung von an sich nicht legierbaren Metallen und Metalloiden (Kupfer-Zinn-Graphit, Eisen-Blei-Graphit usw.).

Die ältesten Vertreter gesinterter Lagerwerkstoffe sind die porösen Bronzelegierungen, die heute in steigendem Maße durch die festeren porösen Eisenkörper verdrängt werden.

### 1. Herstellung poröser Bronze- und Reineisenlager.

Die für die Herstellung poröser Lager verwendeten Metallpulver werden entweder durch mechanische Zerkleinerung von kompakten Metallen (Eisen), durch Granulation oder Zerstäubung von Metallschmelzen (Kupfer oder Eisen), durch Wasserstoffreduktion der Metalloxyde (Kupfer, Eisen, Blei) oder vornehmlich durch Elektrolyse (Kupfer, Zinn, Eisen, Blei) gewonnen. Nähere Einzelheiten der Pulvererzeugung sind dem Kapitel 2 zu entnehmen.

Die Korngröße der verwendeten Pulver liegt etwa zwischen 30 und 500 $\mu$, meistens jedoch bei 50 bis 300 $\mu$. Das Mischen der Metallpulver wird, gegebenenfalls unter Zusatz von Graphit und preßerleichternden flüchtigen Zusätzen wie Kunstharz, Stearin, Maschinenöl usw., in Mischtrommeln, Knetmaschinen oder Kugelmühlen vorgenommen. Diese Zusätze bestimmen bis zu einem gewissen Grade auch das Porenvolumen der Sinterkörper, das jedoch weit mehr von der Korngröße und Korngestalt der angewendeten Pulver und dem aufgewandten Preßdruck beeinflußt wird.

Das Verpressen der Pulvergemenge erfolgt mit Drücken von 1,5 bis 4 t/cm² auf hydraulischen oder mechanischen Pressen. Ein gewisses Spiel zwischen Stempel und Matrize verhindert Preßfehler in den Formkörpern und erleichtert das Entweichen der Luft aus den Pulvern während des Verdichtens. Um den Verschleiß der Preßmatrizen herabzusetzen, ist eine Hartverchromung oder, bei kleineren Preßwerkzeugen, eine Herstellung der mit den Pulvern in Berührung kommenden Teile aus Sinterhartmetall zweckmäßig. In Abb. 212 ist ein Preßwerkzeug wiedergegeben, das sich nach H. Mann (2) insbesondere zur Herstellung dünnwandiger Büchsen eignet. Der Hohlraum $a$ wird mit dem

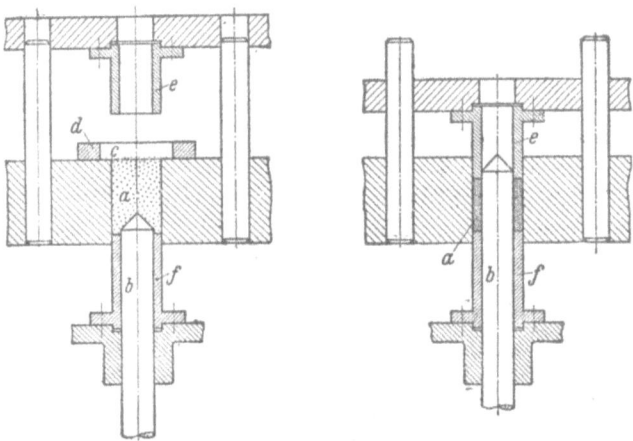

Abb. 212. Preßwerkzeug zur Herstellung von porösen Sinterlagern in zwei Arbeitsstellungen (R. Kühnel und H. Mann).

Pulvergemisch beschickt. Der Dorn $b$ wird dann nach oben geschoben; das durch ihn verdrängte Metallpulver tritt in die seitlichen Träger $c$ ein. Der Abstreifring $d$ wird nach hinten weggezogen und nimmt dabei das überschüssige Metallpulver mit fort. Der nun abwärts bewegte rohrförmige Preßstempel $e$ drückt das in der Form eines Hohlzylinders gleichmäßig verteilte Pulver zu der gewünschten dünnwandigen Laufbüchse zusammen. Der Preßling wird nach oben mit Hilfe des Unterstempels $f$ ausgestoßen.

Um eine gleichmäßige Druckverteilung im Preßling zu erzielen, empfehlen sich schwebend gefederte Preßwerkzeuge, bei denen der Druck von beiden Seiten wirken kann (vgl. Kap. 3 und 5).

Die Sinterung der porösen Bronzen, deren Zusammensetzung meist in den Grenzen 6 bis 12% Sn, 0 bis 2,5% Graphit, Rest Kupfer liegt, erfolgt bei etwa 800° in Tiegel- oder Haubenöfen mit Nickel-Chrom-Heizkörpern, die Sinterung der porösen Eisenlager bei 1050 bis 1250° zweckmäßig in Durchsatzöfen mit Molybdänheizleitern (vgl. Seite 52).

Die Sinterdauer beträgt sowohl bei Bronze- als auch bei Eisenlagern meist 1 bis 3 Stunden. Als Schutzgas verwendet man neutrale oder reduzierende Atmosphäre, wie z. B. Wasserstoff, gespaltenes Ammoniak oder eine in Schutzgaserzeugern durch unvollständige Verbrennung von Leuchtgas, Propan usw. gewonnene Atmosphäre.

Bei der Sinterung der Kupfer-Zinn-Lager schmilzt bei niedriger Temperatur das Zinn, das dabei gleichmäßig die Kupferteilchen benetzt und bei steigender Temperatur in die Kupferkristallite mehr oder weniger vollständig eindiffundiert. Die erzeugte „synthetische Bronze" ist selten völlig homogen, da sich das Gleichgewicht selbst bei längerer Sinterdauer wegen der groben Verteilung der Komponenten und der verhältnismäßig kurzen Sinterzeit oft nur unvollständig einstellt (vgl. Abb. 77, Seite 127).

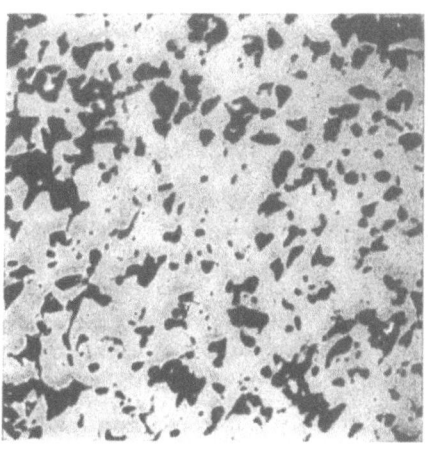

Abb. 213. Gefüge von Reineisensinterlagern. × 95 (Vereinigte Deutsche Metallwerke A.G., Frankfurt/Main-Heddernheim).

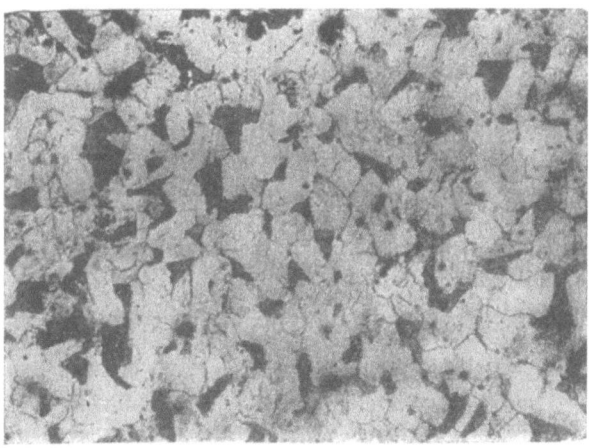

Abb. 214. Gefüge von Eisensinterlagern mit 0,5% C (Ferrit + Perlit), geätzt mit alkohol. $HNO_3$. × 70.

Im Gegensatz zur Sinterung der porösen Bronzen, bei der eine flüssige Phase auftritt, hat man es bei der Herstellung der Eisenlager mit einem reinen Sinterungsvorgang im festen Zustand zu tun. Die einzelnen

Kristallite bestehen aus praktisch reinem Ferrit (Abb. 213). Über den Einfluß von Sinterzeit, Sintertemperatur und Preßdruck auf die Festigkeitseigenschaften von Sintereisen, dem Werkstoff, aus dem die porösen Eisenlager bestehen, berichtet ausführlich W. Eilender und R. Schwalbe (3) (vgl. Seite 190ff.). Bei gleichzeitigem Zusatz von Graphit oder durch Einsatzhärtung kann man einen Teil des Ferrits in den verschleißfesteren Perlit überführen (Abb. 214).

Neuerdings wurde von F. V. Lenel (4) vorgeschlagen, besonders harte und verschleißfeste Eisenlager und Eisenteile dadurch herzustellen, daß graphitfreie und graphithaltige poröse Eisensinterkörper einer Dampfbehandlung bei etwa 580° in einem geschlossenen Behälter unterzogen werden, wobei die Porenwandungen zu Eisenoxyd oxydiert werden. Vor einem zu weit gehenden Angriff werden die Poren durch die oberflächlich gebildete Oxydschicht geschützt; die Oxydation hört somit selbständig nach etwa einstündiger Behandlung auf. Je nach der durch den angewandten Preßdruck erzielten Dichte der Sinterkörper kann die Sauerstoffaufnahme zwischen 2 und 12% variiert werden. Durch die Dampfbehandlung wird die Härte und Fließgrenze der Sinterkörper erheblich verbessert, die Zugfestigkeit um etwa 15% herabgesetzt. Außer als Lager werden derartig behandelte Körper nach F. V. Lenel auch als Führungen von Sägeblättern, als Ausstoßer in Öfen und Kältemaschinen und schließlich als Kolben in Diesel-Brennstoffpumpen empfohlen.

An die Sinterung schließt sich das Tränken oder Imprägnieren der Formkörper mit hochwertigem Maschinenöl an, dessen physikalische Eigenschaften, wie z. B. der Siedepunkt und die Viskosität, den Verwendungsbereich und die Reibungsverhältnisse in gewisser Weise bestimmen. Die Tränkung wird bei Temperaturen von 90 bis 120° vorgenommen. Das Ende des Tränkungsvorganges macht sich durch Aufhören des Schäumens des Bades (entweichende Luftblasen) bemerkbar und ist meist nach 30 bis 60 Minuten erreicht. Die Bronze- und Eisenlager nehmen etwa 20 bis 50% ihres Volumens an Schmieröl auf, was ungefähr 1,8 bis 3,5 Gewichtsprozenten Öl entspricht.

Da die Porenlager bei der Sinterung infolge der selten ganz idealen Druckverteilung im Preßkörper meist ungleichmäßig schrumpfen oder unter Umständen bei Graphitzusatz sogar leicht wachsen, da ferner gewisse Oberflächenrauhigkeiten (Sinterhäute) auftreten, müssen die Sinterkörper einer Nachbearbeitung unterzogen werden. Bei grobporigen Sinterlagern ist ein Kalibrieren auf mechanischen oder hydraulischen Kalibrierpressen am zweckmäßigsten. Bei feinporigen Lagern können, um das Zuquetschen der Poren zu vermeiden, diese mit Hartmetall oder Diamantwerkzeugen spanabhebend bearbeitet werden. Das billigere Kalibrieren kann jedoch auch hier oft ohne wesentlichen

Nachteil angewandt werden, zumal sich durch das Nachpressen beim Kalibrieren eine mechanische Verdichtung der Lauffläche und dadurch eine gegebenenfalls höhere Belastbarkeit ergibt. Abb 215 zeigt sche-

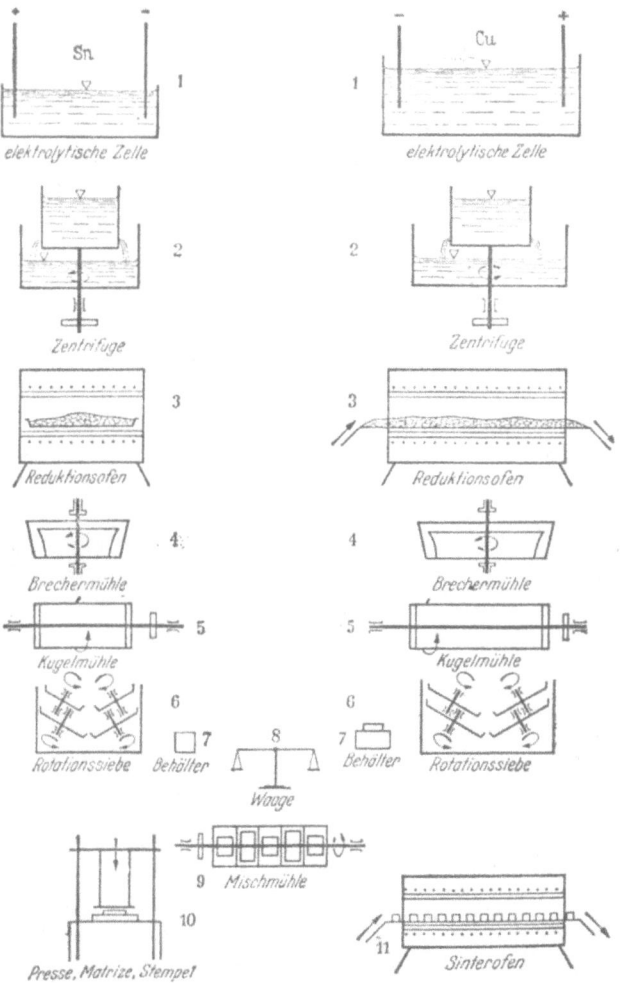

Abb. 215. Herstellungsgang poröser Bronzelager, schematisch (C. G. Goetzel).

matisch den Fabrikationsgang von Bronzelagern von der Herstellung der Pulver bis zum fertigen Lagerkörper (5).

## 2. Einbau der Sinterlager.

Beim Einbau der Sinterlager müssen verschiedene Vorsichtsmaßregeln beachtet werden. Wegen der geringeren mechanischen Festigkeit ist auf besonders festen Sitz in der Bohrung des Lagergehäuses zu achten. Das Einziehen der Lagerbüchsen muß ohne Schlagbeanspruchung mit Spezialeinpreßdornen vorgenommen werden. Abb. 216 zeigt einen zum Einpressen von Eisensinterlagern geeigneten Einpreßdorn nach O. Hummel (6). In Abb. 217 sind verschiedene Ausführungsformen für den Einbau von Eisensinterlagern dargestellt. Das erforderliche Lagerspiel für poröse Eisenlager ist der Abb. 218 zu entnehmen.

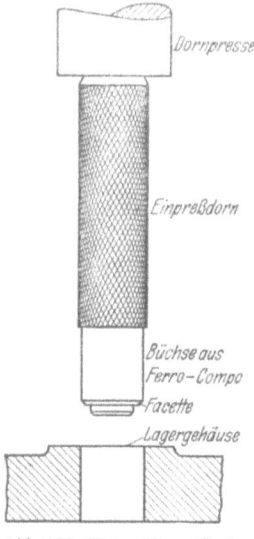

Abb. 216. Einpreßdorn für das Einpressen von Sinterlagern (O. Hummel).

Poröse Lager dürfen selbstverständlich nicht in stärkerer Erwärmung ausgesetzten Maschinenteilen eingebaut werden, um das Ausschwitzen des Öles zu verhindern. Der Zutritt von öllösenden Mitteln zu den Porenlagern muß ebenso wie die Verwendung von harzendem oder verschmutzendem Öl, das die Poren zusetzt und verstopft, vermieden werden.

### 3. Eigenschaften von Sinterlagern.

Durch die vielen Ölzufuhrstellen poröser Lager gelingt es, die Anfangsmischreibung durch Bildung eines kontinuierlichen Schmierfilms, besonders bei niedrigen Umlaufgeschwindigkeiten, in eine Art Fließreibung überzuführen (2)[1].

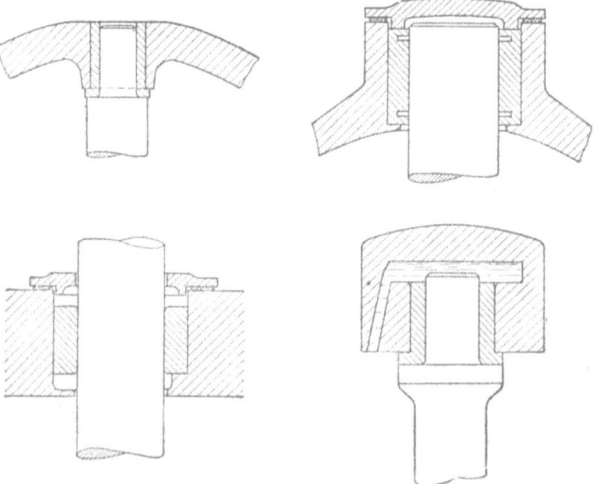

Abb. 217. Verschiedene Ausführungsbeispiele für den Einbau von Eisensinterlagern (O. Hummel).

---

[1] Über die unterschiedliche Schmierwirkung bei massiven und porösen Lagern gibt O. Hummel eine eingehende Darstellung (6).

Gegenüber den massiven Lagern ist die metallische Gesamtoberfläche des porösen Lagers auf der Lauffläche bedeutend geringer, so daß die Belastbarkeit des porösen Lagers entsprechend niedriger ist. Der geringere zulässige Grenzflächendruck erklärt sich ferner aus der geringeren Härte und Festigkeit der gesinterten Lager. Feinporige Lager erlauben auf Grund der besseren Festigkeitseigenschaften höhere Laufgeschwindigkeiten, weisen jedoch wegen der stärkeren Kapillarkräfte geringere Schmierwirkung auf. Sie unterliegen auch der Gefahr, daß sich die feinen Poren bei längerem Gebrauch zusetzen. Abb. 219 zeigt ohne Absolutwerte den grundsätzlichen Unterschied in der Belastbarkeit massiver und poröser Lagerwerkstoffe (7). Während massive Lager mit steigender Gleitgeschwindigkeit wachsende Belastungen aushalten, nehmen poröse Lager schon bei kleinen Gleitgeschwindigkeiten relativ hohe spezifische Lagerdrücke auf und zeigen im Bereich niedriger Drehzahlen ein Maximum der Belastbarkeit.

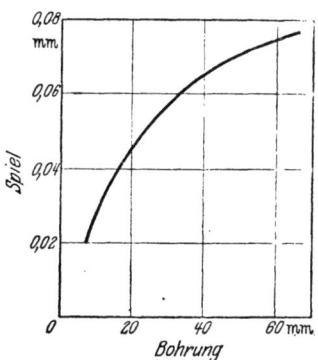

Abb. 218. Erforderliches Lagerspiel bei Reineisensinterlagern (O. Hummel).

Bei höheren Drehzahlen überschneiden sich die Belastbarkeitskurven der massiven und gesinterten Lager, so daß massive Lager bei höheren Gleitgeschwindigkeiten eindeutig überlegen sind. Feinporige Sinterbronzelager sollen, wie schon oben erwähnt, günstigere Laufeigenschaften und höhere Belastbarkeit aufweisen (8) als grobporige. In der Praxis neigt man trotzdem oft zu verhältnismäßig grobporigen Bronzelagern, die eine bessere Schmierwirkung und damit größere Betriebssicherheit gewährleisten.

Zahlentafel 81. Zulässige spez. Belastung von Sinterbronzelagern für verschiedene Gleitgeschwindigkeiten.

| Schleichende Bewegung | bis 260 kg/cm² |
|---|---|
| 0,15 m/sec | bis 30 kg/cm² |
| 1,5 ,, | ,, 3 ,, |
| 3,0 ,, | ,, 1,5 ,, |

In Zahlentafel 81 sind die zulässigen spezifischen Belastungen für Sinterbronzelager in Abhängigkeit von der Gleitgeschwindigkeit wiedergegeben (9). Ein ähnliches Verhalten weisen Eisensinterlager auf, wie aus Abb. 220 hervorgeht (6).

Aus der Fähigkeit der porösen Lager, auch bei kleinen Drehzahlen einen kontinuierlichen Schmierfilm zu bilden, ergibt sich ihre besondere Eignung für Schwinglager, bei denen die Drehgeschwindigkeiten periodisch 0 sind und die Drehrichtung bei jeder Schwingung wechselt.

Der Ölverbrauch der porösen Lager ist verhältnismäßig gering gegenüber den massiven Lagern, da das bei Erwärmung des Lagers im Betrieb austretende Öl durch die Kapillaren beim Stillstand wieder aufgenommen wird. Seitliches Abtropfen des Öles kann außerdem durch konstruktive Maßnahmen, wie Eindrehen einer Ölfangrinne (vgl. Abb. 217), vermieden werden.

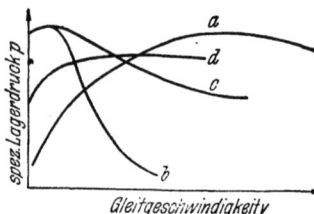

Abb. 219. Belastbarkeit von Sinter- und massiven Lagerbronzen (E. Rohde). *a* massive Lagerbronze, *b* Sinterbronze ohne Zusatzschmierung, *c*, *d* verschiedene Sinterbronzen mit Zusatzschmierung.

Da beim Sinterlager — selbst bei Anbringung eines Ölsumpfes — von keinem nennenswerten Öldurchsatz gesprochen werden kann, ist die Kühlwirkung des Öles verhältnismäßig gering. Die erzeugte Reibungswärme kann also nur durch das Lager und die Lagerwelle abgeführt werden. Da ein auftretender Wärmestau die Schmierwirkung und die Tragfähigkeit des Öles herabsetzt, ergibt sich eindeutig, daß sehr hohe Drehzahlen ebenso wie hohe Lagerdrücke im Hinblick auf die relativ geringe Festigkeit der porösen Lager vermieden werden müssen, worauf oben schon hingewiesen wurde. Aus der Arbeitsweise und der Eigenart der porösen Lager ist ersichtlich, daß diese nicht als Ersatz- oder Austauschwerkstoffe für Bronzemassivlager anzusprechen sind, sondern daß hier neuartige Werkstoffe vorliegen, die insbesondere bei geringen und schleichenden Gleitgeschwindigkeiten oder bei stark unterbrochenen Bewegungen (Pendellager) beste Laufeigenschaften

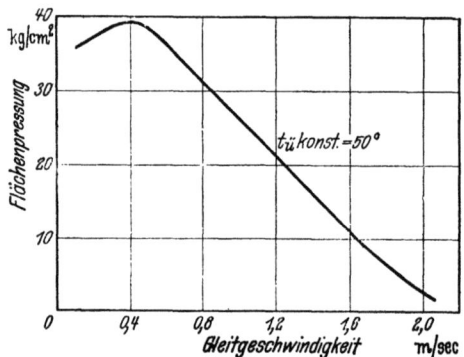

Abb. 220. Belastbarkeit eines Reineisensinterlagers (O. Hummel).

und ausreichende Schmierung gewährleisten. Besondere Anwendungsgebiete ergeben sich im Maschinen- und Apparatebau dort, wo bislang an schwer zugänglichen Stellen keine Ölschmierung möglich war und Fettschmierung keine regelmäßige Zufuhr mit Schmierstoff sicherstellen konnte.

## 4. Anwendung der Sinterlager.

Poröse Sinterlager können in den verschiedensten Industriezweigen mit Erfolg an Stelle von massiven Bronze-, Rotguß-, Messing-, Sondergußeisen- und Kunststofflagern eingesetzt werden. Sie sind jahrelang ununterbrochen betriebsfähig und arbeiten dabei fast geräuschlos.

Dies trifft für viele kleine Maschinen mit elektrischem Antrieb zu, die mit hohen Drehzahlen und geringen Lagerdrücken arbeiten. Erwähnt seien Zimmerventilatoren, Haartrockner, Haarschneidemaschinen, Staubsauger, Kühlschränke, Waschmaschinen, Zähler, Schalt- und Meßgeräte, kleine Bohrmaschinen, Handschleifmaschinen, Autoanlasser, Scheibenwischer usw. Für die Wahl von selbstschmierenden Lagern im Textil- und Nahrungsmittelmaschinenbau ist ausschlaggebend, daß aus diesen Lagerkörpern kein Öl im Betrieb austritt und die Erzeugnisse verschmutzt.

Eine ausgezeichnete Zusammenstellung von Beispielen für die Verwendung von Eisensinterlagern, die auch weitgehend auf die andern

Zahlentafel 82. Anwendungsbeispiele für poröse Sinterlager in den verschiedensten Industriezweigen (O. Hummel).

| Industriezweig | Beispiele für die Anwendung von Sinterlagern |
|---|---|
| Maschinenbau: | Schwinglager mit nur geringer Belastung, Getriebe- und Gleitlager für kleine Stirn- und Schneckenräder mit schleichenden Gleitgeschwindigkeiten zwischen 0,1 und 1 m/sec bei geringen Flächenpressungen. Gestängerundführungen, Hebellagerungen, Lager für Hand- und Betätigungsräder, Lager für Schaltgestänge, Gleitsteine, Kulissensteine |
| Automobilbau: | Lager für Kupplungen, Pedalwellen, Bremswellen, Schalthebel, Steuerwellen, Gestänge, Anlasser, Scheibenwischer, Zündverteiler, Servobremsen, Anzeige- und Meßgeräte |
| Flugzeugbau: | Lager für Steuerungsbetätigung, Steuerseilleiträder, Schalthebel |
| Lokomotivbau: | Lager für Bremsgestänge, Umsteuergestänge, Führungsstücke, Kulissenbetätigung |
| Werkzeugmaschinenbau: | Nebenlager für Fräs- und Bohrwerke, Stanzen, Pressen, Drehbänke, Lünettenfutter |
| Elektromaschinenbau: | Lager für Kleinventilatoren, Haushaltmaschinen, Haarschneidemaschinen, Haartrockenapparate, Nähmaschinen, Bohnermaschinen, Staubsauger, Kühlschränke, Waschmaschinen, Zählergeräte, Schalt- und Meßgeräte |
| Landmaschinenbau: | Lager für Häckselmaschinen, Handmühlen, Drehzapfenlager für Ackerwagen und Erntewagen, Lager für Grasmäher, Strohpressen und für die in Frage kommenden Betätigungsorgane |
| Hebezeuge und Förderbau: | Lager für Spindelwellen, kleine Flächenpressungen, Flaschenzüge, Seilrollen, Transportkettenräder, Nebenlager für Förderbänder, Becherwerke, Krane, Hubwerke, Fördermaschinen |
| Apparatebau: | Lager für Kupplungen, Regulatoren, Signaleinrichtungen, Betätigungsorgane, langsame Rührwerke |
| Feinmechanik: | Lager für Laufwerke, Automaten, Regler, Schaltgeräte, Filmgeräte |
| Sonstige Verwendungsgebiete: | Lager für Kinderwagen, Tretroller, Dreiräder, Teewagen, Verkaufswagen für Bahnhöfe, Abstell- und Montagewagen, Türangeln |

Sinterlager zu übertragen ist, wurde von O. Hummel (6) gegeben (vgl. Zahlentafel 82). Die in der Tabelle aufgeführten Lager weisen zumindest eines der folgenden Merkmale auf:
1. Gleitgeschwindigkeiten unter 1,5 m/sec bei mäßigen Flächendrücken;
2. unterbrochene Bewegung;
3. schlechte Nachschmiermöglichkeit.

### 5. Weitere poröse Sinterlager.

Bei der Herstellung von Bronzelagern wurde auch vorgeschlagen, einen Teil des Kupfers bzw. Zinns durch Zink, Blei oder Eisenmetalle zu ersetzen (10). Lager solcher Zusammensetzung haben aber bisher nur geringe technische Bedeutung erlangt.

Porösen Reineisenlagern wurde anfänglich Kupfer oder Messing allein oder in Verbindung mit Graphit zugesetzt (11, 12). Die Bearbeitbarkeit und Festigkeit von porösen Eisen-Kupfer-Lagern ist zwar besser als die reiner Eisenlager, ihre Laufeigenschaften werden jedoch durch den Kupferzusatz verschlechtert. Günstiger als Kupfer-, Zink- und Zinnzusätze zu Eisensinterlagern verhalten sich die Zusätze von Blei. Durch die Beimischung von Blei in Mengen von 5 bis 6% werden bemerkenswert bessere Gleiteigenschaften erzielt. Poröse Eisen-Blei-Graphitlager haben in größerem Umfange in der Technik Eingang gefunden (13). Das Blei kann in Form von Metallpulver oder als Bleioxyd dem Pulvergemisch vor dem Pressen zugesetzt werden. Die Reduktion des Bleioxyds wird ähnlich wie bei den bleihaltigen Kupferkohlebürsten durch den im Überschuß zugesetzten Graphit oder die reduzierende Sinteratmosphäre durchgeführt.

Für einen auf der Basis Eisen-Blei-Graphit hergestellten Sinterlagerwerkstoff („Pressko" der Firma Demag) werden die aus Zahlentafel 83 hervorgehenden mechanischen Eigenschaften angegeben (13), die in Vergleich gesetzt sind zu denen von bekannten Massiv- und Porenlagern.

Zahlentafel 83.
Mechanische Eigenschaften verschiedener Lagerwerkstoffe.

| Werkstoff | Härte $H_B$ 10/500/30 | Druckfestigkeit kg/cm² | Zugfestigkeit kg/mm² | Dichte g/cm³ |
|---|---|---|---|---|
| Weißmetall (80%) .. | 31—35 | 1000 | 7—8 | 7—9 |
| Austauschmetall ... | 26—30 | 700—900 | 6—8 | — |
| Bronze, massiv. . . . | 60 | — | 15 | 8,6 |
| Poröse Bronze .... | 20—40 | — | 2—3 | 6—6,5 |
| Poröses Eisen .... („Ferro-Compo") | 40—50 | 2500 | 5—9 | 5,0—6 |
| Poröses Eisen .... (Feinstpulver) | 50—60 | 3000 | 10—15 | 5—6,5 |
| Fe-Pb-Graphit .... (Pressko) | 40—60 | 3000 | 12—15 | 5,5—6 |

Poröse Sinterkörper für andere Verwendungszwecke. 343

O. Neuse (14) berichtet über interessante Vergleichsversuche mit fettgeschmierten Austauschwerkstoff- und Rotgußlagern für Kranbetrieb unter besonderer Berücksichtigung von „Sintereisenlagern" (Presskö-Typus). Er stellte fest, daß Sintereisenlager in ihren Laufeigenschaften den Rotgußlagern nahekommen und neben Kunstharzlagern beispielsweise gut geeignet sind, für einfache fettgeschmierte Kranlager höherer Belastung Verwendung zu finden. Mit derartigen Eisenlagern sollen im rauhen Betrieb selbst bei höheren Belastungen schon Laufzeiten von mehreren Jahren erreicht worden sein. Der Lagerzapfen bzw. Lagerbolzen muß gut oberflächengehärtet werden, da bei Eisenlagern mit Verschleiß zu rechnen ist.

## B. Werkstoffe vom Typus der porösen Sinterlager für andere Verwendungszwecke.

In der Patentliteratur findet sich eine große Reihe von Vorschlägen, um poröse Werkstoffe auch auf anderen Gebieten zu verwenden. In Zahlentafel 84 sind die entsprechenden Patentschriften und die dort vorgeschlagenen Verwendungsgebiete zusammengestellt. Praktische Anwendung aus der Fülle der Vorschläge haben bisher gesinterte Metallfilter aus Karbonylnickelpulver zur Reinigung konzentrierter Laugen gefunden (15). Mit Bitumen getränkte hochporöse Eisensintermassen („Sinterit") haben sich in der Praxis mit gutem Erfolg an Stelle von Bleidichtungen eingeführt (vgl. Seite 197).

## C. Massive Sinterlager.

Für geringe Gleitgeschwindigkeiten und unterbrochene Bewegungen haben sich auch massive, druckgesinterte Lager aus Kupfer-Graphit und

Zahlentafel 84. Patentzusammenstellung bezüglich verschiedener Verwendungsgebiete poröser Sinterwerkstoffe.

| Verwendungsgebiet | Patentschrift |
|---|---|
| Bremsbeläge | Ö.P. 113314 (1927) |
| Stromabnehmer | D.R.P. 488583 (1925) |
| Elektroden für alkalische Elektrolyte | D.R.P. 491498 (1928) |
|  | D.R.P. 493593 (1928) |
|  | D.R.P. 519456 (1929) |
| Elektroden für Akkus und Sekundärelemente | D.R.P. 583869 (1929) |
|  | D.R.P. 608122 (1929) |
| Dichtungsringe | D.R.P. 666363 (1936) |
| Dochte aller Art, beispielsweise für Beleuchtungs- und Heizvorrichtungen | D.R.P. 598558 (1931) |
| Vorrichtungen für Feinstbelüftungen von Gärbottichen | D.R.P. 594195 (1930) |
| Katalysatoren und Reaktionsgefäße für katalytische Zwecke | D.R.P. 277222 (1912) |
|  | D.R.P. 397683 (1923) |
|  | D.R.P. 488778 (1926) |
| Diaphragmen, Filter für Laugen usw. | D.R.P. 519727 (1928) |
|  | D.R.P. 541515 (1928) |
|  | D.R.P. 558751 (1928) |
|  | D.R.P. 562158 (1929) |

Eisen-Graphit mit geringen Legierungszusätzen bewährt. Feinstes Kupfer- oder Eisenpulver in der Korngröße von etwa 0,5 bis 20 $\mu$ wird mit 4 bis 6% feinstem Graphitpulver gemischt und mit Drücken von 2 bis 4 t/cm² kaltgepreßt. Die Kaltpreßlinge werden bei 700 bis 800° gesintert und anschließend bei ungefähr derselben Temperatur mit Drücken von 15 bis 20 t/cm² heiß gepreßt. Strukturell und in der analytischen Zusammensetzung ähneln die massiven Kupfer-Graphit-Lager den Kupferkohlen (siehe Seite 316ff.); sie sind jedoch durch den Drucksinterungs-

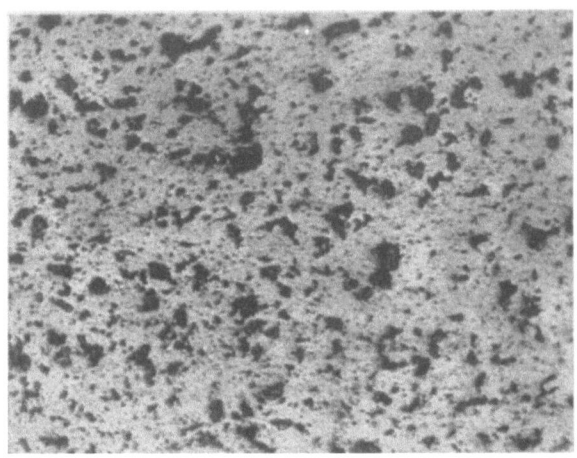

Abb. 221. Gefüge eines massiven Sinterlagers aus Kupfer-Graphit mit 6,1% C. × 35.

vorgang praktisch porenfrei (Abb. 221). Massive Eisen-Graphit-Lager weisen ein ferritisches Gefüge mit gleichmäßigen Graphiteinlagerungen auf. Durch Steigerung der Temperatur bei der Sinterung kann teilweise perlitisches Gefüge mit höheren Festigkeiten und höherer Härte erzielt werden.

Die mechanischen und physikalischen Eigenschaften von massiven Kupfer-Graphit- bzw. Eisen-Graphit-Lagerwerkstoffen (Brinellhärte, Bruchfestigkeit, Dichte, elektrische Leitfähigkeit, Wärmeleitfähigkeit) sind in Zahlentafel 85 zusammengestellt.

Die schmiertechnische Wirkung dieser Lagerwerkstoffe beruht darauf, daß sich nach kurzer Einlaufzeit die Lagerwelle mit einem hauchdünnen, zusammenhängenden Graphitfilm überzieht, der eine einwandfreie Schmierung wie ein kontinuierlicher Ölfilm bewirkt. Besonders hervorzuheben sind die guten Notlaufeigenschaften solcher Lager, die ein einwandfreies Gleitverhalten auch bei tiefsten Temperaturen unmittelbar bei Inbetriebnahme des Lagers gewährleisten.

Zahlentafel 85. **Mechanische und physikalische Eigenschaften massiver Kupfer-Graphit- bzw. Eisen-Graphit-Lagerwerkstoffe.**

| Eigenschaften | Kupfer-Graphit (5—6% C) | Eisen-Graphit (5—6% C) |
|---|---|---|
| Dichte g/cm³ etwa | 7,5 | 6,8 |
| Brinellhärte (2,5/187,5/30) kg/mm² | 60—80 | 90—120 |
| Bruchfestigkeit kg/mm² | 5—10 | 8—15 |
| Elektrische Leitfähigkeit $\frac{m}{\Omega\,mm^2}$ | 17—19 | 3—5 |
| Wärmeleitfähigkeit cal/cm·sec. Grad | 0,186—0,192 | 0,093—0,095 |

Ein teilweiser Ersatz des Kupfers durch Zinn, Zink und Blei sowie des Eisens durch Kupfer, Blei, Zinn und Zink usw. in Mengen von 1 bis 20% ist möglich.

Für Gleitschienen und ähnliche Verwendungszwecke kommen auch massive Lager in Frage, die durch Tränken poröser Sintereisenkörper mit Blei-, Zinn-, Blei-Zinn-, Blei-Kupfer- und Kupfer-Zinn-Legierungen entstehen (vgl. Abb. 114, Seite 207).

Bleigetränkte poröse Kupferlager werden von E. Fetz (17) empfohlen. Verhältnismäßig grobes Kupferpulver wird mit flüssigen organischen Zusätzen verpreßt und bei 900 bis 1000° gesintert. Der entstehende Kupferskelettkörper wird im Vakuum mit Blei getränkt. Angaben über die Bewährung solcher Lager werden von E. Fetz nicht gemacht. Nach einem anderen Vorschlag (17) wird Bleipulver verkupfert, verpreßt und nach dem Sintern zu Bändern oder Blechen verwalzt. So hergestellte Kupfer-Blei-Lagerwerkstoffe schwitzen im Gegensatz zu mechanischen Gemengen aus Blei-Kupfer-Pulver beim Sintern kein Blei aus. Eine Legierung mit etwa 20% Pb konnte ohne Ausschwitzen auf 900°, eine solche mit 45,5% Pb auf 750° erhitzt werden. Eine Legierung mit 43% Pb ließ sich um etwa 50% verformen. Gewalzte Blei-Kupfer-Bänder können mit entsprechenden Kupfer-, Bronze- oder Stahlblechen in der Wärme, zweckmäßig mit Hilfe eines Lotes zu Verbundplatten vereinigt werden.

An Stelle des verkupferten Bleipulvers kann auch Legierungspulver verwendet werden, das nach dem DPG-Verfahren (vgl. Seite 18) durch Zerstäuben einer geschmolzenen Kupfer-Blei-Komplexlegierung hergestellt wird.

Von R. P. Koehring (18) werden massive Sinterlager auf der Basis Nickel-Kupfer-Blei beschrieben. Derartige Lager werden durch Aufsintern einer Nickel-Kupfer-Pulverlage auf Stahlbändern oder anderen Trägermetallen und anschließendes Tränken der porösen Sinterschicht mit einem hoch bleihaltigen Lagermetall (z. B. Blei-Kupfer) hergestellt.

### Literatur zum 15. Kapitel.

(1) D.R.P. 218887 (1908).
(2) Mann, H.: Gesinterte Lagermetalle. (In Kühnel, R.: Werkstoffe für Gleitlager, S. 408/21.) Verlag Springer, Bln. 1939.
(3) Eilender, W., u. R. Schwalbe: Arch. Eisenhüttenw. 13 (1939/40) S. 267/72.
(4) Lenel, F. W.: Iron Age 148 (1941) S. 29/35 u. 100.
(5) Goetzel, C. G.: Werkstattstechnik 31 (1937) S. 446/49.
(6) Hummel, O.: Metallwirtsch. 19 (1940) S. 979/83.
(7) Rohde, E.: Z. VDI 85 (1941) S. 834/36.
(8) Ringsdorffwerke KG., Mehlem/Rhein: Kapillar-Gleitlager (Prospekt).
(9) Manganese Bronze & Brass Co. Ltd., Lond.: Oilite-Bronze-Bearings (Prospekt).
(10) Vgl. Jones, W. D.: Principles of Powder Metallurgy, S. 149. Verlag E. Arnold & Co., Lond. 1937.
(11) Vgl. Schwalbe, R.: Diss. Aachen 1939.
(12) Vgl. E.P. 423582 (1933).
(13) Köhler, M.: Demag-Nachr. 14 (Okt. 1940) S. B 29/35.
(14) Neuse, O.: Techn. Mitt. Essen, H. 3/4 (1941); Demag-Nachr. 15 (Juli 1941) S. C 4/11.
(15) Schlecht, L., u. G. Trageser: Chem. Fabrik 12 (1939) S. 243/44.
(16) Vogt, H.: Gesundh.-Ing. 59 (1936) S. 628/30.
(17) Fetz, E.: Metals & Alloys 8 (1937) S. 257/60.
(18) Koehring, R. P.: Metal Progr. 38 (1940) S. 173/76 u. 196.

## 16. Kapitel.
## Magnetische Sinterwerkstoffe.

Magnetische Werkstoffe, wie z. B. Weicheisen, Eisen-Nickel-, Eisen-Silizium-Legierungen sowie Chrom- und Chrom-Kobalt-Stähle, Eisen-Nickel-Aluminium-Legierungen usw., werden vorzugsweise auf dem Schmelzwege erzeugt und meist nach dem Gießen durch Schmieden und Walzen weiter verarbeitet. Die Entwicklung der letzten 20 Jahre auf diesem Gebiet hat gezeigt, daß die Pulvermetallurgie in gewissen Fällen trotz ihrer gegenüber der Schmelzmetallurgie umständlicheren Arbeitsweisen Vorteile bei der Erzeugung magnetischer Werkstoffe mit sich bringen kann. Das gilt sowohl für magnetisch weiche als auch für Dauermagnetwerkstoffe.

### A. Magnetisch weiche Werkstoffe.

Auf die physikalische Kennzeichnung magnetischer Werkstoffe muß im Rahmen dieses Buches verzichtet werden. Es sei auf die einschlägige Literatur verwiesen (1, 2, 3, 4, 5). Die wichtigsten magnetisch weichen

Werkstoffe bestehen aus Eisen in möglichst reiner Form oder Legierungen des Eisens mit Silizium, Nickel, Kobalt und Molybdän. Bei der Herstellung von Reinsteisen wurden drei verschiedene Wege beschritten:
1. das Vakuumschmelzen von möglichst reinen Ausgangswerkstoffen, z. B. von Elektrolyteisen (6, 7),
2. die Reinigung fertiger Eisenbleche durch Glühung unter Wasserstoff (8),
3. die Sinterung reinster Eisenpulver, vorzugsweise von Karbonyleisenpulver (9, 10).

Während zwar durch das Vakuumschmelzen sowie durch die Wasserstoffbehandlung ein schwefel-, phosphor-, sauerstoff- und kohlenstoffarmes Material erzeugt werden kann, jedoch gewisse Verunreinigungen durch Aufnahme aus der Tiegelkeramik beim Schmelzen nicht ganz zu vermeiden sind, kann bei dem Sinterverfahren von vornherein von schwefel-, mangan-, silizium- und phosphorfreien Pulvern ausgegangen und die Fertigung so gelenkt werden, daß nicht nur Kohlenstoff- und Sauerstoffreste während der Sinterung unter Wasserstoff restlos entfernt werden, sondern auch jegliche zusätzlichen Verunreinigungen durch die Tiegelkeramik vermieden werden. Bezüglich des Sinterverfahrens für Reinsteisenpulver, z. B. für Karbonyleisen, sei auf die eingehende Darstellung im Kapitel 11, Seite 187 ff., verwiesen. Die magnetischen Eigenschaften, insbesondere des wasserstoffbehandelten Sintereisens, reichen nahezu an die der bekannten geschmolzenen Eisen-Nickel-Legierungen heran, wobei sich das Sinterreinsteisen noch durch eine höhere Sättigung auszeichnet.

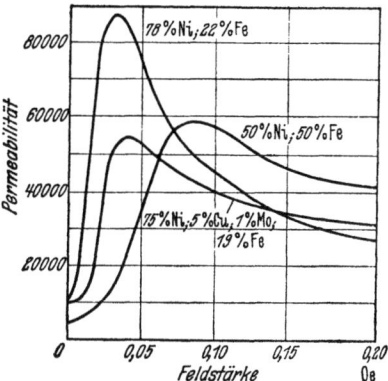

Abb. 222. Permeabilitätskurven gesinterter Karbonyl-Nickel-Eisen-Legierungen (G. Hamprecht und L. Schlecht).

Gesinterte, aus den Karbonylpulvern hergestellte Eisen-Nickel-Legierungen übertreffen eindeutig in ihren magnetischen Eigenschaften die geschmolzenen Legierungen gleichen Nickelgehaltes (9, 11, 12, 13). Beim Sinterverfahren kann der Kohlenstoffgehalt solcher Legierungen besonders niedrig gehalten werden; magnetisch schädliche Elemente, wie Schwefel und Phosphor, lassen sich vollkommen vermeiden. Nach G. Hamprecht und L. Schlecht (11) zeichnen sich Sinterlegierungen mit Nickelgehalten von 40 bis 50% durch hohe Permeabilität und gleichzeitig hohe Sättigung aus. Sie sind daher vorteilhaft zum Bau hochwertiger Übertrager der Nachrichtentechnik sowie für die Herstellung von

Meßwandlern verwendbar. Abb. 222 zeigt die Permeabilitätskurven einiger gesinterter Karbonyl-Nickel-Eisen-Legierungen (11). Aus Zahlentafel 86 sind nähere Angaben bezüglich der magnetischen Werte und der Wärmebehandlung von 0,35 mm starken gewalzten Bändern aus gesinterten Nickel-Eisen-Legierungen zu entnehmen (9).

Während die bisher besprochenen magnetisch weichen Werkstoffe ihre Gebrauchsform durch Schmieden und Walzen gesinterter Rohlinge erhalten, wird ein noch größerer Teil von Eisenpulver durch Pressen mit isolierenden Zusätzen meist organischer Natur (Schellack, Kunstharz, Phenolderivate usw.) direkt zu fertigen Magnetkörpern verarbeitet. Es handelt sich bei diesen Körpern um die sogenannten „Massekerne". Sie fanden zunächst lediglich für „Pupin-Spulen" Anwendung. Die Pupin-Spulen (14, 15) sind bekanntlich Induktionsspulen, die in bestimmten Abständen in die Fernsprechleitungen eingebaut werden. Sie haben die

Zahlentafel 86. Permeabilität gesinterter Nickel-Eisen-Legierungen, gemessen an gewalztem, 0,35 mm starkem Band (F. Duftschmid, A. Heinzel und F. Bergmann).

| Feldstärken in Oersted | 4 Std. auf 1100° erhitzt und langsam abgekühlt | | 4 Std. auf 1100° und nach Abkühlung auf 650° an der Luft abgeschreckt |
|---|---|---|---|
| | 42% Ni, 58% Fe | 50% Ni, 50% Fe | 78% Ni, 22% Fe |
| 0,005 | 9 500 | 8 200 | 14 700 |
| 0,010 | 13 600 | 13 250 | 27 300 |
| 0,025 | 24 200 | 33 000 | 80 100 |
| 0,050 | 31 000 | 55 500 | — |
| 0,100 | 32 000 | — | — |
| Maximalpermeabilität | 33 200 | 56 200 | 85 900 |
| Erreicht bei Feldstärke | 0,078 | 0,056 | 0,029 |
| Koerzitivkraft | 0,038 | 0,037 | 0,021 |

Aufgabe, die Dämpfung von Telephonkabeln herabzusetzen und zugleich innerhalb der Sprachfrequenzen unabhängig von der Frequenz zu machen. Die ersten Kabel mit Pupin-Spulen wurden zu Anfang dieses Jahrhunderts gelegt. Die Spulen bestanden aus einem ringförmigen Kern aus dünnem Stahldraht, der von einer Toroidwicklung aus Kupferdraht umgeben war. Seitdem hat man sich eingehend mit der Entwicklung des Kernmaterials für die Spulen befaßt. Eine bedeutsame Verbesserung wurde 1916 durch Einführung der Massekerne erzielt. Diese Kerne bestanden aus Eisenpulver, das unter hohem Druck mit einem Isolierstoff zusammengepreßt war.

Seit einigen Jahren werden Massekerne verschiedenster, oft recht komplizierter Gestalt in weit größerem Umfang als für Pupin-Spulen für Zwecke der Hochfrequenztechnik in Abstimmkreisen und Siebketten sowie für Übertrager und elektrische Weichen bei der Trägerfrequenz-Telephonie eingesetzt. Ihre Einführung brachte hier nicht nur wesentliche Raum- und Gewichtseinsparung der Hochfrequenzspulen, sondern vor allen Dingen auch eine Verbesserung der elektrischen Güte (größere Trennschärfe) mit sich. Durch die Anwendung des Trägerfrequenzverfahrens in der Telephonie ist die Bedeutung der Pupin-Spulen und damit der für sie benötigten Massekerne stark zurückgegangen. Der weitaus größte Teil der heute gefertigten Massekerne findet in der Hochfrequenztechnik Verwendung.

Da den Massekernen eine wesentliche Stufe der Fertigung von Sinterkörpern, nämlich die Wärmebehandlung bei erhöhter Temperatur, fehlt, sind sie zwar nicht als ein Sinterwerkstoff anzusprechen. Wegen ihrer Herstellungsweise aus Metallpulvern unter Druck und manchmal auch geringer Wärmeanwendung rechnet man sie aber allgemein zu den pulvermetallurgischen Erzeugnissen im weiteren Sinne.

Für die Herstellung von Massekernen dienen als Ausgangsmaterial in geringerem Umfange Elektrolyt- und Schwammeisenpulver; meistens wird aber — für Zwecke der Hochfrequenztechnik ist dies sogar fast ausschließlich der Fall — Karbonyleisenpulver wegen seiner ideal kugeligen Korngestalt verwandt. Das Verpressen der mit den organischen Bindestoffen innig gemischten Pulver erfolgt nur in Ausnahmefällen bei gleichzeitiger Erwärmung der Preßform. Die höchste dafür in Frage kommende Temperatur ist mit Rücksicht auf die meist organischen Bindestoffe 150°. Werden als isolierende Bindemittel Phenolderivate verwandt, so erfolgt das Pressen in der Kälte. Die „Härtung" der Massekerne erfolgt dann anschließend durch Behandlung der Preßlinge mit Formaldehyd. Die für die Herstellung von Massekernen in Frage kommenden Preßdrücke liegen in der Größenordnung um 15 t/cm². Sie sind also als verhältnismäßig hoch anzusprechen. Über Einzelheiten der Herstellung von Massekernen berichten u. a. B. Speed und G. W. Elmen (16). Danach empfiehlt sich zwecks Erhöhung des spezifischen Widerstandes des Pulvers eine Behandlung mit Zinkstaub. Zur Erreichung einer guten Isolation der Eisenteilchen ist ein Überziehen mit Metallen, die leicht Oxydhäute bilden, beispielsweise mit Aluminium, oder das Anfeuchten des Pulvers mit Wasserglas oder anderen anorganischen Salzen und anschließendes Trocknen zu empfehlen. Die erwähnten Vorschläge sind einige von vielen anderen, die in reichem Umfang in der weitverstreuten Patentliteratur zu finden sind. Wahrscheinlich kommt ihnen aber ebensowenig praktische Bedeutung zu wie den mannigfaltigen anderen, hier nicht genannten Vorschlägen. Es scheint, als ob das Überziehen mit Metall zumindest in Deutschland großtechnisch nicht angewandt wird.

Als um 1925 herum die besonders gute Eignung von Eisen-Nickel-Legierungen für magnetisch weiche Werkstoffe bekannt wurde, trat auch für die Massekerne der Wunsch auf, dieses Material in Pulverform für sie einzusetzen. Die Hauptschwierigkeit, die der gestellten Aufgabe entgegenstand, war die Forderung nach einer leichten Überführung von Eisen-Nickel-Legierungen in Pulverform. Da in Kapitel 2 die Pulverisierung von Eisen-Nickel-Legierungen schon näher beschrieben wurde, kann hier auf eine Wiederholung verzichtet werden.

In neuester Zeit wurde ein weiter verbessertes molybdänhaltiges Kernmaterial bekannt (17). Während das seit 1925 benutzte gepulverte „Permalloy" zu 78,5% aus Nickel und 21,5% aus Eisen besteht, enthält die neue Legierung 2% Molybdän, 81% Nickel und 17% Eisen. Um diese Legierung für die Herstellung von Massekernen einsetzen zu können, mußten wieder entsprechende Aufgaben bezüglich der Herstellung einer spröden Legierung, der Pulverisierung dieser Legierung, der Warmbehandlung und der geeigneten Isolation gelöst werden. Nach E. V. Legg und F. J. Given (17) soll das neue Kernmaterial eine höhere Permeabilität und einen größeren elektrischen Widerstand haben als das bekannte Permalloypulver. Diese beiden Eigenschaften, die kleine Wirbelstrom- und Hystereseverluste bedingen, sind wesentlich für die Verwendung der mit diesem Material ausgestatteten Spulen für Sprechfrequenzkreise. Ein sehr kleiner Temperaturkoeffizient der Permeabilität, der ebenfalls anzustreben ist, wird bei dem molybdänhaltigen Permalloypulver dadurch erreicht, daß ihm ein kleiner Prozentsatz von besonderem Permalloypulver beigegeben wird, das seinerseits einen Molybdängehalt von rund 12% aufweist.

Die Legierungspulver haben bisher lediglich im Ausland, vor allen Dingen in Amerika, Bedeutung erlangt; in Deutschland wird für die Herstellung von Massekernen zum überwiegenden Teil Karbonyleisenpulver verwandt. Erst in jüngster Zeit kommt auch in Amerika in verstärktem Maße im Lande hergestelltes Karbonyleisenpulver zum Einsatz. Nach amerikanischen Angaben (17) betrug der Bedarf an Eisenpulver für die Herstellung von Massekernen schon 1921 etwa 50 t je Monat. Dieser Bedarf dürfte sich inzwischen wesentlich gesteigert haben, insbesondere, da ein sehr großes Anwendungsgebiet der Massekerne in der Hochfrequenztechnik zu der Verwendung für Pupin-Spulen hinzugetreten ist.

## B. Dauermagnetwerkstoffe auf der Grundlage Eisen-Nickel-Aluminium.

Von den Dauermagnetwerkstoffen hat sich die sintertechnische Herstellungsweise als Ergänzung des Schmelzverfahrens in neuerer Zeit für Magnete des Mishima- (18) bzw. Honda- (19) Typus durchgesetzt (20—26). Außer Eisen sind die wesentlichsten Legierungselemente dieser

## Dauermagnetwerkstoffe. 351

Werkstoffe Nickel, Aluminium, Kobalt, Titan und Kupfer. Die bekanntesten dieser Legierungen (5) enthalten die genannten Elemente in folgenden Legierungsgrenzen:

$$
\begin{array}{ll}
5 - 14\% \text{ Al} & 0 - 12\% \text{ Ti} \\
12 - 33\% \text{ Ni} & 0 - 6\% \text{ Cu} \\
0 - 30\% \text{ Co} &
\end{array}
$$

Magnete aus den genannten Legierungen werden gewöhnlich als Formguß hergestellt, da die Legierungen wegen ihrer Härte, Sprödigkeit und Grobkörnigkeit nicht geschmiedet werden können und außerdem kaum spanabhebend zu bearbeiten sind. Die Gußlinge müssen daher durch Schleifen auf Fertigform gebracht werden. Diese Nacharbeit führt nicht selten zu Rißbildungen und Ausbröckelungen, die das betreffende Gußstück nachträglich noch unbrauchbar machen. Die fertig geschliffenen Magnete sind stoßempfindlich und müssen vorsichtig behandelt werden, damit die Kanten nicht ausbrechen. Wegen der Unmöglichkeit, den Werkstoff spanabhebend zu bearbeiten, insbesondere zu bohren oder Gewinde zu schneiden, ist die Befestigung derartiger Magnete in Geräten sowie ihre Verbindung mit Weicheisen-Polschuhen meist nur in umständlicher Weise durch Klemm-, Löt- oder Spritzgußverbindungen möglich. Schließlich neigen die Legierungen beim Vergießen noch zur Lunkerbildung. Das dadurch fehlende Magnetvolumen setzt die nutzbare Leistung herab, so daß es zu Ausfällen kommen kann. Bei der hohen magnetischen Leistung der Werkstoffe werden naturgemäß besonders kleinere Formen häufig gewünscht. Die Herstellung sehr kleiner Formen aber ist gießtechnisch oft sehr schwierig und unwirtschaftlich, so daß die Anwendungsmöglichkeit der Legierungen in manchen Fällen zumindest in Frage gestellt ist.

Die Bemühungen der Schmelzmetallurgie, die oben aufgezeigten Nachteile durch schmelz- bzw. legierungstechnische Maßnahmen und geeignete Wärmebehandlung der Legierungen nach dem Schmelzen zur Erzielung eines feinkörnigen Gefüges zu beseitigen, haben zu keinem nennenswerten Erfolg geführt. Allerdings wurde inzwischen insofern ein Ausweg gefunden, als es gelang, feinstgepulverte Eisen-Nickel-Aluminium- und Eisen-Nickel-Aluminium-Kobalt-Magnetlegierungen mit einem plastischen Bindemittel (Kunstharz, duktiles Metall u. dgl.) zu sehr form- und maßgenauen Körpern zu verpressen, welche beachtliche, wenn auch gegenüber dem kompakten Ausgangswerkstoff um etwa 30 bis 40% verminderte dauermagnetische Eigenschaften zeigen (27). Da es übrigens möglich ist, in diese Formkörper spanabhebend bearbeitbare Konstruktionsteile und Polschuhstücke mit einzupressen, sind die Schwierigkeiten, die sich aus der mangelnden Verformbarkeit der Gußmagnete im kalten Zustande ergeben, behoben und die beim Formgußprozeß anfallenden Legierungsabfälle einer wirtschaftlichen Verwendung zugeführt. Der Anwendung derartiger Preßmagnete sind allerdings vorläufig noch dadurch Grenzen gezogen, daß sie für viele Zwecke unbequem große Querschnitte erhalten müssen, ihre Bruchfestigkeit begrenzt ist und weil sie im allgemeinen Temperaturen von mehr als etwa 100° nicht ausgesetzt werden dürfen.

Durch Anwendung des Sinterverfahrens auf Eisen-Nickel-Aluminium-Magnetlegierungen, bei dem man von vornherein ein feinkörniges Gefüge mit verbesserten mechanischen Eigenschaften erhoffen konnte, wurden insbesondere fertigungstechnische Fortschritte erzielt, so daß zu erwarten ist, daß sich das Anwendungsgebiet der Legierungen vornehmlich bei kleinsten Magnetformen noch erheblich erweitern wird.

### 1. Herstellung von Eisen-Nickel-Aluminium-Sintermagneten.

Bei der Herstellung von Eisen-Nickel-Aluminium-Magneten nach dem Sinterverfahren sind drei Wege grundsätzlich möglich:

a) Mischen der einzelnen pulverförmigen Legierungselemente, Pressen des Ansatzes zu Fertigformen und Sintern der Preßlinge.

b) Pulverisieren der geschmolzenen, spröden Fertiglegierung oder von Gußschrott, Pressen und Sintern.

c) Pressen und Sintern einer Mischung von Metallpulvern, die einen Teil der Legierungskomponenten in Form einer geschmolzenen, anschließend gepulverten Vorlegierung enthält.

Der erste Weg, der gewöhnlich bei der Sinterung von Mehrstoffsystemen gewählt wird, scheitert vornehmlich an den schlechten Sintereigenschaften und dem niedrigen Schmelzpunkt des reinen Aluminiums, das als wesentlichster Legierungsbestandteil in jeder der bekannten Legierungen vorhanden ist. Schon bei der Pulverisierung des Aluminiums, die an sich trotz der Duktilität des Metalles keine Schwierigkeiten bereitet, überziehen sich die Aluminiumpulverteilchen mit einer dünnen Oxydschicht, die natürlich die Sintereigenschaften des Pulvers verschlechtert. Mit steigender Temperatur nimmt die Oxydationsneigung des Aluminiumpulvers sehr schnell zu, so daß sich stärkere diffusionshindernde Oxydhäute auf den Aluminiumteilchen trotz Wasserstoffschutzgas noch vor Erreichung des Schmelzpunktes des Aluminiums bilden können. Dadurch wird die Legierungsbildung mit den übrigen Komponenten zumindest sehr erschwert. Nach einer bekannten Faustregel liegt die Temperatur merklicher Diffusion im festen Zustand bei etwa $^2/_3$ der absoluten Schmelztemperatur. Da die Fe-Ni-Al-Magnetlegierungen im Intervall zwischen 1300 und 1400° schmelzen, ist von vornherein eine beginnende Sinterneigung dieser Legierungen erst oberhalb 900° zu erwarten. Diese Temperatur liegt aber bereits weit über dem Schmelzpunkt der einen Komponente, nämlich des Aluminiums. Man hat also beim Sintern einer pulverförmigen Mischung aus den Einzelkomponenten das Aluminium schon zu einem Zeitpunkt als flüssige Phase vorliegen, wo die Diffusionsneigung der übrigen Komponenten noch sehr gering ist. Begünstigt durch das vorhandene und sich bildende Aluminiumoxyd können in einem solchen Fall besonders leicht Entmischungserscheinungen auftreten.

Man konnte daran denken, das Verfahren etwas abzuändern und das Pulvergemisch aus den Einzelelementen zwecks teilweiser Legierungsbildung einer Diffusionsglühung bei niedrigen Temperaturen zu unterziehen. Eine derartige Vorbehandlung wird in der Tat erfolgreich bei der pulvermetallurgischen Gewinnung von Hartmetallen und Bronzen angewandt. Dieses Verfahren führt aber nach Untersuchungen der Verfasser (25) nur zu ungenügenden magnetischen Werten, wahrscheinlich, weil man bei der relativ großen Oberfläche der leicht oxydierbaren Aluminiumpulverteilchen deren Oxydation doch nicht in erforderlichem Maße vermeiden kann. In Zahlentafel 87 sind die magnetischen Werte von so hergestellten Eisen-Nickel-Aluminium-Legierungen denen einer Gußlegierung gleicher Zusammensetzung gegenübergestellt. Die Vorglühung des Pulvergemisches wurde dabei unter Wasserstoff bei Temperaturen zwischen 700 und 900° durchgeführt. Nach der Wiederzerkleinerung des Reaktionsgemisches und einem Verpressen zu bestimmten Formlingen wurde die endgültige Sinterung bei Temperaturen um 1300° unter gereinigtem Wasserstoff vorgenommen. Auffällig ist, daß die Sinterlegierung, die unter Verwendung von feinstem Aluminiumpulver hergestellt ist, noch wesentlich schlechtere magnetische Werte aufweist als die unter Verwendung von grobem Aluminiumpulver hergestellte Sinterlegierung. Dieser Befund spricht dafür, daß die schlechten magnetischen Eigenschaften der gesinterten Legierungen auf das Vorhandensein und die Neubildung von Aluminiumoxyd zurückzuführen ist. Diese Oxydbildung ist naturgemäß bei der viel größeren Oberfläche des Feinstaluminiumpulvers stärker als bei dem groben Aluminiumpulver.

Zahlentafel 87. Magnetische Eigenschaften einer Legierung mit 60% Fe, 27% Ni und 13% Al bei verschiedenartiger Herstellung.

| Herstellung | Remanenz $B_r$ Gauß | Koerzitivkraft $H_c$ Oersted | Energiewert $BH_{max}$ $10^6$ Gauß × Oersted | Kurvenfüllbeiwert $\eta$ $\frac{BH_{max}}{B_r H_c} \cdot 100$ % |
|---|---|---|---|---|
| Sinterlegierung, Verwendung von grobem Aluminiumpulver . . . | 4600 | 440 | 0,575 | 28 |
| Sinterlegierung, Verwendung von feinstem Aluminiumpulver . . | 2550 | 230 | 0,17 | 28 |
| Gußlegierung gleicher Zusammensetzung . . . . . . . . . . | 6500 | 510 | 1,25 | 38 |

Der zweite Weg scheidet für die Praxis vornehmlich aus preßtechnischen Gründen aus. Wegen der schon erwähnten Sprödigkeit des Gusses ist zwar eine Zerkleinerung zu feinstem Pulver ohne weiteres möglich. Als Ausgangswerkstoff eignet sich Schrott, der ohnehin als unwillkommenes Nebenprodukt beim Gießen von Eisen-Nickel-Aluminium-Dauermagneten entsteht und der nur in beschränktem Maße wieder eingeschmolzen werden kann. Infolge der großen Härte und der dadurch bedingten mangelnden Plastizität des Schrottpulvers vermag man ein derartiges Pulver aber selbst bei Anwendung höchster Drücke zu keinem Körper zusammenzupressen, der seine Form nach dem Pressen beibehält. Das ist aber für die Fertigstellung der Magnete unbedingte Voraussetzung.

Es wurde schon erwähnt, daß die Abfälle der Formgußmagnete aus Eisen-Nickel-Aluminium und Eisen-Nickel-Aluminium-Kobalt-Legierungen zur Herstellung von Preßmagneten verwendet werden. Diese Preßmagnete sind unter der Bezeichnung „Tromalit" bekannt geworden (27), unterscheiden sich aber von Sintermagneten grundsätzlich dadurch, daß sie durch Pressen unter Kunstharzzusatz bei verhältnismäßig niedrigen Temperaturen erzeugt werden, bei welchen keinesfalls Sinterung eintritt.

Da die Plastizität bekanntlich mit steigender Temperatur zunimmt, hat man versucht, fertiges Legierungspulver im Heißpreßverfahren (vgl. Seite 46) zu Magneten zu verarbeiten. Tatsächlich wurde die Möglichkeit dieses Weges einwandfrei von R. Kieffer (28) bewiesen. Auf etwa 1100 bis 1200° erhitzte Probekörper wurden mit einem Druck von 12 bis 15 t/cm² warmverdichtet. Dabei wurde ein sehr schönes Gefüge (Abb. 223) erzielt. Dem relativ sauberen Gefüge entsprechen nahezu brauchbare magnetische Werte, die etwa 70 bis 80% des Energiewertes der gleichen Gußlegierung ausmachten. Allerdings waren bei diesen Versuchen besondere Vorsichtsmaßregeln wegen der mit steigender Temperatur sehr rasch zunehmenden Oxydationsneigung der Legierung zu treffen, die einer wirtschaftlichen Ausnutzung des Verfahrens entgegenstehen. Das Drucksinterverfahren wird daher für die Massenfertigung von Sintermagneten kaum wirtschaftlich durchführbar sein.

Der dritte Weg ist der heute fast ausschließlich beschrittene. Man bringt das Aluminium in Form einer gepulverten Vorlegierung — diese wird zunächst auf dem Schmelzwege erzeugt — in die Sintermagnete ein, wobei auch ein teilweiser Einsatz von gepulvertem Schrott der Fertiglegierung, soweit preßtechnische Gründe dies zulassen, möglich ist. Besteht heute über den zur Herstellung von Sintermagneten einzuschlagenden Weg völlige Übereinstimmung, so gehen die Meinungen über Art und Zusammensetzung der Vorlegierung offenbar noch auseinander (23, 24, 25). An sich ist an die Vorlegierung zunächst nur die

Forderung zu stellen, daß sie sich leicht und mühelos zu feinstem Pulver zerkleinern läßt. Dieser Forderung genügen sowohl Legierungen aus dem System Eisen-Aluminium als auch Nickel-Aluminium. G. H. Howe (23) empfiehlt eine Eisen-Aluminium-Vorlegierung mit etwa 50% Al. G. Ritzau (24) glaubt auf Grund der Beobachtungen, die er beim Sintern von Eisen-Aluminium bzw. Nickel-Aluminium-Vorlegierungen gemacht hat, daß für die Auswahl der Vorlegierung deren Schmelzpunkt wichtig sei. Der Schmelzpunkt der Vorlegierung solle möglichst von der gleichen Größenordnung wie der Schmelzpunkt der resultierenden Endlegierung sein, damit beim Sintern das Auftreten größerer Mengen flüssiger Phase und damit Entmischungserscheinungen vermieden würden. Mit diesen Erfahrungen stimmen Untersuchungsergebnisse von W. Hotop (25) nicht vollkommen überein. Nach letzteren verhielten

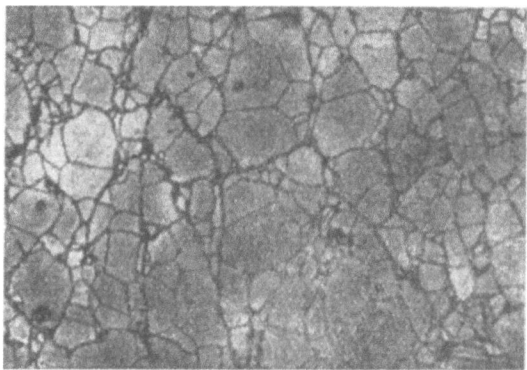

Abb. 223. Gefüge eines Eisen-Aluminium-Nickel-Sintermagneten, hergestellt durch Heißpressen von Gußschrott.

sich Vorlegierungen, die schon bei Temperaturen zwischen 1100 und 1200° flüssig werden, sehr günstig. Es bewährten sich Eisen-Aluminium-Vorlegierungen im Bereich zwischen 48 und 53 % Aluminium alle mit gleich gutem Erfolg. Bezüglich der vorteilhaften Wirkung des Auftretens einer gewissen Menge flüssiger Phase beim Sintern der vorliegenden Dauermagnetlegierungen sei auf die Ausführungen in Kap. 6, Seite 127ff., verwiesen. Vorlegierungen aus dem System Nickel-Aluminium, insbesondere solche mit höherem Nickelgehalt (beispielsweise 70%), scheinen sich für die Herstellung von Sintermagneten wegen ihrer höheren Schmelzpunkte nicht so günstig zu verhalten wie entsprechende Eisen-Aluminium-Vorlegierungen.

Da der Vorlegierungsanteil (Al-Gehalt der Vorlegierung etwa 50%) meist nur 20 bis 30% des Gesamtansatzes ausmacht, bereitet das Pressen im Gegensatz zum zweiten Weg keinerlei Schwierigkeiten. Es ist unter

Umständen sogar möglich, etwa 30 bis 40% gepulverte Fertiglegierung oder Schrott miteinzusetzen. Für die Herstellung einwandfreier Preßlinge aus dem Sintermagnetansatz scheinen auf Grund vorliegender Erfahrungen (25) Preßdrücke von 3 bis 8 t/cm² auszureichen. Amerikanischen Angaben zufolge (23, 26) werden höhere Preßdrücke (bis zu 16 t/cm²) vorgezogen. Mit geringerem Druck in dem genannten Bereich gepreßte Magnete schrumpfen bei der Sinterung stärker als solche, die von vornherein höher verdichtet wurden. Auf die magnetischen Eigenschaften der Sintermagnete wirkt sich die Anwendung verschiedenen Preßdruckes nach W. Hotop (25) nicht aus (vgl. Zahlentafel 88). P. R. Kalischer (26) findet im Druckbereich von 4 bis 16 t/cm² optimale magnetische Werte ($BH_{max}$) bei Anwendung eines Preßdruckes von 9,5 t/cm². Auch die Dichte, die nach dem Sintern erreicht wird, läßt keinen Zusammenhang mit der Höhe des angewandten Preßdruckes erkennen (25) (vgl. Zahlentafel 88).

Zahlentafel 88. Linearer Schwund, Dichte und magnetische Eigenschaften von Eisen-Nickel-Aluminium-Sintermagneten bei Anwendung verschiedener Preßdrücke bei der Herstellung.

| Preßdruck t/cm² | Linearer Schwund % | Dichte g/cm³ | Remanenz $B_r$ Gauß | Koerzitivkraft $H_c$ Oersted | Energiewert $BH_{max}$ $10^6$ Gauß × Oersted |
|---|---|---|---|---|---|
| 3,0 | 11,2 | 6,75 | | | |
| 4,9 | 8,9 | 6,77 | | | |
| 6,0 | 8,1 | 6,78 | | | |
| 7,0 | 7,2 | 6,79 | 5700—6600 | 570—480 | 1,10—1,25 |
| 8,1 | 6,3 | 6,78 | | | |
| 9,2 | 5,4 | 6,76 | | | |
| 10,1 | 4,9 | 6,77 | | | |
| Gußlegierung gleicher Zusammensetzung | | 6,9 | 6500 | 510 | 1,25 |

Auch die Eisen-Aluminium-Vorlegierung hat ebenso wie das reine Aluminium und der Schrott eine verhältnismäßig große Affinität für Sauerstoff und Sauerstoffverbindungen. Daher muß das bei der Sinterung verwendete Schutzgas einer sorgfältigen Reinigung unterzogen werden. Außer Überleiten über glühende Kupferspäne und anschließende geeignete Trocknung wird die Reinigung durch Überleiten über Silizium, Ferrosilizium (23) bzw. Kalziumspäne (26) empfohlen. Um auch während des Sinterungsvorganges selbst und beim Abkühlen der gesinterten Magnete eine neuerliche Verunreinigung des Wasserstoffschutzgases durch Kondenswasser usw. zu vermeiden, empfiehlt G. H. Howe (23), die Magnetpreßkörper in geschlossenen, unter leichtem Wasserstoffdruck stehenden Eisenkästen in einem Durchsatzofen mit Molybdänheizleitern zu sintern. P. R. Kalischer (26) hält einen Zusatz von Titan- oder Zirkonhydridpulver in dem Preßling zur Reduktion von gebildetem Aluminiumoxyd für notwendig. Da die Eisenkästen bei der Sintertemperatur zwischen 1200 und 1300° trotz Einstäubens mit Aluminiumoxyd starke Klebneigung aufweisen, wurden von G. H. Howe besondere Kästen entwickelt, die aus Bimetallblechen (Eisen und eine Mischung von Eisen und Aluminiumoxyd) bestehen. Gut sollen sich auch massive Schiffchen aus einer gesinterten Eisen-Aluminium-Oxydmischung bewährt haben.

Die günstigsten Sintertemperaturen liegen zwischen 1200 und 1330°; je nach der Höhe der Sintertemperatur beträgt die Sinterdauer 1 bis 6 Stunden (25). Von P. R. Kalischer (26) werden Sinterzeiten von 5 bis 40 Stunden bei 1200° genannt.

Zwecks Abkürzung der Sinterdauer und zur Erzielung einer möglichst hohen Dichte sintert man zweckmäßig bei möglichst hoher Temperatur. Treibt man die Sintertemperatur allerdings bis sehr nahe an den Schmelzpunkt der betreffenden Legierung, so kann man gegebenenfalls aus dem Gebiet der festen Mischkristalle in das heterogene Zustandsfeld fest-flüssig gelangen, wodurch sich Entmischungserscheinungen unter Blasenbildung an den Sinterkörpern einstellen können. Außerdem neigen derartig hoch gesinterte Magnete sehr stark zu ungleichmäßigem Verzug.

Die Eisen-Nickel-Aluminium-Sintermagnete zählen ähnlich wie die Sinterhartmetalle, die Wolfram-Kupfer-Nickel-Schwermetallegierungen und die Sinterbronzen zu den Werkstoffen, die in Gegenwart einer flüssigen Phase gesintert werden (vgl. Seite 126ff.). Während bei Wolframkarbid-Kobalt-Legierungen mit beispielsweise 90 bis 95% Wolframkarbid und 5 bis 10% Co und bei Wolfram-Kupfer-Nickel-Legierungen mit beispielsweise 83 bis 95% W, 3 bis 10% Ni und 2 bis 7% Cu die flüssige Phase für die Dauer der Sinterung im Gleichgewicht mit der restlichen Wolframkarbid- bzw. Wolframmetallmasse verbleibt, wird die flüssige Phase, die bei den Sintermagneten aus der Eisen-Aluminium-Vorlegierung besteht, ähnlich wie bei den Bronzen während der Sinterung vollständig von der Eisen-Nickel-Grundmasse unter Bildung von homogenen Mischkristallen aufgenommen.

Zur Herstellung von Magnetsonderformen, bei denen sich, falls nur geringe Stückzahlen in Frage kommen, die Anfertigung einer Matrize nicht lohnt, kann man der Hochsinterung ein Formgebungsverfahren vorausschicken. Nach G. H. Howe (23) läßt sich ähnlich wie bei den Hartmetallen dieses Formgebungsverfahren nur im vorgesinterten Zustand vornehmen, da die Preßlinge im ungesinterten Zustand keine genügende Festigkeit aufwiesen. Demgegenüber wurde bei eigenen Versuchen festgestellt, daß ein Formgebungsverfahren im ungesinterten

358    Die Sinterwerkstoffe der Technik.

Zustand schon bei Preßlingen, die mit relativ niedrigem Druck hergestellt wurden, sehr wohl möglich ist. Vorgesinterte Preßlinge erwiesen sich als viel schwieriger zu bearbeiten, da sie sehr stark zum Schmieren und damit zum Abstumpfen der Bearbeitungswerkzeuge neigten. Die gute Bearbeitbarkeit von ungesinterten Preßlingen kann aus Abb. 224

Abb. 224. Herstellung von Sintermagneten durch Formgebung ungesinterter Preßlinge.
a) Zylindrischer Preßling, ungesintert; b) wie a), jedoch gelocht; c) wie b), zusätzlich abgeschliffen; d) wie c), gesintert.

geschlossen werden, die einen unbearbeiteten Preßling, ein aus ihm im ungesinterten Zustand herausgearbeitetes Formstück und dieses Formstück nach der Sinterung zeigt. Bei genügender Vorsicht läßt sich in einen ungesinterten Preßling sogar einwandfrei ein Gewinde einschneiden.

## 2. Eigenschaften von Eisen-Nickel-Aluminium-Sintermagneten.

Die im Durchsatzofen mit Molybdänheizleitern gesinterten Magnete zeichnen sich durch große Gleichmäßigkeit in ihren Abmessungen sowie den magnetischen Eigenschaften aus. In Zahlentafel 89 sind die magne-

Zahlentafel 89. Magnetische Eigenschaften von Sintermagneten im Vergleich zu Gußmagneten gleicher Zusammensetzung.

| Legierung mit | Herstellungsart | | Remanenz $B_R$ Gauß | Koerzitivkraft $H_c$ Oersted | Energiewert $BH_{max}$ $10^6$ Gauß × Oersted | Kurvenfüllbeiwert $\dfrac{BH_{max}}{B_R \cdot H_c}$ | Dichte g/cm³ |
|---|---|---|---|---|---|---|---|
| 28% Ni 14% Al (AlNi 120) | gesintert | Höchstwerte* Mittelwertbereich | 6500 6000/5500 | 560 480/530 | 1,3 1,1/0,95 | 0,39 0,36/0,33 | 6,8 6,6 |
| | gegossen | Höchstwerte* Mittelwertbereich | 7000 6300/5800 | 560 480/530 | 1,35 1,20/1,05 | 0,40 0,37/0,34 | 7,0 6,9 |
| 22% Ni 12% Al (AlNi 90) | gesintert | Höchstwerte* Mittelwertbereich | 7800 7700/7300 | 360 280/330 | 1,25 1,1/0,85 | 0,48 0,44/0,42 | 6,8 6,7 |
| | gegossen | Höchstwerte* Mittelwertbereich | 7900 7800/7400 | 350 180/250 | 1,25 1,0/0,75 | 0,46 0,44/0,42 | 7,05 6,95 |

* Die mitgeteilten Einzelwerte brauchen nicht gleichzeitig aufzutreten.

## Dauermagnetwerkstoffe.

tischen Werte gesinterter Magnete zusammengestellt, die laufend zu erreichen sind. Zum Vergleich sind die entsprechenden Eigenschaften gegossener Magnete aufgeführt. Man sieht, daß die Sintermagnete in

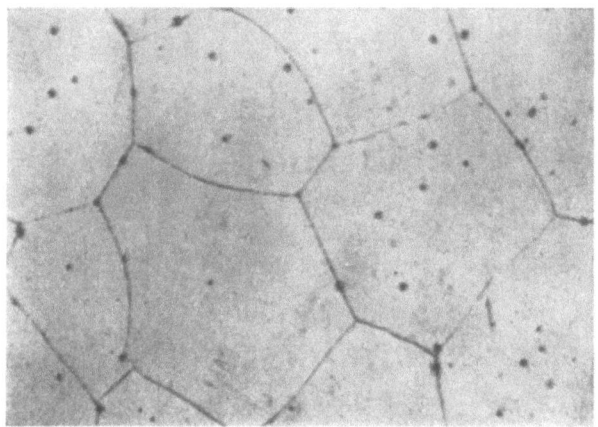

Abb. 225. Mikrogefüge einer Gußlegierung mit 27% Ni, 13% Al, Rest Eisen. × 150.

ihrer Leistung praktisch den Gußlegierungen gleicher Zusammensetzung entsprechen.

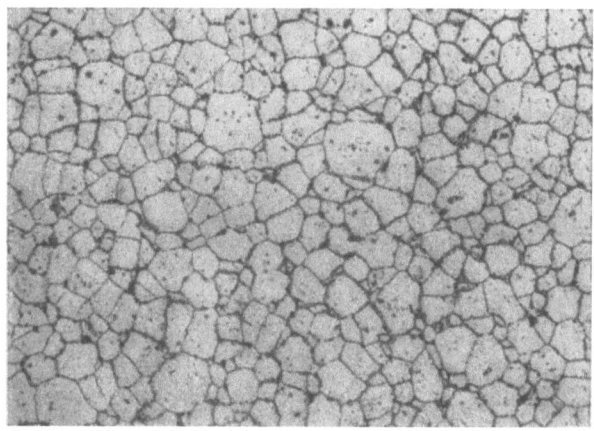

Abb. 226. Mikrogefüge eines Sintermagneten mit 27% Ni, 13% Al, Rest Eisen. × 150.

Darüber hinaus zeichnen sich die Sintermagnete, wie erwartet, durch ein sehr feinkörniges Gefüge aus. Abb. 225 zeigt das Mikrogefüge einer Gußlegierung, Abb. 226 das Mikrogefüge der Sinterlegierung gleicher Zusammensetzung bei 150-facher Vergrößerung im geätzten Zustand.

Beachtenswert ist die geringe Porosität und die geringfügigen Verunreinigungen in den Korngrenzen bei der Sinterlegierung. Das Bruchgefüge der Sinterlegierung entspricht dem Mikrobefund. Es ist sehr feinkörnig und hell metallisch glänzend (Abb. 227). Das bemerkenswert saubere, feinkörnige Gefüge des Sintermagneten bedingt eine gute Bruchfestigkeit, die 100 bis 140 kg/mm² gegenüber 30 bis 50 kg/mm² bei gegossenem Werkstoff beträgt.

Da beim Sintermagneten selbstverständlich im Gegensatz zum Gußmagneten keine Lunker auftreten, scheint er berufen zu sein, auch dort eingesetzt zu werden, wo man bisher den gegossenen Eisen-Nickel-Aluminium-Magneten wegen seiner mangelnden Bruchfestigkeit nicht einbauen konnte, z. B. als Rotor in schnell umlaufenden kleineren Motoren und Dynamomaschinen.

Abb. 227. Bruchlgefüge von Eisen-Nickel-Aluminium-Dauermagneten, links Guß, rechts Sinterlegierung. × ¹/₃.

Sintermagnete sind besonders kantenfest. Selbst bei rauher Behandlung geschliffener Sintermagnete kommt es zu keinerlei Beschädigungen des Fertigstückes. Das Schleifen kann auch bei Stücken mit vorspringenden feineren Kanten und Ecken usw. auf jede verlangte Genauig-

Abb. 228. Formstücke aus einer gesinterten Eisen-Aluminium-Nickel-Legierung; nach dem Sintern durch Hobeln, Drehen und Bohren bearbeitet.

keit vorgenommen werden. Rißbildungen und Ausbröckelungen kommen bei den Sintermagneten im Gegensatz zu den Gußmagneten beim Schleifen praktisch nicht vor.

Eine spanabhebende Bearbeitung durch Fräsen, Hobeln, Drehen und Bohren ist mittels geeigneter Hartmetallwerkzeuge möglich. Auch bei dieser Bearbeitung ist die Bearbeitungsfläche sauber und glatt, und selbst an den Kanten kommt es zu keinen Ausbröckelungen. Dieser Befund mag durch Abb. 228 erläutert werden. Aus gesinterten Körpern gemäß dem Quader im linken Teil der Abbildung sind durch Hobeln die Stäbchen in der Mitte der Abbildung bzw. durch Drehen und Bohren die Hohlzylinder im rechten Teil der Abbildung herausgearbeitet worden. Da die bei gegossenen Magneten aus Eisen-Nickel-Aluminium-Legierungen nicht mögliche spanabhebende Bearbeitung auch bei Sintermagneten mit verhältnismäßig hohem Arbeitsaufwand verbunden ist, wurde neuerdings mit Erfolg ein neuer Weg beschritten, um den Zusammenbau gesinterter Magnete und zugehöriger Polstücke oder Rückschlußstücke aus magnetisch weichem Material sowie sonstiger Konstruktionsteile zu einem festgefügten, erschütterungssicheren Magnetsystem sicherzustellen. Es gelang, fertige Magnetsysteme, bestehend aus Dauermagnet, Rückschluß- und Polschuhen, letztere aus magnetisch weichem, spanabhebend leicht bearbeitbarem Eisen oder Eisenlegierungen, im ganzen zu sintern (23). Die Verbindung an der Nahtstelle der stofflich verschiedenartigen Teile wird so innig, daß sie auch durch die nachfolgende Wärmebehandlung zum Zwecke der Erzielung günstiger magnetischer Eigenschaften nicht beeinträchtigt wird. Zu Befestigungszwecken notwendige Gewindebohrungen werden in die angesinterten, mechanisch weichen Teile des Magnetsystems verlegt.

Bei der Herstellung von gesinterten Eisen-Nickel-Aluminium-Magneten an Stelle von gegossenen sind nicht unwesentliche Metalleinsparungen möglich. Ganz abgesehen davon, daß beträchtliche Ersparungen durch den Wegfall der Gießtrichter, Knochen usw. bei Sintermagneten möglich werden, sind die Oberflächen gesinterter Magnete derart glatt und sauber, daß eine Nachbearbeitung durch Schleifen auf montagefähige Flächen, an welche erhöhte Genauigkeitsansprüche gestellt werden müssen, beschränkt bleibt. Gesinterte Magnete können je nach Form mit einer Toleranz von 0,2 bis 0,5 mm ohne Schwierigkeiten hergestellt werden, so daß sie in dieser Hinsicht den Guß oft um ein Mehrfaches übertreffen. Bedenkt man, daß beim Pressen des Magnetansatzes mit einem Ausbringen von etwa 98% zu rechnen ist, daß dagegen beim Gießen kleiner Magnetformen nur etwa 40 bis 50% des eingesetzten Metallgewichts ausgenutzt werden, so wird die wirtschaftliche Bedeutung dieses neuen Werkstoffes der Pulvermetallurgie besonders klar.

Wie schon oben betont, stellt die sintertechnische Herstellung von Eisen-Nickel-Aluminium-Dauermagneten eine wertvolle Ergänzung der gußtechnischen Erzeugung dar. Die neue Herstellungsweise soll und kann den Guß nicht vollständig ersetzen bzw. verdrängen. Sie scheint auf Grund wirtschaftlicher Gesichtspunkte bei kleineren Magnetformen mit einem Stückgewicht von 5 bis 60 g vorteilhafter als Guß eingesetzt

362  Die Sinterwerkstoffe der Technik.

werden zu können. Eine kleine Auswahl von in Frage kommenden Magnetformen in gesinterter Ausführung zeigt Abb. 229.

Zusammenfassend ergeben sich für die Sintermagnete gegenüber den Gußmagneten folgende Vorteile:

1. der geringere, rohstoffsparende Metalleinsatz,
2. fertigungstechnische Fortschritte durch weitgehendste Annäherung des Sinterkörpers an die Fertigform,
3. Erzielung besserer technologischer Eigenschaften, wie z. B. lunkerfreies-feinkörniges Gefüge, wodurch eine Steigerung der Bruchfestigkeit und die Möglichkeit einer spanabhebenden Bearbeitung erzielt wird.

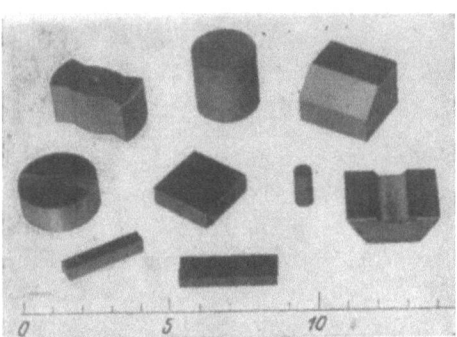

Abb. 229 Auswahl einiger gesinterter Eisen-Nickel-Aluminium-Magnete.

Auf Grund bisher vorliegender Versuchsergebnisse darf erwartet werden, daß das von D. A. Olliver und J. W. Shedden (29) 1938 angegebene Verfahren zur Erzeugung einer magnetischen Vorzugslage an gegossenen Dauermagneten aus Eisen-Nickel-Aluminium-Kobalt-Legierungen, welches bekanntlich eine unerwartet große Verbesserung der magnetischen Güte ermöglicht, auch auf Sintermagnete mit ähnlichem Erfolg angewendet werden kann.

## C. Weitere gesinterte Dauermagnetwerkstoffe.

Auch Eisen-Kobalt-Wolfram- und Eisen-Kobalt-Molybdän-Legierungen nach W. Köster (30), die als Vorläufer der Mishima- und Honda-Magnete anzusehen sind, lassen sich leicht auf dem Sinterwege herstellen (31). Reinste Eisen-, Wolfram-, Molybdän- und Kobaltpulver werden gut gemengt und mit Drücken von 2 bis 4 t/cm² zu Formkörpern verpreßt, die bei 1150 bis 1300° im Vakuum oder unter Wasserstoff gesintert werden (vgl. Seite 204).

Gegenüber den geschmolzenen Legierungen zeichnen sich die gesinterten durch gesteigerte Duktilität sowie bessere Schmied- und Walzbarkeit aus, was auf die größere Reinheit der gesinterten Legierungen zurückzuführen ist (praktisch frei von Kohlenstoff, Silizium, Schwefel, Phosphor). Da die magnetischen Eigenschaften durch die Sinterung gegenüber dem Schmelzverfahren nicht verbessert werden, Legierungen dieser Art außerdem durch die billigeren Eisen-Nickel-Aluminium-Magnete abgelöst worden sind, haben gesinterte Eisen-Kobalt-Molybdän- (bzw. Wolfram-)Legierungen keine besondere technische Bedeutung erlangt. Von P. P. Alexander (32) werden gesinterte Zirkon-Nickel-Legierungen mit Gehalten an Kobalt und Eisen als Dauermagnetlegierungen vorgeschlagen. Die pulverförmigen Ausgangsstoffe sollen dabei zweckmäßig durch Reduktion der entsprechenden Oxyde mit Kalziumhydrid gewonnen werden.

Gesinterte Permanentmagnete aus Pulvern zweier Legierungen mit verschiedenen dauermagnetischen Eigenschaften wurden zur Erzielung eines bestimmten Kurvenverlaufs der Entmagnetisierungskurve von der Deutsche Edelstahlwerke A.G. vorgeschlagen (33).

## Literatur zum 16. Kapitel.

(1) Meßkin, W. S., u. A. Kußmann: Die ferromagnetischen Legierungen. Verlag Springer, Bln. 1932.
(2) Kußmann, A.: Stand der Forschung und Entwicklung auf dem Gebiet der ferromagnetischen Werkstoffe. Arch. Elektrotechn. 29 (1935) H. 5 S. 297/332.
(3) Neumann, H.: Güteziffer permanenter Magnete. Arch. techn. Messen V, 956. 1. Okt. 1932.
(4) Kußmann, A.: Wege und Ergebnisse der ferromagnetischen Werkstoffforschung. Z. VDI 83 (1939) Nr. 16 S. 445/56.
(5) Zumbusch, W.: Arch. Eisenhüttenw. 14 (1940/41) H. 3 S. 127/31.
(6) Rohn, W.: Heraeus-Vakuum-Schmelze 1923—1933, S. 1. Hanau 1933.
(7) Yensen, T. D.: Trans. Amer. Inst. min. metallurg. Engrs. Iron Steel Div. 1929, S. 320.
(8) Cioffi, P. P.: Phys. Rev., Vol. 45, Ser. 2 (1923) S. 742.
(9) Duftschmid, F., L. Schlecht u. W. Schubardt: Stahl u. Eisen 52 (1932) S. 845/49.
(10) Buddenberg, O., F. Duftschmid u. L. Schlecht: Heraeus-Vakuum-Schmelze 1923—1933, S. 74. Hanau 1933.
(11) Hamprecht, G., u. L. Schlecht: Metallwirtsch. 12 (1933) S. 281/84.
(12) Stäblein, F.: Z. techn. Phys. 13 (1932) S. 532/34.
(13) Keinath, G.: Arch. techn. Messen (1932) Z. 913—3.
(14) Vgl. Six, W.: Philips Techn. Rdsch. 1 (1936) S. 357/61.
(15) Vgl. Snoek, J. L.: Philips Techn. Rdsch. 2 (1937) S. 77/83.
(16) Speed, B., u. G. W. Elmen: J. Amer. Inst. electr. Engng. 40 (1921) S. 596/609.
(17) v. Legg, E., u. F. J. Given: Metal Progr. 11 (1940) S. 284 u. 304/05; vgl. ETZ 63 (1942) S. 194.
(18) Vgl. Iron Age 130 (1932) S. 346; Stahl u. Eisen 53 (1933) S. 79; D.R.P. 671048 (1931).
(19) Dtsch. Patentanmeldung K 132321, Kl. 18d, 2/10. Vgl. l. c. 5.
(20) D.R.P. 679594 (1934), vgl. A.P. 2192741/42/43/44.
(21) Kieffer, R.: Metall u. Erz 37 (1940) S. 67/70 u. 88/92.
(22) — u. W. Hotop: Stahl u. Eisen 60 (1940) S. 517/27.
(23) Howe, G. H.: Iron Age 145 (1940) S. 27/31.
(24) Ritzau, G.: Wiss. Veröff. Siemens-Werk, Werkstoff-Sonderheft (1940) S. 37/43.
(25) Hotop, W.: Stahl u. Eisen 61 (1941) S. 1105/1109.
(26) Kalischer, P. R.: Trans. Amer. Inst. min. metallurg. Engrs. Techn. Publ. 1302, S. 7; Metals Techn. 8 (1941) Nr. 5.

(27) Dehler, H.: ETZ **62** (1941) S. 601/08.
(28) Kieffer, R.: Unveröffentlichte Versuche aus dem Jahre 1938.
(29) Nature, Lond. **142** (1938) S. 209; nach Chem. Zbl. **109** (1938) II, S. 3517/18.
(30) Köster, W.: Stahl u. Eisen **53** (1933) S. 849/56; Arch. Eisenhüttenw. **6** (1932/33) S. 17/23.
(31) Vgl. D.R.P. 673877 (1931).
(32) A.P. 2184769 (1937).
(33) It.P. 345271 (1935).

## 17. Kapitel.
## Diamantmetallegierungen.
### A. Geschichtliche Entwicklung.

Der Diamant als härtester aller bekannten Werkstoffe fand schon frühzeitig Anwendung zur Herstellung von Bohr-, Schneid-, Zieh-, Härteprüf- und Abrichtwerkzeugen. 1921 soll nach R. Spies (1) etwa die Hälfte der Jahresproduktion von $7^1/_2$ bis $8^1/_2$ Mill. Karat für Industriezwecke verwendet worden sein. Zur Herstellung der genannten Werkzeuge werden Diamanten von etwa $^1/_4$ bis 3 Karat* vorzugsweise durch niedrigschmelzende Metallote (Messinglot usw.) in dem Werkzeugträger aus Stahl oder Eisen befestigt. Auch das Einpressen, Einhämmern oder Einwalzen der Diamanten in oder mit Hilfe von weichen Metallen, wie z. B. Kupfer, in den Werkzeugträger (siehe z. B. diamantbesetzte Gesteinssägen und Bohrkronen) fand schon frühzeitig technische Anwendung (2).

Das große Gebiet der Schleiftechnik blieb dem Diamanten in Form von Diamant enthaltenden Schleifwerkzeugen so lange vorenthalten, bis es gelang, billigen Diamantboart oder durch Pulverisierung weniger wertvoller Diamanten hergestellte Diamantsplitter in geeignete Bindemassen einzubetten. Neben dem wenig wirtschaftlichen Verfahren, Diamantsplitter in weiche Metallscheiben einzuhämmern und einzuwalzen (3) oder eine Paste aus feinsten Diamantsplittern und Öl auf grobporige Gußeisenscheiben aufzubringen, fand das Einbetten von Splittern in einen galvanisch abgeschiedenen Metallniederschlag Verwendung (4). Man verfährt hierbei z. B. so, daß man das Diamantpulver durch Behandlung mit Metallsalzen oder Graphit leitend macht, es auf eine dünne Eisenscheibe aufbringt und durch Elektrolyse in einem Nickelbad die Diamantsplitter untereinander und mit dem Werkzeugträger durch das abgeschiedene Metall verbindet. So hergestellte Scheiben haben sich für zahnärztliche Werkzeuge und als Trennscheiben für harte Keramiken bewährt.

Organische Bindemassen aus Kunstharzen aller Art, Hartgummi usw. haben sich im Zuge der modernen Kunststoffentwicklung zur

---
* 1 Karat = 0,205 g.

Herstellung von Diamantläppscheiben für Hartmetallwerkzeuge und zum Polieren von Vollhartmetallwerkzeugen eingeführt (5). Zur Herstellung von Schleifkörpern mit Kunststoffbindung geht man von einer später den Schleifbelag bildenden Mischung von Kunststoffpulver und Diamantsplittern aus, die zweckmäßig in einem einzigen Prozeß mit einem ebenfalls aus Kunststoffpulver hergestellten Tragkörper bei 150 bis 250° unter Druck verbunden wird. Die geringe Verschleißfestigkeit der Kunststoffbindung erlaubt allerdings keine restlose Ausnutzung der Diamantsplitter. Beim Läppen von Hartmetallwerkzeugen besteht wegen der schlechten Wärmeleitfähigkeit der Kunststoffmasse die Gefahr des „Brennens", d. h. der örtlichen Überhitzung der Hartmetallplättchen, wodurch gern Schleifrisse auftreten.

Die schon im Jahre 1922 von O. Diener (6) und E. Gauthier (7) vorgeschlagenen Diamantwerkzeuge mit Bindemassen aus Metallpulvern (Elektrolyteisenpulver, Stahlpulver usw.) haben in neuerer Zeit neben den organisch und galvanisch gebundenen Diamantwerkzeugen stark an Bedeutung gewonnen. Ähnliches gilt für Diamantwerkzeuge, deren Bindemittel aus einer harten, Wolframkarbid enthaltenden Sinterlegierung besteht (8).

## B. Pulvermetallurgisch hergestellte Diamantmetallegierungen.

### 1. Bindemittel und Herstellungsverfahren.

Aus der Vielzahl der möglichen Bindemassen aus Metallen, Metallegierungen und Hartstofflegierungen haben sich insbesondere eingeführt:

a) Legierungen auf der Kupferbasis [Bronze (9)],

b) Legierungen auf der Eisenbasis [Eisen-Nickel; Eisen-Nickel-Chrom (2, 6, 7)],

c) Molybdän- und Wolframlegierungen [Molybdän-Kupfer-Kobalt (10); Wolfram-Kupfer-Nickel (11, 12, 13)],

d) Hartmetallegierungen [Wolframkarbid-Kobalt (8, 14); Wolframkarbid-Nickel; Wolframkarbid-Titankarbid-Kobalt].

Für die Einbettung des Diamantboarts in die genannten Bindemittel sind grundsätzlich drei verschiedene Wege möglich:

a) Man mischt den Diamantboart mit den Metallpulvern, preßt das Gemenge und sintert bei genügend hoher Temperatur. (Beispiele: Eisen, Eisen-Nickel, Eisen-Nickel-Chrom). Bei Anwesenheit einer niedrigschmelzenden Metallkomponente wird der Preßling über den Schmelzpunkt dieser Komponente erhitzt. (Beispiele: Kupfer-Zinn, Wolfram-Kupfer-Nickel). Bei Anwesenheit einer flüssigen Phase während der Sinterung erzielt man dichtere Körper.

b) Man mischt den Diamantboart mit den Metallpulvern (Eisen,

Eisen-Nickel, Wolfram usw.), preßt das Gemenge, sintert den Körper und tränkt ihn anschließend mit niedrigschmelzenden Metallen oder Legierungen, z. B. Kupfer, Zinn, Bronze, Blei usw., um möglichst porenfreie Körper zu erzielen.

c) Man stellt Diamantmetallegierungen nach einem der unter a) bzw. b) genannten Verfahren her und sintert unter gleichzeitiger Druckanwendung. Die Kaltpressung des Pulvergemenges kann gegebenenfalls unterbleiben, so daß ein lockeres Pulvergemenge der Drucksinterung unterworfen wird. (Beispiele: Legierungen auf der Basis Wolfram-Kupfer-Nickel oder Wolframkarbid-Kobalt). Nach diesem Verfahren (8) gelangt man zu sehr dichten Körpern und einer hervorragenden Einbettung der Diamantkörper in der Grundmasse, selbst wenn bei der Sinterung keine flüssige Phase auftritt.

Bei der Herstellung von bronzegebundenen Diamantmetallegierungen geht man von einer Mischung aus beispielsweise 1 bis 2 Teilen Diamantboart, 8 Teilen Kupfer- und 1 Teil Zinnpulver aus. Das Gemenge wird mit einem Druck von etwa 1 bis 2 $t/cm^2$ gepreßt und anschließend in reduzierender Atmosphäre kurzzeitig bei 800 bis 900° gesintert. Zur Erzielung einer besonders dichten Bindung wird der Sinterkörper einer Nachverdichtung bei Temperaturen um 600 bis 800° unterzogen.

Bei Anwendung von Hartmetallbindungen geht man von Grundmassen mit beispielsweise 80 bis 90% WC, 10 bis 20% Co oder 60 bis 70% WC, 30 bis 40% Ni (15) oder ähnlichen, auch titankarbidhaltigen Hartstofflegierungen aus, denen 5 bis 20 Gewichtsprozent Diamantboart zugemischt werden. Die Sinterung — gegebenenfalls Drucksinterung — findet bei Temperaturen zwischen 1400 und 1550° statt. Längeres Erhitzen auf Sintertemperatur ist zu vermeiden, weil dadurch die Diamanten zerstört werden. Bei der Drucksinterung wird schon unterhalb 1500° aus dem Karbidskelett die sich bildende eutektische Wolfram-Kohlenstoff-Kobalt-Legierung ausgepreßt. Sie benetzt lotartig die Diamanten und bewirkt einen festen Sitz der Diamantkörner in der Hartlegierung. Die Herstellung W-Cu-Ni-gebundener Diamantwerkzeuge vollzieht sich analog zur Herstellung der Diamanthartmetallegierungen. Die günstigste Sintertemperatur liegt 1 bis 200° niedriger; auch die Sinterdauer wird zweckmäßig wegen einer möglichen Wolframkarbidbildung zwischen Wolfram und Diamanten kürzer gewählt.

Gleiche volumenmäßige Diamantanteile vorausgesetzt, sind die Diamantmetallegierungen auf der Kupfer- bzw. Eisenbasis weniger verschleißfest als die Diamantwerkzeuge mit Wolfram-Kupfer-Nickel-Bindung, die ihrerseits bezüglich des Verschleißes wieder von den hartmetallgebundenen Diamantwerkzeugen übertroffen werden. Die Griffigkeit bzw. die Schleifwirkung pro Zeiteinheit steht jedoch im umgekehrten Verhältnis zur Härte der Bindemassen.

## 2. Diamantkörnungen.

Die Größe der Diamantkristalle ist maßgebend für die Leistung, d. h. für die in der Zeiteinheit abgenommene Materialmenge und ferner für die Oberflächengüte des bearbeiteten Werkstoffes. Die Arbeitsleistung steigt gewöhnlich mit der Korngröße des Diamanten; das Oberflächenbild dagegen wird besser mit abnehmender Korngröße. Für die Herstellung metallisch gebundener Abrichtdiamanten (Abb. 230) verwendet man üblicherweise 5 bis 35 Diamantsplitter auf das eingebettete Karat (Korngröße etwa 1,0 bis 2,5 mm). Zum Grobschliff und Abtragen größerer Materialmengen verwendet man mit Vorteil Diamantkörnungen von etwa 0,15 bis 0,5 mm, während sich für den Feinschliff Körnungen von 0,05 bis 0,15 mm als geeignet erwiesen haben. Das Gefüge des Diamantmetallbelages einer Topfscheibe mit feinem Diamantkorn (etwa 0,1 mm) geht aus Abb. 231 hervor. Mit feineren Diamantkörnungen (< 0,05 mm) lassen sich besonders mit Hartmetallbindungen Hochglanzpolituren und schartenfreie Kanten bzw. Schneiden auf Hartmetallformstücken, z. B. auf Walzen, Ringen, Polierscheiben und Werkzeugen erzielen.

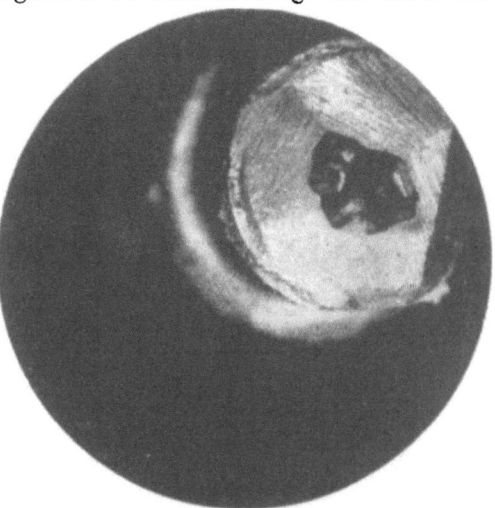

Abb. 230. Makroaufnahme eines Abrichtstiftes (Aufsicht). × 6.

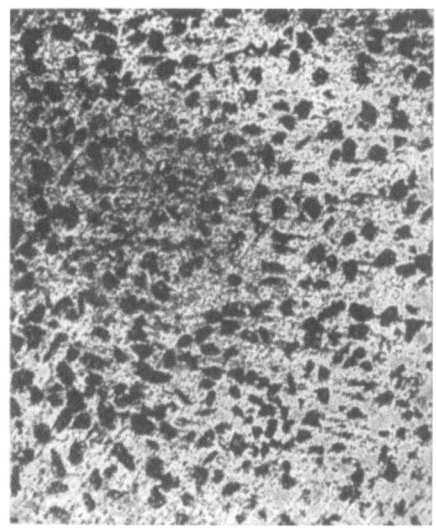

Abb. 231. Gefüge des Diamantmetallbelages einer Topfscheibe. × 6.

Es erübrigt sich meistens ein Nachpolieren mit feinstem, in Olivenöl aufgeschlämmtem Diamantboart. In den Abb. 232 bis 235 sind die

Oberflächen von Hartmetallplättchen in der Nähe ihrer Schneidkanten bei 50-facher Vergrößerung nach Schleifen mit Siliziumkarbid- und Diamantmetallscheiben verschiedener Körnung dargestellt.

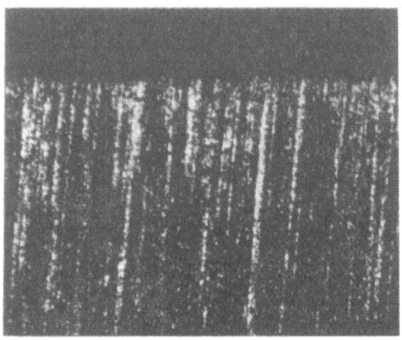

Abb. 232. Mit einer Siliziumkarbidscheibe geschliffen.

Abb. 233. Grobschliff mit Diamant der Körnung 50 (etwa 500 $\mu$).

Abb. 234. Mittelschliff mit Diamant der Körnung 100 (etwa 250 $\mu$).

Abb. 235. Feinschliff mit Diamant der Körnung 200 (etwa 125 $\mu$).

Abb. 232 bis 235. Schneidengüte von Hartmetallplättchen, die mit Silizium-Karbid bzw. Diamantmetallscheiben verschiedener Körnung geschliffen wurden. × 50.

### 3. Diamantmetallwerkzeuge.

Die Diamantmetallegierungen werden in der Praxis, wie schon oben angedeutet, eingesetzt:

a) als Schleifwerkzeuge verschiedener Form,
b) als Abrichtwerkzeuge,
c) als Bohrwerkzeuge.

**a) Schleifwerkzeuge.** Die mit Diamantmetallbelägen hergestellten Schleifscheiben für Grob- und Feinschliff lehnen sich meistens an DIN-Normen an (16). In Abb. 236 sind eine Reihe von Schleifscheiben und Stiften verschiedener Form und Größe, die für die Bearbeitung von Hartmetallwerkzeugen geeignet sind, zusammengestellt. Mit der-

Diamantmetallegierungen. 369

artigen Schleifwerkzeugen werden, wie schon oben erwähnt, Hartmetallformstücke aller Art — Walzen, Ziehsteine, Bohrer, Fräser, Lehren, Matrizen usw. — auf Hochglanz mit einer Genauigkeit bis zu 0,01 mm geschliffen. Die Abb. 237 bis 239 zeigen einige Arbeitsbeispiele. In Abb. 237 wird eine in einen Stahlring gefaßte Hartmetallscheibe von 180 mm Durchmesser mittels einer Diamantmetalltopfscheibe geschliffen. Abb. 238 zeigt das Schleifen einer Gewindelehre aus Vollhartmetall mit einer Diamantmetallprofilscheibe. Aus Abb. 239 ist der Fertigschliff eines Fingerfräsers aus Hartmetall ersichtlich. Die kleine Diamantmetallprofilscheibe ist auf einer hochtourigen Schleifspindel befestigt. Die Abb. 188 bis 191, Seite 312, zeigen eine Reihe von Hartmetallwerkzeugen, die mit Diamantmetallwerkzeugen geschliffen wurden.

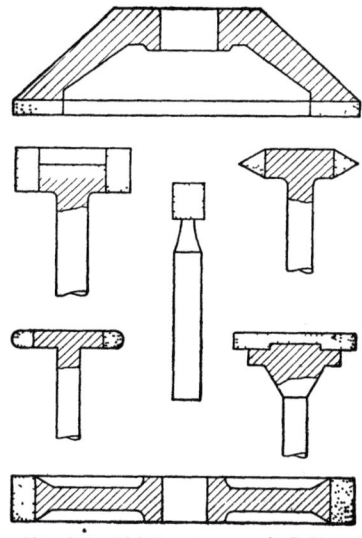

Abb. 236. Schleifwerkzeuge mit Belägen aus Diamantmetallegierungen.

Ein weiteres großes Anwendungsgebiet liegt bei der Bearbeitung von Glas (z. B. optischen Linsen), keramischen Werkstoffen (z. B. Sintertonerde und Hartporzellan) und Halbedelsteinen vor. Auch bei der schleifenden Bearbeitung von einsatzgehärteten und nitrierten Sonderstählen haben sich Diamantmetallegierungen eingeführt.

Abb. 237. Schleifen einer Hartmetallscheibe von 180 mm ⌀ mittels einer Diamantmetalltopfscheibe.

Genauere Angaben über die Leistung von Diamantmetallwerkzeugen werden in der Literatur nur in ganz beschränktem Umfange gemacht. Dies ist auf das noch geringe Entwicklungsalter dieser neuartigen Schleifwerkstoffe sowie auf die Zurückhaltung der Hersteller von Diamantschleifwerkzeugen bei der Angabe von Einzelheiten bezüglich der Zusammensetzung der Bindemassen, der verwandten Diamantkörnungen und des Mengenanteiles an Diamanten zurückzuführen. W. Dawihl und A. Fehse (14) geben gewisse Einzelheiten über die Bearbeitung von Hartmetallplättchen und Glas mit Diamanthartmetallwerkzeugen bekannt. Von R. Spies (1) wird über das Schleifen und Schneiden von Hartmetallformstücken mit Diamantmetallwerkzeugen (Bindemittel Eisenlegierung) berichtet. Die genauen Arbeitsbedingungen und die verwandten Diamantkörnungen sind nicht angegeben.

Abb. 238. Schleifen einer Gewindelehre aus Hartmetall mittels einer Diamantmetallprofilscheibe.

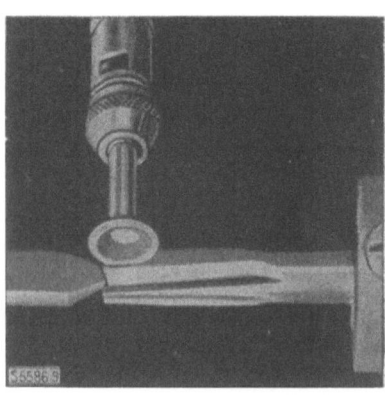

Abb. 239. Schleifen eines Fingerfräsers aus Hartmetall mittels einer Diamantmetallschleifscheibe.

b) **Abrichtwerkzeuge.** Ein großer Teil von Diamantmetallwerkzeugen findet in Form von Abrichtstiften Verwendung. Abb. 240 zeigt ein in einer Patrone (Morsekegel 1) gefaßtes Ultra-Titanit-Diamantabziehwerkzeug nach F. Urbanek (13). Bei diesen Abziehwerkzeugen wird eine große Zahl kleinerer Diamanten, die in der Natur häufiger vorkommen und billiger sind als üblicherweise angewandte Volldiamanten (1 bis 3 Karat), in eine Sinterlegierung aus Hartmetall bzw. aus einer hochwolframhaltigen „Schwermetallegierung" eingebettet. Das pulvermetallurgische Verfahren vermag so im Falle der Abrichtwerkzeuge in nicht unerheblichem Umfange Rohstoffe zu sparen. Die genannten Werkzeuge zeigen selbst im rauhen Werkstattbetrieb eine größere Unempfindlichkeit als die bekannten Volldiamantwerkzeuge. Ein Umfassen der Diamanten wie bei den Volldiamanten ist überhaupt nicht notwendig, da die eingesinterten Diamantkristalle restlos ausgenutzt werden und bei der Abnutzung des Werkzeuges stets neue Diamantsplitter hervortreten. Auch bei unsachgemäßer Behandlung durch Schlag oder Überhitzung können lediglich die wenigen, gerade freigelegten Diamantsplitter zerstört werden, während das Werkzeug nach neuerlichem Abrichten wieder arbeitsfähig ist.

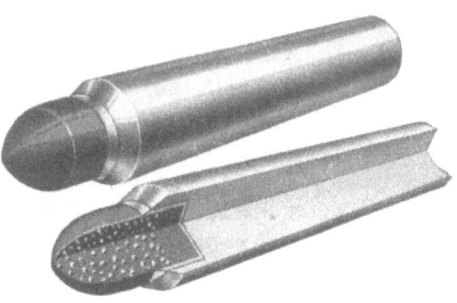

Abb. 240. Abrichtwerkzeug mit Kopf aus Diamantmetallegierung (F. Urbanek).

Besonders wirtschaftlich sind Abrichtwerkzeuge, bei denen die eingelegten Diamantkörner untereinander (patronenartig) angeordnet sind.

c) **Bohrwerkzeuge.** Diamanthartmetallegierungen werden in neuerer Zeit mit großem Erfolg in Amerika zum Gesteinsbohren verwendet (17). Der Diamant wird dabei in verschiedene, mehr oder weniger viel Hilfsmetall enthaltende Hartmetallegierungen eingebettet. Je nach der Gesteinsart, die gebohrt werden soll, ist ein Freilegen der Diamanten durch Sandstrahlen von Zeit zu Zeit notwendig. Abb. 241 zeigt einen Bohrkopf, der mit Einzelsegmenten aus Diamanthartmetall besetzt ist.

Als besonders vorteilhaft gegenüber der Verwendung von Volldiamanten beim Bohrvorgang werden von W. C. Weslow (17) folgende Gesichtspunkte angegeben:

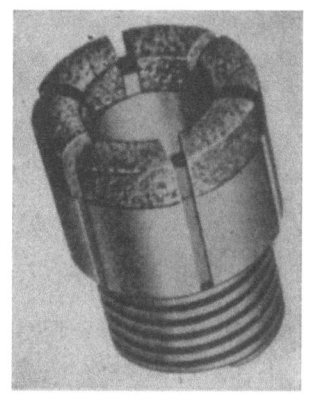

Abb 241. Mit Diamantmetallegierung besetzter Bohrkopf (W. C. Weslow)

1. es entfällt das Umsetzen der Diamanten und Auswechseln des Bohrkopfes;
2. der Diamantboart wird zumindest zu 75% ausgenutzt;
3. es wird eine je nach Felsart mehr oder weniger höhere Bohrleistung pro Zeiteinheit erzielt als bei Volldiamanten;
4. höhere Bohrleistungen werden durch die Möglichkeit eines vibrationsfreien Laufes der Bohrspindel und höherer Bohrgeschwindigkeiten gewährleistet.

Für mehrflügelige Hartmetall-Bohrwerkzeuge wurden von R. Kieffer (18) Kombinationen von Schneiden aus Sinterhartmetall mit Einsätzen aus Diamanthartmetall vorgeschlagen.

### 4. Abrichten und Instandhalten von Diamantmetallwerkzeugen.

Beim Bearbeiten von gehärteten Sonderstählen, beim gleichzeitigen Überschleifen von Hartmetallplättchen und Stahlschaftmaterial, beim Schleifen von Glas usw. setzen sich die Diamantmetallwerkzeuge gern mit dem bearbeiteten Werkstoff zu, schmieren und zeigen demgemäß ungenügende Griffigkeit. Es empfiehlt sich dann bei Werkzeugen mit weicher Metallbindung (wie z. B. Bronze- und Eisenlegierungen), die Arbeitsfläche mit Petroleum abzureiben, leicht mit einem Sandstrahlgebläse abzustrahlen oder in geeigneter Weise zu beizen. Bei Wolframverbundmetall- (Wolfram-Kupfer-Nickel) und Hartmetallbindemassen kann man den Schleifkörper ohne Nachteil mit einer Drahtbürste reinigen oder ihn sogar mit einer Karborundumscheibe mittlerer Körnung überschleifen.

Weit schwieriger als die Reinigung und das gelegentliche Wiedergriffigmachen ist das Abrichten und genaue Profilieren von Diamantmetallwerkzeugen, insbesondere von Gewindescheiben, Läppkegeln usw. mit bestimmten Arbeitswinkeln. Hierbei empfiehlt es sich, das Diamantmetallwerkzeug langsam mit etwa 3 bis 10 m/min rotieren zu lassen und mit einer hochtourigen feinkörnigen SiC-Scheibe (Umlaufgeschwindigkeit etwa 20 bis 30 m/min) zu überschleifen. Diese Arbeitsweise, die wegen des hohen Verschleißwiderstandes des Diamanten oft beachtliche Zeit in Anspruch nimmt, muß mit besonderer Sorgfalt auf möglichst schwingungsfreien Werkzeugschleifmaschinen ausgeführt werden.

### 5. Vergleich verschiedener Bindemittel bei Diamantwerkzeugen.

Die Beurteilung und ein Vergleich der Leistung von Diamantwerkzeugen mit den verschiedenen heute verwandten metallischen, karbidischen und organischen Bindemitteln ist außerordentlich schwierig. Einerseits ist es schwer, wegen des stark unterschiedlichen spez. Gewichtes der Bindemittel gleiche Volumina an Diamantkorn gegenüberzustellen, andererseits ist die oft angewandte pulvermetallurgische Herstellung der Diamantmetallegierungen auf dem Wege der Drucksinterung großen Schwankungen unterworfen. Schließlich sind die Leistungen der Werkzeuge mit weicher oder harter Bindemasse auf zähharten Werkstoffen, wie z. B. Stahl, oder sprödharten Werkstoffen, wie z. B. Hartmetall, stark verschieden.

Von G. Palitzsch (19) wird das Verhalten von Diamantschleifscheiben (Kunstharz-, Bronze-, Eisen- bzw. W-Cu-Ni-Bindung) beim Schleifen von Hartmetallen, insbesondere Hartmetallschneiden, und keramischen Körpern untersucht. Er kommt zu dem Schluß, daß die härteren Bindemassen zumindest beim Schleifen von Hartmetall bezüglich des Schleifscheibenverschleißes und spez. Diamantverbrauches den Vorzug verdienen.

### Literatur zum 17. Kapitel.
(1) Spies, R.: Werkzeugmaschine 42 (1938) S. 528/38.
(2) Anonym: Der Diamant als Schleifmittel. Schleif- u. Poliertechn. 16 (1939) S. 114/17. [Vgl. D.R.P. 4024 (1879).]
(3) Vgl. Klüppelberg, E.: Werkst. u. Betr. 72 (1939) S. 300/04; Z. VDI 84 (1940) S. 625/26.
(4) Vgl. D.R.P. 4024 (1879), 659019 (1934), 626512 (1931).
(5) Vgl. Electr. Rev. 37 (1934) S. 79. — F.P. 803212 (1936), 803213 (1936). — Schweiz. Pat. 170525 (1932).
(6) D.R.P. 386776 (1922).
(7) A.P. 1625463 (1922).
(8) D.R.P. 590707 (1929), 604853 (1929), 611860 (1929), 622823 (1933). 627862 (1930).
(9) E.P. 353663 (1929). Vgl. Jones, W. D.: Principles of Powder Metallurgy, S. 170. Verlag E. Arnold & Co., Lond. 1937.
(10) D.R.P. 583630 (1930).
(11) Vgl. Kieffer, R., u. W. Hotop: Stahl u. Eisen 60 (1940) S. 526.
(12) Vgl. Rollfinke, F.: Masch.-Bau Betrieb 19 (1940) S. 109/10.
(13) Vgl. Urbanek, F.: Schleif- u. Poliertechn. 17 (1940) S. 2/4.
(14) Vgl. Dawihl, W., u. A. Fehse: Masch.-Bau Betrieb 18.(1939) S. 349/50.
(15) Vgl. A.P. 2074038 (1935).
(16) Vgl. Meyer, A.: Schleif- u. Poliertechn. 15 (1938) S. 81/85.
(17) Weslow, W. C.: Trans. Amer. Inst. min. metallurg. Engrs. Techn. Publ. 1172 (1940) S. 1/12.
(18) D.R.P. 686029 (1938).
(19) Palitzsch, G.: Schleif- u. Poliertechn. 3 (1941) S. 3/19.

## 18. Kapitel.
## Zahnamalgame.

Beachtliche Mengen von Pulvern der Metalle Silber, Zinn, Kupfer, und Gold bzw. ihrer Legierungen werden unter Zusatz von Quecksilber in der konservierenden Zahnheilkunde zu kleinen metallischen Formkörpern in Gestalt von Zahnplomben verarbeitet (1, 2, 3, 4, 5). Die hervorragende Plastizität dieser Amalgame kurze Zeit nach ihrer Herstellung sowie ihre Fähigkeit, verhältnismäßig rasch zu erhärten, hat sie als Zahnfüllungsmaterial besonders geeignet gemacht. Die Plastizität der Amalgame ermöglicht es dabei, sie in feinste Öffnungen zu pressen und Zahnhöhlungen beliebiger Art vollständig auszufüllen.

Die Amalgame wurden schon 1855 von Townsend (6) in die Zahnheilkunde eingeführt. Sie zählen somit zu den ältesten Vertretern der Pulvermetallurgie, wo man ihnen sonst nur noch als plastische Bindemittel für hochschmelzende Metallpulver begegnet (vgl. Seite 226ff). Wenn die Zahnamalgame im Schrifttum der Pulvermetallurgie bislang auch wenig Beachtung fanden, so ist doch ihre umsatzmäßige Bedeutung recht erheblich; werden doch jährlich — roh geschätzt — mindestens 10 t Silber und 10 t Zinn in Deutschland in Form von Amalgamen in der Zahnheilkunde verwendet (Weltbedarf etwa 80 t Silber-Zinnpulver pro Jahr).

## A. Das Kupferamalgam.

Das Kupferamalgam war anfänglich wegen seiner guten Bearbeitbarkeit, Haltbarkeit und Billigkeit das am meisten verwendete Amalgam. Das Kupferamalgam soll im Vergleich zu den Edelmetallamalgamen eine stark antiseptische, karieshemmende Wirkung haben. Da aber das Nachdunkeln der Plombe und die Verfärbung der Zähne durch Bildung von Kupfersulfid als sehr nachteilig empfunden wurde, werden reine Kupferamalgame heute kaum mehr angewandt.

Zur Bereitung von Kupferamalgam wird frisch gefälltes oder elektrolytisch abgeschiedenes feinstes Kupferpulver zweckmäßig in Gegenwart von konzentrierter Schwefelsäure oder von Kupfersalzen mit der doppelten Menge Quecksilber verrieben. Das gebildete Amalgam wird intensiv gewaschen und dann getrocknet. Kupferamalgam ist silbrigweiß, leicht knetbar und erhärtet schnell, besonders bei Zusatz von 1 bis 2% Sn. Die Kupferamalgame wurden im fertigen Zustand dem Verbraucher angeliefert und mußten unmittelbar vor der Verarbeitung durch kurzzeitiges Erwärmen wieder plastisch gemacht werden.

## B. Die Edelmetallamalgame.

### 1. Zusammensetzung und Herstellung der Amalgame.

Reine Silber- oder Goldamalgame finden keine Verwendung. Auch Gemische reiner Edelmetallamalgame mit Kupfer-Zinn-Amalgamen haben sich nicht bewährt. Man verwendet heute fast ausschließlich Legierungsamalgame auf der Basis Silber-Zinn-Quecksilber bzw. Gold-Zinn-Kupfer-Quecksilber und ähnliche. Zur Herstellung der genannten Amalgame erschmilzt man gewöhnlich eine Silber-Zinn-Legierung mit 40 bis 75% Ag, der gegebenenfalls noch bis zu 5% der Metalle Kupfer, Zink und bis zu 0,5% der Metalle Gold, Platin, Kadmium und Wismut zugesetzt werden können. In Deutschland werden meist zinnreiche Vorlegierungen verwendet. Eine typische Analyse ist nach E. Raub (6) folgende:

Ag . . . . . 48—50%     Sn . . . . . 45—49%
Cu . . . . . 0,5— 2%     Zn . . . . . 0,1—0,5%

Die amerikanischen Normen sehen für Silber einen Mindestgehalt von 65% und für Zinn von 25% vor, während für Kupfer und Zink Höchstwerte von 6% Cu bzw. 2% Zn gelten. F. C. Thomson (7) gibt folgende typische Analyse des amerikanischen Vorlegierungspulvers an:

Ag . . . . . 67,7%        Cu . . . . . 4,7%
Sn . . . . . 26,3%        Zn . . . . . 1,2%

Der Silber- und Zinngehalt des Pulvers wird im Verhältnis der intermetallischen Verbindung $Ag_3Sn$ (62,5% Ag, 27,5% Sn) angestrebt.

Die Silber-Zinn-Vorlegierungen werden zu feinen Feilungen zerraspelt oder mechanisch zu blättrigem, flittrigem oder nadeligem Pulver verarbeitet und meist in künstlich gealtertem Zustand in den Handel gebracht.

Bekanntlich amalgieren länger gelagerte Silber-Zinn-Pulver viel langsamer als frisch hergestellte, was u. a. wahrscheinlich auf die Bildung von netzungshemmenden Oxydfilmen zurückzuführen ist (vgl. Ausführungen weiter unten). Kurzzeitiges Erhitzen auf 100° hat eine ähnliche Wirkung wie längeres Lagern. Da im allgemeinen bei gealterten Pulvern die Quecksilberaufnahme konstanter ist, wird nach E. Raub (6) wegen der Gleichmäßigkeit und Einheitlichkeit der fertigen Amalgame heute in der Technik durchgehend künstliche Alterung der Vorlegierungspulver durchgeführt.

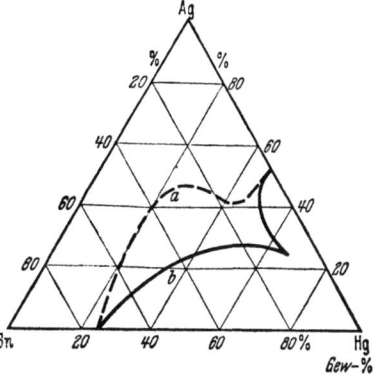

Abb. 242. Quecksilbergehalt von Silber-Zinn-Amalgamen nach einer Mischungsdauer von 3 Minuten und einem 20 Sekunden wirkenden Abpreßdruck von 35 kg/cm² (G. Tammann und O. Dahl).
*a* Vorlegierungspulver, 1 Stunde bei 100° gealtert. *b* Frisches Vorlegierungspulver.

G. Tammann und O. Dahl (8) haben die Quecksilberaufnahme gealterter und frischer Silber-Zinn-Vorlegierungen verschiedener Zusammensetzung untersucht. Sie finden bei gealterten Pulvern eine erheblich geringere Quecksilberaufnahme als bei frischen. Ferner ist auch der Einfluß des Silbergehaltes bei gealtertem Vorlegierungspulver verschieden von dem bei frischem Pulver. Bei der Verbindung $Ag_3Sn$ zeigen frische Pulver ein scharf ausgeprägtes Maximum der Quecksilberaufnahme, wie aus Abb. 242 hervorgeht. Ob die Alterungserscheinungen vornehmlich auf Oxydhäute oder auf kleine Bearbeitungseffekte und Umwandlungen der Verbindung $Ag_3Sn$ oder schließlich auf ein Zusammenwirken dieser Einflußgrößen zurückzuführen sind, ist noch nicht vollständig geklärt (6).

Die Amalgamierung wird in Gegensatz zur Herstellung des Kupferamalgams durch den Zahnarzt unmittelbar vor dem Verbrauch vorgenommen. In einer kleinen Reibschale wird das zu amalgamierende Vor-

376    Die Sinterwerkstoffe der Technik.

legierungspulver mit etwa 50% Quecksilber innigst vermischt, das Amalgam geknetet und dann überschüssiges Quecksilber ausgequetscht. Bei den technisch wichtigen Silber-Zinn-Pulvern mit 50 bis 68% Ag wächst mit dem Silbergehalt die zur Amalgamierung notwendige Quecksilbermenge nach E. Raub von etwa 85 bis 90% auf 120 bis 122% des Vorlegierungspulvers an. Aus Zahlentafel 90 ergeben sich nach E. Wannenmacher (9) günstigste Mischungsverhältnisse von Vorlegierung und Quecksilber. Die im Amalgam nach dem Ausquetschen verbleibende Quecksilbermenge ist nach A. W. Gray (10) bei technischen

Zahlentafel 90. Günstigstes Mischungsverhältnis von Vorlegierungspulver und Quecksilber (E. Wannenmacher).

| Silbergehalt des Vorlegierungspulvers in Gew.-% | Vorlegierungspulver : Quecksilber |
|---|---|
| 50 | 5 : 4,4 |
| 60 | 5 : 5 |
| 67 | 5 : 6,1 |

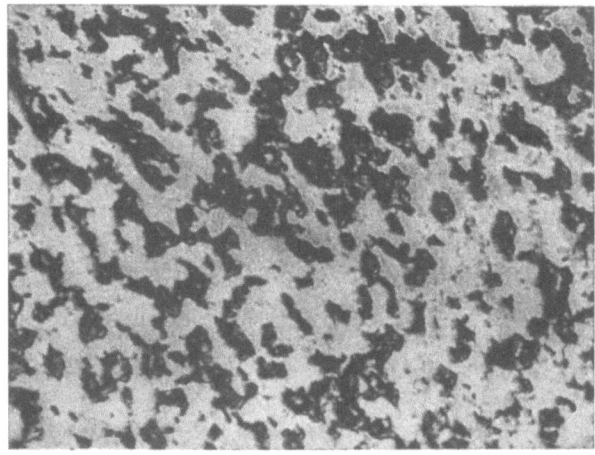

Abb. 243. Gefüge einer Zahnplombe mit 24,9% Ag, 24,6% Sn, 2,9% Cu, 47,4% Hg. × 150.

Legierungen umgekehrt proportional dem Logarithmus des aufgewandten Preßdruckes. Längeres Mischen und Reiben der Silber-Zinn-Pulver mit Quecksilber bewirkt bei gegebenem Preßdruck einen höheren Quecksilberrückhalt. Das Gefüge einer Zahnplombe mit 24,9% Ag, 24,6% Sn, 2,9% Cu, 47,4% Hg zeigt Abb. 243.

## 2. Die mechanischen Eigenschaften der Silber-Zinn-Amalgame.

Die mechanischen Eigenschaften der Silber-Zinn-Amalgame sind stark abhängig von der Vorgeschichte der Silber-Zinn-Pulver und den Arbeitsbedingungen bei der Amalgamierung. Der Einfluß der Herstellungsart auf die mechanischen Eigenschaften von erhärteten Amalgamen auf Silber-Zinn-Vorlegierungspulver mit verschiedenen Silbergehalten geht aus Zahlentafel 91 hervor (11). Die an sich stark streuenden Werte der Druckfestigkeit und der Brinellhärte steigen mit wachsendem Silbergehalt, während die Neigung zum Fließen — eine Größe, die für die Kantenfestigkeit insbesondere freistehender Zahnfüllungen von Bedeutung ist — erheblich geringer wird. Bei 70% übersteigenden Silbergehalten fallen die Festigkeitswerte und die Härte wieder ab, was auf den schlechter werdenden Zusammenhalt bei der Amalgamierung zurückgeführt wird (8). G. Tammann und O. Dahl untersuchten ferner die Bruchfestigkeit von Silber-Zinn-Amalgamen aus gealterten und frischen Silber-Zinn-Vorlegierungspulvern (Abb. 244). Sie fanden Höchstwerte der Bruchfestigkeit bei Silbergehalten von 50 bzw. 60% für gealterte bzw. frische Vorlegierungspulver.

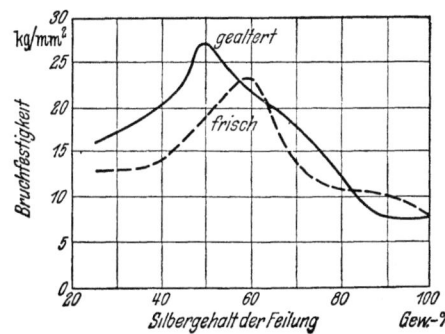

Abb. 244. Bruchfestigkeit von Silber-Zinn-Amalgamen (G. Tammann und O. Dahl).

Zahlentafel 91. Einfluß der Herstellungsart auf die mechanischen Eigenschaften der Amalgame (O. Loebich und L. Nowack).

| Silbergehalt des Vorlegierungspulvers in % | Druckfestigkeit in kg/mm² | | Brinellhärte in kg/mm² | | Fließen unter Druck in % in 24 Std. bei 250 kg/cm² | |
|---|---|---|---|---|---|---|
| | von | bis | von | bis | von | bis |
| 40 | 11,5 | 12,5 | 26 | 32 | 20 | 33 |
| 50 | 14 | 17 | 30 | 37 | 15 | 23 |
| 60 | 18,5 | 26 | 48 | 52 | 2 | 7 |
| 70 | 20,5 | 27 | 49 | 54 | 1 | 5 |

## 3. Vorgänge bei der Erhärtung von Amalgamen (Kaltsinterung mit flüssiger Phase).

Die metallurgischen Vorgänge bei der Verfestigung und Erhärtung der Silber-Zinn-Amalgame sind ähnlich gelagert wie diejenigen bei der Sinterung von porösen Bronzen aus Kupfer-Zinn-Pulver oder bei Sinterung von Eisen-Nickel-Aluminium-Magneten (vgl. Kap. 6). Das Quecksilber, die flüssige Phase bei Zimmertemperatur, löst vorhandene feinste Pulverteilchen auf, benetzt gleichzeitig die größeren Pulverteilchen der Vorlegierung und wird durch Diffusion von ihnen unter Bildung von Zinn-Quecksilber-Mischkristallen und intermediären Phasen der ungefähren Zusammensetzung $Ag_3Hg_4$ aufgenommen (12, 13). Hierbei treten gewisse Volumänderungen auf, die O. Loebich (12) wie folgt deutet: In einem plastischen Gemisch von flüssigem Quecksilber und festem

Silber-Zinn-Vorlegierungspulver diffundiert das Quecksilber in die Silber-Zinn-Teilchen, die unter Verringerung des Gesamtvolumens des Formkörpers größer werden. Sobald sich die quellenden Silber-Zinn-Teilchen gegenseitig berühren, wird die anfängliche Schrumpfung der Formkörper gestört. Durch das weitere Eindiffundieren des in den Kapillaren befindlichen Quecksilbers in die Vorlegierungsteilchen kommt es nunmehr zu einer Ausdehnung der Amalgame unter Bildung von kleinen Poren und Hohlräumen. Diese Deutung von O. Loebich deckt sich auch mit ähnlichen Feststellungen bei der Herstellung von porösen Kupfer-Zinn-Bronzen.

Da die Amalgamierung bei Zimmer- bzw. Mundtemperatur vorgenommen wird, ist anzunehmen, daß die Diffusion nicht vollständig verläuft, so daß die gebildeten Phasen nicht vollständig dem Gleichgewichtszustand gemäß dem Zustandsbild der Silber-Zinn-Amalgame (14, 15, 16) entsprechen. Dies wird auch dadurch erhärtet, daß nach E. Raub (6) in technischen Amalgamen die ternäre Silber-Zinn-Quecksilber-Phase weder röntgenographisch noch mikroskopisch neben den Phasen $Ag_3Sn$, $Ag_3Hg_4$ und den Zinn-Quecksilber-Mischkristallen gefunden wird, und daß nach O. Loebich (12) noch ein Teil der im Vorlegierungspulver vorhandenen Phase $Ag_3Sn$ unzersetzt bleibt.

Die Diffusionsvorgänge und die gleichzeitige Erhärtung der Amalgame sind stark zeitabhängig. Die von O. Loebich (17) geforderte, zum Kauakt notwendige Mindesthärte der Zahnfüllungen von 8 kg/mm² wird meist nach $1/2$ bis $1^3/_4$ Stunden erreicht. Die übliche Brinellhärte von 30 bis 40 kg/mm² wird erst nach 8 Stunden angenommen; sie ändert sich dann nur noch unwesentlich. Die Diffusionsvorgänge werden selbstverständlich auch durch die Benetzbarkeit des Silber-Zinn-Vorlegierungspulvers (hemmende Oxydfilme), durch die Reinheit des Quecksilbers, durch die Vorgeschichte der Füllung, durch die Mischungszeit und durch die Temperatur bei der Erhärtung beeinflußt, ähnlich wie bei anderen Werkstoffen, die in Gegenwart flüssiger Phase gesintert werden.

Das Studium der Vorgänge bei der Verfestigung von reinen Metallpulvern, Pulvergemengen sowie Pulvern intermetallischer Verbindungen oder Mischkristallen mit Quecksilber im Temperaturbereich von $-50$ bis $+100°$ dürfte geeignet sein, noch offene Fragen bei der Sinterung von Werkstoffen mit flüssiger Phase zu klären.

### Literatur zum 18. Kapitel.

(1) Wetzel, A.: Füllen der Zähne mit Amalgamen. Bln. 1899.
(2) Black, G. V.: Die konservierende Zahnheilkunde, Bd. 2. Deutsche Übersetzung von H. Pichler. Bln. 1914.
(3) Speier-Pinkus: Rezeptarium für Zahnheilkunde und Zahntechnik (1930).
(4) Sterner-Rainer, L.: Edelmetallegierungen und Amalgame in der Zahnheilkunde. Bln. 1930.
(5) Skinner: The Science of Dental Materials, S. 316. Lond. 1937.

(6) Vgl. Raub, E.: Die Edelmetalle und ihre Legierungen, S. 160/176. Verlag Springer, Bln. 1940.
(7) Thomson, F. C.: Publ. internat. Tin. Res. Devel. Counc. Febr. 1939, Nr. 89.
(8) Tammann, G., u. O. Dahl: Z. anorg. allg. Chem. 144 (1925) S. 16.
(9) Wannenmacher, E.: Dtsch. zahnarztl. Wschr. 32 (1929) S. 367.
(10) Gray, A. W.: Trans. Amer. Inst. min. metallurg. Engrs. Inst. Met. Div. 60 (1919) S. 657.
(11) Loebich, O., u. L. Nowack: Dtsch. zahnärztl. Wschr. 31 (1928) S. 843.
(12) — Z. Metallkde. 32 (1940) S. 15.
(13) Vgl. Sauerwald, F.: Metallwirtsch. 20 (1941) S. 649/55 u. 671/77.
(14) Knight, W. A., u. R. A. Joyner: J. chem. Soc. Trans. 103 (1913) S. 2247.
(15) Gayler, M. L. V.: J. Inst. Met. 60 (1937) S. 379.
(16) Troiano, A. R.: J. Inst. Met. 63 (1938) S. 247.
(17) Loebich, O.: Zahnarztl. Rdsch. 42 (1933) Nr. 19.

# Ausblick.

Wenn zum Schluß noch ein kurzer Ausblick über die weiteren Aussichten und neuen Anwendungsmöglichkeiten gegeben sowie die Grenzen der Pulvermetallurgie angedeutet werden sollen, so ist es wichtig, zunächst nochmals zu umreißen, wo dieser verhältnismäßig junge Zweig der angewandten Metallkunde bereits steht. Als die bedeutsamsten Sinterwerkstoffe der Technik haben wir die hochschmelzenden Metalle, die Sinterlager, die Sinterhartmetalle, die Sintermagnete, die gesinterten Kontaktbaustoffe, die Diamantmetallegierungen, die Reinstmetalle und die Zahnamalgame kennengelernt. In der Herstellung der genannten Werkstoffe hat die Pulvermetallurgie folgende technischen Leistungen vollbracht:

1. Die Erzeugung hochschmelzender Metalle in duktiler Form,
2. die Erzeugung eines porösen Gefügeaufbaues,
3. die Erzeugung zähharter Schneidlegierungen aus Metallkarbiden und Hilfsmetallen,
4. die Erzeugung von feinkörnigen Magnetlegierungen mit verbesserten technologischen Eigenschaften,
5. die Kombination nichtlegierbarer metallischer und metalloidischer Komponenten in den gesinterten Kontaktbaustoffen und Diamantmetallegierungen,
6. die Erzeugung chemisch reiner Metalle und Metallegierungen, insbesondere für die Vakuumtechnik, und schließlich
7. die Erzeugung von plastischen, selbsthärtenden Metallmassen.

Das kennzeichnende Merkmal dieser Aufstellung ist, daß hier Problemlösungen der Technik vorliegen, die schmelzmetallurgisch schwer oder überhaupt nicht durchzuführen waren.

Beurteilen wir von diesem skizzierten Stand der Pulvermetallurgie die Aussichten der einzelnen Hauptvertreter, so ergibt sich etwa folgendes Bild, das bei dem starken Fluß der derzeitigen Entwicklung der Pulvermetallurgie natürlich in kürzester Zeit durch Neuentwicklungen und weitere Anwendungsmöglichkeiten der an sich bekannten Sinterwerkstoffe noch ergänzt und verändert werden mag:

Die hochschmelzenden Metalle scheinen neben ihrer auch in der Zukunft selbstverständlich starken Verwendung in der Hochvakuumtechnik und Glühlampenindustrie berufen zu sein, den Bau von Elektroöfen, insbesondere Hochtemperaturöfen, durch Bereitstellung geeigneter Heizleiter weiter zu fördern. Die Sinterlager — sei es mit porösem oder dichtem Gefügeaufbau — werden in verstärktem Maße bekannte geschmolzene Lagerlegierungen, zumindest zum Teil, verdrängen können, wobei sich besonders den porösen Sinterlegierungen auf der Eisenbasis aus Rohstoffgründen ein weites Feld eröffnet. Inwieweit den Sinterhartmetallen ein weiterer Einbruch in die Front der Schnellarbeitsstähle und Stellite in Zukunft gelingen wird, sei dahingestellt. Sicher erscheint, daß sich den gesinterten Karbidlegierungen ein großes Anwendungsgebiet bei verschleißfesten Werkzeugteilen aller Art, wie z. B. Matrizen, Lehren, Walzen, Mahlaggregaten usw., erschließen wird. Ein verstärkter Einsatz von Sinterhartmetall nach dieser Richtung hin wird wiederum den Diamantmetallegierungen, die zu seiner Bearbeitung unumgänglich notwendig sind, einen starken Aufschwung und stärkere Verbreitung bringen. Welche weitere Entwicklung die gesinterten Magnetlegierungen nehmen werden, läßt sich heute nach ihrem erst kurzzeitigen Auftreten schwer sagen; doch lassen die guten technologischen Eigenschaften der gesinterten Fe-Al-Ni- und Fe-Al-Ni-Co-Magnete hoffen, daß sie nicht nur bei kleinen Formen die gegossenen Magnete ablösen werden, sondern daß sie auch an anderer Stelle, vornehmlich aus Rohstoffgründen, die höher legierten Kobalt-Magnetstähle verdrängen werden. Die weitere Entwicklung gesinterter Kontaktbaustoffe und der Zahnamalgame läßt sich heute noch nicht klar überblicken, da bei diesen sogar — aus kosmetischen Gründen — ein Rückgang zugunsten von Zahnzementen zu verzeichnen ist, während bei jenen noch viele ungeklärte Kontaktprobleme vorliegen, deren Lösung durch den Einsatz gesinterter Kontaktbaustoffe vielleicht möglich erscheint.

Sind vorstehend ausführlich die bereits fest erschlossenen Gebiete der Pulvermetallurgie und deren Aussichten umrissen worden, so sei nachfolgend kurz auf Entwicklungsmöglichkeiten eingegangen, die sich erst heute vorsichtig andeuten. Die Erzeugung von einfachen und auch verwickelten Maschinenteilen und Fertigerzeugnissen, bei deren Herstellung viel hochwertige Maschinenarbeit, wie Drehen, Bohren und Fräsen, notwendig ist, läßt es wünschenswert erscheinen, an die Stelle von gegossenen, spanabhebend zu bearbeitenden Formstücken Sintererzeugnisse treten zu lassen, die unmittelbar ohne Abfall auf Fertigform hergestellt werden können. Eine Entwicklung

## Ausblick.

dieser Art hat sich in Amerika vor dem zweiten Weltkrieg angebahnt, wobei Sintereisen- und Sinterbronzeformstücke insbesondere im Automobilbau und in der Maschinenindustrie starken Eingang fanden. Die Einsparung von Arbeitskräften und Bearbeitungsmaschinen sowie das höhere Rohstoffausbringen lassen weitere Möglichkeiten offen, wenn hier auch vor überspannten Hoffnungen gewarnt werden muß. Während das flüssige Metall eine beliebige ihm dargebotene Form ausfüllen kann, bietet es große technische Schwierigkeiten, Metallpulver mit „ihrem nur angedeuteten Flüssigkeitscharakter" in gleichmäßig dichte, komplizierte Preßkörper überzuführen. Der Entwicklung von geeigneten Pressen und Preßwerkzeugen eröffnet sich hier ein weites Feld. Ohne Zweifel wird die Ökonomie des Pressens unter Umständen die wirtschaftliche Herstellung von Sinterkörpern stark beeinflussen oder sogar in Frage stellen. Es sei gerade in diesem Zusammenhang darauf verwiesen (vgl. die entsprechenden Ausführungen in Kap. 6), daß gesinterte Preßkörper ohne nachträgliche mechanische Verformung nur einen Bruchteil der physikalischen Eigenschaften des entsprechenden geschmolzenen Werkstoffs aufweisen, was auf die geringere Dichte bzw. die Porosität des Sintererzeugnisses zurückzuführen ist. Ähnlich gute physikalische Eigenschaften wie sie ein Schmelzwerkstoff gleicher Zusammensetzung aufweist, lassen sich bei gesinterten Formkörpern — abgesehen von solchen, die in Gegenwart flüssiger Phase gesintert werden — nur erzielen, wenn der Sintervorgang unter Druck erfolgt (Heißpressen) oder falls der gesinterte Körper einer Art kalibrierender Drucknachverdichtung bei höheren Temperaturen unterzogen wird.

Schließlich darf nicht unerwähnt bleiben, daß bei dem heutigen Stand der Preßtechnik sowohl die Herstellung großer Preßkörper wegen der oft notwendigen hohen spezifischen Preßdrücke (4 bis 10 t/cm²) als auch die Herstellung von Preßkörpern mit größerer Höhe als Breite noch große Schwierigkeiten bereitet. Da wegen des geringen Umfangs geeigneten Fachschrifttums die technisch-wissenschaftlichen Grundlagen der Pulvermetallurgie nur einem ganz beschränkten Kreis von Fachleuten bekannt sind, muß auch vor der heute noch oft anzutreffenden Einstellung gewarnt werden, auf pulvermetallurgischem Wege Probleme lösen zu wollen, die schmelztechnisch bisher nicht gelöst werden konnten und die über die Möglichkeiten hinausgehen, die bereits jetzt in den vorhandenen Sinterwerkstoffen verwirklicht wurden.

Ob in der Vereinigung nicht legierbarer Komponenten, wie z. B. Metall-Metalloid, Metall-Hartstoff oder Metall-Metalloxyd, ob in der Möglichkeit der Erzeugung poröser Werkstoffe, ob in der Verwendung plastischer metallischer Massen, ob schließlich in der Beeinflussung gefügeempfindlicher Eigenschaften von Werkstoffen noch weitere Entwicklungsaussichten für die Pulvermetallurgie liegen, muß die Zukunft lehren.

# Schrifttumsergänzungen zur zweiten Auflage.

## Kapitel 1.

1. In nachstehenden Patentschriften werden erstmalig gesinterte bzw. druckgesinterte Metallpulver-Graphit-Mischungen beschrieben (Vorläufer der Metallkohlen und porösen sowie massiven Sinterlager!):

A.P. 189684 (1877); 304500 (1884); 313916 (1885).

2. Für die Geschichte der Pulvermetallurgie sind folgende Arbeiten von besonderem Interesse:

Skaupy, F.: Die geschichtliche Entwicklung der Metallkeramik. Kolloid-Z. **104** (1943) S. 142/44.

Greenwood, H. W.: Pulvermetallurgie — Alte und neue Entwicklungen. Metal Ind., Lond. **60** (1942) S. 77/79 u. 112/14.

Bergsöe, P.: The Metallurgy and Technology of Gold and Platinum among the Pre-Columbiam Indians. Ingeniorsvidenskabelinge Skrifter (A) **44** (1937). Kopenhagen.

Osann, B.: Ann. Physik, Chemie **128** (1841) S. 406/21.

In dieser Arbeit finden sich Angaben über die Herstellung von gesinterten Kupfer-Medaillen.

3. Aus der Fülle allgemeiner, mehr umfassender Arbeiten seien folgende genannt:

Bernstorff, H.: Die Pulvermetallurgie, ihre Grundlagen und Anwendungen. Chem. Techn. (Chem. Fabrik, neue Folge) **16** (1943) S. 89/95.

Carpenter, C. B.: Pulvermetallurgie. Quart. Colorado School; Mines **35** (1940) Nr. 4 S. 1/40.

Comstock, G. J.: Gruppeneinteilung der Metallpulvererzeugnisse. Trans. Amer. Inst. min. metallurg. Engrs. **128** (1938) S. 57/66; Amer. Inst. min. metallurg. Engrs., Inst. Metals Division **1938**. Techn. Publ. Nr. 926; Bemerkungen über Pulvermetallurgie. Metal Progr. **35** (1939) S. 343/47; Pulvermetallurgie. Ihre steigende Bedeutung für die Industrie. Mech. Engng. **60** (1938) S. 801/06.

Dawihl, W.: Die wissenschaftlichen und technischen Grundlagen der Pulvermetallurgie und ihrer Anwendungsbereiche. Stahl u. Eisen **61** (1941) S. 909/19.

Fast, J. D.: Die Herstellung von Metallen nach den Verfahren der Sintermetallurgie und der Zersetzungsmetallurgie. Öst. Chem.-Ztg. **43** (1940) S. 27/33 u. 58/64.

Hardy, C., u. C. W. Balke: Pulvermetallurgie. Metal Ind., Lond. **53** (1938) S. 171/74.

Hoyt, S. L., u. A. O. Smith: Aus Metallpulvern hergestellte Sinterkörper. Metal Progr. **77** (1938) S. 157/62.

Jones, W. D.: Fortschritte in der Pulvermetallurgie und Aussichten für die zukünftige Entwicklung. Metal Ind., Lond. **54** (1939) S. 51/55.

Kalischer, P. R.: Industrielle Pulvermetallurgie. Iron Age, Febr. **1942** S. 46/51.

Kieffer, R.: Pulvermetallurgie und metallkeramische Erzeugnisse. Metall u. Erz **37** (1940) S. 67/70 u. 88/92.

Kieffer, R., u. W. Hotop: Sinterstoffe in der Natur und Sinterwerkstoffe der Technik. Jb. Metalle **1943** S. 172/83; Neuere Entwicklungsrichtungen in der Pulvermetallurgie; Metallwirtsch. **23** (1944) S. 361/63.

Patch, E. S.: Grenzen der Pulvermetallurgie. Iron Age **146** (1940) Nr. 25 S. 31/34.

Peters, F. P.: Symposium über Pulvermetallurgie. Metals & Alloys **9** (1938) S. 69/72; **10** (1939) S. 76; **12** (1940) S. 471/78.

Ritzau, G.: Zur neueren Entwicklung der Metallkeramik. Werkstattstechnik **35** (1941) S. 145/49.

Rollfinke, F.: Metallkeramik, Zusammenhange zwischen Metallkeramik und Oxydkeramik. Z. VDI **84** (1940) S. 681/89 u. 953/58.

Sauerwald, F.: Der heutige Stand der Metallkeramik (Pulvermetallurgie). Metallwirtsch. **20** (1941) S. 549/54 u. 671/77.

Unckel, H.: Sintermetalle, ihre Anwendung, Herstellung und Eigenschaften. Tekn. **71** (1942) Nr. 28 S. 53/59; Tekn. Ukebl. **89** (1942) S. 23/26 u. 27/30.

Wretblad, F. E.: Die neueste Entwicklung der Pulvermetallurgie. Jernkont. Ann. **122** (1938) S. 537/551.

Symposium on Powder Metallurgy **1943**. American Society for Testing Materials. Symposium on Production and Design. Limitations and Possibilities for Powder. Metallurgy Parts. Amer. Inst. min. metallurg. Engrs. Inc. Januar 1945.

4. Eine gute Patentzusammenstellung über das Gesamtgebiet der Pulvermetallurgie findet sich bei:

Deller, A. W.: Patentübersicht in der Pulvermetallurgie. Vortrag auf der Pulvermetallurgischen Tagung am Massachusetts Institute of Technology (29. bis 31. 8. 1940).

## Kapitel 2.

1. Die Herstellung und Eigenschaften von Metallpulvern, insbesondere von Eisenpulvern, wurden in nachstehenden Arbeiten beschrieben:

Comstock, G. J.: Metallpulver, Eigenschaften, Herstellung und Sinterwerkstoffe. Metal Progr. **35** (1939) S. 465/67; Einige Beobachtungen in der Eisen-Pulvermetallurgie; Iron Age **143** (1939) S. 40/41 u. 64; Stahlpulver für Sinterzwecke. Steel **106** (1940) S. 54/55.

Fellows, A. T.: Die Lage auf dem Eisenpulvergebiet. Metals & Alloys **12** (1940) S. 288/91.

Hüttig, G. F.: Der Verlauf der Frittungsvorgänge im Kupferpulver. Z. anorg. allg. Chem. **247** (1941) S. 221/48.

Hüttig, G. F., u. H. H. Bludau: Über die Entgasung von Eisenpulvern verschiedener Herstellung und Vorgeschichte. Z. anorg. allg. Chem. **250** (1942) S. 36/41.

Mittasch, A.: Aus der Entwicklungsgeschichte der Karbonylmetalle. Koll.-Z. **104** (1943) S. 139/41.

Reitstötter, J.: Die technischen Verfahren zur Herstellung von Metallpulver. Koll.-Z. **103** (1943) S. 182/84.

Watkins, H. C.: Die Pulvermetallurgie des Zinns. Herstellung von Zinn- und Zinnlegierungspulvern. Metal Ind., Lond. Sept. **1942** S. 146/49.

Wiemer, H.: Pulvermetallurgische Herstellung von Eisenwerkstoffen. Stahl u. Eisen **62** (1942) S. 800/01; Die Herstellung von Eisenpulvern in Nordamerika und England. Stahl u. Eisen **63** (1943) S. 30/31.

2. Eine umfassende Übersicht über Metallpulverpatente bringt:

Waeser, B.: Die Patentlage auf dem Metallpulvergebiet. Kolloid-Z. **109** (1944) S. 52/60.

## Kapitel 3.

1. Bezüglich besonderer Formgebungsverfahren, wie z. B. Strangpressen, Schlickerverfahren, Verdichtung von Púlvern durch Schwingungen oder Zentrifugalkraft usw., sei auf nachfolgendes Schrifttum verwiesen:

Kieffer, R., u. W. Hotop: Das Strangpressen in der Pulvermetallurgie. Metallwirtsch. **23** (1944) S. 379/86.

Skaupy, F.: Metallkeramik. S. 76/79. Bln. 1943.

2. Zur Schutzgasfrage, die für die Herstellung verschiedenster Sinterwerkstoffe von ausschlaggebender Bedeutung ist, wird in folgenden Arbeiten Stellung genommen:

Koehring, R. P.: Zur Frage der Sinteratmosphäre in dem Buch von J. Wulff: Powder Metallurgy. Cleveland, Ohio **1942** S. 278/91.

Pawlek, F.: Die industriellen Schutzgase. Werkstattstechnik. Betrieb **38/23** (1944) Heft 3 S. 65/69.

3. Rollenherdöfen und Molybdänöfen werden im Rahmen der Behandlung der Sinteröfen beschrieben von:

Wetter, H. M.: In dem Buch von J. Wulff: Powder Metallurgy. Cleveland, Ohio **1942** S. 292/303.

4. In dem schon oben erwähnten „Symposium on Production and Design. Limitations and Possibilities for Powder Metallurgy Parts" (Amer. Inst. min. metallurg. Engrs. Inc. Jan. 1945) sind folgende Arbeiten wichtig:

Kuzmick, J. F.: Über Druckanwendung. S. 74/94.

Peters, F. P.: Über Matrizen. S. 5/8.

## Kapitel 4—7.

1. Als wertvolle Ergänzung zu den Ausführungen über die wissenschaftlichen Grundlagen der Pulvermetallurgie in den obigen Kapiteln ist folgendes Schrifttum anzusprechen:

Sauerwald, F.: Über die Elementarvorgänge beim Fritten und Sintern von Metallpulvern mit besonderer Berücksichtigung der Realstruktur ihrer Oberflächen. Kolloid-Z. **104** (1943) S. 144/60.

Kieffer, R., u. W. Hotop: Vergleich der Eigenschaften von gesinterten und geschmolzenen Metallen und Metallegierungen. Kolloid-Z. **104** (1943) S. 208/223.

Hedvall, J. A., u. A. Lundberg: Über den Einfluß der Gasatmosphäre bei der Herstellung pulverförmiger Präparate auf die chemische Aktivität und Oberflächenausbildung derselben. Kolloid-Z. **104** (1943) S. 198/203.

Hüttig, G. F.: Der Verlauf der Frittungsvorgänge in Kupferpulvern. Z. anorg. allg. Chem. **247** (1941) S. 221/48; Die Struktur von gefritteten Pulvern. Kolloid-Z. **96** (1941) S. 227/30; Die Frittungsvorgänge innerhalb von Pulvern, welche aus einer einzigen Komponente bestehen. — Ein Beitrag zur Aufklärung der Prozesse der Metallkeramik und Oxydkeramik. Kolloid-Z. **97** (1941) S. 281/300; **98** (1942) S. 6/33; **98** (1942) S. 263/86; **99** (1942) S. 262/77; Die Reaktionsarten vom Typus A starr + B starr → AB starr.

Hüttig, G. F., u. K. Arnestad: Die Rostgeschwindigkeit von gefritteten Eisenpulvern in Abhängigkeit von der Vorerhitzungstemperatur. Z. anorg. allg. Chem. **250** (1942) S. 1/9.

Hüttig, G. F., u. H. H. Bludau: Über die Entgasung von Eisenpulvern verschiedener Herstellung und Vorgeschichte. Z. anorg. allg. Chem. **250** (1942) S. 36/41.

Hüttig, G. F., u. T. Freitag: Der Frittungsverlauf von Aluminiumpulvern im Vakuum und im Wasserstoffstrom verfolgt durch Sorptionsmessungen. Z. anorg. allg. Chem. **252** (1943) S. 95/111.

Hüttig, G. F.: Zur Systematik der Aggregatzustände. Kolloid-Z. **104** (1943) S. 161/67; Die Reaktionsarten von dem Typus A starr + B starr → AB starr. II. Teil; Kolloid-Z. **104** (1943) S. 189/98; Zwischenzustände bei Reaktionen im festen Zustand und ihre Bedeutung für die Katalyse. Handbuch der Katalyse Bd. 6 S. 318/577. Verlag Springer, Wien 1943.

Hüttig, G. F., u. W. Hennig: Der Frittungsverlauf in Bleipulvern, verfolgt durch dilatometrische Beobachtungen. Z. anorg. allg. Chem. **251** (1943) S. 260/269.

Sedlatschek, K.: Das katalytische Verhalten von Kupferpulver verschiedener thermischer Vorbehandlung gegenuber dem Zerfall des Ameisensauredampfes. Kolloid-Z. **104** (1943) S. 203/08.

Wretblad, P. E., u. J. Wulff: Zur Frage der Sinterung in dem Buch von J. Wulff: Powder Metallurgy. Cleveland, Ohio **1942** S. 36/59.

Kelley, F. C.: Über den Einfluß von Druck, Temperatur und Zeit auf die Dichte von gesinterten Körpern in dem Buch von J. Wulff: Powder Metallurgy. Cleveland, Ohio **1942** S. 60/66.

## Kapitel 8.

1. Von wissenschaftlichem Interesse ist die schon oben erwähnte Arbeit von:

Hüttig, G. F.: Der Verlauf der Frittungsvorgänge in Kupferpulvern. Z. anorg. allg. Chem. **247** (1941) S. 221/48.

2. Über die Herstellung von Draht aus Sinterkupfer berichtet:

Goetzel, C. G.: Versuche zur Herstellung von Draht aus Sinterkupfer. Wire & W. Prod. **16** (1941) Nr. 4 S. 217/22 u. 239.

3. Bezüglich der Eigenschaften von stranggepreßtem Sinterkupfer sei verwiesen auf:

Tyssowsky, J.: Die Herstellung von sauerstofffreiem Kupferhalbzeug auf dem Sinterwege. Amer. Inst. min. metallurg. Engrs., Inst. Metals Division, Techn. Publ. Nr. 1217 S. 1/5.

Kieffer, R., u. W. Hotop: Das Strangpressen in der Pulvermetallurgie. Metallwirtsch. **23** (1944) S. 379/86.

4. Die Eigenschaften von gesinterten und druckgesinterten Kupferlegierungen mit Aluminium, Zinn, Zink, Kohlenstoff, Wolfram behandeln folgende Arbeiten:

Koehring, R. P.: Sinteröfen und Schutzgase. Met. Ind., Lond. **61** (1942) Nr. 12 S. 183/85.

Rudorff, D. W.: Neuere schwedische Entwicklungen auf dem Gebiete der Pulvermetallurgie. Met. Ind., Lond. **60** (1942) S. 188/90.

Unckel, H.: Sintermetalle, ihre Anwendung, Herstellung und Eigenschaften. Tekn. T. **71** (1942) Nr. 28 S. 53/59; Tekn. Ukebl. **89** (1942) S. 23/26 u. 27/30.

5. Für die Geschichte des gesinterten Kupfers ist interessant eine Arbeit von:

Osann, B.: Ann. Physik, Chemie **128** (1841) S. 406/21.

In der Arbeit finden sich schon im Jahre 1841 Angaben über die Herstellung von gesinterten Kupfer-Medaillen.

## Kapitel 9 und 10.

1. Mit der Vakuumsinterung und mit dem Heißpressen von Berylliumpulver beschäftigen sich folgende Patente:
Schweizer Patent 100240; E. P. 385629.

2. Die Eigenschaften von Sinterkörpern aus Magnesiumpulver werden in folgender Arbeit mitgeteilt:

Groom, E. J.: Magnesium in der Pulvermetallurgie. Light Metals 1 (1938) S. 33/34.

3. Bezüglich der Sinterung von Aluminiumpulver sei verwiesen auf:

Hüttig, G. F., u. T. Freitag: Der Frittungsverlauf von Aluminiumpulvern im Vakuum und im Wasserstoffstrom verfolgt durch Sorptionsmessungen. Z. anorg. allg. Chem. **242** (1943) S. 95/111.

Skaupy, F.: Metallkeramik S. 206 ff. Bln. 1943.

4. Im Hinblick auf ihre nahen Beziehungen zu einem wichtigen Werkstoff der Pulvermetallurgie, der Metallkohle, dürfte folgende Arbeit lebhaftes Interesse finden:

Stockmeyer, W.: Kunstkohle, Herstellung, Eigenschaften, Anwendung. Feinmech. u. Präz. **51** (1943) S. 205/08 u. 241/47.

5. In wissenschaftlicher Hinsicht ist noch erwähnenswert die Arbeit von:

Hüttig, G. F., u. W. Hennig: Der Frittungsverlauf in Bleipulvern, verfolgt durch dilatometrische Beobachtungen. Z. anorg. allg. Chem. **251** (1943) S. 260/69.

## Kapitel 11.

1. Über die Herstellung und Eigenschaften von Eisen- und Stahlpulver, insbesondere in Amerika, berichten:

Comstock, G. J.: Stahlpulver für Sinterzwecke. Steel **106** (1940) S. 54/55.

Fellows, A. T.: Die Lage auf dem Eisenpulvergebiet. Metals & Alloys **12** (1940) S. 288/91.

Wiemer, H.: Die Herstellung von Eisenpulver in Nordamerika und England. Stahl u. Eisen **63** (1943) S. 30/31.

2. Mit der Erzeugung von Sintereisen, Sinterstahl und gesintertem Gußeisen befassen sich:

Clark, F. H.: Gesintertes Eisenpulver. Min. & Metall. **21** (1940) 397 S. 22.

Comstock, G. J.: Einige Beobachtungen in der Eisenpulvermetallurgie. Iron Age **143** (1939) Nr. 6 S. 40/41 u. 64.

Dyson, B. H.: Die pulvermetallurgische Herstellung von Ölpumpenrädern aus Eisenpulver. Machinery **61** (1942) S. 203/06.

Eisenkolb, F.: Über die Verwendbarkeit von Walzzunder für metallkeramische Zwecke. Kolloid-Z. **104** (1943) S. 236/46; Über die Prüfung von Sintereisen. Abnahme **6** (1943) Nr. 12 S. 73/76.

Marks, R. W., u. H. Manchester: Die Herstellung von Maschinenteilen aus Metallpulver. Readers Digest, Mai 1943 S. 100/02.

Perry, H. W.: Die pulvermetallurgische Herstellung von Maschinenteilen. Aircr. Engng. Okt. 1943, S. 305/06.

Wiemer, H.: Pulvermetallurgische Herstellung von Eisenwerkstoffen. Stahl u. Eisen **62** (1942) S. 800/01.

Wulff, J.: Referat über die Pulvermetallurgische Tagung 1941 am Massachusetts-Institute. Metal Progr. 1941, S. 785/88 u. 838.

Anonym: Gesinterte Maschinenteile aus pulverisierten Stahlspänen. Steel **108** (1941) Nr. 21 S. 76, 78 u. 94.

Anonym: Schwammeisen. Engineer, Aug. 1942, S. 155.

Aus dem Buch von J. Wulff: Powder Metallurgy. Cleveland, Ohio **1942**:

Libsch, J., R. Volterra u. J. Wulff: Die Sinterung von Fe-Pulver. S. 379/94.

Wulff, J.: Gesinterte rostfreie Cr-Ni-Stähle. S. 137/44.

Wulff, J.: Legierter Sinterstahl. S. 310/313. (Stahl mit 0,46% C, 0,5% Mn, 0,4% Si, 0,02% S, 0,03% P, 1,86% Ni, 0,72% Cr, 0,19% Mo. Type SAE. 4340.)

Aus dem Symposium on Production and Design. Limitations and Possibilities for Powder Metallurgy Parts. Amer. Inst. min. metallurg. Engrs. Inc. Jan. 1945:

Langhammer, A. J.: Über Maschinenteile. S. 9/13.

3. Mit den technologischen Eigenschaften von gesintertem, geschmolzenem und aus Pulvern stranggepreßtem Eisen, Nickel und Kobalt befassen sich zwei neuere Arbeiten:

Kieffer, R., u. W. Hotop: Vergleich der Eigenschaften von gesinterten und gegeschmolzenen Metallen und Metallegierungen. Kolloid-Z. 104 (1943) S. 208/223; Das Strangpressen in der Pulvermetallurgie. Metallwirtsch. 23 (1944) S. 379/96.

## Kapitel 12.

In diesem Kapitel ist nur eine Neuerscheinung zu erwähnen:

Sykes, W. P.: Pulvermetallurgie, am Beispiel des Wolframs dargestellt. Metal Progr. 25 (1943) S. 24/29.

## Kapitel 13.

1. Von wissenschaftlichem Interesse sind die Arbeiten:

Dawihl, W.: Untersuchungen über die Vorgänge bei der Abnutzung von Hartmetallwerkzeugen. Z. techn. Phys. 21 (1940) Nr. 12 S. 336/45; Eigenschaften von Hartmetallegierungen und ihr Zusammenhang mit der Verschleißfestigkeit. Z. Metallkde. 32 (1940) S. 320/25; Die Vorgänge beim Verschleiß von Hartmetallegierungen. Stahl u. Eisen 61 (1941) S. 210/13.

Dawihl, W., u. J. Hinnüber: Über den Aufbau der Hartmetallegierungen. Kolloid-Z. 104 (1943) S. 233/36.

Kieffer, R.: Über den Gefügeaufbau von Sinterhartmetallen, insbesondere von Wolframkarbid-Titankarbid-Kobaltlegierungen. Z. Metallkde. 36 (1944) Heft 9.

2. Einzelheiten über die Verfahrensschritte bei der Herstellung von Hartmetallziehsteinen sind zu entnehmen der Arbeit von:

Hinnüber, J.: Herstellung der Hartmetallegierungen und ihr Einsatz in Ziehereibetrieben. Stahl u. Eisen 62 (1942) S. 1083/91.

3. Über die Herstellung von Hartmetallfedern, -rohren, dünnen Profilstangen usw. nach dem Pasteverfahren berichtet:

Jones, W. D.: Das Strangpressen von Metallpulvern. Metal Ind., Lond. 57 (1942) Nr. 2 S. 27/30.

4. Im Hinblick auf die sparsame Verwendung von Hartmetall ist empfehlenswert die Arbeit von:

Dawihl, W., u. J. Hinnüber: Hartmetalldrehwerkzeuge mit Sparplättchen. Grundlagen für die Gestaltung von Hartmetallplättchen. Werkstattstechn. Betrieb 37/22 (1943) Nr. 11/12 S. 393/96.

5. Eine wertvolle Ergänzung der Patentsammlung in dem bekannten Buch von K. Becker: Hochschmelzende Hartstoffe und ihre technische Anwendung. Verlag Chemie, Bln. 1935) bringt:

Waeser, B.: Die Patentlage auf dem Gebiete der Hartmetalle. Kolloid-Z. 106 (1944) S. 229/40.

### Kapitel 14.

Von neuerem Schrifttum auf dem Gebiet der gesinterten Kontaktbaustoffe sind zu erwähnen:

Holm, R.: Die technische Physik der elektrischen Kontakte. Verlag Springer, Bln. 1941.

Windred, G.: Elektrische Kontakte. Macmillan & Co. Ltd., Lond. 1940.

Holm, R.: Aus der Physik der Sintermetallkontakte. Kolloid-Z. **104** (1943) S. 231/33.

Unckel, H.: Sintermetalle, ihre Anwendung, Herstellung und Eigenschaften. Tekn. T. **71** (1942) Nr. 28 S. 53/59; Tekn. Ukebl. **89** (1942) S. 23/26 u. 27/30.

Rudorff, D. W.: Neuere schwedische Entwicklungen auf dem Gebiete der Pulvermetallurgie. Metal Ind., Lond. **60** (1942) S. 188/90.

### Kapitel 15.

1. An neueren Arbeiten über die Herstellung und Prüfung von Sintereisenlagern sind erschienen:

Hummel, O. H.: Sintermetalle auf Eisenbasis unter besonderer Berücksichtigung der Lagermetalle. Metallwirtsch. **22** (1943) Nr. 13/14 S.. 206/10.

Heidebroek, E.: Tragfähigkeit von Lagerschalen aus Sintereisen. Z. VDI **88** (1944) Nr. 15/16 S. 205/7.

2. Interessante Einzelheiten über die Herstellung und Eigenschaften von porösen Bronzelagern sind zu entnehmen einer Arbeit von:

Koehring, R. P.: Sinteröfen und Schutzgase. Met. Ind., Lond. **61** (1942) Nr. 12 S. 183/85.

3. Über die Verwendung von Lagern, die durch Aufsintern von Nickelpulver auf Stahlunterlagen und anschließendes Tränken mit Bleilagermetallen hergestellt werden, berichtet:

Cone, E. F.: Sintermetalle für verschleißbeanspruchte Teile. Metals & Alloys **14** (1941) Nr. 6 S. 843/50.

4. Hinweise auf die Verwendung von poröser Bronze für Filterzwecke im Fahrzeugbau finden sich bei:

Patch, E. S.: Grenzen der Pulvermetallurgie. Iron Age **146** (1940) Nr. 25 S. 31/34.

5. In dem schon mehrfach erwähnten Symposium on Production and Design. Januar **1945** berichtet:

Toeplitz, W. R.: Über Sinterlager. S. 20/27.

### Kapitel 16.

1. Auf dem Gebiete der magnetisch weichen Sinterwerkstoffe ist erwähnenswert:

Skaupy, F.: Metallkeramik. Verlag Chemie, Bln. 1943, S. 198/200.

Kießling, G., u. O. Ludl: Neuere Erkenntnisse aus der Massekerntechnik. ETZ **63** (1942) S. 413/16.

Lenel, F. W.: Gesintertes Polschuheisen. Symposium on Production and Design. Januar **1945** S. 13/19.

2. Über gesinterte Dauermagnete berichtet:

Fulton, C. R.: S. 35/42 des schon erwähnten Symposium on Production and Design. Limitations and Possibilities for Powder Metallurgy Parts. Am. Inst. min. metallurg. Engrs. Inc. Januar 1945.

## Kapitel 17.

Den Austausch von Diamantwerkzeugen behandelt:

Dawihl, W.: Leistungserprobung der Austauschmittel für Diamantwerkzeuge. Masch.-Bau Betrieb **21** (1942) Nr. 6 S. 239/44.

## Kapitel 18.

Es ist nichts Neues zu berichten.

## Ausblick.

Neben den oben (S. 382) erwähnten allgemeinen Arbeiten von verschiedenen Verfassern können insbesondere zwei neue Veröffentlichungen zur Beurteilung der Möglichkeiten und Grenzen der Pulvermetallurgie herangezogen werden:

Patch, E. S.: Grenzen der Pulvermetallurgie. Iron Age **146** (1940) Nr. 25 S. 31/34.
Greenwood, H. W.: Ist die Pulvermetallurgie wirtschaftlich? Metal Ind., Lond., Okt. **1943**, S. 213/14.

# Namenverzeichnis.

Achard, F.C. 11, 222.
Agte, C. 40, 184, 185, 267, 271, 272, 278, 283, 314.
Alexander, P. P. 39, 178, 182, 183, 185, 363.
Allen, A. H. 39, 186, 198, 220.
Alterthum H. 59, 178, 185, 226, 232, 270, 270, 278, 283.
Ammann, E. 310, 316.
van Arkel, A. E. 39, 177, 178, 184, 270, 271, 278, 314.
Arnestad, K. s. Hüttig 384.
Arnold, H. D. 39.
Atkinson, R. H. 222.
Auer Gesellschaft Berlin 258.
Auer von Welsbach, K. 4, 8, 218, 222, 270.
Avery, J. W. 102, 138.

Baeyer 32, 40.
Bailey, L. H. 40, 46, 59.
Balke, C. W. 254, 258, 259, 264, 271, 382.
Ballhausen, C. 285, 315.
Balschin, M. J. 79, 80, 92.
Bardehle, A. 170, 177.
Bauer, E. 74.
Baukloh, W. 138.
Baumhauer, H. 275.
Becker, K. 39, 40, 59, 184, 185, 267, 268, 269, 271, 272, 278, 283, 306, 314, 315, 316, 387.
Bergmann, F. 348.
Bergsöe, P. 382.
Bernstorff, H. 382.
Berzelius, I. 254, 271.
Beutel, H. 315.
Black, G. V. 378.

Bludau, H. H. s. Hüttig 383, 384.
de Boer, J. H. 178. -
von Bolten, W. 178, 184, 254, 259, 264, 267, 271.
v. Borries, B. 33, 40.
Brintzinger, H. 314.
Buddenberg, O. 363.
Bückle, H. 266, 268, 271.
Bulian, W. 113, 139.
Burgers, W. G. 138, 272.

Carpenter, C. B. 382.
Cassirer-Bánó, S. 124, 139, 215, 221.
Chaston, J. C. 13, 15, 39.
Chaudron, C. 227, 270.
Chochlova 155.
Cioffi, P. P. 363.
Claassen, A. 272.
Clark, F. H. 386.
Comstock, G. J. 12, 74, 123, 139, 165, 166, 169, 196, 205, 221, 330, 332, 382, 383, 386.
Cone, E. F. 388.
Conradty-Werke, Nürnberg 332.
Cook, M. 113, 139.
—, Th. 2, 8.
Coolidge, C. 3, 8, 11, 59, 225, 243, 270.

Daeves, K. 2, 11.
Dahl, O. 375, 377.
Dawihl, W. 33, 74, 93, 98, 104, 105, 110, 138, 294, 297, 370, 373, 382, 387, 389.
Degussa, Frankfurt/Main 52, 57.
Dehler, H. 363.
Deller, A. W. 383.

Desch, C. H. 98, 138.
Deutsche Edelstahlwerke AG., Krefeld 275, 363.
— Pulvermetallurgische Gesellschaft, Frankfurt/Main 18, 206.
Diener, O. 365.
Donald, Mc. 221, 222.
Drapeau, J. E. 41, 42.
Drescher, W. C. 315.
Dreyer, K. L. 39.
Driggs, F. 176, 178, 182, 183, 185, 254, 256, 257, 271.
Duftschmid, F. 20, 59, 69, 93, 102, 138, 187, 188, 189, 190, 196, 220, 221, 348, 363.
Dyson, B. H. 386.

Edwards, J. D. 13, 39.
Eilender, W. 41, 44, 48, 58, 59, 71, 74, 87, 92, 103, 104, 105, 110, 114, 116, 117, 118, 119, 138, 142, 155, 187, 190, 191, 192, 221, 282, 283, 286, 287, 336, 346.
Eilfeld, F. 264.
Eisenkolb, F. 386.
Ellis, W. C. 39.
Elmen, G. W. 39, 349, 363.
Elsner, G. 169, 220.
Engelhardt, W. 74.
Espe, W. 12, 58, 221, 270.
Eucken, A. 74.

Fahrenhorst, E. 113, 139.
Fahrenwald, F. A. 266, 272.
Faraday, M. 124, 139.
Fast, J. D. 92, 178, 271, 382.

## Namenverzeichnis.

Fehse, W. 271, 315, 316, 370, 373.
Feiser, J. 271.
Fellows, A. T. 383, 386.
Fetkenheuer, B. 261, 263.
Fetz, E. 59, 221, 345, 346.
Fink, C. G. 8, 205, 221, 225, 271, 315.
Fischvoigt, H. 270.
Frank, G. 267, 272.
Fraser. J. 81, 82, 92.
Freitag, T. s. Hüttig 385.
Friederich, E. 278, 314.
Fuchs, G. 273, 274.
Fulton, C. R. 388.

Gabler, K. G. 332.
Ganswindt, S. 271.
Garre, B. 93, 94, 138.
Gauthier, E. 365.
Gayler, M. L. V. 379.
Gebauer, C. L. 8, 274.
Gehlhoff, G. 236, 270.
Gehrts, A. 271.
Geiß, W. 271.
Gerhardt 32, 40.
Given, F. J. 350, 363.
Glatzel 184.
Goetzel, C. G. 12, 40, 58, 59, 74, 86, 92, 106, 107, 108, 110, 138, 139, 144, 145, 146, 147, 148, 149, 150, 151, 152, 153, 155, 156, 160, 169, 187, 192, 337, 346, 385.
Graton, L. C. 81, 92.
Gray, A. W. 376, 379.
Greenwood, H. W. 382, 389.
Groom, E. J. 386.
Grube, G. 54, 59, 85, 92, 94, 95, 113, 115, 116, 118, 126, 138, 201, 208, 209, 211, 212, 215, 221, 246, 247, 271.
Gumlich, E. 39.

Haid 40.
Hallock, W. 4, 8, 11, 124, 139.

Hamprecht, G. 59, 184, 185, 200, 208, 209, 212, 221, 347, 363.
Hanamann, F. 4, 8, 222, 223.
Hanemann, H. 268.
Hansen, M. 169, 221, 269, 270, 272.
Hardy, F. 163, 167, 169, 197, 221, 382.
Hartstoff-Metall-AG., Berlin-Köpenick 16.
Hayne, G. 185, 314.
Hauser, K. 170, 177.
Hedvall, J. A. 124, 139, 384.
Heidebroek, E. 388.
Heike, W. 213, 221.
Heinzel, A. 348.
Heisen, G. 170, 177.
Heiß, S. 312.
Henke, G. 138.
Hennig, W. s. Hüttig 385, 386.
Hensoldt, E. E. 316.
Hessenbruch, W. 221.
Heyne, G. 185.
Hilpert, S. 314.
Hinnüber, J. 316, 387.
Hönigschmid, O. 5, 11, 40, 278, 314.
Hoffmann, M. K. 314.
Holm, R. 388.
Holub, L. 75, 101, 138, 169, 220.
Holzberger, J. 277, 295, 314.
Hotop, W. 8, 12, 59, 74, 86, 113, 114, 159, 208, 355, 356, 363, 373, 383, 384, 385, 387.
Houdremont, E. 196, 221.
Howe, G. H. 8, 12, 59, 354, 356, 357, 363.
Hoyt, S. L. 59, 130, 139, 140, 141, 142, 226, 270, 291, 315, 382.
Hüttig, G. F. 38, 40, 66, 99, 138, 383, 384, 385, 386.
Hummel, O. 338, 339, 340, 341, 342, 346, 388.

Hunczek, J. 138, 142, 159, 169, 220.
Hunter, M. A. 184.

Isgarischew, N. 265, 271.

Jaeger, G. 170, 177.
Jaenichen, E. 11, 71, 74, 117, 118, 123, 124, 138, 159, 169, 220.
Jeffries, Z. 231, 232, 270.
Jenness, L. G. 255, 271.
Jeschke, H. 316.
Jones, A. 184.
—, W. D. 11, 20, 30, 40, 46, 59, 61, 72, 74, 75, 83, 86, 91, 92, 118, 136, 137, 139, 152, 154, 155, 162, 165, 166, 167, 169, 179, 184, 199, 221, 346, 382, 387.
Just, A. 4, 8, 222, 223.

Käpernick, E. 73, 75, 113, 139.
Kalischer, P. R. 8, 12, 356, 357, 363, 382.
Kalling, B. 186, 220.
Kantorowicz, O. 88, 89, 90, 91, 92.
Kaschtanoff, L. 254, 271.
Keinath, G. 363.
Kelley, F. C. 291, 292, 315, 385.
Kempf, L. W. 173.
Kieffer, R. 8, 12, 50, 58, 59, 74, 86, 114, 117, 159, 208, 221, 253, 258, 259, 270, 312, 314, 332, 354, 364, 373, 382, 383, 384, 385, 387.
Kießling, G. 388.
Kikuchi, R. 59, 92, 139, 156, 157, 158, 159, 162, 164, 165, 166, 169, 170, 171, 178.
Klinker, L. G. 41, 42.
Kluppelberg, E. 273.
Knight, R. 2, 7, 222.
—, W. A. 379.
Knoll, M. 12, 221, 270.

Knothe, W. 74.
Köhler, M. 346.
Koenen 40.
Koehring, R. P. 154, 155, 198, 199, 221, 345, 346, 384, 385, 388.
Köster, W. 204, 221, 237, 249, 258, 266, 271, 282, 364.
Kohlmeyer, E. J. 11.
Kopietz, A. 273.
Koref, F. 270.
Krall, F. 50, 58, 59, 253.
Kroll, W. 174, 175, 176, 177, 178, 179, 180, 181, 182, 183, 184.
Krupp, F., AG. 275, 276.
Kubaschewski, O. 221, 269, 272.
Kubik, St. 59, 87, 92, 138, 155, 159, 169, 199, 220.
Kühl, H. 74.
Kühnel, R. 334.
Kunczek, J. 59.
Kurnakow, N. S. 266, 272.
Kurz, J. 204, 221.
Kuschmann, J. 96, 138.
Kußmann, A. 363.
Kuzel, H. 223.
Kuzmick, J. F. 384.

Langer, 39.
Langhammer, A. J. 387.
Langmuir, J. 271, 272.
Legg, E. V. 350, 363.
Leier, F. W. 315.
Lenel, F. W. 336, 346, 388.
Leyensetter, W. 315.
Libsch, J. 386.
van Liempt, J. 227, 266, 270, 271, 272.
Lilliendahl, W. C. 176, 178, 182, 183, 185, 254, 256, 257, 271.
Loebich, O. 377, 378, 379.
Löwendahl 8.
Lohausen, K. A. 59.
Lohmann, H. 5, 8, 272. 273.
Ludl, O. s. G. Kießling 388.

Ludwig, P. 315.
Lundberg, A. s. Hedvall 384.

Maaß, W. 255, 271.
Manchester, H. s. Marks 386.
Manganese, Bronze u. Brass Co. Ltd. London 346.
Mann, H. 334, 346.
Mansuri, Q. A. 93, 138.
de Marchi, V. S. 205, 221.
Marden, H. W. 178, 184.
Marks, R. W. 386.
Martin, 314.
Masing, G., 4, 8, 11, 124, 138, 139, 162, 163, 165, 169, 170, 174, 177.
Mason, R. B. 13, 39.
Masukowitz, H. 20, 39.
Matthies, K. 271.
Meerson, G. A. 315.
Meier, K. 332.
Melchior, P. 206, 221.
Meldau, R. 81, 84, 92.
Mencke, J. 315.
Mennicke, H. 39, 222, 226, 270.
Meßkin, W. S. 363.
Metallwerk Plansee G. m. b. H. Reutte/Tirol 195, 324.
Meyer, A. 373.
— H., H. 201, 202, 221.
—, O. 44, 48, 59, 143, 155. 282, 283, 286, 287. 314.
Meyerson, G. H. 315.
Mie, G. 62, 74.
Milkowski, F. 221.
Mittasch, A. 39, 383.
Moers, K. 184, 185, 268, 269, 272, 278, 314.
Moissan, H. 5, 11, 40, 254, 272, 278, 314.
Molkow, L. 142, 155.
Mond, 39
Müller, E. 316.
—, O. 315.
Muthmann, W. 254, 271.

Neumann, H. 363.
Neuse, O. 343, 346.
Nikitin, N. 39, 40.
Noddak, J. 185.
Noddak, W. 185.
Nowack, L. 377.

Oberhoffer, P. 69.
Offermann, E. K. 43, 185, 188, 190, 195, 196.
Ogburn, S. C. 3.
Olliver, D. A. 362.
Opitz, H. 315.
Orbig 225.
Ornstein, M. 314.
Osann, B. 272, 382, 385.

Palitzsch, G. 373.
Paßmann 315.
Patai, E. 267, 272.
Patch, E. S. 383, 388, 389.
Pawlek, F. 59, 384.
Perry, H. W. 386.
Peters, F. P. 383, 384.
N.V. Philips, Gloeilampenfabrieken Eindhoven (Holland) 234, 235.
Phragmen, G. 314
Pirani, M. 269, 271, 272.
Pitkin, W. R. 102, 138.
Ploszek, H. 272.
Pokorny, E. 271.
Pollack, H. 277, 295, 314.
Polster 178.
Prede, A. F. 255, 265.
Price, G. H. S. 134, 135, 139, 165, 169.

v. Quadt, U. 185.
Quincke 39.

Rapatz, F. 277, 295, 314.
Raper, R. 222.
Ratsch, K. 201, 211, 215, 221.
Raub, E. 376, 378, 379.
Rauscher, W. 237, 249, 282, 296.
Rees, R. W. 18, 39.
Reitstötter, J. 383.
Rennerfelt, I. 186, 220.
Rhines, F. N. 163, 169.
Rich, M. 178.

# Namenverzeichnis.

Richter, E. 316.
Riedelbauch, R. 271.
Ringsdorffwerke K. G. Mehlem/Rhein 318, 346.
Ritzau, G. 8, 12, 59, 74, 92, 154, 155, 293, 315, 355, 383.
Röhrig, H. 73, 75, 113, 139.
Rohde, E. 346.
Rohn, W. 363.
Roller, P. S. 84, 92.
Rollfinke, F. 12, 58, 59, 373, 383.
Rose 254, 271.
Roßmann, J. 39.
Rudorff, D. W. 385, 388.
Ruer, R. 96, 138.
Ruff, O. 278, 314.
Ruska, E. 33, 40.

Sander, W. 301, 315.
Sauerwald, F. 1, 11, 46, 59, 61, 71, 72, 74, 75, 76, 78, 79, 86, 92, 99, 100, 101, 102, 104, 110, 112, 117, 118, 123, 127, 138, 142, 155, 156, 159, 160, 164, 169, 170, 178, 187, 192, 199, 208, 220, 221, 247, 271, 379, 383, 384.
Scott, H. 221.
Schallbroch, H. 315.
Schaller 225.
Schaumann, H. 315.
Scheffer, T. 222.
Schlecht, H. 85, 92, 93, 94, 95, 113, 115, 116, 117, 118, 120, 121, 138, 208, 209, 212, 221, 246, 247, 271.
—, L., 20, 54, 59, 69, 74, 102, 184, 185, 187, 188, 190, 200, 208, 209, 212, 220, 221, 346, 347, 363.
Schlenck, O. 13, 39.
Schmidt 40.
Schneider, A. 269, 272.
Schönborn, H. 40.

Schramm, J. 170, 207, 213, 217, 221.
Schröter, K. '5, 8, 40, 129, 275, 315.
Schubardt, W. 20, 187, 188, 189, 190, 220, 363.
Schüller 315.
Schuhmacher, E. E, 39.
Schulze, A. 272.
Schunk & Ebe, Gießen/Lahn 332.
Schwalbe, R. 41, 87, 92, 103, 104, 105, 110, 116, 117, 118, 119, 138, 187, 190, 191, 192, 221, 346.
Schwarzkopf, P. 59, 139, 151, 152, 153, 155, 169, 187, 192, 221.
Schwerdtfeger, F. 315.
Sedlatschek, K. 385.
Seelig, R. P. 49, 59.
Seith, W. 124, 139.
Selle 40.
Shedden, J. W. 362.
Siebert, Platinschmelze Hanau/Main 3.
Siebtechnik A. G. Mülheim/Ruhr 29.
Siedschlag, E. 181, 185.
Siemens u. Halske A.G. 224, 260.
— & Plania Berlin-Lichtenberg 332.
Simon, G. 59.
Sittig, L. 278, 314.
Six, W. 363.
Skaupy, F. 1, 8, 11, 40, 59, 72, 74, 88, 89, 91, 92, 222, 223, 243, 270, 271, 275, 278, 314, 382, 384, 386, 388.
Skinner 378.
Slomann, H. A. 177.
Smalley, O. 13, 39.
Smith, A. O. s. Hoyt 382.
Smithells, G. J. 11, 59, 102, 134, 138, 139, 165, 169, 226, 227, 228, 232, 247, 269, 270, 272, 314.
Snoeck, J. L. 363.
Speed, B. 39, 348, 363.

Speier-Pinkus 378.
Spies, R. 12, 364, 370, 373.
Spitzin 254, 271.
Spring, W. 3, 4, 8, 11, 124, 139, 162, 169.
Stach, E. 81, 83, 84.
Stäblein, F. 363.
Staite, J. W. 3.
Stephan, H. 318, 332.
Sterner-Rainer 378.
Stockmeyer, W. 386.
Stodart 124, 139.
Streintz, F. 88, 92.
Sykes, W. P. 215, 216, 217, 221, 278, 314, 387.

Takeda, S. 129, 130, 139, 291, 292, 315.
Tammann, G. 4, 8, 11, 39, 40, 73, 75, 93, 100, 138, 169, 232, 375, 377.
Tarasov, P. 272.
Thiemer, E. 240, 271.
Thomson, F. C. 379.
Tiloch, A. 222.
Toeplitz, W. R. 388.
Townsend 8, 374.
Trageser, G. 59, 74, 208, 221, 346.
Troiano, A. R. 379.
Trzebiatowski, W. 46, 59, 85, 92, 94, 95, 96, 102, 110, 113, 114, 121, 138, 139, 147, 148, 155, 156, 157, 158, 159, 160, 167, 168, 169, 181, 185.
Tyssowsky, J. 385.

Urbanek, F. 370, 371, 373.
Unckel, H. 383, 385, 388.

Vaupel, O. 221.
Vereinigte Deutsche Metallwerke A.G., Frankfurt/Main-Heddernheim 335.
Vogel, R. 113, 139.
Vogt, H. 187, 346.
Volmer, M. 65, 74.
Volterra, R. 386.

Waeser, B. 383, 393.
Wallichs, A. 315.
Wannenmacher, E. 376, 379.
v. Wartenberg, H. 272.
Watkins, H. C. 383.
Wedekind, E. 255, 271.
Weibke, F. 185.
Weihrich, R. 315.
Weintraub, G. 171, 178, 331.
Weiß, L. 271.
Werner & Pfleiderer A.G., Stuttgart 47.

Weslow, W. C. 371, 373.
Westgren, A. 314.
Wetter, H. M. 384.
Wetzel, A. 378.
Wiemer, H. 383, 386.
Williams, S. V. 139, 165, 169.
Windred, G. 388.
Wohlbier, H. 315.
Wollaston, W. H. 2, 8, 11, 219, 222.
Wretblad, F. E. 383, 385.
Wulff, J. 11, 178, 203, 221, 385, 386.

Wunsch 314.
Wyman, L. L. 291, 292, 315.

Yensen, T. D. 363.

Zasedatelew, M. 272.
Zeller, H. 59.
Žemecžužny, S. F. 266, 272.
Zimmermann 315.
Zumbusch, W. 300, 301, 315, 363.
Zwiauer, K. 221.

# Sachverzeichnis.

Abbrandfestigkeit des Wolframs bzw. Molybdäns 6.
Abrichtwerkzeuge aus Diamantmetalllegierungen 368, 370, 371.
Abstoßungskräfte von Atomen 62, 63.
Adhäsion 49, 122.
Adhäsionsgebiet 119.
Adsorption von Kohlensäure 39.
Adsorptionsisothermen gegenüber Methanoldampf 38.
—, gegenüber gelösten Farbstoffen 99.
Agglomeratbildung von Metallpulvern 25.
Aktivität, chemische, von Metallpulvern 38.
Alkalidämpfe als Reduktionsmittel 21
Alpha-Gamma-Umwandlung in Sintereisen 187, 192.
Alterung, künstliche, von Silber-Zinn-Pulver 375.
Aluminium 15, 18, 22, 23, 26, 27, 33, 93, 113, 127, 128, 172, 174, 175, 182, 210, 351, 353.
Aluminiumfolie 170.
Aluminiumgrobpulver 18.
Aluminium-Magnesium 173.
— — -Zink 173.
— -Pulver 19, 22, 172, 352.
—, Reinst- 73.
Aluminiumsinterlegierungen, Eigenschaften 173.
Aluminiumvorlegierung 173, 354.
Aluminium-Zink 173.
Amalgame 5, 26, 43, 172, 224, 373, 376.
— für Zahnplomben 10, 373ff.
—, Vorgänge bei der Erhärtung von 377.
—, Zusammensetzung und Herstellung von 374.
Amalgamierung 375, 378.
Amalgamverfahren 43, 172, 224.
Amalgam-Wolfram-Verbundmetall 224.
Ammoniumparawolframat 226.
Analyse, chemische, von Metallpulvern 36, 37, 156.

Analyse, thermische 288.
Anstrichfarben aus Metallpulvern 12.
Anthrazitpulver 83.
Antikathoden aus Wolfram 239.
Antimon 13, 18, 23, 37, 89, 94, 137, 178, 179.
Anziehungskräfte zwischen Atomen bzw. Metallpulvern 62, 63, 64, 65, 66, 67, 68, 75, 77, 78, 84, 122, 129, 134, 137.
Arcatomschweißen 332.
Arcatom-Schweißgerät 240, 241.
Argon 174, 180, 181.
Armcoeisen 69, 186.
Arsen 18, 178, 179, 218.
Atmosphäre, inerte 110.
—, reduzierende 66, 96.
Atomabstand 62.
Atomanordnung 73.
Atomaustausch 65, 130.
Atombeweglichkeit 73.
Atomorientierung 73.
Atomplatzwechsel 76, 93.
Atomschichten einer freien Metalloberfläche 75.
Atomumgruppierung 118.
Aufblähung von Sinterkörpern 96.
Aufkohlungsmittel bei Sintereisen 196.
Auflösungsgeschwindigkeit von Metallpulvern 32.
Aufschweißwerkstoffe 309.
Auftropfhartmetalle 47.
Auftropflegierungen, stellitartige 44.
Aufwachsverfahren 174, 175, 179, 180, 223, 239, 281.
Ausglühtemperatur, Wirkungen der, auf Kupferpulver 42.
Ausstoßvorrichtung bei Matrizen 48.
Austauschmetall bei Lagern 342, 343.
Austrittsarbeit von Glühelektronen 66.
Auswerferkolben 45.

Backen von Metallpulvern 63.
Backenbrecher 13, 14.

Barium 170.
Bearbeitungsgrad von Kupferpulver 42.
Bearbeitungshärte von Preßkörpern 70, 87.
— von Pulverteilchen 86.
Bearbeitungsrekristallisation 111, 112, 113, 246.
Belastbarkeit von Sinter- und massiven Lagerbronzen 340.
Beryllium 22, 170, 174, 175.
Berylliumoxydhäute 170.
Berylliumoxydtiegel 170, 180, 183.
Beständigkeit, chemische, der Pulver 36.
Bimetalle 10, 24, 200.
Bindemittel für Hartmetalle 298.
—, metallische 9, 68, 129, 134.
—, organische 43.
—, plastische 374.
Bindemittelphase 137.
Blasenbildung bei Sinterkörpern 97, 288.
Blei 3, 4, 10, 18, 20, 25, 33, 37, 88, 89, 90, 91, 93, 94, 137, 174, 177, 205, 243, 316, 318, 333, 342, 343, 345. 366, 206.
— -Eisen 177.
Bleifilme 205.
Blei-Graphitkörper 206.
Blei-Kupfer 24, 345.
Bleipulver 22, 26, 43.
Blei-Silber 19, 24.
— -Thallium 174.
— -Zinn 345.
Bohrkopf, besetzt mit Diamantmetalllegierung 371.
Bohr- und Schrämarbeiten im Bergbau 306.
Bohrwerkzeuge 368, 371.
Bor 26, 139, 172, 281, 317, 331.
Borax, Schutzdecke 179, 181.
Boride 25, 26, 276, 278, 280, 281, 317.
Borkarbid 172.
Braunstein 183, 184, 196.
Brinellhärte heißgepreßter Kupferkörper 148.
Brinellprüfung von Sinterkörpern 70.
Bronze 12, 24, 49, 56, 126, 154, 334, 342, 365, 366, 372.
Bronzebindung von Diamanten 373.
Bronze-Graphit 316.
Bronzekohlen 177, 317, 318.
Bronzekohlen, chemische Zusammensetzung 319.
Bronzekomplexpulver 152.

Bronzelager 46, 163, 185, 193, 335, 336.
—, Herstellung poröser 333, 337.
Bronzelegierungen, poröse 317.
—, synthetische 127, 335.
Bronzepulver 31, 49.
Bruchdehnung von Sinterkörpern 69.
Brückenbildung von Pulvern 82, 83.

Cäsium 156.
cementing 67.
Chemische Umsetzungen bei der Sinterung 102.
— — zwischen Sinterkörper und Sinteratmosphäre 99.
Chlorkohlenwasserstoffe 44.
Chrom 13, 21, 23, 27, 58, 76, 174, 175, 179, 180, 181, 182, 197, 201, 202, 210, 215, 224, 239, 242, 274, 287, 292.
— -Eisen 215.
Chromjodid 180.
Chromlegierungen, Eigenschaften und Gefüge von gesinterten 182.
Chrom-Molybdän-Legierungen 181.
Chrom-Nickel 215.
Chromnickelstähle, gesinterte 203.
Chromnickelstahlpulver 203.
Chromoxydhäute 201, 202, 210, 211.
Chromoxyd-Karbonyleisen 202.
Chrompulver 203, 211.
Chromsinterkörper 180.
Coolidgeverfahren 225, 243.

Dampffilme, absorbierte 95.
Dauerfestigkeit gesinterter Metalle 72.
— von Sinterkörpern 120.
Dauermagnetwerkstoffe 54, 350, 362.
Deformation, plastische 112.
Dehnung von Sintermetallen 71, 73, 116.
—, Einfluß der Sintertemperatur auf 119.
— in Abhängigkeit von Korngröße 119.
Destillation von Molybdäntrioxyd 244, 245.
Diamant 5, 6, 176, 310.
—, Ziehstein aus 234.
Diamantboart 6, 234, 364, 365, 371.
Diamantdüsen 218, 222, 235.
Diamanthartmetallegierungen 47, 371, 372.
Diamantkörnungen 367, 370.
Diamantmetallegierungen 5, 6, 9, 24, 25, 46, 50, 56, 140, 155, 176, 311, 364, 369, 379, 380.

## Sachverzeichnis.

Diamantmetallegierungen, geschichtliche Entwicklung 364.
—, Herstellungsverfahren 365.
Diamantmetallscheiben 288, 365, 368, 369.
Diamantmetallwerkzeuge 368, 369.
—, Abrichten und Instandhalten von 372.
Diamantwerkzeuge, Vergleich verschiedener Bindemittel 372.
Diaphragmen aus porösen Sintermetallen 343.
Dichte 35, 107, 157.
—, Einfluß der Sinterzeit auf die 97.
— von Preßkörpern 85.
Dichteunterschiede in Preßkörpern 48, 80.
Dichtsinterung 135.
Dichtungsmassen 84.
Diffusion 4, 60, 65, 67, 108, 123, 124. 125, 127, 130, 162, 201, 204, 211, 355, 377, 378.
— von Metallpulvern 124, 125.
Diffusionsgeschwindigkeit 125, 174, 203, 204, 266.
Diffusionsglühung 207.
Dissoziationsverfahren bei Tantaloxyd 259.
Dochte aus porösen Sintermetallen 9, 84, 195.
Doppelkarbide 273.
DPG-Eisen 31.
— -Verfahren 24, 123, 164, 186.
Drehrohröfen 227.
Druckfestigkeit von Sinterkörpern 120.
Druckfortpflanzung, hydrostatische 79, 81.
Druckkolben 45.
Druckregler 53.
Druck-Sinteranlagen 56.
Drucksintern 46, 56, 58, 139, 199, 288, 322, 354, 366.
Druckunterschiede in Preßkörpern 48.
Druckverteilung 71.
Duraluminium 172.
Duraluminium-Kieselsäure bzw. Silizium 173.
Duraluminiumpulver 172.
—, Härte von Sinterkörpern aus 173.
Durchsatzöfen 21, 22, 41, 52, 53, 54, 56, 227, 230, 240, 279.
— mit Molybdänheizleitern 244, 279, 285, 334, 356, 358.

Edelmetallamalgame 374.
Einkristalle 134, 225, 232.
Einpreßdorn für das Einpressen von Sinterlagern 338.
Einsatzhärtung 197, 199.
Einschmelzmaterialien 201, 240.
Einschnürung von Sinterkörpern 119.
Einstoffpulver 43.
Eisen 10, 15, 20, 21, 23, 25, 27, 33, 36, 42, 74, 88, 89, 94, 106, 117, 118, 123, 128, 139, 142, 151, 152, 174, 175, 177, 181, 182, 184, 185, 210, 214, 215, 220, 251, 255, 256, 258, 274, 275. 287, 297, 333, 347, 350, 363, 365.
—, Eigenschaften von gesintertem 192.
— -Aluminium 23, 354.
— — -Nickel-Sintermagnete, Gefüge 355.
— — -Titan 23.
— — -Vorlegierung 127, 355, 356.
Eisenbindung 373.
Eisen-Blei 205, 208, 320.
— — -Graphit 208, 333, 342.
— — -Sinterkörper, Gefüge eines 205, 206.
— -Chrom 23, 201, 202, 211.
— — -Kobalt 287.
— — -Nickel 201, 202. 203, 211.
— -Chromoxyd 202.
Eisenfeilspäne 12.
Eisen-Graphit 344.
— — -Lagerwerkstoffe, mechanische und physikalische Eigenschaften 345.
— — -Sinterkörper, Eigenschaften von 199.
— -Kobalt 122.
— — -Molybdän 204, 216, 362.
— — -Nickel 122.
— — -Wolfram 204, 217, 362.
Eisenkörper, Einfluß des Preßdrucks auf die Dichte und die Festigkeitseigenschaften von 192.
Eisen-Kupfer 19, 123, 205, 206, 208. 320, 342.
Eisenlager 185, 251, 334, 335, 336, 338,
Eisenlegierungen 56, 185, 186, 205, 372.
Eisen-Molybdän 203, 204.
— — -Kupfer 204.
— — -Nickel 14, 17, 23, 122, 124, 126, 200, 347, 349, 350, 365.
— — -Aluminium 127, 173, 186, 200, 215, 218, 350, 351, 352, 353, 354.

Eisen - Nickel - Aluminium - Dauermagnete, Bruchgefüge 360.
— — — -Kobalt 351, 354, 362.
— — — -Dauermagnetlegierungen 7, 10, 357, 362, 377.
— — — -Sintermagnete, Eigenschaften von 358.
— — — —, Herstellung von 352.
— — — —, linearer Schwund, spez. Gewicht, magnetische Eigenschaften von 356.
— — -Chrom 365.
— — -Kobalt-Legierungen 7, 74, 126, 186, 201, 215.
— — -Molybdän-Legierungen 7, 10, 74, 126, 186, 193.
Eisenoxalat 186.
Eisenoxyd 186.
Eisenpentakarbonyl 20.
Eisenpulver 8, 14, 15, 19, 21, 22, 34, 35, 41, 42, 60, 87, 96, 98, 103, 105, 118, 127, 152, 153, 154, 186, 191, 196, 199, 200, 207, 283, 362.
—, Gewinnung und Eigenschaften von 185.
—, technische 116, 117.
Eisen-Silber 123, 205, 208.
— -Silizium 23.
Eisensinterkörper 96, 103, 142.*
Eisensinterlager, verschiedene Ausführungsbeispiele 338.
Eisenskelettkörper, poröse 137, 206.
Eisen-Wolfram 203, 204.
— -Zink 206, 207, 213, 218.
— -Zinn 206, 207.
Elektrische Leitfähigkeit von Sinterkörpern 120.
Elektrolyse 22, 24.
— von wässerigen Lösungen 25.
Elektrolytchrom 182, 202, 211.
Elektrolyteisen 14, 15, 31, 152, 153, 186, 190, 192, 193, 347.
Elektrolyteisenpulver 151, 186, 187, 349, 365.
Elektrolytische Gewinnung von Metallpulvern 22.
Elektrolytkupfer 31, 80.
Elektrolytkupferpulver 38, 41, 79, 106, 108, 115, 144, 145, 160.
—, Gefüge von heißgepreßtem 145.
Elektrolytnickel 209, 210.
Elektronenübermikroskop. 228.
Elmet-Rotung 322, 324.

Elmet-Silmo 323, 324.
— -Silvung 323, 324.
Entkohlung von Eisenpulver 41.
Entschwefelung von Eisenpulver 41.
Exzenterpressen, mechanische 45, 46.

Fangstoff 175, 261.
Farbstoffabsorption 32.
Fasergefüge von Wolfram 234, 235.
Feilpulver 3, 4, 8.
Feingranulation 164, 186.
Feinmahlen in Kugelmühlen 13.
Feinporigkeit 81.
Feinsteisenpulver 192.
Feinstkupferpulver 94, 101.
Feinstmahlung 15, 43, 44, 133, 196, 283.
Feinsttrommeln 203.
Feinzerkleinerung 179.
Fernico 201.
Ferritgefüge 103.
Ferro-Compo 342.
Ferromangan 183.
Ferrum reductum 187, 207.
Festigkeit, effektive 71.
—, interkristalline 233.
—, intrakristalline 233.
Festigkeitswerte, Einfluß der Sinterzeit auf die 119.
Feuerschweißen 1, 2.
Filter 6, 24, 195.
Flachzerreißstab 71.
Fließfaktor 33.
Flüssige Filme aus Oxyden 61.
Flüssige Phase beim Sintern 61, 68.
Formänderung, plastische 70.
Formänderungswiderstand 70.
Formgebungsverfahren 285, 357.
Formkörper, poröse 8.
Form- und Kantenbeständigkeit 34.
Formiergas 238.
Fraktionierung von Pulvern 31.
Fremdmetallkarbide 42.
Fremdmetalloxyde 181.
Fremdsubstanzen bei Sinterkörpern 73.
Fritten von Metallpulvern 61.
Fritter 61.
Frittmetalle 61.
Frittungsverlauf 66.
Fülldichte 27, 28, 48.
Füllgewicht 43, 44.
Füllhöhe 48.
Füllverfahren 45.

## Sachverzeichnis. 399

Füllvolumen 27, 28, 43, 82, 83, 284.
—, spez. 28.

Gallium 172, 174.
Gasausbrüche 108, 159, 168.
Gasbeladung 92.
Gase, absorbierte 120.
—, adsorbierte 66.
—, Wirkung von 95.
Gaseinschlüsse 40.
Gasentwicklung 95.
Gasfilm 66, 95.
Gasfreiheit 201.
Gashäute 66, 67, 72, 75, 76, 93, 125.
Gasmetallurgie 20.
Gasphase 19, 20, 24, 33.
Gasreste 168.
Gasschicht, absorbierte 66, 121.
Gastrocknung 53.
Gasumwälzanlagen 51, 53.
Gebiet verstärkten Kornwachstums 119.
Gefüge von Sinterkörpern 106.
— von Sintermagneten 362.
Gefügeänderung 188.
Gefügeausbildung 109.
Gefügebefund von Sintermetallen 99, 113.
Gefügeentwicklung während der Sinterung 99.
Gefügegleichgewicht 101, 109, 112.
Gefügeuntersuchungen 103.
Gefügeuntersuchung eines Hartmetalles 289.
Gegenstromanordnung 53.
Gelbbleierz 243.
Generatorgas 57.
Germanium 174, 177.
Gesamtporosität 84.
Geschoßkerne 177.
Gestalt der Pulverteilchen 12, 145.
Gesteinsbohrkronen 309.
Gettermaterial 175, 261.
Gewindelehre aus Vollhartmetall 369.
Gitterstörungen 112.
Gitterverzerrungen 113.
Glas-Metall-Verschmelzungen 204.
Glatzel-Chrom 180.
Gleichgewichtsstörungen 99.
Gleichrichterkolben mit Molybdänstabeinschmelzungen 251.
Glühhaube 51, 52.
Glühkammer 50, 52.
Glühkathoden 238, 240.

Glühtemperatur, Einfluß auf die Preßeigenschaften 35.
Gold 37, 76, 89, 90, 91, 96, 121, 137, 143, 144, 156, 167, 168, 169, 243, 373, 374.
Goldchlorwasserstoffsäure 167.
Goldpulver 21, 26, 86, 102, 142, 168.
Goldpulver-Preßlinge 85.
Goldsinterkörper, Brinellhärte 168.
—, Dichte von 167.
Gold-Zinn-Kupfer 374.
Granulate 16, 36, 112, 186.
Granulation 17, 172, 186, 333.
Granulatkupfer 101, 160.
Granulatpulver 109.
Granulatsilber 31, 164.
Granulieren 17, 24, 36.
Graphit 6, 38, 46, 79, 80, 89, 132, 133, 154, 176, 196, 198, 199, 256, 316, 318, 319, 320, 333, 334, 336.
—, Schutzschicht aus 233.
Graphitabscheidungen 9.
Graphitelektroden 288.
Graphitfilm 344.
Graphitheizkörper 54.
Graphitmatrize 140, 151.
Graphitpulver 81.
Graphitschiffchen 39.
Graphitstempel 140.
Graphittiegel 55, 183.
Gratbildung 47.
Graugußpulver 152.
—, Dichte, Härte und Zugfestigkeit von heißgepreßtem 153.
—, Eigenschaften von heißgepreßtem 152.
Grobgranulate 186.
Grobkornbildung 72, 123, 126.
Grob- und Feinzerkleinerung 12, 13, 23.
Grobzerkleinerung in Spindelpressen, Kollergängen, Backenbrechern 13.
Gußeisen 153.
—, gesintertes 179, 195.
Gußeisenpulver 152.
Gußeisenschrott 199.

Haarnadeln aus Wolframdraht 223.
Haarrisse bei Wolframdrähten 233.
Hämmerbacken 217, 233.
Härte 113ff.
—, Abhängigkeit der — von der Sintertemperatur 115.
— der Hartmetalle 294.

Härte, Einfluß der Korngröße auf die 115.
—, Einfluß der Sinterzeit auf die 115.
— von Preßkörpern 86.
— von Sinterkörpern 69, 70.
Härteprüfung 70.
Hafnium 174, 175, 280.
Hametag-Eisen 31, 35.
— -Pulver 17.
— -Verfahren 15, 34, 186.
— -Wirbelschlagmühle 16.
Hartlegierungen 36, 177.
Hartmetall 6, 9, 24, 25, 43, 46, 47, 50, 54, 55, 58, 67, 129, 131, 132, 134, 140, 141, 142, 235, 251, 274, 317, 336, 370.
—, Abhängigkeit der Kegeldruckhärte von der Temperatur 297.
—, Ätzmittel für 289.
—, Biegebruchfestigkeit 294, 308.
—, Bruchgefüge von 294.
—, Drehbankspitzen aus 310.
—, Drehversuch bei 294.
—, Fasenstumpfung bei 295.
—, Form- und Kaliberbeständigkeit von 312.
—, Führungsschienen aus 310.
—, Gefügeaufbau 289.
—, geschichtliche Entwicklung 277.
—, Graphitausscheidungen bei 289.
—, heißgepreßtes 141.
—, Klebneigung von 306, 308.
—, Kugelmühlen aus 310.
—, Matrizen aus 79, 310, 312.
—, physikalisch-chemische Vorgänge bei der Sinterung von 288.
—, Poren bei 289.
Hartmetall, Prüfeinrichtung für die Bestimmung der Biegebruchfestigkeit von 294.
—, Schweißneigung von 308.
—, Verschleißfestigkeit des 310.
—, Vorgänge bei der Sinterung von 291.
—, Walzen aus 310, 313.
—, Zerspannungsleistung von 295.
Hartmetallauskleidungen 13.
Hartmetallbindemassen für Diamantmetallwerkzeuge 366, 367, 372.
Hartmetallbüchsen 47.
Hartmetallformkörper 80.
Hartmetallegierungen 55, 56, 126, 365.
— als Kontaktbaustoffe 330.

Hartmetallqualitäten, mechanische und physikalische Eigenschaften der deutschen 306.
Hartmetallsplit 309.
Hartmetallwerkzeuge 10, 234, 360, 368, 369.
—, Richtlinien für die Kennzeichnung 307.
Hartmetallziehbacken 310.
Hartmetallziehsteine 46, 140, 234.
Hartporzellan 13, 44.
Hartstoffe 25, 43, 55, 56, 140, 215, 218, 272, 278, 317.
— als Kontaktbaustoffe 330.
—, Eigenschaften 279, 282.
—, Verfahren zur Herstellung 279, 281.
Hartstofflegierungen, gesinterte 9.
Hartstoffpulver 26, 33, 36.
Hartverchromung 47, 334.
Hartzerkleinerungsanlagen 13.
Haubenofen 51, 56, 334.
Hauptschrumpfung 99.
Heißpreßapparaturen 46.
Heißpressen 2, 46, 47, 58, 64, 139, 140, 145, 146, 168, 169, 288, 381.
—, geschichtliche Entwicklung 139.
Heißpreßkörper, Eigenschaften 140.
Heißpreßtemperatur 148.
Heißpreßverfahren 141, 142, 354.
Heizleiter aus Eisen-Chrom-Aluminium 50.
— aus Molybdän 41, 50, 51, 52, 53.
— aus Silizium-Karbid 50.
— aus Nickel-Chrom 41, 50, 52.
Hilfsmetalle 8, 43, 283, 292.
Hilfsmetallfilm 283.
Hochfrequenzinduktionsofen 50, 55, 56, 57, 220, 273.
Hochfrequenzvakuumofen 50, 216, 285.
Hochschmelzende Metalle 49, 50, 56, 222, 380.
— —, Wolfram 4, 8, 49, 50, 155.
— —, Molybdän 4, 8, 49, 50, 155.
Hochsinterung 231, 357.
Hochtemperaturöfen 24, 241, 250, 252, 253.
—, Thermoelemente für 268.
Hochtemperaturverformung 233.
Hochvakuum 92, 121, 176, 180, 181.
Hochvakuumdestillation 170.
Hochvakuumsinterung 174, 265.
Hochvakuumtechnik 7, 10, 175, 185.
Hochvakuumwerkstoffe 25, 181.

## Sachverzeichnis.

Hochvakuumwerkstoffe, Eigenschaften von 194.
Hydride 96.
Homogenisierungsglühung 138.
Homogenisierung von Pulvergemengen 44.

Indium 172, 174.
Ineinanderverzahnen von Metallpulvern 76, 78.
Instabilität, innere, der Pulverteilchen 78.
Iridium 2, 218.

Kadmium 3, 10, 18, 24, 94, 113, 170, 171, 224, 374, 137.
— -Amalgam 171.
— -Wismut-Amalgam 224.
— -Zinn-Blei-Wismut 124.
Kalibrieren von porösen Lagern 336, 337.
Kalium 156.
— -Natrium 124.
Kaltnachverdichtung 73.
Kaltpressen 45, 46.
Kaltpreßkörper 61.
Kaltschweißstellen 91.
Kaltsinterung 61, 91.
— mit flussiger Phase 377.
Kaltverdichten 71.
Kaltverformung 58, 78, 100, 102.
Kaltverformungsgrad 70.
Kaltverschweißung 63, 87.
Kalzium 170, 174, 176, 179, 180, 183, 203.
Kalziumhydrid 26, 170, 174, 180, 183. 357, 363.
Kammerofen 50, 51, 56.
Kantenabrundung 128.
Kantenbeständigkeit 34.
Kapillarstruktur 9.
Karbide 5, 25, 26, 36, 278ff., 317.
Karbidhilfsmetallgemenge 36, 284.
Karbidlegierungen 5.
Karbidmischkristalle 126, 280.
Karbidskelettkörper 134, 275.
Karbonyle 20, 21, 27.
Karbonyleisen 34, 35, 37, 69, 71, 186, 187, 188, 190, 204.
Karbonyleisenkörper, Festigkeitseigenschaften 190.
Karbonyleisenpulver 35, 43, 45, 102, 188, 193, 195, 196, 201, 203, 207, 347, 350.

Karbonyleisenpulver, Gefüge- und Dichteanderung von der Sintertemperatur 189.
Karbonyleisen-Sinterkörper, Eigenschaften von 187.
Karbonylmetalle 33, 45, 82, 202.
Karbonylmetallpulver 20, 36, 41.
Karbonyl-Nickel, mechanische Eigenschaften 209.
— — -Eisen 348.
Karbonylnickelpreßkörper, spez. elektrischer Widerstand 209.
Karbonylnickelpulver 35, 37, 45, 60, 113, 116, 117, 120, 121, 208, 209, 210, 212, 343.
Karbonylreineisen, Festigkeitseigenschaften 190.
Karbonylstähle 195, 196.
Karbonylverfahren 20, 24, 96, 186.
Katalytische Wirkungen von Metallpulvern 38, 99.
Kegeldruckhärte 294, 297.
Keimbildungen 101.
Keramik 1, 58, 61, 252.
Kerbschlagzähigkeit von Sinterkörpern 72, 107, 119.
Klebeeffekt von Metallpulvern 63.
Klebetemperatur 94.
Klopfdichte 27, 28, 42.
Klopfgewicht 43.
—, spez. 28.
Klopfvolumen 27, 28, 43, 83, 94, 284.
—, spez. 28, 84.
Kobalt 5, 10, 21, 23, 24, 27, 37, 42, 67, 94, 129, 130, 131, 133, 134, 137, 142, 174, 175, 181, 182, 210, 213, 214, 216, 218, 251, 275, 276, 289, 290, 347, 351, 363.
— -Chrom 211, 215, 297.
— — -Kupfer 297.
Kobaltlegierungen 215.
Kobalt-Molybdän 215, 216, 297.
— — -Eisen 216, 217.
— — -Kupfer 297.
— — -Nickel 124, 215.
— — -Eisen 215.
Kobaltpulver 21, 35, 215, 283, 362.
Kobaltsintereffekt 284.
Kobalt-Wolfram 10, 216, 217, 297.
-Zink 217, 218.
Körnung von Metallpulvern 12, 17, 18.
Kohärer 61.
Kohäsion 70, 84.

402  Sachverzeichnis.

Kohlebürsten 316.
Kohlenoxydunterdruck 201.
Kohlenstoff 36, 37, 40, 41, 43, 174, 176, 177, 204, 289.
Kohlenstoffreduktion von Wolframsäure 42.
Kohlerohrkurzschlußofen 50, 54, 55, 56, 279.
Kohlerohrvakuumofen 54, 55.
Kohlespiralvakuumöfen 285.
Kollergänge 279.
Kolloide, organische 43.
Kolloidverfahren 223.
Komplexpulver 24, 154.
Kompressibilität von Metallpulvern 41.
Kompressionsarbeit 62.
Kondensation 24, 53.
— des Metalldampfes 20.
Kontaktbaustoffe 5, 6, 9, 24, 25, 123, 126, 224, 240, 316, 379, 380.
—, Legierungselemente der wichtigsten 317.
Kontaktofen 53, 54.
Kornabrundung 67, 98, 133.
Kornform 21, 93.
Korngestalt 17, 19, 27, 31, 32, 33, 81, 82, 156, 186, 333.
Korngrenzen 64, 72, 74, 225.
Korngrenzenbruch 70.
Korngrenzenfestigkeit 233.
Korngrenzensubstanz 64, 73, 74, 203.
Korngrenzenverschiebungen 113.
Korngrenzenverunreinigungen bei Wolfram 233.
Korngröße 12, 15, 19, 21, 27, 28, 30, 31, 32, 35, 72, 74, 81, 82, 84, 89, 93, 97, 103, 108, 145, 156, 158, 166, 167, 186, 228, 231, 233, 367.
Korngrößenbestimmung 32.
Korngrößenuntersuchungen 103.
Korngrößenverteilung 21, 27, 28, 31, 44, 81, 82, 88, 284.
Kornklassen 31, 191.
Kornlagerung 103.
Kornneubildung 73, 104, 107.
Kornoberflächenbeschaffenheit 93.
Kornverfeinerung 7, 44.
Kornvergröberung 100, 164, 256, 287.
Kornverteilung 103.
Kornwachstum 39, 43, 65, 73, 99, 100, 101, 102, 103, 104, 105, 106, 107, 109, 110, 111, 113, 114, 118, 128, 132, 157, 188, 190, 192, 215, 223, 231, 232, 259, 290.
Kornwachstum, spontanes 72, 100.
—, verstärktes 118.
Kornwachstumsgeschwindigkeit 225.
Kornwachstumstemperatur 103.
Kornzusammensetzung 15, 70, 82.
Kovar 201.
Kräfte, elektrostatische 84.
Kristallagglomerate bzw. -aggregate 23, 33, 36, 43, 70, 111, 113, 135.
Kristallerholung 246.
Kristallgitter 65.
Kristallindividuen 99.
Kristallisationen 93, 109, 110, 112, 118, 128.
Kristallisationsgebiet 119.
Kristallisationsvorgänge 78, 100, 103, 112, 117, 118, 121, 122.
Kristallitenorientierung 64.
Kristallkorngrenze 73.
Kristallversetzung 236.
Kristallwachstum 100, 102.
Kristallzusammenhang 118.
Kugelmühlen 13, 14, 15, 23, 26, 44, 279, 283, 312, 333.
Kunstharzbindung 373.
Kunstharzeinbettungen 32.
Kunstharzmassen 31.
Kunstharzpresse 31.
Kunstharzpulver 31.
Kupfer 6, 15, 23, 25, 27, 34, 35, 37, 43, 56, 67, 76, 89, 93, 94, 95, 97, 100, 106, 113, 114, 115, 121, 127, 134, 137, 142, 143, 144, 146, 147, 148, 149, 150, 154, 156, 159, 161, 168, 170, 171, 174, 175, 205, 206, 210, 241, 243, 260, 275, 316, 318, 320, 322, 330, 333, 334, 342, 351, 365, 366.
—, Dehnung 161.
—, Dichte 161.
—, Druckfestigkeit 148, 149, 150, 151.
—, Eigenschaften von geschmolzenem und gesintertem 157, 161, 327.
—, elektrische Leitfähigkeit 161.
—, Härte 161.
—, heißgepreßtes 146.
—, Walzbarkeit 148.
—, Zerstäubung von geschmolzenem 156.
—, Zugfestigkeit 161.
Kupferamalgam 374, 375.

## Sachverzeichnis.

Kupferamalgam-Blei 19, 43, 162.
— -Chrom 320, 330.
Kupferfeilspäne 162.
Kupfergranulatpulver 112.
Kupfer-Graphit 6, 123, 162, 316, 320. 344.
— — -Lagerwerkstoffe, mechanische und physikalische Eigenschaften 345.
Kupferkaltpreßlinge 157.
Kupferkörper, Brinellhärte heißgepreßter 147.
— —, Dichte heißgepreßter 146.
—, Druckfestigkeitseigenschaften heißgepreßter 151.
Kupferkohlen 317, 318.
—, chemische Zusammensetzung 319.
Kupferlegierungen 162.
— mit Kadmium 163.
— — mit Silber 163.
— mit Silber-Antimon 163.
— mit Silber-Kadmium 163.
— mit Silber-Zink 163.
— mit Zink 163.
— mit Zink-Antimon 163.
Kupfer-Nickel 134. 163, 243.
Kupferpreßlinge, Dichte, Härte, Zugfestigkeit, Dehnung, Druckfestigkeit, elektrische Leitfähigkeit von 156.
—, spezifischer elektrischer Widerstand 160.
Kupferpulver 17, 19, 21, 22, 31, 41, 42. 86, 96, 100, 102, 106, 118, 134, 142. 148, 156, 158, 160, 321.
—, Härte von Sinterkörpern aus 158.
— -Preßlinge 85.
— -Silber 162, 320.
Kupfersinterkörper 96, 110, 142.
—, Dehnung von 160.
—, Festigkeit der 159.
—, Festigkeitssteigerung heißgepreßter 160.
— —, Zugfestigkeit von 159.
Kupfer-Wolfram 123, 162, 317, 325, 328, 329.
— — -Legierung, Brinellharte 325,326.
— — —, spezifische elektrische Leitfähigkeit 326.
— — —, spezifisches Gewicht 324.
— — -Verfahren 224.
— -Zink 162.
— -Zinn-Graphit 127, 333.

Kupfer-Zinn-Legierung 154, 163, 177, 335, 345, 378.
— — -Pulver 377.

Lager, öllose, selbstschmierende 319, 333 ff.
—, poröse 5, 9, 23, 24, 25, 33, 50, 56, 58, 81, 126, 127, 176, 177, 333 ff.
—, poröse Belastbarkeit 339.
—, porose und massive 176.
Lagerlegierungen 56, 206.
Lagerung, dichteste von Metallpulver 77.
Lagerwerkstoffe, mechanische Eigenschaften verschiedener 342.
Legierungen, gesinterte des Chroms 181.
Legierungsbildung von Metallpulvern im festen Zustand 4.
Legierungspulver 21, 123, 124, 154.
Leitfähigkeit, elektrische 88.
Lithium 156.
Löten 66, 67.
Luftfeuchtigkeit von Arbeitsraumen 33.

Magnesium 14, 93, 113, 137, 170, 180.
— -Aluminium 170.
— -Antimon 170.
— -Blei 170.
— -Kadmium 170.
Magnesiumofen 54.
Magnesiumpulver 12.
Magnesium-Wismut 170.
— -Zink 170.
— -Zinn 170.
Magnete des Honda-Typus 350.
— des Mishima-Typus 350.
Magnetlegierungen 50, 56.
—, gesinterte 380.
Mahlaggregate 36.
Mahldauer 44.
Mahlen 44.
Mahlgut 16.
Mangan 13, 14, 23, 36, 37, 174, 175, 180, 184, 196, 210, 212.
Maschenweiten von Sieben 28, 29.
Maschinenteile 195, 197, 251, 380.
—, gesinterte 187, 196.
— aus gesintertem Gußeisen 177.
— aus Stahl 177.
Massekerne 14, 17, 23, 24, 25, 46, 185, 186, 193, 348.
— für Hochfrequenztechnik 348, 349.

26*

Massenartikel aus Eisen, Stahl, Bronze 11.
—, korrosionsfeste 203.
Massenfertigung gesinterter Maschinenteile 7, 46, 48.
Massengutsinterungen 50.
Massenherstellung aus Bronze, Messing, Eisen, Stahlpulvern 7, 11.
Massive Sinterlager 9, 177.
Matrizen aus Sinterhartmetall 311.
Matrize 45, 46, 47, 48, 49, 77, 81, 313, 369, 380.
Matrizenbau 49, 85.
Matrizenwand 47, 48, 80.
Mehrkantziehmatrizen 310.
Mehrstoffsysteme, die in Gegenwart einer flüssigen Phase gesintert werden 126.
Messing 4, 12, 24, 154, 162.
—, heißgepreßt 162.
— -Komplexpulver 152.
— u. Bronzelegierungen, Festigkeitseigenschaften von druckgesinterten 154.
Metallamalgame 3.
Metallatome, Neugruppierung von 76.
Metallboride 172.
Metalleinbettungen 32.
Metallfilter 9, 84, 343.
Metall-Graphit 9.
— -Hartstoff 381.
Metallhydride 26, 171.
Metallkarbide 5, 8, 38, 56, 278,ff.
Metallkarbonyle 20, 24.
Metallkeramik 1, 58.
Metallkörper, synthetische 112.
Metallkohlen 6, 8, 9, 17, 23, 24, 25, 46, 177, 316, 317, 318, 319, 320, 333.
—, Gefüge 319.
—, physikalische Eigenschaften 318.
Metall-Metalloid, gesinterte Kombinationen 381.
— -Metalloxyd, gesinterte Kombinationen 381.
Metalloxyde, wasserstoffreduzierbare 109.
Metallpulver 12ff., 35, 37.
—, chemische Beständigkeit 38.
—, chemische Eigenschaften 35.
— durch Reduktion von Metallverbindungen 33.
—, elektrolytisch gewonnene 33, 36.
—, Entfestigung 40.

Metallpulver, Farbe 38.
—, Granulieren, Zerstäuben 33.
— -Herstellung 40.
—, mechanisch hergestellte 36.
—, reduzierte aus Oxyden 36.
—, Vorbehandlung 40, 41.
Metallpulveragglomerat bzw. -konglomerat 93, 112.
Metallpulverpreßkörper 84.
—, Dichte von 84.
—, elektrische Leitfähigkeit von 84.
—, Härte von 84.
—, Zugfestigkeit von 84.
Metallpulversynthese 1.
Metallsilizide 26, 177.
Mikrohärteprüfung 70, 268.
Mischkristalle von Metallkarbiden 280.
Mischtrommeln 44.
Mischungsregel 123, 138.
Mishimalegierungen 204.
Modifikationsänderungen 111, 125.
Molybdän 5, 6, 9, 21, 24, 26, 27, 37, 55, 56, 94, 126, 139, 156, 174, 175, 177, 179, 180, 181, 182, 184, 193, 194, 210, 214, 215, 216, 219, 242, 243, 246, 251, 253, 260, 264, 265, 266, 267, 268, 292, 320, 322, 347, 350, 365.
—, Brinellhärte von, in Abhängigkeit vom Bearbeitungsgrad 246.
—, chemisches Verhalten von 250.
—, Dichtesteigerung von, in Abhängigkeit vom Bearbeitungsgrad 245, 246.
—, Herstellung von 243.
—, Karbide des 275, 283.
—, physikalische Eigenschaften von 249.
— -, technische Anwendung 248.
—, thoriertes 248.
—, Warmfestigkeit 252.
— -Chrom 269.
Molybdändraht, Gefüge eines thorierten 248.
—, Gefüge von, nach verschiedener Glühbehandlung 247.
—, Zugfestigkeit und Bruchdehnung, von, in Abhängigkeit von der Ausglühtemperatur 246.
Molybdänheizleiter 21, 22, 230, 240, 252, 253.
—, Oberflächenbelastung 253.
Molybdänindustrieöfen 251.
Molybdänkarbid · 276, 278, 279, 280, 305.

Molybdänkarbid, Tantalkarbid 305.
—, Titankarbid 275, 300.
— — -Hilfsmetall-Legierungen 299.
— — -Nickel 300.
— -Wolframkarbid-Titankarbid 305.
Molybdän-Kupfer-Kobalt 365.
Molybdänlegierungen mit Tantal und Niob 267.
— mit Zirkon, Hafnium und Thorium 270.
Molybdän-Nickel 297.
— -Niob 268.
Molybdänpulver 21, 85, 94, 95, 321, 324, 362.
Molybdän-Rhenium 268.
— -Silber 56, 123, 320, 328.
— — -Legierungen, physikalische Eigenschaften 327.
— — -Verbundkörper 324.
— -Thorium 270.
Molybdäntrioxyd, Dampfdruck von 243.
—, Destillationsanlage für 244.
—, Reduktion von, zu Molybdänmetall 244.
Molybdän-Wolfram 268.
Mühlen, Schlagstift-, Schlagkreuz-, Schlagscheiben- 17.
Münzen, gesinterte 3, 25.
Muldenofen 51, 56.

Nachpressen in Matrizen 58, 81.
Naßmahlung 43, 44.
Naßpressen 81.
Naßschlamm 44.
Natrium 156, 180.
Nickel 10, 21, 27, 37, 67, 74, 88, 89, 94. 113, 114, 128, 134, 137, 170, 174, 175, 179, 181, 182, 184, 197, 202, 208, 210, 213, 214, 215, 251, 255, 256, 258, 275, 297, 330, 347, 350, 351.
— -Aluminium 23, 26, 354.
— — -Vorlegierung 355.
— -Chrom 201, 210, 211.
— -Eisen 23, 211.
— — -Chrom 211.
— -Eisen-Molybdän 194.
Nickelkarbonyl 21, 41.
Nickel-Kobalt 210.
— — -Eisen 210.
— — -Molybdän 210.
— — -Wolfram 210.
Nickelkörper, poröse 210.

Nickel-Kupfer 210, 345.
— — -Blei 345.
— — -Wolfram 134.
Nickellegierungen 184, 210.
Nickel-Mangan 211, 212.
— — -Molybdän 126, 212.
— — -Eisen 212.
— -Niob 212, 213.
Nickelpulver 20, 21, 118, 127, 134, 196, 203, 212, 283.
-Preßlinge 85.
Nickel-Silber 320, 330.
Nickelstähle 196.
Nickel-Tantal 212.
— -Titan 23.
— -Wolfram 213.
— — -Verfahren 224.
Niob 9, 25, 58, 156, 178, 179, 210, 242, 264, 266, 268, 280, 292.
—, Eigenschaften und technische Anwendung 265.
—, Gewinnung von 264.
Nioberze 254, 255, 264.
Niobkarbid 179, 265, 275, 276, 278, 280, 283.
— -Tantalkarbid 281.
— -Zirkonkarbid 281.
Niobpentoxyd-Nickel 213.
Niob-Pulver 22, 179.
-Wolfram 268.
Nitride 25, 26, 276, 278, 280, 281, 317, 331.
Normsiebe, deutsche 29.
—, amerikanische, des U. S. Bureau of Standards 30.

Oberfläche, aktive 38.
— -, freie 66.
— - der Pulver 36.
Oberflächenbeschaffenheit 32, 109.
Oberflächenenergie 65.
Oberflächenfilme 64, 86, 128.
Oberflächenhärte 197.
Oberflächenhäute, isolierende 120.
Oberflächenkräfte 76.
Oberflächenrekristallisation 113.
Oberflächenspannung 98, 128.
Oberflächenspannungskräfte 98, 99, 135.
Oberflächenunregelmäßigkeiten 67, 128.
Öfen mit Molybdänheizleitern 220.
Osmium 5, 218, 222.
Osmiummetall nach Pasteverfahren 8.
Oxydeinschluß 36.

Oxydfilme 16, 36, 66, 86, 91, 153, 258, 375, 378.
Oxyd-Graphitschicht 235.
Oxydhäute 22, 36, 40, 41, 67, 75, 76, 86, 91, 92, 93, 110, 117, 121, 125, 230, 349, 352, 375.
—, Entfernung von 41.
Oxyd-Keramik 58.
Oxydreste 72, 109, 160, 230.
Oxydschichten 75, 352.

Packdichte von Pulvern 78.
Packung, dichteste, von Pulvern 83
Pacteron 152, 199.
Palladium 37, 54, 218.
— und Platin-Mohr-Katalysatoren 54.
Pasteverfahren 43, 218, 222, 223, 225, 243, 259.
Periodisches System der Elemente 156.
—, erste Gruppe 156.
—, zweite Gruppe 170.
—, zweite, dritte und vierte Gruppe 170.
—, fünfte, sechste und siebente Gruppe 178.
—, achte Gruppe 185.
Permalloy 350.
Permeabilität gesinterter Nickel-Eisen-Legierungen 348.
Permeabilitätskurven gesinterter Karbonyl-Nickel-Eisen-Legierungen 347.
Phosphide 125.
Phosphideutektikum 153.
Phosphor 36, 37, 40, 178, 179, 196, 198.
Physikalische Eigenschaften gesinterter Körper 68.
Pintsch-Einkristallverfahren 223, 225.
Plastische metallische Massen 4, 10, 381.
Plastizität 76, 85, 93, 354, 373.
Platin 2, 3, 37, 89, 218, 220, 243, 674.
Platinhartgeld 219.
Platinmetalle 218.
Platinpulver 21, 26.
Platinschwamm 218, 219.
Plattierungen 10, 24.
Platzwechsel der Atome 125.
Polonium 179.
Poren 145.
Porenbildung 97.
—, sekundäre 107, 108, 110.
Porenbronzen 320.
Porenfreiheit von Sinterkörpern 123, 128.

Porengefüge 9.
Porengröße 9.
—, maximale 84.
Porenraum 98.
Porenvolumen 9, 69, 333.
Porosität 68, 69, 70, 71, 73. 74, 80, 106, 107, 114, 124, 288, 381.
Porositätsgrad 81, 82, 108, 289.
Preß- und Sintereigenschaften von Eisenpulver 41.
Preßbarkeit von Metallpulvern 34.
Preßdruck, Höhe des 45.
Preßdruckunabhängigkeit des Beginns des Kornwachstums 104, 110.
Presse, hydraulische 45, 46.
Preßeigenschaften der Pulver 17, 32, 33, 40, 81.
Pressen von Metallpulvern 40, 75 ff.
—, mechanische 33, 45, 46.
— mit elastischer Verformung 77.
— mit plastischer Verformung 77.
—, zweiseitiges 49.
—, Vorgänge beim 75 ff.
Preßerleichternder Zusatz 79, 80, 81, 178.
Preßform, Ausbildung 71.
Preßgang 88, 89, 90.
Preßkö 206, 342, 343.
Preßlegierung 4.
Preßmatrizen 47, 334.
Preßverhalten der Pulver 76.
Preßvorgang 40, 45.
Preßwerkzeuge, Konstruktion der 49.
Preßzusätze, Äther, Alkohol, Azeton, Benzin, Benzol, Glyzerin, Kampfer, Kolophonium, Kunstharz, Paraffin, Paraffinwachs, Salizylsäure, Stearinsäure 43, 44, 81, 178, 230, 318, 351.
Profilieren von Diamantmetallwerkzeugen 372.
Pseudolegierungen 9, 316.
Pulveragglomerate 150.
Pulver, Pressen der 45.
—, Vorbehandlung der 109.
Pulverkenngrößen 28.
Pulverkorngestalt 69.
Pulverkorngröße 69, 98.
Pulvermetallurgie 1, 4.
—, Arbeitsverfahren der 1.
—, Ausgangsstoffe der 1.
—, Aussichten der 379.
—, Begriffsbestimmungen der 1.

Pulvermetallurgie, Geschichtliche Entwicklung der 1.
—, Gründe für die Anwendung der 1.
—, Öfen in der 50ff.
—, Technologie der 40, 58.
—, wissenschaftliche Grundlagen der 60
Pulvermetallurgisches Erzeugnis 60.
Pulverstaubexplosion 17.
Pupinspulen 14, 193, 348.
Pyrophore Eigenschaften der Metallpulver 38, 39.

Quecksilber 3, 22, 26, 170, 171, 172, 373, 376, 377, 378.
Quecksilbernapf 230.
Querschnitt, tragender 70, 71.

Ramet 276.
Reaktionsfähigkeit der Metalle 4.
Reduktion von Metalloxyden, Oxalaten, Erzen 13, 21, 22, 27, 38, 56.
— von Metallverbindungen 21, 24.
— von Salzlösungen und -schmelzen 21, 25, 33.
Reduktionseisenpulver 151, 153, 187.
Reduktionsgas 52.
Reduktionspulver 33.
 technisches 186.
Reduktionstemperatur 21.
Reduktionszeit 21.
Regulinische Metalle 99.
Reibungseffekt zwischen Pulver und Matrize 48.
Reihenfertigung gesinterter Maschinenteile 48.
Reineisenlager, Herstellung poröser 333.
Reineisensinterlager, Gefüge von 335.
—, Lagerspiel 339.
Reinheit von Metallpulvern 35.
Reinsteisen 43, 185, 186, 194.
Reinstmetalle 10, 43, 56, 379.
Reinstmetallegierungen 10, 24.
Reinstmetallwerkstoffe 7.
Reißfestigkeit von Sintermetallen 70.
Rekristallisation 38, 78, 100, 102, 104, 106, 107, 109, 110, 111, 113, 145, 147, 150, 234, 248.
—, kontrollierte, des Wolframs 235.
Rekristallisationserscheinung 110, 111
Rekristallisationshemmende Zusätze 248.
Rekristallisationsneigung 239.

Rekristallisationsschaubild 106.
Rekristallisationstemperatur 65, 102, 106, 235.
— von Karbonylnickel 269.
Rekristallisationstheorie 100.
Rennerfelt-Kalling-Verfahren 186.
Rhenium 183, 184, 242.
Rhodium 218.
Rockwell A, Prüfung von Hartmetall 294.
Röntgenröhren 238, 239.
Röntgenstrukturanalyse 293.
Rosesche Legierung 4, 8.
Rostneigung von Eisen-Wolfram-Legierungen 204.
Rubidium 156.
Rückprallhärte nach Shore 79.
Rückstandsanalyse 288, 292.
Ruhrgeschwindigkeit in Metallpulvern 94.
Rütteln von Metallpulvern 30, 45, 49, 81, 83, 84.
Rundhammermaschinen 217, 232, 233.
Ruß 21, 26, 196.
Ruthenium 218.

Saigerhartmetalle 275.
Salzschutzdecke 174.
Sammelkristallisation 110.
Sammelrekristallisation 111, 112, 113.
Sandstrahldüsen aus Sinterhartmetall 313.
Sauerstoffgehalt der Metallpulver 38, 36.
Scheelit 226.
Schiffchen zum Glühen und Sintern 52, 55.
Schlackenwolle 48.
Schlämmung 31, 32.
Schlagscheibenmühle 17.
Schleifbürsten aus Kupfer-Graphit 319.
Schleuderverfahren, DPG, 18, 19, 27, 37, 41, 42.
Schmelzflußelektrolyse 31, 37, 170, 255, 256, 265.
Schmelzmetallurgie 56.
Schmelzsinterung 62.
Schrumpfung 94, 103, 108, 127, 167, 208, 215, 259, 378.
—, lineare 134.
Schutzgas beim Sintern 51, 52, 53, 55, 57, 58, 152, 253, 283, 285, 318, 335, 356.
Schutzgaserzeuger 57, 335.

Schwammeisen-Pulver 13, 27, 31, 33, 35, 42, 151, 152, 153, 185, 186, 187, 349.
Schwefel 36, 37, 40, 81, 196.
Schweißneigung zwischen Matrize und Pulver 79.
Schweißstellen 73.
Schwellung von Sinterkörpern 96.
Schwermetall Wolfram-Kupfer-Nickel 67, 370.
Schwindung — Schwund 80, 94, 95, 98, 99, 135, 230.
—, Einfluß der Korngröße auf die 97.
Schwindungskraft 84.
Schwindungsneigung 128.
Sedimentationsanalyse 28, 32.
Seigerung 58.
Selbstdiffusion 65.
Selbstentzündung bei Kobalt, Nickel, Eisenpulver 38, 39.
Selen 179.
Seltene Erden 172, 173.
Siebanalyse 28, 30, 31, 81, 82, 156, 191.
Siebeinsätze 31.
Silber 6, 23, 25, 27, 34, 37, 57, 76, 88, 89, 93, 94, 123, 137, 156, 163, 164, 171, 172, 205, 243, 260, 275, 320, 322, 373, 374, 375, 376.
Silber-Antimon-Kupfer 167.
— -Blei 166, 167.
— -Eisen 166.
— -Granulatpulver 34, 35.
— -Graphit 123, 165, 317, 320.
— -Kadmium-Kupfer 167.
— -Kupfer 165, 167.
— -Kupferlegierungen, Härte von 166.
Silberlegierungen 165, 167.
Silber-Molybdän 165, 317, 322, 323, 330.
-Nickel 166, 317.
Silberpulver 21, 164, 321.
Silber-Wolfram 165, 316, 317, 329.
— -Zink-Kupfer 167.
— -Zinn 23, 167, 374, 375, 376.
— — -Amalgame 377, 378.
— — —, mechanische Eigenschaften 376.
— — -Quecksilber 374, 378.
— — -Vorlegierungspulver 374, 376, 377, 378.
Silitspiralrohrofen 54.
Silitstabofen 50, 54, 56, 213.
Silizide 25, 276, 278.

Silizium 26, 36, 37, 137, 174, 175, 176, 177, 181, 182, 196, 204, 347.
Sillimanit 252.
Sinteranordnungen 55.
Sinteratmosphäre 68, 69, 107, 108, 109, 113.
—, reduzierende 99, 109.
Sinterbehandlung 49.
Sinterbronze 357, 381.
Sinterbronzelager, zulässige spez. Belastung von 339.
Sinterdiagramm 231.
Sintereisen 7, 69, 119, 185, 190, 193, 195, 219, 381.
—, Eigenschaften von 187.
—, Einfluß der Korngröße auf die Festigkeitseigenschaften von 191.
—, Verwendungsgebiete 193.
—, Zugfestigkeit, Streckgrenze, Dehnung, Dichte und Kornwachstum von 190.
Sintereisenlager 343.
Sinterenergie 231.
Sintererzeugnisse 5.
Sinterfähigkeit 43, 45.
Sinterfahrt 231.
Sinterglocken 50, 56, 230.
Sinterhartmetall 5, 13, 16, 44, 47, 67, 126, 133, 134, 218, 265, 272ff., 334, 379, 380.
Sinterhartmetalle, Abhängigkeit der Eigenschaften von ihrer chemischen Zusammensetzung 296.
—, Anwendungsgebiete 305.
—, Eigenschaften der 293.
—, Geschichtliche Entwicklung der 272.
—, Herstellung der 283.
Sinterhartmetall-Aufbau- und Fertigprodukte, Gitterkonstanten von 301.
Sinterhäute 336.
Sinterit 195, 197, 343.
Sinterkasten 50.
Sinterkobalt 43, 213, 214.
Sinterkörper, Dichte von 94ff.
—, Eigenschaften von 60, 94.
—, poröse, für Lager, Filter usw. 333.
—, Porosität von 94.
—, Schwindung von 94.
Sinterkorngrenze 73.
Sinterkräfte 117.
—, Abnahme der 118.
Sinterlager 186, 187, 193, 379, 380.
—, Anwendung der 340.

Sinterlager, Eigenschaften von 338.
—, Einbau der 337.
— —, massive 25, 140, 155, 333, 343.
— —, Gefüge eines 344.
—, poröse, Anwendungsbeispiele für 341.
—, poröse, Preßwerkzeug zur Herstellung von 334.
Sinterlegierungen 60.
Sinterloy 197.
Sintermagnete 8, 23, 24, 25, 43, 46, 50, 80, 126, 127, 128, 173, 186, 215, 251, 350ff., 379.
—, Mikrogefüge 359.
Sintermetalle 60, 61.
Sintermetallurgie 2.
Sintern 41, 60, 61.
— mit flüssiger Phase 61, 66, 67.
— ohne flüssige Phase 61, 66.
Sinternickel 7, 219.
Sinteröfen 49ff., 56.
Sinterplatin 4, 8, 219.
Sinterrohlinge 10.
Sintertemperatur 49, 50, 61, 67, 93.
— —, Begriff der 92.
Sintertonerde 54, 252.
Sinterung 1, 36, 40, 49, 60, 68.
—, Beginn der 92.
— von großen Blöcken 51.
Sinterungshemmende Einflüsse 67, 92, 93.
Sintervorgang 65.
Sinterwerkstoffe 6, 8, 222ff.
— der Technik 222ff.
—, magnetisch 346.
—, magnetisch weiche 346.
—, poröse 343.
Sinterzeit 49, 50, 67, 119.
—, Einfluß der — auf die Dichte 97.
— — — — auf die Schwindung 97.
Sivar 201.
Skelettkörper, poröse 56, 324.
Solutierverfahren 20, 24.
Spezialöfen für Herstellung von Verbundmetallen 56.
Spezifische elektrische Leitfähigkeit 72, 90.
Spez. Volumen 27.
Spiel bei Matrizen 47.
Spindelpressen 13.
Spinndüsen aus Tantal 25.
Stabilisierung (consolidation) 107.
Stähle, gesintert 23, 195.

Stahlmatrizen 151, 284.
Stahlmühlen mit Stahlkugeln 13, 283.
Stahlpulver 8, 49, 153, 154, 197, 198, 199, 200, 365.
—, austenitisches 203.
Stahlsinterkörper 198, 200.
—, Eigenschaften von 199.
Stahlspäne 198.
Stampflegierungen 8.
Stampfmassen (Zahnamalgame) 6.
Stampfmetalle 8.
Stampfmühlen 12.
Stapelkristallgefüge von Wolfram 236, 238.
Stellit 47, 277.
Stellitausschweißung 13.
Strangpressen 205, 206, 222, 224, 312, 321, 322.
Streckgrenze von Sinterkörpern 119.
Strontium 170.
Substitutionsverfahren 223.
Synthetische Metallkörper 1, 100.

Tantal 9, 25, 31, 36, 37, 49, 50, 55, 58, 156, 174, 175, 177, 178, 179, 181, 182, 213, 222, 242, 254, 256, 259, 265, 266, 268, 272, 280.
—, chemisches Verhalten 261, 262.
—, Eigenschaften und technische Anwendung 260.
—, Geschichte der Gewinnung von 254.
—, Harte 260.
—, Herstellung von 254.
—, Korrosionsverhalten 263.
—, Physikalische Eigenschaften 261.
—, Schmelzen von, im Gleichstromlichtbogen 260.
—, vakuumgeschmolzenes 260.
Tantalerze 254, 255, 264.
Tantalkarbid 179, 264, 275, 276, 278, 279, 281, 283, 298.
— Hafniumkarbid 281.
— Hilfsmetall 142.
— Tantalnitrid 283.
— Wolframkarbid 281.
— Zirkonkarbid 281.
Tantal-Molybdän 268.
— -Niob 268.
Tantalniobhaltige Karbidlegierung 331.
Tantal-Pulver 22, 179, 258.
—, Aussehen 258.
—, Gewinnung von 257.
—, Kornverteilung 256.

Tantal-Wolfram 268.
Teilchengröße von Pulvern 32, 82.
Tellerstruktur von Hametagpulver 17.
Tellur 179, 137.
Temperatur des Beginns der Sinterung 93, 94.
Temperaturregler 51, 200.
Thallium 172, 174.
Thermische Bewegung von Molekeln 62.
Thermischer Druck 62.
Thermische Zersetzung 25.
Thorium 22, 25, 43, 174, 175, 176, 239, 266.
Thoriumoxyd 38, 123, 176, 225, 235.
Thoriumoxydtiegel 183.
Thoriumpulver 176.
Tiegelofen 57, 334.
Titan 25, 58, 76, 113, 139, 174, 175, 176, 177, 181, 182, 210, 213, 224, 239, 264, 266, 272, 273, 274, 280, 292, 351.
Titan, Brinellhärte 175.
Titanhydridpulver 171, 203, 356.
Titanit-Hartmetall 274, 275.
Titankarbid 175, 275, 276, 278, 279, 280, 283, 305.
— -Molybdänkarbid-Nickel 299.
— -Titannitrid 283.
Titanlegierungen 174.
—, Walzbarkeit, Härte und Gefüge von gesinterten 175.
Titanpulver 22, 174.
Tizit 273.
Tränken — Tränkung 56, 57, 137, 138, 206.
Trockenmahlung 43, 44.
Trockensinterung 62.
Trocknungsanlagen von Schutzgas 53, 54.
Trommelung von Pulvern 43.
Tromalit 354.

Ultramikroskop 32, 33.
Ultratitanit-Diamant-Abziehwerkzeug 370.
Umkristallisation 103, 107, 190.
Umkristallisationserscheinungen 99.
Umwandlung $\alpha$—$\gamma$ des Eisens 118.
Unterbrecher von Zündgeräten 240.
Untersuchung, mikroskopische 28, 31.
Uran, 22, 25, 179, 182.
Uranpulver 183.

Vakuum 54, 55, 57, 58, 66, 108, 110, 241, 260, 362.
Vakuumbehandlung von Kupferpulver 96.
Vakuumdestillation 10.
Vakuumsinterung 110, 211, 259, 264.
Vakuumwerkstoffe 24.
Vanadin 25, 174, 175, 178, 179, 181, 182, 210, 213, 280.
—, Brinellhärte 179.
Vanadinjodid 179.
Vanadinkarbid 276, 278, 280, 283.
Vanadinpulver 179.
Vanadinpentoxyd 178, 179.
Vascaloy-Ramet 304.
Verbundkörper, gesinterte 6, 319.
Verbundmetalle 5, 24, 25, 56, 57, 137, 317, 320.
—, Eigenschaften 325.
—, Herstellung der 320.
Verbundmetallverfahren 224.
Verdichtbarkeit von Metallpulvern 34, 35, 40, 41, 42.
Verdichtungszahl 76.
—, relative 34, 35, 76.
Verfahren des stehenbleibenden Ruhrers 93.
Verformung, plastische 86, 101.
Verformungsgrad 106.
Verformungsrekristallisation 113.
Verkittung 67.
Verkittungsmittel 129.
Verschleiß des Preßwerkzeuges 48.
Verschleißfestigkeit von Hartmetalleinsätzen 47.
Verschweißung 64, 71, 72, 98.
— der Metallkristallite 225.
Verschweißungstemperatur 301.
Verunreinigungen der Pulver 36, 38, 39, 41.
— in Sinterkörpern 73.
Verzahnung, mechanische 49, 64, 88.
Vibration 77, 83.
Viskosität 33.
Viersäulenpressen 45.
Volldiamantwerkzeuge 371.
Vollhartmetalleinsätze 47.
Volumen, spez. 28.
Volumeneffekt bei Sinterkörpern 96.
Vorlegierungen der Systeme Eisen-Silizium, Eisen-Chrom, Eisen-Aluminium, Nickel-Titan 15.

Vorlegierungspulver für Zahnamalgame 375, 376.
Vorschrumpfung von Pulvern 99.
Vorsinterkörper, skeletta tiger 137.
Vorsinterung 230, 284.
Vorzugslage, magnetische 362.

Walzensinter 186, 198, 199.
Warmdruckverdichtung 46, 47.
Warmfestigkeit von Molybdan und Wolfram 252.
Warmharte von Hartmetall 306.
Warmnachverdichtung 73, 198.
Warmpreßofen 46, 48, 56.
Warmverdichtung 68.
Warmverformung 58.
Warmverschweißung 76, 88.
Wasserdampfhäute 66, 96, 160.
Wasserstoff 35, 36, 41, 57, 160.
Wasserstoffkrankheit 97.
Wasserstoffnachbehandlung 36.
Wasserstoffreduktion von Oxyden 21.
Wasserstoffschutzgas 157, 188.
Wasserstoffsinterung 211.
Wasserstoffunterdruck 201, 202.
Werkstoffwanderung bei Kontakten 240.
Werkzeuge, spanabhebende 306.
Werkzeugteile, gesinterte 199.
Widerstand, elektrischer von Metallpulvern 91.
Widia-Hartmetall 275,
Widia X-Hartmetall 276.
Windsichtung von Metallpulvern 31, 32, 256.
Wirbelschlagmuhlen 15, 17, 23, 26, 179, 186.
Wirksamkeit der Anziehungskräfte 92.
Wirksamwerden der Anziehungskrafte 64, 75, 98, 114, 117.
Wirkungssphäre eines Atoms 63.
Wismut 3, 4, 13, 18, 23, 37, 89, 178, 179, 374, 224.
— -Thallium 174.
Wolfram 3, 5, 6, 9, 21, 24, 27, 35, 37, 38, 55. 56, 67, 76, 88, 89, 94, 113, 115, 123, 134, 135, 138, 156, 174, 175, 177, 179, 180, 181, 182, 184, 193, 194, 203, 204, 210, 215, 216, 217, 219, 222, 223, 224, 234, 239, 243, 251, 260, 264, 265, 266, 267, 268. 275, 289, 292, 316, 320, 321, 322, 327, 330, 365.

Wolfram, Anwendungsgebiete 242.
—, chemisches Verhalten 238.
—, Geschichte des duktilen 226.
—. geschichtliche Entwicklung 222.
—, Herstellung von 226.
—, Legierungen von 242.
—. Physikalische Eigenschaften 237.
—, technische Anwendung 236.
— -Blei 177.
— -Chrom 269.
Wolframdrahte 113, 180, 236.
—, gespritzte 43.
—, Kristallversetzung 236.
Wolframeinkristalle 135, 233.
Wolfram-Eisen-Kohlenstoff 291.
Wolframgluhfaden 38, 43., 172, 179, 222, 225.
Wolframheizleiter 230, 253.
Wolfram-Chrom-Kobalt-(Eisen-)Legierung 273.
Wolframit 226.
Wolframkarbid 5, 6, 38, 67, 129, 130, 131, 132, 133, 272. 273, 275, 276, 278, 279, 283, 305, 331, 365.
Wolframkarbideinkristalle 133.
Wolframkarbid-Eisen 292.
— -Hartlegierungen mit anderen Bindemitteln als Kobalt 297.
— -Kobalt 129, 130. 131, 140, 141, 224, 284, 286, 291, 292, 296, 305, 306, 308, 331, 357, 365.
— — -Hartlegierungen, physikalische und mechanische Eigenschaften von 296.
— -Kupfer 331.
— -Molybdankarbid-Hilfsmetallegierungen 279.
— -Nickel 224, 292, 365.
— -Tantalkarbid-Kobalt 302, 304, 306.
— — -Kobaltlegierungen, Eigenschaften von 303..
— — -(Niobkarbid)-Kobalt 302.
— — -Titankarbid-Kobalt 306.
— -Titankarbid-Kobalt 275, 276, 278, 293, 300, 302, 304, 306, 308, 365.
— — -Kobaltlegierungen, Eigenschaften von 303.
— — -Tantalkarbid-Kobalt 304.
— — — (Niobkarbid)-Kobaltlegierungen 304.
— -Kobalt-Chrom-Kohlenstoff-Bor-Eisen 309.
Wolframkontakte 240, 317, 331.

Wolframkorn 31, 35.
Wolfram-Kupfer 123, 126, 320, 329, 331.
— — -Nickel 135, 165, 167, 330, 365, 372, 373.
— — — -Schwermetall 126, 129, 134, 136, 317, 357.
— — -Verbundmetalle 8, 56, 224, 324.
Wolframlegierungen mit Tantal und Niob 267.
— mit Zirkon, Hafnium und Thorium 270.
Wolfram-Molybdän 126, 266, 267.
— —, physikalische Eigenschaften 267.
— —, Warmfestigkeit von 266.
— — — -Titan-Chrom-Eisen-Legierungen 274.
— -Nickel 224.
— — -Kohlenstoff 291.
— — -Kupfer 225.
— — -Verbundkörper 224.
— -Platin-Verbundmetalle 8, 267.
Wolframpreßstabe, Sintern der 230.
Wolframpulver 4, 5, 21, 31, 33, 38, 76, 90, 91, 102, 134, 171, 203, 227, 228, 232, 321, 324, 326, 362.
Wolfram-Rhenium 184, 268, 269.
— -Silber-Legierungen, physikalische Eigenschaften 327.
— — -Verbundmetalle 8, 25, 123, 126, 205, 320, 324, 328.
Wolframsinterkörper, poröser 137, 213, 223, 224.
Wolframstäbe, Vorsintern der 230.
Wolfram-Tantal 267.
— -Titan-Kohlenstoff-Eisen-Legierungen 273.
Wolframtrioxyd, Dichte, Gewinnung von, Klopfdichte, Klopfvolumen, Korngröße, Reduktion von 226ff.
Wollastonverfahren 219.
Woodsche Legierung 3, 8, 124.

Zahnamalgame 3, 8, 23, 24, 25, 60, 61, 172, 177, 373, 379, 380.
Zahnplombe, Gefüge 376.
Zahnräder, gesinterte 197.
Zerreißproben von Sintermetallen 71, 116.
Zerstäuben 17, 18, 19, 24, 36, 186, 333.
Ziehmatrizen aus Hartmetall 306.
Ziehsteine 140, 269, 273, 274, 306, 309, 310, 369.

Zink 10, 18, 20, 33, 88, 89, 94, 137, 154, 155, 162, 163, 170, 171, 205, 206, 210, 213, 215, 316, 318, 342, 374, 375.
— -Eisen 171.
— — -Vorlegierung 207.
— -Kadmium 171.
— -Kobalt 171.
— -Kohlenstoff 171.
— -Kupfer 171.
— -Magnesium 171.
— -Nickel 171.
Zinkpulver 20, 171.
Zink-Silizium 171.
Zinkspäne 22, 162.
Zinkstaub 349.
Zinn 3, 10, 18, 25, 37, 88, 89, 90, 91, 94, 127, 137, 155, 162, 172, 174, 177, 205, 264, 316, 318, 333, 342, 345, 366, 373, 374, 375, 376.
— -Blei-Eutektikum 124.
Zinnlegierungen 177.
Zinnpulver 22.
Zinn-Quecksilber-Mischkristalle 377, 378.
Zinnstaub 22.
Zirkon 22, 25, 113, 174, 175, 176, 181, 182, 210, 213, 224, 239, 266, 280.
Zirkonhydridpulver 356.
Zirkonkarbid 175, 278, 280, 305.
— -Wolframkarbid 281.
— -Nickel 363.
Zone, neutrale 80.
Zonenbildung 196.
Zuckerkohle 299.
Zuckerlösung 222.
Zündkerzenelektroden mit Wolfram 212, 241, 332.
Zündunterbrecher 240, 331.
Zugfestigkeit, Einfluß der Sintertemperatur auf 119.
— in Abhängigkeit von Korngröße 119.
— von Sinterkörpern 69, 70, 71, 107, 116, 119, 214.
Zusätze, preßerleichternde 43, 81, 230, 318, 333.
Zusammenschweißen metallischer Oberflächen 75.
Zwischenhäute, nichtmetallische 51, 52, 100.
Zwischensubstanzen 72.

MIX
Papier aus verantwortungsvollen Quellen
Paper from responsible sources
FSC® C105338

If you have any concerns about our products,
you can contact us on
**ProductSafety@springernature.com**

In case Publisher is established outside the EU,
the EU authorized representative is:
**Springer Nature Customer Service Center GmbH
Europaplatz 3, 69115 Heidelberg, Germany**

Printed by Libri Plureos GmbH
in Hamburg, Germany